华章图书

一本打开的书，
一扇开启的门，
通向科学殿堂的阶梯，
托起一流人才的基石。

Zero Basis

零基础学 Java

第5版

黄传禄 常建功 陈浩◎编著

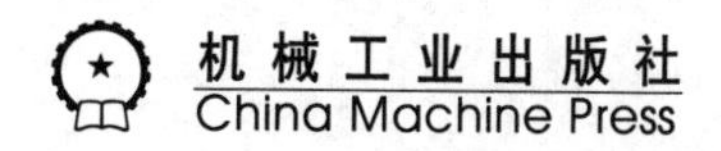

图书在版编目（CIP）数据

零基础学 Java / 黄传禄，常建功，陈浩编著．—5 版．—北京：机械工业出版社，2020.5
（零基础学编程）

ISBN 978-7-111-65497-1

I. 零… II. ①黄… ②常… ③陈… III. JAVA 语言 – 程序设计 IV. TP312.8

中国版本图书馆 CIP 数据核字（2020）第 073708 号

零基础学 Java 第 5 版

出版发行：机械工业出版社（北京市西城区百万庄大街 22 号 邮政编码：100037）

责任编辑：罗丹琪

印 刷：中国电影出版社印刷厂

开 本：185mm×260mm 1/16

书 号：ISBN 978-7-111-65497-1

责任校对：殷 虹

版 次：2020 年 6 月第 5 版第 1 次印刷

印 张：36.75

定 价：99.00 元

客服电话：（010）88361066 88379833 68326294

华章网站：www.hzbook.com

投稿热线：（010）88379604

读者信箱：hzit@hzbook.com

前　言

Java 语言拥有面向对象、跨平台、分布式、高性能、可移植等优点和特性，是目前应用最广泛的编程语言之一。Java 语言不仅可以制作网站后台，而且还能够操作各种操作系统；不仅可以应用于多媒体开发，而且还可以制作大型网络游戏；目前最流行的手机操作系统 Android 也是在 Linux 内核的基础上通过 Java 语言实现的。

本书的目的是让读者对 Java 语言的语法有更进一步的了解，尤其为新手进入编程行业提供一个全面学习的阶梯。笔者结合自己多年的学习和编程经验，为广大程序员详细介绍了 Java 的全部语法，使程序员能够夯实自己的基础知识，完善自己的知识结构，拓宽自己的知识面。

在讲解知识点时，笔者采用由浅入深、逐级递进的学习方式。本书是 Java 语言初、中级学习者的绝佳入门指南。

本书特色

本书详尽介绍了 Java 语法的特点和 Eclipse、MyEclipse 的编程环境，在组织与取材方面尽量让读者能够正确、全面地掌握该语言的优势，建立牢固的知识体系，当 Java 新版本出现时，有能力欣赏与感悟新版本所带来的激动人心的变化。通过本书的学习，任何想用 Java 语言做项目的开发人员都能有所收获。本书语言简练，讲解循序渐进，实例简洁明了，易于学习。

本书的特点主要体现在以下几个方面。

- 编排采用由浅入深、循序渐进的方式，各章主题鲜明、要点突出，适合初、中级学习者逐步掌握 Java 语法规则和面向对象编程思想。
- 对 Eclipse、MyEclipse 编程环境的各种应用都做了详细的介绍，适合初、中级学习者快速熟悉并使用该编程环境。
- 实例丰富，关键知识点都辅以实例帮助读者理解。实例程序简洁，紧扣所讲的技术细节，采用短小精练的代码，并配以详细的代码解释和说明，使读者印象深刻，理解透彻。
- 实例可移植性强，与编译环境和平台无关，读者可轻易将代码复制到自己的机器上进行实验，自行实践和演练，直观体会所讲要点，感受 Java 语言的无限魅力。书中所有例子的源代码都可在 www.hzbook.com 网站下载。
- 结构清晰、内容全面，几乎兼顾了所有 Java 语言特性。
- 结合笔者多年的 Java 语言编程和系统开发经验，特别标注出易出错的技术点或初学者易误解的细节，使读者在学习中少走弯路，加快学习进度。

- ❑ 很多 Java 语言书籍只讲语法规则，不讲数据结构和编程思想，读者即便掌握了语法理论，也无法写出大型的 Java 语言程序。本书弥补了这些不足，介绍了数据结构和算法的知识，阐述了结构化程序设计的思想，探讨了高质量编程的内容，为读者深入学习软件开发打下基础。

本书内容

本书分为四篇，共 24 章，结合目前最流行的软件编程环境，全方位介绍了 Java 的编程思想及特色。本书首先讲述 Java 语言的语法知识，使读者对 Java 语言语法和编程机制有一个初步的了解。接着进一步介绍 Java 语言编程中常用的操作，即 Java 语言编程主题、一些深层次的技术细节，以及理解起来比较困难、易出错的要点。最后结合笔者的开发经验详细讲解了一个项目案例和一些面试技巧。

第一篇（第 1~4 章）Java 语言语法基础——面向过程知识

本篇讲述了 Java 语言语法基础知识，包含面向过程涉及的所有语法：Java 技术概览、Java 开发工具及环境设置、Java 语言中的数据类型与运算符、程序设计中的流程控制。读者通过学习本篇可对 Java 语言中的面向过程语法有一个初步而全面的认识，了解 Java 语言的由来及强大功能，明确 Java 源文件的编译和运行过程，熟悉 Java 语言程序的结构，知道如何声明变量，如何通过三大流程控制语句组织程序。学完本篇读者便可自行编写简单的 Java 语言程序。

第二篇（第 5~11 章）Java 语言语法进阶——面向对象知识

Java 语言之所以被称为高级语言，是因为它实现了面向对象思想，具有面向对象的语法。本篇首先详细介绍了数组和字符串的基本操作及应用、类的设计、对象的创建等。然后重点讲解如何通过 Java 语言实现面向对象思想的三大特性：继承、多态和封装。学完本篇读者才算真正了解 Java 语言语法。

第三篇（第 12~22 章）Java 语言编程主题

在具体开发 Java 语言程序时，会进行一些常用操作，如文件的操作和访问、异常处理和内存管理、数据的存储和操作、XML 文件的创建和解析、数据库的连接、网络编程和界面的设计。本篇通过 11 章的内容详细介绍了上述编程主题，学完本篇读者就可以迅速开发 Java 语言程序了。

第四篇（第 23~24 章）Java 语言程序设计实例与面试题剖析

本篇的目的是让读者掌握 Java 语言开发案例和实践项目。虽然这里只提供了“学校管理系统”项目的开发，但读者需要重点掌握的是 Java 语言语法和项目开发流程。最后一章通过一些常见的 Java 语言面试题，为读者踏入职场做好准备。

读者对象

本书作为 Java 语言的基础教程，适合于：

- ❑ 希望进入 Java 编程行业的新手。
- ❑ 迫切希望提高个人编程技能和水平的初级程序员。
- ❑ 具备一定编程经验但是语法基础不牢固的工程师。
- ❑ 希望了解 Java 语法最新变化的程序员。

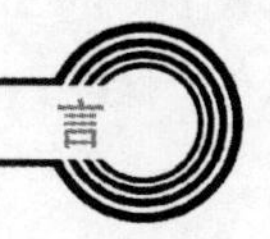

- ❑ 希望了解和使用 Eclipse 和 MyEclipse 工具的程序员。
- ❑ 需要一本案头必备查询手册的人员。

关于作者

本书主要由江西信息应用职业技术学院的高级讲师黄传禄编著。作者在本书编写过程中参阅了大量国内外文献资料，同时还得到了南昌翰诚信息咨询有限公司其他相关人员的支持和帮助，并参考了作者所在培训公司的一些工作成果和相关文献，在此对本书相关人员表示诚挚的谢意。

由于作者水平有限，书中疏漏、错误之处在所难免，敬请同行专家及广大读者批评指正。

黄传禄

2020 年 1 月 14 日

目　　录

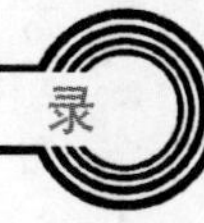

第二篇　Java语言语法进阶——面向对象知识

第三篇 Java语言编程主题

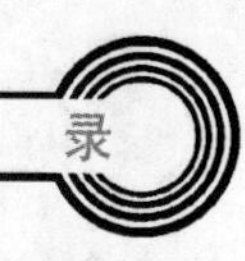

第四篇 Java语言程序设计实例与面试题剖析

第一篇
Java语言语法基础——面向过程知识

第1章　Java 技术概览

Java 是一种出色的面向对象跨平台编程语言。在当今的软件领域几乎无处不见 Java 语言活跃的身影，然而 Java 语言究竟是什么？本章将从两个方面解释 Java 的“身世”——Java 既是一种编程语言，也是一个软件平台。本章还将从多个方面分析 Java 到底能为我们做什么。

本章重点：

- Java 语言的功能和特点。
- 学习创建简单的 Java 程序。
- 学会处理常见的 Java 编译错误。

1.1　Java 技术

Java 既是编程语言也是软件平台，作为编程语言的 Java 有一套自己的机制，实现源程序到处理器可执行程序间的过渡与转换，作为软件平台，Java 为程序员提供了编程接口和 Java 虚拟机（Java Virtual Machine，JVM），下面将依次介绍。

1.1.1　认识 Java 语言

Java 作为一种高级语言具有许多优良特性，如跨平台、面向对象、分布式、多线程、安全性、健壮性、简单性等，这些优良的特性在读者学习完本书后会深有体会。

在 Java 语言中所有源代码都可以通过无格式的记事本编写，并保存为.java 文件，因为通过该扩展名，Java 编译器会知道该文件是自己可以处理的文件。经过编译后的文件为.class 文件，该文件是字节码文件，此时.class 文件不能被处理器直接读取执行，必须通过虚拟机转换成二进制文件，才可以被处理器执行。图 1-1 是 Java 程序的开发过程，整个过程说明了上面叙述的内容。

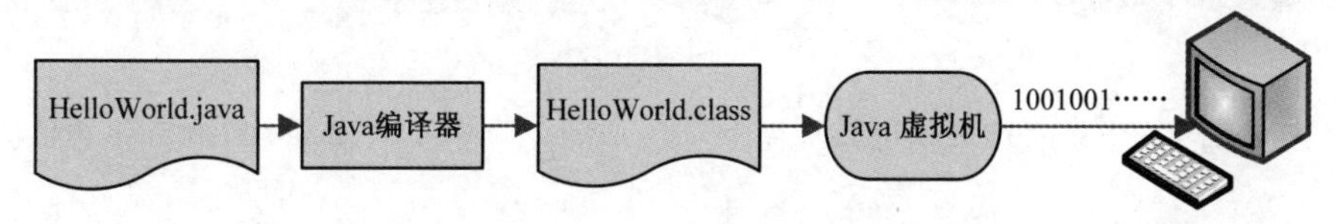

图 1-1　Java 程序的开发过程

Java 是跨平台的高级编程语言，这里的平台是指操作系统平台，如 Windows、UNIX、Mac、Linux 等。使用 Java 语言编写的程序一次编译就可以在所有平台上运行，就是因为有 Java 虚拟机的存在。Sun 公司（已被 Oracle 公司收购）提供了在各种操作系统平台上安装、运行的 Java 虚拟机，Java 虚拟机可以执行.class 文件。这样也就实现了众所周知的“一次编译，随处运行”的理想。图 1-2 演示了在不同平台上通过 Java 虚拟机执行 Java 程序的过程，从中可以清楚地理解 Java 虚拟机的作用。

> **注意**　图1-2中的“HelloWorld.class”也代表一个应用程序，应用程序本身就是经过打包的.class 文件的集合。并且在不同的平台上安装的JVM是不同的，需要到官方网站上下载适合自己机器操作系统平台的虚拟机。

1.1.2　认识 Java 平台

Java 语言也是一种软件平台。平台可以理解为软件运行所需的软件或硬件环境，如操作系统可以看作软件平台，它提供了应用程序运行的环境，如在 Windows 操作系统上运行 Word 字处理程序。当然如果从用户的角度看，操作系统其实是软件和硬件相结合的综合平台，因为操作系统对硬件的操作用户是看不见的，但是操作系统又确实管理并运行在硬件平台上。

而 Java 语言作为软件平台，为 Java 源程序编写和运行提供了完善的环境。但是该 Java 提供的软件平台不与硬件发生任何关系，该平台是纯软件平台，运行在操作系统上。不同的操作系统编写了相应的 JVM。作为软件平台的 Java 由两部分组成：

- Java 虚拟机：Java 虚拟机是 Java 软件平台的基础，不同的操作系统平台对应不同的虚拟机。
- Java 应用编程接口（Java API）：API 是一套编写好的软件组件的集合，这些 API 按照功能通过包（package）来提供，包就是一系列具有相似功能的类和接口的集合。图 1-3 是 Java 虚拟机和应用编程接口与各种操作系统的软件层次关系。

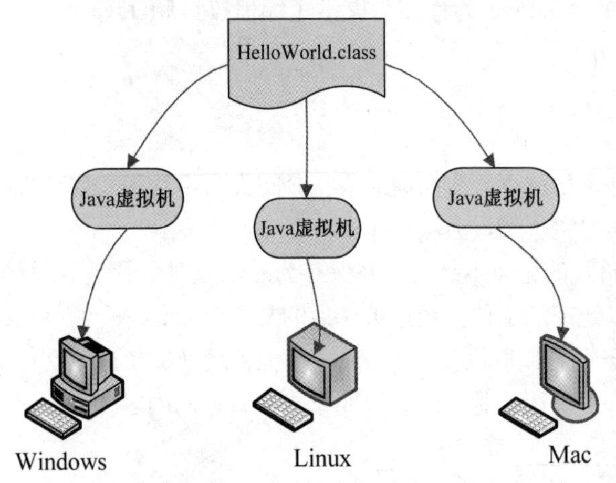

图 1-2　不同平台上通过 JVM 执行 Java 程序

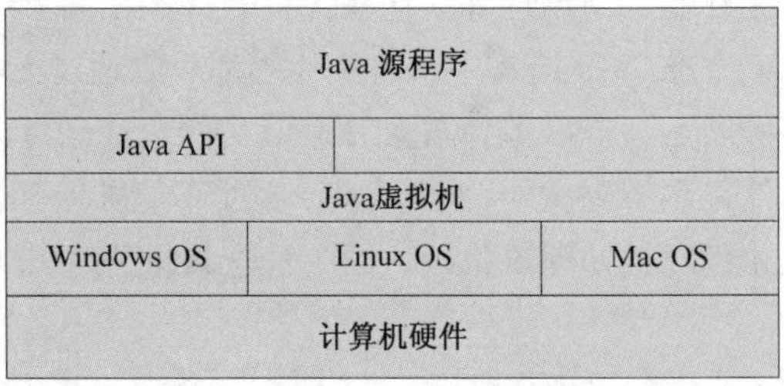

<table>
<tr><td colspan="3">Java 源程序</td></tr>
<tr><td>Java API</td><td colspan="2"></td></tr>
<tr><td colspan="3">Java虚拟机</td></tr>
<tr><td>Windows OS</td><td>Linux OS</td><td>Mac OS</td></tr>
<tr><td colspan="3">计算机硬件</td></tr>
</table>

图 1-3　Java API 和 Java 虚拟机

1.1.3　Java 语言的功能

Java 语言作为完善而强大的软件平台，每个版本都会提供如下的功能或组件。

1．开发工具

开发工具提供了诸如编译、执行、调试、文档化等功能，开发人员可以使用这些工具来编译、调试自己的程序。初学者经常使用的 Java 工具有 Javac 源程序编译工具、Java 程序执行工具和 Javadoc 源程序文档化工具等，具体的功能将在本章后面介绍。读者将会了解如何使用 Javac 和其他 Java 工具。

说明　Javac编译工具其实就是在DOS下运行的一个命令，而DOS命令不区分大小写，所以本章有时候在DOS窗口中输入命令的时候，也直接说是javac命令。

2．应用编程接口

Java API 提供了 Java 语言的核心功能，开发人员可以直接调用这些方法或实现其中的接口来满足自己程序设计的需要，如需要对数据进行排序或搜索，Java 提供了具体的类来实现，开发人员只要了解这些类的基本功能和类中的方法就可以调用这些功能。读者可以翻阅 JDK 的 HTML 文档来搜索自己需要的功能。

3．用户接口工具集

其实这个工具集就是提供如何编写图形用户界面程序（即 GUI 程序），为应用程序提供一个友好的用户界面，任何复杂的程序界面都可以通过该工具集中的类或接口实现，具体请参看本书的第 20 章。

4．集成类库

该类库提供了集成工具来完成复杂的行为，如 Java 为访问数据库提供了 JDBC API；为实现远程方法提供了 Java RMI，该方法实现了对网络远端的 Java 程序的调用，是 Java 实现分布式计算的重要基础。

1.1.4　Java 语言的优点

Java 语言与其他语言（如 C++、Delphi、C#等）相比，有自己的优势，无论你学习 Java 的初衷如何，Java 语言确实使你的程序更友好，并且减少了你的工作量。下面将介绍 Java 语言的优点以证实上述说法。

1．入门更快

因为 Java 语言是一门强大的面向对象语言，所以只要理解面向对象技术（符合人类处理事情的思维方式），就很容易学习这门语言。如果读者已经学习过 C++语言或 C 语言，将更容易进入 Java 世界。

2．代码量少，开发速度更快

同 C++语言比较，同样的程序使用 Java 语言编写只需要较少的类和方法。Java 语言比 C++语言简单，相同功能的程序需要更少的代码行。

3．编码更容易

Java 语言提供良好的编码规范，使得 Java 语言编写的程序具有统一的“外表”，并且 Java 支持垃圾回收机制（GC），所以不会像 C++中那样出现内存泄漏的问题，这样开发人员就可以集中精力编写程序所需的类，而不用考虑何时、如何回收这些类对象了，只要在需要时创建对象即可，其他操作都由 GC 处理。Java 的面向对象特性、JavaBeans 组件架构和功能强大的 API，都使得开发人员可以容易地重用经过严格测试的代码，这些 API 的使用也减少了程序中 Bug 的数量。

4．避免平台依赖，程序的平台独立性

Java 语言编写的类库可以在其他平台上的 Java 应用程序中使用，而不像 C++语言那样必须依赖于 Windows 平台。Java 源程序被编译成字节码，字节码通过操作系统平台上的 JVM 来解释而获得运行，这样使用 Java 语言编写的程序不依赖于特定的平台，实现“一次编写，随处运行”。

1.1.5 Java 分布式应用和多线程的特点

本节讲述 Java 程序的分布式和多线程的特点。分布式包括数据分布和操作分布。数据分布是指数据可以分散在网络的不同主机上，操作分布是指把一个计算分散在不同的主机上处理。

Java 支持客户端/服务器计算模式，因此它支持这两种分布。对于数据分布，Java 提供了一个叫作 URL 的对象，利用这个对象，可以打开并且访问具有相同 URL 的对象，访问方式与访问本地文件系统相同。对于操作分布，Java 的 Applet 小程序可以从服务器下载到客户端，即部分计算在客户端进行，提高系统执行效率。有关分布式的原理如图 1-4 所示。

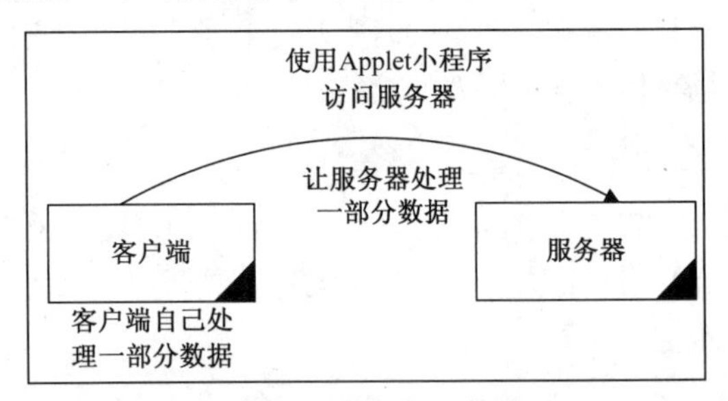

图 1-4　分布式示意图

Java 提供了一整套网络类库，开发人员可以利用这些类库进行网络程序设计，方便地实现 Java 的分布式特性。

线程是操作系统的一种新概念，线程又被称作轻量进程，是比传统进程更加小的并且可以并发执行的单位。Java 提供了多线程的支持。

Java 在两方面支持多线程。一方面，Java 环境本身就是多线程的。若干个系统线程运行，负责必要的无用单元回收、系统维护等系统级操作；另一方面，Java 语言内置多线程控制，可以大大简化多线程应用程序的开发。

Java 提供了一个 Thread 类，由它负责启动、运行、终止线程，并且可以检查线程状态。Java 线程还包括一组同步原语，这些原语负责对线程实行并发控制。利用 Java 的多线程编程接口，开发人员可以方便地写出支持多线程的应用程序，从而提高程序执行的效率。Java 的多线程在一定程度上受运行时所在平台的限制，如果操作系统不支持多线程，那么 Java 程序的多线程特性就不能表现出来。

1.1.6 Java 程序的可靠性、安全性

本节将详细讲述 Java 的可靠性和安全性。Java 最初的设计目的是针对电子类消费品中的应用，

因此要求较高的可靠性。Java 虽然源于 C++，但它消除了 C++的许多不可靠的因素，可以防止许多编程错误。

它的可靠性和安全性表现在如下几点：

- Java 是强类型的语言，要求显式的方法声明。这保证了编译器可以发现方法调用错误，保证程序更加可靠。
- Java 不支持指针，这杜绝了内存的非法访问。
- Java 的自动单元收集功能，可以防止内存“丢失”等动态内存分配导致的问题。
- Java 解释器运行时实施检查，可以发现数组和字符串访问越界的问题。
- Java 提供了异常处理机制。

由于 Java 主要用于网络应用程序开发，因此对安全性有较高的要求。如果没有安全保证，用户从网络下载执行程序就非常危险。Java 通过自己的安全机制，防止了病毒程序的产生，以及下载程序对本地系统的威胁破坏。

当 Java 字节码进入解释器时，首先必须经过字节码校验器的检查，然后 Java 解释器将决定程序中类的内存布局。随后，类装载器负责把来自网络的类装载到单独的内存区域，避免应用程序之间相互干扰和破坏。最后，客户端用户还可以限制从网络上装载的类只能访问某些文件系统。上述几种机制结合起来，使得 Java 成为安全的编程语言。

1.2 Windows 下的“HelloWorld”应用程序

到本节为止，笔者还没有介绍如何编写 Java 程序。当然程序的编写、编译和执行都需要一定的软件环境或编辑工具，所以在写 Java 程序前需要做些准备工作，最基本的即需要两个软件，一个是 JDK（Java 开发工具集），另一个是文本编辑工具。在 1.2.1 节将介绍这两个软件，在 1.2.2 节将介绍创建一个 Java 应用程序的步骤。

1.2.1 创建应用程序的软件环境

JDK 为开发 Java 程序提供了源程序的编译、调试、运行等工具，并提供了一些 API 接口工具。读者可以到 Oracle 网站下载 JDK 并安装使用，这部分内容在后面会有更详细的介绍，这里读者只需要知道开发 Java 程序需要安装 JDK 即可。

对于初学者而言，编写 Java 源代码的工具最好选择无格式的文本编辑器，Windows 自带的记事本就是很好的 Java 源程序编写工具。可以打开 Windows 平台的记事本，如图 1-5 所示。单击“开始”|“Windows 系统”|“运行”命令，在弹出的“运行”对话框内输入“notepad”命令，然后单击“确定”按钮就会打开记事本。

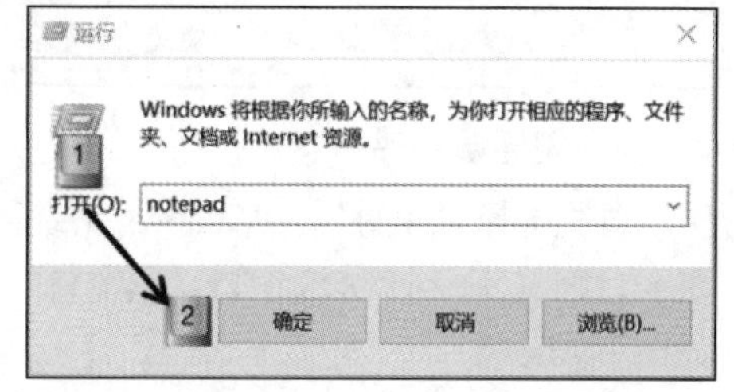

图 1-5 打开 Windows 平台的记事本工具

1.2.2 创建“HelloWorld”应用程序的步骤

【实例 1-1】本节通过一个实例介绍开发 Java 应用程序的步骤，该实例程序为 HelloWorld.java，它的功能很简单，就是在标准输出端打印字符串“HelloWorld!”。下面演示创建步骤。

说明 本例只是介绍Java程序创建、编译、运行的整个流程，并不需要读者亲自动手，读者可以在看完第2章的JDK安装和设置后再来创建本例练习。

1. 创建源程序文件

该文件包含使用 Java 语言编写的代码，当然这些代码要符合 Java 规范。可以使用任意的文本编辑器来创建 Java 源程序文件。实例程序如下所示。

```
01   /**
02        HelloWorld类的功能是在标准输出端
03        打印一行输出“HelloWorld!”
04   */
05   public class HelloWorld{                              //定义一个HelloWorld类
06       public static void main(String[] args){           //主方法
07           System.out.println("HelloWorld!");            //调用标准输出打印字符串
08       }
09   }
```

【代码说明】

- 第 1~4 行是 Java 的注释语句，这里实现了多行注释的效果。
- 第 5 行是类的标识 class。
- 第 7 行是输出语句。
- 语句后面使用“//”引出的内容是 Java 的单行注释。

把在文本编辑器（笔者使用 Windows 的记事本）中编写的程序另存为“HelloWorld.java”文件，保存源文件为.java 文件的过程如图 1-6 所示。

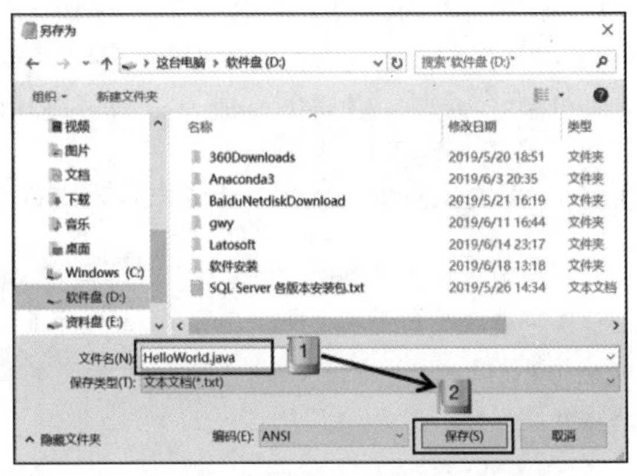

图 1-6 保存源文件为.java 文件

注意 保存的文件名一定为“HelloWorld.java”，保存类型选择“文本文档（*.txt）”，而编码选择ANSI，单击“保存”按钮，然后退出记事本编辑器。记住保存目录，在编译时需要该目录来指定源文件所在的位置。

2. 编译源程序

首先选择“开始”|“Windows 系统”|运行”命令，然后在弹出的“运行”对话框内输入“cmd”命令，则打开一个 DOS 窗口。该窗口的目录提示为当前目录，该目录通常是 Windows 的主目录，如图 1-7 所示。

为了编译文件，需要改变当前目录到源文件存放的目录下，如源文件在 C 盘的 javacode 目录下，则需要在当前 DOS 提示符下输入“cd C:\javacode”，也可以直接输入“cd C:\javacode”，再按 Enter 键，则当前的 DOS 提示符会变为 C:\javacode。但是如果源文件目录与当前 DOS 目录不在同一个磁盘上，如在 D 盘，则需要首先输入“D:”，再按 Enter 键，则 DOS 提示符会进入 D 盘，再输入源文件的路径，按 Enter 键则进入源文件目录。图 1-8 是切换到源文件目录的状态。

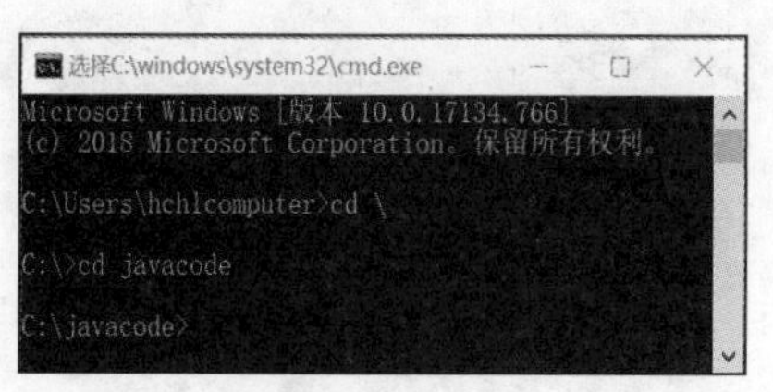

图 1-7　DOS 窗口

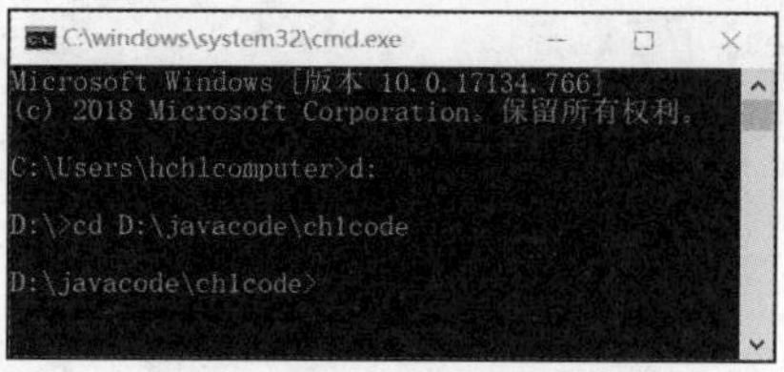

图 1-8　切换到源文件目录

为了检验是否进入了源文件所在目录，在图 1-9 所示的当前目录下输入“dir”命令，发现了刚才保存的 HelloWorld.java 文件。图 1-9 是查看当前目录下的文件。

现在可以编译源程序了，在图 1-10 所示的当前目录下输入命令“javac HelloWorld.java”来编译源文件，一旦编译成功，则在当前目录下会生成 HelloWorld.class 文件，在 DOS 提示符下输入“dir”命令查看，会发现新生成的.class 文件。图 1-10 是查看.class 文件的效果。

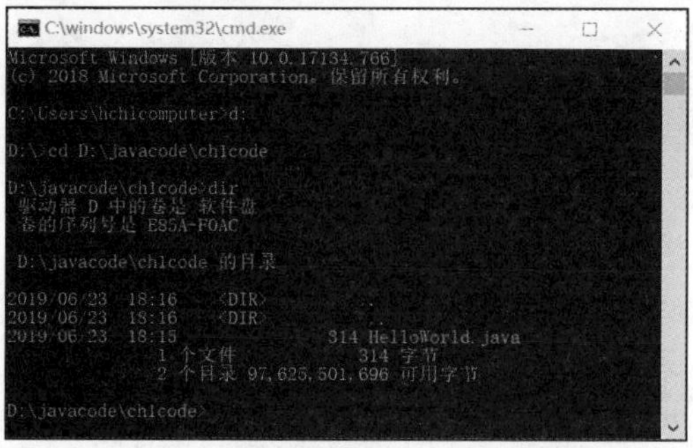

图 1-9　查看当前目录下的文件

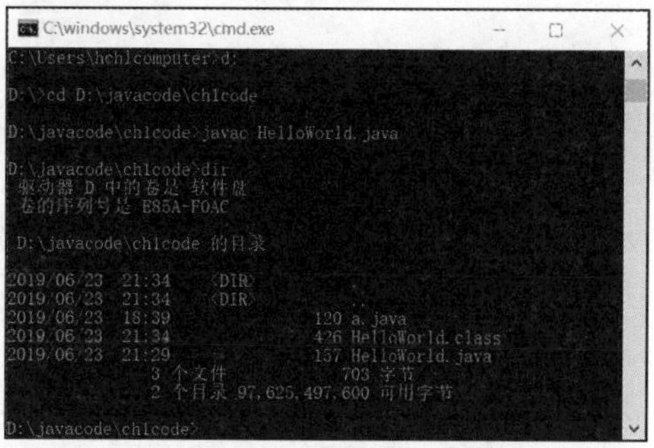

图 1-10　查看.class 文件

说明　调用javac命令的前提是已经安装了JDK并且设置了环境变量，将JDK提供的工具命令告知Windows系统，直到Windows系统知道到哪里寻找用户输入的javac命令。JDK环境变量的设置请参考第2章，为了节约篇幅这里不再赘述。

3．运行源程序

在编译完程序后需要运行程序，运行程序很简单，在当前目录下输入“java HelloWorld”命令，这里的 HelloWorld 就是刚才编写的类的名字。执行结果如图 1-11 所示。

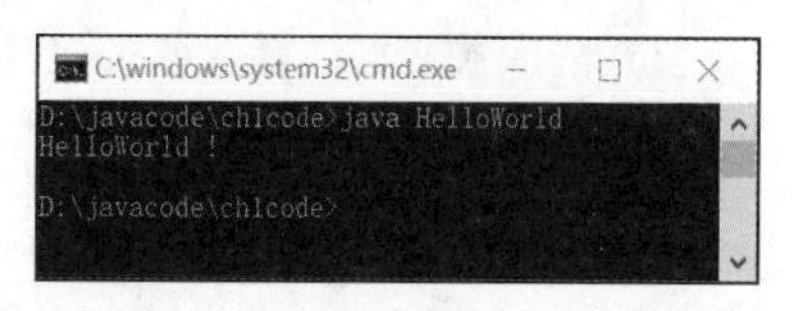

图 1-11　HelloWorld 程序执行结果

读者如果看到如图 1-11 所示的执行结果，说明 HelloWorld 程序执行成功了。在本例的源程序中，读者或许有很多疑惑，如 main()函数起什么作用，该函数的参数又如何使用，为什么可以直接调用 System.out.println (“HelloWorld”)，等等。这些疑惑将在下一节详细解释。

1.3　深入探讨“HelloWorld”应用程序

本节将详细介绍 HelloWorld 源程序，在 1.2 节读者已经看到如何编写、编译和执行 Java 源程序。但是读者或许想知道源程序到底是如何运行的。为了更好地说明，这里再次列出该代码程序。

```
01  /**
02     HelloWorld类的功能是在标准输出端
03     打印一行输出“HelloWorld!”
04  */
05  public class HelloWorld{                          //定义一个HelloWorld类
06      public static void main(String[] args){  //主方法
07        System.out.println("HelloWorld!");      //调用标准输出打印字符串
08      }
09  }
```

该源程序包括三个部分：程序注释、类定义和main()方法。通过对这三部分的说明，读者应该理解程序 HelloWorld 的基本执行过程。至于更细节的内容，后面的章节会继续讲解。

1.3.1 注释源代码

在程序中有这样的注释部分，如以下代码所示：

```
01  /**
02     HelloWorld类的功能是在标准输出端
03     打印一行输出“HelloWorld!”
04  */
```

这是 Java 的注释部分，其格式是“/**注释*/”，程序会忽略注释的内容。

良好的注释可以增强程序的可读性和可维护性，读者应该养成写注释的习惯。Java 支持三种注释方式。

1）双斜线“//”在程序中表示注释，注释的字句不会编译，即编译器会略过该行。如：

```
System.out.println("Hello Java!!!");     //在DOS窗口打印一行字符：Hello Java!!!
```

“//”表示单行注释，一般用在代码行的后面。

2）另一种注释方式实现多行注释，使用“/*多行注释内容*/”格式。如：

```
01  /*定义一个类
02  该类是示例程序，程序提供了一个入口，执行结果是在DOS窗口打印一行字符串
03   “Hello Java!!!”
04  */
```

3）内嵌式文档注释。该类注释多用在集成开发环境下，如 Eclipse 等，其方式如下：

```
01  /**
02          注释内容
03  */
```

该注释可以出现在类和接口的声明前、各种方法（函数）的定义前。在集成开发环境中，只要输入“/**”，再按回车键，就会自动形成注释的样式。

1.3.2 实现类定义

下面代码的粗体字部分是类定义部分，其语法格式是 class classname{code}，其中关键字 class 声明这是一个类，后面紧跟类名 HelloWorld，用两个大括号括起来的部分是类定义的主体部分。

```
01  /**
02  HelloWorld类的功能是在标准输出端
03  打印一行输出“HelloWorld!”
04  */
```

```
05  public class HelloWorld{                                       //定义一个HelloWorld类
06      public static void main(String[] args){                   //主方法
07          System.out.println("HelloWorld!");                     //调用标准输出打印字符串
08      }
09  }
```

【代码说明】上述代码中第 1~4 行为注释代码，第 5 行定义了一个名为 HelloWorld 的类，在第 6~8 行定义类的主方法，该方法实现打印字符串“HelloWorld!”。

具体的类介绍可以参考第 7 章，这里读者只需要理解该应用程序从一个类定义开始即可。

1.3.3　详解 main()方法

使用 Java 语言编写的应用程序必须包含一个 main()方法，它的格式如下所示：

```
public static void main(String[] args)
```

修饰符 public 和 static 的顺序可以互换，但是根据 Java 惯例是把 public 放在前面；参数名 args 不是固定的，开发者可以任意命名，但是习惯上选择使用 args 或 argv。

main()方法是应用程序的入口，一个程序执行时会首先从类的 main()方法开始，再启动程序所需要的其他资源。main()方法接收一个字符串数据参数，实际上该参数提供了运行时系统向应用程序提供参数的途径。当然也可以不传递任何参数。如果一个应用程序可以读取一系列文件，则需要把这些文件的绝对路径告诉该程序。该参数是命令行参数，即在调用 java ClassName 时使用，方式为 java ClassName args。

笔者在编译 HelloWorld 程序时没有输入参数，该应用程序忽略了该参数。但是读者一定要注意确实存在这样的参数，也允许调用这样的参数为应用程序所用。

1.4　常见疑难解答

对于初学者而言，在 Java 程序的开发、编译和执行过程中，都会或多或少遇到问题，如环境变量设置不正确，源程序的语法错误、语义错误，或在程序编译、运行期发生错误等。如果这些错误或问题不能得到适当的处理，那么会对初学者造成很大的障碍。本节将介绍几种常见的错误，以使读者在学习过程中少走弯路。

1.4.1　环境变量设置错误

在编译并运行 Java 应用程序之前，需要设置环境变量，其目的是使 Windows 系统可以知道 DOS 窗口中运行的 Java 工具可执行程序，如 Javac 源程序编译工具等。图 1-12 说明 Windows 操作系统无法发现 Javac 编译程序。

当然如果已经安装了 JDK，则可以在 DOS 提示符下输入 Javac 的绝对路径，通过绝对路径来识别该命令的位置。显然这种方式很烦琐，因为每次编译源文件都要输入一串路径和命令信息。读者可以通过 2.1 节掌握如何设置 JDK 环境变量。

1.4.2　语法错误

Java 语言规范设计了语法规则，但是如果疏漏了部分内容，违反了 Java 的语法规则，编译器会发出语法错误消息，该消息包含错误类型、发生错误的代码在程序中的位置（以该错误代码行号为标识）等，并且在错误处标识一个“^”。出现语法错误的情况如图 1-13 所示。

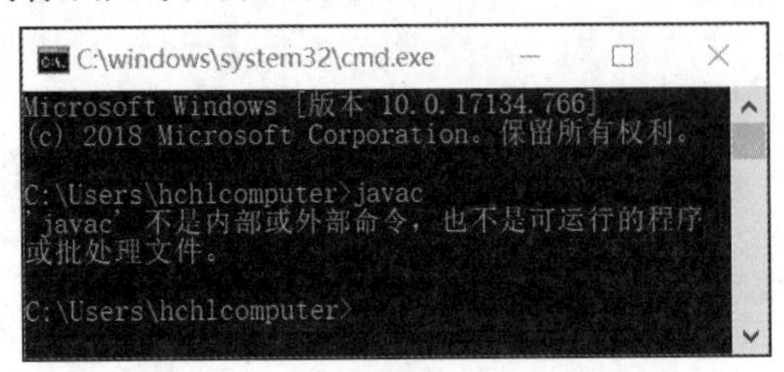

图 1-12 无法找到 Javac 可执行程序

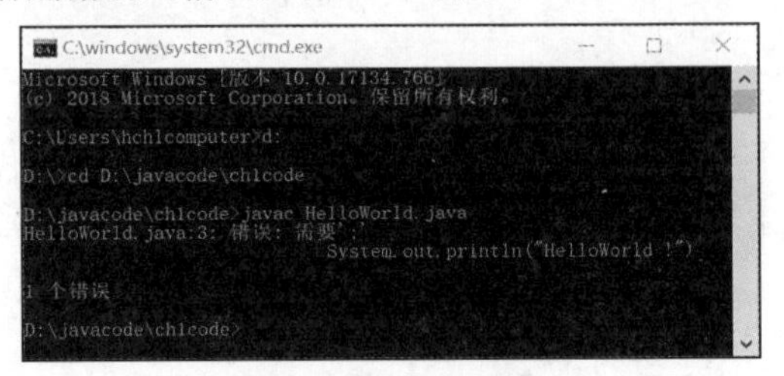

图 1-13 语法错误

在 HelloWorld.java 源程序中将语句 System.out.println(“HelloWorld!”)后的分号去掉，使得程序语句缺少结束标志，这就违反了 Java 语法规则。在编译期发生任何类型的错误都会导致无法生成.class 文件。所以此时需要读者仔细分析错误类型，细致检查程序中的错误，直到源程序顺利通过编译。

1.4.3 语义错误

编译器也会发现语义错误。编译器无法识别一个标识的语义时就会产生语义错误，如发现一个未定义的变量、错误输入了系统类库的类名等。图 1-14 演示了一个语义错误，笔者故意将语句 System 的首字母改为小写，使编译器无法识别，从而输出语义错误。

> **注意** Java程序区分大小写。

1.4.4 运行时错误

运行时错误指在执行程序过程中发生的错误，如某个类没有实例化而造成空指针、无法找到指定的类文件等。下面介绍三种初学者常见的运行时错误。

1. 无法发现类文件

在用户编译或执行 Java 程序时，由于种种原因可能输入了不正确的类名，使得编译器或虚拟机无法发现该文件所在位置。类文件名输入错误如图 1-15 所示。

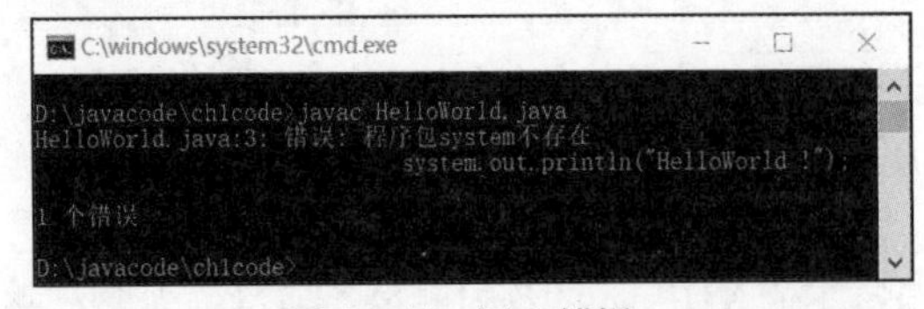

图 1-14 语义错误

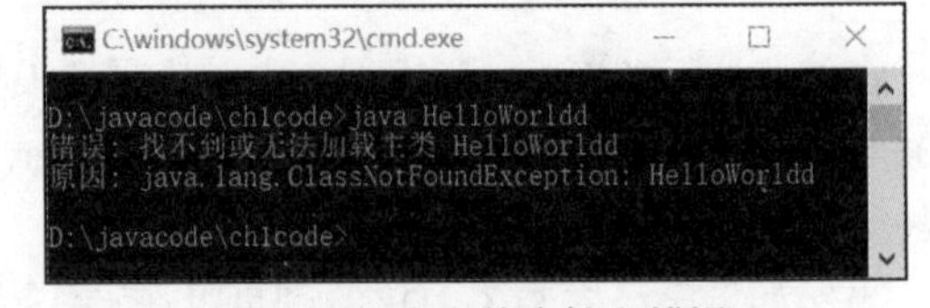

图 1-15 类文件名输入错误

在图 1-15 中，笔者想运行 HelloWorld 程序，但是输入了错误的类名 HelloWorldd，所以执行时系统抛出 java.lang.ClassNotFoundException 错误。

使用 Java 工具会启动 Java 虚拟机，此时系统会首先在当前目录下寻找类文件，如果没有则默认到操作系统的系统环境变量 ClassPath 中搜索，所以读者也可以在该变量中设置需要编译的类文件所在的目录。

> **注意**　变量的设置方式可以参考2.1.2节“设定环境变量”。

2．类名输入错误

对于初学者而言，很容易出现的一个错误是，执行 Java 程序时往往会输入类文件名，如 HelloWorld.class，这是不允许的，此时会抛出类名输入错误异常，如图 1-16 所示。

> **注意**　在调用Java工具执行程序时，需要在其后输入类名而不是类文件名，如输入java HelloWorld才是正确的方式。

3．无法发现 main()方法

在 1.3 节已经知道，任何 Java 应用程序执行的类中必须有 main()方法，该方法是程序的入口，以后才可以继续调用程序所需的各种其他资源。如果在类中没有定义 main()方法或该方法书写错误，都会导致如图 1-17 所示的缺少 main()方法错误。

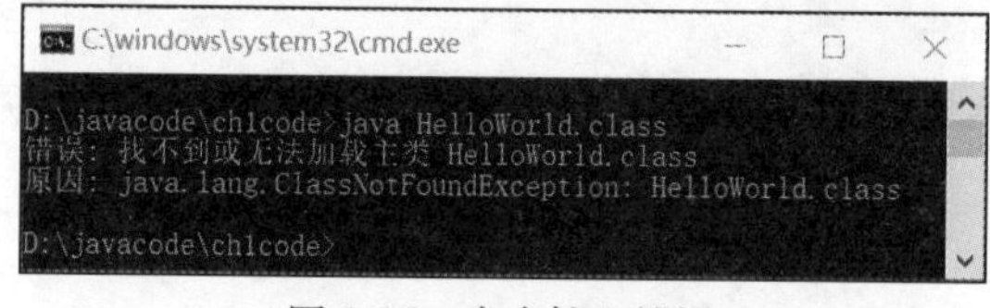

图 1-16　类名输入错误

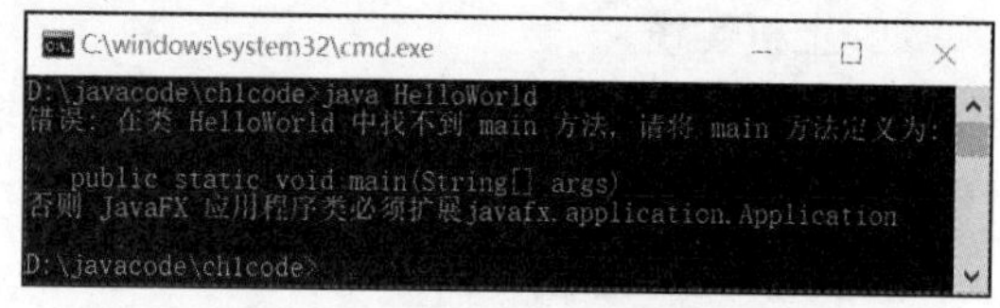

图 1-17　缺少 main()方法错误

笔者在 HelloWorld.java 源程序中修改了 main()方法的名字，继续编译并执行该程序，虚拟机将无法装载该类，因为无法发现类 HelloWorld 的程序入口。

1.4.5　初学者如何选择 Java 参考书

一个程序员如果没有半米多高的技术书堆，就没有人会认为他是真正的程序员。如何从眼花缭乱的开发丛书中找到适合自己的书，也是一门学问。

书评：比较成功的书籍在上市的前后，都会有名家撰写的书评，这些书评包括对该书积极一面的评价，也有对书中内容的指摘，通过正反两面的对照，相信可以帮助初学者做出购买的选择。

道听途说：口碑的重要性在现代社会中日益突出，如果真是一本好书，可能会在不同场合听到不同的人对它给予相同的赞许，这就是该书的价值了。

不要忘记旧书摊：这不是在鼓励怀旧，而事实是老书的质量和作者的写书态度也许更严谨端正，这就是老书的好处。多次印刷的书也是值得考虑购买的对象，多版本说明作者对该书的精益求精和新技术的更新，同时也反映了该书在市场上的受欢迎程度。

预先阅览：最好的当然是自己能够预先浏览，从朋友那里借也好，在网上看看电子版也好，觉得自己喜欢，或是觉得有收藏的价值，再进行购买。

1.5　小结

相信本章的学习不会耗费初学者多少脑力，但是作为学习一门语言的起步阶段，读者仅仅是看到 Java 语言的冰山一角，所以希望读者在轻松理解本章内容后能建立起学习 Java 语言的信心，并保持这样的状态继续下面章节的学习。

本章要求读者初步理解 Java 语言作为编程语言和作为软件平台的特性。对于 1.3 节深入探讨"HelloWorld"应用程序要用心体会，掌握一个应用程序的基本结构。因为本章还没有讲解环境配置等关键设置，所以并不建议读者动手练习，只需要了解 Java 程序从创建到执行的流程，以及 Java 程序中一些小的关键代码等即可。

1.6 习题

一、填空题

1. Java 虚拟机的英文全称是________，简称是________。

2. 常见的 Java 注释格式有 3 种：________、________和________。

3. 使用 Java 语言编写的应用程序必须包含一个________方法。

二、上机实践

1. 创建一个名为 WelcomeJava 的类，在该类中输出"欢迎进入学习 Java 之门"的字符串，并对代码每一行进行注释。

【提示】关键代码如下：

```
public static void main(String[] args) {
/* 从控制台输出信息 */
System.out.println("欢迎进入学习Java之门");
}
```

2. 创建一个名为 LoginOut 的类，在该类中实现输出如图 1-18 所示的效果。

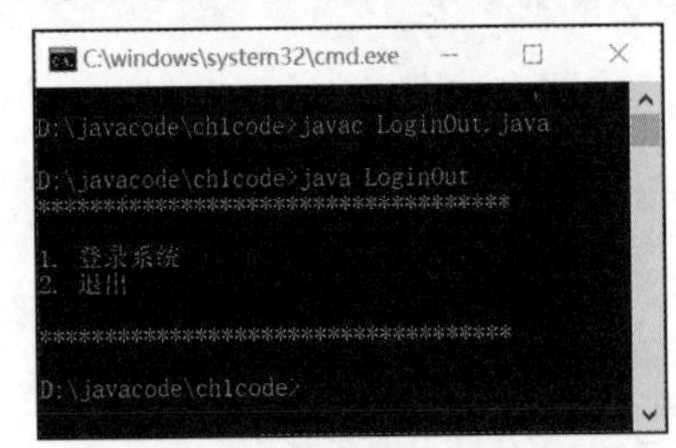

图 1-18 运行效果

【提示】关键代码如下：

```
public static void main(String[] args) {
/*从控制台输出信息*/
System.out.println("*************************************\n");
System.out.println("1. 登录系统");
System.out.println("2. 退出\n");
System.out.println("*************************************");
}
```

第 2 章　Java 开发工具及环境设置

Java 是很出色的面向对象高级语言，面向对象技术将在第 7 章介绍，这里只需要读者知道这个概念。正如 C、C++、C#语言一样，任何高级语言都需要一个运行平台，即编写 Java 语言的计算机应用程序，需要一个编辑、编译和运行的环境，这里将详细介绍 Java 高级语言的开发工具及相应的环境设置。本章将讲述应用程序的一个开发流程，另外还要讲述开发 Java 程序所要使用的开发工具，最后会编写一个简单的 Java 程序，并通过对程序的具体分析使读者能够对编写 Java 代码有一个初步的认识。

本章重点：

- ❑ 开发工具的下载和安装。
- ❑ JDK 的组成和配置。
- ❑ 编写并运行简单的 Java 程序。

2.1　Java 开发工具简介

Java 语言是一种解释型的语言，即读一句程序执行一句，这样就需要一个解释器完成源程序到机器语言的翻译过程。同时 Java 是跨平台的语言，跨平台是指 Java 程序可以在安装任何操作系统的计算机上运行，其前提是需要安装 Java 虚拟机（JVM）。虚拟机和解释器都是 JDK 的一部分，JDK 是 Java 开发工具集，它包含一套工具，如刚才讲的源程序解释器、JVM，还包括编译工具（Javac.exe）、执行程序（Java.exe）等。如果想让运行程序的计算机知道这些工具的位置，并找到这些工具，就需要下载、安装、配置并测试 JDK 工具。

2.1.1　下载并安装 JDK

与 Java 相关的基础平台都是由 Sun 公司提供的，开发人员可以通过 http://www.oracle.com/technetwork/java/index.html 网站了解有关 Java 的最新技术，并可以下载相关的软件。Java 网站的首页如图 2-1 所示。

注意　之所以是Oracle公司网站，而不是Sun公司网站，是因为在2009年8月21日Oracle公司收购了Sun公司。

本书中的代码采用 JDK 12.0 版本进行开发，因此在 Java 网站的首页右侧，单击“Java SE”链接，进入关于 Java SE 的下载界面，如图 2-2 所示。

在 Java SE 的下载界面中，单击“JDK Platform (JDK) 12”图片按钮，即可进入 JDK 12 的下载界面，如图 2-3 所示。在 JDK 12 的下载界面中，首先选择“Accept License Agreement”单选按钮。本书采用 Windows 64 位平台，因此选择“jdk-12.0.1_windows-x64_bin.exe”，如图 2-4 所示。在该

界面中，单击“jdk-12.0.1_windows-x64_bin.exe”链接，即可下载 JDK，如图 2-5 所示。

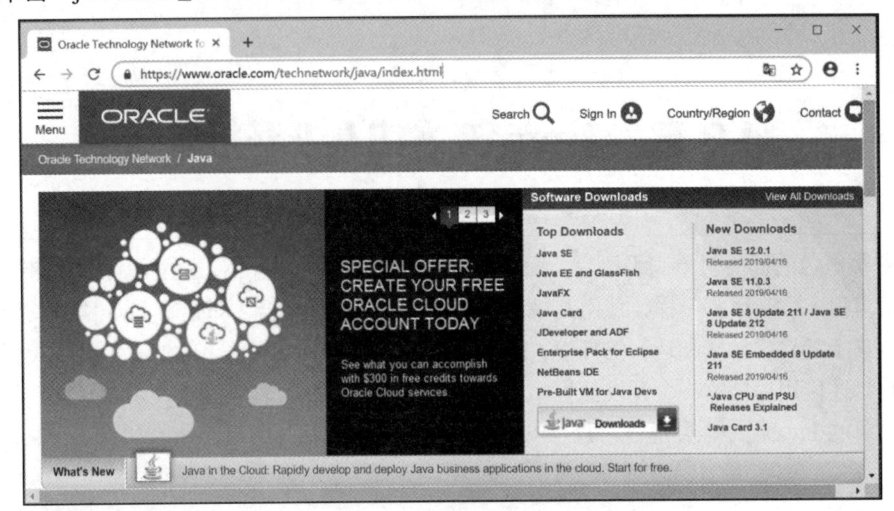

图 2-1　Java 网站的首页

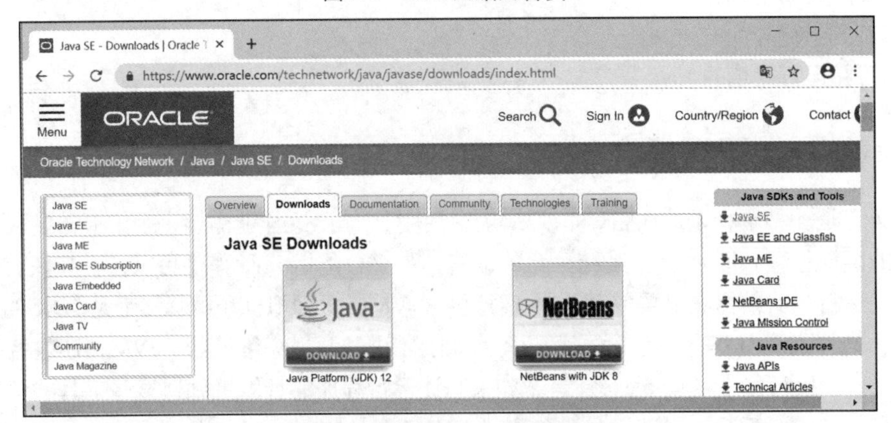

图 2-2　Java SE 的下载界面

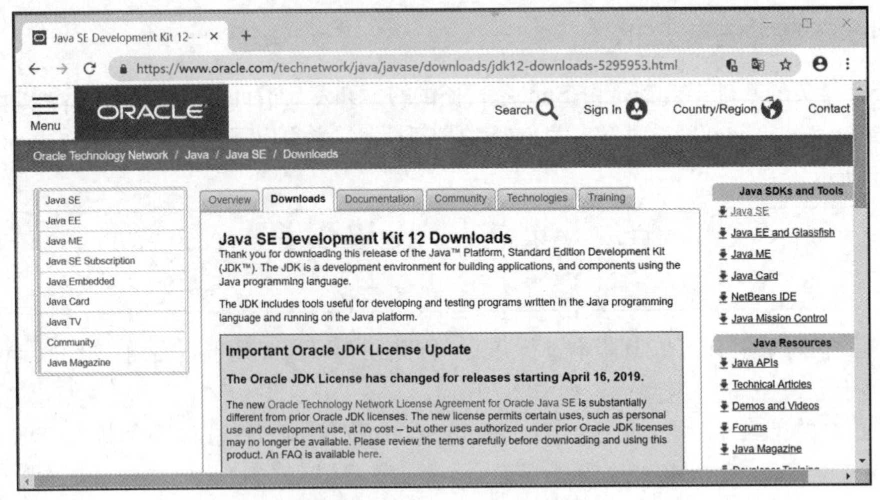

图 2-3　JDK 12 的下载界面

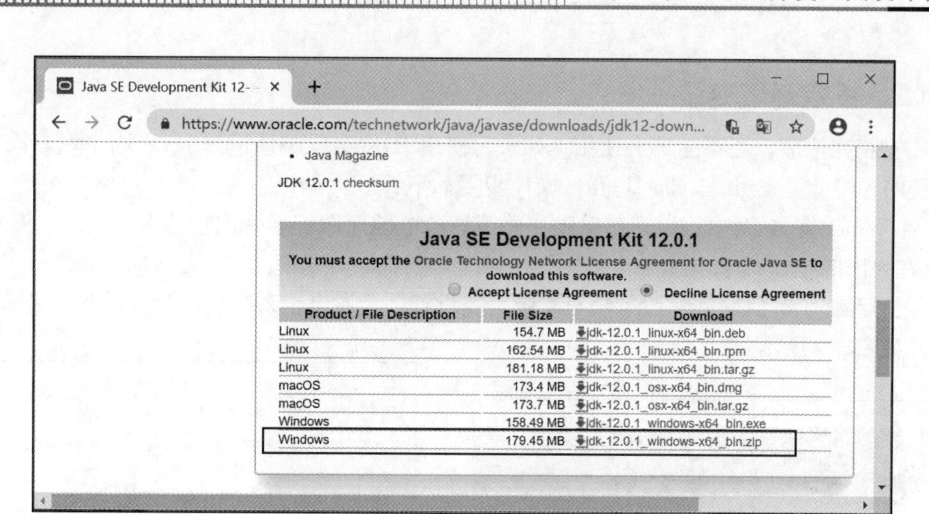

图 2-4　页面根据前面的选择内容跳转到要下载的界面

下载到本地的 JDK 大约为 158MB。下载完就可以进行安装，具体安装步骤如下：

1）双击执行 jdk-12.0.1_windows-x64_bin.exe 安装程序，首先出现的是程序安装向导界面，如图 2-5 所示。

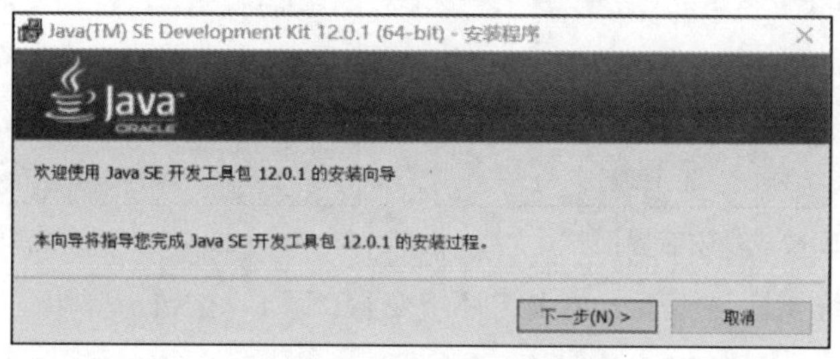

图 2-5　程序安装向导界面

2）单击“下一步”按钮，准备过程完成后，安装程序会自动打开“自定义安装”界面，在该界面中单击“更改”按钮，就会出现“更改文件夹”界面，如图 2-6 所示。

3）选择好相应的路径（如 D:\Java\jdk），单击“确定”按钮，配置好的“自定义安装”界面如图 2-7 所示。

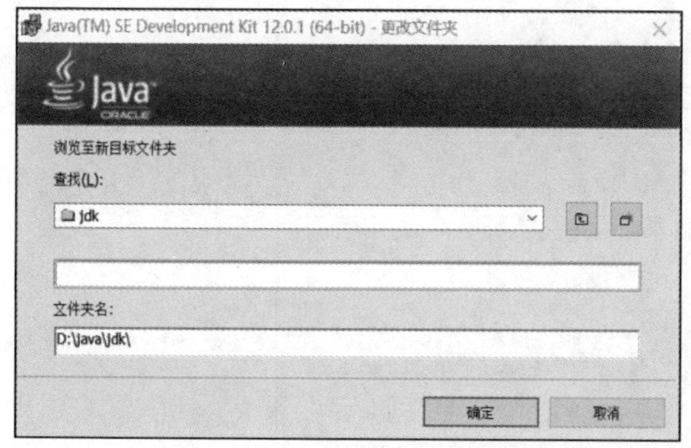

图 2-6　“更改文件夹”界面

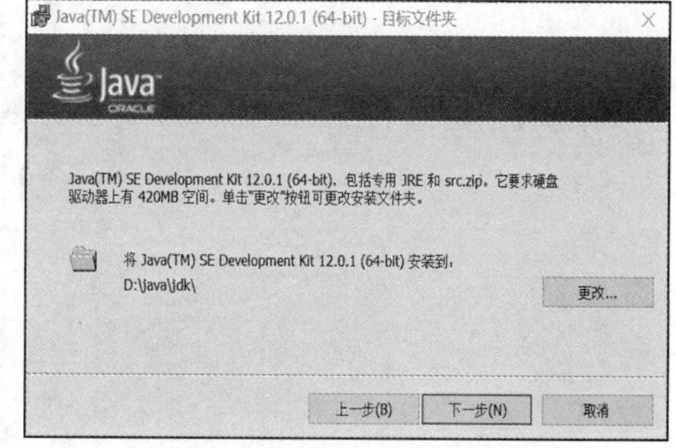

图 2-7　“自定义安装”界面

4）然后单击“下一步”按钮，JDK 即可开始安装。安装完成后弹出如图 2-8 所示的成功安装界面。然后单击“关闭”按钮即可。

2.1.2　设定环境变量

JDK 安装完毕后，还不能马上使用。如果想使用 JDK 实现编译运行 Java 文件等操作，还需要设定系统的环境变量 Path 与 ClassPath，操作步骤如下：

1）在 Windows 桌面中，用右键单击“此或这台电脑”图标，弹出快捷菜单。

2）在弹出的快捷菜单中选择“属性”，弹出“系统”对话框。

3）在“系统”对话框的左边单击“高级系统设置”，弹出“系统属性”对话框，选择“高级”选项卡，如图 2-9 所示。

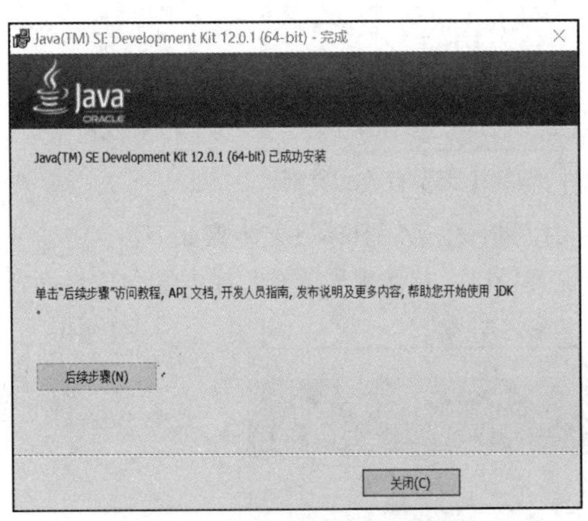

图 2-8　JDK 成功安装界面

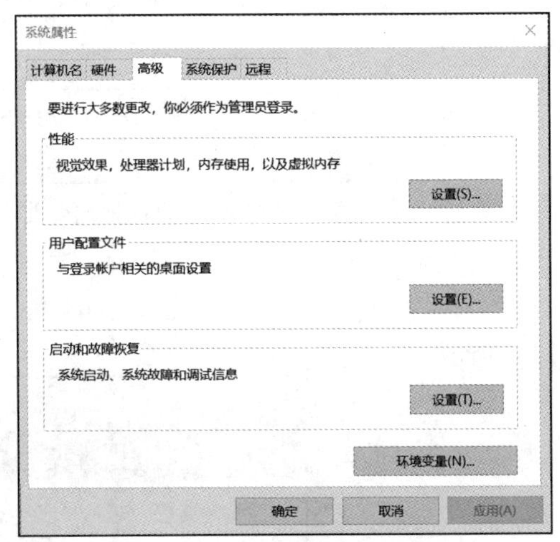

图 2-9　“系统属性”对话框

4）在图 2-9 系统属性界面下方单击“环境变量(N)...”按钮，弹出“环境变量”对话框，如图 2-10 所示。

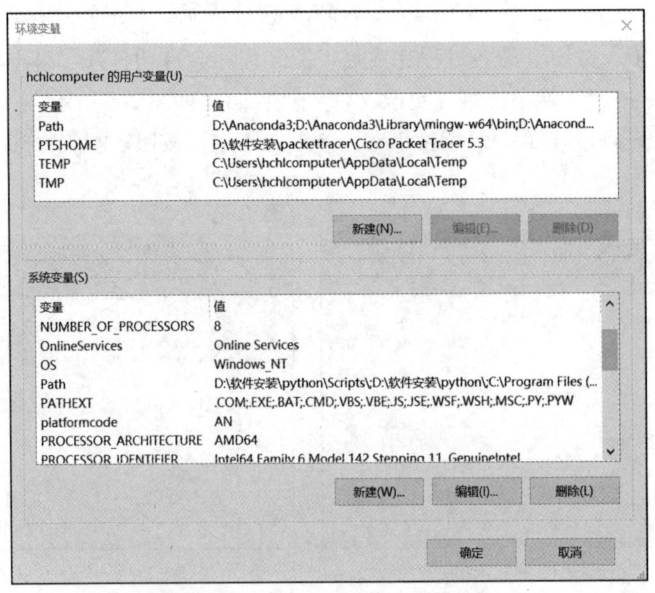

图 2-10　“环境变量”对话框

5）在“系统变量（S）”区域中单击“新建”按钮，在弹出的“新建系统变量”对话框中，

设定变量名为 JAVA_HOME，变量值为 D:\java\jdk，如图 2-11 所示。单击“确定”按钮。

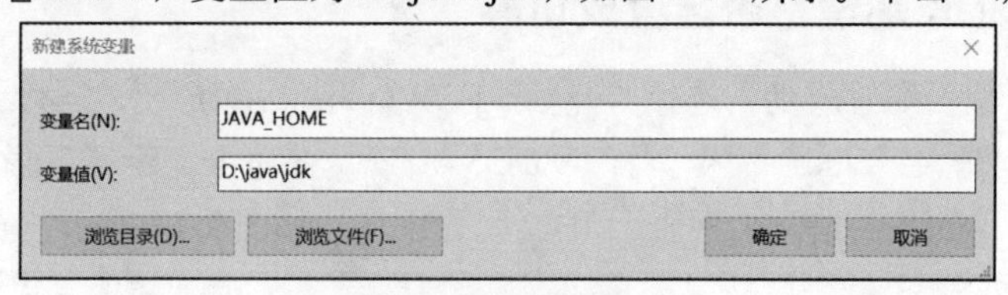

图 2-11　新建系统变量

6）在“系统变量（S）”区域中选择变量“Path”，单击“编辑”按钮，弹出“编辑环境变量”对话框，如图 2-12 所示。

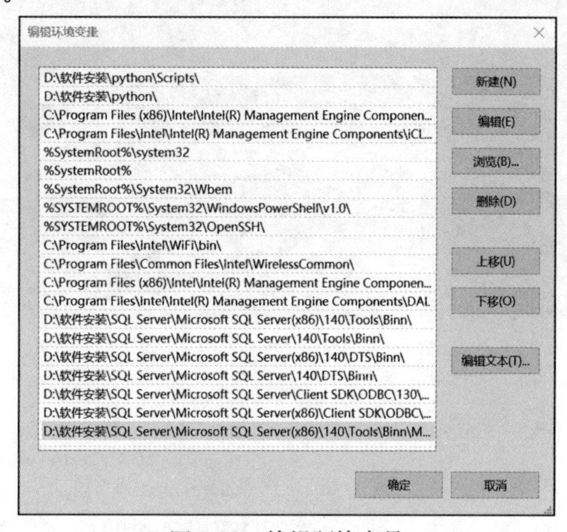

图 2-12　编辑环境变量

7）单击“新建”按钮，在空白行处输入“%JAVA_HOME%\bin”，以同样的方法在下一行输入“%JAVA_HOME%\jre\bin”，如图 2-13 所示。最后单击“确定”按钮即可。

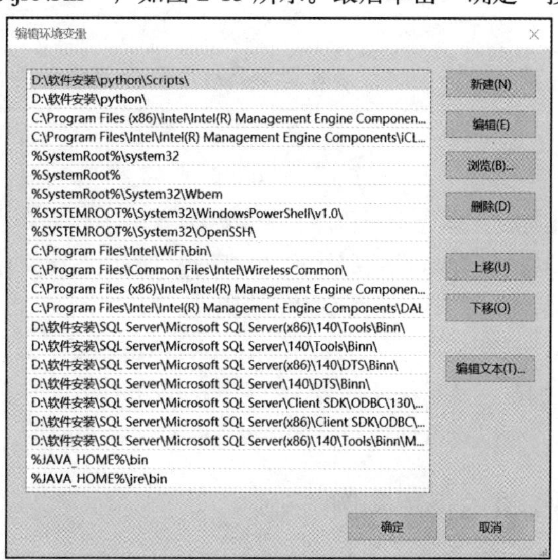

图 2-13　“编辑环境变量”对话框

2.1.3 验证 JDK 环境是否配置成功

为了验证 JDK 是否配置成功，选择“开始”|“Windows 系统”|“运行”命令，然后在弹出的“运行”对话框内输入“cmd”命令，打开 DOS 窗口，在命令提示符下输入“java”，然后按 Enter 键，若输出 Java 的相关信息，则表示 JDK 配置成功，如图 2-14 所示。

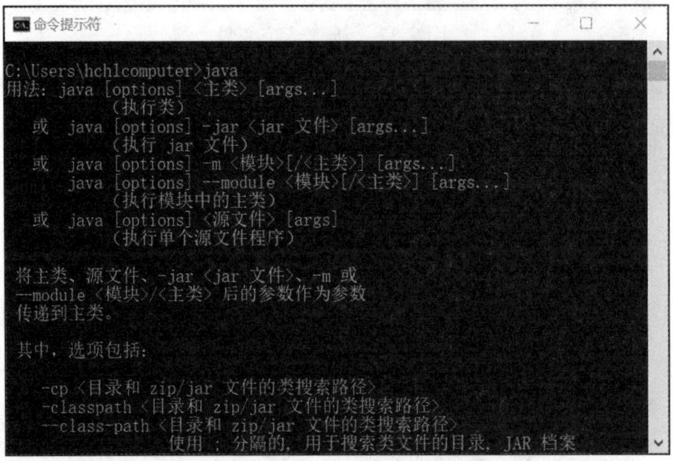

```
命令提示符

C:\Users\hchlcomputer>java
用法: java [options] <主类> [args...]
           (执行类)
   或  java [options] -jar <jar 文件> [args...]
           (执行 jar 文件)
   或  java [options] -m <模块>[/<主类>] [args...]
       java [options] --module <模块>[/<主类>] [args...]
           (执行模块中的主类)
   或  java [options] <源文件> [args]
           (执行单个源文件程序)

 将主类、源文件、-jar <jar 文件>、-m 或
 --module <模块>/<主类> 后的参数作为参数
 传递到主类。

 其中, 选项包括:

    -cp <目录和 zip/jar 文件的类搜索路径>
    -classpath <目录和 zip/jar 文件的类搜索路径>
    --class-path <目录和 zip/jar 文件的类搜索路径>
                  使用 ; 分隔的, 用于搜索类文件的目录, JAR 档案
```

图 2-14　输出 Java 的相关信息

2.2 JDK 内置工具

Java 程序需要运行环境的支持，同时编译、解释 Java 程序，以及执行 Java 应用程序和 Java 小程序也需要必要的工具，本节重点讲解 JDK 中包含的 5 种常用工具，即 Javac.exe、Java.exe、Javadoc.exe、Javap.exe 和 jdb。在 JDK 中还集成了 Java 虚拟机（JVM），JVM 提供了 Java 程序的运行环境，它负责解释.class 文件（Java 源程序经过编译后的文件），并提交给机器执行。

注意　这里对JVM不再做过多的说明，读者只要知道它的作用就足够了。

2.2.1 JDK 常用工具

JDK 是一个开发工具集合，作为实用程序，工具库有 5 种主要程序。

1）Javac：Java 编译器，将 Java 源代码转换为字节码（生成与源文件名同名的.class 文件）。

2）Java：Java 解释器，执行 Java 源程序的字节码。

3）Javadoc：依据 Java 源程序和说明语句生成各种 HTML 文档。

4）Javap：Java 反汇编器，显示编译类文件中可访问的功能和数据，显示字节码的含义。

5）jdb：Java 调试器，可以逐行地执行程序、设置断点和检查变量。

2.2.2 JDK 常用工具的使用实例

2.2.1 节已经详细介绍了各种实用工具的含义，这里就依次介绍如何使用这些工具。

Javac 和 Java 工具将在 2.3 节通过一个 Java 应用程序详细说明其用法。这里介绍 2.2.1 节所列的其他工具的使用，借用 2.3 节中的 Java 应用程序 MyFirstJavaProgram.java。

图 2-15 说明如何使用 Javadoc。

> **说明** 这里借用了2.3节中的MyFirstJavaProgram.java源程序，在图2-15中可以清楚地看到Javadoc工具的执行过程，首先是加载源文件MyFirstJavaProgram.java，创建相关Javadoc信息，然后产生各种html文件，这些文件保存在执行Javadoc命令的当前目录下。至于文件内容，读者只要自己实践一次，打开观察一下就很清楚了，这里不再做过多介绍。

图 2-16 为在 D 盘根目录下通过各种 Javadoc 生成的 html 文件。图 2-17 说明如何使用 Javap。图 2-18 说明如何使用 jdb。

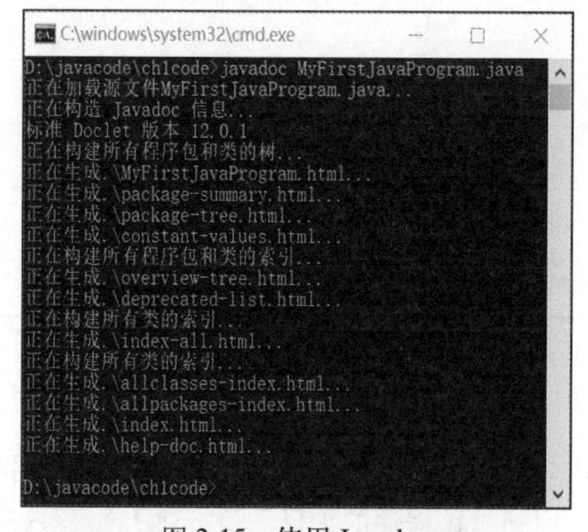

图 2-15　使用 Javadoc

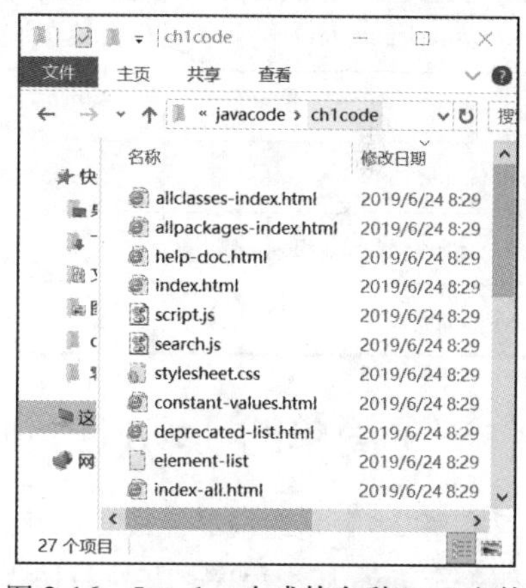

图 2-16　Javadoc 生成的各种 html 文件

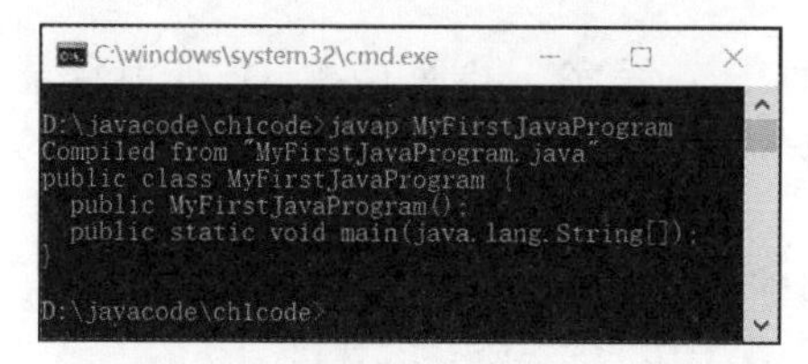

图 2-17　使用 Javap

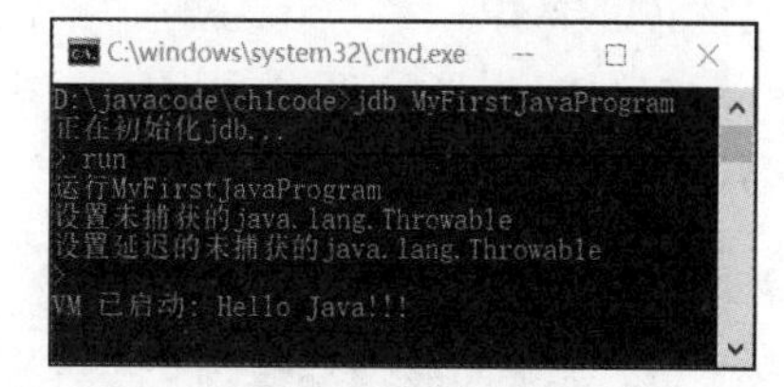

图 2-18　使用 jdb

> **说明** 这里使用Javap反编译MyFirstJavaProgram.class（源程序可参见2.3节的代码）文件，反编译的结果是该类提供的可访问的方法和属性。这里可访问是指具有public访问权限的方法或静态属性，如在MyFirstJavaProgram.java源文件中，有一个具有public访问权限的main()方法，同时Java默认的构造函数也具有public访问权限，所以这些都可以通过反编译工具Javap体现出来。

本节详细介绍了 JDK 的几种常用工具，读者一定要用心体会，自己操作一遍，就可以很快掌握这些工具的用法，尤其是 Javac.exe 和 Java.exe，它们是最常用的两种工具，在 2.3 节有具体的操作实例，读者可以参考。随着学习的深入，还会附带介绍其他工具（如 jar 打包工具等），对于初学者，首先掌握本节介绍的基本工具是最重要的，这样不会耽误下面的学习内容，同时为深入学习

JDK 的其他工具打下良好的基础。

2.2.3 Java 应用程序的发布工具

jar 文件被打包成 ZIP 文件格式，所以可以使用 jar 工具实现压缩和解压缩数据。jar 工具可以实现应用程序的发布，把应用程序所需要的资源（如类、视频、音频、图片等）打包成.jar 文件，该文件具有跨平台特性，可以在任何运行虚拟机的操作系统平台上执行。

jar 工具是 JDK 的一部分，jar 命令将启动打包工具软件，可以根据自己的需要调用不同的参数实现资源文件打包。表 2-1 为 jar 工具的操作命令格式和功能。

表 2-1 jar 工具的操作命令和功能列表

操作命令	操作命令的功能
jar cf jar-file input-files	创建一个 jar 文件
jar tf jar-file	查看 jar 文件的内容
jar xf jar-file	提取 jar 文件的内容
jar xf jar-file archived-files	在 jar 文件中提取一个指定的文件
java –jar app.jar	运行一个打包成 jar 文件的应用程序，该应用程序需要提供一个主类作为程序的入口

2.3 一个简单的 Java 应用程序

【实例 2-1】现在已经完成了 JDK 的安装和相应的环境设置，下面用 Windows 下自带的记事本编辑一个 Java 应用程序，并执行该程序，读者可以通过该程序的编译和执行对 Java 程序的执行有一个直观的认识。

1）编写源程序：打开记事本，编写如下的 Java 程序，并保存在 D 盘根目录下，即 D:\MyFirstJavaProgram.java。以下是一个 Java 应用程序，只输出一句“Hello Java!!!”。

```
01  //定义一个MyFirstJavaProgram类
02  public class MyFirstJavaProgram{
03      //程序执行的入口，每个Java应用程序都有一个main()函数
04      public static void main(String args[ ]){              //程序的入口函数
05          //在DOS窗口打印一行字符串：Hello Java!!!
06          System.out.println("Hello Java!!!");
07      }
08  }
```

【代码说明】第 4 行的程序很关键，是 Java 程序中应用程序的入口函数 main()。第 6 行是输出的关键，通过 println()方法输出相应的内容。

说明 *初学者在编写源代码时，最好选择无格式的文本编辑器，如Windows下的记事本，存储源程序时其扩展名必须是.java。*

2）编译源程序：单击“开始”|“Windows 系统”|“运行”命令，在“运行”对话框中输入“cmd”命令，如图 2-19 所示。

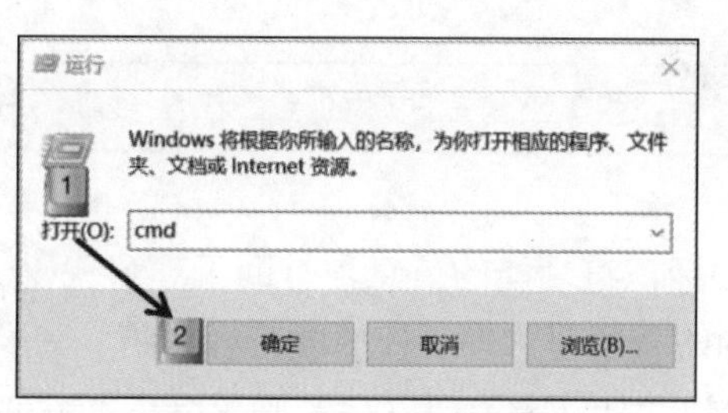

图 2-19　“运行”对话框

单击图 2-19 中的“确定”按钮，打开 DOS 窗口，进入 D 盘根目录，在当前目录下输入“javac MyFirstJavaProgram.java”。编译有两个作用：一是检查程序的语法错误，二是导入源程序中需要的类库。编译的结果是.class 文件，该文件可以被 JVM 直接运行。如果编译正确，显示结果如图 2-20 所示。

注意	在读者开始使用记事本编辑Java源程序时，可能会出现一些输入错误，造成程序无法编译，如字符串的双引号使用了中文输入法，则无法通过编译，并提示出现非法字符。

【运行效果】执行程序：在 DOS 窗口中输入“java MyFirstJavaProgram”，则程序执行结果如图 2-21 所示。

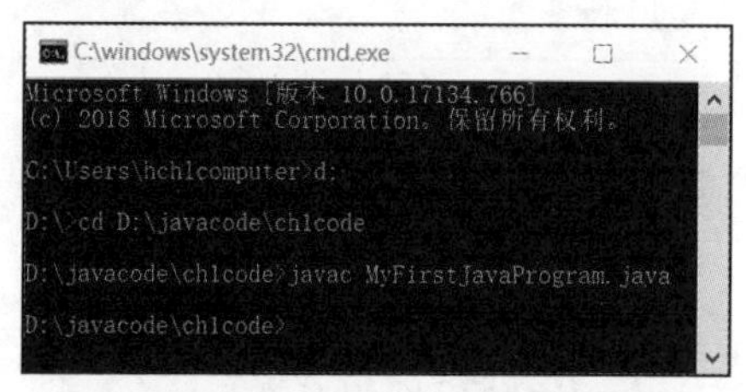

图 2-20　编译 Java 源程序

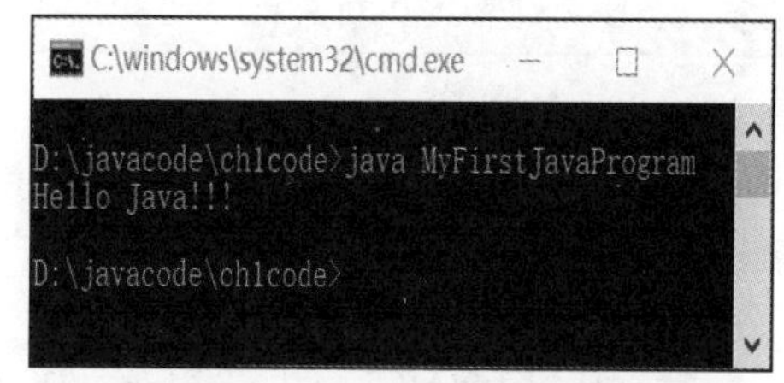

图 2-21　执行 Java 程序的结果

注意	在使用Java.exe工具执行编译过的Java程序时，需要执行的文件名就是源文件名，但不需要文件后缀（如.class）。执行MyFirstJavaProgram时，只需要输入java MyFirstJavaProgram，而不是java MyFirstJavaProgram.class。

2.4　Java 程序员的编码规则

软件工程发展到现在已经非常成熟，与此同时对于程序员编码的规则也限定得越来越多。早年天马行空的编程与企业的要求渐行渐远，每个公司都会对程序员的编码习惯进行限制，包括命名、格式等。有的可以说是相当苛刻，当然每个公司的要求也是不同的，没必要每个要求都知道。

如果读者进入公司，按照公司要求的编码规范去做即可。这里是笔者搜集的一些基本要求，主要是一些常识和编码思想，也是大家都比较认同的编码规则。如果新入门读者有的地方不明白也没有太大关系，等学完后面的知识再回来看这节内容就可以了。

（1）注释

注释用来提供源代码自身没有提供的附加信息，主要包含对代码的总体说明、步骤说明、设计决策信息和其他一些代码中不容易看出来的信息。

注意　注释并不是越多越好，过多且容易过时的注释往往会影响代码的更新和阅读。

（2）命名规范

命名规范提供一些有关标识符功能的信息，有助于理解代码，使程序更易读。

在标识符中，所有单词的首字母大写，被称为驼峰标识。字段、方法以及对象的首字母小写。例如：类名可以写作 MyFirstClass，而方法名则要写成 getName()。

如果是常量，则 static final 基本类型标识符中的所有字母大写。这样就可以标志出它们属于编译期的常量，如 MAX_LENGTH。

Java 包（Package）的包名全部小写，首字母也不例外。例如，com.java.util。

（3）类的测试

每当创建一个类时，考虑在该类中写主方法进行测试，以保证类的正确性和功能的完整性。测试代码也可以作为如何使用类的示例来使用。

（4）类的设计

设计类时要尽量使其功能单一，只解决某些特定的问题；不要设计方法众多且差别较大的类。

注意　设计类时要考虑该类的维护和发展，考虑代码复用和多态。

（5）方法的设计

方法的设计与类一样，都是尽量明确其功能，简明扼要，功能单一。当方法过长时，尽量考虑将其分解成几个方法。

（6）封装

对代码进行封装时，出于安全方面的考虑，尽可能将方法和属性“私有”。

（7）采用内部类

当类和类之间关系非常紧密时，可以考虑采用内部类来实现，以改善编码和维护的工作。

（8）接口编程

接口主要描述了可能完成哪些功能和方法，而类描述的是具体的实施细节。故当需要某个类作为基础类时，尽量考虑将其变成一个接口。如果不得不使用方法或成员变量，才将其变成一个抽象类。

（9）继承

对于继承的使用应该谨慎，尽量采取实现接口的方法来达到目的。只有在必须继承的情况下才考虑继承。

（10）分析的顺序

对于项目的分析要从宏观到微观，从整体到局部。首先把握项目的整体概况，掌握全局之后再考虑细节的实现。

（11）性能的优化

性能的优化是考察项目好坏的一个方面，但并不是最重要的方面。正确的方法是先让程序

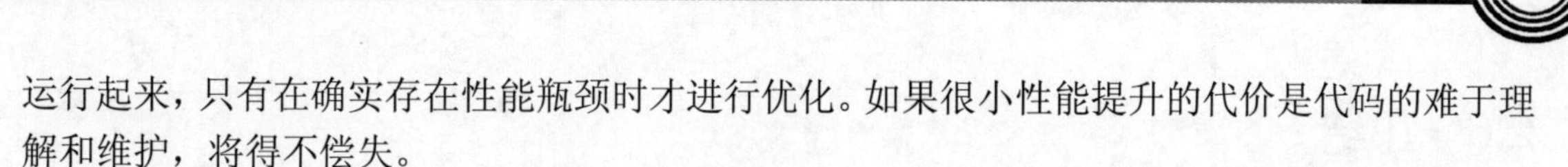

运行起来，只有在确实存在性能瓶颈时才进行优化。如果很小性能提升的代价是代码的难于理解和维护，将得不偿失。

（12）设计与编码

对于一个项目而言，分析设计和编码的时间比例大约是 8∶2，通常会在拥有完善的设计和解决方案以后才进行编码工作，此时的编码工作将非常简单。如果只是花很少的时间进行分析和设计，那么编码工作必定困难重重，甚至延长项目时间，造成违约。

2.5　常见疑难解答

2.5.1　Java 文件扩展名是否区分大小写

如果用记事本写了一个很短的程序，如下所示：

```
01  //定义一个FirstJava类
02  public class FirstJava{
03       //程序执行的入口，每个Java应用程序都有一个main()函数
04      public static void main(String args[]){                    //主方法
05       //在DOS窗口打印一行字符串：Hello Java!!!
06         System.out.println("Hello!!!");
07       }
08  }
```

将这个文件保存在 D 盘根目录下，名字为 Hello.Java，那么在 DOS 中的 D 盘根目录下执行 javac 命令，根本就不会编译这个文件。将扩展名改为小写的 Hello.java，则再执行 javac 命令，就可以编译通过了。所以说 Java 文件的扩展名区分大小写。

2.5.2　Javac xxx.java 顺利通过，但 Java xxx 显示 "NoClassDefFoundError"

Java 命令在一定的范围（ClassPath）内搜索要用的 class 文件，但是未能找到。遇到这类问题，首先请确认没有错误地输入成 java xxx.class；其次，检查 ClassPath 环境变量，如果设置的该变量没有包含 "."（代表当前目录），就会遇到这个问题，处理的方法就是在 ClassPath 环境变量中加入 Java 命令的当前目录这一项。

2.5.3　导致错误 "Exception in thread main java.lang.NoSuchMethodError:main" 的原因

首先，在程序中每个 Java 文件有且只能有一个 public 类，这个类的类名必须与文件名的大小写完全一样；其次，在要运行的类中，有且只能有一个 "public static void main(String[] args)" 方法，这个方法就是主运行程序。

根据上面的这种 Java 结构，当遇到 Path 问题时，操作系统会在一定的范围（Path）内搜索 javac.exe。如果没有找到，那么编辑操作系统环境变量，新增一个 "JAVA_HOME" 变量，设为 JDK 的安装目录，再编辑 Path 变量，加上一项 "%JAVA_HOME%\bin"，然后关闭当前 DOS 窗口，再新开一个 DOS 窗口，就可以使用 Javac 和 Java 命令了。

2.6 小结

在学习本章时，读者一定要注意带有“说明”和“注意”字样的内容，忽视这些细节往往会造成程序编译、运行的异常，会给初学者带来理解上的困惑。读者一定要动手编写本章提供的例子，只有自己动手实践，才能有所收获。

2.7 习题

一、填空题

1．JDK 安装完毕后，还不能马上使用。如果想使用 JDK 实现编译、运行 Java 文件等操作，还需要设定系统的环境变量__________和__________。

2.JDK 是一个开发工具集合，作为实用程序，工具库有 5 种主要程序：__________、__________、__________、__________和__________。

3．在 Java 中，__________工具可以实现应用程序的发布，把应用程序所需要的资源（如类、视频、音频、图片等）打包成__________。

4．__________提供了 Java 程序的运行环境，负责执行 Java 编译好的字节码文件，并提交给机器执行。

二、上机实践

1．编写我的第一个 Java 程序，如输出“My First Program”，然后完成编译源程序、执行源程序、生成 HTML 文档、反编译、调试等操作。

2．编写一个简单的 Java 程序，测试 Java 源代码的扩展名是否区分大小写。

【提示】 Java 源代码的扩展名为“.java”。

第 3 章　Java 语言中的数据类型与运算符

本章主要介绍编程语言中最基础的部分：数据类型和运算符。这是学习所有编程语言时都必须掌握的基础知识，也是整个程序代码不可缺少的重要部分。本章将通过大量的程序代码来讲述如何操作这些数据类型和运算符，熟练地掌握此章对于 Java 开发有着非常重要的作用，并且还对以后学习其他开发语言有着重要的帮助。

本章重点：

- ❑ Java 语言中的数制。
- ❑ 数据类型。
- ❑ 变量和常量。
- ❑ 各种常见运算符。

3.1　数制

在介绍数据之前，先了解数制的概念。数制可以说是纯粹数学上的内容，在计算机语言开发中使用得比较频繁，下面将详细讲述数制的有关知识。

3.1.1　基本概念

在使用计算机时，会遇到数值、文字、图像、声音等信息，计算机如何识别这些数据信息呢？

首先，这取决于计算机底层硬件是如何识别数据的。计算机底层硬件只能识别“0”和“1”，这种只有“0”和“1”两个数字符号的组合被称为二进制。例如计算机要处理数字“128”，那么计算机会将其转化成二进制“10000000”。一个这么简单的数字，要用这么长的数字符号来代替，在现实生活中稍显麻烦，所以后来又引进了十六进制和八进制。实际开发中使用最多的是十进制，后面会介绍各个数制的特征和使用。

3.1.2　Java 语言中的数制表现形式

数制一般包括二进制、八进制、十六进制和十进制。

1. 二进制

二进制的特征：

- ❑ 由“0”和“1”两个数字组成。
- ❑ 运算时逢二进一。

例如：1100110011 和 10000001。

2. 八进制

八进制的特征：

- 由 8 个数字组成："0"、"1"、"2"、"3"、"4"、"5"、"6"、"7"。
- 运算时逢八进一。

例如：014、0726。

> **注意**　八进制数据以0为前缀。它经常会与二进制产生混淆，所以在Java程序设计中，建议尽量不要使用八进制。

3. 十六进制

十六进制的特征：

- 由 16 个数字组成："0"、"1"、"2"、"3"、"4"、"5"、"6"、"7"、"8"、"9"、"A"、"B"、"C"、"D"、"E"、"F"。
- 运算时逢十六进一。

例如：0xB 和 0x12e。

> **注意**　十六进制用A、B、C、D、E、F这6个字母分别表示10～15。字母不区分大小写。十六进制数据以0x为前缀。

4. 十进制

十进制的特征：

- 由 10 个数字组成："0"、"1"、"2"、"3"、"4"、"5"、"6"、"7"、"8"、"9"。
- 运算时逢十进一。

例如：89、92、168。

3.2　数据类型

Java 语言是一个强调数据类型的语言，在声明任何变量时，必须将该变量定义为一种数据类型。Java 中的数据类型包括基本数据类型和对象类型（也称为引用数据类型）。对象类型不属于本章所讲述的内容，本章主要介绍数据的基本类型。Java 程序中，总共有 8 大基本类型：其中包括 4 种整型、1 种字符型、2 种浮点型、1 种布尔型。除了这几种基本类型外，其他都属于对象类型的数据。

3.2.1　整型

什么是整型呢？从字面上就可以知道，整型就是整数类型，也就是没有小数点的数字，可以是正数也可以是负数。在 Java 中，整型主要有 4 种：字节型（byte）、整数型（int）、短整型（short）、长整型（long）。

1. 字节型

【实例 3-1】 byte 用一个字节来表示整数值，它的范围介于-128~127 之间。通常这种类型的整型数据拥有上节中提到的所有进制。但无论采用哪种进制，在输出控制台上，系统都会将其自动转化为十进制，从下列代码段可以得到证实。

```
01  public class Byte {                                     //定义一个Byte类
02      public static void main(String[] args) {            //主方法
03          byte x = 22;                                    //x是十进制数
04          byte y = 022;                                   //y是八进制数
05          byte z = 0x22;                                  //z是十六进制数
06          //输出相应十进制的值
07          System.out.println("转化成十进制,x=" + x);
08          System.out.println("转化成十进制,y=" + y);
09          System.out.println("转化成十进制,z=" + z);
10      }
11  }
```

【代码说明】第 3~5 行定义了 3 个 byte 型变量，分别代表不同的数制，第 4 行的变量值前缀是 0，第 5 行的变量值前缀是 0x。第 7~9 行并没有使用类型转换的函数，而是直接输出这 3 个变量。

【运行效果】在 DOS 窗口中，通过 Javac 编译该源代码，然后通过 Java 执行编译后的 class 文件。最终结果如下所示。

```
转化成十进制,x=22
转化成十进制,y=18
转化成十进制,z=34
```

2．短整型

【实例 3-2】short 用两个字节表示整数值，其整数值介于−32 768~32 767 之间。它有八进制、十进制和十六进制 3 种表示方法，其表示方法与字节型是一样的，从下面的程序段可以证实。

```
01  public class Short                                      //定义一个Short类
02  {
03      public static void main(String[] args)              //主方法
04      {
05          short  x=22;                                    //十进制
06          short  y=022;                                   //八进制
07          short  z=0x22;                                  //十六进制
08          //输出相应十进制的值
09          System.out.println("转化成十进制,x="+ x);
10          System.out.println("转化成十进制,y="+ y);
11          System.out.println("转化成十进制,z="+ z);
12      }
13  }
```

【代码说明】第 5~7 行定义了 3 个 short 型变量，依然是用前缀 0 和 0x 代表八进制和十六进制。第 9~11 行没有使用数据类型转换的函数，直接输出结果。

【运行效果】

```
转化成十进制,x=22
转化成十进制,y=18
转化成十进制,z=34
```

可以看出，两个程序段运行结果都是一样的。其实，在实际编程过程中，开发者最常用的整型是 int 型。

3. 整数型

【实例 3-3】整数型又称作 int 型，用 4 个字节来表示整数值，其整数值介于-2 147 483 648～2 147 483 647 之间。整数型拥有以上所说的各种进制，其表示方法与字节型也相同，从下面的程序段同样可以证实。

```
01  public class Int                                  //定义一个Int类
02  {
03      public static void main(String[] args)    //主方法
04      {
05          int  x=22;                                //十进制
06          int  y=022;                               //八进制
07          int  z=0x22;                              //十六进制
08          //输出相应十进制的值
09          System.out.println("转化成十进制,x="+ x);
10          System.out.println("转化成十进制,y="+ y);
11          System.out.println("转化成十进制,z="+ z);
12      }
13  }
```

【代码说明】第 5~7 行同样定义了 3 种进制的变量，通过前缀 0 和 0x 来区别进制。第 9~11 行依然是直接输出变量的值，而没有显式地进行类型转换。

【运行效果】

```
转化成十进制,x=22
转化成十进制,y=18
转化成十进制,z=34
```

4. 长整型

【实例 3-4】长整型 long 用 8 个字节表示整数型，其数值介于-9 223 372 036 854 775 808～9 223 372 036 854 775 807 之间。它的所有特性基本与前几种整型一样，唯一不同的是，长整型的数据后面有一个“L”字母，这个也是从表现形式上区别于其他整型的最大特征。可从下面的程序代码段中了解长整型与其他整型的区别。

```
01  public class Long                                 //定义一个Long类
02  {
03      public static void main(String[] args)    //主方法
04      {
05          long  x=22L;                              //十进制
06          long  y=022L;                             //八进制
07          long  z=0x22L;                            //十六进制
08          //输出相应十进制的值
09          System.out.println("转化成十进制,x="+ x);
10          System.out.println("转化成十进制,y="+ y);
11          System.out.println("转化成十进制,z="+ z);
12      }
13  }
```

【代码说明】第 5~7 行定义了 3 个长整型变量，要注意的是结尾的标识“L”。第 9~11 行直接输出变量的值，会自动进行类型转换，输出的结果都是用十进制表示的。

【运行效果】

```
转化成十进制,x=22
转化成十进制,y=18
转化成十进制,z=34
```

从以上程序代码段中可以看出，4 种不同的整型类型的数据，在程序段中所表现出来的运行结果几乎是一样的。不同的是每个类型数据的取值范围不一样，随着字节数增多，取值范围增大。虽然长整型的数据可以表示很大的数据，但如果超过了长整型的数据取值范围，该如何处理这些数据呢？在 Java 中，有一种大数值类型的数据，由于它属于对象类型数据，所以此处不做介绍。

3.2.2 字符型

字符型数据是平时程序设计中使用比较频繁的类型，其占两个字节。特别注意的是，它必须以单引号表示，例如'A'表示一个字符，这个字符就是 A。"A"表示一个字符串，虽然只有一个字符，但因为使用双引号，所以它仍然表示字符串，而不是字符。

总之，字符数据类型只能表示单个字符，任何超过一个字符的内容，都不能被声明为字符型。字符的声明是用单引号，通过输出控制台，看到的是单引号内的字符数据。

【实例 3-5】通过下面的程序代码，来看看字符型数据是如何输出的。

```
01  //声明了x,y,z,a 四个字符型数据变量
02  public class Char                                   //定义一个Long类
03  {
04      public static void main(String[] args)    //主方法
05      {
06          char x='美';                                 //声明一个字符型变量
07          char y='国';                                 //声明一个字符型变量
08          char z='人';                                 //声明一个字符型变量
09          char a='民';                                 //声明一个字符型变量
10          System.out.println("这些字符组合起来就是: "+x+y+z+a); //输出连接起来的字符
11      }
12  }
```

【代码说明】第 6~9 行定义了 4 个字符型变量，第 10 行输出变量的内容，将字符型数据连接在一起使用的运算符也是“+”。

【运行效果】

```
这些字符组合起来就是: 美国人民
```

字符型数据和整型数据都是无小数点的数据，下面将要讲述的类型则是带小数点的数据，用专业术语来讲就是浮点型。

3.2.3 浮点型

浮点型数据表示有小数部分的数字，总共有两种类型：单精度浮点型（float）和双精度浮点型（double）。

1. 单精度浮点型

单精度浮点型占 4 个字节，有效数字最长为 7 位，有效数字长度包括了整数部分和小数部分。

一个单精度浮点型的数据定义如下所示。

```
float x=223.56F
```

注意 在每个单精度浮点型数据后面，都有一个标志性符号“F”或者“f”，有这个标志就代表是单精度浮点型数据。

【实例 3-6】 下面演示单精度浮点型数据在程序代码段中的使用情况。

```
01  //声明了x,y,z三个浮点型变量
02  public class Float                              //定义一个Float类
03  {
04      public static void main(String[] args)     //主方法
05      {
06          float x=22.2f;                          //声明一个单精度类型变量
07          float y=42.2f;                          //声明一个单精度类型变量
08          float z=x*y;                            //实现相乘
09          System.out.println("x*y="+z);
10      }
11  }
```

【代码说明】 第 6~7 行定义了两个浮点型数据，它们都以“f”标识结尾。第 8 行定义了变量 z，其值是前面定义的变量 x 和 y 的乘积。第 9 行输出计算结果 z。

【运行效果】

```
x*y=936.84
```

提示 如果在一个浮点数后面加上“F”或者“f”时，表示的就是单精度浮点型数据，否则，系统会认为是双精度浮点型数据。

2. 双精度浮点型

双精度浮点型数据占据 8 个字节，有效数字最长为 15 位，后面带有标志性符号 “D”或“d”。系统默认不带标志性符号的浮点型数据是双精度浮点型数据。双精度浮点型数据的定义如下所示。

```
double x=33.5D
```

【实例 3-7】 下面是一个简单的程序代码段。

```
01  public class Double                             //定义一个Double类
02  {
03      public static void main(String[] args)     //主方法
04      {
05          float x=23f;                            //声明一个单精度类型变量
06          double y=44;                            //声明一个双精度类型变量
07          //输出x和y的值
08          System.out.println("x="+x);
09          System.out.println("y="+y);
10      }
11  }
```

【代码说明】 第 5 行定义了一个单精度浮点型变量 x，但没有带小数位。第 6 行定义了一个双精度浮点型变量 y，也没有带小数位，也没有加标识“D”。第 8~9 行分别在控制台输出两个变量，注意输出的结果。

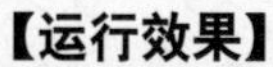


```
x=23.0
y=44.0
```

从这段程序代码中可以看出，即使浮点型数据是一个只有整数位没有小数位的数据，在输出控制台上，其仍然是带小数点的浮点数据，系统会自动加上小数点，并且小数位全部置 0。

3.2.4 布尔型

布尔型数据其实很简单，例如，如果有人问：去不去麦当劳？可以说“不去”。如果有人问：去不去看电影？可以说“去”。这里就隐藏着布尔型数据，布尔型数据就是“是”与“否”。在程序中使用“真”和“假”来代替“是”与“否”，即“true”和“false”。布尔类型的默认值是 false，即如果定义了一个布尔变量但没有赋初值，默认该布尔变量值是 false。

【实例 3-8】仔细观察下面的程序代码。

```
01  public class Boolean {                              //定义一个Boolean类
02      public static void main(String[] args) {        //主方法
03          int a = 30;                                 //声明一个整型变量a
04          int b = 59;                                 //声明一个整型变量b
05          boolean x, y, z;                            //声明三个布尔型变量x、y、z
06          x = (a > b);                                //为变量x赋值
07          y = (a < b);                                //为变量y赋值
08          z = ((a + b) == 50);                        //为变量z赋值
09          //输出x、y和z的值
10          System.out.println("x=" + x);
11          System.out.println("y=" + y);
12          System.out.println("z=" + z);
13      }
14  }
```

【代码说明】

- 当执行第 6 行代码“a>b”时，不等式不成立，所以 x 的结果是假。
- 当执行第 7 行代码“a<b”时，不等式成立，所以 y 的结果是真。
- 当执行第 8 行代码“a+b==50”时，结果不成立，所以 z 的结果是假。

说明 布尔型数据在只有两种选择，不可能出现第三种选择的情况下使用。

【运行效果】

```
x=false
y=true
z=false
```

在程序设计的过程中，如果一个参数只有正和反两方面，就可以将其设置为布尔型类型。

3.3 变量

在上一节详细介绍了 Java 语言中的数据类型及其功能。在具体实例代码中我们定义了很多变量，那么变量究竟是什么呢？本节将介绍变量的基本概念，以及如何操作变量。

3.3.1 变量的声明

变量就是在程序的运行中可以变化的量，变量是程序设计中一个非常重要和关键的概念。在 Java 程序设计中，每个声明过的变量都必须分配一个类型。声明一个变量时，应该先声明变量的类型，随后再声明变量的名字。下面演示了变量的声明方式。

```
01    //salary,age,op都是变量名字
02    //double,int,boolean则是变量的类型
03    double salary;
04    int age;
05    boolean op;
```

每一行的第一项是变量类型，第二项是变量名。行尾的分号是必需的，这是 Java 语句的结束符号。如果没有这个分号，程序不会认为这是一句完整的 Java 语句。

同一类型的不同变量，可以声明在一行，也可以声明在不同行，如果在同一行中声明，不同的变量之间用逗号分隔，如下面的例子。

```
int studentNumber,people;
```

3.3.2 变量的含义

在程序设计中，经常会听到变量这个名词，到底什么是变量呢？它又有什么意义呢？

在程序运行过程中，空间内的值是变化的，这个内存空间就称为变量。为了操作方便，给这个空间取名，称为变量名，内存空间内的值就是变量值。所以，申请了内存空间，变量不一定有值，要想变量有值，就必须要放入值。

例如：代码“int x”，定义了变量但没有赋值，即申请了内存空间，但没有放入值。如果“int x=5”，说明不但申请了内存空间而且还放入了值，值为 5。

3.3.3 变量的分类

变量的分类方式多种多样，不可能单纯地将变量划分为几类，下面将以不同的分类方式来讨论变量的分类问题。

1．根据作用范围划分

根据作用范围来分，一般将变量分为全局变量和局部变量。从字面上理解很简单，全局变量就是在程序范围之内都有效的变量，而局部变量就是在程序中的部分区域有效的变量。

【实例 3-9】从专业的角度来解释，全局变量就是在类的整个范围之内都有效的变量。而局部变量就是在类中某个方法函数或某个子类内有效的变量，下面将从实际程序代码中慢慢地体会。

```
01    //a,b都是全局变量
02    //c是局部变量
03    public class Var                                //定义一个Var类
04    {
05        int a=10;                                   //定义全局变量a
06        int b=21;                                   //定义全局变量b
07        public static void main(String[] args)      //主方法
08        {
```

```
09          var v=new Var();                                        //创建一个V对象
10          System.out.println("这个是全局变量a="+ v.a);            //输出全局变量a
11          v.print();                                              //调用print方法
12      }
13      void print()                                                //创建一个print方法
14      {
15          int c=20;                                               //定义局部变量c
16          System.out.println("这个是局部变量c="+ c);
17      }
18  }
```

【代码说明】第 5~6 行定义了两个变量，它们在 main()方法外。第 15 行在 print()方法内定义了变量 c，第 16 行在当前方法内输出此变量。

【运行效果】

```
这个是全局变量a=10
这个是局部变量c=20
```

【实例 3-10】如果在 main()方法中同样输出 c 的值，会出现什么样的结果呢？下面从实际代码段中仔细体会。

```
01  public class Math1                                              //定义一个Math1类
02  {
03      public static void main(String[] args)                      //主方法
04      {
05          Math1 v=new Math1();                                    //定义一个V对象
06          System.out.println("这个是局部变量c="+ v.c);            //输出全局变量c
07      }
08      void print()                                                //定义一个print方法
09      {
10          int c=20;                                               //定义局部变量c
11      }
12  }
```

【运行效果】以上代码在编译时，会出现错误，即找不到变量 c。这说明变量 c 只在方法 print()中起作用，在方法外就无法再调用。

【代码说明】从上述代码中可以看出，如果一个变量在类中定义，那么这个变量就是全局变量，例如下面的代码段。

```
01  public class Var                                                //定义一个Var类
02  {
03      int a=10;                                                   //定义全局变量a
04      int b=21;                                                   //定义全局变量b
05  }
```

这里的变量 a、b 都是全局变量，而在类的方法、函数中定义的变量就是局部变量，例如下面的代码段。

```
01  public class Var                                                //定义一个Var类
02  {
03      void print()                                                //定义一个print方法
04      {
05          int c=20;                                               //定义局部变量c
```

```
06        }
07    }
```

这里的变量 c 就是局部变量。因为它不是在类中直接定义的，而是在类的方法中定义的。

2．根据类型划分

如果根据类型划分，可以将变量分为基本类型变量和对象类型变量，而基本类型变量就是前面说的 8 种基本数据类型的变量，如整型、浮点型、字符型、布尔型等。

说明 对象类型将在后面的章节中介绍，这里暂时不做具体的说明。

3．根据所属范围划分

如果按所属范围来分，可以将变量分为类变量和成员变量，类变量就是用关键字“static”声明的全局变量，它是属于类的。而成员变量就是不用“static”声明的其他实例变量，它是属于对象本身的。

其实类变量就是在类中直接定义的，并且不随类产生的对象变化而变化。当在一个类中声明了一个类变量时，无论创造出多少个对象，使用对象引用这个变量，都不会发生变化。成员变量就不同了，它随着对象不同而变化。即针对同一个类，新创建一个对象，使用此对象引用这个变量，每次引用的值都不一样。

3.4 变量如何初始化

在 C、C++、C#等语言中，都会提到变量的初始化，有关对象类型变量的初始化将在后面的章节详细讲述，这里将把基本类型变量的初始化作为本节的主要内容。

【实例 3-11】基本类型变量的初始化工作，就是给变量赋值。为了能够更加清晰地看到变量如何初始化，以及初始化时需要注意的知识点，下面通过实例来演示。

```
01    //通过不同类型的数据的输出来查看变量如何初始化
02    //所有的变量都是全局变量
03    public class Var0                                    //定义一个Var0类
04    {
05        byte x;                                          //定义全局变量x
06        short y;                                         //定义全局变量y
07        int z;                                           //定义全局变量z
08        long a;                                          //定义全局变量a
09        float b;                                         //定义全局变量b
10        double c;                                        //定义全局变量c
11        char d;                                          //定义全局变量d
12        boolean e;                                       //定义全局变量e
13        public static void main(String[] args)           //主方法
14        {
15            Var0 m=new Var0();                           //创建一个对象m
16            System.out.println(" 打印数据x="+m.x);
17            System.out.println(" 打印数据y="+m.y);
18            System.out.println(" 打印数据z="+m.z);
19            System.out.println(" 打印数据a="+m.a);
20            System.out.println(" 打印数据b="+m.b);
```

```
21            System.out.println(" 打印数据c="+m.c);
22            System.out.println(" 打印数据d="+m.d);
23            System.out.println(" 打印数据e="+m.e);
24        }
25    }
```

【代码说明】第 5~12 行定义了 8 个变量，它们分别对应 8 种数据类型。我们并没有为其设置初始值，第 16~23 行直接在控制台输出这些变量，读者可以在下面的运行效果中发现有的变量具备默认值，但有的变量什么也不输出。

【运行效果】

```
打印数据x=0
打印数据y=0
打印数据z=0
打印数据a=0
打印数据b=0.0
打印数据c=0.0
打印数据d=
打印数据e=false
```

【实例 3-12】从以上例子可以看出，作为全局变量，无须初始化，系统自动给变量赋值。除了字符型数据被赋值为空，布尔型数据被赋值为 false，其他一律赋值为 0，下面再看一段程序代码。

```
01    //通过不同类型的数据的输出来查看变量如何初始化
02    //所有的变量都是局部变量
03    public class Var1                                    //定义一个Var1类
04    {
05        void printnumber()                               //定义一个printnumber方法
06        {
07            byte x;                                      //定义局部变量x
08            short y;                                     //定义局部变量y
09            int z;                                       //定义局部变量z
10            long a;                                      //定义局部变量a
11            float b;                                     //定义局部变量b
12            double c;                                    //定义局部变量c
13            char d;                                      //定义局部变量d
14            boolean e;                                   //定义局部变量e
15        }
16        public static void main(String[] args)           //主方法
17        {
18            Var1 m=new Var1();                           //创建对象m
19            System.out.println(" 打印数据x="+m.x);
20            System.out.println(" 打印数据y="+m.y);
21            System.out.println(" 打印数据z="+m.z);
22            System.out.println(" 打印数据a="+m.a);
23            System.out.println(" 打印数据b="+m.b);
24            System.out.println(" 打印数据c="+m.c);
25            System.out.println(" 打印数据d="+m.d);
26            System.out.println(" 打印数据e="+m.e);
27        }
28    )
```

【代码说明】第 7~14 行定义了 8 个变量，但其被定义在 printnumber()方法中，属于局部变量。

第 19~26 行在没有初始化这些变量的时候，在控制台输出这些变量，其实是不正确的。

【运行效果】 这个程序段编译时就会报错，原因是所有局部变量都没有初始化。

从以上两段程序代码得出一个结果：全局变量可以不用进行初始化赋值工作，而局部变量必须要进行初始化赋值工作。

3.5 常量

前两节详细介绍了关于 Java 语言中变量的定义和初始化功能，通过学习我们了解到变量主要用来存储数值，该数值可以变化，即变量在程序运行期间是可以变化的。从程序开始运行到结束为止，肯定有保持不变的量，它们由谁来存储呢？这就涉及 Java 语言中的常量。

在 Java 程序设计中，使用关键字“final”来声明一个常量。常量表示在程序开始运行到结束期间都不变的量。

【实例 3-13】 例如下面的程序代码。

```
01  //这里的X是一个常量，由于是不在某个方法内的常量，也可以称为成员常量（作者给它取的名字）
02  public class Var2                                             //定义一个Var2类
03  {
04      final int X=20;                                           //定义了一个常量X
05      public static void main(String[] args)                    //主方法
06      {
07          Var2 m=new Var2();                                    //创建对象m
08          System.out.println(" 打印数据X="+m.X);                 //输出常量X的值
09      }
10  }
```

【代码说明】 第 4 行通过关键字 final 定义了一个常量 X。第 8 行输出这个常量的值。

注意 常量名一般都定义为大写字母。

【运行效果】

```
打印数据X=20
```

【实例 3-14】 如果要声明一个类常量，就需要使用关键字 static 和 final 的组合，例如下面的例子。

```
01  //这里的X是类常量，所以无论是哪个对象的引用，它的值始终不变
02  public class Var3                                             //定义一个Var3类
03  {
04      static final int X=20;                                    //定义了一个类常量X
05      public static void main(String[] args)                    //主方法
06      {
07          System.out.println(" 打印数据X="+X);                   //输出类常量X的值
08      }
09  }
```

【代码说明】 第 4 行使用关键字 static 和 final 的组合，定义了类常量 X。第 7 行在没有实例化对象的情况下，直接在控制台输出 X 的值。

【运行效果】

```
打印数据X=20
```

从上面的例子可以看出，如果这个常量是类常量，那么无须再构造对象，可以直接引用这个常量。前一个例子声明的常量是一般常量，不是类常量，所以一定要构造对象，通过对象来引用这个常量，所以切记类常量和一般常量的区别所在。

3.6　运算符

运算符就是在用变量或常量进行运算时，经常需要用到的运算符号，目前常用的总共有 10 种：算术运算符、关系运算符、逻辑运算符、位运算符、移位运算符、赋值运算符、三元运算符、逗号运算符、字符串运算符（将在第 6 章介绍）、转型运算符。下面将会对每种运算符结合实例进行详细的讲解。

3.6.1　算术运算符

在小学阶段就学过“加”“减”“乘”“除”“余”，其实这也是 Java 中的算术运算符（也被称为数学运算符）。下面来看一种情况：当一个浮点型数据加上一个整型数据，其结果是什么类型的数据呢？这涉及数字精度问题。在不同类型的数据之间进行运算时，为了使结果更加精确，系统会将结果自动转化为精度更高的数据类型。

【实例 3-15】以上所述的定义有点复杂，通过下面的例子进行说明。

```
01  public class Var4                                    //定义一个Var4类
02  {
03      public static void main(String[] args)           //主方法
04      {
05          int a=10;                                    //这里的a是一个整型数据
06          float b=10f;                                 //这里的b是一个浮点型数据
07          System.out.println("a+b="+(a+b));            //相加后为一个浮点型数据
08      }
09  }
```

【代码说明】第 5 行定义了整型变量 a。第 6 行定义了浮点型变量 b。第 7 行在控制台输出两个变量进行“加”运算后的结果。

【运行效果】

```
a+b=20.0
```

以上的程序代码中，变量 a 是整型，变量 b 是单精度浮点型，运算的结果是单精度浮点型。以上的实例说明了一点：为了保证经过算术运算后结果的数据精度，尽量让结果与运算数据中精度较高的类型相同。这个例子就是让结果与 a、b 中精度较高的单精度浮点型 b 变量的数据类型相同，所以结果类型就是单精度浮点数据类型。

如何将结果进行转换？转化有什么规律吗？笔者根据经验总结了以下几点。

- 当使用运算符把两个操作数结合到一起时，首先会将两个操作数转化成相同类型的数据。
- 两个操作数中如有一个是 double 型，那么另一个操作数一定先转化成 double 型，再进行运算。
- 两个操作数中如有一个是 float 型，那么另一个操作数一定先转化成 float 型，再进行运算。
- 两个操作数中如有一个是 long 型，那么另一个操作数一定会先转化成 long 型，再进行运算。

❑ 其他任何两个基本类型数据操作，两个操作数都会自动转化成 int 型。

明白了数据精度的问题，再回到算术运算符的应用。算术运算符的使用可参考表 3-1。

表 3-1　算术运算符

运算符	名称	示例	作用
+	加	x + y	求两数之和
-	减	x-y	求两数之差
*	乘	x * y	求两数之积
/	除	x / y	求 x 除以 y 的商
%	取余	x + y	求 x 除以 y 的余数
++	自加 1	x ++	x = x+1
--	自减 1	x --	x = x-1
-	反号	y =-x	把 x 反号

说明　表3-1中的++、--运算符的作用说明中的“=”是赋值运算符，把右边的值赋予左边的变量，左边原来的变量值被覆盖。

【实例 3-16】下面通过程序段来熟悉这些运算符的用法。

```
01  //两个整型变量a、b通过算术运算符得出的结果
02  public class Data1                              //定义一个Data1类
03  {
04      public static void main(String[] args)      //主方法
05      {
06          int a=10;                               //这里的a是一个整型数据
07          int b=3;                                //这里的b是一个整型数据
08          System.out.println("a+b="+(a+b));
09          System.out.println("a-b="+(a-b));
10          System.out.println("a*b="+(a*b));
11          System.out.println("a/b="+(a/b));
12          System.out.println("a%b="+(a%b));
13      }
14  }
```

【代码说明】第 6~7 行先定义两个整型变量。然后通过第 8~12 行的加、减、乘、除和求余运算，在控制台输出计算结果。

【运行效果】

```
a+b=13
a-b=7
a*b=30
a/b=3
a%b=1
```

下面重点讨论自加和自减运算符的用法，它可以使一个变量自动加 1 和自动减 1，得到的值再赋给这个变量。自加运算符又分为两种：一种是前自加，一种是后自加。

【实例 3-17】下面通过一个程序段看看什么是前自加和后自加。

```
01  public class Data2                                   //定义一个Data2类
02  {
03      public static void main(String[] args)           //主方法
04      {
05          int a=10;                                    //定义整型变量a并赋值
06          System.out.println("a="+(a++));              //输出整型变量a后自加结果
07      }
08  }
```

【代码说明】上面的程序段介绍了后自加，其意义就是：先把 a 的值赋给 a，然后，将 a 的值加 1，存储到内存空间。于是，a 输出的值就是 10，而存储在内存中的 a 的值为 11。

【运行效果】

```
a=10
```

【实例 3-18】下面的程序代码演示了前自加功能。

```
01  public class Data3                                   //定义一个Data3类
02  {
03      public static void main(String[] args)           //主方法
04      {
05          int a=10;                                    //定义整型变量a并赋值
06          System.out.println("a="+(++a));              //输出整型变量a前自加结果
07      }
08  }
```

【代码说明】上面的程序段演示了前自加，其意义就是：先让 a 的值加 1，然后再将这个加之后的值赋给 a。于是，a 的输出值当然就是 11。

【运行效果】

```
a=11
```

【实例 3-19】下面来看一个综合的实例。

```
01  public class Data4                                   //定义一个Data4类
02  {
03      public static void main(String[] args)           //主方法
04      {
05          int a=10;                                    //定义整型变量a并赋值
06          System.out.println("a="+(a++));              //输出整型变量a后自加结果
07          System.out.println("a="+(++a));              //输出整型变量a前自加结果
08      }
09  }
```

【代码说明】这个程序段首先将 a 的值赋值给 a，然后再将 a 加 1 放到内存中，内存中的值为 11，那么第一个打印语句的结果就是 a=10，接下来，将内存中 a 的值加 1 再赋给 a，那么 a 的值为 12。

【运行效果】

```
a=10
a=12
```

同样自减运算符也有两种：一种是前自减，一种是后自减。

【实例 3-20】先看下面的程序段。

```
01  public class Data5                                  //定义一个Data5类
02  {
03      public static void main(String[] args)          //主方法
04      {
05          int a=10;                                   //定义整型变量a并赋值
06          System.out.println("a="+(--a));             //输出整型变量a前自减结果
07      }
08  }
```

【代码说明】 这个程序段介绍的是前自减，其意义是：先将 a 的值减 1，然后赋值给 a，于是 a 的结果就是 9。

【运行效果】

```
a=9
```

【实例 3-21】 再来看看下面的程序段。

```
01  public class Data6                                  //定义一个Data6类
02  {
03      public static void main(String[] args)          //主方法
04      {
05          int a=10;                                   //定义整型变量a并赋值
06          System.out.println("a="+(a--));             //输出整型变量a后自减结果
07      }
08  }
```

【代码说明】 这个程序段介绍的是后自减，其意义是：将 a 的值赋给 a 后，再将 a 的值自动减 1，于是输出 a 是 10。

【运行效果】

```
a=10
```

【实例 3-22】 下面再看一个综合实例。

```
01  public class Data7                                  //定义一个Data7类
02  {
03      public static void main(String[] args)          //主方法
04      {
05          int a=10;                                   //定义整型变量a并赋值
06          System.out.println("a="+(a--));             //输出整型变量a后自减结果
07          System.out.println("a="+(--a));             //输出整型变量a前自减结果
08      }
09  }
```

【代码说明】 这个程序段首先将 a 的值赋值给 a，然后再将 a 减 1 放到内存中，内存中的值为 9。那么第一个打印语句的结果就是 a=10。接下来，将内存中 a 的值减 1 再赋给 a，那么 a 的值为 8。

【运行效果】

```
a=10
a=8
```

【实例 3-23】 在现实的编程中，可能会遇到更加复杂的程序段，下面继续看一个综合实例。

```
01  public class Data8                                  //定义一个Data8类
02  {
```

```
03      public static void main(String[] args)          //主方法
04      {
05          int a=10;                                   //定义整型变量a并赋值
06          System.out.println("a="+(a--));             //输出整型变量a后自减结果
07          System.out.println("a="+(--a));             //输出整型变量a前自减结果
08          System.out.println("a="+(a++));             //输出整型变量a后自加结果
09          System.out.println("a="+(++a));             //输出整型变量a前自加结果
10      }
11  }
```

【代码说明】首先将 a 的值赋给 a，然后将 a 自动减 1 放到内存中，此时内存中值为 9，所以第一个打印语句输出的值为 10。接着，将内存的值先减 1 再赋给 a，a 就为 8。随后，将 a 的值先赋给 a，再将 a 的值加 1 放到内存中，所以内存中 a 为 9。最后将内存中的值加 1 再赋给 a，a 的值为 10。

【运行效果】

```
a=10
a=8
a=8
a=10
```

为了能方便地记忆自加和自减运算符的用法，总结如下：

- ++x：因为++在前，所以可以记忆为先加后用。
- x++：因为++在后，所以可以记忆为先用后加。
- --x：因为--在前，所以可以记忆为先减后用。
- x--：因为--在后，所以可以记忆为先用后减。

3.6.2　关系运算符

关系运算符就是指两个操作数之间的关系，它包括了“>”、“<”等。算术运算符的结果都是数字，而关系运算符的结果则是布尔型数据，这一点一定要注意。关系运算符的使用可参考表 3-2。

表 3-2　关系运算符

关系运算符	名称	示例	作用
>	大于	x > y	如 x > y，则为真，否则为假
<	小于	x < y	如 x < y，则为真，否则为假
>=	大于等于	x >= y	如 x >= y，则为真，否则为假
<=	小于等于	x <= y	如 x <= y，则为真，否则为假
= =	等于	x == y	如 x == y，则为真，否则为假
!=	不等于	x != y	如 x != y，则为真，否则为假

注意

1）区别关系运算符“= =”和赋值运算符“=”，前者是比较符号左右两边的数据是否相等，而后者是把符号右边的数据赋予左边的变量。

2）“==”、“! =”可以用于对象的比较，而对象的比较通常不是很简单的通过对象名字比较或对象类型比较，而是有自己的equal()函数，有些情况下两个对象是否相等的函数需要程序员自己编写，这里读者需要知道该知识点，在深入学习了面向对象技术后会有切身的理解。

在实际开发中，经常使用关系运算符来作为判断的条件：如果条件是真，会如何处理；如果条件是假，又该如何处理。

【实例 3-24】下面看一个简单的例子，看看关系运算符的输出是什么样子。

```
01  //关系运算符的应用
02  public class Data9                                          //定义一个Data9类
03  {
04      public static void main(String[] args)                  //主方法
05      {
06          int a=10;                                           //定义整型变量a并赋值
07          int b=21;                                           //定义整型变量b并赋值
08          System.out.println("说a>b,对吗？"+(a>b));            //>运算符使用
09          System.out.println("说a>=b,对吗？"+(a>=b));          //>=运算符使用
10          System.out.println("说a<b,对吗？"+(a<b));            //<运算符使用
11          System.out.println("说a<=b,对吗？"+(a<=b));          //<=运算符使用
12          System.out.println("说a==b,对吗？"+(a==b));          //==运算符使用
13          System.out.println("说a!=b,对吗？"+(a!=b));          //!=运算符使用
14      }
15  }
```

【代码说明】第 6~7 行首先定义了两个变量 a 和 b。第 8~13 行通过比较两个变量的大小，来输出关系运算的结果。

【运行效果】

```
说a>b,对吗？false
说a>=b,对吗？false
说a<b,对吗？true
说a<=b,对吗？true
说a==b,对吗？false
说a!=b,对吗？true
```

说明　从以上的程序段可以看出，关系运算符的结果是布尔型数据。

3.6.3　逻辑运算符

常用的逻辑运算符有 3 种：“非”“和”“或”。逻辑运算符一般与关系运算符结合起来使用，下面将详细地介绍这 3 个逻辑运算符。

1. NOT 运算符

NOT 运算符就是一个否定的意思，因为英文中“NOT”就是“不”的意思，在 Java 中，NOT 用符号“！”表示。

【实例 3-25】下面看一个简单的例子。

```
01  //非逻辑运算符的应用
02  public class Data10                                         //定义一个Data10类
03  {
04      public static void main(String[] args)                  //主方法
05      {
06          int a=10;                                           //定义整型变量a并赋值
07          int b=21;                                           //定义整型变量b并赋值
08          System.out.println("说a>b,对吗？"+!(a>b));           //!运算符使用
```

```
09       }
10   }
```

【代码说明】在程序中，“a>b”是假的，即“false”，但是前面有个“!”否定运算符，将“false”变成了“true”。

【运行效果】

```
说a>b,对吗? true
```

2. AND 运算符

根据英文“AND”的意思，就知道此运算符是“与”的意思。使用它必须要满足 AND 前后两个条件。AND 运算符在 Java 中用符号“&&”表示。

【实例 3-26】下面看一个简单的实例。

```
01   //与逻辑运算符的应用
02   public class Data11                                          //定义一个Data11类
03   {
04       public static void main(String[] args)                   //主方法
05       {
06           int a=10;                                            //定义整型变量a并赋值
07           int b=21;                                            //定义整型变量b并赋值
08           System.out.println("认为既a>b又a<b,对吗? "+((a>b)&&(a<b)));  //&&运算符使用
09       }
10   }
```

【代码说明】“a<b”这个关系运算得出的结果是“true”，而“a>b”这个关系运算得出的结果是“false”。两者用 AND 这个逻辑运算符连接后，得出的结果是“false”。

【运行效果】

```
认为既a>b又a<b,对吗? false
```

为什么会这样呢？下面是 AND 运算符的原理：两个操作数只要有一个是“false”，那么结果就是“false”，如果两个操作数都是“true”，那么结果才是“true”。

3. OR 运算符

根据英文“OR”的意思，就知道此运算符是“或”的意思，使用它只要满足 OR 前后两个条件中任意一个条件。OR 运算符在 Java 中用符号“||”表示，其原理如下：

两个操作数只要有一个是“true”，那么结果就是“true”，否则结果就是“false”。

【实例 3-27】下面看一个简单的例子。

```
01   public class Data12                                          //定义一个Data12类
02   {
03       public static void main(String[] args)                   //主方法
04       {
05           int a=10;                                            //定义整型变量a并赋值
06           int b=21;                                            //定义整型变量b并赋值
07           int c=10;                                            //定义整型变量c并赋值
08           System.out.println("认为既a>b又a<b,对吗? "+((a>=b)||(a==b)));  //||运算符使用
09           System.out.println("认为既a>b又a=c,对吗? "+((a<b)||(a==c)));   //||运算符使用
10       }
11   }
```

【代码说明】上面的程序段中，“a>=b”和“a= =b”两个操作数的结果都是“false”，所以“或”的结果就是“false”；而“a<b”的结果是“true”，“a= =c”的结果是“true”，所以结果就是“true”。

【运行效果】

```
认为既a>b又a<b,对吗? false
认为既a>b又a=c,对吗? true
```

逻辑运算符主要用于判断条件，例如后面要讲解的判断语句、循环语句的条件判断等。

表 3-3 给出了所有逻辑运算符。

表 3-3 逻辑运算符

逻辑运算符	名称	示例	作用
&	与	x & y	x、y 都真，则真
|	或	x | y	x、y 有其一为真，则真
!	非	!x	x 为真，则为假，x 为假，则为真
&&	与	x &&y	x、y 都真，则真
||	或	x || y	x、y 有其一为真，则真
^	异或	x^y	x、y 都为真，或都为假时，为真

说明 读者或许发现“&&”与“&”，“|”与“||”的计算结果相同，但是二者之间还是有区别的，对于“&&”和“||”只要计算完左边的值可以确定整个表达式的值，则不必再进行计算，但是对于“&”和“|”必须把左右两边的结果都计算完后才可以计算结果值。

3.6.4 位运算符

位运算符主要针对二进制进行运算，它包括了“与”“非”“或”“异或”。从表面上看有点像逻辑运算符，但逻辑运算符是针对两个关系表达式来进行逻辑运算，而位运算符主要针对两个二进制数的位进行运算。下面详细介绍每个位运算符。

1．与运算符

与运算符用符号“&”表示，其使用规律如下：两个操作数中位都为 1 的情况下，结果才为 1，否则结果为 0。

【实例 3-28】例如下面的程序段。

```
01  public class Data13                                    //定义一个Data13类
02  {
03      public static void main(String[] args)             //主方法
04      {
05          int a=129;                                     //定义整型变量a并赋值
06          int b=128;                                     //定义整型变量b并赋值
07          System.out.println("a和b与的结果是: "+(a&b));   //&运算符使用
08      }
09  }
```

【代码说明】a 的值是 129，转换成二进制就是 10000001，而 b 的值是 128，转换成二进制就是 10000000。根据与运算符的运算规律，只有两个位都是 1，结果才是 1，可以知道上述结果就是

10000000，即 128。

【运行效果】

```
a和b与的结果是：128
```

2．或运算符

或运算符用符号“|”表示，其运算规律如下：两个位只要有一个为 1，那么结果就是 1，否则就为 0。

【实例 3-29】下面看一个简单的例子。

```
01  public class Data14                                    //定义一个Data14类
02  {
03      public static void main(String[] args)             //主方法
04      {
05          int a=129;                                     //定义整型变量a并赋值
06          int b=128;                                     //定义整型变量b并赋值
07          System.out.println("a和b或的结果是："+(a|b));    //|运算符使用
08      }
09  }
```

【代码说明】a 的值是 129，转换成二进制就是 10000001，而 b 的值是 128，转换成二进制就是 10000000，根据或运算符的运算规律，两个位中有一个是 1，结果就是 1，可以知道上述结果就是 10000001，即 129。

【运行效果】

```
a和b或的结果是：129
```

3．非运算符

非运算符用符号“~”表示，其运算规律如下：如果位为 0，结果是 1；如果位为 1，结果是 0。

【实例 3-30】下面看一个简单例子。

```
01  public class Data15                                    //定义一个Data15类
02  {
03      public static void main(String[] args)             //主方法
04      {
05          int a=2;                                       //定义整型变量a并赋值
06          System.out.println("a非的结果是："+(~a));        //~运算符使用
07      }
08  }
```

【代码说明】a 的值是 2，转换成二进制就是 0010，因为非运算就是取相反的位值，而且取反是针对二进制的所有位而言，因为二进制中最高位是 1 表示负数，所以最终转换为十进制就是-3。

注意　本章中所计算的一些二进制，计算方法都没有那么复杂，如int类型占4字节，每个字节是8位，则对于数值2来说，标准的二进制应该是00000000 00000000 00000000 00000010，一共是32位。但为了简化说法，我们并不把多余的零写出来。上述二进制进行非运算后是11111111 11111111 11111111 11111101。对于计算机基础学得好的读者，可能还会知道负数的二进制，其实是它绝对值的二进制取反再加1。上述非运算后的结果是00000000 00000000 00000000 00000011这个二进制取反加1的结果，而这个值转换为十进制就是3，因为最高位是1表示负数，所以结果为-3。如果读者还不明白这些内容，可以参考一些数据结构和汇编语言的专业书籍。

【运行效果】

```
a非的结果是：-3
```

4．异或运算符

异或运算符是用符号“^”表示的，其运算规律是：两个操作数的位中，相同则结果为 0，不同则结果为 1。

【实例 3-31】 下面看一个简单的例子。

```
01  public class Data16                                      //定义一个Data16类
02  {
03      public static void main(String[] args)               //主方法
04      {
05          int a=15;                                        //定义整型变量a并赋值
06          int b=2;                                         //定义整型变量b并赋值
07          System.out.println("a与 b异或的结果是："+(a^b)); //^运算符使用
08      }
09  }
```

【代码说明】 a 的值是 15，转换成二进制为 1111，而 b 的值是 2，转换成二进制为 0010，根据异或的运算规律，可以得出其结果为 1101，即 13。

【运行效果】

```
a与 b异或的结果是：13
```

3.6.5 移位运算符

移位运算符也是针对二进制的“位”，它主要包括：左移运算符（<<）、右移运算符（>>）、无符号右移运算符（>>>）。

1．左移运算符

左移运算符用“<<”表示，是将运算符左边的对象向左移动运算符右边指定的位数，并且在低位补 0。其实，向左移 n 位，就相当于乘上 2 的 n 次方。

【实例 3-32】 例如下面的例子。

```
01  public class Data17                                      //定义一个Data17类
02  {
03      public static void main(String[] args)               //主方法
04      {
05      int a=2;                                             //定义整型变量a并赋值
06      int b=2;                                             //定义整型变量b并赋值
07      System.out.println("a移位的结果是："+(a<<b));        //<<运算符使用
08      }
09  }
```

【代码说明】 首先从本质上分析，2 的二进制是 00000010，它向左移动 2 位，就变成了 00001000，即 8。如果从另一个角度来分析，它向左移动 2 位，其实就是乘上 2 的 2 次方，结果还是 8。

【运行效果】

```
a移位的结果是：8
```

2．带符号右移运算符

带符号右移运算符用符号“>>”表示，是将运算符左边的运算对象向右移动运算符右边指定的位数。如果是正数，在高位补 0，如果是负数，则在高位补 1。

【实例 3-33】先看下面一个简单的例子。

```
01  public class Data19                                     //定义一个Data19类
02  {
03      public static void main(String[] args)              //主方法
04      {
05          int a=16;                                       //定义整型变量a并赋值
06          int c=-16;                                      //定义整型变量c并赋值
07          int b=2;                                        //定义整型变量b并赋值
08          int d=2;                                        //定义整型变量d并赋值
09          System.out.println("a的移位结果："+(a>>b));      //>>运算符使用
10          System.out.println("c的移位结果："+(c>>d));      //>>运算符使用
11      }
12  }
```

【代码说明】a 的值是 16，转换成二进制是 00010000，让它右移两位就变成 00000100，即 4。c 的值是-16，转换成二进制是 11101111，让它右移一位是 11111011，即-4。

【运行效果】

```
a的移位结果：4
c的移位结果：-4
```

3．无符号右移运算符

无符号右移运算符用符号“>>>”表示，是将运算符左边的对象向右移动运算符右边指定的位数，并且在高位补 0。其实右移 n 位，就相当于除上 2 的 n 次方。

【实例 3-34】来看下面的例子。

```
01  public class Data18                                     //定义一个Data18类
02  {
03      public static void main(String[] args)              //主方法
04      {
05          int a=16;                                       //定义整型变量a并赋值
06          int b=2;                                        //定义整型变量b并赋值
07          System.out.println("a移位的结果是："+(a>>>b));   //>>>运算符使用
08      }
09  }
```

【代码说明】从本质上来分析，16 的二进制是 00010000，它向右移动 2 位，就变成了 00000100，即 4。如果从另一个角度来分析，它向右移动 2 位，其实就是除以 2 的 2 次方，结果还是 4。

【运行效果】

```
a移位的结果是：4
```

现在再来总结一下移位运算符的运算规则：首先把运算对象转化成二进制位，如把 20 转换为二进制则表达为 00010100。

1）左移运算规则：把数据对象的二进制位依次左移 n 位，右边空出的位置补 0，如 20<<2，计算结果为 01010000，十进制值为 80。

2）无符号右移运算规则：把数据对象的二进制位依次向右移动 n 位左边空出的位置补 0，如 20>>>2，计算结果为 00000101，十进制为 5。

3）带符号右移运算规则：把数据对象的二进制位依次右移 n 位，移出的数补到左边。如 20>>2，计算结果为 00000101，十进制为 5。这里恰巧和无符号右移运算结果相同。再举例如 15>>2，15 的二进制位表达为 00001111，15>>2 的计算结果为 11000011，十进制为 195；而 15>>>2 的计算结果为 00000011，十进制为 3 。显然带符号右移与无符号右移有明显区别。

注意　如果读者仔细分析可以看出左移n位运算相当于把十进制数乘以2的n次方，无符号右移n位运算相当于把十进制数除以2的n次方。如前面计算规则中的例子， $20<<2 = 20\times 2^2 = 80$，$20>>>2 = 20/2^2= 5$。

表 3-4 描述了移位运算符的用法。

表 3-4　移位运算符

移位运算符	名称	示例	示例结果
<<	左移运算符	20<<2	40
>>	带符号右移运算符	20>>2	195
>>>	无符号右移运算符	20>>>2	5

3.6.6　赋值运算符

赋值就是将数值赋给变量，而赋值运算符就充当了这个赋值的任务，其实最简单的赋值运算符就是“＝”。

当然除了“＝”外，还有很多其他赋值运算符，有“+=”“－=”“*=”“/=”“%=”“>>=”“>>>=”“<<=”“&=”“|=”“^=”。

【实例 3-35】下面给出一个简单的例子。

```
01  public class Data20                                    //定义一个Data20类
02  {
03      public static void main(String[] args)             //主方法
04      {
05          int a=5;                                       //定义整型变量a并赋值
06          int b=2;                                       //定义整型变量b并赋值
07          System.out.println("a+=b的值: "+(a+=b));        //+=运算符使用
08          System.out.println("a-=b的值: "+(a-=b));        //－=运算符使用
09          System.out.println("a*=b的值: "+(a*=b));        //*=运算符使用
10          System.out.println("a/=b的值: "+(a/=b));        ///=运算符使用
11          System.out.println("a%=b的值: "+(a%=b));        //%=运算符使用
12          System.out.println("a>>=b的值: "+(a>>=b));      //>>=运算符使用
13          System.out.println("a>>>=b的值: "+(a>>>=b));    //>>>=运算符使用
14          System.out.println("a<<=b的值: "+(a<<=b));      //<<=运算符使用
15          System.out.println("a&=b的值: "+(a&=b));        //&=运算符使用
16          System.out.println("a|=b的值: "+(a|=b));        //|=运算符使用
17          System.out.println("a^=b的值: "+(a^=b));        //^=运算符使用
18      }
19  }
```

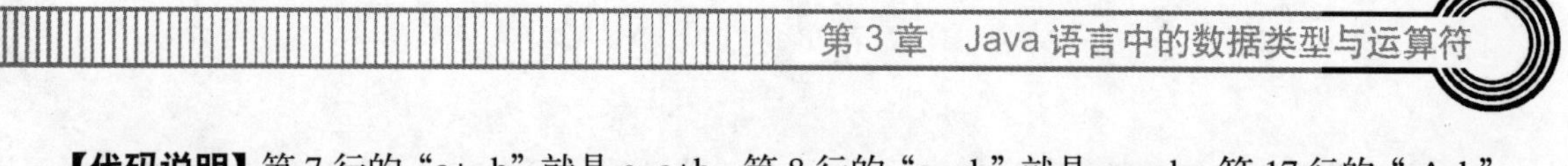

【代码说明】 第 7 行的“a+=b”就是 a=a+b。第 8 行的“a-=b”就是 a=a-b。第 17 行的“a^=b”就是 a=a^b。

【运行效果】

```
a+=b的值：7
a-=b的值：5
a*=b的值：10
a/=b的值：5
a%=b的值：1
a>>=b的值：0
a>>>=b的值：0
a<<=b的值：0
a&=b的值：0
a|=b的值：2
a^=b的值：0
```

3.6.7 三元运算符

三元运算符一般用得很少，因为它在程序段中的可读性很差，所以不建议经常使用三元运算符，但很少使用并不代表不使用，所以还是要掌握它的用法。三元运算符的表达形式如下：

```
布尔表达式? 值0:值1
```

它的运算过程是：如果布尔表达式的结果是 true，就返回值 0；如果布尔表达式的结果是 false，就返回值 1。

【实例 3-36】 例如下面的程序段。

```
01  public class Data21                                    //定义一个Data21类
02  {
03      public static void main(String[] args)             //主方法
04      {
05          int a=10;                                      //定义整型变量a并赋值
06          int b=20;                                      //定义整型变量b并赋值
07          System.out.println("此三元运算式结果是: "+((a>b)?'A':'B'));    //三元运算符应用
08      }
09  }
```

【代码说明】 因为“a”小于“b”，所以“a>b”这个关系运算符的结果是“false”，既然是“false”，那么选择值 1，即这个三元运算符的结果是“B”。

【运行效果】

```
此三元运算式结果是：B
```

3.6.8 逗号运算符

在 Java 程序设计中，逗号运算符一般是用来将几个数值彼此分开，例如数组中的每个元素都是使用逗号与其他元素分开的。这个运算符太简单了，这里不再给出实例。

3.6.9 转型运算符

转型运算符的用处是将一种类型的对象或数据，经过强制转换而转变为另一种类型的数据。它的格式是在需要转型的数据前加上“()”，然后在括号内加入需要转化的数据类型。

【实例 3-37】有的数据经过转型运算后，精度会丢失，而有的会更加精确，下面的例子可以说明这个问题。

```
01  public class Data22                                  //定义一个Data22类
02  {
03      public static void main(String[] args)           //主方法
04      {
05          int x;                                       //定义整型变量x
06          double y;                                    //定义双精度浮点数变量y
07          x=(int)34.56+(int)11.2;                      //强制转换
08          y=(double)x+(double)11;                      //强制转换
09          System.out.println("x="+x);
10          System.out.println("y="+y);
11      }
12  }
```

【代码说明】第 7 行中，由于在 34.56 前有一个 int 的强制类型转化，所以 34.56 就变成了 34。同样，11.2 就变成了 11，所以 x 的结果就是 45。第 8 行中，在 x 前有一个 double 类型的强制转换，所以 x 的值变为 45.0，而数值 11 也被强制转换成 double 类型，所以也变成 11.0，所以最后 y 的值变为 56.0。

【运行效果】

```
x=45
y=56.0
```

3.6.10 运算符的优先级别

当多个运算符出现在一个表达式中，谁先谁后呢？这就涉及运算符的优先级别。在一个多运算符的表达式中，运算符优先级不同会导致最后的结果差别甚大，例如(1+3)＋(3+2)*2，这个表达式如果按加号最优先计算，答案就是 18，如果按照乘号最优先计算，答案则是 14。

下面将详细介绍在 Java 程序设计中，各个运算符的优先级别，如表 3-5 所示。

如表 3-5 运算符的优先级别

运算符	优先级	运算符	优先级
括号	1	==!,!=	8
++, --	2	&	9
~, !	3	^	10
*, /, %	4	|	11
+, -	5	&&	12
>>, <<, >>>	6	||	13
>, <, >=, <=	7	?:	14

3.7 常见疑难解答

3.7.1 如何将十进制转换成二进制

如何将十进制转换成二进制？作者有一个方法就是先熟练记忆 2 的 n 次方的结果，一般来说记

到 2 的 7 次方就可以了。

下面将举例讲解这个方法：首先记住 $2^0=1$、$2^1=2$、$2^2=4$、$2^3=8$、$2^4=16$、$2^5=32$、$2^6=64$、$2^7=128$。现在要把十进制 155 转换成二进制，因为 155 是大于 128 的，所以第 8 位上肯定是 1。用 155-128=27，因为 27 是大于 16 小于 32 的，所以第 7 位、第 6 位都为 0，而第 5 位就是 1。再用 27-16=11，11 大于 8，所以第 4 位是 1。再用 11-8=3，3 小于 4，所以第 3 位为 0。由于 3 大于 2，所以第 2 位为 1，而 3-2=1 正好等于第 1 位，所以第 1 位为 1，综合起来就是：10011011。

3.7.2　转型运算符会引起精度问题，为什么还要使用它

其实不仅基本类型数据会使用转型运算符，对象类型的数据也要使用转型运算符。在使用基本数据转型时，一般都要从低精度往高精度转，但是在某些特定的情况下，或者说在用户特殊要求下，会从高精度转向低精度。例如有的数字希望能够去掉小数位，那么就只能从高精度往低精度转型。

3.8　小结

本章是 Java 程序设计的基础，程序中的数据离不开变量和常量，而程序的运算离不开这些数据类型和运算符。本章给出了 37 个小实例，主要是希望读者能自己动手多加练习，并找到一些运算的技巧和原理。

3.9　习题

一、填空题

1．整型主要有 4 种：__________、__________、__________和__________。

2．Java 中的数据类型包括__________和__________两种。

3．Java 语句的结束符号是__________。

4．在 Java 程序设计中，使用关键字__________来声明一个常量，常量表示在程序开始运行到结束期间都不变的量。

二、上机实践

1．创建一个实现输出数值的各位值的类，即定义一个整型变量，然后通过算术运算符输出该变量每位的值。

【提示】关键代码如下：

```
int num = 8461;
int gewei = num % 10;
int shiwei = num / 10 % 10;
int baiwei = num / 100 % 10;
int qianwei = num / 1000;
```

2．创建一个实现大小写字母转换的类，即定义一个字符变量，然后通过算术运算符输出该变量转换后的字母。

【提示】关键代码如下：

```
char a = 'a';
char b = (char)(a-32);
```

第 4 章　程序设计中的流程控制

任何一门语言都需要基本的流程控制语句，其思想也符合人类判断问题或做事的逻辑过程。什么是流程控制呢？流程就是做一件事情的顺序。在程序设计中，流程就是要完成一个功能，而流程控制则是指如何在程序设计中控制完成某种功能的顺序。本章将通过大量的实例，为读者讲解如何在程序中设计好流程控制。

本章重点：

- Java 语言的编程风格。
- 条件语句、分支语句和循环语句。
- 中断、继续、返回语句。

4.1　编程风格

从本章开始将接触到编写 Java 程序代码，有一点必须强调，那就是编程风格的问题，虽然其不影响程序代码段的运行，但对于程序的可读性起着重要的作用。自己编出的程序要让别人看懂，首先在排版方面要非常注意，下面将探讨编程风格的问题。

其实每个人、每个软件开发公司的编程风格都不一样。一个人编写的程序代码就应该能让别人看懂，甚至是过了很长时间，自己也要看得懂，否则这个程序就成了一个没法扩展的程序。编程风格是指编程时的格式，让程序看上去就很有层次感。下面通过一些例子说明编程风格的重要性。

【实例 4-1】先来看第一个例子。

```
01  public class Math                                  //定义一个Math类
02  {
03      public static void main(String[] args)         //主方法
04      {
05          int  x=12;                                 //定义整型变量x并赋值
06          double y=12.3d;                            //定义双精度浮点数变量y并赋值
07          System.out.println(x+y);                   //输出x+y的值
08      Static void print()
09      {
10          char a='a'
11          System.out.println(a);
12      }
14  }
```

【代码说明】上面程序段的整个排版看起来是否很舒服，并且层次感很强？是否一眼看上去就知道整个程序架构？这里的关键在于缩排，缩排也称为跳格。

上面程序段采用的是跳格形式："public class math"是顶格的，接着主运行程序前跳 4 个空格，

在主运行程序内的运行代码段一律跳 8 个空格，而在主运行程序方法内的代码前，再跳 4 个空格。这样整个程序的所属关系就很明显了。主运行程序从属于 Math 类，其余的都属于主运行程序，而在主运行程序方法内的代码段又属于此方法。规律就是空格多的代码从属于空格少的代码。

【实例 4-2】 除了空格外，空行也是必要的。为什么要空行呢？先看下面的程序代码，再来仔细分析。

```
01  public class Math {                               //定义一个Math类
02      public static void main(String[] args)  //主方法
03      {
04          …
05      }
06          int x=12;                             //定义整型变量x并赋值
07          int y=23;                             //定义整型变量y并赋值
08          Static void print()                   //定义print方法
09          {
10              …
11          }
12
13          Static void view()                    //定义view方法
14          {
15              …
16          }
17  }
```

【代码说明】 在 print 方法与 view 方法之间有个空行（第 12 行），使用空行区分不同功能的模块。print 方法所完成的功能与 view 所完成的功能不一样，所以使用空行将它们分开，这样更增加了程序的可读性。

另外，需要注意的是方法或属性的命名。这些名字应该有含义，最好有规律。不要只使用“a”“b”这种通用变量，可以适当根据变量或函数的功能为其命名。上面的“print”，其他程序员一看就知道这个方法是有关打印或输出的函数。再如变量名“name”，一看就知道是有关名字的变量。所以命名要有意义，否则程序的可读性不强。

还有一点是有关注释的。在每个方法的方法名旁边，应该添加一些注释，同时在一段程序完成之后，也要对程序的功能及如何操作做简单的描述。

只要做到以上几点，这个程序就是易读的。即使经过很长时间后再来读程序也会一目了然。

4.2　条件语句

在现实生活中，经常听人说：如果某人发财了，某人就会做什么。其实这就是程序设计中所说的条件语句。例如“如果……就……”“否则……”，当然这只是很简单的条件语句，在真正的程序设计中，使用的条件语句要比这复杂得多。

4.2.1　简单条件语句

在程序设计中，条件语句的标准格式如下：

```
if(条件)
{
```

```
    目的一;
  }
  else
  {
    目的二;
  }
```

【实例 4-3】 掌握格式后，先看一个简单的程序段。

```
01  public class Control {                              //定义一个Control类
02      public static void main(String[] args) {        //主方法
03          int a = 20;                                 //定义整型变量a并赋值
04          int b = 30;                                 //定义整型变量b并赋值
05          if (a > b) {     //将整型变量a,b的大小比较得出的布尔型变量作为条件语句的条件
06              System.out.println("很幸运! ");
07          } else {
08              System.out.println("很开心");
09          }
10      }
11  }
```

【代码说明】 因为“a=20”而“b=30”，所以“a<b”。在条件语句中，程序代码的意思是，如果“a>b”，就输出“很幸运！”，如果“a<b”，就输出“很开心”，所以程序的输出结果就是“很开心！”。

【运行效果】

```
很开心!
```

注意 条件表达式是一个关系表达式，其结果是布尔型数据。换句话解释上面的程序段：如果“a>b”是真，就输出“很幸运！”，否则输出“很开心！”。

4.2.2 最简单的条件语句

在条件语句的程序设计中，有一种最简单的条件语句，如下所示：

```
if(条件)
目的;
```

如果有很多的目的，也可以采取下面的形式：

```
if(条件)
{
    目的一;
    目的二;
    目的三;
    目的四;
}
```

【实例 4-4】 下面看一个有关这种类型条件语句的例子。

```
01  public class Control1                               //定义一个Control1类
02  {
03      public static void main(String[] args)          //主方法
04      {
05          int salary=10000;                           //定义整型变量salary并赋值
```

```
06          if (salary>500)                                //条件判断
07          {
08              System.out.println("想请吃饭! ");
09              System.out.println("想请唱歌! ");
10              System.out.println("想请喝酒! ");
11          }
12
13      }
14  }
```

【代码说明】条件语句中判断“salary>500”是否为真，如果是真就输出“想请吃饭！想请唱歌！想请喝酒！”，如果是假，就什么都不做。在程序中“salary＝10000”，满足“salary>500”，条件为真，所以输出以上三句话。

【运行效果】

```
想请吃饭!
想请唱歌!
想请喝酒!
```

> **注意**　在有多个目的的程序段中，一般按顺序执行，即先执行目的一，再执行目的二，最后执行目的三，依次执行。

4.2.3　适应多条件的条件语句

如果出现多种不同的条件，应该如何处理呢？可以使用条件语句中的复杂型，其结构如下：

```
if (条件1)
{
    目的1;
}
else if (条件2)
{
    目的2;
}
else if (条件3)
{
    目的4;
}
else
{
    不满足以上所有条件，如何办;
}
```

【实例 4-5】根据以上结构，学习有关这种复杂条件语句的实例，代码如下所示：

```
01  public class Control2 {                              //定义一个Control2类
02      public static void main(String[] args) {         //主方法
03          int achievement = 85;                        //定义整型变量achievement并赋值
04          //当achievement等于100，就奖励一台笔记本电脑
05          if (achievement == 100) {
06              System.out.println("奖励一台笔记本电脑");
07          } else if ((achievement >= 90) && (achievement < 100)) {
08              //当achievement大于90小于100，就奖励一个MP4
09              System.out.println("奖励一个MP4");
10          } else if ((achievement >= 80) && (achievement < 90)) {
```

```
11                //当achievement大于80小于90，就奖励一块网卡
12                System.out.println("奖励一块网卡");
13            } else if ((achievement >= 60) && (achievement < 80)) {
14                //当achievement大于60小于80，不给予奖励
15                System.out.println("不给予任何奖励");
16            } else {
17                //当achievement小于60，放假回学校补习
18                System.out.println("放假回学校补习");
19            }
20        }
21    }
```

【代码说明】 从上述代码可以看出，当有多个不同的条件存在时，处理的结果就不一样。成绩在大于 80 分小于 90 分之内，就可以奖励一块网卡；而成绩大于 90 分小于 100 分，则奖励一个 MP4。在此程序中，初始成绩是 85 分，所以处理的结果就是奖励一块网卡。

【运行效果】

```
奖励一块网卡
```

条件语句已经基本介绍完毕，很重要的一点就是，在程序设计的时候，思路一定要清晰，如何才能有很清晰的思路呢？那就是绘制流程图。流程图就是：在程序开发前，为了能够使思路更加清晰，而将整个程序执行的顺序流程绘制出来。图 4-1 为一个有关条件语句的通用流程图。

将上面的程序段作为一个实例，绘制其基本的流程图，如图 4-2 所示。鉴于页面的版面，这里只给出了 4 种条件，并没有完全体现出上面案例的 5 种条件，读者可自己画一个完整的流程图。

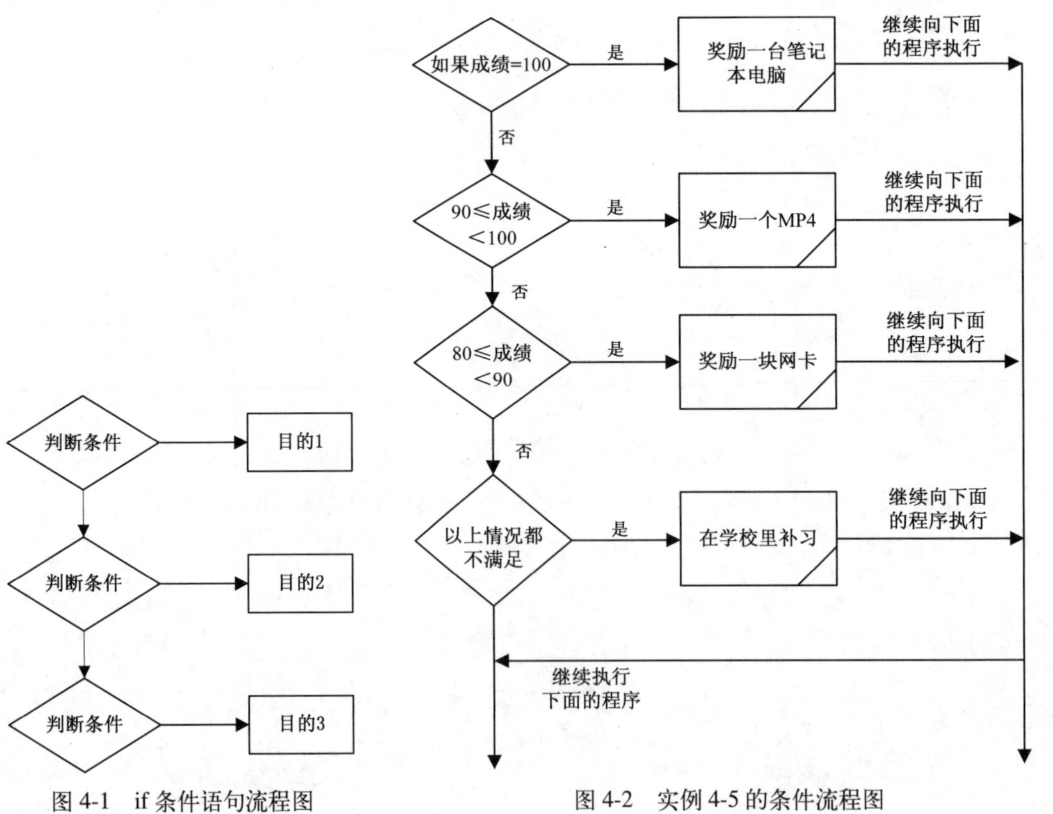

图 4-1　if 条件语句流程图

图 4-2　实例 4-5 的条件流程图

针对最复杂的条件语句，在程序设计中，有一种分支语句可以代替复杂条件语句。在实际程序开发过程中，使用条件语句类型比较多的是标准型，而复杂型的一般用分支语句来代替。当然也可以使用复杂型的条件语句。为了与实战结合，下面以一个稍微复杂的程序段为例。

【实例 4-6】条件：设计一个程序，用于计算语文（90）、英语（75）、数学（90）、艺术（85）四门功课的平均分，并对此学生进行评价。

在编写程序之前要先绘制流程图，这样编程的思路就会非常清晰，本例流程图如图 4-3 所示。

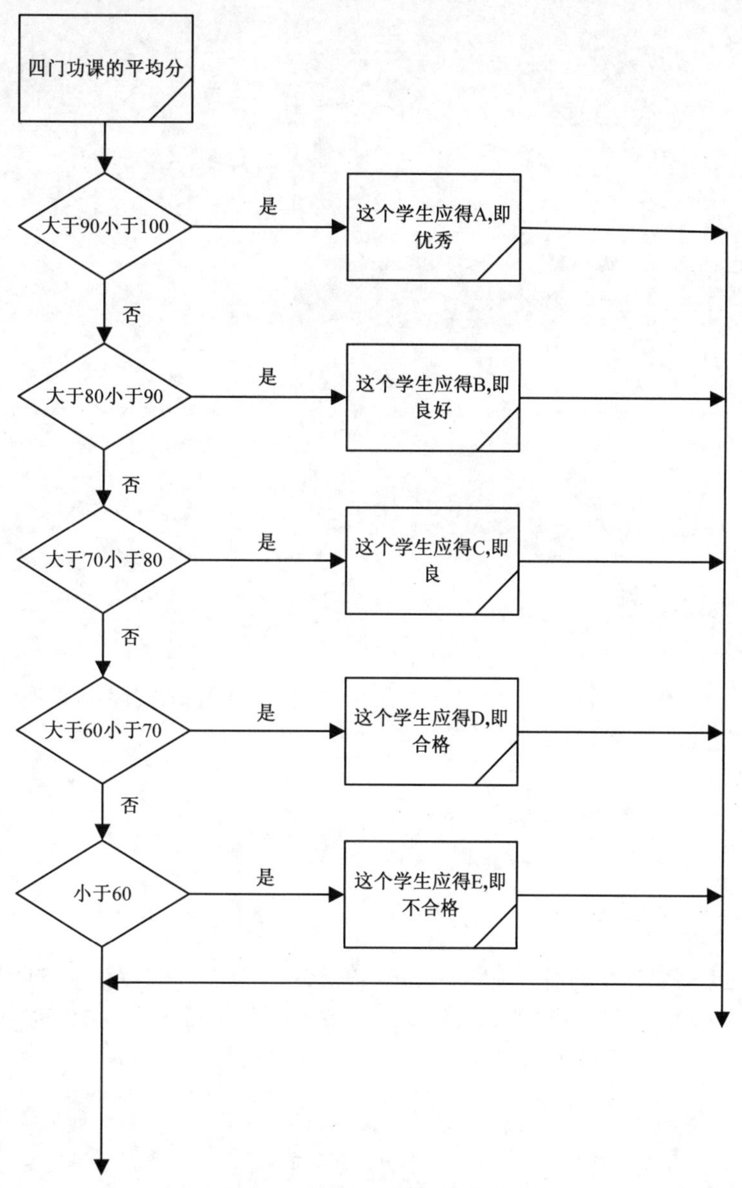

图 4-3　实例 4-6 的条件流程图

根据以上的流程图编写程序，程序代码段如下：

```
01  public class Control3 {                          //定义一个Control3类
```

```
02        public static void main(String[] args) {    //主方法
03            //创建成员变量
04            int Chinese = 90;
05            int English = 75;
06            int Math = 90;
07            int Art = 85;
08            //获取平均值
09            double Avg = (Chinese + English + Math + Art) / 4;
10            if ((Avg > 90) && (Avg <= 100)) {
11                //如果是大于90小于等于100则是优秀
12                System.out.println("这个学生的所有功课的平均分是: " + Avg);
13                System.out.println("这个学生的成绩应得A, 是优秀");
14            } else if ((Avg > 80) && (Avg <= 90)) {
15                //如果是大于80小于等于90则是良好
16                System.out.println("这个学生的所有功课的平均分是: " + Avg);
17                System.out.println("这个学生的成绩应得B, 是良好");
18            } else if ((Avg > 70) && (Avg <= 80)) {
19                //如果是大于70小于等于80则是良
20                System.out.println("这个学生的所有功课的平均分是: " + Avg);
21                System.out.println("这个学生的成绩应得C, 是良");
22            } else if ((Avg > 60) && (Avg <= 70)) {
23                //如果是大于60小于等于70则是合格
24                System.out.println("这个学生的所有功课的平均分是: " + Avg);
25                System.out.println("这个学生的成绩应得D, 是合格");
26            } else {
27                //如果小于60则是不合格
28                System.out.println("这个学生的所有功课的平均分是: " + Avg);
29                System.out.println("这个学生的成绩应得E, 是不合格");
30            }
31        }
32    }
```

【代码说明】第 10~32 行是复杂型的条件语句，判断了 5 种情况下不同的输出结果。第 9 行定义的是 double 变量，表示计算后的平均值。

【运行效果】

```
这个学生的所有功课的平均分是: 85.0
这个学生的成绩应得B,是良好
```

4.2.4　嵌套条件语句

if 嵌套语句也是经常使用的多分支判断语句，在一次判断之后又有新一层的判断，接着又有一层判断，逐渐深入，达到实现复杂判断的目的，这种多层次判断相当于多条件判断，在满足几个条件后再执行适当的语句。if 嵌套语句的格式是：

```
if(条件1)
if(条件2)
    if(条件3)
        执行语句1;
```

在 if(条件 1)成立的情况下继续判断直到 if(条件 3)也成立，再执行语句 1。如果其中有一个条件不满足，则跳出该 if 嵌套语句，继续执行嵌套语句之外的代码。

4.2.5　如何使用条件语句

使用条件语句需要注意以下几点。

1）应该绘制流程图，使编程时的思路更加清晰。

2）编程时，在最简单形式的条件语句中，可以不使用大括号，因为它不会产生混淆。但建议无论是哪种形式的条件语句，都应该使用大括号。

4.3　循环语句

循环语句在程序设计中有什么作用呢？本节将通过一个具体功能（计算数字 1 连加 10 次 1 后的结果）来演示。

【实例 4-7】 下面先看一段简单的程序段，再来看看使用循环语句编写程序的好处在哪里。

```
01   ///将x连续加1加10次
02   public class Control4                                  //定义一个Control4类
03   {
04      public static void main(String[] args)              //主方法
05      {  //连续自加10次
06         int x=1;                                         //定义整型变量x并赋值
07         x=x+1;
08         x=x+1;
09         x=x+1;
10         x=x+1;
11         x=x+1;
12         x=x+1;
13         x=x+1;
14         x=x+1;
15         x=x+1;
16         x=x+1;
17         System.out.println(x);                           //输出x最终的结果
18      }
19   }
```

【代码说明】 代码的含义是让变量“x”连续加 1 共加 10 次。如果想要实现加 1 加 100 次，那要让“x=x+1”这个表达式重复 100 次。

【运行效果】

```
11
```

这样庞大的程序段所要完成的功能，不过是一个很简单的相加功能。为了解决这类问题，程序设计中引入了循环语句。循环语句共有 3 种常见的形式：for 语句、while 语句和 do…while 语句。下面将逐个详细介绍。

4.3.1　for 循环语句

让初始值为 1 的变量“x”连续加 1 共加 10 次，可以直接编写 10 次“x=x+1;”语句，但是如果要加 100 呢？这时肯定不能编写 100 次“x=x+1;”语句。为了解决该问题，可以使用 for 循环语句。

for 循环语句的基本结构如下：

```
for(初始化表达式;判断表达式;递增(递减)表达式)
{
    执行语句
}
```

下面详细解释 for 循环语句中各个子项的意义。

1）初始化表达式：初始化表达式的意义在于定义循环之前变量的值是多少，如果没有这一项，就不知道应该从哪个值开始循环。

2）判断表达式：判断表达式的作用在于规定循环的终点。如果没有判断表达式，那么此循环就成了死循环。

3）递增（递减）表达式：这一项规定每执行一次程序，变量以多少增量或减量进行变化。

注意 一定要注意递增（递减）表达式中可以有多个表达式，它们以逗号间隔，而不是分号。

【实例 4-8】使用 for 语句，来修改上一小节的程序段。

```
01  public class Control5                              //定义一个Control5类
02  {
03      public static void main(String[] args)         //主方法
04      {
05          int x;                                     //定义整型变量x
06          int n=10;                                  //定义循环的次数10
07          for( x=1;n>0;n--,x++)                      //通过循环实现连续加1共10次
08          {System.out.println(x);}                   //输出x的值
09      }
10  }
```

【代码说明】上述代码中，第 5~8 行共 4 句代码完成了前面程序段里 12 句代码所实现的事情。

【运行效果】

```
1
2
3
4
5
6
7
8
9
10
```

【实例 4-9】如果前面的程序段需要连续加 1 加 100 次，则参考下面的程序段。

```
01  public class Control6                              //定义一个Control6类
02  {
03      public static void main(String[] args)         //主方法
04      {
05          int x;                                     //定义整型变量x
06          int n=100;                                 //定义循环的次数100
07          for(x=1;n>0;n--,x++)                       //实现循环
08          System.out.println(x);
09      }
10  }
```

【代码说明】 在这个程序段里，使用第 5~8 行共 4 句代码可以解决程序段中 102 句代码所实现的问题，这就是循环语句的优势。

【运行效果】

```
1
2
3
…
100
```

其实也可以利用在条件判断语句中提到的流程图来编写程序，在流程图中可以看出程序执行的顺序，如图 4-4 所示。

【实例 4-10】 下面再看一个九九乘法表的程序段。先来绘制流程图，如图 4-5 所示。

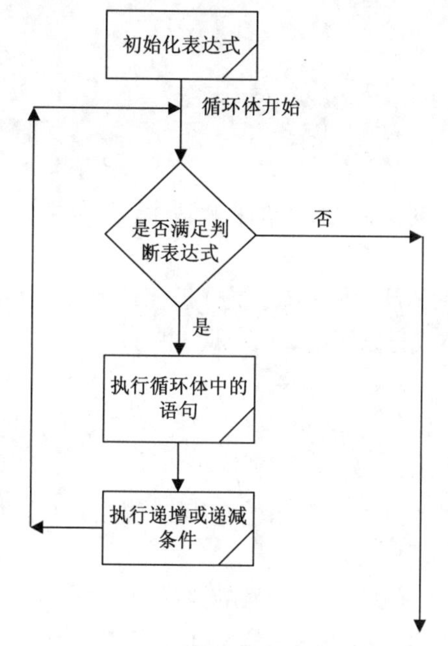

图 4-4　for 循环语句流程图

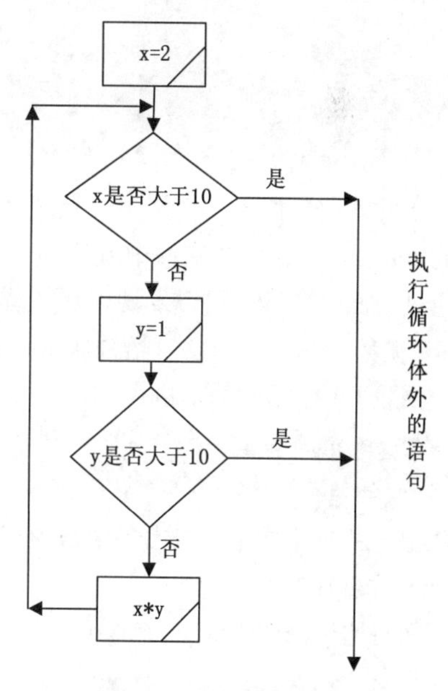

图 4-5　九九乘法表流程图

根据流程图，使用循环语句实现乘法口诀表。

```
01  ///这是一个二重for循环语句
02  public class Control7                                   //定义一个Control7类
03  {
04      public static void main(String[] args)              //主方法
05      {
06          for(int x=1;x<10;x++)                           //输出9行
07          {
08              for(int y=1;y<=x;y++)                       //输出9列
09              {
10                  System.out.print(x+"*"+y+"="+(x*y)+"\t");   //输出x*y的结果
11                  if(x==y){                               //条件判断
12                      System.out.println();               //换行
13                  }
```

```
14                }
15              System.out.println("");                 //换行输出空格
16          }
17      }
18  }
```

【代码说明】第 6~16 行是外围的 for 循环，第 8~14 行是一个嵌入在外围循环中的循环，这样的形式我们称之为嵌套循环。为什么要使用二重循环呢？因为它涉及两个变化的量。在一个程序里，有多少个不同的变量，就要使用多少个 for 循环，当然也不是非常绝对的。

【运行效果】

```
1*1=1
2*1=2    2*2=4
3*1=3    3*2=6    3*3=9
4*1=4    4*2=8    4*3=12   4*4=16
5*1=5    5*2=10   5*3=15   5*4=20   5*5=25
6*1=6    6*2=12   6*3=18   6*4=24   6*5=30   6*6=36
7*1=7    7*2=14   7*3=21   7*4=28   7*5=35   7*6=42   7*7=49
8*1=8    8*2=16   8*3=24   8*4=32   8*5=40   8*6=48   8*7=56   8*8=64
9*1=9    9*2=18   9*3=27   9*4=36   9*5=45   9*6=54   9*7=63   9*8=72   9*9=81
```

在上面的程序段中，使用了 2 层嵌套的 for 语句。其实真正复杂的程序段中，可能会出现 4 层嵌套的 for 语句，这要在实践中慢慢体会。

通过上面的内容，可以发现循环流程关键字 for 的语法比较复杂。为了改变该现象，便出现了关于 for 循环的另一种语法（增强版 for 循环），该方式可以简化 for 循环的书写。

增强版 for 循环的基本格式如下：

```
for(type 变量名:集合变量名){
}
```

在上述基本格式中，迭代变量必须在方法体中定义，集合变量除了可以是数组，还可以是实现了 Iterable 接口的集合类。

下面将通过修改 VariableArgument.java 类来演示增强版的 for，具体内容如下所示：

```
01  public class VariableArgument {                   //定义一个VariableArgument类
02      public static int add(int... xs) {            //定义一个add方法
03          int sum = 0;                              //定义整型变量sum并赋值
04          for (int x : xs) {                        //增强版for循环
05              sum = sum + x;                        //累加求和并赋值给sum
06          }
07          return sum;                               //返回变量sum
08      }
09  }
```

【代码说明】上述代码中通过 for(int x : xs)语句代替了 for (int x = 0; x < xs.length; x++)语句，实现了相应的循序迭代功能。

4.3.2　while 循环

在英文中“while”这个词的意思是“当”，而在 Java 程序设计中，也可以将其理解为“当”。其语法结构如下。

```
while (条件)
{
    目的一;
    目的二;
    …
}
```

当满足某种条件，就执行“目的一”、“目的二”等，while 语句的循环体在 {} 中。

【实例 4-11】 下面看一段程序段，通过分析它，让读者更加清楚 while 循环语句。

```
01  //通过判断y是否大于0
02  //如果y大于0的话则将计费次数减1，x加1
03  public class Control8                                    //定义一个Control8类
04  {
05      public static void main(String[] args) {             //主方法
06          int x=0;                                         //定义整型变量x并赋值
07          int y=100;                                       //定义整型变量y并赋值
08          int sum=0;                                       //定义整型变量sum并赋值
09          while(y>0)                                       //while循环
10          {
11              x=x+1;
12              y--;                                         //值自减
13              sum+=x;
14          }
15          System.out.println(sum);                         //输出和
16      }
17  }
```

【代码说明】 这个程序段是将数字从 1 一直加到 100，条件是只要 y 大于 0，就会执行大括号里的语句。y 初始值是 100，满足条件，所以执行大括号的表达式。先将 x+1 赋给 x，因为 x 的初始值是 0，所以 x 从 1 开始计数，然后，将 y 自减 1，此时 y 变成了 99，将 sum 加上 x 赋给 sum。此时，执行语句结束了，又会回到小括号的条件，最后再比较 y=99 是否大于 0，如果大于 0，再继续执行大括号里的语句。

一旦 y 自减到小于等于 0，则将结束执行大括号里的语句，开始执行大括号外的语句。在上面的程序段中，y 就相当于一个计数器。

【运行效果】

```
5050
```

同样，在编写 while 语句时，要先绘制流程图，根据流程图再来编写程序段，整个思路就会很清晰了。下面先看 while 的流程图，如图 4-6 所示。

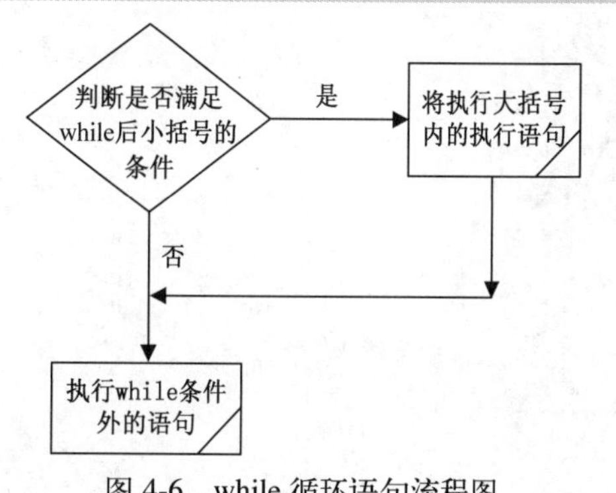

图 4-6　while 循环语句流程图

其实 while 语句很简单，根据这个流程图，就可以思路清晰地编写程序段。下面针对上面的程序段来绘制流程图，如图 4-7 所示。

看了这个流程图，会发现按照流程图来编写程序简单多了。为了巩固以上所述，再看一个例子。

【实例 4-12】 试编写程序实现输出 1~100 间的整

数，并且此整数必须满足：它是 3 的倍数，但不是 5 的倍数，也不是 9 的倍数。针对这个例子，先来绘制一个流程图，如图 4-8 所示。

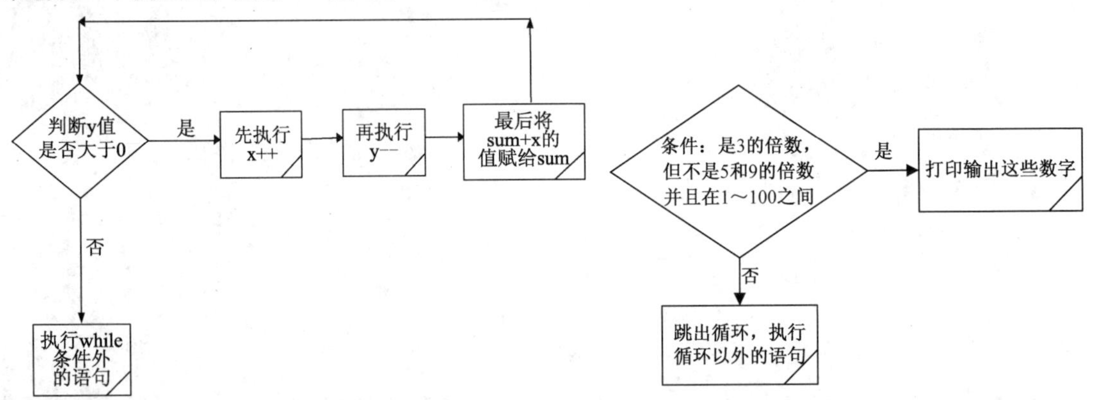

图 4-7　实例 4-11 的循环流程图

图 4-8　输出特殊数字的循环流程图

根据流程图，现在来编写程序段。

```
01  public class Control9 {                                   //定义一个Control9类
02      public static void main(String[] args) {              //主方法
03          int x = 1;                                        //定义整型变量x并赋值
04          //判断是否在100以内，并且是3的倍数
05          while (((3 * x > 1) && (3 * x < 100))) {
06              if ((3 * x) % 5 != 0) {                       //然后再判断这些数是否不是5的倍数
07                  if ((3 * x) % 9 != 0) {                   //最后判断这些数是否不是9的倍数
08                      System.out.println(3 * x);            //输出3的倍数
09                  }
10              }
11              x++;                                          //x自增
12          }
13      }
14  }
```

【代码说明】 第 5 行是一个循环判断条件，判断是否在 100 以内，并且是 3 的倍数。第 6 行是一个条件语句，判断这些数是否不是 5 的倍数。第 7 行也是一个条件语句，判断这些数是否不是 9 的倍数。

【运行效果】

```
3
6
12
21
24
33
39
42
48
51
57
66
69
```

```
78
84
87
93
96
```

按照先绘制流程图，后编写程序的步骤，会显得思路更清晰。其实从上面的程序段中，可以总结一点：当由多个条件形成循环条件时，可以选择其中一个作为循环条件，而剩下的条件可以在循环体中作为条件语句。

4.3.3　do…while 语句

在学习 do…while 语句之前，先清楚 while 语句是如何工作的。while 语句是先进行条件判断，再执行大括号内的循环体。do…while 语句与 while 语句不同的是，它先执行大括号内的循环体，再判断条件，如果条件不满足，下次不再执行循环体。也就是说，在判断条件之前，就已经执行大括号内的循环体。

do…while 循环语句格式为：

```
do
    执行代码;
while(布尔表达式)
```

【实例 4-13】下面先看一个程序段。

```
01  public class Control10 {                                    //定义一个Control10类
02      public static void main(String[] args) {                //主方法
03          int x = 1;                                          //定义整型变量x并赋值
04          do {
05              //首先判断这个数是否是3的倍数，并且是否不是5的倍数
06              if ((3*x)%5!= 0) {
07                  if ((3*x)%9!= 0) {                          //再判断是否不是9的倍数
08                      System.out.println(3*x);                //输出3的倍数
09                  }
10              }
11              x++;                                            //x自加
12          } while (((3*x > 1) && (3*x < 100)));              //最后判断是否在100以内
13      }
14  }
```

【运行效果】

```
3
6
12
21
24
33
39
42
48
51
57
```

```
66
69
78
84
87
93
96
```

【代码说明】 从上面的程序段输出结果可以看出，与使用 while 语句的输出结果是一样的，为什么会是一样的呢？下面来分析。

当“x=33”时，不会先检验“3*33=99”是否小于 100，而是先执行大括号内的循环体。当检测到 99 是 9 的倍数时，条件是“false”，于是就会退出条件语句，继续执行“x”自加 1 表达式，于是“x”变成了 34，由于“34*3=102”大于 100，所以结束循环体。因此程序执行到“x=32”后就无输出了，最后输出的结果当然和 while 语句的输出一样。

其实在实际程序开发中，不经常使用 do…while 循环语句。因为这种语句是先执行循环体再检测条件，所以会有一些危险数据不经检测，就被执行。建议使用 while 语句或者 for 循环语句来编写代码。

4.4 中断与继续语句

在实际编程中，可能会出现中断某个程序；或从一个程序点开始，继续执行程序的特殊情况。对于这些特殊情况，Java 会使用中断与继续功能来解决。

4.4.1 中断控制语句

在 Java 程序开发中，使用关键字 break 来表示中断控制。中断控制语句用来强行退出程序的循环体部分或分支语句（如 switch 语句）。在 switch 分支语句中，已经使用过 break 语句，一旦执行该跳转语句，程序就退出 switch 语句。

【实例 4-14】 为了能熟悉中断控制语句，下面看一个简单的程序段，通过这个例子，可以看到中断控制语句在实际开发中的用处。

```
01  //通过system.out语句可以将数据打印出来
02  public class Control11                      //定义一个Control11类
03  {
04      public static void main(String[] args)  //主方法
05      {
06          int i=1;                            //定义整型变量i并赋值
07          while(i<=10)                        //循环判断
08          {
09              System.out.println(i);          //输出i值
10              i++;                            //x值自加
11              if(i>5)                         //条件判断
12              {break;}                        //退出
13          }
14      }
15  }
```

【代码说明】 第 11 行添加了一个条件语句，当变量 i 大于 5 时，使用 break 语句退出 while 循环体。

【运行效果】

```
1
2
3
4
5
```

【实例 4-15】 如果上述代码中，没有中断语句强行退出，则代码如下所示：

```
01  //如果没有中断语句，则会循环到最后
02  public class Control12                              //定义一个Control12类
03  {
04      public static void main(String[] args)          //主方法
05      {
06          int i=1;                                    //定义整型变量并赋值
07          while(i<=10)                                //循环判断
08          {
09              System.out.println(i);                  //输出i值
10              i++;                                    //i自加
11          }
12      }
13  }
```

【代码说明】 第 7~11 行是 while 循环体，这里没有使用中断语句，所以符合条件的变量 i 值全部输出。

【运行效果】

```
1
2
3
4
5
6
7
8
9
10
```

从上面两个实例的程序段运行结果可以看出：当使用了 break 语句后，程序执行到“x=6”时，根据条件判断“x>5”，执行中断语句，直接退出程序的循环体部分。

说明	由以上程序段可以总结出一个规律：中断语句一般会与条件语句结合使用，当满足条件语句中的条件时，就会执行中断语句。

【实例 4-16】 下面再看一个有关中断语句的例子。

```
01  //将system.out语句放置在中断语句之前，则会循环一次，再退出循环
02  public class Control13                              //定义一个Control13类
03  {
```

```
04      public static void main(String[] args)          //主方法
05      {
06          for(int i=2;i<10;i++)                        //for循环条件
07          {
08              System.out.println(i);                   //输出i的值
09              if(i%2==0)                               //条件判断是否被2整除
10              {break;}                                 //退出
11          }
12          System.out.println("退出来了");               //输出提示
13      }
14  }
```

【代码说明】第 9~10 行是条件语句和中断语句的集合，在符合条件的时候，退出 for 循环体。当“i”是偶数的时候，直接中断循环体。由于第 8 行的输出方法属于循环体中的方法，所以不会执行它。

【运行效果】

```
2
退出来了
```

【实例 4-17】将输出方法的位置进行调整，再看下面的代码。

```
01  //将system.out语句的位置放置在中断语句之后，则直接退出循环
02  public class Control14                               //定义一个Control14类
03  {
04      public static void main(String[] args)          //主方法
05      {
06          for(int i=2;i<10;i++)                        //for循环条件
07          {
08              if(i%2==0)                               //条件判断是否被2整除
09              {break;}                                 //退出
10              System.out.println(i);                   //输出i的值
11          }
12          System.out.println("退出来了");               //输出提示
13      }
14  }
```

【代码说明】与前面的程序段一样，代码会直接跳出循环体程序，第 12 行的输出方法在循环体外，所以得以执行。

【运行效果】

```
退出来了
```

通过上述几个实例，可以总结出中断语句的使用方法：一般和条件判断语句结合使用，中断语句是中断整个循环体。跳出循环体后，直接执行循环体以外的语句。

4.4.2　继续语句

在 Java 程序设计中，继续语句使用关键字 continue 表示。当执行 continue 语句时，程序从循环体的开始处执行，而不考虑循环体中已经执行了多少轮循环，在 for 循环语句中，执行到 continue 语句时，不再执行循环体中其他代码，而是直接跳转到增量表达式，再开始下一轮的 for 循环。在

while 和 do…while 语句中，运行到 continue 语句时则跳转到相应的条件表达式，再开始下一轮的循环。

【实例 4-18】下面先看一个有关继续语句的实例。

```
01  //只在奇数时，才输出，偶数时，会退出本次循环
02  public class Control15                              //定义一个Control15类
03  {
04      public static void main(String[] args)          //主方法
05      {
06          for(int i=1;i<10;i++)                       //for循环条件
07          {
08              if(i%2==0)                              //条件判断是否被2整除
09              {continue;}                             //继续语句
10              System.out.println(i);                  //输出i的值
11          }
12          System.out.println("退出来了");              //输出提示
13      }
14  }
```

【代码说明】仔细分析以上的程序段，如果使用 break 语句，那么运行结果中只有一个“1”，而用了继续语句，则输出了 10 以内的奇数。在程序中，如果 i 是偶数，遇到继续语句，就终止“System.out.println(i)”这条语句，又跳到循环开始，重新循环。所以，只要遇到偶数就会终止程序，遇到奇数程序就会继续运行。

【运行效果】

```
1
3
5
7
9
退出来了
```

注意　一定要注意break和continue的区别，break是直接跳出循环，而continue只是中断当次循环。如果后面的条件满足要求，还会继续执行。

4.5　分支语句

在讲述条件判断语句时，曾经提到当判断条件过多时，可以使用分支语句来编写。之所以使用分支语句而不是 if/else 条件语句，是因为当需要判断的条件过多时，后者实现时会显得很烦琐，为了解决该问题，可以利用分支语句。

分支语句的基本结构是：

```
switch(整数因子)
{
    case 整数值1: 语句; break;
    case 整数值2: 语句; break;
    case 整数值3: 语句; break;
    case 整数值4: 语句; break;
```

```
    case 整数值5: 语句; break;
    …
    default:语句;
}
```

同样，先看看分支语句的流程图，如图 4-9 所示。

如果仍然使用条件判断语句，整个程序段会显得层次过多，程序显得过于复杂，不易阅读。

【实例 4-19】下面通过实际程序段，来了解条件判断语句和分支语句的区别。

```
01  public class Control16                          //定义一个Control16类
02  {
03      public static void main(String[] args)     //主方法
04      {
05          int i=8;                                //定义整型变量i并赋值
06          if(i==1)                                //当变量i为1时
07          {System.out.println("是一月份");}
08           if(i==2)                               //当变量i为2时
09          {System.out.println("是二月份");}
10           if(i==3)                               //当变量i为3时
11          {System.out.println("是三月份");}
12           if(i==4)                               //当变量i为4时
13          {System.out.println("是四月份");}
14           if(i==5)                               //当变量i为5时
15          {System.out.println("是五月份");}
16           if(i==6)                               //当变量i为6时
17          {System.out.println("是六月份");}
18           if(i==7)                               //当变量i为7时
19          {System.out.println("是七月份");}
20           if(i==8)                               //当变量i为8时
21          {System.out.println("是八月份");}
22           if(i==9)                               //当变量i为9时
23          {System.out.println("是九月份");}
24           if(i==10)                              //当变量i为10时
25          {System.out.println("是十月份");}
26           if(i==11)                              //当变量i为11时
27          {System.out.println("是十一月份");}
28           if(i==12)                              //当变量i为12时
29          {System.out.println("是十二月份");}
30      }
31  }
```

【代码说明】第 6~29 行是 12 个 if 条件语句。这是判断月份，如果要判断的条件更多，是不是需要写更多的 if 语句呢？这说明判断条件非常多时，使用 if 语句显得层次有些混乱。

【运行效果】

```
是八月份
```

这个程序段看着不是很舒服，并且有点杂乱，下面再看看使用分支语句编写的程序段是什么样子。先来绘制一下流程图，如图 4-10 所示。

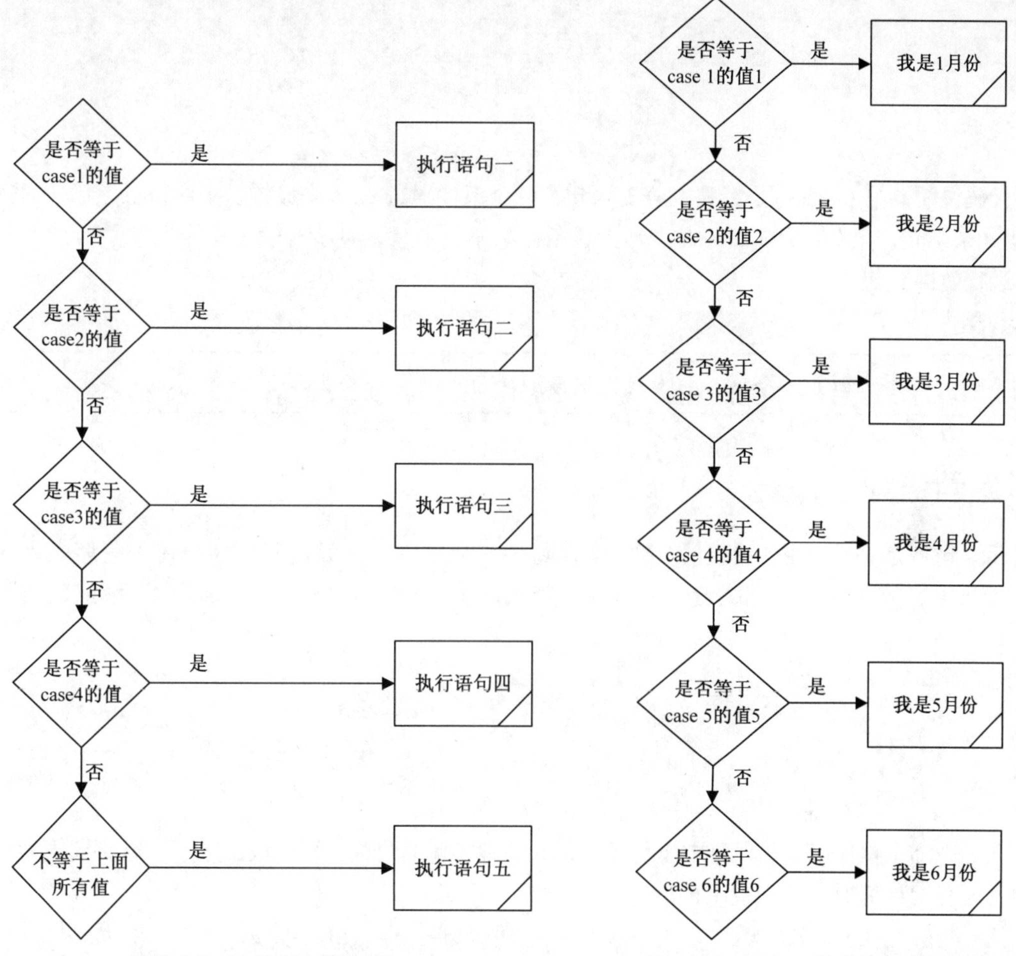

图 4-9　分支语句流程图　　　　图 4-10　输出一年月份程序流程图

【实例 4-20】 为了便于浏览，图 4-10 只绘制了 1~6 月份的流程。下面是这个程序的具体代码。

```
01  public class Control17                              //定义一个Control17类
02  {
03      public static void main(String[] args)          //主方法
04      {
05          int i=8;                                    //定义整型变量i并赋值
06          switch(i)                                   //选择语句
07          {
08              case 1:  System.out.println("是一月份");break;     //退出语句
09              case 2:  System.out.println("是二月份");break;
10              case 3:  System.out.println("是三月份");break;
11              case 4:  System.out.println("是四月份");break;
12              case 5:  System.out.println("是五月份");break;
13              case 6:  System.out.println("是六月份");break;
14              case 7:  System.out.println("是七月份");break;
15              case 8:  System.out.println("是八月份");break;
16              case 9:  System.out.println("是九月份");break;
17              case 10: System.out.println("是十月份");break;
```

```
18              case 11:  System.out.println("是十一月份");break;
19              case 12:  System.out.println("是十二月份");break;
20              default:  System.out.println("fault");              //默认语句
21          }
22      }
23  }
```

【代码说明】第 6~21 行是完整的分支语句，每个条件通过 case 来设置，条件执行完后，通过 break 语句来中断。第 20 行的 default 表示上述条件都不满足时，则执行它设置的输出。

【运行效果】

```
是八月份
```

说明 通过观察上面的程序段，会发现使用分支语句，整个程序更容易阅读。

4.6 返回语句

返回语句就是在执行程序的过程中，跳转到另一个程序。一般返回语句用在子程序或程序的函数方法中。返回语句使用关键字 return 来表示。下面通过一个简单的实例，了解返回语句的用法。

```
01  public void set(int a,int b)
02  {
03      i=a*b
04      return;                          //返回语句
05  }
```

以上是一个小程序段，在程序中出现了 return 关键字，说明这个程序段结束了，返回到主运行程序中。还有一种情况，先看看下面的例子。

```
01  public int set()
02  {
03     return i=a*b                      //返回值
04  }
```

这种情况不但要返回到主运行程序，而且还要将“i=a*b”的值带回主运行程序中，将其值赋给主运行程序中的“i”。返回语句牵扯到不同方法之间的调用问题，我们会在讲解了类的方法之后再详细了解其应用环境。

4.7 常见疑难解答

4.7.1 普通循环是使用 for 语句还是 while 语句

根据情况不同而定，for 循环语句主要针对有限循环而言，也就是说，当循环有上限的时候，一般使用 for 循环。while 循环语句则针对那些无限循环的代码而言，当循环没有明确上限，上限只是根据程序中的条件而定。

4.7.2　一般的程序可否用分支语句来代替条件语句

这个要视具体情况而定，如果条件在三重之内，最好使用条件语句。如果超过了三重，最好使用分支语句。

4.8　小结

本章讲解的是 Java 程序设计中的流程控制，这是每种开发语言的基础，如果你学习过 C 语言，则本章内容并不复杂。流程控制主要通过条件判断、循环、中断、执行等一系列语句来完成，每个语句实现的功能不同，或者说技巧也不同。建议读者对本章中的每个例子都能亲自动手实现，如果出现了问题，还要多注意如何解决问题，这样就能知道更多的知识和技巧。

4.9　习题

一、填空题

1．循环语句总共有 3 种常见的形式：__________、__________和__________。

2．在 Java 程序开发中，使用关键字__________来表示中断控制。

3．__________就是在执行程序的过程中，跳转到另一个程序。

二、上机实践

1．通过程序实现求 1~100 之间不能被 3 整除的数之和。

【提示】关键代码如下：

```
for(int i=0;i<=100;i++){
     if(i%3!=0){
          sum=sum+i;
   }
}
```

2．通过程序实现求整数 1~100 的累加值，但要求跳过所有个位为 3 的数。

【提示】关键代码如下：

```
for(int i=0;i<=100;i++){
    // 判断个位数字是否为3
     if(i%10==3){
         continue;
    }
    sum=sum+i;
}
```

3．输入一个正整数，输出该数的阶乘。

【提示】整数 n 的阶乘公式为：n!=1×2×…×n。（n!表示 n 的阶乘）。

4．输入一个正整数 n，判断该数是不是质数，如果是质数输出“n 是一个质数”，否则输出“n 不是质数”。

【提示】质数的含义：除了 1 和它本身不能被任何数整除。

第二篇
Java语言语法进阶——面向对象知识

第5章　数　　组

什么是数组？数组在实际程序中起到什么作用？数组用来存储数据，类似数据的缓存，数组是一组有序列的数据集合。通过本章的学习，可以了解数组如何进行数据存储，并且结合编程实例，掌握数组的设计和操作。

本章重点：

- 数组的定义。
- 一维数组和二维数组。
- 数组的应用实例。

5.1　数组概念的引入

在具体设计程序时，经常会遇到这样的情况：需要一种数据结构存放大量、同性质且需要做相同处理的数据。这种数据结构就是本章所要讲的数组数据结构。本节将介绍数组的一些基本概念，这些概念有助于在以后的编程过程中更好地使用数组。

5.1.1　实例的引入

走进一家运动器材店，会看到很多的体育运动器材，有篮球、排球、足球、羽毛球、乒乓球、高尔夫、滑板、健身器材等。如果要为这家店做一个数据库系统，首先要建立一个类似于集合的表格，如下所示。

```
{篮球，排球，足球，羽毛球，乒乓球，高尔夫，滑板，健身器材}
```

在程序开发中，将这种集合形式经过改装，变成了本章要重点讲述的数组，将上述的例子用数组来表示：

```
运动器材{篮球，排球，足球，羽毛球，乒乓球，高尔夫，滑板，健身器材}
```

5.1.2　数组的概念

数组是具有相同数据类型的数据集合，如上一小节中提到的运动器材集合。相同的数据类型，意味着数组中每个数据都是同一类型数据，或者属于基本数据类型中相同类型的数据，或者属于对象类型中相同类型的数据。在生活中，一个班级的学生、一个学校的所有人、一个汽车厂的所有汽车等，这些都可以形成一个数组。

如果按照维数来划分，数组可分为一维数组、二维数组、三维数组和多维数组等，每一维代表一个空间的数据。一维数组代表的就是一维空间的数据，例如自然数从 1~10。

```
{1,2,3,4,5,6,7,8,9,10}
```

二维数组代表的就是二维空间的数据，例如数学中的坐标。

```
{(1,2),(3,4),(5,6),(7,8)}
```

这里的每一组数据都代表了二维空间中 x 和 y 的坐标值。

三维数组代表的就是三维空间的数据，所谓三维空间就是指立体空间，如立体坐标。

```
{(1,2,3),(2,3,4),(3,4,5),(4,5,6),(5,6,7)}
```

这里的每一组数据都代表了三维空间中的（x，y，z）轴的坐标值。

5.1.3 用实例说明数组的用处

本节重点是说明数组的优点，可能会遇到后面小节的内容，先不要理会。下面来看一个有关数组的简单实例。

一个班有 10 个同学，分别是王垒、赵敏、宋江、刘户、孙洁、王浩、周杰、钱平、朱汉、马超。前面 5 名同学是男生，后面 5 名同学是女生。下面分析如何用数组来表示。

这个实例用数组来表示的方式有很多种，可以用一维数组来表示，也可以用二维数组来表示，还可以用三维数组来表示。下面先使用一维数组来表示。

```
某个班级的同学[10]{王垒，赵敏，宋江，刘户，孙洁，王浩，周杰，钱平，朱汉，马超}
```

“某个班级的同学”是这些同学的共同点，在程序中可以称之为相同的数据类型，中括号中的数组代表的是共有几个相同数据类型的数据，而大括号内的数据就是要使用的数据。

如果使用二维数组来表示，请看下面的示例。

```
某个班级的同学[10]{(王垒，男)，(赵敏，男)，(宋江，男)，(刘户，男)，(孙洁，男)，(王浩，
女)，(周杰，女)，(钱平，女)，(朱汉，女)，(马超，女)}
```

此时在二维数组中，将性别和姓名作为二维数组中的一个数据元素。

如果使用三维数组来表示，请看下面的示例。

```
某个班级的同学[]{(王垒,男,21)，(赵敏,男,21)，(宋江,男,21)，(刘户,男,21)，(孙洁,男,21)，
(王浩,女, 21)，(周杰,女,21)，(钱平, 女,21)，(朱汉,女,21)，(马超,女,21)}
```

此时在三维数组中，将姓名、性别和年龄作为三维数组中的一个数据元素。

5.2 基本数据类型的数组

上节中使用实例对数组的用处做了分析，此节将针对基本数据类型的数组，讲述其声明方法和使用方法。本节将会利用大量编程实例，来加强对数组用法的理解。

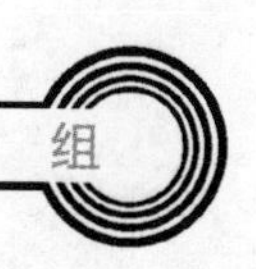

5.2.1 基本类型数组的声明

使用一个数据时，必须要对其进行声明，这个道理对于数组来说也一样，数组在使用之前也必须先声明。先看下面的代码如何声明一个变量。

```
int a;
```

仔细分析一下：int 是指变量的数据类型，a 是指变量名，由变量的声明可以联系到数组的声明。

```
int a[];
```

仔细分析一下：int 是指数组中所有数据的数据类型，也可以说是这个数组的数据类型，a[]表示数组名。

一维数组的声明有两种形式。

```
int a[];
int[] a;
```

说明 这两种形式没有区别，使用效果完全一样，读者可根据自己的编程习惯选择。

5.2.2 基本类型数组的初始化

如何对基本类型的数组进行初始化呢？同样，可以先从变量的初始化开始。一个变量的初始化工作，其实就是一个变量的赋值工作，例如下面的变量初始化实例。

```
int a=3;
```

以上就是一个变量初始化的例子，那么数组的初始化是什么样子？下面看一个有关数组初始化的实例。

```
int[] a=new int{1,2,3,4,5};
```

要用关键字 new，是因为数组本来就是一个对象类型的数据。在 Java 中 new 关键字的作用是产生该类的某个对象，并为该对象分配内存空间，内存空间的大小视对象大小而定，如一个 double 类型的浮点数据对象肯定比 int 类型的整型数据对象分配的内存空间更大。

数组的长度其实就是指数组中有几个数据，举个数组长度的例子。

```
int[] a={1,2,3,4,5};
```

这个数组的长度就是里面有几个数据，这个数组里有 5 个数据，说明这个数组长度是 5。

在编写程序的过程中，如果要引用数组的长度，一般是使用属性 length，在程序中一般是使用下列格式：

```
数组名.length
```

下面先看一个基本类型数组的例子。

【实例 5-1】 创建一个拥有 10 个元素的整数型数组 a，并通过 a[i]=i*i 为每个数组元素赋值，最后将结果输出。

```
01  public class Arrary1 {                              //定义一个Arrary1类
02      public static void main(String[] args) {        //主方法
03          int[] a;                                    //声明int型数组a
```

```
04          a = new int[10];                    //对a这个数组赋值
05          int i;                              //声明变量i
06          for (i = 0; i < 10; i++) {          //通过循环将数组a中的所有元素输出
07              System.out.println("a[" + i + "]=" + (i * i));
08          }
09      }
10  }
```

【代码说明】上述代码中首先实现数组声明“int[] a”，然后为数组对象 a 赋值“a=new int[10]”，最后使用循环语句输出数组中的所有数据。

【运行效果】

```
a[0]=0
a[1]=1
a[2]=4
a[3]=9
a[4]=16
a[5]=25
a[6]=36
a[7]=49
a[8]=64
a[9]=81
```

说明 数组本身是对象类型数据。基本类型的数组是指这个数组中数据的数据类型，与数组是否是对象类型数据毫无关系。

5.3 由实例引出不同数组种类及其使用

本节主要使用实例让读者能更加熟悉数组的使用。通过本节的学习，总结一些编程中所使用的编程思路。编程最重要的不是如何编写代码，也不是使用哪种控制流程，而是编程的思路，编程思路决定着这个程序代码的好与坏。

5.3.1 认识一维数组

一维数组是具有相同数据类型数据的一种线性组合，这里数据类型可以是 Java 定义的任意一种数据类型，包括对象引用类型即对象的引用，数组中可以存放相同类的多个对象。

一维数组只有一种数据类型，如前面的例子：

```
某个班级的同学〔10〕{王垒，赵敏，宋江，刘户，孙洁，王浩，周杰，钱平，朱汉，马超}
```

5.3.2 由实例引出一维数组及其使用

我们已经学会了如何声明和初始化一个数组，那么如何使用数组呢？本小节将通过一个具体的实例来详细介绍一维数组的使用方式。

【实例 5-2】先来看一个很简单的实例。有两个数组 a[]、b[]，输出它们中的各个数据，并且输出它们的长度。

```
01  public class Arrary2 {                                  //定义一个Arrary2类
02      public static void main(String[] args) {            //主方法
03          //初始化两个数组a、b
04          int[] a = new int[] { 1, 2, 3, 4, 5 };
05          int[] b = new int[] { 2, 3, 4, 5, 6, 7, 8 };
06          //使用循环语句将两个数组内的元素输出
07          for (int i = 0; i < a.length; i++) {
08              System.out.println("a[" + i + "]=" + a[i]);
09          }
10          for (int j = 0; j < b.length; j++) {
11              System.out.println("b[" + j + "]=" + b[j]);
12          }
13          //使用length属性输出数组的长度
14          System.out.println("a数组的长度是: " + a.length);
15          System.out.println("b数组的长度是: " + b.length);
16      }
17  }
```

【代码说明】第4~5行初始化两个数组a和b。第7~12行for循环的次数取决于数组a的长度。第14~15行的循环次数同样取决于数组b的长度。

【运行效果】

```
a[0]=1
a[1]=2
a[2]=3
a[3]=4
a[4]=5
b[0]=2
b[1]=3
b[2]=4
b[3]=5
b[4]=6
b[5]=7
b[6]=8
a数组的长度是: 5
b数组的长度是: 7
```

这个程序段主要是将两个数组中的每个数据和整个数组的长度输出，而这个例子也是数组最简单的实例，下面再看一个稍微复杂的实例。

【实例5-3】有两个数组a[]、b[]。将两个数组中的数据一一对应相乘，得出数组c，输出数组c的元素和3个数组的长度。

```
01  public class Arrary3 {                                  //定义一个Arrary3类
02      public static void main(String[] args) {            //主方法
03          //初始化两个数组a、b
04          int[] a = new int[] { 1, 2, 3, 4, 5 };
05          int[] b = new int[] { 2, 3, 4, 5, 6 };
06          int[] c = new int[5];                           //初始化数组c
07          //将两个数组中对应的元素相乘得出第三个数组的元素
08          for (int i = 0; i < a.length; i++) {
```

```
09                  c[i] = a[i] * b[i];
10              }
11              for (int j = 0; j < a.length; j++) {
12                  System.out.println("c[" + j + "]=" + (a[j] * b[j]));
13              }
14              //输出三个数组的长度
15              System.out.println("a数组的长度是: " + a.length);
16              System.out.println("b数组的长度是: " + b.length);
17              System.out.println("c数组的长度是: " + c.length);
18          }
19      }
```

【代码说明】第 6 行首先声明一个没有初始数值的数组 c。第 8~10 行通过循环为数组 c 赋值，第 11~13 行通过循环输出数组 c 中的元素。第 15~17 行输出 3 个数组的长度。

【运行效果】

```
c[0]=2
c[1]=6
c[2]=12
c[3]=20
c[4]=30
a数组的长度是: 5
b数组的长度是: 5
c数组的长度是: 5
```

这段程序可以学习如何操作数组内的各个元素，下面再看看更加复杂的程序段。

【实例 5-4】创建一个整数型数组 f，它拥有 20 个元素，并将它的各个元素赋值如下，然后输出它们。元素值间的函数关系如下所示。

```
f[0]=1; f[1]=2; f[i]=f[i-1]+f[i-2];
```

实例的详细代码如下所示。

```
01  public class Arrary4 {                                  //定义一个Arrary4类
02      public static void main(String[] args) {            //主方法
03          int[] f = new int[20];                          //初始化数组f
04          f[0] = 0;                                       //对数组f[0]赋值
05          f[1] = 2;                                       //对数组f[1]赋值
06          //通过一个循环语句将数组中所有的元素输出
07          for (int i = 2; i < f.length; i++) {
08              f[i] = f[i - 1] + f[i - 2];                 //数组f[i]等于前两项值的和
09              System.out.println("f[" + i + "]=" + f[i]);
10          }
11      }
12  }
```

【代码说明】上述代码主要用来实现数学中的一个递归函数，其中的运算过程交给了第 7~10 行的循环语句去处理。

【运行效果】

```
f[2]=2
f[3]=4
```

```
f[4]=6
f[5]=10
f[6]=16
f[7]=26
f[8]=42
f[9]=68
f[10]=110
f[11]=178
f[12]=288
f[13]=466
f[14]=754
f[15]=1220
f[16]=1974
f[17]=3194
f[18]=5168
f[19]=8362
```

上面所有的程序段，都是围绕着如何操作一维数组内的元素。其实一维数组在实际程序中的一些应用，不过就是操作数组内部的元素而已。

5.3.3 由实例引出二维数组及其使用

5.3.2 节主要讲解了一维数组的使用方法，对于数组，除了要掌握一维数组外，还需要掌握二维和三维数组。本小节主要讲解二维数组的使用方法。

【实例 5-5】针对二维数组，先看看下面的有关二维数组的例子：创建一个字符型二维数组，并根据执行结果为各元素赋值，然后输出各元素。

```
01  public class Arrary5 {                                        //定义一个Arrary5类
02      public static void main(String[] args) {                  //主方法
03          //声明一个代表空间中的x和y轴的数组a
04          char[][] a;
05          //为数组a赋值
06          a = new char[4][10];
07          a[0] = new char[10];
08          a[1] = new char[10];
09          a[2] = new char[10];
10          a[3] = new char[10];
11          a[0][0] = 65;
12          a[1][0] = 67;
13          a[2][0] = 69;
14          a[3][0] = 71;
15          //通过循环语句将对应的每一个坐标上的元素输出
16          for (int i = 0; i < a.length; i++) {
17              for (int j = 1; j < a[i].length; j++) {
18                  a[i][j] = (char) (a[i][j - 1] + 1);
19                  System.out.print(a[i][j - 1]);
20              }
21              System.out.println();                             //输出换行
22          }
23      }
24  }
```

【代码说明】 第 7~10 行首先为二维数组中第一列的数据赋值，这样我们就可以通过第 17~20 行的循环，通过一次加 1 的方式，输出 9 个字母。第 21 行的代码非常关键，起到将输出结果换行的作用。

注意 读者从程序中可以看出二维数组其实每行有10个数据，但我们只输出了9个，读者可通过更改第17~20行的代码来实现10个数据的输出。

【运行效果】

```
ABCDEFGHI
CDEFGHIJK
EFGHIJKLM
GHIJKLMNO
```

上面的程序段只是操作二维数组中的元素而已，所以只要牢牢地记住数组的基本概念，其他的问题就可以迎刃而解。

5.4 多维数组

多维数组指三维以上的数组，在上节中读者详细了解了二维数组，不难看出如果想提高数组的维数，只需要在声明数组时增加下标，再增加中括号即可，如定义四维数组可以在定义二维数组上扩展为 double d[][][][]，更多维数组的声明方式依此类推。多维数组的使用与一维、二维数组类似。不过每增加一维，则增加一层嵌套，所以对于多维数组，使用起来相对复杂。

5.4.1 多维数组的声明

在定义多维数组前必须先声明数组，这样就明确了数据类型和数组名，以三维数组为例，其格式如下：

```
数据类型  多维数组名[][][];
数据类型[][][] 多维数组名
```

[][][]是三维数组的标志，其位置如多维数组声明格式所示。例如：

```
String  multiStringArray[][][];       //数组标志在数组名后
String[][][]  multiStringArray;       //数组标志在数据类型后
byte  multiByteArray[][][];           //数组标志在数组名后
byte[][][]  multiByteArray;           //数组标志在数据类型后
```

声明了多维数组后，只是存在一个数据的名字，但是还没有分配内存空间。所以接下来就需要为定义的数据分配内存空间，与一维数组和二维数组的定义一样使用 new 运算符，开辟内存空间。例如：

```
int multiIntArray[][][] = new int[2][3][4];
```

显然，开辟了 2*3*4=24 个 int 型数据的内存空间，用来存放 int 型数据。数组在使用时除获得数组属性信息外（多维数组某行的长度）一般使用它的数据元素实现输入、输出、计算功能。这时需要下标来区分多维数组中不同位置的元素。例如：

```
multiIntArray[0].length          //数组第一行的长度
multiIntArray[0][1].length       //数组第一行第二列的长度
multiIntArray[0][2][3]           //数组中一个位置的元素值
```

说明 多维数组的下标是不能越界的，如多维数组的第一行有3个数据元素，而想获得multiIntArray[0][3][2]的数据元素，显然超过了第一行的长度3。此时在编译时会触发java.lang.ArrayIndexOutOfBoundsException异常。

5.4.2 初始化多维数组

无论是一维数组还是多维数组，数组初始化的本质是一样的，就是为分配了内存空间的数组填充具体的数据元素。这样的数组才有用。

数据元素分两种：一是对象类型，二是基本数据类型。如果是对象类型首先需要对对象进行初始化，否则该数组中的对象数据就无法使用。如果是基本数据类型，Java 初始化为默认值。多维数组的初始化也有两种：

（1）静态初始化

多维数组的静态初始化是在定义数组时进行数据的初始化。

```
Int  ThreeDemisionArray  = {{{1,2},{3,4}},{{5,6},{7,8}}};
```

（2）赋值初始化

在定义了多维数组后（声明并定义了内存空间），系统给每个内存空间赋予数据元素的值。例如：

```
//初始化一个数组mulitIntArray
int multiIntArray[][][] = new int[2][3][4];
//通过3重循环为数组中的元素赋值
for(int i=0;i<2;i++){
    for(int j =0;j<3;j++){
        for(int k=0;k<4;k++){
            multiIntArray[i][j][k] = i*j*k;
        }
    }
}
```

5.4.3 使用多维数组

数组的使用就是通过下标来获取数据元素的值或通过数组元素的下标修改相应数据的值，多维数组的使用也是如此。

【实例 5-6】实现访问多维数组的数据元素，该程序依次获得多维数组的数据元素并且按照维数依次输出。显然，一旦获得数组中的数据元素后可以实现数据的各种操作，而不单是打印输出结果。

```
01  public class MultiArrayTest{                              //定义一个MultiArray Test类
02      public static void main(String[] args){               //主方法
03          int multiArray[][][] = new int[3][4][5];//声明和初始化数组multiArray[][][]
04          for(int i = 0 ;i <3;i++){                         //第6~9行通过3重循环为数组赋值
```

```
05                for(int j = 0 ;j<4;j++){
06                    for(int k=0;k<5;k++){
07                        multiArray[i][j][k] = i*j*k;
08                        System.out.print(multiArray[i][j][k]+" ");
09                    }
10                    System.out.println();       //实现分行显示
11                }
12                System.out.println();           //实现分行显示
13            }
14        }
15    }
```

【代码说明】 在为三维数组赋初始值时，使用 3 个 for 循环中的变量的乘积作为三维数组中元素的值。完成整个三维数组的数据元素初始化。正如在二维数组的初始化中使用二层循环，在三维数组中使用 3 层循环来初始化，这种方式书写工整，也好理解。

【运行效果】 如图 5-1 所示。

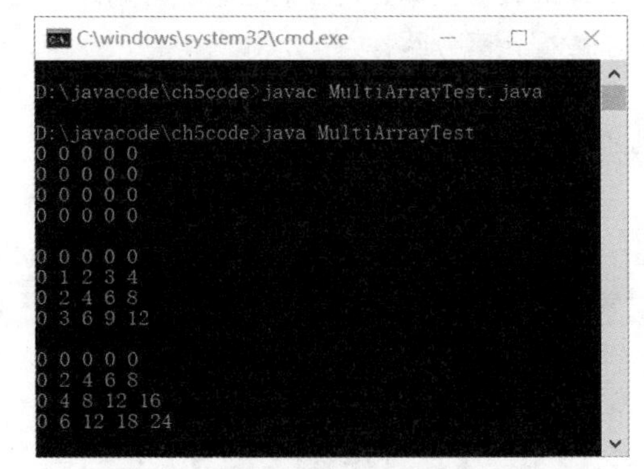

图 5-1　访问多维数组元素示例执行结果

5.5 数组的综合实例

【实例 5-7】 设计一个程序，有两个整型数组：a[]和 b[]。a 数组中有 5 个元素，b 数组中有 5 个元素。现在要求：

1）分别输出两个数组中的各个元素及长度。

2）有一个数组 c，它的元素就是 a 数组和 b 数组中一一对应的元素的乘积，并且输出其长度。

3）有一个数组 d，它的元素是前面 3 个数组中一一对应的元素满足的表达式：a[i]*c[i]-b[i]。

分析与编写：

要输出各个元素及长度。这个程序在前面也遇到过，具体程序段如下所示。

```
01  public class Arrary6                                    //定义一个Arrary6类
02  {
03      public static void main(String[] args)              //主方法
04      {
05          int[] a=new int[]{2,4,6,8,10};                  //初始化数组
06          for(int i=0;i<a.length;i++)                     //循环输出数组中的元素
07          {
08              System.out.println("a["+i+"]="+a[i]);
09          }
10          System.out.println("数组a的长度是: "+a.length); //输出数组的长度
11      }
12  }
```

【代码说明】 第 5 行初始化数组。第 6~9 行通过循环输出数组中的元素。第 10 行输出数

组长度。

【运行效果】

```
a[0]=2
a[1]=4
a[2]=6
a[3]=8
a[4]=10
数组a的长度是：5
```

输出另一个数组的程序代码如下。

```
01  public class Arrary7                                    //定义一个Arrary7类
02  {
03      public static void main(String[] args)              //主方法
04      {
05          int[] b=new int[]{1,3,5,7,9};                   //初始化数组
06          for(int i=0;i<b.length;i++)                     //循环输出数组中的元素
07          {
08              System.out.println("b["+i+"]="+b[i]);
09          }
10          System.out.println("数组b的长度是："+b.length); //输出数组的长度
11      }
12  }
```

【代码说明】 第5行初始化数组b。第6~9行输出数组中的元素。第10行输出数组b的长度。

【运行效果】

```
b[0]=1
b[1]=3
b[2]=5
b[3]=7
b[4]=9
数组b的长度是：5
```

在第二个要求里，必须要创建一个新的数组c，接着就是操作前两个数组的元素。这个要求内的程序段在前面的小节已经详细举过例子，下面看程序段。

```
01  public class Arrary8 {                                          //定义一个Arrary8类
02      public static void main(String[] args) {                    //主方法
03          //直接初始化数组元素a和b
04          int[] a = new int[] { 2, 4, 6, 8, 10 };
05          int[] b = new int[] { 1, 3, 5, 7, 9 };
06          //声明数组元素c
07          int[] c = new int[5];
08          for (int i = 0; i < a.length; i++) {                    //循环的为数组c赋值
09              c[i] = a[i] * b[i];
10          }
11          for (int j = 0; j < a.length; j++) {                    //循环输出数组c中的元素
12              System.out.println("c[" + j + "]=" + (a[j] * b[j]));
13          }
14          System.out.println("c数组的长度是：" + c.length);  //输出数组c的长度
```

```
15          }
16    }
```

【代码说明】

第 4~7 行创建了 3 个数组，其中数组 a 和 b 创建时有默认值，数组 c 没有默认值。第 8~10 行设置数组 c 的值，第 11~13 行输出数组 c 中的元素。

【运行效果】

```
c[0]=2
c[1]=12
c[2]=30
c[3]=56
c[4]=90
数组c的长度是：5
```

这个程序是一个数组内部各个对应的元素的操作，这个在前面已经举过例子，此处不再详细描述。

第三个要求比前两个稍微复杂，但是可以通过分析来编写程序段，先看下面的程序，然后再来分析。

```
01   public class Arrary9 {                                    //定义一个Arrary9类
02       public static void main(String[] args) {              //主方法
03           //直接初始化数组元素a和b
04           int[] a = new int[] { 2, 4, 6, 8, 10 };
05           int[] b = new int[] { 1, 3, 5, 7, 9 };
06           //通过循环输出数组d中的元素
07           for (int i = 0; i < b.length; i++) {
08               System.out.println("d[" + i + "]=" + (a[i] * a[i] * b[i] - b[i]));
09           }
10       }
11   }
```

【代码说明】读者在代码中没有看到数组 c，因为本身数组 c 就是数组 a 和数组 b 中元素相乘的结果，所以第 8 行代码中用 a[i]*b[i]代替数组 c。

【运行效果】

```
d[0]=3
d[1]=45
d[2]=175
d[3]=441
d[4]=891
```

整个程序段其实与上一个程序段相似，只不过表达式比上一例复杂。

上面 3 个程序段其实可以用一个程序段来表示，这就涉及面向对象编程的理念，代码如下所示。

```
01   public class Arrary10 {                                   //定义一个Arrary10类
02       //直接初始化数组元素a和b
03       int[] a = new int[] { 2, 4, 6, 8, 10 };
04       int[] b = new int[] { 1, 3, 5, 7, 9 };
05       public static void main(String[] args) {              //主方法
06           Arrary10 w = new Arrary10();                      //创建数组对象w
07           //通过对象w调用print1()、print2()、print3()和print4()方法
```

```
08            w.print1();
09            w.print2();
10            w.print3();
11            w.print4();
12        }
13        void print1() {                                          //编写print1()方法
14            for (int i = 0; i < b.length; i++) {                 //输出数组b中的元素
15                System.out.println("b[" + i + "]=" + b[i]);
16            }
17            System.out.println("数组b的长度是: " + b.length);    //输出数组b的长度
18        }
19        void print2() {                                          //编写print2()方法
20            for (int i = 0; i < a.length; i++) {                 //输出数组a中的元素
21                System.out.println("a[" + i + "]=" + a[i]);
22            }
23            System.out.println("数组a的长度是: " + a.length);    //输出数组a的长度
24        }
25        void print3() {                                          //编写print3()方法
26            //因为数组c和b相同，可以用b.length
27            for (int i = 0; i < b.length; i++) {
28                System.out.println("c[" + i + "]=" + (b[i] * a[i]));
29            }
30            System.out.println("数组c的长度是: " + b.length);
31        }
32        void print4() {                                          //编写print4()方法
33            //因为数组c和b相同，可以用b.length
34            for (int i = 0; i < b.length; i++) {
35                System.out.println("d[" + i + "]=" + (a[i] * a[i] * b[i] - b[i]));
36            }
37        }
38    }
```

【代码说明】第 27 行和第 34 行在获取数组 c 的长度时，使用了 b.length，因为数组 c 和数组 b 长度相同，这里简化了代码，直接输出数组 b 的长度，该值同样也是数组 c 的长度。

【运行效果】

```
b[0]=1
b[1]=3
b[2]=5
b[3]=7
b[4]=9
数组b的长度是: 5
a[0]=2
a[1]=4
a[2]=6
a[3]=8
a[4]=10
数组a的长度是: 5
c[0]=2
c[1]=12
c[2]=30
c[3]=56
```

```
c[4]=90
数组c的长度是：5
d[0]=3
d[1]=45
d[2]=175
d[3]=441
d[4]=891
```

每个功能使用一个方法来实现，在主运行函数内，利用创建新对象，再使用对象的方法来引用功能函数。这样，整个程序看起来就很清晰明了，并且功能模块很独立。不会因为修改一处而导致全部代码修改，这也正是面向对象程序开发的一个最大优势。

在编写有关数组方面的程序时，主要是操作数组中的元素。而在实际的程序开发中，不可能像前面举的例子一样简单。在实际开发工作中，要涉及的不单纯是基本类型的数组，绝大多数会遇到数组中元素的数据类型是对象类型。至于对象类型的使用，其实同基本类型的数组一样，只不过是数据类型不同而已，对象数组将会在后面的章节中讲解。

5.6　常见疑难解答

5.6.1　声明数组需要注意什么

声明数组时，一定要考虑数组的最大容量，防止容量不够的现象。数组一旦被声明，它的容量就固定了，不容改变。如果想在运行程序时改变容量，就需要用到数组列表。数组列表不属于本章的内容，在数据结构部分将会详细讲述。

5.6.2　数组在平时的程序代码中使用是否频繁

其实数组有一个缺点，就是一旦声明，就不能改变容量，这个也是其使用频率不高的原因。一般存储数据会使用数组列表或 Vector 这两种数据结构来存储数据。

5.7　小结

本章讲解了数组的使用，其中实例讲解最多的是一维数组的使用，包括数组的声明、数组的初始化、数组中各元素如何输出等。希望读者通过本章的学习，深入了解数组的基本概念和基本使用方法，这里不需要读者有多精通，而是起到一个入门的作用，为后面的复杂数据使用打下良好的基础。

5.8　习题

一、填空题

1．数组中的数据元素分两种：一是____________，二是____________。

2．声明一个整型数组 a[]的方法有两种：一是____________，二是____________。

3．数组的使用就是通过____________来获取数据元素的值。

二、上机实践

1．以下声明数组的方式哪种不对？

（1）int a[];

（2）int[] a;

（3）int []a;

（4）int[] a=new int{1,2,3,4,5};

2．“int[] a={1,2,3,4,5};”中被定义的数组 a 的长度是多少？请写出计算的代码。

【提示】 通过数组对象的 length 属性来获取数组的长度。

3．通过程序实现数组排序和查找相应元素的索引功能。

【提示】 Arrays 类的 sort()方法可以实现排序功能，binarySearch()方法可以实现查找元素索引功能。

第 6 章　字符串的处理

本章将通过实例，重点讲述字符串类和字符串类中各种各样的方法。字符串属于类，虽然在本章之前还未讲解类，但本章主要学习如何处理字符串。字符串是在程序开发中随时随地都能用到的对象型数据，处理好字符串数据，对于程序开发来说是至关重要的。在程序不同的角落都会存在字符串处理的身影，如登录窗口的用户名和密码等。

Java 提供了两种字符串操作——String 类和 StringBuffer 类，对字符串的操作是通过定义好的一系列方法实现的。

本章重点：

- ❑ 理解字符串和它的用处。
- ❑ 掌握缓冲字符串类的使用。
- ❑ 字符串类的各种处理方法。

6.1　认识字符串

字符串是由单个或多个字符组成的，字符串是 Java 中特殊的类，使用方法像一般的基本数据类型，同时它在程序中无处不在。提到字符串，读者一定不会陌生。在前面的章节中，很多实例程序中都有字符串。

6.1.1　代码中的字符串

【实例 6-1】先来看看下面的这段程序代码。

```
01   //这是一个简单的输出程序代码
02   public class Str1                                        //定义一个Str1类
03   {
04       public static void main(String[] args)               //主方法
05       {
06           System.out.println("是一个优秀的程序员");          //输出
07       }
08   }
```

【代码说明】第 6 行在两个双引号之间的数据就是字符串。

【运行效果】

```
是一个优秀的程序员
```

下面讨论为什么使用字符串，其实字符串的真正作用就是处理文本。

Java 中的类库相当丰富，对于 Java 语言要处理的数据，都会在类库中有相应的类。程序员可以通过类中的方法、对象和属性来处理相应的数据。这就给开发带来了巨大的方便，也减轻了开发的难度。

在 Java 语言中，处理文本主要应用的类是 String 类和 StringBuffer 类。如果是处理一些小的文本，建议使用 String 类，它会特别方便。如果使用 String 类来处理大型文本，会消耗大量系统资源，所以 Java 程序语言特别引进了 StringBuffer 类。

注意　这两个类都是处理文本的，但是它们之间又有很大的差异，本章的后面会详细介绍这些差异。

【实例 6-2】 下面演示如何在程序中处理字符串数据。

```
01  public class Str2 {                                        //定义一个Str2类
02      public static void main(String[] args) {               //主方法
03          String str;                                        //声明字符串变量str
04          //初始化字符串对象str
05          str = "I am a student, I am Chinese";
06          //通过system.out.println方法将这个字符串输出
07          System.out.println(str);
08      }
09  }
```

【代码说明】 第 3 行定义字符串对象。第 5 行为其赋值。第 7 行输出字符串。

注意　第3行定义字符串对象时，String的首字母是大写的。

【运行效果】

```
I am a student, I am Chinese
```

6.1.2　String 类和 StringBuffer 类的比较

String 类和 StringBuffer 类都提供了相应的方法实现字符串的操作，但二者略有不同。

（1）String 类

该类一旦产生一个字符串，其对象就不可变。String 类的内容和长度是固定的。如果程序需要获得字符串的信息需要调用系统提供的各种字符串操作方法实现。虽然通过各种系统方法可以对字符串施加操作，但这并不改变对象实例本身，而是生成了一个新的实例。系统为 String 类对象分配内存，是按照对象所包含的实际字符数分配的。

（2）StringBuffer 类

该类从名字就可以看出其具有缓冲功能。StringBuffer 类处理可变字符串。如果要修改一个 StringBuffer 类的字符串，不需要再创建新的字符串对象，而是直接操作原来的字符串。该类的各种字符串操作方法与 String 类提供的方法不相同。系统为 StringBuffer 类对象分配内存时，除去当前字符所占空间外，还提供另外 16 个字符大小的缓冲区。

注意　使用StringBuffer类对象时，使用length()方法获得实际包含字符串的长度，capacity()方法返回当前数据容量和缓冲区的容量之和。

字符串是对象型数据。由于类和对象将在第 7 章才会讲述，所以本章中，只要遇到有关类和对象的概念，只是讲述如何操作，暂时不会描述为什么要这样使用。

6.2 字符串处理的类库种类

在 Java 语言中，字符串处理类使用最多的是 String 类和 StringBuffer 类。下面将详细讲述如何使用这两个类。

6.2.1 字符串的赋值

字符串类是处理字符串的类。String 字符串与前面学过的数组有一个共同点，就是它们被初始化后，长度是不变的，并且内容也不变。如果要改变它的值，就会产生一个新的字符串，如下所示：

```
String str1="very";
str1=str1+"good";
```

这个赋值表达式看起来有点像简单的接龙。在“str1”后面直接加上一个“good”字符串，形成最后的字符串“very good”。其运行原理是这样的：程序首先产生了 str1 字符串对象，并在内存中申请了一段空间。此时要追加新的字符串是不可能的，因为字符串被初始化后，长度是固定的。如果要改变它，只有放弃原来的空间，重新申请能够容纳“very”和“good”两个字符串的内存空间，然后将“very good”字符串放到内存中。

6.2.2 字符串处理类——String

由于在程序里面字符串的使用非常烦琐，为了方便起见，Sun 公司专门创建了字符串的处理类——String。因此字符串的声明非常简单，具体声明方法如下所示。

```
字符串类型 字符串名=字符串内容
```

例如：String str="we are chinese"。

在后面类和对象的内容中，会提到一个构造器的概念。构造器就是从类中构造出对象的方法。字符串类一共有 9 种不同的构造器，下面将详细讲述其中的 6 种。

1. 字符串类的默认构造器

“String()”这个构造器是最简单的构造器，也是系统默认的构造器，是不带参数的。

【实例 6-3】 下面通过实例来学习如何使用它。

```
01  public class Str3 {                                      //定义一个Str3类
02      public static void main(String[] args) {             //主方法
03          String str = new String();                       //创建一个空字符串str
04          System.out.println(str);                         //输出空字符串
05      }
06  }
```

【代码说明】 第 3 行只初始化了一个字符串对象 str，并没有为其赋值。

【运行效果】 这个程序输出的结果为空，因为这个构造器构造出的对象是一个空对象。

2. 字节参数的构造器

【实例 6-4】 “String(byte[] byte)”将字节数组中的元素作为字符串对象。请看下面的例子，再来体会这个构造器的作用。

```
01  public class Str4 {                                      //定义一个Str4类
02      public static void main(String[] args) {              //主方法
03          byte[] b = { 97, 98, 99 };                        //初始化一个字节数组b
04          //通过构造器，将字节数组中的元素连接成一个字符串
05          String str = new String(b);
06          System.out.println(str);                          //将此字符串输出
07      }
08  }
```

【代码说明】这个构造器的作用是将字节数组中的元素以字符串对象的形式输出。

【运行效果】输出结果并不是数值 97 的字符串“97”，而是其 ASCII 码代表的字符 a。读者可自己动手实验，结果如下所示。

```
abc
```

3．获取指定字节数的构造器

“String(byte[] bytes,int offset,int length)”这个构造器的含义是：将字节数组中从“offset”指定的位置开始到“length”长度结束，其中间的字符构成字符串对象。

【实例 6-5】下面看一个简单的例子。

```
01  public class Str5 {                                      //定义一个Str5类
02      public static void main(String[] args) {              //主方法
03          //初始化一个字节数组b
04          byte[] b = { 97, 98, 99, 100, 101, 102 };
05          //通过构造器，将字节数组中的元素连接成一个字符串，并且从第4个位置开始，
06          //总共有2个元素
07          String str = new String(b, 3, 2);
08          System.out.println(str);                          //将此字符串输出
09      }
10  }
```

【代码说明】在 String 对象中，第一个参数 b，就是指开始初始化的字符数组。第二个参数是 3，就是指定从第 4 个位置开始，因为数组是从 0 开始的，所以 3 是指第 4 个位置即“4”。第三个参数是 2，指定从这个位置开始后几个字符，因为是 2，所以是从“4”开始的两个字符。

【运行效果】

```
de
```

4．将字节型数据转换为字符集输出的构造器

“String(byte[] bytes, int offset, int length, String charsetName)”这个构造器的含义就是：将一个字节数组中从第“offset”个位置的字符开始到“length”长度结束，其中间的字符形成字符串对象，然后将这个字符串按照某种字符集输出。

字符集一般有“us-ascii”“iso-8859-1”“utf-8”“utf-16be”“utf-16le”“utf-16”等样式。

【实例 6-6】下面先看看这种构造器的实例。

```
01  import java.io.UnsupportedEncodingException;
02  public class Str6 {                                      //定义一个Str6类
```

```
03        public static void main(String[] args) {      //主方法
04            //初始化一个字节数组b
05            byte[] b = { 97, 98, 99, 100, 101, 102 };
06            try {                                      //try语句中包含可能出现异常的程序代码
07                //通过构造器，将字节数组中的元素连接成一个字符串,并且从第4个位置开
08                //始，总共有2个元素
09                String str = new String(b, 3, 2, "utf-8");
10                //将此字符串以UTF-8的形式输出
11                System.out.println(str);
12            } catch (UnsupportedEncodingException ex) { //catch语句块用来获取异常信息
13            }
14        }
15    }
```

【代码说明】其实这个构造器的用法与上一个构造器差不多，唯独不同的就是输出结果的形式不一样。“String(byte[] bytes,String charsetName)”与上一个构造器是同类构造器，此构造器是将整个字节数组作为字符串对象，并以某个字符集形式输出。

【运行效果】

```
de
```

5．字符数组的构造器

“String(char[] value)”构造一个字符数组，其实这个构造器与第二个构造器很相似，它是将字符数组内的字符连在一起，形成一个字符串。

【实例 6-7】下面是这个构造器的实例。

```
01    public class Str7 {                                //定义一个Str7类
02        public static void main(String[] args) {      //主方法
03            //初始化一个字符数组c
04            char[] c = { 'w', 'e', 'l', 'c', 'o', 'm', 'e' };
05            //通过构造器，将字符数组中的元素连接成一个字符串
06            String str = new String(c);
07            System.out.println(str);                   //将此字符串输出
08        }
09    }
```

【代码说明】上述代码主要实现将字符数组中的所有元素连起来形成一个字符串，并在第 7 行输出字符串对象 str。

【运行效果】

```
welcome
```

6．截取部分字符串数组内容的构造器

“String(char[] value，int offset，int count)”这个构造器的含义是：将字符数组从“offset”指定的位置开始，“count”指定的数目结束，中间的字符连成字符串。

【实例 6-8】下面是这个构造器的实例。

```
01    public class Str8 {                                //定义一个Str8类
02        public static void main(String[] args) {      //主方法
03            //初始化一个字符数组c
04            char[] c = { 'w', 'e', 'l', 'c', 'o', 'm', 'e' };
```

```
05          //通过构造器，将字符数组中的元素连接成一个字符串，并且从第4个位置开始，
06          //总共有4个元素
07          String str = new String(c, 3, 4);
08          System.out.println(str);                //将此字符串输出
09      }
10  }
```

【代码说明】 在上述代码中，第 7 行实现截取字符串功能，其从第 3 个位置开始，因为数组位置从 0 开始，所以这里的 3，其实就是从第 4 个字符 c 开始，截取 4 位。

【运行效果】

```
come
```

读者可以根据上面的构造器，自己编写一些代码来熟悉和掌握它们。

6.2.3　字符串处理的方法

字符串类拥有很多针对字符串操作的方法。在这里主要讲述串连接、提取子串、从字符串中分解字符、得到字符串的长度、测试字符串是否相等、查找特定字符串、从基本类型转换成字符串等。

1. 串连接

在 Java 语言中，有两种串连接的方法：一种是使用“+”，另一种是使用方法函数 concat(String str)。

【实例 6-9】 下面分别举例说明。

```
01  //通过加号将两个字符串str1和str2连在一起
02  public class Str9                                    //定义一个Str9类
03  {
04      public static void main(String[] args)           //主方法
05      {
06          String str1="you";                           //初始化字符串对象str1
07          String str2="welcome";                       //初始化字符串对象str2
08          System.out.println(str1+" "+str2);           //输出字符串
09      }
10  }
```

【代码说明】 第 8 行通过“+”符号将 str1 和 str2 两个字符串连接在一起。

【运行效果】

```
you welcome
```

【实例 6-10】 上面实例使用了“+”号运算符连接两个字符串，形成新的字符串。下面通过 concat 方法将两个字符串连接起来。

```
01  //使用concat方法将两个字符串str1和str2连在一起。
02  public class Str10                                   //定义一个Str10类
03  {
04      public static void main(String[] args)           //主方法
05      {
06          String str1="you";                           //初始化字符串对象str1
07          String str2=" welcome";                      //初始化字符串对象str2
08          System.out.println(str1.concat(str2));       //输出字符串
09      }
10  }
```

【代码说明】第 8 行使用了 concat()方法，str1 先输出，然后是 str2。

【运行效果】

```
you welcome
```

这个实例使用了 concat()方法来连接两个字符串，形成新的字符串。无论用哪种方法将两个字符串连接起来，都同样形成新的字符串。

【实例 6-11】下面将演示一个稍微复杂的程序段。

```
01  public class Str11 {                                    //定义一个Str11类
02      public static void main(String[] args) {            //主方法
03          //初始化两个字符数组c和c1
04          char[] c = { 'c', 'h', 'i', 'n', 'e', 's', 'e' };
05          char[] c1 = { 'h', 'a', 'n', 'd', 'l', 'e' };
06          //通过构造器构造一个从字符数组c第1个元素开始,
07          //共4个元素组成的字符串str1
08          String str1 = new String(c, 0, 4);
09          //通过构造器构造一个从字符数组c1第2个元素开始,
10          //共1个元素组成的字符串str2
11          String str2 = new String(c1, 1, 1);
12          //通过concat方法将两个字符串str2和str1连在一起
13          System.out.println(str1.concat(str2));
14      }
15  }
```

【代码说明】第 4~5 行定义了两个字符数组。第 8~11 行通过构造器函数构造两个字符串对象。第 13 行使用 concat()方法连接两个字符串。

【运行效果】

```
china
```

分析以上的程序段，首先利用构造器，构造了两个将字符数组连在一起的字符串。再在这两个字符串中提取新的字符串，最后再将两个字符串合并成新字符串。仔细分析这个程序，发现这个程序段是几个知识点的组合。所以读者编程时，一定要将每个知识点弄清楚，这样编写代码就不再是件难事。

2. 提取子字符串

有时一个很长的字符串，其中只有一小部分是需要的，于是 Java 语言类库中，就提供了相应的获取局部字符串的方法。这些方法是“substring(int beginIndex, int endIndex)”或“substring(int index)”。下面将详细讲述这两个方法的意义和使用方法。

1）“substring(int index)”是指提取从 index 指定的位置开始，一直到字符串的最后。

2）“substring(int beginIndex, int endIndex)”是指提取由“beginIndex”位置开始，到以“endIndex”为结束位置的字符串。

【实例 6-12】下面将举个如何提取子字符串的实例。

```
01  public class Str12 {                                    //定义一个Str12类
02      public static void main(String[] args) {            //主方法
03          //初始化一个字符串str
04          String str = "we are students and he is worker";
```

```
05            //提取从字符串的第3个元素开始到第10个元素位置的字符串，
06            //并且将其输出
07            System.out.println(str.substring(2, 10));
08        }
09    }
```

【代码说明】第4行定义了一个字符串对象str。第7行使用substring(2,10)截取字符串的一部分。

【运行效果】

```
are stu
```

【实例6-13】下面再举个如何提取子字符串的例子。

```
01    public class Str13 {                                    //定义一个Str13类
02        public static void main(String[] args) {            //主方法
03            //初始化一个字符串str
04            String str = "we are students and he is worker";
05            //提取从字符串的第4个元素开始到结束位置的字符串，
06            //并且将其输出
07            System.out.println(str.substring(3));
08        }
09    }
```

【代码说明】第7行使用了substring(3)，表示从第4个元素开始截取字符串。

【运行效果】

```
are students and he is worker
```

【实例6-14】其实提取子字符串的方法很简单，下面将看一个综合的例子。

```
01    public class Str14 {                                    //定义一个Str14类
02        public static void main(String[] args) {            //主方法
03            //初始化一个字符串str
04            String str = "we are students and he is a worker";
05            //通过循环语句，提取从字符串的第1个元素开始到结束位置的字符串，
06            //并且将其输出
07            for (int i = 0; i < 34; i++) {
08                System.out.println(str.substring(i));
09            }
10        }
11    }
```

【代码说明】这个程序以循环语句输出从第一个位置到最后一个位置的子字符串。这个程序段的运行结果看起来很复杂，但这个程序原理非常简单。

【运行效果】

```
we are students and he is a worker
e are students and he is a worker
 are students and he is a worker
are students and he is a worker
re students and he is a worker
e students and he is a worker
 students and he is a worker
students and he is a worker
tudents and he is a worker
```

```
udents and he is a worker
dents and he is a worker
ents and he is a worker
nts and he is a worker
ts and he is a worker
s and he is a worker
 and he is a worker
and he is a worker
nd he is a worker
d he is a worker
 he is a worker
he is a worker
e is a worker
 is a worker
is a worker
s a worker
 a worker
a worker
 worker
worker
orker
rker
ker
er
r
```

3．从字符串中分解字符

上面的方法是从字符串中提取子字符串，而下面将要讲述的是从字符串中提取一个指定的字符。从字符串中分解字符的方法是“charAt(int index)”，这个方法返回的是一个字符，而不是字符串，这是跟前面方法的区别。参数“index”是指字符串序列中字符的位置。

【实例6-15】下面将举个实例演示如何使用此方法。

```
01  //从字符串中第2个位置将字符提取出来
02  public class Str15                                          //定义一个Str15类
03  {
04      public static void main(String[] args)                  //主方法
05      {
06          String str="we are students and he is a worker";   //初始化一个字符串str
07          System.out.println(str.charAt(1));                   //获取第2个位置的字符
08      }
09  }
```

【代码说明】这个程序段输出的是字符串中的第2个字符，因为字符串位置从0开始计算，所以输出的字符是“e”。

【运行效果】

```
e
```

4．获取字符串的长度

在学习数组时，能够获取数组长度，而在这里也要讲到字符串的长度。字符串长度使用方法length()获取。

注意　数组的长度是“length”属性，而字符串的长度是“length()”方法。数组的长度后面没有括号，得到的数组长度是一个属性值，而得到字符串长度是一个方法。

【实例6-16】看看下面的程序段。

```
01  //输出字符串的长度
02  public class Str16                                             //定义一个Str16类
03  {
04      public static void main(String[] args)                     //主方法
05      {
06          String str="we are students and he is a worker";      //初始化一个字符串str
07          System.out.println(str.length());                      //输出字符串的长度
08      }
09  }
```

【代码说明】第7行使用了length()方法直接输出str对象的长度。

【运行效果】

```
34
```

5．测试字符串是否相等

在实际程序开发中，经常会出现一些比较字符串的程序模块，通过比较字符串是否相等，来实现某个要求。例如，通过比较两个字符串是否相等，来确认密码和用户名是否正确，从而判断是否可以登录系统。这个在系统登录界面中经常遇到。测试字符串是否相等的方法是equals(String str)，这个方法区分字符串的大小写。

【实例6-17】下面看一个具体的测试字符串是否相等的实例。

```
01  public class Str17 {                                     //定义一个Str17类
02      public static void main(String[] args) {             //主方法
03                                                           //初始化两个字符串对象str和str1
04          String str = "administrator";
05          String str1 = "administrator";
06          if (str.equals(str1)) {                          //如果相同则输出"密码正确，请登录系统
07              System.out.println("密码正确，请登录系统");
08          } else {                                         //否则输出"密码不正确,请重新输入密码"
09              System.out.println("密码不正确，请重新输入密码");
10          }
11      }
12  }
```

【代码说明】第4~5行定义了两个字符串。第6行是判断语句，通过equals()方法判断两个指定的字符串是否相等。

【运行效果】

```
密码正确，请登录系统
```

在现实程序开发中，有的登录系统对于输入密码的大小写忽略。此时在Java语言中也有一个方法就是equalsIgnoreCase(String str)，这个方法忽略字符串大小写。

【实例6-18】下面看一个程序段的例子。

```
01  //通过比较字符串str和str1是否相同，来确定不同的输出，此时忽略大小写
02  public class Str18 {                                //定义一个Str18类
03      public static void main(String[] args) {        //主方法
04                                                      //初始化两个字符串对象str和str1
05          String str = "Administrator";
06          String str1 = "administrator";
07          if (str.equalsIgnoreCase(str1)) {           //如果相同则输出"密码正确，请登录系统"
08              System.out.println("密码正确，请登录系统");
09          } else {                                    //否则输出"密码不正确，请重新输入密码"
10              System.out.println("密码不正确，请重新输入密码");
11          }
12      }
13  }
```

【代码说明】第 5~6 行定义了两个字符串，它们的不同之处就是首字母是否大小写。第 7 行使用了 equalsIgnoreCase()方法来进行判断。

【运行效果】

```
密码正确，请登录系统
```

以上的程序段使用了忽略大小写的方法，来比较两个字符串是否相等。

【实例 6-19】下面将通过不忽略大小写的方法编写代码，并与上例相比较。

```
01  //通过比较字符串str和str1是否相同，来确定不同的输出，此时不忽略大小写
02  public class Str19 {                                //定义一个Str19类
03      public static void main(String[] args) {        //主方法
04                                                      //初始化两个字符串对象str和str1
05          String str = "Administrator";
06          String str1 = "administrator";
07          if (str.equals(str1)) {                     //如果相同则输出"密码正确，请登录系统"
08              System.out.println("密码正确，请登录系统");
09          } else {                                    //否则输出"密码不正确，请重新输入密码"
10              System.out.println("密码不正确，请重新输入密码");
11          }
12      }
13  }
```

【代码说明】第 5~6 行定义了两个字符串，不同的是首字母一个大写，一个小写。第 7 行的 equals()方法在比较时并不忽略大小写，所以比较结果是 false。

【运行效果】

```
密码不正确，请重新输入密码
```

6．查找特定子串

在程序开发的过程中，有的系统提供查找子系统，用于查找自己需要的内容。在 Java 语言中，也提供了查找特定子串的功能，可以帮助查找自己需要的子字符串。

查找字符串子串有 3 个方法。

1）“indexOf(子串内容)”方法是帮助查找子串，如果返回的是负数，就表示在当前字符串中没有找到所查找的子串。

2）“startsWith(子串内容)”方法测试当前字符串是否以一个子串开始。

3）“endsWith(子串内容)”方法测试当前字符串是否以子串内容为结尾。

【实例 6-20】下面看一个具体的程序段，通过实例读者会理解得更加透彻。

```
public class Str20 {                                            //定义一个Str20类
    public static void main(String[] args) {                    //主方法
        //定义字符串对象str
        String str = "是一个很优秀的程序员";
        //通过indexOf方法来查找字符串中的元素位置
        System.out.println(str.indexOf("个"));
        //通过endsWith来查找当前元素是否是字符串的结尾
        System.out.println(str.endsWith("员"));
        //通过startsWith来查找当前元素是否是字符串的开头
        System.out.println(str.startsWith("明"));
    }
}
```

【代码说明】str.indexOf("个")是测试字符串中“个”这个子串的位置。str.endsWith("员")是测试字符串"员"是否是这个字符串的结尾。str.startsWith("明")是测试字符串“明”是否是这个字符串的开始。后面两个方法返回的是布尔型数据。

【运行效果】

```
2
true
false
```

7．从基本类型转换成字符串

使用 valueOf()将基本类型的数据转换成相应的字符串。由于这个方法很简单，读者在后面的程序中会看到，这里不作详细的解释。

8．toString()方法

为什么会把这个方法提出来讲述呢？因为它是程序开发语言中非常重要的字符串处理方法。

【实例 6-21】复习下面的程序段。

```
01  public class Str21                                     //定义一个Str21类
02  {
03      public static void main(String[] args)             //主方法
04      {
05          String str="小明是一个很优秀的程序员";             //初始化字符串对象str
06          System.out.println(str);                       //输出字符串str
07      }
08  }
```

【代码说明】第 5 行定义一个字符串 str。第 6 行直接输出 str。

【运行效果】

```
小明是一个很优秀的程序员
```

为什么可以直接将这个对象作为输出的参数呢？因为在 Java 语言内含一种机制，系统默认会在这些对象后面自动加上 toString()方法。在 Java 类库中的基本类中，每一个类都有一个 toString()方法，可以将这个方法写出来，也可以直接使用对象来代替 toString()方法。

【实例 6-22】下面来看看这个方法的实际例子。

```
01  //通过toString方法来输出对象的字符串形式
02  public class Str22                                     //定义一个Str22类
03  {
04      public static void main(String[] args)             //主方法
05      {
06          String str="小明是一个很优秀的程序员";         //初始化字符串对象str
07          System.out.println(str.toString());            //调用toString()进行输出
08      }
09  }
```

【代码说明】其实上面的程序段与实例 6-21 的程序段输出一模一样。它们之间唯一不同的是，在实例 6-21 的输出语句中是把对象作为参数，将其内容输出。而上面的程序段则是直接运用 toString()方法，将对象中的字符串提取出来，然后再进行输出。

【运行效果】

```
小明是一个很优秀的程序员
```

对于 Java 语言的类库来说，一般可以省去 toString()方法，但如果是自己设计的类，最好加上这个方法，养成编程的良好习惯。

6.2.4　缓冲字符串处理类——StringBuffer

前面介绍过，String 类一旦声明初始化后，是固定不变的。如果要改变它，就必须重新申请空间，重新声明和初始化。Java 类库中有一个类，可以解决上面的问题，那就是缓冲字符串类——StringBuffer 类。

当创建 StringBuffer 类对象时，系统为对象分配的内存会自动扩展，以容纳新增的内容。针对 StringBuffer 类创建对象时的构造器有两个，下面将详细地讲述。

6.2.5　缓冲字符串 StringBuffer 类的构造器

在这一小节中，将学习缓冲字符串类的构造器知识，从而掌握 StringBuffer 类和 String 类的不同点和相同点。

1. 默认的构造器

```
StringBuffer sb=new StringBuffer();
```

默认构造器是由系统自动分配容量，而系统容量默认值是 16 个字符。

【实例 6-23】下面来看这个默认构造器的实例。

```
01  public class Str23 {                                   //定义一个Str23类
02      public static void main(String[] args) {           //主方法
03          StringBuffer sb1 = new StringBuffer();         //声明字符串对象sb1
04          System.out.println(sb1.capacity());            //输出字符串的容量capacity
05          System.out.println(sb1.length());              //输出字符串的长度length
06      }
07  }
```

【代码说明】这个程序段要说明的是，缓冲字符串的容量和缓冲字符串的长度。缓冲字符串的容量，就是指在刚刚创建对象时，系统分配的内存容量的大小。缓冲字符串的长度，则是指实际缓冲字符串对象的内存空间中，字符串的长度。在这个程序中，由于是默认的构造器，所以它的容量也是默认的，即 16。由于它没有赋值，所以这个缓冲字符串对象的长度就是 0。

【运行效果】

```
16
0
```

2．设定容量大小的构造器

```
StringBuffer sb=new StringBuffer(int x)
```

“x”是设置容量的大小值。

【实例 6-24】 例如下面的语句。

```
01  public class Str24 {                                    //定义一个Str24类
02      public static void main(String[] args) {           //主方法
03          //声明字符串对象sb1
04          StringBuffer sb1 = new StringBuffer(100);
05          System.out.println(sb1.capacity());             //输出字符串的容量capacity
06          System.out.println(sb1.length());               //输出字符串的长度length
07      }
08  }
```

【代码说明】 这里通过构造器设定了缓冲字符串对象的容量。虽然容量改变了，但长度仍然是 0，因为它的内存空间中没有值。capacity()方法代表了字符串对象在内存中，可以容纳字符串的个数。如果想要扩充内存容量，可以使用方法 ensureCapacity()。方法 length()表示内存中已经存在的字符串的个数，如果想要改变字符串长度，可以使用 setLength()方法。

【运行效果】

```
100
0
```

【实例 6-25】 下面看一个缓冲字符串实例。

```
01  public class Str25 {                                    //定义一个Str25类
02      public static void main(String[] args) {           //主方法
03          //声明字符串对象sb
04          StringBuffer sb = new StringBuffer(40);
05          System.out.println(sb.capacity());              //输出字符串的容量capacity
06          sb.ensureCapacity(100);                         //扩充容量
07          System.out.println(sb.capacity());              //输出字符串的容量capacity
08      }
09  }
```

【代码说明】 这里通过构造器设定了缓冲字符串对象的容量，第一次是 40。第 6 行使用方法 ensureCapacity()扩充内存容量到 100。

【运行效果】

```
40
100
```

6.2.6　缓冲字符串的处理

下面将学习 StringBuffer 类的一些主要方法。其实这些方法有很多与 String 类的方法相似，通过学习可以进行比较。

1. 初始化字符串

```
StringBuffer sb=new StringBuffer(字符串);
```

使用这种形式的构造器，可以构建具有初始化文本的对象，容量大小就是字符串的长度。一旦创建了 StringBuffer 类的对象，就可以使用 StringBuffer 类的大量方法和属性。StringBuffer 类最常用的是 append()方法，它将文本内容添加到现有的 StringBuffer 对象内存中字符串的结尾处。

【实例 6-26】 下面看看这个方法应用的实例。

```
01  public class Str26 {                                      //定义一个Str26类
02      public static void main(String[] args) {              //主方法
03          //构造一个缓冲字符串类的对象sb
04          StringBuffer sb = new StringBuffer("小明是一个优秀");
05          //通过append方法，在这个对象后面添加一个新字符串
06          sb.append("的程序员");
07          System.out.println(sb);                           //输出字符串对象sb
08      }
09  }
```

【代码说明】 第 6 行使用 append()方法将两个字符串连接在一起，有点像 String 类的 concat()方法。

【运行效果】

```
小明是一个优秀的程序员
```

【实例 6-27】 前面讲了 setLength()方法，现在通过实例了解其用法。

```
01  public class Str27 {                                      //定义一个Str27类
02      public static void main(String[] args) {              //主方法
03          //构造一个缓冲字符串类的对象sb
04          StringBuffer sb = new StringBuffer("小明是一个优秀");
05          //通过append方法，在这个对象后面添加一个新字符串
06          sb.append("的程序员");
07          //通过setLength方法来设置缓冲字符串对象的长度
08          sb.setLength(3);
09          System.out.println(sb);                         //输出字符串对象sb
10      }
11  }
```

【代码说明】 第 4 行定义了字符串 sb。第 6 行将两个字符串连接起来，此时字符串的长度是 11。第 8 行指定字符串长度是 3，所以读者要注意输出结果。

【运行效果】

```
小明是
```

2. 取字符串的单个字符

charAt()方法返回字符串中的单个字符。

【实例 6-28】 下面是这个方法的实例。

```
01  public class Str28 {                                      //定义一个Str28类
02      public static void main(String[] args) {              //主方法
03          //构造一个缓冲字符串类的对象sb
```

```
04            StringBuffer sb = new StringBuffer("小明是一个优秀");
05            //输出指定位置的字符
06            System.out.println(sb.charAt(3));
07        }
08    }
```

【代码说明】第 3 行定义了字符串 sb。第 6 行指定输出 sb 的第 4 个元素，因为索引是从 0 开始的，所以代码是 charAt(3)。

说明　除特殊情况外，基本上所有的索引都是从0开始。

【运行效果】

```
一
```

3．单个字符串赋值

setCharAt()方法对字符串中的单个字符赋值或进行替换。

【实例 6-29】下面是这个方法的实例。

```
01    public class Str29 {                                    //定义一个Str29类
02        public static void main(String[] args) {            //主方法
03            //构造一个缓冲字符串类对象
04            StringBuffer sb = new StringBuffer("小明是一个优秀程序员");
05            //将指定位置的元素替换成新的字符
06            sb.setCharAt(0, '张');
07            System.out.println(sb);                         //输出字符串
08        }
09    }
```

【代码说明】setCharAt()这个方法使用的格式是“setCharAt(int index, char ch)”。上面的实例将字符串中的“小”替换成“张”。

【运行效果】

```
张明是一个优秀程序员
```

4．指定位置插入字符串

insert()方法在字符串指定位置插入值。

【实例 6-30】下面学习一个实例。

```
01    public class Str30 {                                    //定义一个Str30类
02        public static void main(String[] args) {            //主方法
03            //构造一个缓冲字符串类对象
04            StringBuffer sb = new StringBuffer("我是一个优秀");
05            //使用insert方法将新字符串插入到指定的位置
06            sb.insert(6, "的程序员");
07            System.out.println(sb);                         //输出字符串
08        }
09    }
```

【代码说明】第 6 行的结构就是“insert(int index, string str)”。最终的结果其实是连接了两个字符串，因为指定的位置正好是字符串 sb 的结束位置。

【运行效果】

```
我是一个优秀的程序员
```

上面的这个例子有点像 append()方法。

【实例 6-31】下面再看一个实例。

```
01  public class Str32                                   //定义一个Str32类
02  {
03      public static void main(String[] args)           //主方法
04      {
05          StringBuffer sb=new StringBuffer("我是一个优秀的");
06          sb.append("程序员");                          //使用append方法连接字符串
07          System.out.println(sb);                      //输出字符串
08      }
09  }
```

【代码说明】第 6 行使用了 append()方法实现了与上一个实例相同的功能。

【运行效果】

```
我是一个优秀的程序员
```

5. 返回字符串的子串

substring()方法返回字符串的一个子串。

【实例 6-32】下面是这个方法的实例。

```
01  public class Str33 {                                        //定义一个Str33类
02      public static void main(String[] args) {                //主方法
03          //构造一个缓冲字符串类对象
04          StringBuffer sb = new StringBuffer("我是一个程序员");
05          //使用substring方法返回指定位置开始到结束位置的子串
06          System.out.println(sb.substring(2));                //输出字符串
07      }
08  }
```

【代码说明】这个程序返回的是，从字符串的第 3 个位置开始，到最后位置之间的子字符串。

【运行效果】

```
一个程序员
```

【实例 6-33】针对这个方法，再看看下面的实例。

```
01  public class Str34 {                                        //定义一个Str34类
02      public static void main(String[] args) {                //主方法
03          //构造一个缓冲字符串类对象
04          StringBuffer sb = new StringBuffer("我是一个程序员");
05          //使用substring方法返回指定位置开始到另一个指定位置结束的子串
06          System.out.println(sb.substring(2, 7));
07      }
08  }
```

【代码说明】上述代码实现返回从字符串的第 3 个位置开始，到第 6 索引位置之间的子字符串。其实这个方法同 String 类中的 substring()方法用法相同。

【运行效果】

```
一个程序员
```

6. 倒置字符串的内容

reverse()方法用来倒置“StringBuffer”的内容。

【实例 6-34】下面针对这个方法看一个实例。

```
01  public class Str35 {                                          //定义一个Str35类
02      public static void main(String[] args) {                  //主方法
03          //构造一个缓冲字符串类对象
04          StringBuffer sb = new StringBuffer("我是一个程序员");
05          System.out.println(sb.reverse());                     //将字符串倒置后输出
06      }
07  }
```

【代码说明】这段代码比较简单，第 5 行直接调用 reverse()方法，不需要任何参数。

【运行效果】

```
员序程个一是我
```

6.2.7　缓冲字符串类的特点

字符串是绝大多数应用程序经常使用且不可缺少的对象之一。由于缓冲字符串类有着比字符串类更加宽裕的空间，所以缓冲字符串可以用来处理一些动态字符串，而一般字符串类只能处理静态的不可变化的字符串。

6.3　用实例演示如何处理字符串

【实例 6-35】下面看一个实例，通过这个实例可以更熟练地处理字符串数据。下面是字符串处理要求：

1）有两个字节数组：｛‘I’，‘a’，‘m’，‘a’，‘b’，‘o’，‘y’｝，以及｛‘h’，‘e’，‘i’，‘s’，‘a’，‘b’，‘o’，‘y’｝，请将它们以字符串形式输出。

2）用缓冲字符串类来输出上面的字符串。

3）用前面学到的字符串处理方法来处理它。

```
01  public class Str36 {                                          //定义一个Str36类
02      public static void main(String[] args) {                  //主方法
03          //初始化两个字符数组c1和c2
04          char[] c1 = { 'I', 'a', 'm', 'a', 'b', 'o', 'y' };
05          char[] c2 = { 'h', 'e', 'i', 's', 'a', 'b', 'o', 'y' };
06          //利用这两个字符数组构造两个字符串对象str1和str2，并且将其输出
07          String str1 = new String(c1);
08          String str2 = new String(c2);
09          //输出字符串
10          System.out.println(str1);
11          System.out.println(str2);
12          //将字符串str1构造成一个缓冲字符串对象sb
13          StringBuffer sb = new StringBuffer(str1);
14          //使用append方法将str2与sb连在一起，并且将其输出
15          sb.append(str2);
16          //提取某个charAt方法位置上的元素并输出
17          System.out.println(sb);
```

```
18          System.out.println(sb.charAt(0));
19          sb.setCharAt(0, 'y');
20          //插入相应的元素
21          sb.insert(1, 'o');
22          sb.insert(2, 'u');
23          System.out.println(sb);
24          System.out.println(sb.substring(7));
25          //使用reverse方法将字符串倒置，并且将其输出
26          sb.reverse();
27          System.out.println(sb);
28      }
29  }
```

【代码说明】第 15 行使用了 append()方法连接字符串。第 18 行使用了 charAt()方法获取第 1 个字符。第 19 行使用了 setCharAt()方法替换第 1 个字符。第 21~22 行使用了 insert()方法插入两个字符。第 24 行使用了 substring()方法截取字符串。第 26 行使用了 reverse()方法倒置字符串。

【运行效果】

```
Iamaboy
heisaboy
Iamaboyheisaboy
I
youamaboyheisaboy
oyheisaboy
yobasiehyobamauoy
```

以上这个程序段，是前面所讲过的字符串处理方法的一个汇总，只要能够真正地理解这个程序段，字符串的处理也就掌握了。

6.4 如何格式化输出字符串

很多时候，用户并不希望字符串原样输出，如关于日期的字符串，用户肯定希望是按自己的年月日习惯进行输出，这个时候就要对输出进行格式化。

程序员经常使用 System.out.println(x)方法向控制台输出数据，这条命令会按照 x 的数据类型所允许的非零数字位的最大数字打印。

【实例 6-36】下面通过例子进行演示。

```
01  public class Str37                                  //定义一个Str37类
02  {
03      public static void main(String[] args)          //主方法
04      {
05          double x=(100/3.0);                         //定义变量x
06          System.out.println(x);                      //输出变量x
07      }
08  }
```

【代码说明】第 5 行是一个除法运算，返回结果是 double 型。

【运行效果】

```
33.333333333333336
```

如果用这个结果表示货币、百分数或有一定小数位数的小数时，肯定不合适。

下面将给出一些格式器，让读者能够套用它们，改变数字的格式。

```
NumberFormat.getNumberInstance(Locale inLocale);     //指定数字格式
NumberFormat.getCurrencyInstance(Locale inLocale);   //指定货币格式
NumberFormat.getPercentInstance(Locale inLocale);    //指定百分比格式
```

以上这些格式器，针对特定地区而用。如果是默认地区，就可以使用下面的格式器。

```
NumberFormat.getNumberInstance();                    //指定默认地区的数字格式
NumberFormat.getCurrencyInstance();                  //指定默认地区的货币格式
NumberFormat.getPercentInstance();                   //指定默认地区的百分比格式
```

以上介绍的这些格式器，限于篇幅和本书重点的问题，在这里只是简要介绍，不作详细的分析和举例。

6.5　常见疑难解答

6.5.1　equals 和“==”的区别

如果操作两边都是对象句柄，就比较两个句柄是否指向同一个对象。如果两边是基本类型，比较的就是值。

equals 比较的是两个对象的内容，如果不重载 equals 方法，自动调用 object 的 equals 方法，则和“==”样。在 JDK 中像 String、Integer，默认重载了 equals 方法，则比较的是对象的内容。在实际编程中，建议读者使用 equals 方法。

6.5.2　String 类为何被定义成 final 约束

主要是考虑“效率”和“安全性”的缘故。若 String 允许被继承，则其频繁地被使用，可能会降低程序的性能，所以 String 被定义成 final。

6.5.3　char 类型如何转换成 int 类型，int 类型如何转换成字符串

char 类型转换成 int 类型的代码如下所示。

```
char c = 'A';
int i = c;
//反过来只要做强制类型转换就行了
c =(char)I;
```

将整数 int 转换成字串 String 有两种方法：

1）String s =String.valueOf(i);

2）String s =Integer.toString(i);

6.6　小结

本章重点讲解了字符串的处理，其实从大局来分，主要分为两部分：String 类的处理和 StringBuffer 类的处理。这两个类都包含很多处理字符串的方法，读者在操作时一是要记住这些方

法的名字，二是要注意这些方法的大小写，在 Java 中大小写非常重要。本章的案例都经过测试，希望读者能亲自动手实验每个案例。

6.7 习题

一、填空题

1. 在 Java 语言中，处理文本主要应用的类是____________和____________。

2. 在 Java 语言中，有两种串连接的方法：一种是使用____________；另一种是使用____________。

二、上机实践

1. 请依据给出的程序代码回答问题。

```
String str1=new String("Hello");
String str2="Hello";
String str3=str1;
String str4=new String("Hello");
String str5="Hello";
```

请问下面哪些选项的结果是 true?

A. str1==str2

B. str1==str3

C. str1==str4

D. str2==str5

2. 通过本章的知识创建一个实现输出中文字符的类，在该类中首先定义一个包含中文和英文的字符串，然后经过相应的处理输出字符串中的中文字符。

【提示】通过字符串对象的 charAt()方法和 getBytes()方法来实现，实现原理就是中文字符为两个字节，而英文字符为一个字节。

第7章　类和对象

什么是类？类有什么用处？为什么它会是面向对象编程的一个典型特征？带着这些问题，本章将会结合大量的实例为读者一一讲解。

类是面向对象编程中最基本，也是最重要的特征之一。从本章开始，将介绍如何进行面向对象的程序开发，以及程序开发的过程中，所需要具备的重要思想是什么。学习 Java 语言，除了要掌握该语言所涉及的语法外，还需要掌握编程思想。

本章重点：

- ❑ 认识类。
- ❑ 认识对象。
- ❑ 如何调用基础类。
- ❑ 如何设计类。

7.1　面向对象开发中的类

类是面向对象思想的重要概念。其实，面向对象程序设计的本质就是类的设计，在分析问题域后，抽象出适当的类，完成类的属性、行为和类间的通信接口设计，从而完成一个软件系统。类也是 Java 中的一种数据类型。本节重点讲解类的组成成分，辅助介绍类的属性和方法。

7.1.1　在 Java 中类的定义

在 Java 中万物皆对象。一个对象必定区别于另一个对象而成为自己。对象具有静态属性和动态行为。其实，正是这些静态属性和动态行为是一个对象区别于另一个对象的本质。但对象具有一定的外观，正如人的名字一样。所以从外在看，一个对象可从命名的角度区别于另一个对象，而内在是对象的属性和行为上有区别。

Java 使用 class 关键字命名类，在关键字 class 后书写类名。例如：

```
class ClassName {  }
```

这样就定义了一个类类型，此时类主体{ }内什么也没有。所以，该类不能完成任何任务。但它已经是符合 Java 规范定义的类了。可以生成该类的对象，并且不受对象数目的限制。

```
ClassName newClass = new ClassName();
```

显然这个对象是不能做任何事情的，因为类主体内什么也没定义，没有静态的属性，也没定义合适的方法。下节将介绍类的属性和方法。

7.1.2 Java 中的类与现实世界的类

现实生活中有一个例子：造房子的砖头有红色的砖、有方砖、有圆砖，此时，在现实生活中各种各样的砖头都可以称作是对象。红色的砖可以称为一个对象，圆砖可以称为一个对象，它们有共同点，但也有不同的方面，这些不同的方面使得它们不可能是同一个对象。然而，砖头就是所有种类的总称，所有的砖都是由它派生而来，所以砖可以称为是一个类。

类就是模板，也可以说类其实就是创建对象的模板，它能产生很多不同的对象。再举个例子，汽车就是一个类，而卡车、轿车等都是从汽车这个类中派生出来的。也就是说，这些都是属于汽车这个类。其实类是一个很灵活的概念，可以将轿车作为一个类，在轿车这个类中，再创建出各种品牌的轿车对象出来，例如桑塔纳、红旗、奔驰，而每种品牌的轿车都是一个对象。类与对象的关系，有点像一个母亲与子女的关系。

7.2 万事万物皆对象

在以往的程序开发语言如 C 语言中，整个程序是过程式的。面向对象的思想出现得比较早。在 20 世纪 80 年代软件开发方面面向对象技术再次成为研究的热点，其中，Booch、Coad/Yourdon、Jacobson 在面向对象的研究中获得了业界的广泛认可。尤其是统一建模语言综合了 Booch、Coad/Yourdon、Jacobson 的各自优点，并且吸收了许多工程实践经验的理念和技术，成为 OMG 面向对象方法的标准。应用到计算机编程领域后，它的突出优势体现在对象概念上。这种把万物抽象化为对象的思想，符合人类对事物理解的思维方式，把这种思维方式应用到计算机程序设计上可以流畅地表达程序员的思想，简化系统的分析和设计。

7.2.1 什么是对象

很多编程爱好者，包括有过很多年编程经验的人，对于对象的概念都是很模糊的，但如果将对象的概念与现实生活中的实物相比，就会发现对象其实是很好理解的。

对象就是实际生活中的事物，可以说一切事物都是对象，在现实生活中我们时时刻刻都接触到对象这个概念，例如桌子、椅子、电脑、电视机、空调等。这些事物都可以说是对象。

对象有 3 个主要的特征：

1）对象行为：这个对象能做什么，即可以让这个对象完成什么样的功能，比如自行车可以用来骑行。

2）对象的状态：当操纵对象的方法时，对象所保持的一种特定的状态，比如可以扭转车使得自行车转弯、捏紧刹车会使车停下来。

3）对象的标识符：可以通过标识符，区别具有相同行为或类似状态的对象，例如自行车的颜色、样式都是对象的标识符。通过它能区分不同的对象，例如红色的自行车、蓝色的自行车等，通过颜色这个标识符，可以区分两种不同的自行车对象，代码如下所示（这里仅作演示）。

```
01  class 自行车                                  //定义一个自行车类
02  {
03      int color;                               //对象的标识符
04      int material;                            //对象的标识符
```

```
05      int type;                         //对象的标识符
06      int a;                            //对象的状态属性
07      void ride(){        }             //对象的行为
08      void control(int a)               //对象的状态方法函数
09      {
10         if a=number1
11             转弯
12         else if a=number2
13             直行
14         else a=number3
15             停止
16      }
17  }
```

从以上例子可以清楚地看出对象到底是什么，下面将学习如何去操作对象。

7.2.2 操作对象

读者初步了解到，对象其实就是现实生活中的事物，现实生活中要经常使用和操作这些事物，那么在程序中如何操作这些对象呢？

针对这个问题，提出了一个概念，就是对象句柄。什么是对象句柄？为了能清楚地解释这个概念，先举个例子：使用汤勺去喝汤，汤勺的勺部分是用来盛汤的，汤勺把手部分是让大家能够操作汤勺的工具。对象句柄就相当于这里所说的汤勺把手，而汤勺就像前面所说的对象。

通过上面的例子可以总结出，对象句柄其实是一个指向对象所在内存地址的指针，如果要操作对象，只需要操作对象句柄即可，正如要想让汤勺能盛汤，只要握住汤勺把手的道理是一样的。

7.2.3 初始化对象

创建一个对象时，总希望它能马上被初始化，即立刻将其与相应的对象实例进行关联。在Java中，这是一个非常简单的工作。通过语句“String str”来完成对象句柄的命名，用“=”将对象句柄与对象实例关联。例如：

```
String str=new String("Hello");
```

解释与分析：String是Java中用到最多的字符串对象。在这个例子中，先给对象句柄命名，并且声明这个对象句柄是指向什么类型的对象，最后将“Hello”这个字符串类型实例对象的内存地址，赋给这个对象句柄。于是，对象句柄初始化的工作就算完成了。以后要操纵这个对象，只要操纵这个“str”对象句柄就可以了。

【实例7-1】下面看一个程序段。

```
01  public class Object1                              //定义一个Object1类
02  {
03     public static void main(String[] args)         //主方法
04     {
05        Object1 m=new Object1();                    //创建对象m
06     }
07  }
```

【代码说明】在以上这个例子中，通过第5行的代码，不仅声明了一个“object1”类型的对象句柄“m”，而且还把该句柄直接初始化，其中“m”就是前面提到的对象句柄。在学完本章的其他小节后，就可以通过对象句柄，来访问这个对象的方法函数和属性值。

【运行效果】本例没有输出任何内容。

真正开发的时候，可以体会到使用对象句柄的优点在什么地方。对象初始化工作是非常重要的，它是通过一个类创造一个对象的过程。

注意	首先声明对象句柄的类型，再将“=”作为一个指向，指向由关键字所创建的新对象所存储的内存地址，以后就可以通过该对象句柄来操作这个新对象。一般情况下，是将对象句柄当成是新对象的替代物。

虽然对象句柄被看成对象的替代物，但必须将这两个不同的概念区分开来，因为真正要操作的是对象，而对象句柄只不过是一个指向对象所存储的内存地址指针，是一个操作对象的工具。其实对象句柄就好比是 C++中的指针，但是在 Java 中不存在指针这个概念。

操作对象有什么用处呢？其实操作对象就是通过访问对象内的成员，来实现某种功能。那对象里面有些什么成员呢？下节将更加深入地讲解对象中的成员。

7.2.4 对象的成员方法

方法就是能够让这个对象做什么，或者表现出什么状态的函数。打个比方有一个自行车对象，如何让它停止？如何驾驶它？这些都是前面所提到的方法。方法就是其他编程语言中所提到的函数，主要用来实现对象的某个功能，或表现出对象的某个状态。

什么是成员？成员的意思就是指它是属于对象的，就好比某个俱乐部的成员是属于这个俱乐部的一样。

将前面两个概念连在一起，就很清楚了。所谓的成员方法就是属于对象的，能够让对象做什么或表现出什么状态的函数。

【实例 7-2】下面看一个实例。

```
01  public class Object2                                   //定义一个Object2类
02  {
03      void print()                                       //定义一个print方法
04      {
05          System.out.println("小明是一名优秀的程序员");      //输出字符串
06      }
07      public static void main(String[] args)             //主方法
08      {
09          Object2 m=new Object2 ();                      //创建对象m
10          m.print();                                     //调用方法print()
11      }
12  }
```

【代码说明】从这个程序段中，可以看到 print()函数其实就是“object2”这个类中的成员方法。要想使用这个成员方法，必须通过这个类“object2”构造出一个对象，再利用这个对象初始化一个关于该类的对象句柄，这样就可以利用这个句柄来访问这个成员方法了。

【运行效果】

```
小明是一名优秀的程序员
```

【实例 7-3】下面再看一个复杂一点的有关成员方法的实例。

```
01  public class object3                                //定义一个Object3类
02  {
03      public void print()                             //定义一个print方法
04      {
05          for(int i=0;i<=5;i++)                       //嵌套for循环
06          {
07              for(int j=5-i;j>=0;j--)
08              {
09                  System.out.print("*");              //输出*
10              }
11              System.out.println();                   //换行输出
12          }
13      }
14      public static void main(String[] args)          //主方法
15      {
16          Object3 pro=new Object3();                  //创建对象pro
17          pro.print();                                //调用方法print()
18      }
19  }
```

【代码说明】在这个程序中，构造了一个方法 print()，然后初始化了对象句柄“pro”，最后通过对象句柄“pro”来访问 print()方法。

【运行效果】

```
******
*****
****
***
**
*
```

【实例 7-4】仔细来看下面的程序，将上面的程序改变一下。

```
01  public class Object4                                //定义一个Object4类
02  {
03      public static void main(String[] args)          //主方法
04      {
05          for(int i=0;i<=5;i++)                       //嵌套for循环
06          {
07              for(int j=5-i;j>=0;j--)
08              {
09                  System.out.print("*");              //输出*
10              }
11              System.out.println();                   //换行输出
12          }
13      }
14  }
```

【代码说明】这段程序没有定义类中的方法 print()，而是直接输出内容，这是一种面向过程开发的程序。

【运行效果】

```
******
```

```
*****
****
***
**
*
```

上述程序是否比前面那个程序段读起来要费劲呢？而这个就是面向对象程序设计和面向过程程序设计的最大区别。面向对象的程序设计将这个程序中的每个部件（包括成员方法），作为一个模块，等要使用它的时候，再随时调用它们，而面向过程的程序设计，将这个程序的需求按照顺序的步骤来编写。

下面再分析一下实例 7-3 的代码，在面向对象的程序设计中，读者一定要学会一点，首先看主方法，也就是“public static void main(String[] args){}”。在这个主运行方法中，可看到两句代码。一句是对象句柄初始化语句；另一句是利用对象句柄引用成员方法的语句，这样读者就很清楚，这个程序要干什么，然后再仔细地看这个成员方法是干什么的，这样会使整个程序变得越来越清楚。

当成员方法越来越复杂时，利用面向对象的程序设计思路，会使得程序很容易读。

【实例 7-5】下面再看一个更加复杂的程序，来体会使用成员方法的优点。

```
01  public class Object5                                  //定义一个Object5类
02  {
03      public void print2()                              //定义一个print2方法
04      {
05          for(int i=5;i>0;i--)                          //嵌套for循环
06          {
07              for(int k=0;k<=(5-i);k++)
08              {
09                  System.out.print(" ");                //输出空格
10              }
11              for(int j=1;j<=(2*i-1);j++)
12              {
13                  System.out.print("*");                //输出*
14              }
15              System.out.println();                     //换行输出
16          }
17      }
18      public void print1()                              //定义一个print1方法
19      {
20          for(int i=1;i<=5;i++)                         //嵌套for循环
21          {
22              for(int j=0;j<=(5-i);j++)
23              {
24                  System.out.print(" ");                //输出空格
25              }
26              for(int k=1;k<=(2*i-1);k++)
27              {
28                  System.out.print("*");                //输出*
29              }
30              System.out.println();                     //换行输出
31          }
32      }
33      public static void main(String[] args)            //主方法
```

```
34      {
35          Object5 pro=new Object5();              //创建对象pro
36          pro.print1();                           //调用方法print1()
37          pro.print2();                           //调用方法print2()
38      }
39  }
```

【代码说明】这个程序段看起来有点复杂，使用上面说的读程序的方法。首先看主方法，在该方法中有3句代码：一句是对象句柄初始化语句，一句是引用print1()方法，最后一句是引用print2()方法。然后再看print1()和print2()两个方法是如何实现相应功能。这些方法的实现过程很简单，只不过是一个多层for循环语句而已，读者可以自己分析实现过程。

【运行效果】

```
    *
   ***
  *****
 *******
*********
*********
 *******
  *****
   ***
    *
```

成员方法实际上就是函数，而函数拥有自己的特性。在定义方法时必须遵照下面的结构。

```
返回值类型 方法名(形式参数)
{
  方法体
}
```

首先来讨论一下返回值类型，什么叫返回值？返回值就是一个方法结果所获得的值，将这个值返回到主程序中，并且将这个值作为主程序中运行的参数的值。

【实例7-6】下面看一个有关返回值的例子。

```
01  public class Object6                                //定义一个Object6类
02  {
03      int print(int x)                                //定义一个print方法
04      {
05          return 2*x;                                 //返回值
06      }
07      public static void main(String[] args)          //主方法
08      {
09          Object6 pro=new Object6();                  //创建对象pro
10          System.out.println(pro.print(3));           //调用方法print()
11      }
12  }
```

【代码说明】这个程序段中，第3行创建了一个“int print(int x)”方法，这个方法主要返回了“2*x”的值。在主方法中，于第10行“pro.print(x)”代码中设置参数x值为3，根据运行效果可以发现这个方法的返回值是6。其实还有两个概念希望读者能清楚，就是实参和形参。刚才说的方法“int print(int x)”中的x就是形参，而主方法中该方法的参数被称为实参。

【运行效果】

```
6
```

上面说到返回值，但有的方法是没有返回值的，那该如何处理呢？在程序设计中，如果一个方法没有返回值，那么可以将方法结构中的返回值类型写成“void”，这个就代表此方法无返回值。

【实例 7-7】例如下面的程序段。

```
01  public class Object7                              //定义一个Object6类
02  {
03      void print()                                   //定义一个print方法
04      {
05          System.out.println("我是一名程序员");      //输出
06      }
07      public static void main(String[] args)         //主方法
08      {
09         Object7 pro=new Object7();                  //创建对象pro
10          pro.print();                               //调用方法print()
11      }
12  }
```

【代码说明】第 3 行定义了 print()方法，只是输出一段内容，并无返回值，所以定义为 void 类型。第 10 行演示如何调用这个方法。

【运行效果】

```
我是一名程序员
```

【实例 7-8】上面的程序段就是一个无返回值类型的程序例子，为了加深印象，下面看一个详细的复杂实例。

```
01  public class Object8                              //定义一个Object8类
02  {
03      public int sum(int x,int y,int z)              //定义一个求和的sum方法
04      {
05          int sum;                                   //定义整型变量sum
06          return  sum=x+y+z;
07      }
08      public int aver(int x,int y,int z)             //定义一个求平均的aver方法
09      {
10          int aver;                                  //定义整型变量aver
11          return aver=(x+y+z)/3;                     //返回平均值
12      }
13      void print()                                   //定义一个无返回值的pint方法
14      {
15          System.out.println("这个就是这个同学的成绩");//输出
16      }
17      public static void main(String[] args)         //主方法
18      {
19          Object8 num=new Object8();                 //创建对象num
20          System.out.println(num.sum(90,80,70));     //调用方法sum()
21          System.out.println(num.aver(90,80,70));    //调用方法aver()
22          num.print();                               //调用方法print()
23      }
24  }
```

【代码说明】以上的程序中包含无返回值的 print()方法（第 13~16 行），同时也包含了带返回值的方法 sum()和 aver()（第 3~12 行）。

【运行效果】

```
240
80
这个就是这个同学的成绩
```

7.2.5 对象的成员变量

成员变量是什么呢？理解了成员方法，一定想知道成员变量是什么。成员变量其实就是对象所拥有的并且标识对象的属性值，例如一个自行车对象，它的颜色、材料等都是自行车的属性值，也可以说是它的成员变量。

提起成员变量，就想到前面讲过的局部变量。其实这里说的成员变量相当于前面说过的类变量，所以其也可以不用初始化，系统会自动给它赋值。

7.3 对象中访问控制符的重要性

在 Java 程序设计中，有一个很重要的知识点，就是访问控制符。不要看它的内容简单，但其能决定程序的可运行性。下面将详细介绍访问控制符，希望读者能够好好地掌握它的用法。访问控制符不仅决定了一个程序的运行结果，而且还决定了一个程序是否能运行。

7.3.1 什么是访问控制符

访问控制符在 Java 程序语言中，起着举足轻重的作用。那什么是访问控制符呢？所谓的访问控制符就是能够控制访问权限的关键字。在 Java 程序语言中的访问控制符有好几种，具体的划分情况如下。

1）出现在类之前的访问控制符：public、default。

2）出现在成员变量与成员方法之前的访问控制符：private、public、default 和 protected。

下面将重点讲述这些访问控制符的作用和用法。

1. 出现在成员变量与成员方法之前的访问控制符 private

当用在成员变量和成员方法之前的访问控制符为 private 时，说明这个变量只能在类的内部被访问，类的外部是不能被访问的。其实当看到单词“private”时，就应该知道是私有的意思，所以 private 控制符修饰的成员就是指私有成员。

【实例 7-9】看看下面这个有关 private 控制符的实例。

```
01  public class Object9                                    //定义一个Object9类
02  {
03     public static void main(String[] args)               //主方法
04      {
05          Pri1 p=new Pri1();                               //创建对象p
06          p.print();                                       //调用私有成员方法
07          System.out.println(2*(p.x));                     //调用私有成员变量
08      }
09  }
```

```
01  class Pri1                                    //定义一个Pri1
02  {
03      private int x;                            //私有成员变量
04      private void print()                      //私有成员方法
05      {
06          System.out.println("我是一名程序员");   //输出
07      }
08  }
```

【代码说明】这个程序段经过编译后，出现了错误。错误的原因就是成员变量 x 和成员方法 print()都是属于 pri 类私有的，不能被其他的类所使用。通过使用 private 控制符，将所有的成员数据都封装到了类里面，其他的类无法使用它们，也无法知道它们是如何实现的。这个就是本书后面要详细讲述的封装性。

【运行效果】编译错误，没有运行结果。

【实例 7-10】下面再看一个有关访问控制符的实例。

```
01  public class Object10                         //定义一个Object10类
02  {
03      public static void main(String [] args)   //主方法
04      {
05          Pri2 p=new Pri1();                    //创建对象p
06          p.setX(3);                            //调用方法setX()
07          System.out.println(p.getX());         //调用方法getX()
08      }
09  }
```

```
01  class Pri2                                    //定义一个Pri2类
02  {
03      private int x;                            //创建私有成员变量
04      void setX(int y)                          //定义一个setX方法
05      {
06          x=y;
07      }
08      int getX()                                //定义一个getX方法
09      {
10          return x;                             //返回值
11      }
12  }
```

【代码说明】这个程序段中，下面部分第 3 行的变量 x 是私有成员变量，外部类无法使用它，而成员方法不是私有的，所以外部类可以访问它，如 Object10 类中第 6 行代码实现调用 setX(3)方法，第 7 行实现调用 getX()方法。

【运行效果】

```
3
```

2. public 控制符

public 控制符是指所有类都可以访问。当成员数据前面加上了控制符“public”时，意味着这个成员数据将可以被所有的类访问。

【实例 7-11】下面来看一个有关它的实例。

```
01  public class Object11                              //定义一个Object11类
02  {
03      public static void main(String[] args)         //主方法
04      {
05          Pri3 p=new Pri3();                         //创建对象p
06          p.print(2);                                //调用方法print()
07          System.out.println(2*(p.x));               //定义公有成员方法
08      }
09  }
```

```
01  class Pri3                                         //创建一个Pri1类
02  {
03      public int x=1;                                //创建公有成员变量
04      public void print(int y)
05      {
06          System.out.println(2*y);                   //输出内容
07      }
08  }
```

【代码说明】下面部分第 3 行使用 public 控制符声明了一个变量 x。下面部分第 4~7 行使用 public 控制符定义了一个方法 print(int y)。

【运行效果】

```
4
2
```

从上面的程序段中，可以看出 public 控制符的用法，只要记住 public 控制符是任何类都可以使用的，而 private 控制符只能是声明它的那个类才能使用。

- 如果在成员数据的前面加上 default 控制符，那就意味着只有同一个包中的类才能访问。
- 如果在成员数据的前面加上 protected 控制符，那就意味着不仅同一个包中的类可以访问，并且位于其他包中的子类也可以访问。

3．出现在类之前的访问控制符

- 当在一个类的前面加上 public 控制符，同前面一样，也是在所有类中可以访问。
- 当在一个类的前面加上 default 控制符，同前面一样，也是在同一包中的类可以访问。这个访问控制符是 Java 程序中默认的控制符。当在类前不加任何控制符时，默认就是 default。

7.3.2 如何使用访问控制符及其重要性

本节继续讲述访问控制符，学习应该如何在程序中灵活运用这些访问控制符。访问控制符对于整个程序段是非常关键的，当需要让自己编写的这个类，被所有的其他类所公共拥有时，可以将类的访问控制符写为 public。当需要让自己编写的类，只能被自己的包中的类所共同拥有时，就将类的访问控制符改为 default。

另外，当需要访问一个类中的成员数据时，可以将这个类中的成员数据访问控制符设置为 public、default 和 protected。至于使用哪一个，就要看哪些类需要访问这个类中的成员数据。

【实例 7-12】下面看一个有关访问控制符的实例。

```
01  public class Object12                              //定义一个Object12类
```

```
02   {
03       public static void main(String[] args)          //主方法
04       {
05           Pro p=new Pro();                             //创建对象p
06           pro.print();                                 //调用公有方法print
07       }
08   }
```

```
01   class Pro                                            //定义一个Pro类
02   {
03       public void print()                              //定义公有方法print
04       {
05           for(int i=1;i<100;i++)                       //for循环1到99
06           {
07               if((i%3)==0&&(i%5)!=0&&(i%9)!=0)         //if判断被3整除且不被5和9整除
08                   System.out.print(i+" " );            //输出i的值
09           }
10       }
11   }
```

【代码说明】下面部分第 1~11 行定义一个类 Pro。然后上面部分第 6 行调用类的 print()方法。从下面部分第 3 行可以知道，此方法被定义为 public，所以其他类可以访问。

【运行效果】

```
3 6 12 21 24 33 39 42 48 51 57 66 69 78 84 87 93 96
```

从上面的程序段可以看出，当一个方法的访问控制符设置成 public 时，其他的类都可以访问它。

【实例 7-13】下面将这个程序段修改一下，看看有什么结果。

```
01   public class Object13                                //定义一个Object13类
02   {
03       public static void main(String[] args)          //主方法
04       {
05           Pro1 pro=new Pro1();                         //创建对象pro
06           pro.print();                                 //调用私有方法print
07       }
08   }
```

```
01   class Pro1                                           //定义一个Pro类
02   {
03       private void print()                             //定义一个私有方法print
04       {
05           for(int i=1;i<100;i++)                       //for循环1到99
06           {
07               if((i%3)==0&&(i%5)!=0&&(i%9)!=0)         //if判断被3整除且不被5和9整除
08                   System.out.print(i+" " );            //输出i的值
09           }
10       }
11   }
```

【代码说明】上面这个程序段在编译的时候会报错，错误就是 print()方法是类“Pro”中私有的方法，不能被其他类所访问。

【运行效果】编译错误，没有结果。

从这两个程序中，读者应该能充分体会到 public 和 private 这两个访问控制符的使用环境。

7.4 Java 中的基础类

目前，Java 中已经存在了很多由前辈开发出来的类，可以被开发人员直接使用，将这些有共同特征的类组合在一起形成了类库（API）。在 Java 中包含大量用于不同目的的类库，这些类库是开发 Java 软件的基础。即使需要设计自己的类，也有可能使用到 Java 类库中的很多类。

可以打开 API 文档，查看一些已经存在的类库，能发现 Java 类库非常丰富。鉴于读者都是初学者，所以暂时只介绍一些简单的 API 类库，随着学习的深入，后面读者会接触到更多的类。

7.4.1 Java 的数学运算处理类 Math

看到“Math”这个单词，立刻就能明白这个类一定跟数学有关。其包含了丰富的数学函数，可以直接使用这个类的方法，而不用管它们内部是如何实现的。通过查看 API 文档，知道“Math”类中的所有方法和字段都是可以直接访问的，在 Java 中，称之为静态方法和静态字段。有关静态方法和静态字段的概念，后面章节有介绍，现在只需要知道，这些方法和字段可以直接使用即可。

那么如何访问其中的方法和字段呢？因为这些成员是静态成员，所以可通过“类名.方法名称”和“类名.字段”来访问方法和字段。在 Math 类中，由于都是静态成员，就可以使用“Math.方法名称或常量名”。下面把这个类中经常使用到的方法和属性值列举出来，以提供给大家参考。

Math 类中包含了两个静态常量。

```
Math.PI                                  //表示数学常量π
Math.E                                   //表示和e最可能接近的近似值
```

Math 类提供了常用的三角函数。

```
Math.sin                                 //表示正弦函数
Math.cos                                 //表示余弦函数
Math.tan                                 //表示正切函数
Math.asin                                //表示反正弦函数
Math.acos                                //表示反余弦函数
Math.atan                                //表示反正切函数
Math.atan2                               //表示反余切函数
```

Math 类还提供了幂函数、指数函数和自然对数函数。

```
Math.pow                                 //返回a的b次方
Math.exp                                 //返回e的a次方
Math.log                                 //返回a的常用对数值
```

Math 类提供了一个常用的数学运算函数。

```
Math.abs                                 //返回绝对值
Math.sqrt                                //返回平方根
Math.max                                 //返回最大值
Math.min                                 //返回最小值
```

Math 类提供了角度与弧度相关的转换运算方法。

```
Math.toDegrees(double  angrad)           //将弧度转换成角度值
```

```
Math.toRadians(double  angdeg)        //将角度值转换成弧度
```

Math 类提供了四舍五入的运算及截断运算。

```
Math.round(double  e)                 //四舍五入运算
Math.floor(double  e )                //返回不大于e的最大整数
```

Math 类提供了一个专门用来产生随机数的函数。

```
Math.random()                         //用来产生随机数的函数
```

以上是在 Math 类中常用的方法函数。下面将通过举例来熟悉它们。

【实例 7-14】 首先通过下列程序代码来熟悉数学运算函数的用法。

```
01  public class Math1                                    //定义一个Math1类
02  {
03      public static void main(String[] args)            //主方法
04      {
05          int x=9;                                      //定义整型变量x并赋值
06          int y=16;                                     //定义整型变量y并赋值
07          System.out.println(Math.sqrt(x));             //计算x的平方根的结果
08          System.out.println(Math.abs(x));              //计算x的绝对值的结果
09          System.out.println(Math.max(x,y));            //计算x与y的最大值
10          System.out.println(Math.min(x,y));            //计算x与y的最小值
11      }
12  }
```

【代码说明】 在运用这些函数方法的时候，希望读者能注意到函数所带的参数，Math.sqrt()、Math.abs()带的是一个参数。Math.max()、Math.min()带的是两个参数，这一点必须记住。

【运行效果】

```
3.0
9
16
9
```

【实例 7-15】 再通过下列程序代码来熟悉四舍五入函数的用法：

```
01  public class Math2                                    //定义一个Math2类
02  {
03      public static void main(String[] args)            //主方法
04      {
05          double x=4.51;                                //定义浮点型变量x并赋值
06          System.out.println(Math.round(x));            //输出x四舍五入后的值
07          System.out.println(Math.floor(x));            //输出不大于x的最大整数
08      }
09  }
```

【代码说明】 这两个方法都是只有一个参数。第 7 行返回的是不大于参数值的最大整数。

【运行效果】

```
5
4.0
```

通过以上两个例子可以看出，函数方法的使用很简单，关键是要注意其参数。纵观类库，其实

就是一个方法和属性的集合。至于类库的学习方法，关键是多练习，只要熟悉了类库中各种方法的使用，也就掌握了类库。

7.4.2 测试时间和日期的类 Date

下面要介绍另一个比较重要的类：Date 类。Date 类包括了有关日期和时间操作的一些方法。Date 类提供相应的方法，可将日期分解为年、月、日、时、分、秒。Data 类还可以将日期转换成一个字符串，甚至可以执行反向的操作。

因为 Math 类中的方法和字段属性都是静态的，所以可以直接使用它。而 Date 类中的方法和字段属性不是静态的，所以不能直接用“类.方法名或字段名”，必须使用“对象名.方法名或字段名”。

如何将类变成对象呢？因为类是模板，对象是实物。在 Java 中，从模板中创建一个实物是使用关键字“new”来实现的（在下一章会详细介绍创建对象方面的知识）。针对非静态的类或方法，就要使用对象来操作，不能使用类来操作。

下面演示如何从类中产生一个对象。

```
new Date()
```

这个表达式构造了一个日期对象，并把这个对象初始化为当前的日期和时间，其实可以从一个类中，产生多个不同的对象。Date 类可创建很多种不同的对象，例如：

```
Date(int year,int month,int date);
Date(int year,int month,int date,int hrs,int min);
```

但是如果在程序中需要将时间显示出来，应该使用什么方法呢？这里有两种方法：

1）将 Date 对象作为一个参数，传给 println 方法。

【实例 7-16】 下面是这个方法的实例。

```
01   import java.util.Date;                                  //导入Date类
02   public class Math3                                      //定义一个Math3类
03   {
04       public static void main(String[] args)              //主方法
05       {
06           System.out.println(new Date());                 //输出当前时间
07       }
08   }
```

【代码说明】 第 1 行非常关键，使用 import 导入类库。第 6 行直接输出日期。这个程序代码段是显示当前的日期和时间。它将 Date()作为当前时间日期，然后将此对象传给“println”方法。

【运行效果】

```
Wed Aug 26 23:08:34 CST 2013
```

2）使用 Date 类中的一个方法：“toString()”（有关这一点在前面已经介绍过），它可以直接将时间日期按照字符串的形式显示出来。

【实例 7-17】 下面是这个方法的实例。

```
01   import java.util.Date;                                  //导入java.util包中的Date类
02   public class Math4                                      //定义一个Math4类
```

```
03  {
04      public static void main(String[] args)                        //主方法
05      {
06          System.out.println(new Date());                           //输出当前时间
07          System.out.println(new Date().toString());                //输出当前时间
08      }
09  }
```

【代码说明】这个例子将两种方法作了对比，其实从输出结果来看，是一模一样的，只是使用的方法不同而已。

【运行效果】

```
Wed Aug 26 23:10:12 CST 2013
Wed Aug 26 23:10:12 CST 2013
```

7.4.3 测试日历的类 GregorianCalendar

在对 Date 类的介绍中，读者会发现 Date 类所表示的是一个时间点，也就是在创建对象当前的时间点，而这对于进行日期的相关操作及运算，是非常不方便的。为此，前辈们在 Java 类库中，为开发者提供了一个方便操作日期的类：GregorianCalendar 类。其实 GregorianCalendar 类是 Calendar 类的一个扩展而已，Calendar 类是从总体上描述历法的类。

Date 类中也有用于得到日期的方法函数，如 getDay()、getMonth()等，但是这些方法已经不被推荐使用了，在程序中尽量不要使用不被推荐（deprecated）的方法函数。相比之下，GregorianCalendar 类拥有更多的对日期操作的方法函数。

GregorianCalendar 类的常用方法：

```
public int get(int field)
```

这里的“field”指 Calendar 类中定义的常数，返回与“field”相关的日期。

【实例 7-18】举个具体的例子：

```
01  import java.util.*;                                          //导入java.util包中的所有类
02  public class GregorianCalendars                              //定义一个GregorianCalendars类
03  {
04      public static void main(String[] args)                   //主方法
05      {
06          GregorianCalendar gc=new GregorianCalendar(); //创建格式化对象
07          int X=gc.get(Calendar.MONTH);                        //获取当前月
08          System.out.println(X);                               //输出X的值
09      }
10  }
```

【代码说明】第 7 行通过 get()方法返回月份。Calendar.MONTH 返回日历中的当前月。

【运行效果】

```
7
```

“public void set(int field，int value)”将“field”所表示的日期替换成“value”的值。

【实例 7-19】举个具体的例子。

```
01  import java.util.*;                                          //导入java.util包中的所有类
```

```
02    public class GregorianCalendar1
03    {
04        public static void main(String[] args)             //主方法
05        {
06            GregorianCalendar gc=new GregorianCalendar();//创建格式化对象
07            gc.set(Calendar.YEAR,2019);                  //设置年份为2019
08            System.out.println(gc.get(Calendar.YEAR));   //输出当前年份
09        }
10    }
```

【代码说明】第7行设置年份为2019，然后于第8行输出当前年份。

【运行效果】

```
2014
```

下面是一些有关如何设置系统时间的方法。

```
public final void set(int year, int month, int date)
public final void set(int year, int month, int date, int hour, int minute)
public final void set(int year, int month, int date, int hour, int minute, int second)
```

上面的3个方法函数是指如何设定时间和日期。

【实例7-20】看下列代码段，就可以明白以上这3个方法函数是什么含义。

```
01    import java.util.*;                                    //导入java.util包中的所有类
02    public class GregorianCalendar2                        //定义一个GregorianCalendar2类
03    {
04       public static void main(String[] args)              //主方法
05       {
06          GregorianCalendar gc=new GregorianCalendar(); //创建对象gc
07          gc.set(2019,10,14);                           //设置时间
08          System.out.println(gc.get(Calendar.YEAR));    //输出当前年
09          System.out.println(gc.get(Calendar.MONTH));   //输出当前月
10          System.out.println(gc.get(Calendar.DATE));    //输出当前天
11       }
12    }
```

【代码说明】在上面的例子里，首先通过set()方法设置年份为2019年，然后设置月份为10月，接着设置日期是14号，最后再通过get()访问器的方法取出值。

【运行效果】

```
2019
10
14
```

7.4.4 日历处理的实例解析

对于日历类来说，最重要的参数是年、月、日、小时、分、秒、毫秒，所以Calendar类提供了以下参数。

YEAR(年)、MONTH(月)、DATE(日)、HOUR(小时)、MINUTE(分钟)、SECOND(秒)、MILLISECOND(毫秒)。

另外一年还有12个月的参数，所以Calendar类提供了：

```
JANUARY（一月）、FEBRUARY（二月）、MARCH（三月）、APRIL（四月）、MAY（五月）、JUNE（六月）、JULY（七月）、AUGUST（八月）、SEPTEMBER（九月）、OCTOBER（十月）、NOVEMBER（十一月）、DECEMBER（十二月）。依次表示1-12个月份，需要注意的是它们从零开始计算。
```

例如：

```
get(Calendar.MONTH)+1
```

另外，一周的每一天使得 Calendar 类提供了：

SUNDAY（=1）、MONDAY（=2）、TUESDAY（=3）、WEDNESDAY（=4）、THURSDAY（=5）、FRIDAY（=6）、SATURDAY（=7）。

如果获取星期或改变星期时使用：

```
DAY_OF_WEEK
```

如果表示上午/下午：

```
AM_PM
```

【实例 7-21】上面介绍了很多常用函数和属性常量，下面看一个实例。

```
01  import java.util.*;                                           //java.util包中的所有类
02  public class Calendar1                                        //定义一个Calendar1类
03  {
04      public static void main(String args[])                    //主方法
05      {
06          GregorianCalendar gc=new GregorianCalendar(); //创建对象gc
07          String now=gc.get(Calendar.YEAR)+"年"+(gc.get(Calendar.MONTH)+1)+"月"
08  +gc.get(Calendar.DATE)+"日"+gc.get(Calendar.HOUR)+"时"+gc.get(Calendar.MINUTE)+"分"
09  +gc.get(Calendar.SECOND)+"秒";                                //定义字符串now并赋值
10          System.out.println("当前时间是: "+now);               //输出当前时间
11      }
12  }
```

【代码说明】这个程序段很简单，对这个类中每一种函数都展示了其用法。读者可以根据上面的介绍依次查看每个函数。

【运行效果】

```
当前时间是：2019年10月14日11时32分50秒
```

【实例 7-22】下面来编写一个稍微复杂的实例，然后仔细分析这个程序段的编程思路。有个人的生日是阳历 7 月 20 日，请输出 2019～2030 年之间，这个人每年的生日究竟是星期几。

```
01  import java.util.*;                                           //java.util包中的所有类
02  public class Calendar2                                        //定义一个Calendar2类
03  {
04      public static void main(String[] args)                    //主方法
05      {
06          GregorianCalendar gc=new GregorianCalendar(); //创建对象gc
07          final char[] kor_week={'日','一','二','三','四','五','六'};
            //定义字符型数组kor_week并赋值
08          for(int i=2019;i<=2030;i++)                           //通过循环判断
09          {
10              gc.set(i,Calendar.JULY,20);                       //设置日期
11              char week=kor_week[gc.get(Calendar.DAY_OF_WEEK)-1];
                //定义字符串变量week并赋值
12              System.out.println(i+"年的生日是星期"+week); //输出
13          }
```

```
14        }
15    }
```

【代码说明】这个程序的具体代码，很容易读懂。在此，需要讲述的是一个编程的思路问题。当拿到这个程序的要求时，首先分析是要求输出“2019～2030”年之间每年的生日究竟是星期几，这时就要考虑使用循环语句。

通过 set()函数将年份依次改为 2019～2030 年，这样就可以通过 get()函数返回此年份月份和日子到底是星期几，如果是这样分析，编写它就不难了，剩下的只不过是一些细节问题。

【运行效果】

```
2019年的生日是星期六
2020年的生日是星期一
2021年的生日是星期二
2022年的生日是星期三
2023年的生日是星期四
2024年的生日是星期六
2025年的生日是星期日
2026年的生日是星期一
2027年的生日是星期二
2028年的生日是星期四
2029年的生日是星期五
2030年的生日是星期六
```

7.5 用实例分析设计一个类的流程

下面将会通过一个综合实例，来总结本章中的一些比较重要的知识，从而总结一下编程思路。

7.5.1 如何在现实程序设计中提取一个类

在现实程序开发过程中，需要根据客户提供的需求来编写程序。在编写程序之前，要分析客户的要求，这是很关键的一步。针对客户的要求，程序员要学会从客户要求中提取出类，然后根据类再创建对象，在对象中规划出方法和属性值，由这些方法和属性值共同完成客户提供的要求。

【实例 7-23】下面举一个实例，通过这个实例来证明以上所讲述的步骤。

对于一个班的学生，开发一个输出学生信息的程序段。其要求如下所示：

1）男生有 10 名，女生有 15 名。请输出他们的姓名、性别和学号。

2）其中张杰是男生，也是班长，请输出其信息。

3）对所有学生的成绩信息进行输出。

4）通过班上的成绩，选出成绩最好的学生和最差的学生。

这个实例看起来有点复杂。其实仔细的分析应该不是很难。编写程序最关键是程序员的思路，思路清晰了，代码自然很好解决，下面看看如何分析这个实例。

对于这个实例，从所有的要求来看，都是围绕着学生，所以提取一个类，就是学生类。如下：

```
01   class Student                              //定义一个Student类
02   {
03      private name;                           //关于学生的姓名
04      private code;                           //关于学生的编号
```

```
05      private sexy;                              //关于学生的性别
06      private duty;                              //关于学生的生日
07      private achievement;                       //关于学生的成绩
08  }
```

这个类中的变量是根据实例要求而定义的，这些变量就是类中的属性。再来分析实例中需要程序员做什么事情，而要做的事情就是类中的方法。观察以上的 4 个要求，主要需要做的事情是输出和排序，那么类的方法中必须要有输出方法和排序方法。

对于第一个要求输出的信息。可以编写下列方法函数。

```
void print()
{
}
```

下面再来观察第二个要求、第三个要求，其实也是围绕着学生信息这个数组来输出的。而第四个要求中，要求将所有的数据进行排序，选择出最大的数据和最小的数据。

好了，现在可以开始编写程序了。先来看看此程序的流程图，如图 7-1 所示。

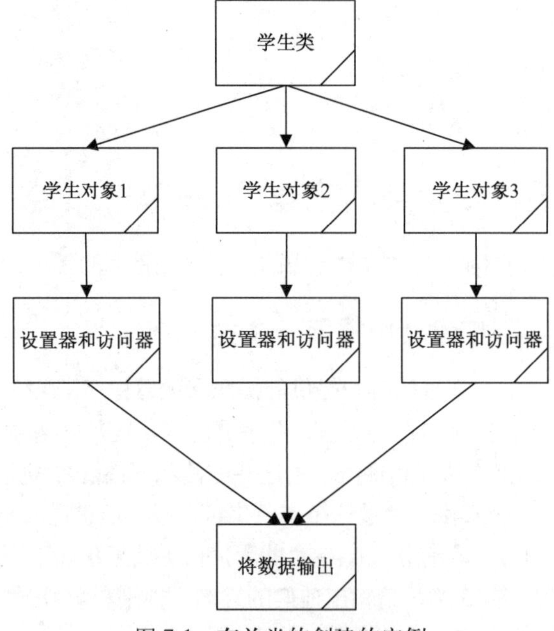

图 7-1　有关类的创建的实例

看下面的代码。

```
01  public class Student {                              //定义一个Student类
02      //创建成员变量
03      String name = "";
04      String code = "";
05      String sexy = "";
06      String duty = "";
07      double achievement;
08      publicStudent(String name) {                    //定义一个student方法
09          this.name = name;                           //将参数值赋给类中的成员变量
10      }
```

```
11        void set(String name, String code, String sexy, String duty) {//定义一个set方法
12            this.name = name;
13            this.code = code;
14            this.sexy = sexy;
15            this.duty = duty;
16        }
17        public String getname()                              //定义一个getname方法
18        {
19        return name;                                         //返回姓名name
20        }
21        public String getcode()                              //定义一个getcode方法
22        {
23            return code;                                     //返回学号code
24        }
25        public String getsexy()                              //定义一个getsexy方法
26        {
27            return sexy;                                     //返回性别sexy
28        }
29        public String getduty()                              //定义一个getduty方法
30        {
31            return duty;                                     //返回职务duty
32        }
33        public void setachi(double achievement)              //定义一个setachi方法
34        {
35            this.achievement = achievement;                  //将参数值赋给类中的成员变量
36        }
37        public double getachi()                              //定义一个getachi方法
38        {
39            return achievement;                              //返回成绩achievement
40        }
41        public void print()                                  //定义一个print方法
42        {
43            System.out.println("学生" + name + "的成绩是: " + achievement);
              //输出name和achievement
44        }
45        public String tostring() {                           //定义一个tostring方法
46            String infor = "学生姓名: " + name + ";" + "学生学号: " + code + ";" + "学生性别: "
47                    + sexy + ";" + "学生职务: " + duty;  //定义字符串infor并赋值
48            return infor;                                    //返回infor的值
49        }
50        public static void main(String[] args) {             //主方法
51            //构造出学生对象
52            student st1 = new student("王浩");
53            student st2 = new student("李敏");
54            student st3 = new student("李杰");
55            Student st4 = new Student("王杰");
56            Student st5 = new Student("王超");
57            Student st6 = new Student("赵浩");
58            Student st7 = new Student("钱浩");
59            Student st8 = new Student("王松");
60            Student st9 = new Student("朱涛");
61            Student st10 = new Student("张杰");
62            Student st11 = new Student("王敏");
63            Student st12 = new Student("孙洁");
```

```
64              Student st13 = new Student("赵丽");
65              Student st14 = new Student("王丽");
66              Student st15 = new Student("钱珍");
67              Student st16 = new Student("王珍");
68              Student st17 = new Student("王萍");
69              Student st18 = new Student("钱萍");
70              Student st19 = new Student("王燕");
71              Student st20 = new Student("赵燕");
72              Student st21 = new Student("孙燕");
73              Student st22 = new Student("孙丽");
74              Student st23 = new Student("林丽");
75              Sstudent st24 = new Student("张丽");
76              Student st25 = new Student("郑丽");
77              //构造一个学生类的对象数组，将所有的对象放到数组内
78              Student[] st = new Student[] { st1, st2, st3, st4, st5, st6, st7, st8,
79                      st9, st10, st11, st12, st13, st14, st15, st16, st17, st18,
80                      st19, st20, st21, st22, st23, st24, st25 };
81              //通过设置器对几个对象进行赋值
82              st1.set("王浩", "1", "男", "班员");
83              st2.set("李敏", "2", "男", "班员");
84              st3.set("李杰", "3", "男", "班员");
85              st4.set("王杰", "4", "男", "班员");
86              st5.set("王超", "5", "男", "班员");
87              st6.set("赵浩", "6", "男", "班员");
88              st7.set("钱浩", "7", "男", "班员");
89              st8.set("王松", "8", "男", "班员");
90              st9.set("朱涛", "9", "男", "班员");
91              st10.set("张杰", "10", "男", "班长");
92              st11.set("王敏", "11", "女", "班员");
93              st12.set("孙洁", "12", "女", "班员");
94              st13.set("赵丽", "13", "女", "班员");
95              st14.set("王丽", "14", "女", "班员");
96              st15.set("钱珍", "15", "女", "班员");
97              st16.set("王珍", "16", "女", "班员");
98              st17.set("王萍", "17", "女", "班员");
99              st18.set("钱萍", "18", "女", "班员");
100             st19.set("王燕", "19", "女", "班员");
101             st20.set("赵燕", "20", "女", "班员");
102             st21.set("孙燕", "21", "女", "班员");
103             st22.set("孙丽", "22", "女", "班员");
104             st23.set("林丽", "23", "女", "班员");
105             st24.set("张丽", "24", "女", "班员");
106             st25.set("郑丽", "25", "女", "班员");
107             System.out.println(st1.tostring());
108             System.out.println(st2.tostring());
109             System.out.println(st3.tostring());
110             System.out.println(st4.tostring());
111             System.out.println(st5.tostring());
112             System.out.println(st6.tostring());
113             System.out.println(st7.tostring());
114             System.out.println(st8.tostring());
115             System.out.println(st9.tostring());
116             System.out.println(st10.tostring());
```

```
117            System.out.println(st11.tostring());
118            System.out.println(st12.tostring());
119            System.out.println(st13.tostring());
120            System.out.println(st14.tostring());
121            System.out.println(st15.tostring());
122            System.out.println(st16.tostring());
123            System.out.println(st17.tostring());
124            System.out.println(st18.tostring());
125            System.out.println(st19.tostring());
126            System.out.println(st20.tostring());
127            System.out.println(st21.tostring());
128            System.out.println(st22.tostring());
129            System.out.println(st23.tostring());
130            System.out.println(st24.tostring());
131            System.out.println(st25.tostring());
132            //通过设置器给几个对象进行赋值
133            st1.setachi(87.5);
134            st2.setachi(98);
135            st3.setachi(78);
136            st4.setachi(90);
137            st5.setachi(84);
138            st6.setachi(78);
139            st7.setachi(91);
140            st8.setachi(99.5);
141            st9.setachi(64);
142            st10.setachi(100);
143            st11.setachi(98);
144            st12.setachi(76);
145            st13.setachi(88);
146            st14.setachi(64);
147            st15.setachi(97);
148            st16.setachi(68);
149            st17.setachi(90);
150            st18.setachi(99);
151            st19.setachi(77);
152            st20.setachi(78);
153            st21.setachi(67);
154            st22.setachi(99);
155            st23.setachi(97.5);
156            st24.setachi(92);
157            st25.setachi(88);
158            st1.print();
159            st2.print();
160            st3.print();
161            st4.print();
162            st5.print();
163            st6.print();
164            st7.print();
165            st8.print();
166            st9.print();
167            st10.print();
168            st11.print();
169            st12.print();
```

```
170             st13.print();
171             st14.print();
172             st15.print();
173             st16.print();
174             st17.print();
175             st18.print();
176             st19.print();
177             st20.print();
178             st21.print();
179             st22.print();
180             st23.print();
181             st24.print();
182             st25.print();
183                         //通过循环语句对数组元素进行排序
184             for (int i = 0; i < st.length; i++) {
185                 for (int j = 0; j < st.length; j++) {
186                     // 通过比较两个元素的大小，如果前面比后面元素大的话，那么进行排序
187                     if (st[i].achievement < st[j].achievement) {
188                         Student x;
189                         x = st[j];
190                         st[j] = st[i];
191                         st[i] = x;
192                     }
193                 }
194             }
195                         //输出相应信息
196             System.out.println("成绩最好的是: " + st[24].name + ",成绩是: "
197                         + st[24].achievement);
198                        //输出相应信息
199             System.out.println("成绩最差的是: " + st[0].name + ",成绩是: " + st[0].achievement);
200         }
201 }
```

【代码说明】这个程序段的主要思路如下所示：

- 先设计和创建一个类，即学生类 student。
- 根据学生类，创建对象。此时每个同学就是一个学生类的对象。
- 编写设置器和访问器（第 11~40 行）。
- 输出学生信息（第 107~131 行）。
- 通过循环语句和判断语句对学生成绩进行排序（第 184~201 行）。

了解上面的思路后，整个程序就很清晰了。剩下的就是对代码的处理。

【运行效果】

```
学生姓名: 王浩;学生学号: 1;学生性别: 男;学生职务: 班员
学生姓名: 李敏;学生学号: 2;学生性别: 男;学生职务: 班员
学生姓名: 李杰;学生学号: 3;学生性别: 男;学生职务: 班员
学生姓名: 王杰;学生学号: 4;学生性别: 男;学生职务: 班员
学生姓名: 王超;学生学号: 5;学生性别: 男;学生职务: 班员
学生姓名: 赵浩;学生学号: 6;学生性别: 男;学生职务: 班员
学生姓名: 钱浩;学生学号: 7;学生性别: 男;学生职务: 班员
学生姓名: 王松;学生学号: 8;学生性别: 男;学生职务: 班员
学生姓名: 朱涛;学生学号: 9;学生性别: 男;学生职务: 班员
```

```
学生姓名：张杰;学生学号：10;学生性别：男;学生职务：班长
学生姓名：王敏;学生学号：11;学生性别：女;学生职务：班员
学生姓名：孙洁;学生学号：12;学生性别：女;学生职务：班员
学生姓名：赵丽;学生学号：13;学生性别：女;学生职务：班员
学生姓名：王丽;学生学号：14;学生性别：女;学生职务：班员
学生姓名：钱珍;学生学号：15;学生性别：女;学生职务：班员
学生姓名：王珍;学生学号：16;学生性别：女;学生职务：班员
学生姓名：王萍;学生学号：17;学生性别：女;学生职务：班员
学生姓名：钱萍;学生学号：18;学生性别：女;学生职务：班员
学生姓名：王燕;学生学号：19;学生性别：女;学生职务：班员
学生姓名：赵燕;学生学号：20;学生性别：女;学生职务：班员
学生姓名：孙燕;学生学号：21;学生性别：女;学生职务：班员
学生姓名：孙丽;学生学号：22;学生性别：女;学生职务：班员
学生姓名：林丽;学生学号：23;学生性别：女;学生职务：班员
学生姓名：张丽;学生学号：24;学生性别：女;学生职务：班员
学生姓名：郑丽;学生学号：25;学生性别：女;学生职务：班员
学生王浩的成绩是：87.5
学生李敏的成绩是：98.0
学生李杰的成绩是：78.0
学生王杰的成绩是：90.0
学生王超的成绩是：84.0
学生赵浩的成绩是：78.0
学生钱浩的成绩是：91.0
学生王松的成绩是：99.5
学生朱涛的成绩是：64.0
学生张杰的成绩是：100.0
学生王敏的成绩是：98.0
学生孙洁的成绩是：76.0
学生赵丽的成绩是：88.0
学生王丽的成绩是：64.0
学生钱珍的成绩是：97.0
学生王珍的成绩是：68.0
学生王萍的成绩是：90.0
学生钱萍的成绩是：99.0
学生王燕的成绩是：77.0
学生赵燕的成绩是：78.0
学生孙燕的成绩是：67.0
学生孙丽的成绩是：99.0
学生林丽的成绩是：97.5
学生张丽的成绩是：92.0
学生郑丽的成绩是：88.0
成绩最好的是：张杰,成绩是：100.0
成绩最差的是：朱涛,成绩是：64.0
```

7.5.2 设置器和访问器

在上面的程序段中，出现过 set 和 get 函数，那么这些函数起着什么作用呢？在 Java 语言中把 set 函数称为设置器，把 get 函数称为访问器。

访问器只查看对象的状态或者返回对象的属性值。访问器有以下特点：

- ❑ 方法声明部分有返回值类型。
- ❑ 方法声明没有参数。

- ❑ 方法体内有返回语句。

设置器主要是完成某个对象属性值的赋值功能。设置器有以下特点：

- ❑ 方法返回类型为 void，即不返回类型。
- ❑ 方法声明中至少有一个参数。
- ❑ 方法体内肯定有赋值语句。

把上例中的设置器和访问器单独拿出来看看是否是具有这些特点。

```
01        void set(String name, String code, String sexy, String duty) {//定义一个set方法
02            this.name = name;                                //将参数值赋给类中的成员变量
03            this.code = code;
04            this.sexy = sexy;
05            this.duty = duty;
06        }
07        public String getname()                              //定义一个getname方法
08        {
09            return name;                                     //返回姓名name
10        }
11        public String getcode()                              //定义一个getcode方法
12        {
13            return code;                                     //返回学号code
14        }
15        public String getsexy()                              //定义一个getsexy方法
16        {
17            return sexy;                                     //返回性别sexy
18        }
19        public String getduty()                              //定义一个getduty方法
20        {
21            return duty;                                     //返回职务duty
22        }
23        public void setachi(double achievement)              //定义一个setachi方法
24        {
25            this.achievement = achievement;                  //将参数值赋给类中的成员变量
26        }
27        public double getachi()                              //定义一个getachi方法
28        {
29            return achievement;                              //返回成绩achievement
30        }
```

【代码说明】先观察这些 set 函数："void set(String name,String code,String sexy,String duty)"带了 4 个参数，无返回值，存在 4 个赋值语句。"public void setachi(double achievement)"带了一个参数，无返回值，且存在一个赋值语句。

再来观察 get 函数：getname、getcode、getduty、getsexy、getachi。这 5 个访问器都是有返回值，不带任何参数，且方法体内有一个返回语句。

如果要实现一个对属性的访问和设置，一般应该有以下几项内容：

- ❑ 一个私有的字段变量。
- ❑ 一个公开的字段访问器。
- ❑ 一个公开的字段设置器。

7.5.3 总结

本章正式开始接触 Java 程序设计的特点，主要讲述了什么是类和如何提取一个类。在本章中举了一个现实生活中的程序开发实例，同时仔细地分析了编写程序的主要思路，希望读者能熟练地掌握。其实想要掌握一门编程语言，最关键的就是要多多练习，正所谓熟能生巧。

7.6 常见疑难解答

7.6.1 类在程序语言中起到了什么作用

其实类的出现，将原先的过程化程序设计推到了面向对象编程，这是一个质的变化。类的出现，让程序都是以模块化结构来编写的，为程序员编写程序的思路清晰带来了很大的好处。

7.6.2 设置器和访问器的作用

设置器和访问器的作用是在创建对象后，为数据对象设置一些字段，主要是减轻构造器的负担。

7.7 小结

本章首先介绍了什么是类，然后介绍了什么是对象。7.5 节通过一个完整实例，介绍了如何从现实项目中提取一个类，并为类设计各种字段和方法。尤其在类的设计过程中，重点提到了设置器和访问器，这非常关键。希望读者通过最后一个案例能掌握好类的应用。

7.8 习题

一、填空题

1．Java 使用关键字__________命名类。

2．定义一个类就需要向类的主体内增加两种元素，一是__________；二是__________。

3．__________类包括了有关日期和时间操作的一些方法。

二、上机实践

1．请依照图 7-2 所示的 UML 图标，创建相关的类。

【提示】 UML 图分为 3 部分：其中最上面的部分表示类名，中间部分表示属性，最下面的部分表示方法。

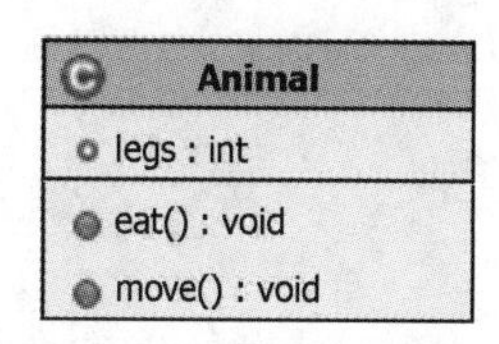

图 7-2 Animal 类 UML 图

2．在上题中已经设计好一个关于动物的类，现在设计一个关于动物园的类，在该类中通过本章学习的创建对象方式，创建几个动物对象。

【提示】 创建对象应通过关键字 new 来实现。

第8章 重载和包

上一章介绍过对象和类的概念，并且提出了对象是通过类创造出来的。本章将介绍重载和包的知识。包是Java程序设计的核心之一，而重载是面向对象的特性之一。

本章重点：

- ❑ 重载和包。
- ❑ Java的注释。

8.1 重载

重载在整个Java程序语言设计中，有着非常重要的地位。本节将先讲述重载的概念，然后使用大量的实例，让读者能够熟练掌握重载，并且能够联系实际，将这个概念使用到现实应用中的程序开发中去，从而为以后的软件开发奠定基础。

8.1.1 什么是重载

在Java中，同一个类中的许多方法可以拥有同一个名字，只要它们的参数声明不同即可，这种方法就被称为重载（overloaded），此过程被称为方法重载（method overloading）。

【实例8-1】下面看一个详细的实例。

```
01  public class Overload                                       //定义一个Overload类
02  {
03      //一个普通的方法，不带参数
04      void test()
05      {
06          System.out.println("No parameters");
07       }
08      //重载上面的方法，并且带了一个整型参数
09      void test(int a)
10      {
11          System.out.println("a: " + a);
12       }
13      //重载上面的方法，并且带了两个参数
14      void test(int a,int b)
15      {
16          System.out.println("a and b: " + a + " " + b);
17       }
18      //重载上面的方法，并且带了一个双精度参数，与上面带一个参数的重载方法不一样
19      double test(double a)
20      {
```

```
21            System.out.println("double a: " + a);
22            return a*a;
23        }
24        public static void main(String args[])          //主方法
25        {
26            Overload o= new Overload ();                //创建对象o
27            o.test();                                   //分别调用test方法
28            o.test(2);
29            o.test(2,3);
30            o.test(2.0);
31         }
32    }
```

【代码说明】第4~23行定义了4个名称相同的“test()”方法，不同的是它们的参数，有没有参数的，有一个参数的，也有两个参数的，而且参数可以是不同的数据类型。第27~30行分别调用这4个方法。

【运行效果】

```
No parameters
a:2
a and b:2 3
double a:2.0
```

通过上面的实例读者可以看出，重载就是在一个类中，有相同的函数名称，但形参不同的函数。重载的结果，可以让一个类尽量减少代码和方法的种类。

8.1.2 用实例来说明重载的意义

使用重载其实就是避免繁多的方法名，有些方法的功能是相似的，如果重新建立一个方法，重新取个方法名称，这会让程序段显得不容易阅读。

下面总结重载的实质：

- 方法名相同。
- 参数个数可以不同。
- 参数类型可以不同。

当访问一个重载方法时，首先编译器会比较参数类型与实际调用方法中使用值的类型，以选择正确的方法，如没有发现匹配的，则编译器报错，这就叫重载分辨。

【实例8-2】为了能让读者更加熟练地运用重载方法编写程序，下面再举一个有关重载的复杂实例。

```
01    public class Overload1                              //定义一个Overload1类
02    {
03        //定义一个print输出方法
04        void print()
05        {
06            System.out.println("你好");
07         }
08        //重载上面的输出方法，加上了参数
09        void print(String name)
10        {
```

```
11          System.out.println(name+",你好");
12        }
13      //重载上面的输出方法，加上了两个参数
14      void print(String name,int age)
15      {
16          System.out.println(name+",你好,你有"+age+"岁了");
17        }
18      public static void main(String args[])          //主方法
19      {
20          Overload1 o=new Overload1();                //创建一个对象o
21          o.print();                                  //分别调用print方法
22          o.print("王华");
23          o.print("王华",30);
24      }
25  }
```

【代码说明】第 4~17 行定义了 3 个同名称的“print()”方法，不同的是参数个数和参数类型。第 21~23 行分别调用这 3 种方法。

【运行效果】

```
你好
王华，你好
王华，你好，你有30岁了
```

8.2 包

“包”机制是 Java 中特有的，也是 Java 中最基础的知识之一。一些初学 Java 的朋友，经常会从教材上“copy”一些程序来运行，可是却常常遇到莫名其妙的错误提示，这些问题事实上都是对“包”的原理不理解。本节将就此问题进行深入阐述。

8.2.1 什么是 Java 中的包

在 Java 程序语言中，为了开发方便，会将多个功能相似的类放到一个组内，而这个组就是“包”，包就像一个目录结构。

先来观察目录结构，目录的结构分为目录、子目录和文件。在操作系统中，如何表示一个文件的目录结构呢？先看一个有关文件目录结构的例子。

```
D:\Java\wp.doc
```

其实包的表示有点类似文件的目录结构。

```
java.wp
```

下面来分析一下上面的代码，“java”就是包名称，而“wp”就是类名称。

包就是将一些实现相同功能的类组合在一起。例如，在一个 Java 包中有 wp 类、wp1 类、wp2 类等。那么如何来使用它们呢？下一节将会详细介绍。

8.2.2 如何实现包

在 Java 中要想使用包，必须先声明一个包，而声明一个包必须使用关键字“package”。具体

如下所示：

```
package java.wp
```

【实例 8-3】 声明一个包时，声明语句必须放在类所有语句的最前面，下面先看一个实例。

```
01  public class Package1                               //定义一个Package1类
02  {
03      public static void main(String[] args)          //主方法
04      {
05          System.out.println(new Date());             //创建时间对象
06      }
07  }
```

【代码说明】

编译出错，系统提示找不到类 Date。在 Java 中调用其他包中的公用类，可以使用两种方式：

1）在每个类名前加上完整的包名。具体如下所示。

```
java.util.Date today=new java.util.Date();
```

这样的对象实例化看起来与以前用的“Date today=new Date()”有很大区别，就是在类名称前面加上了包的名字。

【实例 8-4】 修改刚才那个程序段，如下所示。

```
01  public class Package1                               //定义一个Package1类
02  {
03      public static void main(String[] args)          //主方法
04      {
05          System.out.println(new java.util.Date());   //创建时间对象
06      }
07  }
```

【代码说明】 这次编译器编译通过了，因为第 5 行指定了对象所在的包。

【运行效果】

```
Mon Jul 15 20:58:20 CST 2019
```

2）通过引入特定的类。在一个类中引入特定的类通过关键字“import”来实现。

【实例 8-5】 下面将上面的例子修改如下。

```
01  import java.util.Date;                              //导入java.util包中的Date类
02  public class Package2                               //定义一个Package2类
03  {
04      public static void main(String[] args)          //主方法
05      {
06          System.out.println(new Date());             //创建时间对象
07      }
08  }
```

【代码说明】 这个程序段，在第 1 行通过“引入特定的类的方式”将类直接引入，那么系统编译时，就会先调用这个类，这样编译时就不会报错。

【运行效果】 同上例相同。

平时在编写程序时，没有必要把要引入的类写得那么详细，可以直接引入特定包中所有的类。

【实例 8-6】例如下面的例子。

```
01  import java.util.*;                              //导入java.util包中所有类
02  public class Package3
03  {
04      public static void main(String[] args)       //主方法
05      {
06          System.out.println(new Date());          //创建时间对象
07      }
08  }
```

【代码说明】第 1 行的“java.util.*”最后通过“*”符号来导入 java.util 包中所有的类。

【运行效果】同上例相同。

8.2.3 什么是类路径和默认包

在编程时，也可以不使用关键字 import 来导入包和类，这是为什么？为什么有的时候需要导入，而有的时候不需要导入呢？

Java 虚拟机在运行时，系统会自动导入“java.lang”包，只要程序用到这个包的类时，就不需要导入，因为系统自动为程序员导入了，就像在这个包内编写程序段一样。除了“java.lang”包外，要使用其他的包时，都必须手工导入。

由于“java.lang”这个包由系统自动导入，所以称这个包为系统的默认包。

类路径是什么呢？前面在配置 Java 编程环境时，配置了类路径。类路径就是能自动让系统找到程序员需要导入的类，所以在配置 Java 编程环境中，配置类路径是非常关键的。

8.2.4 包的作用域

在前面提到过“public”和“private”访问控制符，被声明为“public”的类、方法或成员变量，可以被任何类使用，而声明为“private”的类、方法或成员变量，只能被本类使用。没有指定“public”或“private”的部件，只能被本包中的所有方法访问，在包以外的任何方法都无法访问它。

8.2.5 静态导入

在以前版本的 Java 语法中，关键字 import 只能导入一个类或包中所有类，而最新特性中还可以导入静态方法和静态域。所谓导入它并不占用系统内存的任何资源，而只是在编写代码时不需要写前缀中的包名。

静态导入语句的语法与 import 语句类似，基本格式如下：

```
import static 包名.类名.*
```

例如 import static java.lang.System.*的含义，可以直接使用 System 类的静态方法和静态域，即 out.println("test");相当于 System. out.println("test");。

还有两种其他形式，它们分别为：

```
import static 包名.类名.类变量的名字
import static 包名.类名.类方法的名字
```

【实例 8-7】下面将通过一个具体实例来演示静态导入，首先创建一个名叫 StaticClass.java 的静态类，具体内容如下所示。

```
01   package com.cjg.StaticImport;                     //声明一个com.cjg.StaticImport包
02   public class StaticClass {                         //定义一个StaticClass类
03       public static int MAX12 = 100;                 //定义静态变量MAX12并赋值
04       public static void daying(int x)               //定义一个静态方法daying
05       {
06           System.out.println(x);                     //输出x的值
07       }
08   }
```

接着创建一个名为 StaticImport.java 的类来演示如何使用静态导入，具体内容如下所示。

```
01   import static com.cjg.StaticImport.StaticClass.*; //导入StaticClass类中的所有内容
02   //静态导入StaticClass类下的静态方法和静态变量
03   import static java.lang.Math.abs;                  //静态导入Math类下的静态方法abs
04   public class StaticImport {                        //定义一个StaticImport类
05       public static void main(String[] args) {       //主方法
06           System.out.println(MAX12);                 //调用StaticClass类下的静态变量MAX12
07           daying(5);                                 //调用StaticClass类下的静态方法daying
08           System.out.println(abs(-4));               //调用Math类下的静态方法abs
09       }
10   }
```

【代码说明】

- 上述代码中 import static com.cjg.StaticImport.StaticClass.*，导入了类 StaticClass 中的类方法 daying()和类变量 MAX12。所以在具体调用时，只需要直接写类方法名（daying(5)）和类变量名（MAX12），而不需要写成 staticclas.daying(5)和 StaticClass.MAX12。
- 上述代码中 import static java.lang.Math.abs，只导入了类 Math 中的类方法 abs()。所以在具体调用时，如果直接写 acos(4)类方法时就会报错，但是直接写 abs(-4)类方法就不会报错。

> **注意** 当修改上述项目的编译版本为1.4时，上述项目中StaticImport.java代码就会报错，这是因为JRE1.4不支持静态导入语法。

【运行效果】运行 StaticImport.java 类，控制台窗口如图 8-1 所示。

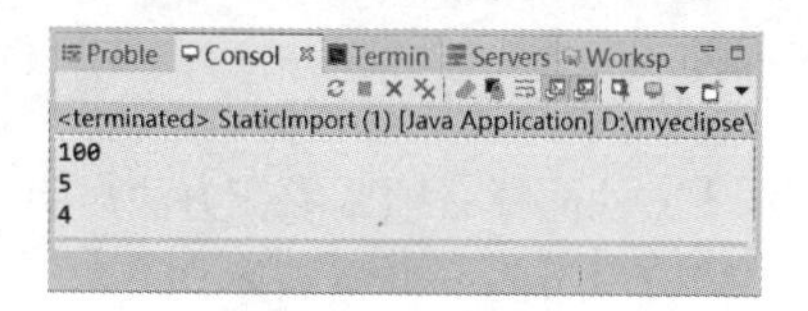

图 8-1 运行结果

最后关于静态导入，还有一些需要注意：

- 针对一个给定的包，不可能用一行语句静态地导入包中所有类的所有类方法和类变量。也就是说，不能这样编写代码：

```
import static java.lang.*;
```

- 如果一个本地方法和一个静态导入的方法有着相同的名字，那么本地方法被调用。如果静态导入两个类中同名的类变量或类方法，则必须通过对象或类名使用类变量或类方法。

8.3　包的注释及嵌入文档

注释对于读懂程序起着不可缺少的作用，一个程序的可读性，关键取决于注释。对于一个程序的二次开发而言，要想读懂前面的程序代码，首先要在程序中有大量的注释文档。

本节将介绍如何对代码进行注释。通过实例来证明注释在开发工作中的重要作用，前面曾经提到过注释，读者也许印象不太深，在这里复习一遍。

8.3.1　如何添加注释

对于一个优秀的程序员来说，学会在程序中适当地添加注释非常重要。因为注释除了帮助别人了解编写的程序之外，还可以对程序的调试、校对等有相当大的帮助。如何添加注释呢？一般使用下面的方法。

```
/**
包名引用
*/
```

这个是类、包和方法的注释，下面将详细的介绍这些注释。

8.3.2　类、方法、字段等注释的方法

当程序具体运行时，计算机会自动忽略注释符号之后所有的内容。在这一小节中，将简单地介绍类、方法、字段等地方的注释方法，这些地方的注释虽然简单但是却非常重要。

1．类注释

类注释一般必须放在所有的 import 语句之后，紧靠在类声明之前。

```
/**
this is the student class .
it includes the student name.
*/
public class student
{
……
}
```

2．方法注释

方法注释必须紧靠在方法声明的前面，除了/**……*/标签外，还可以使用下列以@开始的标签。

- @param 变量描述。
- @return 返回类型描述。
- @throws 异常类描述。

如果以上的注释都没有，把程序拿给别人看，别人会很难看懂。如果过了很长时间以后，自己再来看这些程序，可能也已经忘记这些代码是做什么的了。

所以说，注释对于程序的可读性来说是非常重要的，希望读者不要忽视它，以免造成无可挽回的损失。

8.4 常见疑难解答

8.4.1 包在实际编程中究竟有什么作用

现在读者可能还不会很清楚地知道包的作用，等学到后面，一定能够理解。先观察包里面有什么，其实包里面存放的是一些方法和类、接口等，这些都是在编写程序时需要调用的，例如要编写SQL数据库程序，那么就要调用包含SQL的包。

8.4.2 一个文件中定义了两个 class 类是否生成一个.class 文件

本章中很多例子都将多个类放在一个.java 文件中，那么使用 javac 编译后，是生成一个.class 文件，还是多个呢？读者通过练习可能已经知道了结果，生成多个.class 文件。

8.5 小结

前一章我们大概介绍了类，类是一组对象的集合。本章后面介绍了重载和包，这也是 Java 程序中随处可见的知识点。希望读者通过本章的学习，了解并会使用对象编程。

8.6 习题

一、填空题

1．在 Java 中，同一个类中的许多方法可以拥有同一个名字，只要它们的____________不同即可，这种方法就被称为____________。

2．在 Java 中要想使用包，必须先声明一个包，而声明一个包必须使用关键字____________。

3．类注释一般必须放在所有的____________语句之后，紧靠在类声明之前。

二、上机实践

1．仔细阅读下面的程序代码，然后回答后面的问题。

```
public class Execl {
public static void main(String[] args) {
    A a = new B();
    B b = (B) a;
    C c = new A();
    D d = (D) c;
}
}
class A {
}
class B extends A {
}
class C extends B {
}
class D extends A {
}
```

请问：以上代码可以被正确编译吗？如果不行，错在哪一行？为什么错？

2．请依照图 8-2 的 UML 图标，把相关的类创建起来。

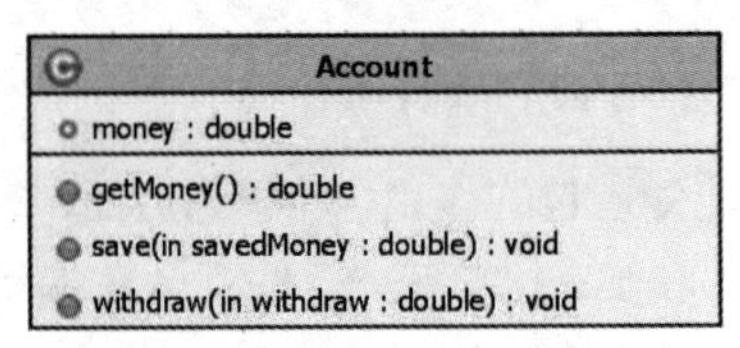

图 8-2　Account 类 UML 图

【提示】UML 图中最上面部分为类名，中间部分为成员变量，最下面部分为成员方法。

第 9 章　继承和多态

本章的特色是通过对比的方法讲述继承的概念。在面向对象的程序设计中，继承和多态是两个非常重要的组成部分，没有使用继承的程序设计，就不能称为面向对象的程序设计。继承和多态的重要性和特殊性可以通过本章的学习加以领会。

本章重点：

- ❑ 类的继承。
- ❑ 什么是构造函数。
- ❑ 类之间的关系。
- ❑ 类的层次。
- ❑ 什么是多态。
- ❑ 动态绑定和静态绑定。
- ❑ 认识超类。

9.1　什么是继承

继承和现实生活中的“继承”有相似之处，都是保留一些父辈的特性。本节将通过对比两个不同领域中相同的词语，来深入地理解继承这个概念。

9.1.1　继承的引出

看到继承这个词，会想起一句俗语：子承父业。所谓“子承父业”，就是晚辈继承父辈的事业及财产，这就是现实生活中所说的继承权。而在 Java 语言中，也有继承，其意义跟现实生活中的继承十分相似，下面来分析这个概念。

在现实生活中，继承应该具备两个必要的条件：一是必须要有父辈，如果没有父辈，那么继承谁呢？二是必须要有子辈，如果没有子辈，那么由谁来继承呢？同样的道理，在 Java 语言中，继承是针对类来说的。既然生活中的继承要有父辈和子辈，那么 Java 中也得有父类和子类。继承的原理如图 9-1 所示。

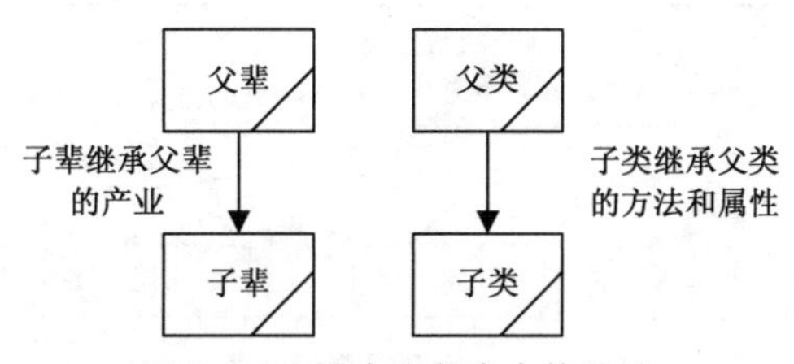

图 9-1　生活中和程序中的继承

9.1.2 继承的概念

继承，就是在已经存在的类基础上，进行扩展，从而产生新的类。已经存在的类称为父类、超类或基类，而新产生的类称为子类或派生类。

既然有了继承的双方，那么要继承什么呢？在现实生活中，要继承父辈，可以继承属于父辈的所有东西。在 Java 中，父类所拥有的一切，子类都可以继承（初学者可以这么理解，但这句话并不算精确）。父类拥有自己的属性字段和方法，这些子类都可以继承。子类继承了父类所有的属性和方法，就可以使用它们，另外，子类除了拥有父类的属性和方法，也可以创建自己的特性。根据这些特性，总结出继承的关系图，如图 9-2 所示。

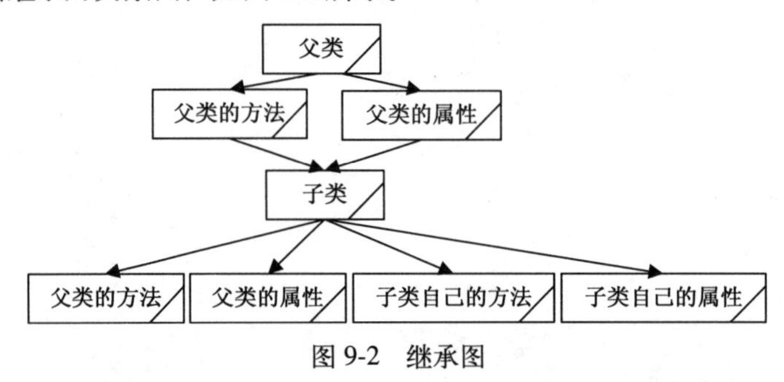

图 9-2 继承图

当遇到一种类包含另一种类的属性、方法时，就可以使用继承父类的方式来创建子类，无须重新创建一个重复的类。这样不但可以减少代码，而且易于维护，还可以更加直观地体现出面向对象程序设计的思路。这就是 Java 程序设计，准确地说这就是面向对象程序设计的一个特色。

为了能够更好地说明继承的概念，下面举一个实际生活中有关汽车类的例子：

要开发一个有关车的 Java 程序，首先会建立一个汽车的父类，此类拥有一些属性字段和方法。当具体设计一个厂家的汽车时，可以建立这个厂家自己的汽车类，让这个类作为汽车父类的子类，即让它能拥有汽车父类的所有属性和方法。那么在子类的代码中，就无须书写父类中已经存在的属性和方法。在子类中，还可以将这个厂家汽车自身的特点，以新属性和方法的方式列进子类中。

注意 父类无法使用这些新的属性和方法。

整个汽车类的继承关系如图 9-3 所示。

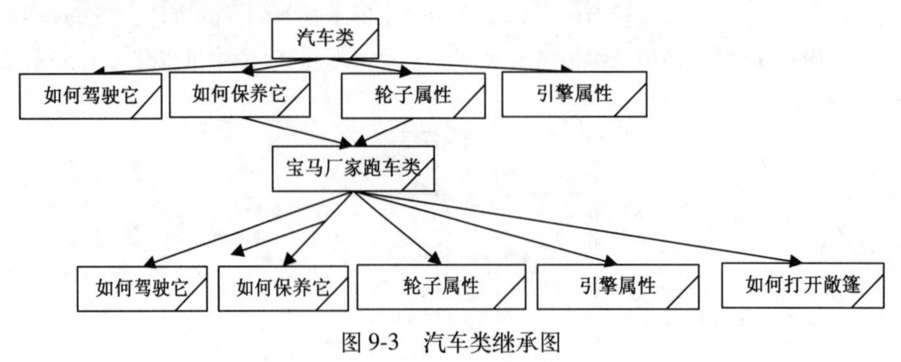

图 9-3 汽车类继承图

下面就是这个汽车类实例的一段抽象代码。

```
汽车类
{
        汽车有四个轮子属性
        引擎属性
        方向盘属性
        如何驾驶它()                        //方法
        如何保养它()                        //方法
}

宝马厂家的敞篷跑车继承汽车类
{
        如何打开敞篷()                      //方法
}
```

这段代码中，父类拥有的属性，子类通过继承也可以拥有。而子类有一个自己的方法“如何打开敞篷”，它只属于子类，父类无法使用。父类对象可以使用“宝马厂家的跑车类.引擎”方法，或者“宝马厂家的跑车类.如何保养它()”方法，但是绝对不能使用“汽车类.如何打开敞篷()”这个方法。

9.1.3　如何实现继承

如何知道一个类是继承了父类的子类呢？在 Java 语言中，继承通过关键字“extends”来实现。用 extends 表明当前类是子类，并表明其是从哪个类继承而来。“extends”在英语中就是扩展的意思，而在 Java 语言中，继承也有扩展的含义。这样将两者联系在一起，就很容易理解了。

现在将上面的代码修改一下，就可以清楚地看到父类和子类的继承关系：

```
汽车类
{
        汽车有四个轮子属性
        引擎属性
        方向盘属性
        如何驾驶它()                        //方法
        如何保养它()                        //方法
}
宝马厂家的跑车类extends 汽车类
{
         如何打开敞篷()                     //方法
}
```

下面举个实例来具体分析继承的意义。

```
01  class Person                        //定义一个Person类
02  {
03      int age;                        //年龄属性
04      int height;                     //身高属性
05      void eat() {};                  //吃的方法
06      void sleep() {};                //睡觉的方法
07  }
08  class Student                       //定义一个Student类
09  {
10      int age;                        //年龄属性
```

```
11        int height;                             //身高属性
12        void eat() {};                          //吃的方法
13        void sleep() {};                        //睡觉的方法
14        int score;                              //学生分数属性
15        void study() {};                        //学生学习的方法
16    }
```

从以上的代码段可以看出，“Person”类和“Student”类有很多参数相同。可以说“Student”类包含了“Person”类所有的参数，这种情况，就需要使用继承。上面的代码可以修改为：

```
01    class Person                                //定义一个Person类
02    {
03        int age;                                //年龄属性
04        int height;                             //身高属性
05        void eat() {};                          //吃的方法
06        void sleep() {};                        //睡觉的方法
07    }
08    class Student extends Person                //子类Student继承父类Person
09    {
10        int score;                              //学生分数属性
11        void study() {};                        //学生学习的方法
12    }
```

上面的代码使“Student”类继承了“Person”类，并拥有了“Person”类的所有成员。“Student”类虽然代码很少，但其包括了“Person”类的所有成员和方法。

【实例 9-1】下面学习一段继承类的引用实例。

```
01    class Inhert                                //定义一个Inhert类
02    {
03       int a;                                   //定义一个整型变量a
04       void hi()                                //定义一个hi方法
05       {
06       System.out.println("大家好，我是有关继承的程序段");
07       }
08    }
```

```
01    public class Inhert1 extends Inhert         //子类Inhert1继承父类Inhert
02    {
03       public static void main(String[]args)    //主方法
04       {
05          Inhert ob=new Inhert();               //创建对象ob
06          ob.a=10;                              //为变量a赋值
07          ob.hi();                              //调用方法hi()
08       }
09    }
```

【代码说明】上面部分第 1~8 行定义了类 Inhert，其具备一个变量 a 和一个方法 hi()。下面部分第 6 行分别设置变量的值和调用方法。

【运行效果】

```
大家好，我是有关继承的程序段
```

通过上述代码可以实现继承，并调用子类，但是父类和子类的对象是如何形成的呢？这就涉及构造函数的使用，9.2 节会详细介绍。

9.1.4　如何设计继承

对于如何设计类的继承，根据笔者长期的开发经验，有以下几点建议：

- 把通用操作与方法放到父类中，因为一个父类可以有好几个子类。把通用的操作放到父类中，带来的好处是多方面的：一是避免代码重复；二是避免了人为因素导致的不一致。
- 不要使用受保护字段，也就是 protected 字段。
- 尽管类的继承给开发带来了好处和方便，但如果不希望自己的类再被扩展，也就是不希望再产生子类时，可在类的声明之前加上 final 关键字，这样此类就不能再被继承。

9.2　构造函数的使用

一个类会用什么方式来创建一个对象？回答是：构造函数。那什么是构造函数？如何使用构造函数？本节将详细回答这两个问题。一定要注意，构造函数贯穿了整个 Java 程序开发，是开发中不可缺少的理念。

9.2.1　什么是构造函数

很多书籍也把构造函数称为构造器，下面将详细讲解构造函数的知识。

根据前面学习的类知识，类其实就是一类事物的模板。如果要用这个模板来构造新对象，就要使用构造函数在类中构造对象。举个构造函数的例子，代码段如下。

```
class Person
{
    Person(){};
}
```

代码“Person(){}”就是类 Person 的一个构造函数，使用它来构造对象。在实际开发中，往往不需要书写构造函数，因为它是系统默认的，可写可不写。但系统默认的构造函数不带参数，如果需要带参数，就必须自己书写构造函数。

构造函数的名称与类的名称一样，这就是构造函数能区别于类内其他函数的标志。再举个有关构造函数的例子。

```
01  class Color                                         //定义一个Color类
02  {
03      Color(){};                                      //无参构造函数
04      Color(int red){};                               //带一个参数的构造函数
05      Color(int red, int green){};                    //带两个参数的构造函数
06  }
```

如果要使用构造函数构造对象，就需要使用 new 关键字，如下面的代码段。

```
01  Color col=new Color();
02  Color col=new Color(int red);
03  Color col=new Color(int red,int green);
```

这个例子使用了 3 个不同的构造函数，可以构造出 3 个不同的对象：不带参数、带一个参数和带两个参数，这就是构造函数重载。

根据上面所述，对构造函数的概念总结如下。

- 构造函数名字与类名相同（包括大小写）。
- 一个类可以有多个不同的构造函数。
- 构造函数没有返回值，但不用写 void 关键字。
- 构造函数总是和 new 运算符一起被调用。

通过以上的学习，思考一个问题：子类的对象形成与父类有什么联系？

9.2.2 继承中构造函数的初始化

创建类对象时，系统会调用构造函数对其所属成员进行初始化，那么针对那些继承自父类的成员又该如何初始化呢？

实际上，在创建子类对象时，先执行父类的构造函数，然后执行子类的构造函数，最后完成对象的创建。正如先存在父母，然后才有子女一样。在创建子类对象时，会先调用父类构造函数，初始化继承自父类的成员。随后，调用子类构造函数，初始化子类的成员。

【实例 9-2】举个有关构造函数的例子，代码如下所示。

```
01  public class Person                                 //定义一个Person父类
02  {
03      int a;                                          //定义整型变量a
04      Person()                                        //父类的构造函数
05      {
06      a=10;                                           //给变量a赋值
07      System.out.println(“这个是父类的构造函数”);
08      }
09  }
```

```
01  public class Men extends Person                     //子类Men继承父类Person
02  {
03      int b;                                          //定义整型变量b
04      Men()                                           //子类的构造函数
05      {
06       //super()                                       //调用父类无参构造函数
07      b=20;                                           //给变量b赋值
08      System.out.println(“这个是子类的构造函数”);      //输出相应信息
09      }
10      public static void main(String[] args)          //主方法
11      {
12          Men m=new Men();                            //创建对象m
13          System.out.println(m.a+” ”+m.b);            //输出相应信息
14      }
15  }
```

【代码说明】在创建“men”子类时，会先调用父类的构造函数，正如运行的结果一样，先显示“这个是父类的构造函数”，然后显示“这个是子类的构造函数”。

【运行效果】

```
这个是父类的构造函数
这个是子类的构造函数
10 20
```

9.2.3 替代父类和本身的方式

上述代码中有一个 super()函数，本节将详细介绍此函数的意义。super 代表父类，而 super()则代表父类的构造函数，可以使用 super 代替父类中的属性或方法。提到用 super 来代替父类，则会想到如何使用相似的方法来代替类（子类）本身呢？

在 Java 中，使用 this 来代替引用对象自身，同样 this()用来代替对象的构造函数。

【实例 9-3】 下面的例子可以验证这种理论。

```
01  public class Person1                              //定义一个Person父类
02  {
03      int a;                                        //定义整型变量a
04      Person1()                                     //无参构造函数
05      {
06      a=1;                                          //为变量a赋值
07      }
08      Person1(int a)                                //带参构造函数
09      {
10      this.a=a;                                     //通过关键字this调用成员变量
11      }
12  }
13  public class Men1 extends Person1                 //子类Men1继承父类Person
14  {
15      int b;                                        //定义整型变量b
16      Men1(int a,int b)                             //带参构造函数
17      {
18          super(a);                                 //父类的构造函数
19          this.b=b;                                 //通过关键字this调用成员变量
20      }
21      public static void main(String[] args)        //主方法
22      {
23          Men1 m=new Men1(10,20);                   //创建对象m
24          System.out.println(m.a+" "+m.b);          //输出相应信息
25      }
26  }
```

【代码说明】

1）当创建 men1 类的对象 m 时，先调用父类带参数的构造函数，“Person(int a){}”将变量 a 值传给父类的属性字段 a。

2）调用子类的带两个参数的构造函数，在子类构造函数中，将两个参数中的一个参数传给父类构造函数，于是 a 的值就是子类对象中那个要传给父类的值，即“men1 m=new men1(10,20)”中的参数 10。

【运行效果】

```
10 20
```

通过以上的例子，应该能很清楚地知道 this 和 super 的特殊用法。在定义构造函数时，应将调用父类构造函数的代码“super()”，置于调用父类构造函数的方法内部的最顶端，因为首先必须初始化继承自父类的成员。

9.2.4 Java 中的单继承性

Java 是单继承的，在说明单继承概念之前，先看看什么是多继承。多继承是指某个类可以继承多个类，但这会导致继承出现混乱，所以 Java 规定一个类只能继承一个父类，这就是单继承。

单继承也有它的不足之处，即如果一个类继承另一个类，就不可能再继承其他的类。如何解决这个问题呢？后面的章节中将会详细介绍。

9.3 继承中的覆盖现象

在对象继承的过程中，子类中可以直接使用父类所继承下来的属性和方法，就如自己的一样。但是如果在子类中又声明了相同名称的属性的话，那么当直接使用时，调用的是子类的属性和方法呢？还是父类的属性和方法呢？下面通过一个具体实例来详细介绍。

【实例 9-4】 继承是子类拥有父类所有的资源，先来看下面一个例子：

```
01  //定义一个Parent父类
02  class parent
03  {
04      int a;                                          //定义整型变量a
05      void f(int a ){……};                             //定义一个f方法
06      private int g(int a,int b){……}                  //定义一个g方法
07  }
08  //定义了一个Child子类，继承上面的Parent父类
09  //在子类中覆盖了父类的g方法
10  class Child extends Parent
11  {
12      int b;
13      void f(int a){……}
14      public int g(int a,int b){……}                   //覆盖g方法
15  }
```

【代码说明】 public 控制符的权限比 private 大，针对同一方法，在子类中的权限要比父类权限大。

【运行效果】 这个程序不算完整，没有运行结果，读者可以自己设计需要输出的内容。

注意 子类的访问控制符权限只能等于或大于父类。

9.4 类之间的关系

类与类之间最常见的关系主要有以下 3 种。

- ❑ 依赖（或 uses–a）。
- ❑ 聚合（或 has–a）。
- ❑ 继承（或 is–a）。

下面以在线书店订单系统为例，来详细讲述这 3 种关系的概念。

这个系统的主要功能是：注册和登录功能、订单功能和在线支付功能。可以在这个系统中建立几个类：图书类（book）、账户类（account）、订单类（order）、地址类（address）等，如图 9-4 所示。

9.4.1　依赖

依赖关系是类中最常见的关系，例如订单类（order）需要访问用户的账户类（account），所以在订单类中需要引用账户类，即订单类依赖账户类，但图书类不需要依赖账户类。

如果修改账户类，会影响到订单类。依赖的实质就是类中的方法可以操作另一个类的实例。在实际程序设计中，建议尽量减少相互依赖类的数量，如图 9-5 所示。

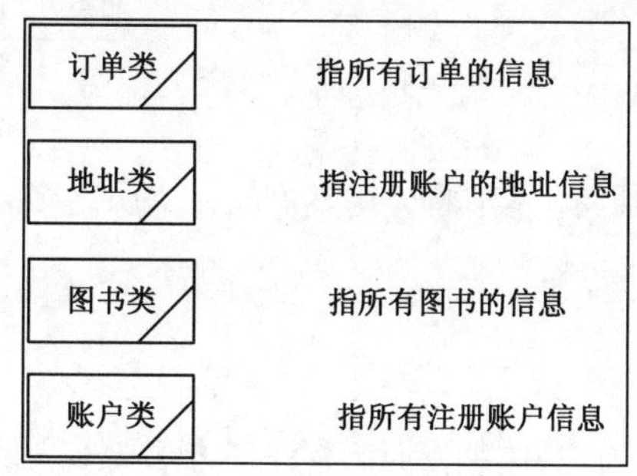

图 9-4　在线订单系统结构图

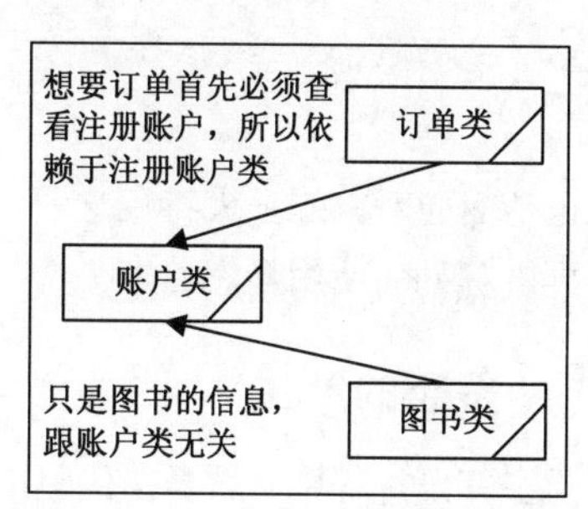

图 9-5　在线订单系统依赖关系图

9.4.2　聚合

因为订单需要指明订购什么图书，这就涉及图书类，即包含了图书类。聚合与依赖关系的不同在于，订单类可以不拥有所有账户类对象，但是必须拥有所有图书类对象，因为图书类的对象是订单的主要目的，如图 9-6 所示。

9.4.3　继承

继承就是一个类能调用另一个类的所有方法和属性，并在当前类中不需要再重新定义这些方法和属性。继承的关系如图 9-7 所示。

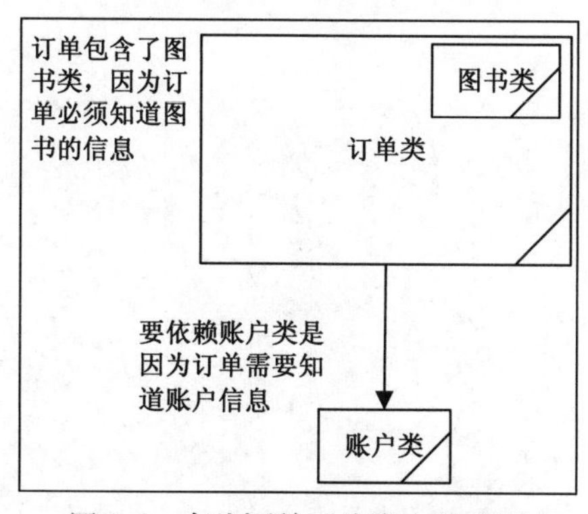

图 9-6　在线订单系统聚合关系图

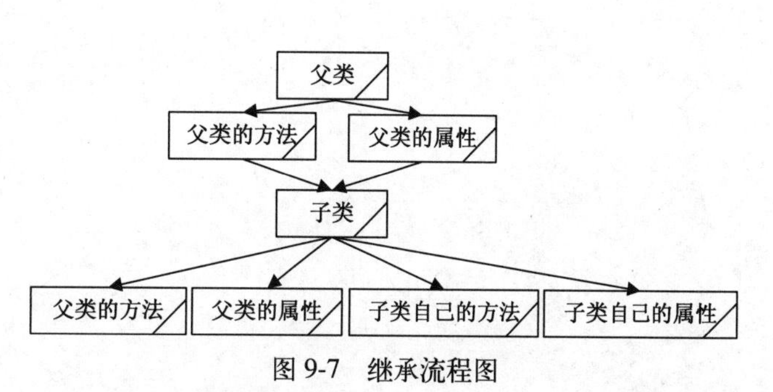

图 9-7　继承流程图

9.5 继承层次图

虽然Java语言中，继承为单继承而不是多继承，但是类却可以实现多层继承。多层继承就是一个类的子类还可以有子类，子类还可以有子类，其原理如图9-8所示。

通过继承层次图，可以更加清楚地理解类之间的关系。随着以后的学习，读者会接触更多的类，而且类之间的相互关系也会越来越复杂。所以，读者可以尝试画一些类的继承层次图，便于更深入地理解类之间的相互关系。

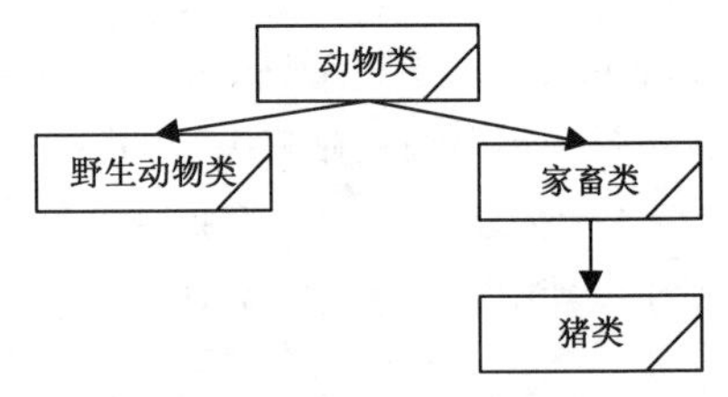

图9-8 动物类的类层次图

9.6 多态

多态也是面向对象的三大特色之一，这个概念比较抽象，本节将先用案例的方式引出多态的概念，然后再讲解如何使用多态。

9.6.1 多态的产生

程序员在开发过程中，需要在代码中编写很多方法。在具体编写时，有许多方法要实现的功能基本差不多，例如现实开发中可能会出现下列代码。

```
01  void print1(int x)                              //定义带有一个参数的print1方法
02  {
03       System.out.println(2*x);
04  }
05  void print2(int x,int y)                        //定义带有两个参数的print2方法
06  {
07      System.out.println(2*x+y);
08  }
```

上面的例子中，其实两个方法所实现的功能基本一样，只不过参数的形式不同。如果所有的方法都像上面的实例一样，那么整个程序中会出现很多的方法名。对于程序员来说，在调用方法时，会很容易出错。

【实例9-5】下面来举一个实际的程序代码段。

```
01  public class Student {                      //定义一个Student类
02      //声明成员变量
03      int x;
04      int y;
05      int z;
06      void print1(int x) {                    //定义一个print1方法
07          System.out.println(2 * x);
08      }
09      void print2(int x, int y) {             //定义一个带两个整型参数的print2方法
10          System.out.println(2 * x + y);
11      }
12      void print3(int x, int y, int z) {       //定义带3个整型参数的print3方法
13          System.out.println(2 * x + y * z);
```

```
14        }
15        void print4(double a) {                      //定义一个具有一个double型数据的print4方法
16            System.out.println(2 * a);
17        }
18        void print5(double a, double b) {            //定义一个具有两个double型数据的print5方法
19            System.out.println(2 * a + b);
20        }
21        void print6(double a, double b, double c) {//定义一个具有3个double型数据的print6方法
22            System.out.println(2 * a + b + c);
23        }
24        public static void main(String[] args) {  //主方法
25            Student st = new Student();           //创建对象st
26            //调用相应的方法
27            st.print1(2);
28            st.print2(2, 3);
29            st.print3(2, 3, 5);
30            st.print4(1.1);
31            st.print5(1.1, 2.2);
32            st.print6(1.1, 2.2, 3.3);
33        }
34    }
```

【代码说明】在上面的程序段中，第 6~23 行有 6 个输出函数，当要调用时，很容易搞错。在这种情况下，Java 程序语言就引入了一个概念：多态。

【运行效果】

```
4
7
19
2.2
4.4
7.7
```

9.6.2　多态的概念

多态就是拥有多种形态。在 Java 语言中，多态主要是指拥有相同的形式，但不同的参数实现不同的功能。在前面章节中，一个类可以拥有多个构造函数，这些构造函数使用相同的名称，但是参数类型与个数却不同，这就是多态的一种形式。这很像前面学习过的重载。

【实例 9-6】下面先看一个实例。

```
//定义一个Student类
01  public class Student
02  {
03      Student()                                  //无参构造函数
04      {}
05      Student(string name)                       //定义带一个参数的构造函数
06      {}
07      Student(string name,string code)           //定义带两个参数的构造函数
08      {}
09  }
```

【代码说明】以上实例中有 3 个构造函数的重载函数，这 3 个函数具有相同的形态。但是它们根据参数的不同，实现的功能也不同。这就是多态，所以说重载其实具有多态性，简单来说，重载

是多态的一种形式。

【运行效果】这里仅用于复习重载，没有任何输出结果。

9.6.3 使用多态编写程序

在具体使用多态编写程序时，由于计算机需要用参数类型和个数来判断调用哪一个方法。所以方法多态一定要遵守两个规则：

- ❑ 方法名称一定要一样。
- ❑ 传入的参数类型一定要不一样。

【实例 9-7】为了做比较，把 9.6.1 节中的实例 9-5 使用多态的形式重新编写。

```
01  public class Student1 {                        //定义一个Student1类
02       //创建成员变量
03       int x;
04       int y;
05       int z;
06       void print(int x) {                       //定义一个带一个整型参数的print方法
07           System.out.println(2 * x);
08       }
09       void print(int x, int y) {                //定义一个带两个整型参数的print方法
10            System.out.println(2 * x + y);
11       }
12       void print(int x, int y, int z) {         //定义带3个整型参数的print方法
13            System.out.println(2 * x + y * z);
14       }
15       void print(double a) {                    //定义一个带一个double型参数的print方法
16            System.out.println(2 * a);
17       }
18       void print(double a, double b) {          //定义一个带两个double型参数的print方法
19            System.out.println(2 * a + b);
20       }
21       void print(double a, double b, double c) { //定义一个带3个double型参数的print方法
22            System.out.println(2 * a + b + c);
23       }
24       public static void main(String[] args) { //主方法
25            Student1 st = new Student1();        //创建学生对象
26            //利用多态机制调用相应的方法
27            st.print(2);
28            st.print(2, 3);
29            st.print(2, 3, 5);
30            st.print(1.1);
31            st.print(1.1, 2.2);
32            st.print(1.1, 2.2, 3.3);
33       }
34  }
```

【代码说明】第 6~23 行定义了 6 个相同名称的 print()方法，但它们具备不同的参数类型或参数个数。第 27~32 行调用这些方法，系统通过参数类型和参数个数来判断究竟调用哪个方法。

【运行效果】

```
4
7
```

```
19
2.2
4.4
7.7
```

以上参数涉及的是基本数据类型，下面将讲述参数是对象类型的数据。对象数据的操作通过操纵对象句柄来实现。程序操纵对象句柄，即内存地址，而实际对象是不变的。

在父类中声明并在子类中被覆盖的方法，可以实现多态调用。编译器会自动寻找到正确的类型。如果在父类中没有声明的方法，在子类中声明了，此方法就不能实现多态。

9.6.4　覆盖的应用

在面向对象设计中，一个类有其他表示的方式，但是彼此之间必须是继承的关系。例如老虎继承动物，华南虎又继承老虎，那么如果有一只华南虎的对象（叫做“小花”），可以叫它为“小花”，也可以叫“华南虎”，也可以叫“老虎”，同时也可以叫“动物”。

在继承的过程中，子类中可以直接使用父类所继承下来的方法，就如自己的一样。但是如果在子类中又声明了相同名称的方法的话，那么当直接使用时，调用的是子类的方法呢？还是父类的方法呢？这就是所谓的覆盖。

【实例 9-8】通过下面这个实例来学习覆盖的应用。

```
01  public class Student2                           //定义一个Student2类
02  {
03      void print()                                //定义一个print方法
04      {
05          System.out.println("这是小明的同学");
06      }
07      public static void main(String[] args)      //主方法
08      {
09          Student2 st=new Student2();              //创建对象st
10          Student3 st1=new Student3();             //创建对象st1
11          st.print();                              //调用print方法
12          st1.print();
13      }
14  }
```

```
01  class Student3 extends Student2                 //定义子类Student3继承父类Student2
02  {
03      void print()                                //覆盖方法print()
04      {
05          System.out.println("这是小明的同学1");
06          System.out.println("他很优秀的");
07      }
08  }
```

【代码说明】从上面的程序可以看出，子类重新定义了父类的 print()方法。子类的覆盖方法与父类相同，只是方法体不一样。

【运行效果】

```
这是小明的同学
这是小明的同学1
```

```
他很优秀的
```

9.6.5 重载与覆盖的实例对比

通过前面的内容可以发现，重载需要遵守“方法的名称一样”，而传入的参数类型或个数不一样。而覆盖则是子类重新实现了父类中定义的方法。下面将详细介绍这两个概念的区别。

【实例 9-9】 重载则是方法的参数不一样，如下面有关重载与覆盖比较的实例。

```
01  //创建一个学生的主运行类
02  //带三个不同参数的方法
03  public class Student4                            //定义一个Student4类
04  {
05      void print()                                 //定义无参方法print()
06      {
07          System.out.println("这是我的同学");
08      }
09      void print(String name)                      //定义带一个参数的方法print()
10      {
11          System.out.println("这是小明的同学"+name);
12      }
13      public static void main(String[] args)   //主方法
14      {
15          Student4 st=new Student4();              //创建对象st
16          Student5 st1=new Student5();             //创建对象 st1
17          st.print();                              //调用print方法
18          st.print("tom");
19          st1.print();
20      }
21  }
```

```
01  class Student5 extends Student4                  //子类Student5继承父类Student4
02  {
03      void print()                                 //覆盖方法print()
04      {
05          System.out.println("这是小明的同学");
06          System.out.println("他很优秀的");
07      }
08  }
```

【代码说明】 以上程序段主要说明了重载和覆盖的一个区别，“void print()”与“void print(string name)”属于重载，而父类的 print()和子类的 print()属于覆盖。

说明 多态有两种表现形式（重载和覆盖）。

【运行效果】

```
这是我的同学
这是小明的同学tom
这是小明的同学
他很优秀的
```

9.6.6 覆盖的多态性

覆盖为什么也具有多态性？因为父类的方法在子类中被重写。多态就是拥有多种形态，子类和

父类的方法名称相同，只不过完成的功能不一样，所以说覆盖也具有多态性。

【实例 9-10】 通过上面的讲述，读者应该对多态有了很清晰的了解，下面再看一个多态的实例，主要是针对对象型的数据。

```
01  public class Test {                                    //定义一个Test类
02      public static void main(String[] args) {           //主方法
03          Father f = new Son();                          //创建儿子对象f并转到父类Father
04          f.print();                                     //调用方法print()
05      }
06  }
```

```
01  public class Father {                                  //定义一个父亲类Father
02      public void print() {                              //定义一个方法print()
03          System.out.println("这是父亲的函数");
04      }
05  }
```

```
01  public class Son extends Father {                      //子类Son继承父类Father
02      public void print() {                              //覆盖方法print()
03          System.out.println("这是儿子的函数");
04      }
05      public void print1() {                             //定义一个方法print1()
06          System.out.println("这是儿子的另一个函数");
07      }
08  }
```

【代码说明】 以上程序段最关键的语句是第 3 行的“father f=new son()”，其将父类对象句柄指向了子类对象，实际上操作的还是子类对象，只不过将对象句柄声明为父类的数据类型。f.print()由编译器根据实际情况选择了子类的 print()函数，所以输出的是子类的函数。

【运行效果】

```
这是儿子的函数
```

【实例 9-11】 如果将这个程序段修改一下，再观察这个程序段的运行结果。

```
01  public class Test1 {                                   //定义一个Test类
02      public static void main(String[] args) {           //主方法
03          Father f = new Son();                          //创建儿子对象f并转到父类Father
04          f.print1();                                    //调用方法print()
05      }
06  }
```

```
08  public class Father1 {                                 //定义一个父亲类Father
09      public void print() {                              //定义一个方法print()
10          System.out.println("这是父亲的函数");
11      }
12  }
13
```

```
15  public class Son1 extends Father1 {                    //子类Son继承父类Father
16      public void print() {                              //覆盖方法print()
17          System.out.println("这是儿子的函数");
18      }
19      public void print1() {                             //定义一个方法print1()
20          System.out.println("这是儿子的另一个函数");
```

```
21        }
22    }
```

【代码说明】这个程序没有通过编译，因为 f 是父类的数据类型，那么在父类中没有 print1()方法，只有 print()方法。又由于这个句柄指向子类对象，所以其只能操作子类中覆盖父类的方法。

【运行效果】编译错误，没有结果。

如果父类引用指向一个子类的对象，那么通过父类引用，只能调用父类所定义的允许继承的方法。如果子类重写了继承父类的方法，那么会调用子类中的方法。这些操作涉及一个隐含的知识点，就是值和地址，下一节将详细介绍。

9.6.7　传值引用和传址引用

传值引用主要是针对基本数据类型而言。所谓传值引用就是在进行变量的传递过程中，传递的是变量实际的值，即变量实际值的复制。由于一个变量值不会影响另一个变量值的改变，所以操作后的结果不会影响原来的值。

【实例 9-12】这是一个值传递的实例程序。

```
01  public class Test2                                        //定义一个Test2类
02  {
03      public static void main(String[] args)                //主方法
04      {
05          int a=10;                                         //定义整型成员变量a
06          int b=a;                                          //定义成员变量b并赋值
07          System.out.println("在重新给a赋值前a的值: "+a+"    "+"b的值: "+b);
08          a=30;                                             //为变量a重新赋值
09          System.out.println("在重新给a赋值后a的值: "+a+"    "+"b的值: "+b);
10      }
11  }
```

【代码说明】第 5~6 行定义了两个整型变量 a 和 b。第 7 行第一次输出两个变量的值。第 8 行改变变量 a 的值。第 9 行再次输出两个变量的值。

【运行效果】

```
在重新给a赋值前a的值: 10  b的值是10
在重新给a赋值前a的值: 30  b的值是10
```

从上面的程序段可以看出，a 值的改变并没有对 b 的值产生任何影响，这就是传值引用的特点。

传址引用主要是针对对象操作，它传递的是一个对象句柄的复制。也就形成了多个变量操作一个对象的局面，任何一个针对句柄操作的变量，都会影响到其他的变量。

【实例 9-13】这是一个对象传址的实例。

```
01  public class Test3                                        //定义一个Test3类
02  {
03      int x=2;                                              //定义整型成员变量并赋值
04      public static void main(String[] args)                //主方法
05      {
06          Test3 t=new Test3();                              //创建对象t
07          Test3 t1=t;                                       //把对象t赋值给t1
08          System.out.println("测试前的数据: ");
09          System.out.println("输出两个数据值: ");
```

```
10          System.out.println("t.x="+t.x);
11          System.out.println("t1.x="+t1.x);
12          System.out.println("测试后的数据：");
13          t.x=3;                                          //设置对象t的x变量为3
14          System.out.println("输出两个数据值：");
15          System.out.println("t.x="+t.x);
16          System.out.println("t1.x="+t1.x);
17      }
18  }
```

【代码说明】第 3 行定义了类 test3 中的一个变量 x，并设置了初始值为 2。第 6~7 行创建两个对象 t 和 t1。第 8~11 行初次输出两个对象中 x 的值，此时值没有变化。第 13 行设置对象 t 中的变量 x 为 3，此时如果输出对象 t1 的 x 值，则可以看到也发生了变化。

【运行效果】

```
测试前的数据：
输出两个数据值：
t.x=2;
t1.x=2;
测试后的数据：
输出两个数据值：
t.x=3;
t1.x=3
```

从上面的程序段可以看出，一旦 t.x 的值发生变化，t1.x 的值也紧随着改变，这就是传址引用的特点。

9.7　通过实例熟悉多态用法

通过前面几节的描述，已经了解了多态的实质。本节将通过实例巩固其概念和用法，为以后实际开发奠定良好的基础。这个实例先构造一个类，然后让后面的类继承前面的类，最后再将对象输出。先看这个实例的流程，如图 9-9 所示。

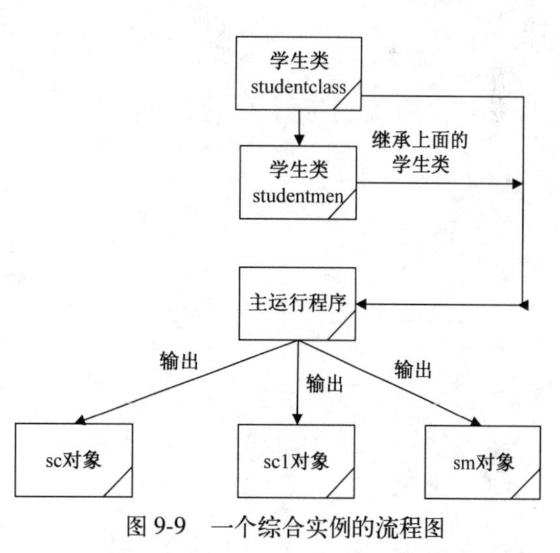

图 9-9　一个综合实例的流程图

【实例 9-14】在这个实例中，创建一个父学生类，再创建一个继承的子学生类。创建一个父学生类的对象句柄，用其指向子学生类的对象。最后将使用这个对象句柄来引用父类中没有的方法。这会是什么样的结果呢？

```
01  public class StudentTest{                          //定义一个StudentTest类
02      public static void main(String[] args) {       //主方法
03          //通过构造器构造出sc、sm、sc1这3个对象
04          StudentClass sc = new StudentClass();
05          StudentMen sm = new StudentMen();
06          StudentClass sc1 = new StudentMen();
07          //通过set设置器来设置3个对象的参数
```

```
08              sc.set("王浩", "1", "男");
09              sc.set(90.5);
10              sm.set("张杰", "2", "男");
11              sm.set(99.0);
12              sm.set("班长");
13              //通过toString方法来让3个对象以字符串形式输出
14              System.out.println(sc.toString());
15              System.out.println(sm.toString());
16              //修改对象sc1的相应属性
17              sc1.set("赵丽", "3", "女");
18              sc1.set(100);
19              //sc1.set("学习委员");
20              System.out.println(sc1.toString());//通过toString方法来让对象以字符串形式输出
21          }
22      }
```

```
01  public class StudentClass {                        //定义一个StudentClass父类
02      //创建成员变量
03      String name;                                   //学生的姓名属性
04      String code;                                   //学生的编号属性
05      String sexy;                                   //学生的性别属性
06      double achievement;                            //学生的成绩属性
07      //通过方法set()设置了姓名、学号、性别参数
08      public void set(String name, String code, String sexy) {
09          this.name = name;
10          this.code = code;
11          this.sexy = sexy;
12      }
13      public void set(double achievement) {       //定义一个设置成绩的方法set()
14          this.achievement = achievement;         //将参数值赋给类中的成员变量
15      }
16      public String getname() {                    //定义一个获取姓名的方法getname()
17          return name;                             //返回name的值
18      }
19      public String getcode() {                    //定义一个获取学号的方法getcode()
20          return code;                             //返回code的值
21      }
22      public String getsexy() {                    //定义一个获取性别的方法getsexy()
23          return sexy;                             //返回sexy的值
24      }
25      public double getachi() {                    //定义一个获取成绩的方法getachi()
26          return achievement;                      //返回achievement的值
27      }
28      public String toString() {                   //通过toString方法可以让对象以字符串形式输出
29          String infor = "学生姓名: " + name + "  " + "学号: " + code + "  " + "性别: "
30                  + sexy + "  " + "成绩: " + achievement;
31          return infor;                            //返回字符串对象infor
32      }
33  }
```

```
01  class StudentMen extends StudentClass{  //子类StudentMen继承父类StudentClass
02      String  post;                        //创建成员变量post
03      public void set(String post) {       //定义一个方法set()
04          this.post= post;                 //将参数值赋给类中的成员变量
```

```
05          }
06          public String toString(){           //通过toString方法可以让对象以字符串形式输出

07                 String infor="学生姓名: " + name + "  " + "学号: " + code + "  " +
                   "性别: "+ sexy + "  " +"职务: " + post + "  " + "成绩: " + achievement;
08                  return infor;               //返回字符串对象infor
09          }
10   }
```

【代码说明】这个程序段没有通过编译，问题就出现在对象多态的概念上。“studentclass sc1=new studentmen()”通过使用studentclass类的对象句柄来操作子类studentmen的对象，根据前面的介绍，这个句柄只能操作父类中有而被子类覆盖的方法，所以不能使用“sc1.set(“学习委员”)”这一句。

【运行效果】如果将此句去掉，这个程序段的运行结果为：

```
学生姓名: 王浩  学号: 1  性别: 男  成绩: 90.5
学生姓名: 张杰  学号: 2  性别: 男  职务: 班长  成绩: 99.0
学生姓名: 赵丽  学号: 3  性别: 女  职务: null  成绩: 100.0
```

整个程序段中包含了很多知识点：重载、覆盖和继承等，希望读者能体会整个程序的编程思路和精华之处。

9.8　绑定

所谓绑定，顾名思义就是将某个东西与另外一个东西捆绑在一起。在Java中，绑定就是对象方法的调用，准确地说，就是对象句柄与方法的绑定。绑定分为静态绑定和动态绑定。

9.8.1　静态绑定

当声明一个方法为private、static、final，或者声明一个构造函数时，编译器清楚地知道是调用哪个方法，不存在与实际类型不匹配的现象，这就称为静态绑定。静态绑定不存在多态的问题。

9.8.2　动态绑定

动态绑定只用在程序运行的过程中，其会根据程序传递的参数不同，而调用不同的方法，这种绑定只有在程序运行期间才会发生，即动态绑定有着不确定性。动态绑定存在多态的问题。

9.9　超类

在讲述什么是继承时，提到了父类概念，父类又称为超类。本节将重点讲述超类，并详细介绍超类中使用频繁的方法equals()。该方法主要用来实现判断相等的功能。

9.9.1　什么是超类

Java程序语言是一门面向对象的程序设计语言，其类库中所有的类都从Object类中继承而来。即Object类是Java类库中所有类的父类，但在书写类的时候，通常不必这样写：

```
class student extends Object
```

系统自动认为 Object 类是 student 类的父类，由于 Object 类是所有类的父类，所以有时可以使用 Object 类型的变量，来代表任何类型的对象，例如下面的例子：

```
Object obj=new student();
```

在讲述符号运算符时，讲过转型运算符，当需要将一个数据类型转变为一个对象型数据时，可以将数据类型直接转换成 Object 类型的变量。如下面的例子：

```
Object code=(Object )x;
```

这就将一个变量强行转换成对象型数据，当然也可以像下面的例子一样：

```
Code code=(Code)x
```

将一个变量强行转换成 Code 类型的对象数据。在进行转换的过程中注意一个问题：将子类实例赋给父类变量时，系统会自动完成转换。程序员无需去理会其中的类型转换过程，但是将父类实例赋给子类变量时，必须进行类型转换。

9.9.2 equals 方法的使用

equals 方法在 Object 类中，用于测试一个对象与另一个对象是否相等。对对象来说，就是判断两个对象是否指向同一个内存区域。其实也可以这样说，字符串处理中的 equals 方法覆盖了 Object 类中的 equals 方法。

在 Java 中，每一个类都有自己的 equals 方法，这些方法都是子类覆盖的方法。equals 方法具有自己独特的一些性质。

- 自反性：当一个对象型变量 obj 是一个非空对象引用时，obj.equals(obj)的结果是真。
- 对称型：两个对象型变量 obj1、obj2，如果 obj1.equals(obj2)的结果是真，那么 obj2.equal(obj1)的结果也必定是真。
- 传递性：3 个对象型变量 obj1、obj2、obj3，如果 obj1.equals(obj2)的结果是真，同时 obj2.equals(obj3)的结果也是真，那么 obj1.equals(obj3)的结果必定是真。
- 一致性：对象型变量在不发生变化的前提下，多次调用 obj1.equals(obj2)的结果都是一样的。
- 对于任何非空的对象型变量 obj，obj.equals(null)的结果应该是 false。

至于 equals 方法的使用，其实在前面章节中都举过例子，这里就不再示例。

9.9.3 通用编程

通用编程是什么意思呢？其实在前面讲述超类的时候也向读者提起过，任何类型的实例都可以使用 Object 这个超类的变量来替代，因为 Object 类是所有类的父类。根据多态的原理，可以使用父类的类型代替子类，但是不能用子类的类型代替父类，因为父类中有的方法，子类中都有，而子类中的方法，父类中不一定都有。

9.10 常见疑难解答

9.10.1 Java 不支持多继承，如何处理一个类继承多个父类的情况

在 C++中支持一个类的多继承，而在 Java 中不支持。在 Java 中遇到需要继承多个类的情况时，

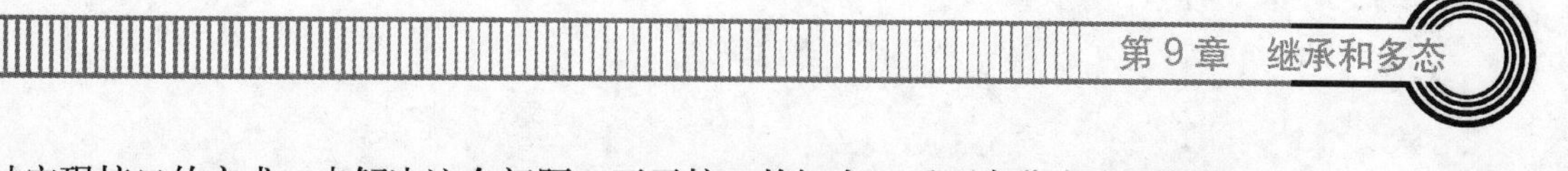

则通过实现接口的方式，来解决这个问题。至于接口的概念，后面章节会详细讲述。

9.10.2　如果出现了带参数的构造函数，可否不在代码中写出来

不行。因为系统默认的构造函数是不带参数的，如果带参数的构造函数不在代码中书写出来，会造成整个程序的混乱。

9.10.3　动态和静态编译是什么

允许对对象进行不同的操作，但具体的操作却取决于对象的类型。

程序在编译的时候，什么函数对哪个对象执行什么操作都已经确定，这就称作静态编译。多态是动态编译，动态编译就是在程序执行的过程中，根据不同对象类型有不同的绑定，其通过一个方法接口，实现多个不同的实现过程。这依赖于编译时编译器对同一个方法不同参数的识别。

9.10.4　绑定与多态的联系是什么

绑定（binding）（看起来像一个音译词），将方法的调用连到方法本身称为绑定。当绑定发生在程序运行之前，称作前绑定（early binding），而在程序运行时，根据对象的类型来决定绑定方法称为后绑定，也叫运行时绑定（run-time binding）或动态绑定（dynamic binding）。

Java 的所有方法都采用后绑定。通常情况下，人们常常会将多态性同 Java 的那些非面向对象的特性混淆。需要特别注意的是“不是后绑定的，就不是多态性”，不用考虑是不是该采用后绑定，这一切都是自动的。当然这些仅代表笔者的观点，如果读者有更好的认知方法，也欢迎来信一起交流。

9.10.5　多态与重载的区别是什么

这是让初学者甚至普通程序员都很模糊的问题。重载是在一个类里，名字相同但参数不同的方法。多态是为了避免在父类里大量重载，而引起代码臃肿且难于维护的解决方案。多态有两种表现形式：重载和覆盖。

9.11　小结

本章主要介绍了类的标准特性：继承和多态。面向对象之所以称为一种流行的编程思想，就因为一个类被定义后，可以被所有人使用，而且还可以继承这个类，延伸出更多相似功能的类。类很重要的一点就是构造函数，本章也介绍了构造函数的使用。类有很多方法，读者要明白每个方法的绑定方式，包括静态绑定和动态绑定。本章最后介绍了超类，这在面向对象的方法中非常关键，超类告诉我们最顶层的类是什么。

9.12　习题

一、填空题

1．在 Java 语言中，继承通过关键字____________来实现。

2．类与类之间最常见的关系主要有 3 种：____________、____________和____________。

3．多态有两种表现形式，即____________和____________。

4．在 Java 中，绑定就是对象方法的调用，绑定分为____________和____________。

二、上机实践

1．阅读下面内容，查看下面关于实现继承关系的代码有什么错误，代码具体内容如下。

关于父类：

```
01  public class Animal
02  {
03      private int legs;
04      private String kind;
05      public Animal()
06      {
07          setLegs(4);
08      }
09      public Animal(int l)
10      {
11          setLegs(l);
12      }
13      public void eat()
14      {
15          System.out.println("Eating");
16      }
17      public void move()
18      {
19          System.out.println("Moving");
20      }
21      public void setLegs(int l)
22      {
23          if (l != 0 && l != 2 && l != 4)
24          {
25              System.out.println("Wrong number of legs!");
26              return;
27          }
28          legs=l;
29      }
30      public int getLegs()
31      {
32          return legs;
33      }
34      public void setKind(String str)
35      {
36          kind=str;
37      }
38      public String getKind()
39      {
40          return kind;
41      }
42  }
```

关于子类：

```
43  public class Fish extends Animal
44  {
45      Legs=0;
46      Kind="Fish";
47      Fish fish=new Fish(0);
48  }
```

2．在上述代码中，可以发现是子类出错了，那么如何修改呢？

【提示】在具体实现继承时，私有成员变量和构造函数不被继承。

3．阅读下面内容，查看下面关于实现多态关系的代码有什么错误，代码具体内容如下。

关于父类：

```
01  public class Animal
02  {
03      private int legs;
04      private String kind;
05      public Animal()
06      {
07          setLegs(4);
08      }
09      public Animal(int l)
10      {
11          setLegs(l);
12      }
13      public void eat()
14      {
15          System.out.println("Eating");
16      }
17      public void move()
18      {
19          System.out.println("Moving");
20      }
21      public void setLegs(int l)
22      {
23          if (l != 0 && l != 2 && l != 4)
24          {
25              System.out.println("Wrong number of legs!");
26              return;
27          }
28          legs=l;
29      }
30      public int getLegs()
31      {
32          return legs;
33      }
34      public void setKind(String str)
35      {
36          kind=str;
37      }
38      public String getKind()
39      {
40          return kind;
41      }
```

```
42  }
```

关于子类：

```
43  public class Bird extends Animal
44  {
45      public Bird()
46      {
47          setLegs(4);
48          setKind("Bird");
49      }
50
51      public void move()
52      {
53          System.out.println("Flying");
54      }
55  }
```

关于孙子类：

```
56  public class Ostrich extends Bird
57  {
58      public Ostrich()
59      {
60          setLegs(2);
61          setKind("Ostrich");
62      }
63
64      public void move()
65      {
66          System.out.println("Running");
67      }
68
69      public void hideHead()
70      {
71          System.out.println("Hidding the head...");
72      }
73  }
```

关于测试类：

```
74  public class Zoo
75  {
76      public static void main(String argv[])
77      {
78          Animal animal = new Ostrich();
79          animal.move();
80          animal.hideHead();
81      }
82  }
```

4．在上述代码中，可以发现是测试类出错了，那么如何修改呢？

【提示】 通过强制转换来实现。

第 10 章　接口与内部类

接口是什么？接口有什么作用？如何使用接口？这些都是本章需要解决的问题。本章将详细地讲述接口的概念，并以实战结合的方式，学习这些抽象概念。本章还会介绍内部类的相关知识，包括内部类的种类和内部类的使用环境等。

本章重点：

- 接口的定义和实现。
- 内部类的使用。
- 接口和内部类的意义。

10.1　接口

接口同继承和多态一样，都是 Java 程序语言的特色。它贯穿了整个 Java 程序开发，是对继承的很好补充，其原因下面会详细的讲述。

10.1.1　接口概念的引入

为什么在购买 USB 电脑鼠标的时候，不需要问电脑配件的商家，USB 电脑鼠标是什么型号的？也不需要询问是满足什么要求？原因就是 USB 接口是统一的、固定不变的一种型号，是一种规范。所有的厂家都会按照这个规范，来制造 USB 接口的鼠标。这个规范说明制作该 USB 类型的鼠标应该做些什么，但并不说明如何做。

而 Java 程序设计中的接口，也是一种规范。这个接口定义了类应该做什么？但不关心如何做？即接口中只有方法名，没有具体实现的方法体。

从专业的角度讲，接口只是说明类应该做什么，但并不指定应该如何去做。在实际开发过程中，通过类来实现接口。接口只有方法名没有方法体，实现接口就是让其既有方法名又有方法体。下面就举个有关接口的模型。

```
接口
{
    应该做的事情一();
    应该做的事情二();
    应该做的事情三();
}
```

这个例子只是声明了要做什么事情，但没有说明如何做，需要一个类去实现它，将它的方法体进行具体实现。

10.1.2　接口的声明

接口的声明很简单，使用关键字“interface”来声明。接口的形式跟类很相似，但要记住接口是接口，类是类，两者不能混为一谈。接口是要求类如何做的一套规范。

【实例 10-1】 下面将举一个实例，来演示如何声明接口。

```
01  //声明一个学校school接口，来告诉程序需要做些什么
02  interface school {
03      //接口中包括了很多方法，但是都没有实现。即都没有函数体
04      void setschoolname(String schoolname);
05      void setclassname(String schoolclassname);
06      void setname(String name);
07      void setcode(String code);
08      void setsexy(String sexy);
09      void setbirthday(String birthday);
10      void setfamilyaddress(String familyaddress);
11      String getschoolname();
12      String getclassname();
13      String getname();
14      String getcode();
15      String getsexy();
16      String getbirthday();
17      String getfamilyaddress();
18  }
```

【代码说明】 上面的代码，演示了如何声明一个接口，可以看出在整个接口中，只有几个设置器（第 4~10 行）和访问器（第 11~17 行）的方法名称，并没有真正实现方法。

【运行效果】 没有主函数 main()，无法运行。

注意　接口的声明默认为public，有时候也可以省略。

10.1.3　接口的实现

接口的用处就是让类实现它，来执行一定的功能。下面通过实例演示接口的实现功能，在看实例之前，先看看这个实例的流程，如图 10-1 所示。

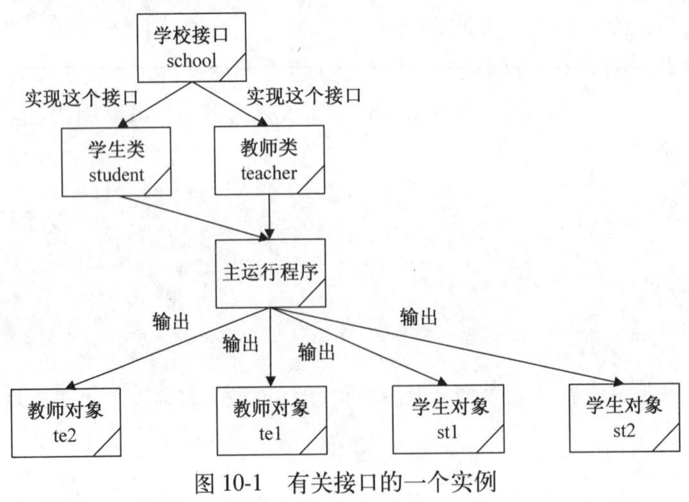

图 10-1　有关接口的一个实例

注意 类实现接口时要使用implements关键字。

【实例 10-2】 首先看看学校接口的设计。

```
01  //声明一个学校school接口，来告诉程序需要做些什么
02  interface school {
03      //接口中包括了很多方法，但是都没有实现。即都没有函数体
04      void setschoolname(String schoolname);
05      void setclassname(String schoolclassname);
06      void setname(String name);
07      void setcode(String code);
08      void setsexy(String sexy);
09      void setbirthday(String birthday);
10      void setfamilyaddress(String familyaddress);
11      String getschoolname();
12      String getclassname();
13      String getname();
14      String getcode();
15      String getsexy();
16      String getbirthday();
17      String getfamilyaddress();
18  }
```

【代码说明】 本例代码比较长，但都非常简单。第 4~17 行定义接口 school，并规范了 14 种方法。下面再来设计学生类，其代码如下：

```
01  //创建一个Student类，让它实现学校这个接口
02  class Student implements school {
03      //创建成员变量
04      private String schoolname;
05      private String classname;
06      private String studentname;
07      private String studentcode;
08      private String studentsexy;
09      private String studentbirthday;
10      private String familyaddress;
11      //通过设置器来设置各个参数
12      public void setschoolname(String schoolname) {
13          this.schoolname = schoolname;
14      }
15      public void setclassname(String classname) {
16          this.classname = classname;
17      }
18      public void setname(String studentname) {
19          this.studentname = studentname;
20      }
21      public void setcode(String studentcode) {
22          this.studentcode = studentcode;
23      }
24      public void setsexy(String studentsexy) {
25          this.studentsexy = studentsexy;
26      }
```

```
27        public void setbirthday(String studentbirthday) {
28            this.studentbirthday = studentbirthday;
29        }
30        public void setfamilyaddress(String familyaddress) {
31            this.familyaddress = familyaddress;
32        }
33        //通过访问器来获得对象的参数
34        public String getschoolname() {
35            return schoolname;
36        }
37        public String getclassname() {
38            return classname;
39        }
40        public String getname() {
41            return studentname;
42        }
43        public String getcode() {
44            return studentcode;
45        }
46        public String getsexy() {
47            return studentsexy;
48        }
49        public String getbirthday() {
50            return studentbirthday;
51        }
52        public String getfamilyaddress() {
53            return familyaddress;
54        }
55        //通过tostring方法来让对象以字符串形式输出
56        public String tostring() {
57            String infor = "学校名称: " + schoolname + "  " + "班级名称: " + classname + "  "
58                    + "学生姓名: " + studentname + "  " + "学号: " + studentcode + "  "
59                    + "性别: " + studentsexy + "  " + "出生年月: " + studentbirthday + "  "
60                    + "家庭地址: " + familyaddress;
61            return infor;                                 //返回字符串对象infor
62        }
63    }
```

【代码说明】本例代码比较长，但都非常简单。第 1~54 行定义了类 Student，其实现了接口 school，也就是在类中实现了接口定义的 14 种方法。然后于第 56~62 行定义了自己的 tostring()方法，输出学生信息。

下面再来设计教师类，其代码如下：

```
01    //让教师类Teacher实现学校这个接口
02    class Teacher implements school {
03        //创建成员变量
04        private String schoolname;
05        private String classname;
06        private String teachername;
07        private String teachercode;
08        private String teachersexy;
09        private String teacherbirthday;
10        private String familyaddress;
```

```
11        //通过设置器来设置各个参数
12        public void setschoolname(String schoolname) {
13            this.schoolname = schoolname;
14        }
15        public void setclassname(String classname) {
16            this.classname = classname;
17        }
18        public void setname(String teachername) {
19            this.teachername = teachername;
20        }
21        public void setcode(String teachercode) {
22            this.teachercode = teachercode;
23        }
24        public void setsexy(String teachersexy) {
25            this.teachersexy = teachersexy;
26        }
27        public void setbirthday(String teacherbirthday) {
28            this.teacherbirthday = teacherbirthday;
29        }
30        public void setfamilyaddress(String familyaddress) {
31            this.familyaddress = familyaddress;
32        }
33        //通过访问器来获得各个参数
34        public String getschoolname() {
35            return schoolname;
36        }
37        public String getclassname() {
38            return classname;
39        }
40        public String getname() {
41            return teachername;
42        }
43        public String getcode() {
44            return teachercode;
45        }
46        public String getsexy() {
47            return teachersexy;
48        }
49        public String getbirthday() {
50            return teacherbirthday;
51        }
52        public String getfamilyaddress() {
53            return familyaddress;
54        }
55        //通过tostring方法来让对象以字符串形式输出
56        public String tostring() {
57            String infor = "学校名称: " + schoolname + "  " + "班级名称: " + classname + "  "
58                    + "教师姓名: " + teachername + "  " + "教师工号: " + teachercode + "  "
59                    + "性别: " + teachersexy + "  " + "出生年月: " + teacherbirthday + "  "
60                    + "家庭地址: " + familyaddress;
61            return infor;                                    //返回字符串对象infor
62        }
63    }
```

【代码说明】第 1~54 行定义了类 Teacher，也实现了接口 school，同样实现了接口中的 14 种方法。并于第 56~62 行也定义了自己的 tostring()方法，输出教师信息。

主运行程序的代码如下：

```
01  //主运行函数
02  public class SchoolTest {                                  //定义一个SchoolTest类
03      public static void main(String[] args) {               //主方法
04          //创建两个学生对象st1和st2
05          Student st1 = new Student();
06          Student st2 = new Student();
07          //创建两个教师对象te1和te2
08          Teacher te1 = new Teacher();
09          Teacher te2 = new Teacher();
10          //对象st1的相关操作
11          st1.setschoolname("重庆大学");
12          st1.setclassname("计算机二班");
13          st1.setname("王浩");
14          st1.setcode("951034");
15          st1.setsexy("男");
16          st1.setbirthday("1975-07-21");
17          st1.setfamilyaddress("上海市浦东新区");
18          //对象st2的相关操作
19          st2.setschoolname("重庆大学");
20          st2.setclassname("计算机三班");
21          st2.setname("赵丽");
22          st2.setcode("951068");
23          st2.setsexy("女");
24          st2.setbirthday("1975-10-09");
25          st2.setfamilyaddress("北京海淀区");
26          //对象te1的相关操作
27          te1.setschoolname("四川大学");
28          te1.setclassname("计算机二班");
29          te1.setname("孙敏");
30          te1.setcode("00123");
31          te1.setsexy("女");
32          te1.setbirthday("1968-04-20");
33          te1.setfamilyaddress("重庆市沙坪坝区");
34          //对象te2的相关操作
35          te2.setschoolname("四川大学");
36          te2.setclassname("机械系三班");
37          te2.setname("赵为民");
38          te2.setcode("11233");
39          te2.setsexy("男");
40          te2.setbirthday("1961-02-13");
41          te2.setfamilyaddress("成都市区");
42          //以字符串形式输出这些对象的字符串
43          System.out.println(st1.tostring());
44          System.out.println(st2.tostring());
45          System.out.println(te1.tostring());
46          System.out.println(te2.tostring());
47      }
48  }
```

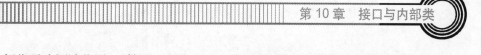

【代码说明】本例代码为测试代码，于第 5~9 行定义了 4 个对象，然后分别调用相应的 tostring() 方法输出信息。

【运行效果】

```
学校名称：重庆大学  班级名称：计算机二班  学生姓名：王浩  学号：951034  性别：男
  出生年月：1975-07-21  家庭地址：上海市浦东新区
学校名称：重庆大学  班级名称：计算机三班  学生姓名：赵丽  学号：951068  性别：女
  出生年月：1975-10-09  家庭地址：北京海淀区
学校名称：四川大学  班级名称：计算机二班  教师姓名：孙敏  教师工号：00123  性别：
女  出生年月：1968-04-20  家庭地址：重庆市沙坪坝区
学校名称：四川大学  班级名称：机械系三班  教师姓名：赵为民  教师工号：11233  性
别：男  出生年月：1961-02-13  家庭地址：成都市区
```

举这个例子的目的就是了解接口的用处。在这个程序段中，将接口作为一种规范，当要创建一个学生类时，就用学生类来实现学校这个接口。当要创建一个教师类时，教师类也实现学校这个接口。

接口的用处在于让整个程序段中相同类型的类有一个统一的规范，这样看到接口的定义，就知道要实现它的类的功能。在类实现接口时，需要注意以下两点。

- 声明类需要实现指定的接口。
- 提供接口中所有方法的定义。

10.1.4　接口的多重实现

前面提到过接口能够补充继承的不足，现在讲解如何补充。继承必须是单继承的，即一个类继承另一个类后，那这个类就不能继承其他类。而接口则无所谓，一个类可以实现一个接口，也可以同时实现其他接口。

【实例 10-3】使用接口为编程提供了很大的方便，可以把上面的程序段修改一下。为了能更好地理解这个程序，先看看程序的流程，如图 10-2 所示。

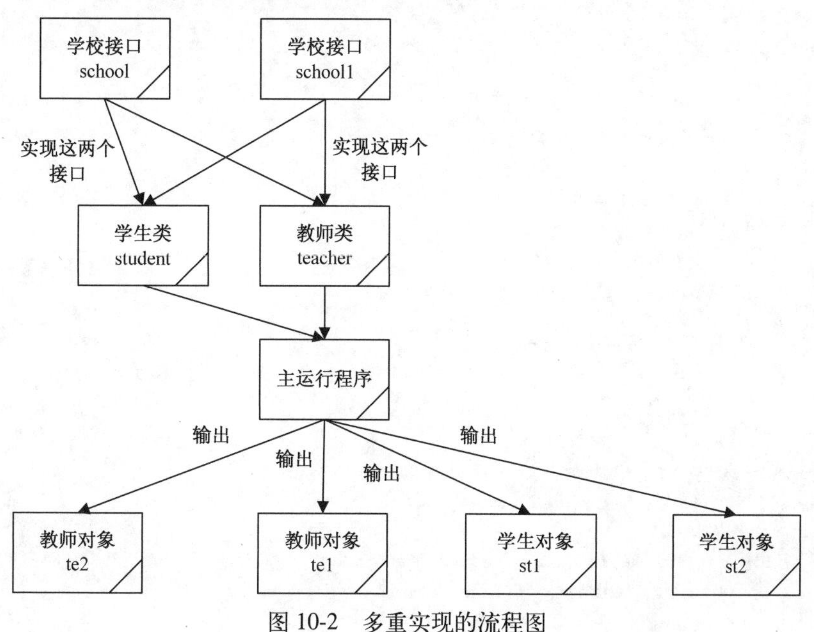

图 10-2　多重实现的流程图

首先是第一个学校接口的设计，代码如下：

```
01  interface school                                    //创建一个接口school
02  {
03      //设计各种方法
04      void setschoolname(String schoolname);
05      void setclassname(String schoolclassname);
06      void setname(String name);
07      void setcode(String code);
08      void setsexy(String sexy);
09      void setbirthday(String birthday);
10      void setfamilyaddress(String familyaddress);
11  }
```

【代码说明】上述代码定义了一个名为 school 的接口，在该接口中设计了 7 个方法。

第二个学校接口的设计，代码如下：

```
01  interface school1                                   //创建另一个接口school1
02  {
03      //设计各种方法
04      String getschoolname();
05      String getclassname();
06      String getname();
07      String getcode();
08      String getsexy();
09      String getbirthday();
10      String getfamilyaddress();
11  }
```

【代码说明】上述代码定义了一个名为 school1 接口，在该接口中设计了 7 个方法。

下面学习如何设计学生类，详细代码如下：

```
01  //设计学生类Student，让它实现学校这两个接口
02  class Student1 implements school, school1
03  {
04      //创建成员变量
05      private String schoolname;
06      private String classname;
07      private String studentname;
08      private String studentcode;
09      private String studentsexy;
10      private String studentbirthday;
11      private String familyaddress;
12      //通过设置器来设置各个参数
13      public void setschoolname(String schoolname) {
14          this.schoolname = schoolname;
15      }
16      public void setclassname(String classname) {
17          this.classname = classname;
18      }
19      public void setname(String studentname) {
20          this.studentname = studentname;
21      }
```

```
22        public void setcode(String studentcode) {
23            this.studentcode = studentcode;
24        }
25        public void setsexy(String studentsexy) {
26            this.studentsexy = studentsexy;
27        }
28        public void setbirthday(String studentbirthday) {
29            this.studentbirthday = studentbirthday;
30        }
31        public void setfamilyaddress(String familyaddress) {
32            this.familyaddress = familyaddress;
33        }
34        //通过访问器来获得对象的参数
35        public String getschoolname() {
36            return schoolname;
37        }
38        public String getclassname() {
39            return classname;
40        }
41        public String getname() {
42            return studentname;
43        }
44        public String getcode() {
45            return studentcode;
46        }
47        public String getsexy() {
48            return studentsexy;
49        }
50        public String getbirthday() {
51            return studentbirthday;
52        }
53        public String getfamilyaddress() {
54            return familyaddress;
55        }
56        //通过tostring方法来让对象以字符串形式输出
57        public String tostring() {
58            String infor = "学校名称: " + schoolname + "  " + "班级名称: " + classname + "  "
59                    + "学生姓名: " + studentname + "  " + "学号: " + studentcode + "  "
60                    + "性别: " + studentsexy + "  " + "出生年月: " + studentbirthday + "  "
61                    + "家庭地址: " + familyaddress;
62            return infor;                //返回字符串对象infor
63        }
64    }
```

【代码说明】上述代码定义了一个名为 student 类，该类实现了 school 和 school1 这两个接口。在第 13~33 行通过设置器来设置各个参数。在第 35~55 行通过访问器来获得对象的参数。最后在第 57~63 行通过 tostring()方法实现相应属性的输出。

设计教师类的代码如下：

```
01    //设计教师类实现学校这两个接口
02    class Teacher1 implements school, school1
```

```
03  {
04          //创建成员变量
05          private String schoolname;
06          private String classname;
07          private String teachername;
08          private String teachercode;
09          private String teachersexy;
10          private String teacherbirthday;
11          private String familyaddress;
12          //通过设置器来设置各个参数
13          public void setschoolname(String schoolname) {
14              this.schoolname = schoolname;
15          }
16          public void setclassname(String classname) {
17              this.classname = classname;
18          }
19          public void setname(String teachername) {
20              this.teachername = teachername;
21          }
22          public void setcode(String teachercode) {
23              this.teachercode = teachercode;
24          }
25          public void setsexy(String teachersexy) {
26              this.teachersexy = teachersexy;
27          }
28          public void setbirthday(String teacherbirthday) {
29              this.teacherbirthday = teacherbirthday;
30          }
31          public void setfamilyaddress(String familyaddress) {
32              this.familyaddress = familyaddress;
33          }
34          //通过访问器来获得对象的参数
35          public String getschoolname() {
36              return schoolname;
37          }
38          public String getclassname() {
39              return classname;
40          }
41          public String getname() {
42              return teachername;
43          }
44          public String getcode() {
45              return teachercode;
46          }
47          public String getsexy() {
48              return teachersexy;
49          }
50          public String getbirthday() {
51              return teacherbirthday;
52          }
53          public String getfamilyaddress() {
```

```
54              return familyaddress;
55          }
56          //通过tostring方法来让对象以字符串形式输出
57          public String tostring() {
58              String infor = "学校名称: " + schoolname + "  " + "班级名称: " + classname + "  "
59                      + "教师姓名: " + teachername + "  " + "教师工号: " + teachercode + "  "
60                      + "性别: " + teachersexy + "  " + "出生年月: " + teacherbirthday + "  "
61                      + "家庭地址: " + familyaddress;
62              return infor;                   //返回字符串对象infor
63          }
64  }
```

【代码说明】 上述代码定义了一个名为 teacher 的类，该类实现了 school 和 school1 这两个接口。在第 13~33 行通过设置器来设置各个参数。在第 35~55 行通过访问器来获得对象的参数。最后在第 57~63 行通过 tostring()方法实现相应属性的输出。

主运行程序将上面设计的类，通过对象的形式输出。其详细代码如下：

```
01  //主运行函数
02  public class SchoolTest1 {                                    //定义一个SchoolTest1类
03      public static void main(String[] args) {                  //主方法
04          //从学生类中创建出几个对象
05          Student1 st1 = new Student1();
06          Student1 st2 = new Student1();
07          //从教师类中创建出几个对象
08          Teacher1 te1 = new Teacher1();
09          Teacher1 te2 = new Teacher1();
10          //通过设置器设置对象st1各个参数
11          st1.setschoolname("重庆大学");
12          st1.setclassname("计算机二班");
13          st1.setname("王浩");
14          st1.setcode("951034");
15          st1.setsexy("男");
16          st1.setbirthday("1975-07-21");
17          st1.setfamilyaddress("上海市浦东新区");
18          //通过设置器设置对象st2各个参数
19          st2.setschoolname("重庆大学");
20          st2.setclassname("计算机三班");
21          st2.setname("赵丽");
22          st2.setcode("951068");
23          st2.setsexy("女");
24          st2.setbirthday("1975-10-09");
25          st2.setfamilyaddress("北京海淀区");
26          //通过设置器设置对象te1各个参数
27          te1.setschoolname("四川大学");
28          te1.setclassname("计算机二班");
29          te1.setname("孙敏");
30          te1.setcode("00123");
31          te1.setsexy("女");
32          te1.setbirthday("1968-04-20");
33          te1.setfamilyaddress("重庆市沙坪坝区");
34          //通过设置器设置对象te2各个参数
```

```
35              te2.setschoolname("四川大学");
36              te2.setclassname("机械系三班");
37              te2.setname("赵为民");
38              te2.setcode("11233");
39              te2.setsexy("男");
40              te2.setbirthday("1961-02-13");
41              te2.setfamilyaddress("成都市区");
42              //以字符串形式输出这些对象的字符串
43              System.out.println(st1.tostring());
44              System.out.println(st2.tostring());
45              System.out.println(te1.tostring());
46              System.out.println(te2.tostring());
47          }
48      }
```

【代码说明】本例代码为测试代码，于第 5~9 行定义了 4 个对象，然后分别调用相应的 tostring() 方法输出信息。

【运行效果】

```
学校名称：重庆大学  班级名称：计算机二班  学生姓名：王浩  学号：951034  性别：男
  出生年月：1975-07-21  家庭地址：上海市浦东新区
学校名称：重庆大学  班级名称：计算机三班  学生姓名：赵丽  学号：951068  性别：女
  出生年月：1975-10-09  家庭地址：北京海淀区
学校名称：四川大学  班级名称：计算机二班  教师姓名：孙敏  教师工号：00123  性别：
女出生年月：1968-04-20  家庭地址：重庆市沙坪坝区
学校名称：四川大学  班级名称：机械系三班  教师姓名：赵为民  教师工号：11233  性
别：男  出生年月：1961-02-13  家庭地址：成都市区
```

在上面的程序段中，将一个接口分成了两个。然后用一个类同时实现两个接口，运行结果依然不变。如果是继承则不允许这样，因为一个类只能继承一个类，不能继承多个类，这就是接口的多重实现。

10.1.5 接口的属性

接口不是一个类，正因为其不是一个类，所以不能使用关键字“new”生成一个接口的实例。虽然这样，还是可以声明一个接口变量，如“school sc”。

如果要生成一个接口的实例，可以让接口变量指向一个已经实现了此接口的类的对象，如下面的例子：

```
school sc=new student();
```

另外，在接口中，不能声明实例字段及静态方法，但可以声明常量。其实接口不一定要有方法，也可以全部是常量。这个在后面的章节中，随着应用的加深，读者会看到和体会到。

10.1.6 接口的继承

接口从某些方面具有类的一些特性，如有方法、有属性，那么是否像类一样可以继承？回答是肯定的。接口的继承和类的继承一样，也是用关键字“extends”来实现的。

【实例 10-4】下面先看一个有关接口继承的实例。实例的流程如图 10-3 所示。

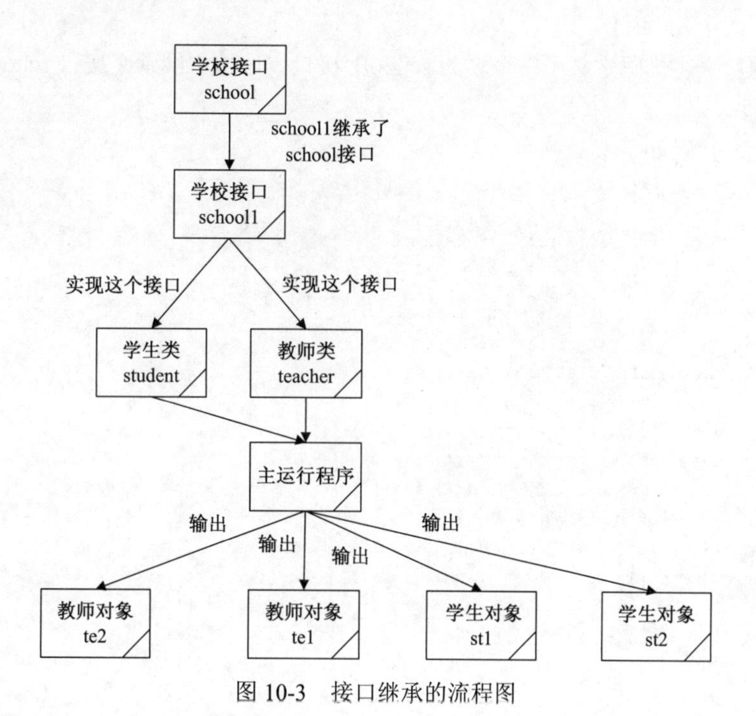

图 10-3　接口继承的流程图

首先看看学校接口的设计，代码如下：

```
01  //创建一个接口school3
02  interface school3
03  {
04  //设计各种方法
05      void setschoolname(String schoolname);
06      void setclassname(String schoolclassname);
07      String getschoolname();
08      String getclassname();
09  }
```

【代码说明】 上述代码定义了一个名为 school3 的接口，在该接口中设计了 4 个方法。

设计另一个学校接口，代码如下：

```
01  //设计school3接口并继承接口school
02  interface school3 extends school {
03  //设计各种方法
04       void setname(String name);
05       void setcode(String code);
06       void setsexy(String sexy);
07       void setbirthday(String birthday);
08       void setfamilyaddress(String familyaddress);
09       String getname();
10       String getcode();
11       String getsexy();
12       String getbirthday();
13       String getfamilyaddress();
14  }
```

【代码说明】上述代码定义了一个名为 school1 接口，该接口继承了接口 school，在该接口中设计了 10 个方法。

设计学生类，代码如下：

```
01  //设计学生类Student2，让它实现学校school1接口
02  class Student2 implements school3
03  {
04      //创建成员变量
05      private String schoolname;
06      private String classname;
07      private String studentname;
08      private String studentcode;
09      private String studentsexy;
10      private String studentbirthday;
11      private String familyaddress;
12      //通过设置器来设置各个参数
13      public void setschoolname(String schoolname) {
14          this.schoolname = schoolname;
15      }
16      public void setclassname(String classname) {
17          this.classname = classname;
18      }
19      public void setname(String studentname) {
20          this.studentname = studentname;
21      }
22      public void setcode(String studentcode) {
23          this.studentcode = studentcode;
24      }
25      public void setsexy(String studentsexy) {
26          this.studentsexy = studentsexy;
27      }
28      public void setbirthday(String studentbirthday) {
29          this.studentbirthday = studentbirthday;
30      }
31      public void setfamilyaddress(String familyaddress) {
32          this.familyaddress = familyaddress;
33      }
34      //通过访问器来获得对象的参数
35      public String getschoolname() {
36          return schoolname;
37      }
38      public String getclassname() {
39          return classname;
40      }
41      public String getname() {
42          return studentname;
43      }
44      public String getcode() {
45          return studentcode;
46      }
47      public String getsexy() {
48          return studentsexy;
```

```
49          }
50          public String getbirthday() {
51              return studentbirthday;
52          }
53          public String getfamilyaddress() {
54              return familyaddress;
55          }
56          //通过tostring方法来让对象以字符串形式输出
57          public String tostring() {
58              String infor = "学校名称: " + schoolname + "  " + "班级名称: " + classname + "  "
59                      + "学生姓名: " + studentname + "  " + "学号: " + studentcode + "  "
60                      + "性别: " + studentsexy + "  " + "出生年月: " + studentbirthday + "  "
61                      + "家庭地址: " + familyaddress;
62              return infor;                //返回字符串对象infor
63          }
64      }
```

【代码说明】上述代码定义了一个名为 student 的类，该类实现了 school1 接口。在第 13~33 行通过设置器来设置各个参数。在第 35~55 行通过访问器来获得对象的参数。最后在第 57~63 行通过 tostring()方法实现相应属性的输出。

设计教师类，详细代码如下。

```
01  //设计教师类Teacher2实现学校school1接口
02  class Teacher2 implements school3
03  {
04          //创建成员变量
05          private String schoolname;
06          private String classname;
07          private String teachername;
08          private String teachercode;
09          private String teachersexy;
10          private String teacherbirthday;
11          private String familyaddress;
12          //通过设置器来设置各个参数
13          public void setschoolname(String schoolname) {
14              this.schoolname = schoolname;
15          }
16          public void setclassname(String classname) {
17              this.classname = classname;
18          }
19          public void setname(String teachername) {
20              this.teachername = teachername;
21          }
22          public void setcode(String teachercode) {
23              this.teachercode = teachercode;
24          }
25          public void setsexy(String teachersexy) {
26              this.teachersexy = teachersexy;
27          }
28          public void setbirthday(String teacherbirthday) {
29              this.teacherbirthday = teacherbirthday;
30          }
31          public void setfamilyaddress(String familyaddress) {
```

```
32            this.familyaddress = familyaddress;
33        }
34        //通过访问器来获得对象的参数
35        public String getschoolname() {
36            return schoolname;
37        }
38        public String getclassname() {
39            return classname;
40        }
41        public String getname() {
42            return teachername;
43        }
44        public String getcode() {
45            return teachercode;
46        }
47        public String getsexy() {
48            return teachersexy;
49        }
50        public String getbirthday() {
51            return teacherbirthday;
52        }
53        public String getfamilyaddress() {
54            return familyaddress;
55        }
56        //通过tostring方法来让对象以字符串形式输出
57        public String tostring() {
58            String infor = "学校名称: " + schoolname + "  " + "班级名称: " + classname + "  "
59                    + "教师姓名: " + teachername + "  " + "教师工号: " + teachercode + "  "
60                    + "性别: " + teachersexy + "  " + "出生年月: " + teacherbirthday + "  "
61                    + "家庭地址: " + familyaddress;
62            return infor;                //返回字符串对象infor
63        }
64    }
```

【代码说明】上述代码定义了一个名为 teacher 的类，该类实现了 school1 接口。在第 13~33 行通过设置器来设置各个参数。在第 35~55 行通过访问器来获得对象的参数。最后在第 57~63 行通过 tostring()方法实现相应属性的输出。

主运行类的代码如下：

```
01    //主运行函数
02    public class SchoolTest2 {                                    //定义一个SchoolTest1类
03        public static void main(String[] args) {                  //主方法
04            //从学生类中创建出几个对象
05            Student2 st1 = new Student2();
06            Student2 st2 = new Student2();
07            //从教师类中创建出几个对象
08            Teacher2 te1 = new Teacher2();
09            Teacher2 te2 = new Teacher2();
10            //通过设置器设置对象st1各个参数
11            st1.setschoolname("重庆大学");
12            st1.setclassname("计算机二班");
13            st1.setname("王浩");
14            st1.setcode("951034");
```

```
15            st1.setsexy("男");
16            st1.setbirthday("1975-07-21");
17            st1.setfamilyaddress("上海市浦东新区");
18            //通过设置器设置对象st2各个参数
19            st2.setschoolname("重庆大学");
20            st2.setclassname("计算机三班");
21            st2.setname("赵丽");
22            st2.setcode("951068");
23            st2.setsexy("女");
24            st2.setbirthday("1975-10-09");
25            st2.setfamilyaddress("北京海淀区");
26            //通过设置器设置对象te1各个参数
27            te1.setschoolname("四川大学");
28            te1.setclassname("计算机二班");
29            te1.setname("孙敏");
30            te1.setcode("00123");
31            te1.setsexy("女");
32            te1.setbirthday("1968-04-20");
33            te1.setfamilyaddress("重庆市沙坪坝区");
34            //通过设置器设置对象te2各个参数
35            te2.setschoolname("四川大学");
36            te2.setclassname("机械系三班");
37            te2.setname("赵为民");
38            te2.setcode("11233");
39            te2.setsexy("男");
40            te2.setbirthday("1961-02-13");
41            te2.setfamilyaddress("成都市区");
42            //以字符串形式输出这些对象的字符串
43            System.out.println(st1.tostring());
44            System.out.println(st2.tostring());
45            System.out.println(te1.tostring());
46            System.out.println(te2.tostring());
47        }
48    }
```

【代码说明】本例代码为测试代码，于第 5~9 行定义了 4 个对象，然后分别调用相应的 tostring() 方法输出信息。

【运行效果】

```
学校名称：重庆大学  班级名称：计算机二班  学生姓名：王浩  学号：951034  性别：男
  出生年月：1975-07-21  家庭地址：上海市浦东新区
学校名称：重庆大学  班级名称：计算机三班  学生姓名：赵丽  学号：951068  性别：女
  出生年月：1975-10-09  家庭地址：北京海淀区
学校名称：四川大学  班级名称：计算机二班  教师姓名：孙敏  教师工号：00123  性别：
女  出生年月：1968-04-20  家庭地址：重庆市沙坪坝区
学校名称：四川大学  班级名称：机械系三班  教师姓名：赵为民  教师工号：11233  性
别：男  出生年月：1961-02-13  家庭地址：成都市区
```

接口不仅仅是一种规范，还是一种编程的思路。接口的所有方法和属性，都代表了后面将要设计的类的基本思路，这些方法就代表着这个程序的需求。所以掌握好接口，对学好 Java 程序开发非常关键。

10.2　内部类

内部类就是在一个类的内部再创建一个类。下面介绍如何使用内部类编写程序代码，并了解内部类在编写代码的过程中，为程序员提供了哪些方便和优点。

内部类究竟有什么好处：

- 内部类的对象能够访问创建它的对象的所有方法和属性，包括私有数据。
- 对于同一个包中的其他类来说，内部类是隐形的。
- 匿名内部类可以很方便地定义回调。
- 使用内部类可以很方便地编写事件驱动的程序。

下面将这些特点贯穿整节，通过实例来讲述。

10.2.1　使用内部类来访问对象

内部类这个机制之所以出现，是因为存在如下两个目的。

- 可以让程序设计中逻辑上相关的类结合在一起。
- 内部类可以直接访问外部类的成员。

【实例 10-5】下面将举个有关内部类的实例，在分析这个实例之前，先了解这个实例的流程，如图 10-4 所示。

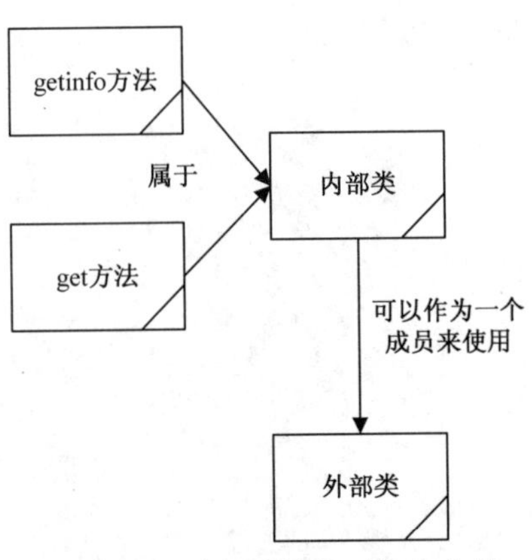

图 10-4　内部类访问对象的实例

首先看看如何设计学生类，代码如下：

```
01   //设计一个学生类Student
02   public class Students {
03       //创建成员变量
04       private String name;
05       private String code;
06       private String sexy;
07       private String birthday;
08       private String address;
09       //通过设置器来设置对象参数
10       public void setname(String name) {
11           this.name = name;
12       }
13       public void setcode(String code) {
14           this.code = code;
15       }
16       public void setsexy(String sexy) {
17           this.sexy = sexy;
18       }
19       public void setbirthday(String birthday) {
20           this.birthday = birthday;
21       }
```

```
22        public void setaddress(String address) {
23            this.address = address;
24        }
25        //通过访问器来获得对象参数
26        public String getname() {
27            return name;
28        }
29        public String getcode() {
30            return code;
31        }
32        public String getsexy() {
33            return sexy;
34        }
35        public String getbirthday() {
36            return birthday;
37        }
38        public String getaddress() {
39            return address;
40        }
41        //通过tostring方法让对象以字符串形式输出
42        public String tostring() {
43            String infor = "学生姓名: " + name + "  " + "学号: " + code + "  " + "性别: "
44                    + sexy + "  " + "出生年月: " + birthday + "  " + "家庭地址: " + address;
45            return infor;                                   //返回对象info
46        }
47        public void setstudentcourse(String[] courses) {//设置学生课程方法setstudentcourse
48            new Course(courses);                            //创建内部类对象
49        }
50        ……
51    }
```

【代码说明】上述代码定义了一个名为 students 的类。首先于第 4~8 行创建了 5 个成员变量。然后于第 10~24 行通过设置器来设置对象参数。在第 26~40 行通过访问器来获得对象参数。在第 42~46 行通过 tostring()方法让对象以字符串形式输出。最后于第 47~49 行通过创建内部类对象来实现设置学生课程方法。

再设计一个内部类，代码如下：

```
01    public class Students {                                 //设计一个学生类Students
02    ……
03        //内部类的创建，把内部类作为外部类的一个成员
04        private class Course {
05            private String[] courses;
06            private int coursenum;
07            //内部类的构造器
08            public Course(String[] course) {
09                courses = course;
10                coursenum = course.length;
11                getinfo();                                  //调用方法getinfo()
12            }
```

```
13            //获得课程数组中的课程
14            private void get() {                       //设置方法get()
15                for (int i = 0; i < coursenum; i++) {
16                    System.out.print("  " + courses[i]);
17                }
18            }
19            //按字符串形式输出
20            void getinfo() {                           //设置getinfo()
21                System.out.println("学生姓名: " + Students.this.name + "学生学号: "
22                  + Students.this.code + "一共选择了: " + coursenum + "门科, 分别是: ");
23
24                get();                                 //调用方法get()
25            }
26        }
27    ……
28    }
```

【代码说明】上述代码在 Students 类中设计了一个内部类 Course。首先在第 5~6 行创建了两个成员变量。在第 8~12 行创建了构造函数。然后于第 14~25 行创建了方法 get()和 getinfo()。

在主运行方法内部实现输出，详细代码如下：

```
public class Students {                                  //设计一个学生类Students
……
//在主运行方法中，通过学生类的方法来访问学生类的内部类courses
public static void main(String[] args) {
    String[] courses = { "语文", "数学", "英语", "化学" };
    Students st = new Students();
    st.setname("王浩");
    st.setcode("200123");
    st.setsexy("男");
    st.setaddress("北京海淀区");
    System.out.println(st.tostring());
    st.setstudentcourse(courses);                        //访问内部类
  }
}
```

【代码说明】上述代码程序内容为类 Students 的主方法，在该主方法中通过学生类对象的方法，来访问内部类 Course。

【运行效果】

```
学生姓名: 王浩  学号: 200123  性别: 男  出生年月: null  家庭地址: 北京海淀区
学生姓名: 王浩学生学号: 200123一共选择了: 4门科, 分别是:
  语文  数学  英语  化学
```

类的访问控制符在前面章节中讲过，只能有 public 和 default 两种。那为什么在这里的内部类会出现 private 呢?

作为一个单独的类，的确只能有 public 和 default 两种访问控制符，但是作为内部类，就可以使用 private 控制符。当内部类设置为 private 时，包含此内部类的外部类的方法才可以访问它。在这个程序段里，Students 类中的方法可以访问这个内部类。

内部类如何创建对象呢？其实可以像一般的类一样，直接使用 new 关键字来创建。在上面的实例中，使用一个方法 setstudentcourse()来创建内部类的实例对象。内部类的构造器中包含了这个内部类要实现的所有方法。

注意　当类创建出对象之前，首先会访问构造器，会运行构造器中的所有方法。这样，就相当于直接访问了内部类的私有方法，这种方法可以将对象中的所有方法一并实现。

10.2.2　局部内部类

如果想掌握局部内部类，可以通过与局部变量相对比来学习。局部变量就是在某个类的方法中定义的变量，它的作用范围就在这个方法体内。同样局部内部类就是在类的方法中定义的一个内部类，它的作用范围也在这个方法体内。

【实例 10-6】把上面的实例修改一下，学习局部内部类的使用。这个实例的流程如图 10-5 所示。

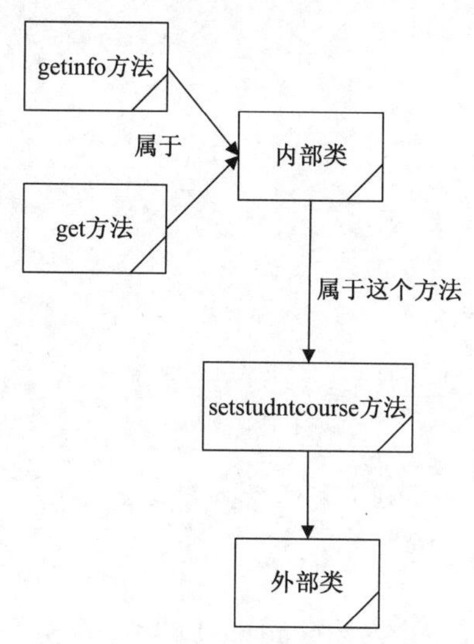

图 10-5　局部内部类的实例流程图

首先设计一个学生类，代码如下：

```
01  //设计一个学生类
02  public class Students3 {
03      //创建成员变量
04      private String name;
05      private String code;
06      private String sexy;
07      private String birthday;
08      private String address;
09      //通过设置器来设置对象参数
10      public void setname(String name) {
11          this.name = name;
12      }
13      public void setcode(String code) {
```

```
14            this.code = code;
15        }
16        public void setsexy(String sexy) {
17            this.sexy = sexy;
18        }
19        public void setbirthday(String birthday) {
20            this.birthday = birthday;
21        }
22        public void setaddress(String address) {
23            this.address = address;
24        }
25        //通过访问器来获得对象参数
26        public String getname() {
27            return name;
28        }
29        public String getcode() {
30            return code;
31        }
32        public String getsexy() {
33            return sexy;
34        }
35        public String getbirthday() {
36            return birthday;
37        }
38        public String getaddress() {
39            return address;
40        }
41        //通过tostring方法让对象以字符串形式输出
42        public String tostring() {
43            String infor = "学生姓名: " + name + "  " + "学号: " + code + "  " + "性别: "
44                    + sexy + "  " + "出生年月: " + birthday + "  " + "家庭地址: " + address;
45            return infor;
46        }
47    ……
48    }
```

【代码说明】上述代码定义了一个名为 Students1 的类。首先于第 4~8 行创建了 5 个成员变量。然后于第 10~24 行通过设置器来设置对象参数。最后在第 26~40 行通过访问器来获得对象参数。在第 42~46 行通过 tostring()方法让对象以字符串形式输出。

在前面设计的外部类的方法中，设计一个内部类，代码如下：

```
01    public class Students1 {
02    ……
03        //将课程类作为外部类中的一个方法中的成员
04        public void setstudentcourse(String[] courses) {
05            class Course {                                    //设计内部类
06                //创建成员变量
07                private String[] courses;
08                private int coursenum;
09                //创建构造函数
10                public course(String[] course) {
11                    courses = course;
12                    coursenum = course.length;
```

```
13                  getinfo();
14              }
15              private void get() {                        //设置方法get()
16                  for (int i = 0; i < coursenum; i++) {
17                      System.out.print("  " + courses[i]);
18                  }
19              }
20              private void getinfo() {                    //设置方法getinfo()
21                  System.out.println("学生姓名: " + students1.this.name + "学生学号: "
22                          + students1.this.code + "一共选择了: " + coursenum
23                          + "门科, 分别是: ");
24                  get();                                  //调用方法get()
25              }
26          }
27          //创建了一个内部类的对象，随着包含这个内部类的外部方法一起运行
28          new Course(courses);
29      }
30  ……
31  }
```

【代码说明】上述代码于 Students1 类的方法 setstudentcourse()中，设计了一个内部类 course。首先于第 7~8 行创建了两个成员变量。在第 10~14 行创建了构造函数。然后于第 15~26 行创建了方法 get()和 getinfo()。最后在第 28 行创建了一个内部类的对象，随着包含这个内部类的外部方法一起运行。

在主运行程序中，实现对象的输出，代码如下：

```
01  public class Students1 {
02  ……
03      //在主运行方法中，使用学生类对象的方法，来访问局部类course
04      public static void main(String[] args) {
05          String[] courses = { "语文", "数学", "英语", "化学" };
06          students1 st = new Students1();                 //创建对象st
07          st.setname("王浩");
08          st.setcode("200123");
09          st.setsexy("男");
10          st.setaddress("北京海淀区");
11          System.out.println(st.tostring());
12          st.setstudentcourse(courses);                    //访问局部类Course
13      }
14  }
```

【代码说明】上述代码程序内容为类 students1 的主方法，在该主方法中通过学生类对象的方法，来访问局部类 Course。

【运行效果】

```
学生姓名: 王浩  学号: 200123  性别: 男  出生年月: null  家庭地址: 北京海淀区
学生姓名: 王浩学生学号: 200123一共选择了: 4门科, 分别是:
  语文  数学  英语  化学
```

局部内部类是定义在外部类的方法中，与局部变量类似，在局部内部类前不加修饰符 public 和 private，其范围为定义它的代码块。局部内部类不仅可以访问外部类实例变量，还可以访问外

部类的局部常量，但要求外部类的局部变量是 final 的。其实，以上做法相当于为内部类添加了一个属性，这个属性就是外部类的 final 局部变量。在类外不可直接访问局部内部类，以保证局部内部类对外是不可见的，只有在方法中才能调用其局部内部类。

10.2.3 静态内部类

当一个内部类不需要引用其外部类的方法和属性时，可以将这个类设置为“static”，这就是静态内部类。既然是静态的，包含它的类要引用它时，就可以不必创建对象，直接引用。在静态内部类中只能访问外部类的静态成员。构造静态内部类对象，不再需要构造外部类对象。

10.2.4 匿名内部类

在编写程序代码时，不一定要给内部类取一个名字，可以直接以对象名来代替。在图形化编程的事件监控器代码中，会大量使用匿名内部类，这样可以大大地简化代码的编写，并增强了代码的可读性。

10.3 常见疑难解答

10.3.1 匿名类如何在程序中使用

匿名类是一种特殊的局部内部类，用来继承一个类或者实现一个接口。匿名内部类不能定义构造方法。在编译的时候由系统自动起名 Out$1.class。如果一个对象编译时的类型是接口，那么其运行的类型是实现这个接口的类，因为匿名内部类无构造方法，所以其使用范围非常有限。

10.3.2 接口与继承有什么区别

接口在本质上就是一个特殊的类。在语法上跟继承有着很大的差别。

- 属性：接口中的所有属性都是公开静态常量，继承则无所谓。
- 方法：接口中所有方法都是公开抽象方法，继承中所有的方法不一定都是抽象的。
- 接口方法：接口没有构造器，继承有构造器。

10.4 小结

本章讲解了接口和内部类，通过引入接口概念，进一步实现了面向对象的编程思想。学习完本章后，读者应该能够掌握接口和内部类的概念，并能编写简单的接口和内部类。多动手是学习 Java 的好方法，本章的这些案例比前面各章的案例都长，读者心理上不要产生畏惧，因为代码都很简单，动手测试后就知道了。

10.5 习题

一、填空题

1．接口的声明很简单，使用关键字__________来声明。

2．接口在本质上就是一个特殊的__________。

二、上机实践

1．阅读下面内容，查看下面关于内部类的代码有什么错误。代码具体内容如下：

```
01  public class InnerClasses{
02  {
03      private static String staticAttribute = "Outter class' static attribute";
04      private String instantiateAttribute = "Outter class' instantiate attribute";
05      public void instantiateMethod()
06      {
07          System.out.println("Outter class' intantiate method");
08      }
09      public static void staticMethod()
10      {
11          System.out.println("Outter class' static method");
12      }
13      public static class StaticInnerClass
14      {
15          public StaticInnerClass()
16          {
17              System.out.println("static Inner class");
18          }
19
20          public void access()
21          {
22              System.out.println(staticAttribute);
23              staticMethod();
24          }
25      }
26      public class InstantiateInnerClass
27      {
28          public InstantiateInnerClass()
29          {
30              System.out.println("Instantiate Inner class");
31          }
32          public void access()
33          {
34              System.out.println(instantiateAttribute);
35              instantiateMethod();
36          }
37      }
38  }
```

【提示】通过抽象类的语法来判断。

2．如果上面的代码有错误则修改正确，然后编写一个相关测试类来实现上述代码中内部类的调用。

【提示】创建内部类对象的语法为：new 外部类().new 非静态内部类()。

第 11 章　抽象和封装

在 Java 程序语言中，有两个很重要的概念：抽象方法和抽象类。抽象方法是一种方法，是 Java 语言编程的基本特点。抽象方法将所有具体的事务抽取成为一些共同的方法。本章还将介绍 Java 程序设计中的另一个特点：封装。封装有什么作用？封装有什么特点？如何将其应用到实际编程中去？针对以上的种种问题，本章将会讲解封装的基本概念，让读者了解封装的实际作用。

本章重点：

- ❑ 抽象。
- ❑ 抽象类的定义和使用。
- ❑ 抽象和接口的区别。
- ❑ 认识封装。
- ❑ 了解使用封装的步骤。
- ❑ 如何设计封装。

11.1　抽象的概念

本章将详细介绍什么是抽象方法和抽象类，在讲述这些概念之前，首先介绍什么是抽象，然后介绍抽象的一些基本应用。其实所谓抽象，就是一种建立编程思路的思想。

11.1.1　什么是抽象

抽象就是将拥有共同方法和属性的对象提取出来，提取后，重新设计一个更加通用、更加大众化的类，这个类称为抽象类。抽象类是从一个客户要求信息中提取出一个类。下面先看一个有关抽象的例子，再来理解抽象的概念。

为汽车销售公司开发一个信息系统软件。这个汽车销售公司拥有不同厂家的汽车，例如大众、通用、福特等。

分析：面对这样一个客户信息，首先要给这个汽车销售公司的所有汽车建立一个类，此类能充分地表现出各个不同品牌汽车的特点。这项工作就是一个抽象的过程，例如，汽车有轮子、离合器、车灯、方向盘等，这些都是所有不同品牌汽车的共同特征。这些特征能够充分证明这是一部汽车，至于是什么类型的汽车则不属于抽象的范围。

【实例 11-1】 下面来看一个实例，了解具体的抽象概念。

```
01   public class Studenttest1                               //创建类Studenttest1
02   {
```

```
03      public static void main(String[] args)                //主方法
04      {
05          Student st=new Student("张杰","200111","20","男"); //创建对象st
06      }
07  }
08  class Student                                             //创建类Student
09  {
10      String name;                                          //创建成员变量name
11      String code;                                          //创建成员变量code
12      String age;                                           //创建成员变量age
13      String sexy;                                          //创建成员变量sexy
14      public Student(String name,String code,String age,String sexy)//定义一个方法Student
15      {                                                     //将参数值赋给类中的成员变量
16          this.name=name;
17          this.code=code;
18          this.age=age;
19          this.sexy=sexy;
20          System.out.println("这个学生的学生姓名: "+name+" "+"学号:"+code+" "+"年龄:
21  "+age+" "+"性别: "+sexy);                                //输出学生信息
22      }
23  }
```

【代码说明】上面这个程序段的第 8~22 行抽象出一个学生类，它并不管是哪个学校的学生、哪个城市的学生、哪个国家的学生。而第 10~13 行的这些属性，代表了一个学生应该拥有的特性。至于其他的属性，例如学校、班级、班主任等，可以通过继承另一个抽象出来的类来实现。

【运行效果】

```
这个学生的学生姓名: 张杰 学号:200111 年龄: 20 性别: 男
```

通过上面的讲述可以知道，抽象就是提取所有对象的共性，即取出共性的过程。下面就通过图 11-1 了解抽象分析的过程。

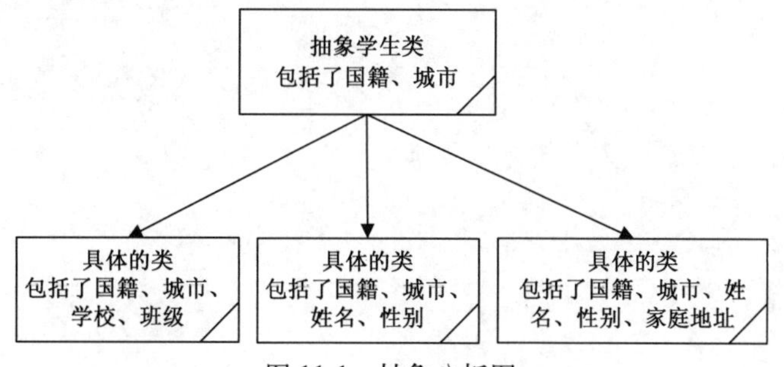

图 11-1　抽象分析图

一个程序的开发，就是利用前面讲述的继承、接口、多态等概念，实现应用代码。下面就通过实例来进一步熟悉抽象在程序开发中的一些编程思路和应用。

11.1.2　抽象的综合实例

【实例 11-2】本节将列举一个包含前面很多知识点的综合实例，其中有接口、抽象、继承等概念。下面先了解这个综合实例的流程，如图 11-2 所示。

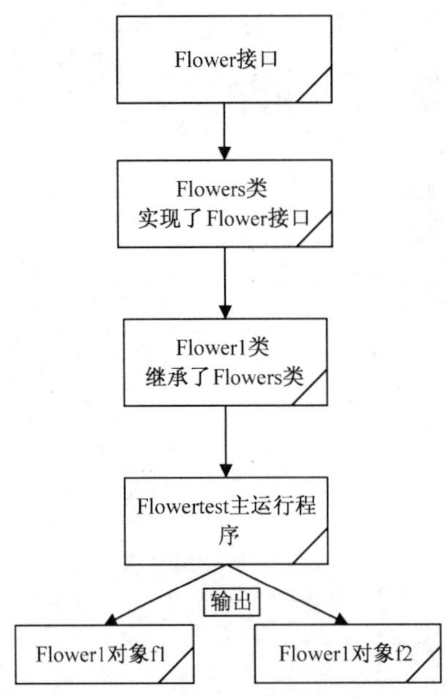

图 11-2　抽象综合实例的流程图

上面流程图所对应的代码如下：

```
01  //创建一个主运行类
02  public class Flowertest {
03      public static void main(String[] args) {                //主方法
04          //创建对象f1和f2
05          Flower1 f1 = new Flower1();
06          Flower1 f2 = new Flower1();
07          //设置对象f1的相关属性
08          f1.setcolor("红色");
09          f1.setname("牡丹");
10          f1.setcountry("中国");
11          f1.setcity("沈阳");
12          //设置对象f2的相关属性
13          f2.setcolor("黄色");
14          f2.setname("玫瑰");
15          f2.setcountry("美国");
16          f2.setcity("拉斯维加斯");
17          //输出对象f1和f2相应信息
18          System.out.println(f1.tostring());
19          System.out.println(f2.tostring());
20      }
21  }
22  //创建一个花的接口
23  interface flower {
24      void setcolor(String color1);
25      void setname(String name);
26      String getcolor();
27      String getname();
28  }
29  //创建花的类，实现flower接口
30  class Flowers implements flower {
```

```
31        //创建成员变量
32        private String color1;
33        private String name;
34        //通过设置器来设置对象的参数
35        public void setcolor(String color1) {
36            this.color1 = color1;
37        }
38        public void setname(String name) {
39            this.name = name;
40        }
41        //通过访问器来获得对象的参数
42        public String getcolor() {
43            return color1;
44        }
45        public String getname() {
46            return name;
47        }
48        //通过tostring()方法来让对象以字符串的形式输出
49        public String tostring() {
50            String information = "花的名称是：" + name + ";" + "  " + "花的颜色是：" + color1;
51            return information;
52        }
53    }
54    //创建花的类，继承Flowers类
55    class Flower1 extends Flowers {
56        //创建成员变量
57        private String country;
58        private String city;
59        //通过设置器来设置对象的参数
60        public void setcountry(String country) {
61            this.country = country;
62        }
63        public void setcity(String city) {
64            this.city = city;
65        }
66        //通过访问器来获得对象的参数
67        public String getcountry() {
68            return country;
69        }
70        public String getcity() {
71            return city;
72        }
73        //通过tostring方法来让对象以字符串的形式输出
74        public String tostring() {
75            String information = super.tostring() + "  " + "这种花出自的国家：" + country
76                    + ";" + "  " + "出自的城市：" + city;
77            return information;                    //返回information的内容
78        }
79    }
```

【代码说明】第 2~21 行是主运行程序。第 23~28 行定义一个接口 flower。第 30~53 行定义了一个类 Flowers 实现接口 flower。第 55~79 行定义了一个类 Flower1 继承类 Flowers。

【运行效果】

```
花的名称是：牡丹； 花的颜色是：红色  这种花出自的国家：中国；  出自的城市：沈阳
花的名称是：玫瑰； 花的颜色是：黄色  这种花出自的国家：美国；  出自的城市：拉斯维加斯
```

这个程序通过抽象的思维方式，将花类抽象成只有两个属性的类，一个是颜色，一个是名称。如果要涉及个性，就使用继承的关系或覆盖的方法来创建其他的类。其实抽象只是一个思路，不是一个具体的概念。养成抽象的思维方式，对于开发工作十分重要。

11.2　抽象类

什么是抽象类呢？抽象类就是使用关键字“abstract”来修饰的类。本节将通过理论与实际程序结合的方式来讲述抽象类的使用和特点。

11.2.1　什么是抽象类

前面介绍过抽象，抽象就是从具体到通用的提取。而抽象类是指具有共同特性的类，其通过关键字“abstract”表示。这些抽象类只是定义了共同特性的方法和属性，但是没有具体实现共同特性的方法，既然是这样，那为什么还需要抽象类？

具有一个抽象或多个抽象方法的类，本身就要被定义为抽象类。所谓的抽象方法就是带关键字“abstract”的方法。抽象类不仅可以有抽象方法，也可以有具体的方法，一个类中只要有一个抽象方法，那么这个类就是抽象类。

抽象类是可以继承的，如果子类没有实现抽象类的全部抽象方法，那么子类也是抽象类。如果实现了抽象类的全部抽象方法，那么子类就不是抽象类。含有抽象方法的类一定是抽象类，但抽象类不一定含有抽象方法，也可以全部都是具体的方法。

抽象类不能被实例化，即不能使用关键字“new”来生成实例对象，但可以声明一个抽象类的变量指向具体子类的对象。

回到刚才的问题，为什么要有抽象类？抽象类的好处在于，当有的方法在父类中不想实现时，可以不用实现，下节将通过一个综合实例来学习抽象类的使用。

11.2.2　抽象类的实例

【实例 11-3】本节使用一个综合实例来了解抽象类如何在实际开发中使用以及使用抽象类的好处，先来分析这个实例的流程，如图 11-3 所示。

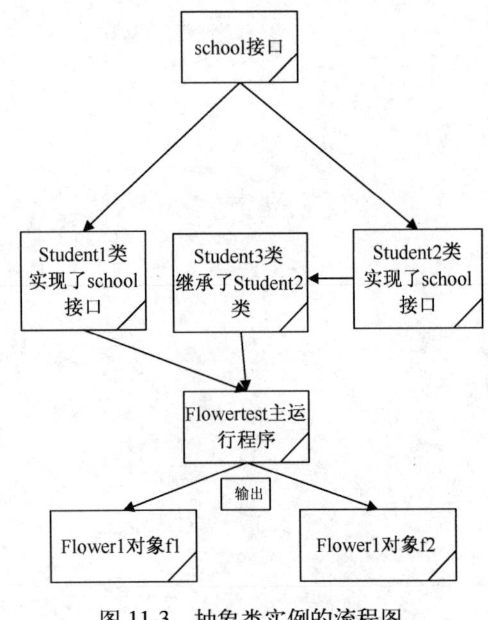

图 11-3　抽象类实例的流程图

首先设计学校抽象类，代码如下：

```
01    //创建一个名为School的抽象类
```

```
02    abstract class School {
03        //创建成员变量
04        String schoolname;
05        String classname;
06        String location;
07        //通过访问器来获得学校名称、班级名称
08        public void setschoolname(String schoolname)
09        {
10            this.schoolname = schoolname;
11        }
12        public void setclassname(String classname) {
13            this.classname = classname;
14        }
15        //通过访问器来获得学校名称、班级名称
16        public String getschoolname() {
17            return schoolname;
18        }
19        public String getclassname() {
20            return classname;
21        }
22        //设计抽象方法
23        abstract void setlocation(String location);
24        abstract String getlocation();
25        //重写tostring()方法
26        public String tostring() {
27            String infor = "学校名称: " + schoolname + ";" + "  " + "班级名称:" + classname+";"+" ";
28            return infor;
29        }
30    }
```

【代码说明】上面程序设计了一个关于学校的抽象类 School。首先在第 4~6 行创建了成员变量。然后在第 8~21 行设置了关于成员变量的 setter 和 getter 方法，在第 23 行和第 24 行设计了抽象方法。最后在第 26~29 行重写了 tostring()方法。

接下来，设计学生类并且继承上面的抽象类，代码如下：

```
01    //创建一个学生类Student1来继承抽象类School
02    class Student1 extends School {
03        //创建成员变量
04        String studentname;                                  //创建学生姓名
05        String studentcode;                                  //创建学生学号
06        String studentsexy;                                  //创建学生性别
07        String studentbirthday;                              //创建学生出生年月
08        String studentaddress;                               //创建学生家庭地址
09        //设置各属性的设置器和访问器
10        void setlocation(String location) {
11            this.location = location;
12        }
13        String getlocation() {
14            return location;
15        }
16        void setstudentname(String studentname) {
17            this.studentname = studentname;
18        }
```

```
19        void setstudentcode(String studentcode) {
20            this.studentcode = studentcode;
21        }
22        void setstudentsexy(String studentsexy) {
23            this.studentsexy = studentsexy;
24        }
25        void setstudentbirthday(String studentbirthday) {
26            this.studentbirthday = studentbirthday;
27        }
28        void setstudentaddress(String studentaddress) {
29            this.studentaddress = studentaddress;
30        }
31        String getstudentname() {
32            return studentname;
33        }
34        String getstudentcode() {
35            return studentcode;
36        }
37        String getstudentsexy() {
38            return studentsexy;
39        }
40        String getstudentbirthday() {
41            return studentbirthday;
42        }
43        String getstudentaddress() {
44            return studentaddress;
45        }
46        //重写tostring()方法
47        public String tostring() {
48            String infor = super.tostring() + "学校地址:" + location+";" + "·" + "学生姓名:"
49                    + studentname + ";" + "  " + "学号: " + studentcode + ";" + "  "
50                    + "性别: " + studentsexy + ";" + "  " + "出生日期: " + studentbirthday
51                    + ";" + "  " + "家庭地址: " + studentaddress;
52            return infor;                    //返回infor的内容
53        }
54    }
```

【代码说明】上面程序设计了一个继承抽象类 School 的类 Student1。首先在第 4~8 行创建了成员变量。然后在第 10~45 行设置了关于成员变量的 setter 和 getter 方法。最后在第 47~53 行重写了 tostring()方法。

下面再看看第二个学生类的设计，代码如下：

```
01    //设计了抽象类Student2，其继承了抽象类School
02    abstract class Student2 extends School {
03        //创建成员变量
04        String studentname;                          //创建学生姓名
05        String studentcode;                          //创建学生学号
06        String studentsexy;                          //创建学生性别
07        String studentbirthday;                      //创建学生出生年月
08        String studentaddress;                       //创建学生家庭地址
09        //设计了两个抽象方法
10        abstract void setlocation(String location);
11        abstract String getlocation();
```

```
12        //设置各属性的设置器和访问器
13        void setstudentname(String studentname) {
14            this.studentname = studentname;
15        }
16        void setstudentcode(String studentcode) {
17            this.studentcode = studentcode;
18        }
19        void setstudentsexy(String studentsexy) {
20            this.studentsexy = studentsexy;
21        }
22        void setstudentbirthday(String studentbirthday) {
23            this.studentbirthday = studentbirthday;
24        }
25        void setstudentaddress(String studentaddress) {
26            this.studentaddress = studentaddress;
27        }
28        String getstudentname() {
29            return studentname;
30        }
31        String getstudentcode() {
32            return studentcode;
33        }
34        String getstudentsexy() {
35            return studentsexy;
36        }
37        String getstudentbirthday() {
38            return studentbirthday;
39        }
40        String getstudentaddress() {
41            return studentaddress;
42        }
43        //重写方法tostring()
44        public String tostring() {
45            String infor = super.tostring() + "学生姓名:" + studentname + ";" + "  "
46                    + "学号: " + studentcode + ";" + "  " + "性别: " + studentsexy + ";"
47                    + "  " + "出生日期: " + studentbirthday + ";" + "  " + "家庭地址: "
48                    + studentaddress;
49            return infor;                    //返回infor的内容
50        }
51    }
```

【代码说明】上面程序设计了一个继承抽象类 School 的类 Student2。首先在第 4~8 行创建了成员变量。然后在第 10 行和第 11 行设计了抽象方法，在第 13~42 行设置了关于成员变量的 setter 和 getter 方法。最后在第 44~50 行重写了 tostring()方法。

再看第三个学生类的设计代码，如下所示：

```
01    //设计了类Student3，其继承了类Student2
02    class Student3 extends Student2 {
03        //设置了属性的getter和setter方法
04        void setlocation(String location) {
05            this.location = location;
06        }
07        String getlocation() {
```

```
08            return location;
09        }
10        //重写tostring()方法
11        public String tostring() {
12            String infor = super.tostring() +";"+" " + "学校地址: " + location + ";" + " ";
13            return infor;                      //返回infor的内容
14        }
15    }
```

【代码说明】上面程序设计了一个继承类 Student2 的类 Student3。首先在第 4~9 行创建了成员变量的 setter 和 getter 方法。最后在第 11~14 行重写了 tostring()方法。

最后，看看以上所有的类在主运行类中如何实现输出功能，代码如下：

```
01    //创建关于抽象类的测试类
02    public class AbstractTest {
03        public static void main(String[] args) {                       //主方法
04            //创建对象s1和s3
05            Student1 s1 = new Student1();
06            Student3 s3 = new Student3();
07            //设置对象s1的相关属性
08            s1.setschoolname("重庆大学");
09            s1.setclassname("计算机三班");
10            s1.setlocation("沙坪坝");
11            s1.setstudentname("王浩");
12            s1.setstudentcode("95012");
13            s1.setstudentsexy("男");
14            s1.setstudentbirthday("1976-07-14");
15            s1.setstudentaddress("重庆市解放碑");
16            //设置对象s3的相关属性
17            s3.setschoolname("四川大学");
18            s3.setclassname("机械系一班");
19            s3.setlocation("成都市");
20            s3.setstudentname("董洁");
21            s3.setstudentcode("33012");
22            s3.setstudentsexy("女");
23            s3.setstudentbirthday("1974-08-21");
24            s3.setstudentaddress("成都市区");
25            //输出对象s1和s3的相关属性
26            System.out.println(s1.tostring());
27            System.out.println(s3.tostring());
28        }
29    }
```

【代码说明】上面程序实现了测试抽象方法的类 abstracttest。

【运行效果】

```
学校名称: 重庆大学; 班级名称:计算机三班; 学校地址:沙坪坝; 学生姓名:王浩; 学号: 9501
2; 性别: 男; 出生日期: 1976-07-14; 家庭地址: 重庆市解放碑
学校名称: 四川大学; 班级名称:机械系一班; 学生姓名:董洁; 学号: 33012; 性别: 女;
出生日期: 1974-08-21; 家庭地址: 成都市区; 学校地址: 成都市;
```

抽象类的另一个用处是：在抽象类中定义一个统一的、通用的抽象方法，这个方法允许子类去实现，这样就能保证整个程序的一致性。

11.3　抽象与接口的区别

接口和抽象在很多方面相似，下面列出其共同点。

- 都不能创建实例对象，因为它们都是抽象的。
- 虽然不能直接通过关键字“new”创建对象实例，但可以声明变量，通过变量指向子类或实现类的对象来创建对象实例。

两者的不同点如下：

- Java 不支持多重继承，即一个子类只能有一个父类，但一个子类可以实现多个接口。
- 接口内不能有实例字段，只能有静态变量，抽象类可以拥有实例字段。
- 接口内的方法自动设置为“public”的，抽象类中的方法必须手动声明访问控制符。

11.4　枚举

在 Java 语言刚发布时，Sun 公司宣称去掉了 C 语言中臃肿无用的语法，例如指针、枚举等。随着时间的推移，关于 Java 的应用越来越广，Sun 公司不得不使 Java 语言支持以前认为臃肿无用的语法，其中就包含枚举语法。

11.4.1　关于枚举的实现原理

在具体编写的项目中，如何定义星期几或性别的变量呢？对于星期一到星期日，有些程序员用 1~7 表示，也有些程序员用 0~6 表示。当一个程序员开发项目时，星期变量值为任何形式都可以。但是当多个程序员共同开发项目时，如果不把关于星期变量的值统一起来则会报错。

为了解决上述问题，可以使用枚举。枚举的最大作用就是让某种类型的变量的取值只能为若干个固定值中的一个，否则编译器将报错。为了能够深刻理解关于枚举的作用，下面将通过普通类来实现枚举的功能。

【实例 11-4】首先创建一个模拟星期的 WeekDay.java 的类，具体内容如下：

```
01  public class WeekDay {
02      private WeekDay(){                                          //私有构造函数
03      }
04      //定义星期的静态变量
05      public final static WeekDay SUN = new WeekDay();          //星期日常量
06      public final static WeekDay MON = new WeekDay();          //星期一常量
07      public final static WeekDay TUE = new WeekDay();          //星期二常量
08      public final static WeekDay WED = new WeekDay();          //星期三常量
09      public final static WeekDay THU = new WeekDay();          //星期四常量
10      public final static WeekDay FN = new WeekDay();           //星期五常量
11      public final static WeekDay SAT = new WeekDay();          //星期六常量
12      //获取下一天的方法
13      public WeekDay nextDay() {
14          if (this == SUN) {
15              return MON;
16          } else if (this == MON) {
17              return TUE;
18          } else if (this == TUE) {
19              return WED;
```

```
20              } else if (this == WED) {
21                  return THU;
22              } else if (this == THU) {
23                  return FN;
24              } else if (this == FN) {
25                  return SAT;
26              } else {
27                  return SUN;
28              }
29          }
30          //重载toString()方法
31          public String toString(){
32              if (this == SUN) {
33                  return "星期日";
34              } else if (this == MON) {
35                  return "星期一";
36              } else if (this == TUE) {
37                  return "星期二";
38              } else if (this == WED) {
39                  return "星期三";
40              } else if (this == THU) {
41                  return "星期四";
42              } else if (this == FN) {
43                  return "星期五";
44              } else {
45                  return "星期六";
46              }
47          }
48  }
```

【代码说明】

- 上述代码的无参构造函数之所以是私有修饰符（private），是因为不允许程序员自己创建关于该类的对象。当程序员想使用关于 WeekDay 类的对象时，则必须使用该类里自己定义的对象。对于这些对象，可以用公有的静态成员变量表示。
- 为了便于程序员操作关于 WeekDay 类的对象，还定义了两个方法：用来实现获取下一天的 nextDay()方法和实现输出功能的 toString()方法。

接着创建一个名为 VirualEnumTest.java 的类来测试 WeekDay 类，具体内容如下：

```
01  public class VirualEnumTest {                              //定义一个VirualEnumTest类
02      public static void main(String[] args) {               //主方法
03          WeekDay today = WeekDay.SAT;                       //定义today变量
04          System.out.println(today+"的下一天是"+today.nextDay());  //输出今天的下一天
05      }
06  }
```

【运行效果】运行 VirualEnumTest.java 类，控制台窗口的输出如图 11-4 所示。

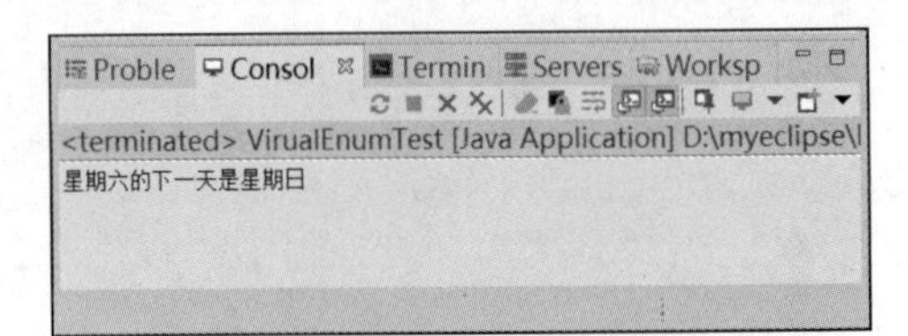

图 11-4　运行结果

【代码说明】在上述代码中，当创建关于星期（WeekDay）的对象时，只能是该类中自己早已经定义好的类对象，即只能是 SUN、MON、TUE、WED、THU、FN 和 SAT 对象中的一个，如果为其他对象则会报错。这同样也是枚举所要实现的功能。

11.4.2　枚举的简单应用

Enum（枚举）出现之前，在 Java 的接口或类中经常出现 public static final 修饰的常量。为了让程序员能够抛弃这种常量，于是就出现了 Enum 语法。也就是说，任何使用常量的地方，例如上一小节中用 if 代码切换常量的地方等，都可以用 Enum 常量来代替。

查看 API 帮助文档，可以发现 java.lang.Enum 类。该类为所有枚举类型的公共基本类，即所有枚举类型的类都继承于该类。关于该类的构造函数如下：

```
Protected Enum(String name,int ordinal)
```

上述构造函数中，参数 name 表示枚举常量的名称，参数 ordinal 表示枚举常量的序数。

【实例 11-5】 下面将通过一个关于星期的实例来演示关于 Enum 的使用，具体内容如下：

```
01  public class EnumTest {                                    //定义一个EnumTest
02      public static void main(String[] args) {               //主方法
03          WeekDay today = WeekDay.SAT;                       //定义today变量
04          System.out.println("今天是"+today);
05          System.out.println("今天是"+today.name());
06          System.out.println("今天是"+today.ordinal());
07          System.out.println("-----------------------");
08          System.out.println("今天是"+WeekDay.valueOf("SAT"));
09          System.out.println("-----------------------");
10          WeekDay[] days=WeekDay.values();                   //定义一个数组days
11          System.out.println("星期中包含"+days.length+"天");
12          for(WeekDay day:days){                             //循环遍历
13              System.out.println("星期里包含"+day);
14          }
15      }
16      public enum WeekDay{                                   //定义了星期的枚举
17          SUN,MON,TUE,WED,THU,FN ,SAT
18      }
19  }
```

【运行效果】 运行 EnumTest.java 类，控制台窗口的输出如图 11-5 所示。

【代码说明】

- ❑ 在定义枚举的代码中，WeekDay 表示关于星期的类，而“SUN,MON,TUE,WED,THU,FN,SAT”这 7 个对象表示关于星期（WeekDay）类的对象。因此在具体创建星期六对象（today）时，可以通过 WeekDay.SAT 来赋值。
- ❑ 创建出 today 对象后，首先测试关于 Enum 类的一些成员方法，today.name()输出 today 对象在 WeekDay 类中关于该对象的枚举常量，today.ordinal()输出关于 today 对象的枚举常量在 WeekDay 类中的序数。

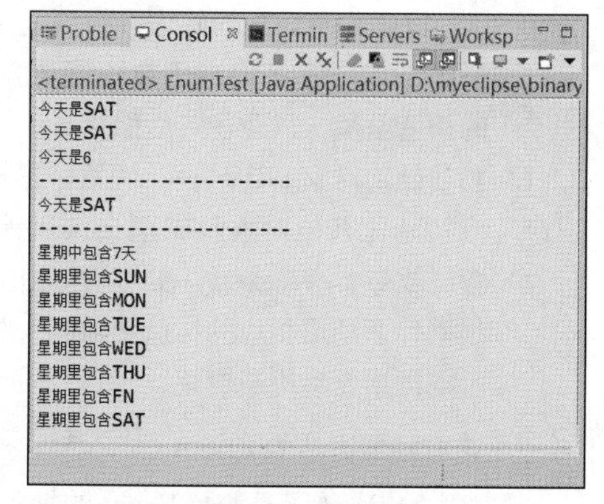

图 11-5　运行结果

- 对于 Enum 类,除了一些常用的成员方法外,还有一些常用的类方法。例如 WeekDay.values()方法返回关于该类中的所有对象，WeekDay.valueOf()方法返回字符串所对应的对象。

综上所述，可以发现枚举的本质是类，即可以当作类来使用。在没有枚举之前，虽然可以按照 Java 最基本的编程手段来解决需要用到枚举的地方，但是使用枚举却可以屏蔽枚举值的类型信息，而不需要像 public static final 定义变量那样还必须指定类型。

11.4.3 关于枚举的高级特性

既然 Enum（枚举）的实质是类，那么 Java 语法中关于类的一些成员在 Enum 中也可以出现。在以前的 Java 语法中，经常会遇见构造函数和抽象类，那么在 Enum 中也可以出现它们吗？答案是肯定的。

1. 带有构造函数的 Enum

【实例 11-6】虽然 Enum 与类很相似，但是 Enum 存在许多限制。为了弄清楚 Enum 的构造函数，下面将通过一个带有构造函数 Enum 的实例来具体讲解，详细内容如下：

```
01  public class EnumConsTest {                                    //定义一个EnumConsTest类
02      public static void main(String[] args) {                   //主函数
03          WeekDay today = WeekDay.SAT;                            //定义today变量
04      }
05      public enum WeekDay {                                      //星期枚举
06          SUN, MON, TUE, WED, THU, FRI("星期五"), SAT();          //星期枚举常量
07          private WeekDay() {                                    //无参构造函数
08              System.out.println("没有参数构造函数");
09          }
10          private WeekDay(String s) {                            //有参构造函数
11              System.out.println(s + "有参数构造函数");
12          }
13      }
14  }
```

【运行效果】运行 EnumConsTest.java 类，控制台窗口如图 11-6 所示。

【代码说明】

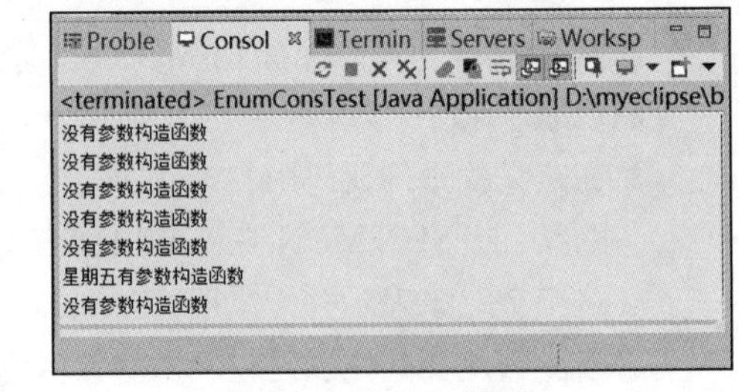

图 11-6 运行结果

- 对于枚举的构造函数，必须放在枚举常量的后面，同时构造函数的修饰符必须是 private。枚举类型的自定义构造函数不能覆盖默认执行的构造函数，只会在其后面执行。
- 当初始化对象 FRI 时，会调用带参构造函数；当初始化其他对象时，则会调用无参构造函数。枚举类 WeekDay 在初始化相应对象时，根据什么调用相应的构造函数呢？根据枚举常量括号里的参数来决定。当无扩号或空括号时则调用无参构造参数。

2. 带有抽象方法的 Enum

【实例 11-7】为了弄清楚 Enum 的抽象方法，下面将通过一个带有抽象方法 Enum 的实例来具

体讲解，详细内容如下：

```
01  public class EnumConsAbstract {                               //定义一个EnumConsAbstract类
02      public static void main(String[] args) {                  //主方法
03           WeekDay today = WeekDay.SAT;                         //定义today变量
04           System.out.println("SAT的下一天为"+today.nextDay());
05      }
06      public enum WeekDay {                                     //枚举类
07          SUN {                                                 //SUN对象
08              public WeekDay nextDay() {
09                  return MON;
10              }
11          },
12          MON {                                                 //MON对象
13              public WeekDay nextDay() {
14                  return TUE;
15              }
16          },
17          TUE {                                                 //TUE对象
18              public WeekDay nextDay() {
19                  return WED;
20              }
21          },
22          WED {                                                 //WED对象
23              public WeekDay nextDay() {
24                  return THU;
25              }
26          },
27          THU {                                                 //THU对象
28              public WeekDay nextDay() {
29                  return FRI;
30              }
31          },
32          FRI {                                                 //FRI对象
33              public WeekDay nextDay() {
34                  return SAT;
35              }
36          },
37          SAT {                                                 //SAT对象
38              public WeekDay nextDay() {
39                  return SUN;
40              }
41          };
42          public abstract WeekDay nextDay();                    //抽象方法
43      }
44  }
```

【运行效果】运行 EnumConsAbstract.java 类，控制台窗口如图 11-7 所示。

【代码说明】

- 在上述代码中首先创建一个抽象方法 nextDay()，该方法返回的对象为类本身 WeekDay。由于枚举 WeekDay 中包含了抽象方法，所以枚举 WeekDay 也是抽象类。

- 在具体实现抽象方法 nextDay()时，必须在枚举 WeekDay 的实例中来实现，这是因为抽象类必须在它的子类中实现。
- 运行完 EnumConsTest.java 类后，打开该项目的 bin 目录可以发现如图 11-8 所示的 class 文件，其中前 7 个类文件为枚举 WeekDay 的类对象。

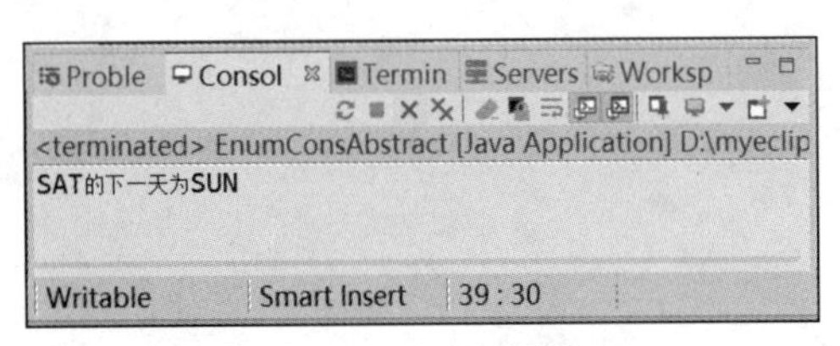

图 11-7　运行结果

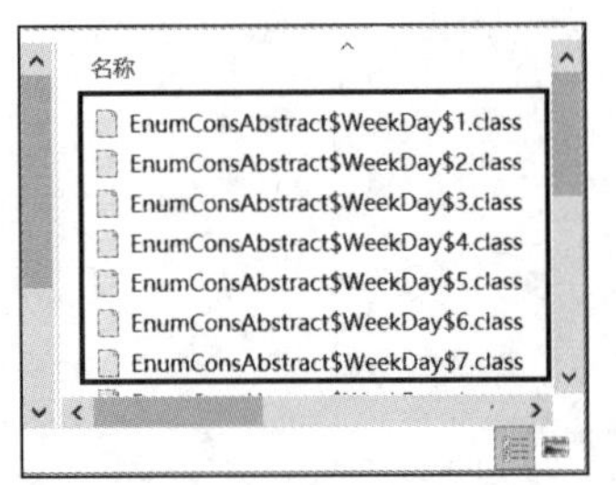

图 11-8　生成的类

11.5　反射

所谓反射（Reflection），其实就是程序自己能够检查自身信息，就像人会通过镜子反光来查看自己本身一样。反射使得 Java 语言具有了“动态性”，即程序首先会检查某个类中的方法、属性等信息，然后再动态地调用或动态创建该类或该类的对象。本节将详细介绍关于反射的相关知识。

11.5.1　关于反射的基石——Class 类

为什么要出现 Class 类了？注意这是大写的 Class，而不是关键字小写 class。

根据面向对象的思想可以知道，Java 语言中类用于描述一类事物的共性，即该类拥有什么属性，没有什么属性。至于这些属性的值，则是由实现该类的对象来确定，不同的对象拥有不同的值。既然任何事物都可以用类来表示，那么 Java 中的类可以用一个什么类来表示？关于 Java 中类的对象又是什么呢？

其实从 JDK 1.2 就出现了 Class 类，该类用来描述 Java 中的一切类事物，该类描述了关于类事务的类名字、类的访问属性、类所属于的包名、字段名称的列表、方法名称的列表等。例如 Class 类的 getName()方法可以获取所描述类的类名。

Class 实例代表内存中一个字节码，所谓字节码，就是当 Java 虚拟机加载某个类的对象时，首先需要把硬盘上关于该类的二进制源码编译成 class 文件的二进制代码（字节码），然后把关于 class 文件的字节码加载到内存中，然后再创建关于该类的对象。

那么如何获取 Class 类的对象，即相应类的字节码呢？根据 API 的帮助文档，可以发现以下 3 种方式：

1）最常见的方法为调用相应类对象的 getClass()方法，例如：

```
Data data;
Class dataclass = data.getClass();
```

2）可以通过 Class 类中的静态方法 forName()来获取与字符串对应的 Class 对象，例如：

```
Class dataclass = Class.forName("Data");
```

3）可以通过类名.class 形式来实现，例如：

```
Class dataclass = Data.class
```

注意 第一种方式为关于对象的方法，而后两种方式为关于类的方法。

【实例 11-8】 下面通过一个具体的实例 ClassTest.java 来演示类 Class 的用法，具体内容如下：

```
01  public class ClassTest {                                    //定义一个ClassTest类
02      public static void main(String[] args) throws ClassNotFoundException,
        InstantiationException, IllegalAccessException {//主方法
03          String s1= "1234";                                  //创建一个字符串变量s1
04          //获取关于s1和String类的字节码
05          Class c1 = s1.getClass();
06          Class c2 = String.class;
07          Class c3 = Class.forName("java.lang.String");
08          //比较字节码是否相同
09          System.out.println("-------------------------");
10          System.out.println("c1与c2是否是同一个对象"+(c1==c2));
11          System.out.println("c1与c3是否是同一个对象"+(c1==c3));
12          System.out.println("-------------------------");
13          //检测是否为基本类型
14          System.out.println("String是否是基本类型"+String.class.isPrimitive());
15          System.out.println("int是否是基本类型"+int.class.isPrimitive());
16          //检测int和Integer是否指向同一字节码
17          System.out.println("int与Integer的字节码是否是同一个对象
            "+(int.class==Integer.class));
18          System.out.println("int与Integer.TYPE的字节码是否是同一个对象
            "+(int.class==Integer.TYPE));
19          //关于数组方面的字节码
20          System.out.println("-------------------------");
21          System.out.println("int[]是否是基本类型"+int[].class.isPrimitive());
22          System.out.println("int[]是否是数组类型"+int[].class.isArray());
23
24      }
25  }
```

【运行效果】 运行 ClassTest.java 类，控制台窗口如图 11-9 所示。

【代码说明】

- 在上述代码中首先创建一个字符串变量 s1，然后通过获取字节码的 3 种方式获取关于字符串的字节码，最后通过“==”符号比较 3 个字节码是否指向同一个对象。
- 在关于 Class 类中有一个名为 isPrimitive()的方法，用来判断关于字节码的类是否是基本类型。查看 API 帮助文档，可以发现只有 9 种基本类型：boolean、byte、char、short、int、long、float、double 和 void。所以运行结果里 String

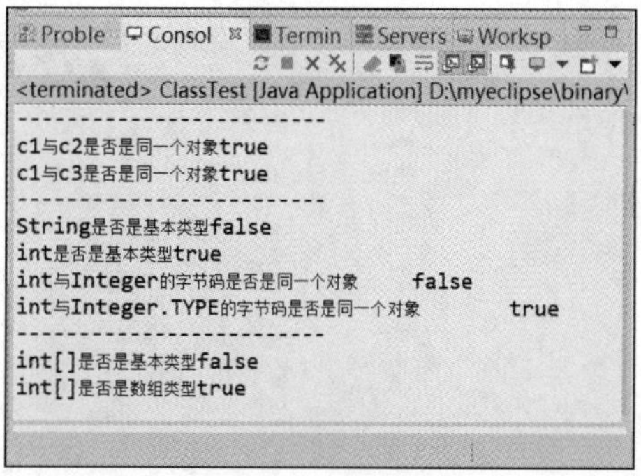

```
<terminated> ClassTest [Java Application] D:\myeclipse\binary\
-------------------------
c1与c2是否是同一个对象true
c1与c3是否是同一个对象true
-------------------------
String是否是基本类型false
int是否是基本类型true
int与Integer的字节码是否是同一个对象        false
int与Integer.TYPE的字节码是否是同一个对象        true
-------------------------
int[]是否是基本类型false
int[]是否是数组类型true
```

图 11-9 运行结果

不是基本类型、int[]不是基本类型，而 int 是基本类型。

- 类型 int 与类 Integer 的字节码是否为同一对象呢?通过运行结果可以发现不为同一对象，但是关于 Integer 类中的静态常量 TYPE 和 int 字节码却是同一个对象。
- 如果想判断是否为数组的字节码，可以通过 Class 类的 isArray()方法来实现。

11.5.2　关于反射的基本应用

所谓反射就是把 Java 类中的各种成分映射成相应的 Java 类。通过反射在具体编写程序时，不仅可以动态地生成关于某个类中所需要的成员，而且还能动态地调用相应的成员。查看 API 帮助文档，可以发现不仅一个 Java 类可以用类 Class 的对象表示，而且 Java 类的各种成员：成员变量、方法、构造方法、包等也可以用相应的 Java 类表示。

反射一般会涉及如下类：Class（表示一个类的类）、Field（表示属性的类）、Method（表示方法的类）和 Constructor（表示类的构造方法的类）。那么如何获取关于这些类（除了 Class 类）的对象呢？通过查看 API 帮助文档，可以发现 Class 类里存在一系列的方法来获取相关类中的变量、方法、构造方法、包等信息。

注意　Class类位于java.lang包中，而后面3个的类都位于java.lang.reflect包中。

1．关于构造方法的反射

【实例 11-9】下面通过一个具体的实例 SimpleReflect.java 来演示类 Constructor 的用法，具体内容如下：

```
01  //导入相应的包
02  import java.lang.reflect.Constructor;
03  import java.lang.reflect.InvocationTargetException;
04  public class ConstrctorRef {
05      public static void main(String[] args) throws SecurityException,
06              NoSuchMethodException, IllegalArgumentException,
07              InstantiationException, IllegalAccessException,
08              InvocationTargetException {
09          //创建字符串的常用方法
10          String s1 = new String(new StringBuffer("cjgong"));
11          //获取关于String类的构造函数对象
12          Constructor (String)cs1 = String.class.getConstructor(StringBuffer.class);
13          //通过Constructor类对象的方法创建字符串
14          String s11 = (String) cs1.newInstance(new StringBuffer("cjgong"));
15          // String s12=(String)cs1.newInstance("cjgong");
16          System.out.println("--------------------");
17          //输出字符串的一些信息
18          System.out.println("s1对象的第5个元素为" + s1.charAt(4));
19          System.out.println("s11对象的第5个元素为" + s11.charAt(4));
20          System.out.println("--------------------");
21      }
22  }
```

【运行效果】 运行 SimpleReflect.java 类，控制台窗口如图 11-10 所示。

【代码说明】 在普通创建字符串的方法中，只要通过 new String()方法就可以实现。

图 11-10　运行结果

- ❑ 在通过反射方式实现创建字符串的方法中，首先需要获取关于 String 类的构造函数。查看 API 帮助文档，在 Class 类中存在 getConstructor()方法，所以可以先通过 String.class 获取关于 String 类的字节码，然后再通过 String.class.getConstructor()方法获取关于 String 类的构造函数。
- ❑ 在 String 类中存在许多构造函数，那么 getConstructor()方法如何决定生成某个构造函数对象呢？查看关于 getConstructor()方法的定义，如下：

```
getConstructor(Class <?>… parameterTypes)
```

在上述定义中，参数的类型为类的类型，因此该方法是根据传入参数的类型来决定返回的构造函数。

- ❑ 获取到关于 String 类的构造函数后，如何创建关于 String 类的实例对象呢？在类 Constructor 中存在一个方法 newInstance()，用来利用构造函数创建一个实例对象。该方法的参数类型，必须与获取构造函数的参数类型相同。

2．关于成员字段的反射

【实例 11-10】 下面通过一个具体的实例来演示类 Field 的用法，首先创建一个表示坐标的类 Point.java，具体内容如下：

```
01  public class Point {                                      //定义一个Point类
02      //创建四个字段
03      private int x;
04      public int y;
05      public String s1="abababab";
06      public String s2="aaaabbbb";
07      public Point(int x, int y) {                          //构造函数
08          super();
09          this.x = x;
10          this.y = y;
11      }
12      public Point(int x, int y, String s1, String s2) {   //构造函数
13          super();
14          this.x = x;
15          this.y = y;
16          this.s1 = s1;
17          this.s2 = s2;
18      }
19      public String toString(){                             //重写toString()函数
20          return "s1的值为"+s1+":"+"s2的值为"+s2;
21      }
22  }
```

接着创建一个名为 FieldRef.java 的类，该类实现对成员字段的反射，具体内容如下：

```
01  import java.lang.reflect.Field;                                    //导入包
02  public class FieldRef {                                            //定义一个FieldRef类
03      public static void main(String[] args) throws SecurityException,
04              NoSuchFieldException, IllegalArgumentException,
05              IllegalAccessException {                                   //主方法
06          Point point = new Point(3, 4);                                 //定义一个坐标
07          //获取字段y的值
08          Field fieldY = point.getClass().getField("y");                 //获取类中的类字段
09          System.out.println("输出public属性字段" + fieldY.get(point));//获取对象中值
10          //获取字段y的值
11          Field fieldX = point.getClass().getDeclaredField("x"); //获取类中的类字段
12          fieldX.setAccessible(true);                                    //改变类字段的属性
13          System.out.println("输出private属性字段" + fieldX.get(point));
14          //调用方法chang()方法
15          chang(point);
16          System.out.println(point);                                     //输出对象point
17      }
18      //通过反射改变字段中的字母方法
19      public static void chang(Object obj) throws IllegalArgumentException,
20              IllegalAccessException {
21          Field[] fields = obj.getClass().getFields();                   //获取所有成员字段
22          for (Field field : fields) {                                   //遍历字段数组
23              if (String.class == field.getType()) {                     //若类型为Sting类型
24                  String oldValue = (String) field.get(obj);  //获取成员字段的值
25                  String newValue = oldValue.replace('a', 'b'); //实现替换
26                  field.set(obj, newValue);                              //设置成员字段的值
27              }
28          }
29      }
30  }
```

【运行效果】 运行 FieldRef.java 类，控制台窗口如图 11-11 所示。

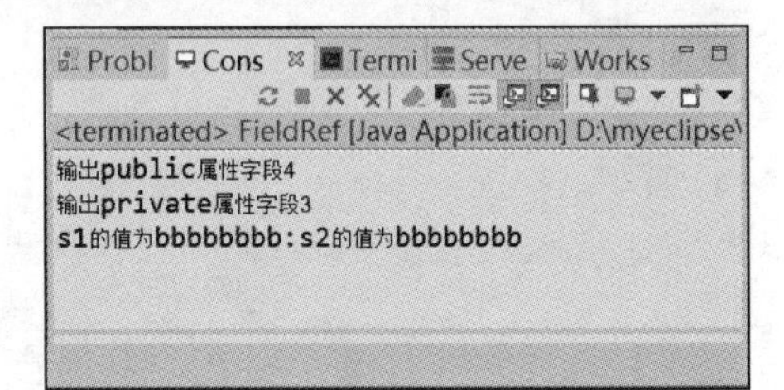

图 11-11　运行结果

【代码说明】

- 在上述代码中，可以通过“point.getClass().getField("y")”代码获取关于对象 point 字节码中关于字段 y 的 Field 对象 fieldY。对象 fieldY 是对应到类 Point 上面的成员字段，而不是对象 point 上的成员字段，这是因为类只有一个，而关于类的实例对象却有多个，如果对应到对象的成员字段上，那么没办法确定关联到哪个对象上。
- 由于对象 fieldY 是对应到类 Point 上面的成员字段，所以如果要得到对象 point 字段 y 的值，必须通过以对象 point 为参数的方法 get()来实现。
- 通过反射方法 getField()得到 Field 对象，只能是关于 Public 修饰的字段。如果想获取关于其他属性的字段的 Field 对象，则必须通过 getDeclaredField()方法。获取到 Field 对象后，如果想获取相应对象上关于该字段的值，还必须通过 setAccessible()进行设置。
- 在上述代码中还存在一个方法 chang()，该方法主要用来实现把一个对象中所有 String 类型的成员字段所对应的字符串内容中等的“a”改成“b”。

3. 关于成员方法的反射

【实例 11-11】下面通过一个具体的实例 MethodRef.java 来演示类 Method 的用法，具体内容如下：

```
01  //导入相应的包
02  import java.lang.reflect.InvocationTargetException;
03  import java.lang.reflect.Method;
04  public class MethodRef {                                    //定义一个MethodRef类
05      public static void main(String[] args) throws SecurityException,
06              NoSuchMethodException, IllegalArgumentException,
07              IllegalAccessException, InvocationTargetException { //主方法
08          String s1 = "abcdef";                               //定义一个字符串
09          //获取类String中关于参数为int的方法charAt()
10          Method methodCharAt = String.class.getMethod("charAt", int.class);
11          //对象s1调用方法charAt()
12          System.out.println("对象s1中第二个字母为"+ methodCharAt.invoke(s1, 1));
13          //对象s1调用方法charAt()
14          System.out.println("对象s1中第四个字母为"+methodCharAt.invoke(s1,newObject[]{3}));
15      }
16  }
```

【运行效果】运行 MethodRef.java 类，控制台窗口如图 11-12 所示。

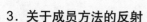

图 11-12 运行结果

【代码说明】

- 在上述代码中，首先创建了一个字符串对象 s1，接着通过 s1 字节码对象的 getMethod()方法获取关于类 String 带有 int 类型参数的 charAt()方法。
- 通过反射方式获取 Method 对象后，如果想调用该方法，可以通过 invoke()方法来实现。查看 API 帮助文档，invoke()方法的定义如下：

```
public Object invoke(Object obj,Object... args)
```

在上述定义中，第一个参数为实体对象，第二参数为方法调用所需要的参数。

通过上述代码可以知道，通过调用方法 invoke()可以实现调用实体对象的 method 方法，如果传递给 invoke()方法的第一个参数为 null 对象，还有意义吗？答案是肯定的，这说明该 Method 对象对应的是一个静态方法。

【实例 11-12】下面通过一个具体的实例来演示如何通过反射方式调用类的 main()方法，首先创建一个带有 main()方法的类 StaticMain，具体内容如下：

```
01  public class StaticMain {                           //定义一个StaticMain类
02      public static void main(String[] args) {        //主方法
03          System.out.println("------------");
04          for (String arg : args) {                   //遍历参数
05              System.out.println(arg);
06          }
07      }
08  }
```

接着创建 StaticMainRef 类，该类通过反射调用 StaticMain 类中的 main()方法，具体内容如下：

```
01  //导入相应的包
02  import java.lang.reflect.InvocationTargetException;
03  import java.lang.reflect.Method;
04  public class StaticMainRef {                          //定义一个StaticMainRef类
05      public static void main(String[] args) throws SecurityException,
06              IllegalArgumentException, NoSuchMethodException,
07              ClassNotFoundException, IllegalAccessException,
08              InvocationTargetException {               //主方法
09          //调用类的静态方式
10          StaticMain.main(new String[] { "111", "222", "333", "444" });
11          //通过反射调用类的静态方法
12          startClass("com.cjg.method.StaticMain");
13      }
14      //通过反射调用类的静态方法的方法
15      public static void startClass(String className) throws SecurityException,
16              NoSuchMethodException, ClassNotFoundException,
17              IllegalArgumentException, IllegalAccessException,
18              InvocationTargetException {
19          //获取相应类的main方法
20          Method mainMethod = Class.forName(className).getMethod("main", String[].class);
21          //执行main方法
22          mainMethod.invoke(null, new Object[] { new String[] { "111", "222","333", "444" } });
23          //执行main方法
24          mainMethod.invoke(null, (Object) new String[] { "111", "222", "333","444" });
25      }
26  }
```

【运行效果】 运行 StaticMainRef.java 类，控制台窗口如图 11-13 所示。

【代码说明】

- 在上述代码中首先通过普通方式（StaticMain. main(new String[] { "111", "222", "333", "444" });）调用 StaticMain 类中的 main()方法。
- 在上述代码中存在一个 startClass()方法，该方法主要用来通过反射调用静态方法。该方法需要传入一个表示类的参数，即“tartClass("com.cjg. method.StaticMain")”中，参数 com.cjg.method. StaticMain 为一个具体的类。

```
<terminated> StaticMainRef [Java Applica
------------
111
222
333
444
------------
111
222
333
444
------------
111
222
333
444
```

图 11-13　运行结果

11.5.3　关于反射的高级应用

既然 Java 类中的各种成分可以映射成相应的 Java 类，那么数组也可以反射成 Array 类吗？查看 API 帮助文档，可以发现 Array 类为关于数组的字节码。同时还存在一个名为 Arrays 的类，该类主要用来实现数组的各种操作。本小节主要讲解关于数组等集合方法的反射。

【实例 11-13】 下面通过一个具体的实例 ArrayRef.java 来演示关于数组反射的用法，具体内容如下：

```
01  import java.lang.reflect.Array;
02  import java.util.Arrays;
```

```
03  public class ArrayRef {                                        //定义一个ArrayRef类
04      public static void main(String[] args) {                   //主方法
05          //创建了四种类型的数组
06          int[] a1 = new int[] { 1, 2, 3 };                      //一维int型数组
07          int[] a2 = new int[4];                                 //一维int型数组
08          int[][] a3 = new int[2][3];                            //二维int型数组
09          String[] a4 = new String[] { "1", "2", "3" };          //一维String型数组
10          System.out.println("------------------------");
11          //判断数组a1和数组a2的字节码是否相同
12          System.out.println("a1与a2数组的字节码是否相同"+(a1.getClass() == a2.getClass()));
13          //关于Array类的一些方法
14          System.out.println("------------------------");
15          System.out.println("a3数组的名字"+a3.getClass().getName());
16          System.out.println("a1数组超类的名字"+a1.getClass().getSuperclass().getName());
17          //关于数组与Object[]的对应关系
18          Object obj1 = a1;
19          // Object[] obj2=a1;
20          Object boj3 = a4;
21          Object[] boj4 = a4;
22          Object boj5 = a3;
23          Object[] boj6 = a3;
24          System.out.println("------------------------");
25          System.out.println("无工具类Arrays的输出"+a1);
26          System.out.println("无工具类Arrays的输出"+a4);
27          System.out.println("------------------------");
28          //调用工具类Arrays的asList()方法
29          System.out.println("有工具类Arrays的输出"+Arrays.asList(a1));
30          System.out.println("有工具类Arrays的输出"+Arrays.asList(a4));
31          System.out.println("------------------------");
32          //调用printObject()方法
33          printObject(a1);
34          printObject(1);
35      }
36      //打印对象中成员方法
37      private static void printObject(Object obj) {
38          Class <? extends  Object> cla = obj.getClass();  //获取字节码
39          if (cla.isArray()) {                                   //判断是否为数组
40              System.out.println("调用自定义方法的数组的输出");
41              int len = Array.getLength(obj);                    //获取数组的长度
42              for (int i = 0; i < len; i++) {                    //输出数组中的各个成员
43                  System.out.println(Array.get(obj, i));
44              }
45              System.out.println("------------------------");
46          } else {
47              System.out.println("调用自定义方法的普通对象的输出");
48              System.out.println(obj);
49              System.out.println("------------------------");
50          }
51      }
52  }
```

【运行效果】运行 ArrayRef.java 类，控制台窗口如图 11-14 所示。

【代码说明】

- 通过“a1 与 a2 数组的字节码是否相同”的运行结果，可以说明具有相同维数和元素类型的数组的字节码相同，即具有相同的 Class 实例对象。
- 通过调用Class实例对象的getName()方法可以获取字节码名字，例如“[[I”表示是二维数组，类型为 int。通过调用 Class 实例对象的 getSuperclass()方法可以返回父类，任何数组字节码的父类都是 Object 类对应的字节码，例如 a1 数组超类的名字 java.lang.Object。
- 当直接输出数组时，得到的输出结果非常不理想。例如数组 a1 的输出结果为“[I@18a992f”，其中“[I”表示为 int 类型数组，“18a992f”表示该对象的 hascode 值；数组 a4 的输出结果为“[Ljava.lang.String;@4f1d0d”，其中“[Ljava.lang.String”表示为 String 类型数组，“4f1d0d”表示该对象的 hascode 值。

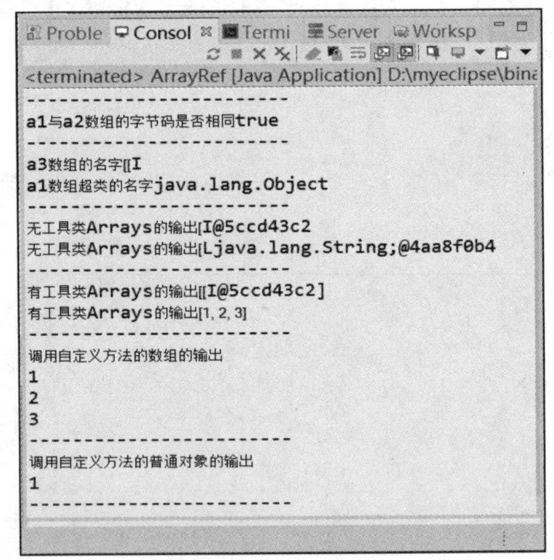

图 11-14　运行结果

- 通过工具类 Arrays 的 asList()方法可以输出数组中参数的值，例如数组 a4 的输出结果为“[1,2,3]”，但是为什么 a1 的输出结果是“[[I@18a992f]”，而不是[1,2,3]呢？这是因为数组 a1 为 int 类型的一维数组，只能转换成 Object 对象，而不能转换成 Object[]对象。即基本类型的一维数组可以被当作 Object 类型使用，而不能当作 Object[]类型使用（“Object[] obj2=a1”是错误）；非基本类型的一维数组，既可以当作 Object 类型使用，又可以当作 Object[]类型使用。
- 为了避免工具类 Arrays 的 asList()方法的弊端，所以自己编写了一个名为 printObject 的方法，该方法可以打印出对象的成员，不论该对象是数组还是一个对象。

【实例 11-14】上述代码讲解了关于数组（Array）反射的相关方法，那么集合也可以反射吗？答案是肯定的。下面通过一个具体的实例 CollectRef.java 来演示关于集合反射的用法，具体内容如下：

```
01  import java.io.*;
02  import java.util.*;
03  public class CollectRef {                                  //定义一个CollectRef类
04      public static void main(String[] args) throws IOException,
05              InstantiationException, IllegalAccessException,
06              ClassNotFoundException {                       //主方法
07          //读取属性文件
08          InputStream is = new FileInputStream("bin//Config.properties");
09          Properties props = new Properties();               //创建Properties类型对象
10          props.load(is);                                    //加载输入流
11          is.close();                                        //关闭输入流
12          String className = props.getProperty("className"); //获取相应的值
13          //创建相应的集合对象
14          Collection collections = (Collection) Class.forName(className).newInstance();
15          //为集合collections添加数据
16          collections.add("1");
```

```
17            collections.add("2");
18            collections.add("3");
19            collections.add("4");
20            System.out.println("collections集合中的成员" + collections);
21        }
22    }
```

上述的代码如果想运行成功，还必须在 reflect/src 目录下创建一个名为 Config.properties 的文件，该文件的具体内容如下：

```
className=java.util.ArrayList
```

【运行效果】运行 CollectRef.java 类，控制台窗口如图 11-15 所示。

【代码说明】

- 在上述代码中首先通过 IO 类读取属性文件，然后获取属性文件中 className 的值。
- 获取 className 的值后，首先通过 Class.forName() 方法获取该值的字节码，然后通过 newInstance()方法创建一个实例对象，最后为实例对象添加几个成员对象并输出。

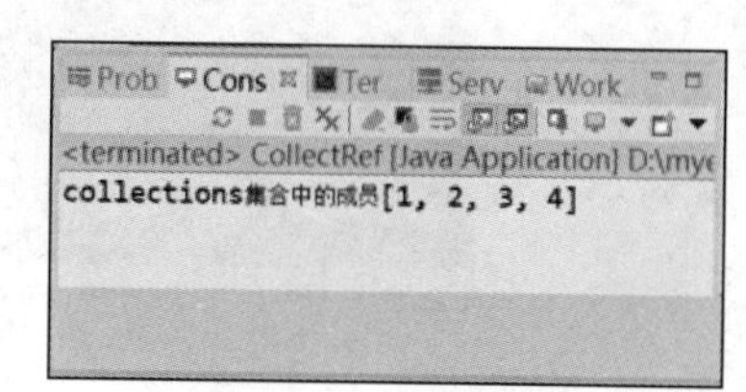

图 11-15　运行结果

11.6　标注

标注（Annotation）是 Java 语言新出现的一个特性，在实际的应用中其可以部分或全部地取代传统的 XML 等部署描述文件。之所以要出现标注特性，是因为部署描述文件很复杂，在具体编写时很容易出错。为了能够彻底理解标注，本节将详细介绍标注。

11.6.1　标注的简单使用

标注很早以前就应用在 Java 程序的开发中，但是没引起关注。直到作为规范在 JDK5.0 中发布以后，才逐渐被程序员了解，并有越来越多的框架、技术加入了标注应用。例如 EJB 3 规范（Java EE 5 规范的子集）为 Bean 类型、接口类型、资源引用、事务属性、安全性等定义了标注。JAX-WS 2.0 规范为 Web 服务提供了一组类似的标注。

当使用 MyEclipse 开发设计 Java 程序时，每当其进行自动重写一个方法时总会在重写的方法上边自动加入一行代码“@Override”，其实这个“@Override”就是一个标注。为了能够很好地演示标注的作用，创建了关于“@SuppressWarnings”标注的类 SimpleAnnotation.java，具体内容如下：

```
01  //下面两行导入实现Applet需要的类库
02  import  java.applet.Applet;
03  import  java.awt .*;
04  //通过继承方式定义并实现一个Applet类JavaApplet
05  public class JavaApplet extends Applet{
06       public void paint(Graphics g){
07       //调用Graphics对象g的drawString方法，在html页面的指定位置打印一行字符串
08            g.drawString("This is my first Java Applet!",20,10);
09       }
10  }
```

【代码说明】当在命令窗口中通过 javac 命令来编译上述 Java 文件时，会出现如图 11-16 所示的内容，即编译成功，但是却出现了注意。如果想查看源 Java 文件中需要注意的地方，则可以输入 -Xlint:deprecation 命令参数，会出现如图 11-17 所示的内容，即源文件中的 Applet 已经过时。

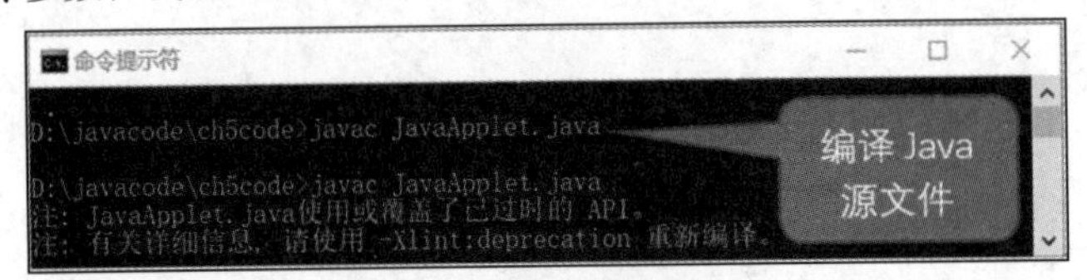

图 11-16　编译源文件

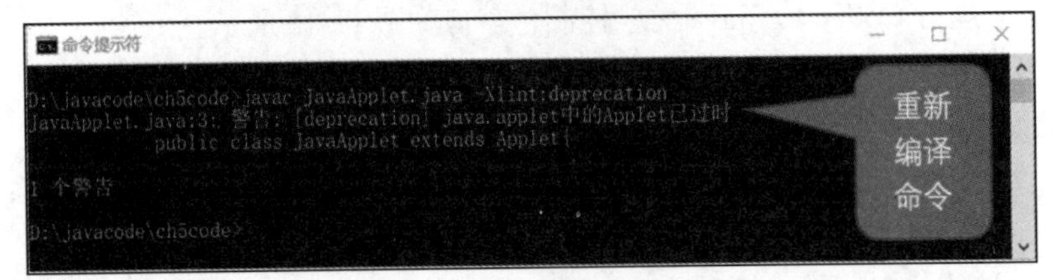

图 11-17　查看警告的代码

如果有些程序员就是想用已经过时的方法，但是很讨厌编译时出现的注意，那么如何实现呢？这时就可以在 SimpleAnnotation.java 文件中加入“@SuppressWarnings”标注，具体内容如下：

```
01  //下面两行导入实现Applet需要的类库
02  import  java.applet.Applet;
03  import  java.awt .*;
04  @SuppressWarnings("deprecation")
05  //通过继承方式定义并实现一个Applet类JavaApplet
06  public class JavaApplet extends Applet{
07      public void paint(Graphics g){
08      //调用Graphics对象g的drawString方法，在html页面的指定位置打印一行字符串
09          g.drawString("This is my first Java Applet!",20,10);
10      }
11  }
```

【代码说明】当在命令窗口中通过 javac 命令来编译上述 Java 文件时，会出现如图 11-18 所示的内容，即不仅编译成功，同时也不出现警告。

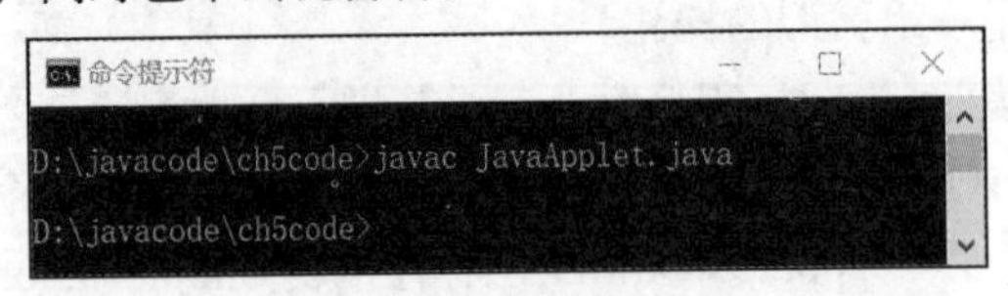

图 11-18　编译源文件

通过上述的代码可以发现，其实“@SuppressWarnings”标注就是告诉 Java 编译器不需要再提示“警告”。

注意	如果上述代码在MyEclipse开发工具中编写，则只会在已过时的方法上画一个横线，如图11-19所示。

```
JavaApplet.java
1 package com.test.pack1;
2 import  java.applet.Applet;
3 import  java.awt .*;
4 @SuppressWarnings("deprecation")
5 public class JavaApplet extends Applet {
6     public void paint(Graphics g){
7                 g.drawString("This is my first Java Applet!",20,10);
8             }
9
10 }
11
```

图 11-19　标注

总之，标注其实就相当于一种标志，加上标注就等于打上了某种标记，没加就等于没有某种标记。当 Java 语言的编译器、开发工具等其他程序在具体编译程序时，就会通过“反射”知道类或其他各种元素上是否有标记，然后就会根据标记去实现相应的功能。

11.6.2 关于 JDK 的内置标注

在最新的 JDK 中，Sun 公司已经提供了几个内建的标注，它们分别为@Override、@Deprecated 和@SuppressWarnings，本小节将详细介绍这些标记的作用。

1．@Override

【实例 11-15】 java.lang.Override 被用作标注方法，主要用于子类在覆盖父类中的方法名时，检测方法名称。如果方法名称正确，则不会有任何提示，否则就会提示错误。为了演示@Override 标注的作用，首先创建一个父类 People.java，具体内容如下：

```
01  public class People {                                    //创建父类People
02      public String toString(){                            //创建toString()方法
03          return "人的名字";
04      }
05  }
```

接着再创建一个继承 People.java 类的关于学生的类 Student4.java，具体内容如下：

```
01  public class Student4 extends People {                  //创建子类Student4
02      @Override                                            //重新标注
03      public String toString1() {
04          return "学生的名字";
05      }
06  }
```

【代码说明】 当 toString1()方法上面没有@Override 标注时，该段代码不会报错。但是如果有@Override，该段代码就会报错。之所以会出现错误，是因为当存在@Override 标注时，编译器就认为该方法为继承类，会从该类的父类中查找是否有与该方法相同的方法。

@Override 标注其实就相当于修饰符，跟 public、void 等修饰符一样，即不仅可以放在方法的上面，而且还可以放在方法的前面。因此还可以写成如下的形式：

```
@Override public String toString1() {
    return "学生的名字";
}
```

注意　@Override是方法标注，只能作用于方法，在覆盖父类方法却又写错了方法名时发挥作用。

2．@Deprecated

对于程序设计员来说，经常会遇到如下的例子，即设计了一个包含 sayHello()方法的类 People1.java，但是经过一段时间后，发现 sayHello1()方法可以更好、更快地实现相同的功能。这个时候如果去掉 sayHello()方法，那么调用该方法的类会出现错误。为了兼容以前的类，而又不建议新设计的类使用 sayHello()方法，就需要对 People1.java 类中的方法 sayHello()进行@Deprecated 标注。

【实例 11-16】为了能够彻底理解@Deprecated 标注的作用，下面设计了一个关于 People1.java 的类，该类的具体内容如下：

```
01  public class People1 {                         //创建父类People1
02      @Deprecated                                //标注为过时方法
03      public void sayHello() {
04          System.out.println("已经过时的方法"); //创建方法sayHello
05      }
06      public void sayHello1() {                  //创建方法sayHello1
07          System.out.println("现在的方法");
08      }
09  }
```

【代码说明】

- sayHello1()和 sayHello()方法可以实现相同的功能，但是前者为建议使用的方法，而后者为不建议使用的方法，所以后者加上了@Deprecated 标注。
- 如果上述代码在 MyEclipse 开发工具中编写，则只会在 sayHello()方法上画一个横线，如图 11-20 所示。

接着创建继承 People1.java 类的学生类 Student.java，具体内容如下：

```
01  public class Student5 {                        //创建类Student5
02      public static void main() {                //主方法
03          People pl = new People1();             //创建对象pl
04          pl.sayHello();                         //调用过时方法
05          pl.sayHello1();
06      }
07  }
```

如果上述代码在 MyEclipse 开发工具中编写，则只会在调用 sayHello()方法上画一个横线，表示该方法不建议使用，如图 11-21 所示。

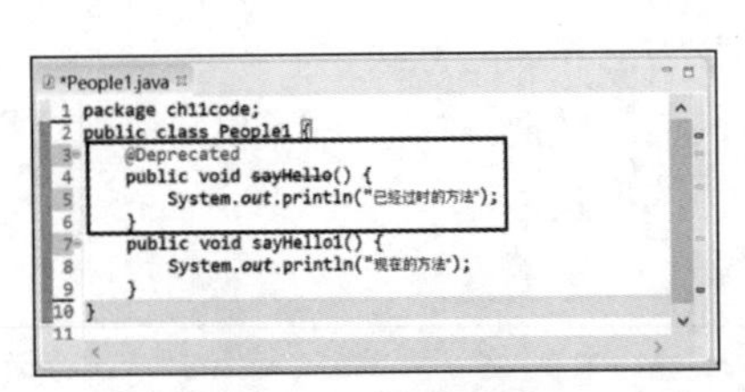

图 11-20　显示过时 1

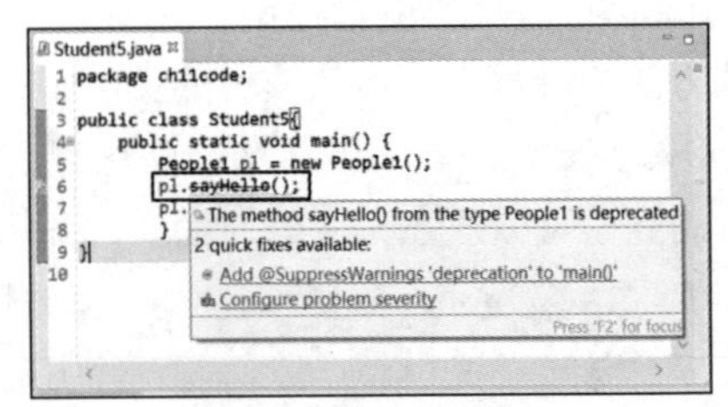

图 11-21　显示过时 2

当一个类或者类成员使用@Deprecated 修饰时，编译器将不鼓励使用这个被标注的程序元素。而且这种修饰具有一定的“延续性”，即在代码中通过继承或者覆盖的方式使用了这个过时的类型或者成员，虽然继承或者覆盖后的类型或者成员并不是被声明为@Deprecated，但编译器仍然要报警。

注意　@Deprecated标注不仅可以用在方法的前面，而且还能用在参数或类的前面。

3．@SuppressWarnings

java.lang.SuppressWarnings 被用作标注类、属性、方法等成员，主要用于屏蔽警告。该标注与前面两个标注的最大不同点在于其带有参数，并且参数不仅可以是一个，还可以是多个。参数的值为警告的类型，例如“已经过时警告”的类型为 deprecation、“没用使用警告”的类型为 unused、“类型不安全警告”的类型为 unchecked 等。

注意　当@SuppressWarnings接收的参数为多个值时，必须以数组的方式为参数赋值。例如@SuppressWarnings({"deprecation","unused","unchecked"})。

11.7　泛型

在 Java 语言的早期版本中，经常会通过对类型 Object 的引用来实现参数的“任意化”，这种“任意化”必然会附带着显式的强制类型转换，而这种转换要求在程序员对实际参数类型预先知道的情况下进行。为了解决上述问题，于是出现了泛型语法。本节将详细介绍关于泛型的相关知识。

11.7.1　为什么要使用泛型

查看关于 Java 语言的 API 帮助文档，经常会遇到类的后面跟着“<E>”标识，例如 Vector <E>、ArrayList<E>等，其实<E>标识就是代表泛型。所谓泛型，其本质就是实现参数化类型，也就是说所操作的数据类型被指定为一个参数。

【实例 11-17】为了能够彻底地理解泛型，下面将通过对集合的操作来讲解泛型出现的原因。在 Java 语言发布初期，程序员经常通过 add()方法实现把元素添加到集合 Vector 里，具体步骤如下：

1）创建关于学生的类，该类的具体内容如下：

```
01  public class Student6 {                                     //创建Student6类
02      private int stuNum;                                     //学生编号的属性
03      public Student(int number) {                            //创建方法Student
04          this.stuNum = number;                               //将参数值赋给类中的变量stuNum
05      }
06      public String toString() {                              //创建方法toString
07          return " " + this.stuNum;                           //返回学号
08      }
09  }
```

2）创建 StudentVectory.java 类，该类实现把学生对象添加到集合 Vectory 中，具体内容如下：

```
01  import java.util.Vector;02public class StudentVectory {
03      public static void main(String[] args) {            //主方法
04          Vector <object> v = new Vector <object> (); //创建集合Vector对象
05          //创建四个学生对象
06          Student6 s1 = new Student6(6);
07          Student6 s2 = new Student6(7);
08          Student6 s3 = new Student6(8);
09          Student6 s4 = new Student6(9);
10          Integer t = new Integer(10);                        //创建一个Integer类型对象
11          //实现把四个对象添加到集合对象v
12          v.add(s1);
13          v.add(s2);
14          v.add(s3);
15          v.add(s4);
16          //把Integer类型的对象t添加进集合对象v中
```

```
17            v.add(t);
18            //遍历集合v
19            for (int i = 0; i < v.size(); i++) {
20                Student6 s = (Student6) v.get(i);        //获取学生的编号
21                System.out.println(s);
22            }
23        }
24    }
```

运行 StudentVectory.java 类，控制台窗口如图 11-22 所示。

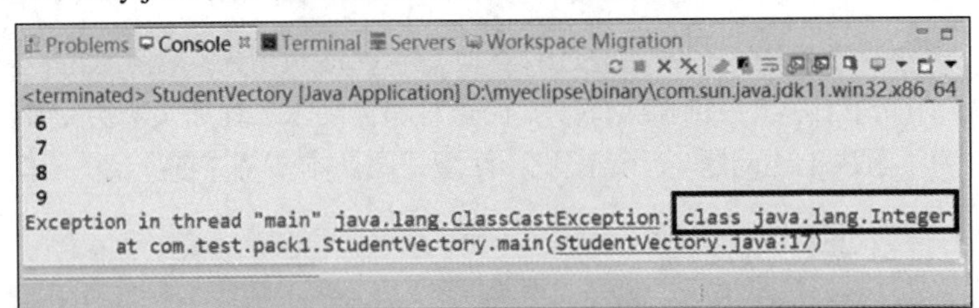

图 11-22　运行结果

【代码说明】上述代码虽然编译通过，但是在运行时却出现了异常——ClassCast Exception。这主要是遍历集合对象 v 的最后一个对象时，由于该对象 t 是 Integer 类型对象而不是 Student 类型对象，所以在运行 “Student s = (Student) v.get(i)” 代码时会出错。

3）对于上述代码存在一种安全隐患，即强制类型转换错误时，编译器是不会提示错误的，但是在运行时却会出现异常。为了解决该问题，程序员会限制 Vector 创建的对象 v 中只能添加 Student 类型的对象，于是程序变成如下代码：

```
01  import java.util.Vector;                              //导入包
02  public class LimitStudentVectory {                    //定义一个LimitStudentVectory类
03      private Vector<Object> v1 = new Vector<Object> ();   //创建Vector对象v1
04      public void add(Student6 s) {                     //向v1中添加学生功能
05          v1.add(s);
06      }
07      public Student get(int t) {                       //获取学生id号
08          return (Student6) v1.get(t);
09      }
10      public int size() {                               //获取集合对象的大小
11          return v1.size();
12      }
13      public static void main(String[] args) {
14          //创建LimitStudentVectory对象v
15          LimitStudentVectory v = new LimitStudentVectory();
16          //创建4个学生对象
17          Student6 s1 = new Student6(6);
18          Student6 s2 = new Student6(7);
19          Student6 s3 = new Student6(8);
20          Student6 s4 = new Student6(9);
21          //创建1个Integer对象
22          Integer t = new Integer(10);
23          //添加各个对象到v对象
24          v.add(s1);
```

```
25              v.add(s2);
26              v.add(s3);
27              v.add(s4);
28              v.add(t);
29              //遍历集合v
30              for (int k = 0; k < v.size(); k++) {
31                  System.out.println(v.get(k));
32              }
33          }
34      }
```

运行 LimitStudentVectory.java 类，控制台窗口如图 11-23 所示。

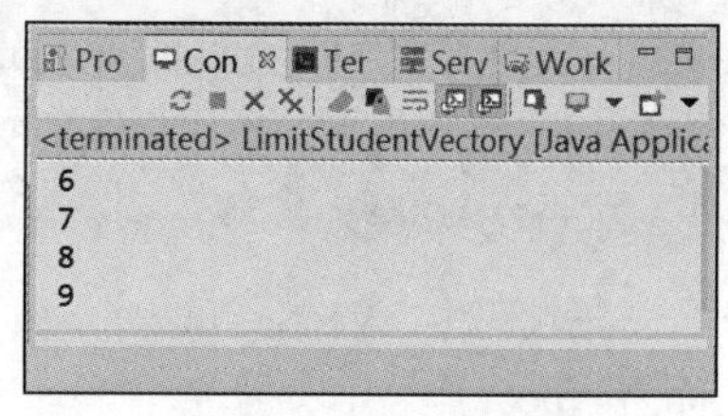

图 11-23 运行结果

【代码说明】

- 在上述代码中，通过定义 add()方法来限制添加的对象必须为 Student 类型的对象，通过 get()方法来限制获取的值必须为 Student 类型的对象。
- 在上述代码中，如果不注释掉“v.add(t)”代码，就会出现编译错误。这是因为 t 对象不是 Student 类型，而是 Integer 类型。

4）上述的代码虽然解决了 StudentVectory 类出现的问题，但是却要写许多的代码。为了解决该问题，可以使用泛型语法。修改后的具体内容如下：

```
01  import java.util.Vector;
02  public class GenericStudentVectory {                  //创建一个GenericStudentVectory类
03      public static void main(String[] args) {          //主方法
04          Vector<Student> v = new Vector<Student>();    //创建对象v
05          Student6 s1 = new Student6(6);
06          Student6 s2 = new Student6(7);
07          Student6 s3 = new Student6(8);
08          Student6 s4 = new Student6(9);
09          Integer t = new Integer(10);                  //创建对象t
10          v.add(s1);
11          v.add(s2);
12          v.add(s3);
13          v.add(s4);
14          v.add(t);
15          for (int k = 0; k < v.size(); k++) {          //遍历集合k
16              System.out.println(v.get(k));
17          }
18      }
19  }
```

运行 GenericStudentVectory.java 类，控制台窗口如图 11-24 所示。

【代码说明】在上述代码中，通过“Vector<Student> v = new Vector<Student>()”这句代码限制了集合 v 中的对象只能是 Student 类型。如果非要添加非 Student 类型对象 t，编译器会报错。

```
<terminated> GenericStudentVectory [Java Applicat
6
7
8
9
```

图 11-24 运行结果

最后，通过 LimitStudentVectory 和 GenericStudentVectory 类的比较，可以发现虽然两个类实现了相同的功能，但是后者却比前者的代码简洁。

11.7.2　关于泛型的一些特性

在最新版本的 Java 语法中，希望在定义集合类的时候，明确表示要向集合中添加哪种类型的数据。于是 Java 语言的 API 帮助文档中，集合类的后面都跟着“<E>”标识。例如关于 Vector 类的定义：

```
Vector<E>
```

在上述定义中，此处的 E 指定 Vector 对象中只能存放 E 这种类型的对象。其中 Vector<E>称为 Vector 泛型类型，E 称为类型变量或类型参数，Vector 称为原始类型。

```
Vector<Integer> v = new Vector< Integer >();
```

在代码中，Vector<Integer>称为参数化类型，Integer 称为类型参数的实例或实际类型参数，<>称为 typeof。

到现在为止，已经知道了如何定义泛型和为什么要使用泛型，那么泛型具有一些什么特性呢？下面将详细介绍关于泛型的特性。

1．参数化类型与原始类型的兼容

当参数化类型引用一个原始类型的对象时，编译器只是警告而不报错。同样当原始类型引用一个参数化类型对象时，编译器也只是警告而不报错。例如：

```
Vector<String> v = new Vector();
Vector v = new Vector(String);
```

2．参数化类型无继承性

为了能够理解该特性，可以先看下面的代码片段：

```
Vector<String> v = new Vector(String);
Vector<Object> v1 = v;
```

有些程序员认为由于 String 类型是 Object 类型的子类，所以 String 类型的 Vector 对象 v 可以赋值给 Object 类型的 Vector 对象 v1。

接着看下面的代码片段：

```
v1.add(new Object());
String s = v.get(0);
```

在上述代码中，首先给 v1 对象中添加一个 Object 类型对象成员，接着由于 v1 与 v 都指向同一个对象，所以可以通过 v 对象获取添加到 v1 对象中的成员。这时就会出现错误，因为 v 对象中的成员不再是 String 类型。所以代码“Vector<Object> v1 = v”是错误的。

这就好比某部门提供一个教师信息表给人口普查局，人口普查局可能会往教师信息表里加入学生等信息，这就破坏了教师信息记录。

3．泛型的“去类型”特性

所谓“去类型”，就是指泛型中的类型只是提供给编译器使用的，当程序编译成功后就会去掉“类型”信息。

【实例 11-18】 为了能够彻底理解该特性，将通过 AdvancedGeneric.java 类具体演示，该类的具体内容如下：

```
01  import java.util.ArrayList;
02  public class AdvancedGeneric {                                      //创建一个AdvancedGeneric类
03      public static void main(String[] args) {                                    //主方法
04          ArrayList<String> arry1= new ArrayList<String>();     //创建对象arry1
05          arry1.add("cjg");
06          ArrayList<Integer> arry2 = new ArrayList<Integer>(); //创建对象arry2
07          arry2.add(27);
08          System.out.println("arry1对象与arry2对象是否指向同一份字节码?
                "+(arry1.getClass()==arry2.getClass()));
09      }
10  }
```

【运行效果】 运行 AdvancedGeneric.java 类，控制台窗口如图 11-25 所示。

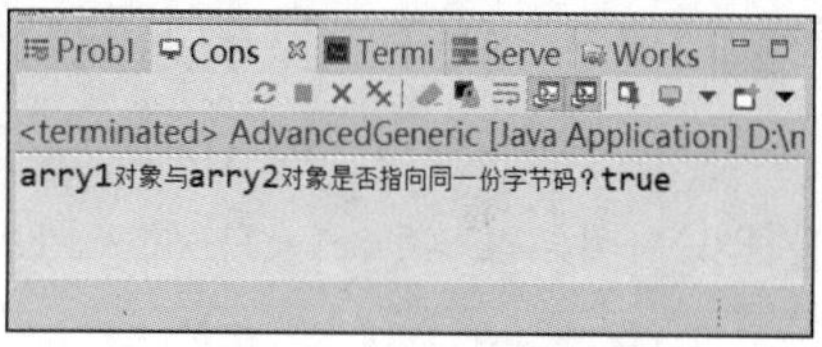

图 11-25　运行结果

【代码说明】 泛型的作用只是限制集合中的输入类型，让编译器挡住源程序中的非法输入。即编译器能够辨认出 arry1 集合中只能添加字符串对象，而 arry2 对象中只能添加整型对象。当向两个对象中添加其他类型的对象时，编译器就会报错。

- 代码“arry1.getClass()==arry2.getClass()”的结果为 true，则说明编译器生成的关于对象 arry1 集合和 arry2 集合的字节码为同一个对象。

通过 AdvancedGeneric.java 类的运行结果，可以发现编译器编译带参数说明的集合时会去掉“类型”信息。这样有一个好处，程序具体运行时将不会受到泛型的影响。

4. 利用反射绕过泛型的类型限制

【实例 11-19】 由于编译器生成的字节码会去掉泛型的类型信息，所以只要能跳过编译器，还是可以给通过泛型限制类型的集合中加入其他类型的数据。下面将通过 ReflectionGeneric.java 类来演示如何实现不同类型对象的添加，具体内容如下：

```
01  import java.util.ArrayList;                                   //导入相应的包
02  import java.lang.reflect.InvocationTargetException;
03  public class ReflectionGeneric {                              //创建一个ReflectionGeneric类
04      public static void main(String[] args) throws IllegalArgumentException, Security
        Exception, IllegalAccessException, InvocationTargetException, NoSuchMethodException {
05          ArrayList<Integer> arry1 = new ArrayList<Integer>();        //创建集合arry1
06          //添加两个整数型数字
07          arry1.add(27);
08          arry1.add(29);
09          //通过反射向集合中添加字符型abc
10          arry1.getClass().getMethod("add", Object.class).invoke(arry1, "abc");
11          //输出集合中的各个元素
12          System.out.println("第一个元素为: "+arry1.get(0));
13          System.out.println("第二个元素为: "+arry1.get(1));
14          System.out.println("第三个元素为: "+arry1.get(2));
15      }
16  }
```

【运行效果】 运行 ReflectionGeneric.java 类，控制台窗口如图 11-26 所示。

【代码说明】 在代码“arry1.getClass().getMethod("add", Object.class).invoke (arry1, "abc");”中，首先通过 getClass().getMethod("add",Object.class)方法获得字节码中的 add()，该方法的参数为一个 Object 类型，接着通过 invoke()方法实现调用对象 arry1 的 add("abc")方法，即向对象 arry1 中添加一个字符串对象。代码“arry1.get(2)”实现获取对象 arry1 中的第三个元素。

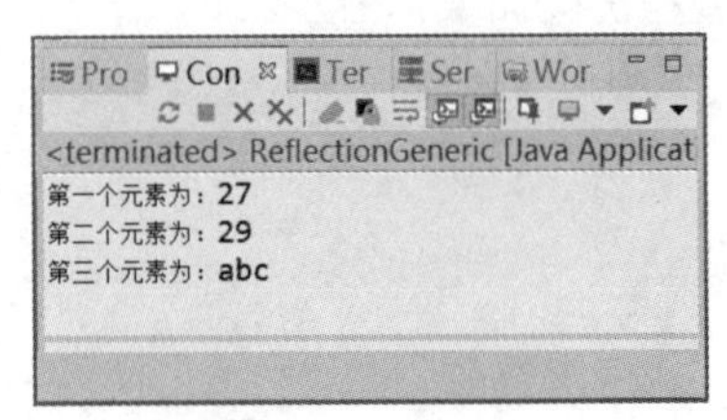

图 11-26 运行结果

通过 ReflectionGeneric.java 类的运行结果可以发现，虽然泛型限制了对象 arry1 的类型只能是 Integer 类型，但是却可以通过反射绕过编译器向对象 arry1 中添加一个字符串对象 abc。

11.7.3 关于泛型的通配符

查看关于 Java 语言的 API 帮助文档，经常会遇到类的后面跟着<?>、<? extends U>和<? super U>等标识，例如<U> Class <? Extends U>等。如果想彻底了解这些通配符，则需要从为什么要出现通配符开始。

【实例 11-20】 从上面的几节内容可以发现泛型可以实现类型的参数化，但是在具体定义时却使得泛型类型固定化。那么参数的类型可以任意化吗？例如如何定义一个能接受任意参数化类型的集合方法。有的程序员通过设置方法接受的类型参数的实例为 Object 来实现，具体内容如下：

```
01  import java.util.Vector;
02  public class RandomGenerObject {                        //创建一个RandomGenerObject类
03      public static void main(String[] args) {            //主方法
04          Vector<Integer> v = new Vector<Integer>();      //创建Integer类型泛型对象
05          Vector<Object> v1 = new Vector<Object>();       //创建Object类型泛型对象
06          //调用静态方法radomMeth()
07          //radomMeth(v);
08          radomMeth(v1);
09      }
10      public static void radomMeth(Vector<Object> vector) {  //接受任意类型泛型方法
11          vector.add("cjg");
12          vector.add(156);
13          for (Object obj : vector) {                         //通过循环实现遍历
14              System.out.println(obj);
15          }
16      }
17  }
```

【运行效果】 运行 RandomGenerObject.java 类，控制台窗口如图 11-27 所示。

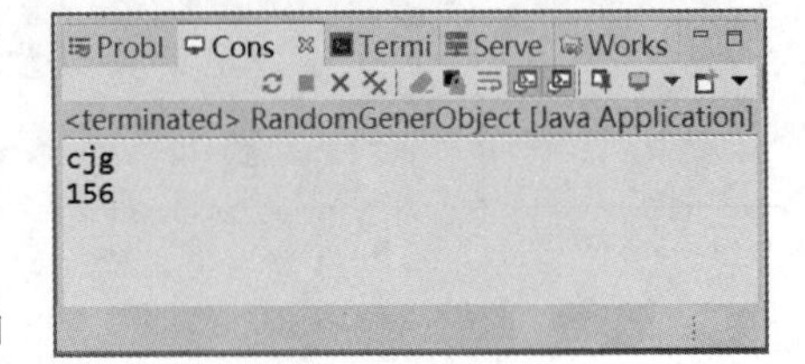

图 11-27 运行结果

【代码说明】

- 在 radomMeth()方法中，对于 Vector<Object>泛型，实现了可以向该参数中添加任意类型的对象，例如“vector.add("cjg"); vector.add(156);”代码。这是因为任何对象的基类都是 Object 类型，所以任何类型的对象都可以自动转换成 Object 类型。

- 在具体调用 radomMeth()方法时，只要传入的参数为 Object 类型泛型对象，才会正确运行。如果是其他类型泛型对象，编译则会出错。这是因为参数化类型无继承性特性。

【实例 11-21】 从 RandomGenerObject 类的最后实现功能可以发现，参数类型为 Object 类型泛型的方法 radomMeth()并能接受任何类型的参数。为了实现该功能，于是在泛型中出现了“?”标识。那么 RandomGenerObject 类的内容就可以修改成 RandomGener 类，该类的具体内容如下：

```
01  import java.util.Vector;
02  public class RandomGener {                                    //创建一个RandomGener类
03      public static void main(String[] args) {                  //主方法
04          Vector<Integer> v = new Vector<Integer>();            //创建Integer类型泛型对象
05          //添加成员
06          v.add(1);
07          v.add(2);
08          Vector<Object> v1 = new Vector<Object>();             //创建Object类型泛型对象
09          //添加成员
10          v1.add("aa");
11          v1.add(2.2);
12          radomMeth(v);
13          radomMeth(v1);
14      }
15      public static void radomMeth(Vector<?> vector) {          //接受任何类型参数的方法
16          // vector.add("1");
17          System.out.println("输出" + vector + "各个成员----------");
18          for (Object obj : vector) {                           //通过循环实现遍历
19              System.out.println(obj);
20          }
21          System.out.println("对象的大小" + vector.size());
22      }
23  }
```

【运行效果】 运行 RandomGenerObject.java 类，控制台窗口如图 11-28 所示。

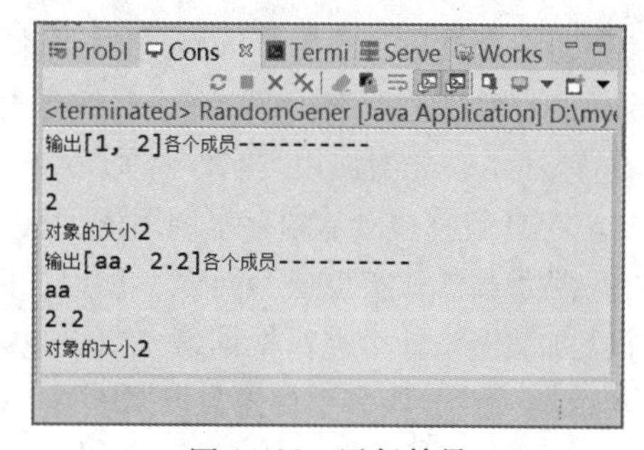

图 11-28　运行结果

【代码说明】

- 在方法 radomMeth()方法中，通过“?”标识实现接受任何类型参数方法。即在具体调用该方法时，传入的对象的类型可以是任意的，例如 Integer 类型的对象 v 和 Object 类型的对象 v1。
- 在方法 radomMeth()方法中，虽然可以接受任意类型的参数，但是具体接受什么类型只有在具体调用该方法时才能确定。因此在该方法中添加确定类型的成员 vector.add("1")，编译则会报错。可是如果调用与参数类型无关的方法 vector.size()，编译则不会报错。

11.8　类加载器

由于 Java 语言是一种解释型编程语言，所以当程序运行时 Java 虚拟机就将编译生成的.class

文件按照需求和一定的规则加载进内存，并组织成为一个完整的 Java 应用程序，该过程就是由类加载器自动完成的。类加载是 Java 语言提供的最强大的机制之一。尽管类加载并不是 Java 语言的重点知识点，但是理解其工作机制可以让程序员节省编码时间。

11.8.1 什么是类加载器

所谓类加载器就是加载类的工具，Java 虚拟机（JVM）运行类的第一件事情就是将该类的字节码加载进来，即类加载器根据类的名称定位和生成类的字节码数据，然后返回给 JVM。

对于 Java 源代码运行的具体过程如图 11-29 所示，首先 Java 编译器会把.java 后缀名的 Java 源文件编译成中间层的字节码文件（ByteCode），然后由 JVM 解释执行字节码文件。从该运行体系结构图中可以发现，类加载器只要能提供给 JVM 调用的类字节码就可以，因此类加载器也可以描述为字节码的制造器。

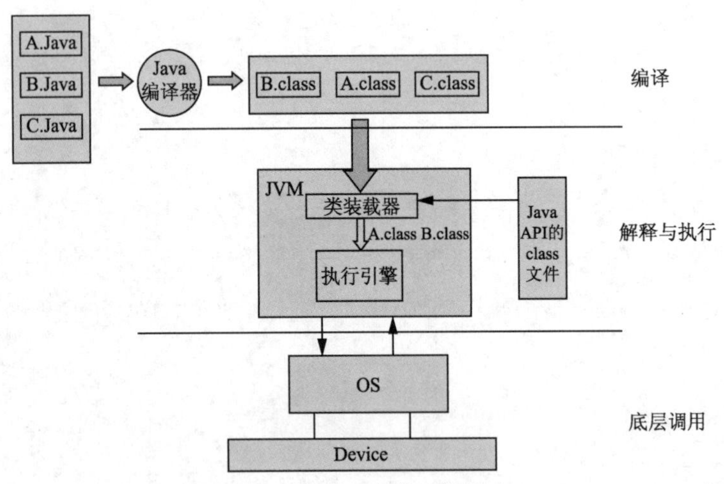

图 11-29 运行体系结构

当一个类被加载后，JVM 将其编译为可以执行的代码（字节码）存储到内存中，同时会将索引信息存储到一个 HashTable 中，注意索引的关键字就是被加载类的完整名字。如果 JVM 想运行某个类时，首先会使用类名作为关键字在 HashTable 中查找相应的信息，如果该可执行代码已经存在，JVM 就直接会从内存里调用该可执行代码，否则就调用类加载器进行加载和编译。

类加载器其实也是 Java 类，所以任何 Java 类的类加载器本身也要被类加载器加载，那么第一个类加载器是什么呢？根据第 1 章的内容可以发现，如果想手工运行一个.class 文件则必须运行 java.exe 命令。该命令首先会根据%JAVA_HOME%\jre\lib\i386\jvm.cfg 配置来选择激活 JVM，启动之后进行初始化工作，之后便会产生 BootstrapLoader 加载器。

注意 由于BootstrapLoader加载器不需要加载，所以其不是Java类而是利用C++语言编写的。

在 JVM 中有两个内置类加载器：ExtClassLoader 和 AppClassLoader，它们定义在 sun.misc.Launcher.class 中，为内部类，是由 Bootstrp Loader 加载进入 JVM。

最后，由于 Class 类用于描述 Java 程序语言中一个类的有关信息，即会封装具体类的字节码数据，所以可以这样理解：类加载器装载某个类字节码的过程实际上就是创建 Class 类的一个实例对象。

11.8.2 什么是类加载器的委派模型

通过上一小节的讲解可以发现在JVM中存在多个类加载器，那么当JVM加载一个具体的类时，通过什么方式来选择类加载器呢？这些类加载器之间有什么关系呢？

首先关于第一个类加载器（BootstrpLoader）——引导类加载器，之所以会出现该类加载器，这主要是因为其他类加载器也需要类加载器来加载，那就出现了类似于人类第一位母亲是如何产生出来的问题，于是在 JVM 中嵌入了一个利用 C++语言编写的类加载器。引导类加载器由操作系统的本地代码来实现，不需要专门的类加载器去进行加载，主要负责加载 Java 核心包中的类（%JAVA_HOME%\jre\lib 目录下的 jar 文件），例如 jce.jar、rt.jar 等。

其次在 JVM 中还有另外两个类加载器：ExtClassLoader（扩展类加载器）和 AppClassLoader（应用程序类加载器），这两个类加载器都是利用 Java 语言编写的 Java 类。顾名思义，扩展类加载器主要负责扩展路径下的代码，即位于%JAVA_HOME%\jre\lib\ext 目录下的 jar 文件或通过 java.ext.dirs 这个系统属性指定路径下的代码；应用程序类加载器主要负责加载应用程序，即 ClASSPATH 这个系统属性指定路径下的代码。

最后由于 JVM 中所有的类加载器利用树形结构进行组织，所以在实例化一个类加载器对象时，需要为其指定一个父亲类加载器对象。虽然每个类加载器只能加载特定位置和目录中的类，但是却可以通过委托模式委托它的父亲类加载器去加载类。即如果应用程序类加载器需要加载一个类，它首先委托扩展类加载器，扩展类加载器再委托引导类加载器。如果父类加载器不能加载类，子类加载器就会在自己的库中查找这个类。基于这个特性，类加载器只负责它的祖先无法加载的类。

【实例 11-22】为了能彻底理解类加载器的委托模式，将通过 InternalLoad.java 类具体演示，该类的具体内容如下：

```
01  public class InternalLoad {                                      //创建一个InternalLoad类
02      public static void main(String[] args) {                    //主方法
03          System.out.println("----------------------");
04          // InternalLoad类加载器的名字
05          System.out.println("InternalLoad类加载器的名字:"
06                  + InternalLoad.class.getClassLoader().getClass().getName());
07          System.out.println("----------------------");
08          // System类加载器的名字
09          System.out.println("System类加载器的名字:" + System.class.getClassLoader());
10          // 获取InternalLoad类加载器
11          ClassLoader load = InternalLoad.class.getClassLoader();
12          System.out.println("----------------------");
13          //遍历InternalLoad类加载器
14          while (load != null) {
15              System.out.println(load.getClass().getName());
16              load = load.getParent();
17          }
18          System.out.println(load);
19      }
20  }
```

【运行效果】 运行 InternalLoad.java 类，控制台窗口如图 11-30 所示。

【代码说明】

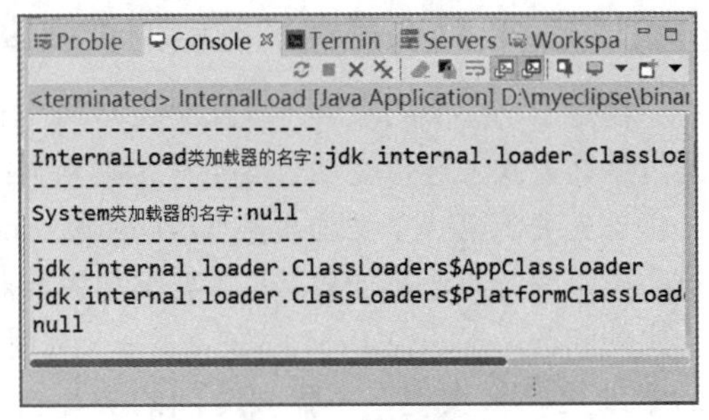

图 11-30 运行结果

- ❑ 如果想获取某个类的字节码，可以通过“类名.class”或“对象.getClass()”形式来实现。对于类的字节码对象如果想获取加载其的类加载器对象可以通过方法 getClassLoader()来实现。即代码 InternalLoad.class.getClassLoader().getClass().getName()能够实现获取加载 InternalLoad 字节码的名字。
- ❑ 对于代码 System.class.getClassLoader()如果改写成 InternalLoad.class.getClassLoader(). getClass().getName()，则会出现 NullPointerException 错误。这是因为类 System 的加载器就为 Null 不是 Java 类对象，当某个类的加载器为 Null 时，不代表该类没加载器而是为默认的类加载器——BootstrpLoader。
- ❑ 如果想获取某个类加载器的父亲加载器，可以通过 getParent()方法来实现。通过遍历 InternalLoad 类的加载器，可以发现 AppClassLoader 父亲加载器为 ExtClassLoader，而 ExtClassLoader 加载器的父亲加载器为 BootstrpLoader。对于运行结果中的 sun.misc.Launcher 则为类加载器类的包。
- ❑ 由于类 System 在%JAVA_HOME%\jre\lib\rt.jar 文件中，所以其类加载器为 BootstrpLoader，而 InternalLoad 类存储在 CLASSPATH 系统属性指定的目录里，所以其类加载器由 AppClassLoader 来加载。

11.9 动态代理

由于 Java 语言是一种解释型编程语言，所以当程序运行时 Java 虚拟机就将编译生成的.class 文件按照需求和一定的规则加载进内存，并组织成为一个完整的 Java 应用程序，该过程由类加载器自动完成。

11.9.1 什么是代理

代理这个术语对于任何人来说都不陌生，因为在现实生活中经常会与其打交道。本小节就以买书为例讲解什么是代理。

假设你需要买一本书，一种方法是亲自去各大书店去查找是否有自己需要的书，然后才能买。你可能非常忙，没有时间去处理这些事情，那么可以去找中介（如当当网），让它帮你处理这些事情，中介实际上就是你的代理。本来是你要做的事情，现在由中介帮助你一一处理。对于你来说同书店直接交易跟同中介直接交易没有任何差异，你甚至可能觉察不到书店的存在，这实际上就是代理的一个最大好处。

为什么不直接到书店买书而需要中介？其实一个问题恰恰解答了什么时候该用代理模式的问题。

【原因一】 可能在上班，没时间到书店购书。

对应到应用程序：客户端无法直接操作实际对象。那么为什么无法直接操作呢？一种情况是需要调用的对象在另外一台计算机上，需要跨越网络才能访问。如果想直接去调用对象，需要处理网络连接、打包、解包等非常复杂的步骤，所以为了简化客户端的处理就出现了代理。即在客户端建立一个远程对象的代理，客户端就像调用本地对象一样调用该代理，再由代理去跟实际对象联系，对于客户端来说可能根本没有感觉到调用的东西在网络的另外一端，这实际上就是 Web Service 的工作原理。另一种情况虽然需要调用的对象就在本地，但是由于调用非常耗时，影响正常的操作，所以特意找个代理来处理这种耗时的情况。

【原因二】可能不知道去书店的路线，或者说除了会干的事情外，还需要做其他的事情才能达成目的。

对应到应用程序：除了当前类能够提供的功能外，还需要补充一些其他功能。最容易想到的情况就是权限过滤，即有一个类做某项业务，但是由于安全原因只有某些用户才可以调用这个类，此时就可以做一个该类的代理类，要求所有请求必须通过该代理类，由该代理类做权限判断，如果安全则调用实际类的业务开始处理。可能有人说：为什么要多加个代理类？只要在原来类的方法里面加上权限过滤不就完了吗？这主要是因为在程序设计中类具有单一性原则,即每个类的功能尽可能单一。如果把权限判断放在当前类里面，当前这个类就既要负责自己本身业务逻辑，又要负责权限判断，如果权限规则或业务逻辑有一个需要变化，这个类就必须得改，显然这不是一个好的设计。

关于代理涉及的概念如图 11-31 所示。

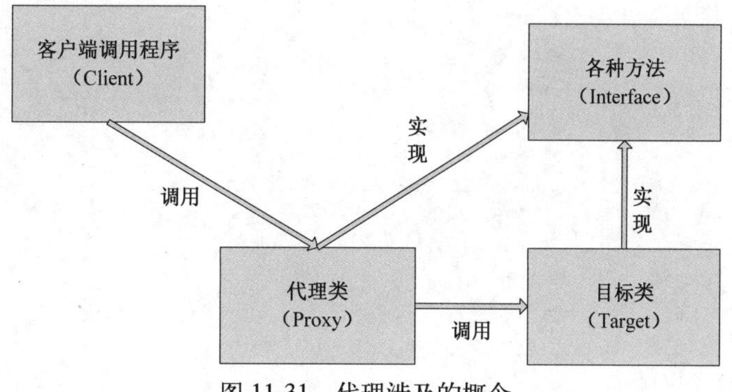

图 11-31 代理涉及的概念

11.9.2 关于动态代理基础类

在上一小节了解了代理的基本知识，例如什么是代理、代理的基本概念等，本小节将接着上一小节的内容，讲解如何创建动态代理。Sun 公司为了方便程序员实现动态代理，设计了许多关于动态代理的类。

查看 API 帮助文档，可以发现 java.lang.reflect 包中的 Proxy 类和 InvacationHandler 接口提供了生成动态代理类的能力。Proxy 类提供了创建动态代理的类及其实例的静态方法。

1．方法 getProxyClass()

getProxyClass()——创建动态代理类的字节码。它的完整定义如下：

```
    public static Class<?> getProxyClass(ClassLoader loader,Class<?>[] interface) throws
IllegalArgumentException
```

在上述定义中参数 loader 指定了动态代理类的类加载器，参数 interface 指定动态代理类所要实现的接口。

2．方法 newProxyInstance()

newProxyInstance()——创建动态代理类的实例。它的完整定义如下：

```
    public static newProxyInstance(ClassLoader loader,Class<?> []
interface,InvocationHandler handler)  throws IllegalArgumentException
```

在上述定义中参数 loader 指定动态代理类的类加载器，参数 interface 指定动态代理类所要实现的接口，参数 handler 指定与动态代理类关联的 InvocationHandler 对象。

而 InvocationHandler 接口为 Proxy 类的拦截器接口，用来指示 Proxy 类拦截到方法调用时做何处理，该接口拥有一个重要的方法 invoke()，具体定义如下：

```
Object invoke(Object proxy, Method method, Object[] args) throws Throwable
```

在上述定义中参数 proxy 为代理实例，参数 method 为被拦截的方法，参数 args 为参数列表。

【实例 11-23】下面将通过一个简单类 ProxyFunction.java 来讲解如何获取动态代理类的构造函数和其他函数，具体内容如下：

```
01  //导入相应的包
02  import java.lang.reflect.Constructor;
02  import java.lang.reflect.Executable;
03  import java.lang.reflect.InvocationTargetException;
04  import java.lang.reflect.Proxy;
    import java.util.Collection;
05  public class ProxyFunction {                              //创建一个ProxyFunction类
06      public static void main(String[] args) throws SecurityException,
        NoSuchMethodException, IllegalArgumentException,
        InstantiationException, IllegalAccessException,
        InvocationTargetException {                           //主方法
07          //获取代理类的字节码
08          Class proxy1 = Proxy.getProxyClass(Collection.class.getClassLoader(),
            Collection.class);
09          System.out.println(proxy1.getName());             //输出字节码的名字
10          System.out.println("构造函数的列表---------------------");
11          //获取构造函数集
12          Constructor[] constructors = proxy1.getConstructors();
13          for (Constructor constructor : constructors) {   //遍历构造函数
14              String name = constructor.getName();          //获取构造函数的名字
15              //创建关于name变量的字符串
16              StringBuilder sBuilder = new StringBuilder(name);
17              sBuilder.append('(');                         //字符串后添加“(”
18              //获取构造函数参数的类型
19              Class[] params = constructor.getParameterTypes();
20              for (Class param : params) {                  //遍历参数的类型
21                  sBuilder.append(param.getName()).append(',');
22              }
23              if (params != null && params.length != 0) {
24                  sBuilder.deleteCharAt(sBuilder.length() - 1);
25              }
26              sBuilder.append(')');
```

```
27                    System.out.println(sBuilder.toString());    //输出字符串
28                }
29                System.out.println("方法的列表----------------------");
30                java.lang.reflect.Method[] methods = proxy1.getMethods();//获取方法集
31                for (java.lang.reflect.Method method : methods) {//遍历方法
32                    String name = method.getName();
33                    StringBuilder sBuilder = new StringBuilder(name);
34                    sBuilder.append('(');
35                    Class[] params = ((Executable)method).getParameterTypes();
36                    for (Class param : params) {                    //遍历方法的类型
37                        sBuilder.append(param.getName()).append(',');
38                    }
39                    if (params != null && params.length != 0) {
40                        sBuilder.deleteCharAt(sBuilder.length() - 1);
41                    }
42                    sBuilder.append(')');
43                    System.out.println(sBuilder.toString());    //输出方法
44                }
45    }
```

【运行效果】运行 ProxyFunction.java 类，控制台窗口如图 11-32 所示。

```
Problems  Console  Terminal  Servers  Workspace Migration
<terminated> ProxyFunction [Java Application] D:\myeclipse\binary\com.sun.java.jdk11.win32.x86_64_1.11.2\bin\javaw.exe
toString()
hashCode()
clear()
isEmpty()
contains(java.lang.Object)
size()
toArray([Ljava.lang.Object;)
toArray()
toArray(java.util.function.IntFunction)
iterator()
spliterator()
addAll(java.util.Collection)
stream()
forEach(java.util.function.Consumer)
containsAll(java.util.Collection)
retainAll(java.util.Collection)
removeAll(java.util.Collection)
removeIf(java.util.function.Predicate)
parallelStream()
isProxyClass(java.lang.Class)
newProxyInstance(java.lang.ClassLoader,[Ljava.lang.Class;,java.lang.reflect.InvocationHandler)
getInvocationHandler(java.lang.Object)
getProxyClass(java.lang.ClassLoader,[Ljava.lang.Class;)
wait(long)
wait(long,int)
wait()
getClass()
notify()
notifyAll()
```

图 11-32　运行结果

【代码说明】

- 在上述代码中首先通过代理类 Proxy 的 getProxyClass()方法获取关于接口 Collection 的动态类字节码。
- 获取关于 Collection 动态类字节码后，首先通过 getConstructors()方法获取构造函数集和

getParameterTypes()获取构造函数的参数类型，然后通过遍历输出所有的构造函数。同时通过 getMethods()方法获取函数集和 getParameterTypes()获取函数的参数类型，然后通过遍历输出所有的函数。

注意 关于构造函数的参数类型为java.lang.reflect.InvocationHandler。

【实例 11-24】通过反射方法可以获取关于动态代理类的各种函数后，就可以通过函数中的构造函数来创建动态类的实例对象。下面将通过一个简单类 ProxyInstan.java 来讲解如何实例化动态类，具体内容如下：

```
01  //导入相应的包
02  import java.lang.reflect.Constructor;
03  import java.lang.reflect.InvocationHandler;
04  import java.lang.reflect.InvocationTargetException;
05  import java.lang.reflect.Method;
06  import java.lang.reflect.Proxy;
07  import java.util.Collection;
08  public class ProxyInstan {                                  //创建一个ProxyInstan类
09      public static void main(String[] args) throws IllegalArgumentException,
10              InstantiationException, IllegalAccessException,
11              InvocationTargetException, SecurityException, NoSuchMethodException {
12          Class proxy1 = Proxy.getProxyClass(Collection.class.getClassLoader(),
13                  Collection.class);                          //获取动态类字节码
14          Constructor constructor = proxy1
15                  .getConstructor(InvocationHandler.class); //获取相关参数构造函数
16          //关于InvocationHandler类型的类
17          class MyInvocationHander1 implements InvocationHandler {
18              @Override
19              public Object invoke(Object proxy, Method method, Object[] args)
20                      throws Throwable {
21                  return null;
22              }
23          }
24          Collection collection = (Collection) constructor
25          .newInstance(new MyInvocationHander1());        //利用构造函数实例化动态类
26  
27          //利用匿名类的方式实例化动态类
28          Collection collection1 = (Collection) constructor
29                  .newInstance(new InvocationHandler() {
30                      @Override
31                      public Object invoke(Object proxy, Method method,
32                              Object[] args) throws Throwable {
33                          return null;
34                      }
35                  });
36          //输出动态类实例对象
37          System.out.println(collection);
38          System.out.println(collection1);
39      }
40  }
```

【运行效果】 运行 ProxyInstan.java 类，控制台窗口如图 11-33 所示。

【代码说明】

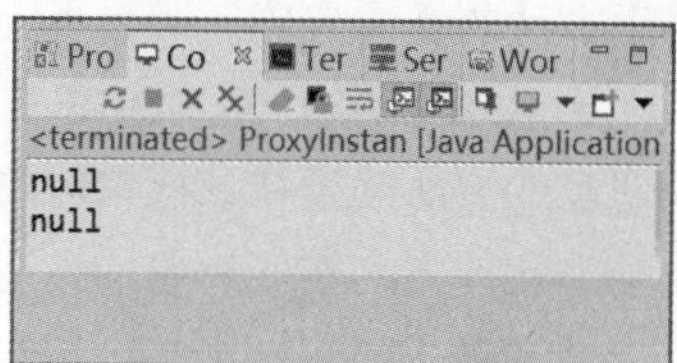

图 11-33　运行结果

- 在上述代码中首先通过代理类 Proxy 的 getProxyClass()方法获取关于接口 Collection 的动态类字节码。
- 由于动态类的构造函数为 constructor()，参数类型为 Invocation Handler。所以在具体实例化动态类时，需要获取到关于于 InvocationHandler 接口的对象。上述代码通过两种方式来调用 constructor()方法：内部类方式和匿名类方式。

> **注意**　虽然输出结果为null，但是该值并不表示collection和collection1对象为null。

【实例 11-25】 通过上述代码可以发现，如果想创建动态类实例，需要经历两个步骤：创建动态类和实例化动态类。那么能不能把两个步骤合并成一个步骤，即直接创建动态类实例化对象呢？下面将通过一个简单类 ProxyDirectInstan.java 来讲解如何直接创建动态类实例化对象，具体内容如下：

```
01  //导入相应的包
02  import java.lang.reflect.InvocationHandler;
03  import java.lang.reflect.Method;
04  import java.lang.reflect.Proxy;
05  import java.util.Collection;
06  public class ProxyDirectInstan {
07      public static void main(String[] args) {
08          //通过调用newProxyInstance()方法实例化动态代理类
09          Collection proxy1 = (Collection) Proxy.newProxyInstance(
10                  Collection.class.getClassLoader(),
11                  new Class[] { Collection.class }, new InvocationHandler() {
12                      @Override                   //重写方法invoke()
13                      public Object invoke(Object proxy, Method method,
14                              Object[] args) throws Throwable {
15                          return null;            //返回null
16                      }
17                  });
18          System.out.println(proxy1);             //输出proxy1对象
19      }
```

【运行效果】 运行 ProxyDirectInstan.java 类，控制台窗口如图 11-34 所示。

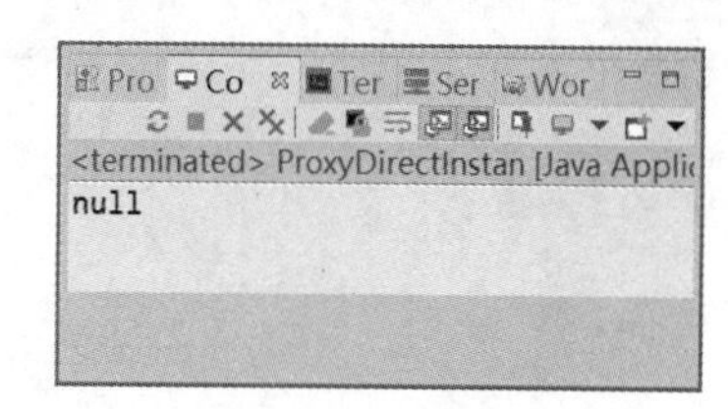

图 11-34　运行结果

【代码说明】 在上述代码中通过 Proxy 类的 newProxy Instance()方法直接实例化动态代理类，在该方法中需要传入 3 个参数：动态代理类所要实现的接口、动态代理类的类加载器和实现 Invocation Handler 接口对象。

11.9.3　关于 InvocationHandler 接口

通过上一小节内容可以发现，如果想创建动态代理类对象，需要提供给 JVM 一些必要的信息。首先目标类实现哪些接口，即代理类可以拥有接口中的所有方法和一个接受 InvocationHandler 参数的构造函数；接着动态代理类字节码还必须有一个关联的类加载器对象；最后还需要编写动态代理类中方法的具体代码。

如何编写动态代理类中的方法呢？查看 API 帮助文档可以发现 InvocationHandler 接口，动态代理类的方法必须在该接口对象的 invoke()方法里编写。对于 InvocationHandler 接口对象则是在创建动态代理类的实例对象的构造方法时传递进去。

【实例 11-26】 当动态代理类调用接口中的相应方法时，程序是如何运行的呢？下面将通过一个简单类 InterfaceMethod.java 来讲解动态代理类中接口方法的运行过程，具体内容如下：

```
01  import java.lang.reflect.InvocationTargetException
02  import java.lang.reflect.InvocationHandler;
03  import java.lang.reflect.Constructor;
04  import java.lang.reflect.Proxy;
05  import java.lang.reflect.Method;
06  import java.util.ArrayList;
07  import java.util.Collection;
08  public class InterfaceMethod {                          //创建一个InterfaceMethod类
09      public static void main(String[] args) throws SecurityException,
10              NoSuchMethodException, IllegalArgumentException,
11              InstantiationException, IllegalAccessException,
12              InvocationTargetException {                 //主方法
13          Class proxy1 = Proxy.getProxyClass(Collection.class.getClassLoader(),
14                  Collection.class);                      //获取动态类字节码
15          Constructor constructor = proxy1
16                  .getConstructor(InvocationHandler.class);//获取相关参数构造函数
17          // 关于InvocationHandler类型的类
18          class MyInvocationHander1 implements InvocationHandler {
19              ArrayList target = new ArrayList();     //创建ArrayList类型对象
20              @Override
21              //编写invoke()方法
22              public Object invoke(Object proxy, Method method, Object[] args)
23                      throws Throwable {
24                  //获取系统的当前时间
25                  long beginTime = System.currentTimeMillis();
26                  System.out.println("开始时间" + beginTime);
27                  //调用target对象的相应方法
28                  Object ret = method.invoke(target, args);
29                  //获取系统的当前时间
30                  long endTime = System.currentTimeMillis();
31                  System.out.println("结束时间" + endTime);
32                  return ret;                             //返回ret
33              }
34          }
35          Collection collection = (Collection) constructor
36                  .newInstance(new MyInvocationHander1());     //实例化动态代理类
37          //调用相应方法
38          collection.add("124");
39          collection.add("123");
40          System.out.println("集合中的元素数"+collection.size());
41  }
```

【运行效果】 运行 InterfaceMethod.java 类，控制台窗口如图 11-35 所示。

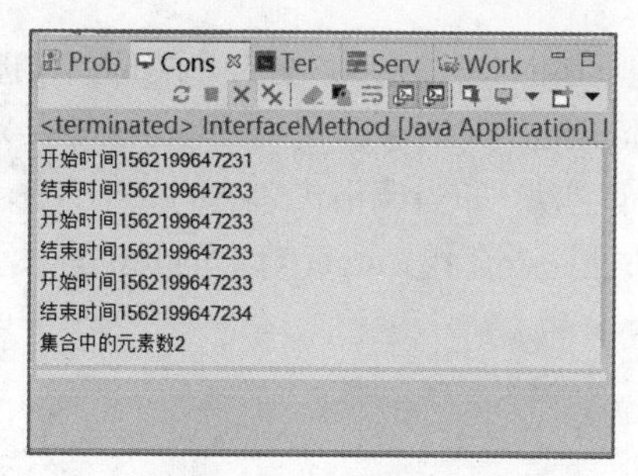

图 11-35　运行结果

【代码说明】

- 在上述代码中是通过反射的方式来获取动态代理类的构造函数，然后才调用该构造函数来实例化动态代理类。根据构造函数的基础知识，可以知道构造函数的运行原理如下：

```
$Proxy0 implements Collection{
    InvocationHandler hander;
    public $Proxy0(){
        this.handler=hander;
    }
……
}
```

- 如果想彻底理解动态代理类调用接口 add()方法的运行过程，需要理解动态代理类是如何生成 Collection 接口中的方法，具体内容如下：

```
$Proxy0 implements Collection{
    InvocationHandler hander;
    public $Proxy0(){
        this.handler=hander;
    }
……
    int size(){
        return hander.invoke(this,this.getClass().getMethod("size"),null);
    }
    void add(){
        return hander.invoke(this,this.getClass().getMethod("add"),null);
    }
……
}
```

因此当运行实例 11-26 第 31 行代码时，涉及的三要素就会与动态代理类中 add()方法实现如图 11-36 所示的对应。

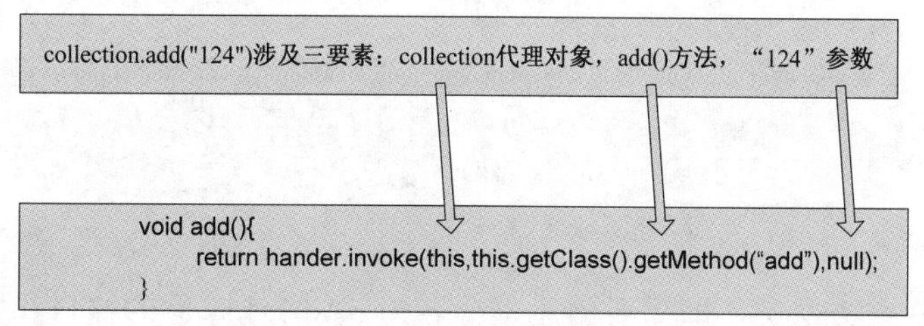

图 11-36　对应关系

总之，动态代理的工作原理如图 11-37 所示。当客户端调用代理类的各个方法，会把请求传递给由代理类传递进来的 InvocationHandler 对象。InvocationHandler 对象由通过 invoke()方法把请求分发给目标对象（Target）的各个方法。即当调用代理类的 test1()方法，就会找 Target 对象的 test1()方法，当调用代理类的 test2()方法，就会找 Target 对象的 test2()方法。

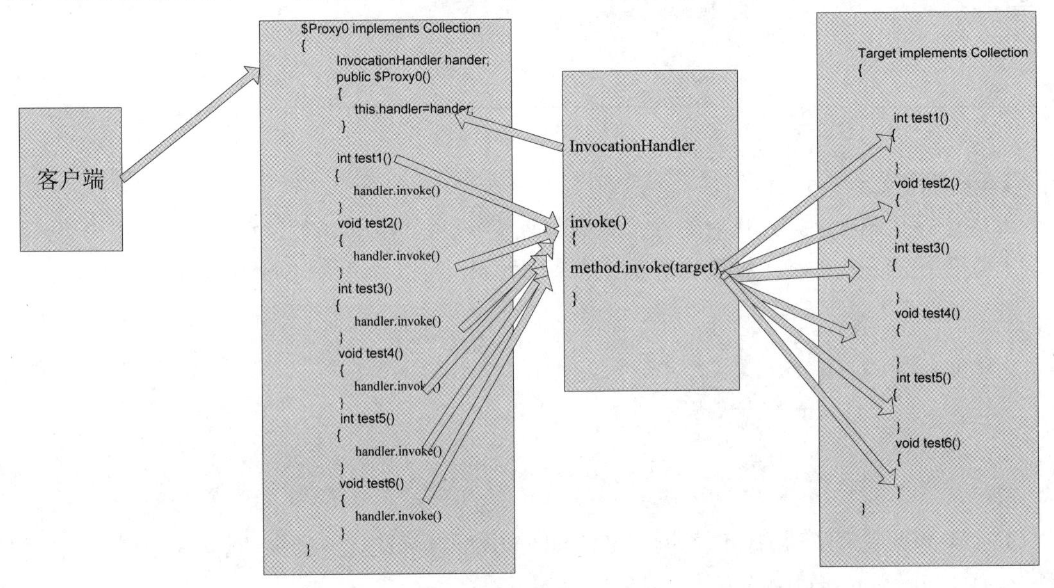

图 11-37 动态代理的工作原理

11.9.4 动态代理类的设计模式

在上一小节中知道了动态代理的工作原理，但是在实际编程中经常会在 invoke()方法中添加一些关于动态代理类的拦截方法，这时如果还使用上面几节的关于动态代理设计模式，即把拦截方法和目标方法都直接写到 invoke()方法中，则没有任何实际意义。

【实例 11-27】在实际编程中，应该把拦截方法和目标类以参数的方式传递到 invoke()方法中，以实现程序的最大灵活性。下面将通过一个具体的实例来讲解如何把目标对象和拦截方法传递给动态代理类，具体步骤如下：

1）创建目标对象类，即需要创建一个名为 IHello.java 的接口和实现该接口的名为 HelloImp.java 的类，具体内容如下：

```
01  public interface IHello {                          //声明一个接口IHello
02      public void toHello(String name);              //toHello()方法
03  }
```

```
01  public class HelloImp implements IHello {          //创建一个HelloImp类，实现IHello接口
02      public void toHello(String name) {             //实现toHello()方法
03          System.out.println("hello:" + name);
04      }
05  }
```

2）创建实现拦截方法类，即需要创建一个名为 IAdvice.java 的接口和实现该接口的名为 AdviceImp.java 的类，具体内容如下：

```
01  public interface IAdvice {                          //声明一个接口IAdvice
02  public void beforMethod();                          //beforMethod()方法
03  public void afterMethod();                          //afterMethod()方法
04  }
```

```
01  public class AdviceImp implements IAdvice {//创建一个AdviceImp类，实现IAdvice接口@Override
02  public void afterMethod() {                         //实现afterMethod()方法
03      System.out.println("before....");
04  }
05  @Override
06  public void beforMethod() {                         //实现beforMethod()方法
07      System.out.println("after....");
08  }
09  }
```

3）创建代理类，即需要创建一个名为 ProxyHand.java 的类，具体内容如下：

```
01  import java.lang.reflect.InvocationHandler;
02  import java.lang.reflect.Method;
03  import java.lang.reflect.Proxy;
04  public class ProxyHand implements InvocationHandler {
    //创建一个ProxyHand类，实现InvocationHandler接口
05      //创建两个成员字段
06      private Object target;                              //目标对象
07      private IAdvice advice;                             //拦截方法对象
08      public ProxyHand(IAdvice advice) {                  //带参构造函数
09          super();                                        //调用super()方法
10          this.advice = advice;                           //参数值赋给成员变量
11      }
12      public Object bind(Object target) {                 //获取动态代理类的实例对象
13          this.target = target;                           //对目标对象进行赋值
14          //通过Proxy类的静态方法newProxyInstance()获取实例对象
15          return Proxy.newProxyInstance(target.getClass().getClassLoader(),
16                  target.getClass().getInterfaces(), this);
17      }
18      @Override
19      //实现invoke()方法
20      public Object invoke(Object proxy, Method method, Object[] obj)
21              throws Throwable {
22          advice.beforMethod();                           //调用相应的拦截方法
23          Object result = method.invoke(target, obj); //调用目标对象的相应方法
24          advice.afterMethod();                           //调用相应的拦截方法
25          return result;                                  //返回result
26      }
27  }
```

【代码说明】在上述代码中的代理类中，不仅调用了目标类的方法，而且该方法前面和后面分别调用了拦截方法 beforMethod ()方法和 afterMethod ()方法。

4）创建客户端，即创建一个名为 ProxyDemo.java 的类来调用代理类，具体内容如下：

```
01  public class ProxyDemo {                                //创建一个ProxyDemo类
02      public static void main(String[] args) throws SecurityException,
03              NoSuchMethodException {                     //主方法
04          //创建动态代理类对象
```

```
05            ProxyHand ProxyHandler = new ProxyHand(new AdviceImp());
06            //实例化动态代理类对象
07            IHello hello = (IHello) ProxyHandler.bind(new HelloImp());
08            hello.toHello("callan");                        //调用目标对象的相应方法
09        }
10    }
```

【代码说明】 在上述代码中首先创建代理类对象ProxyHandler，然后创建对象hello，最后通过调用toHello()方法实现相应输出功能。

运行ProxyDemo.java类，控制台窗口如图11-38所示。

总之，如果采用工厂模式或配置文件的方式进行管理目标类和代理类，则不需要修改客户端程序就可以实现程序的修改。

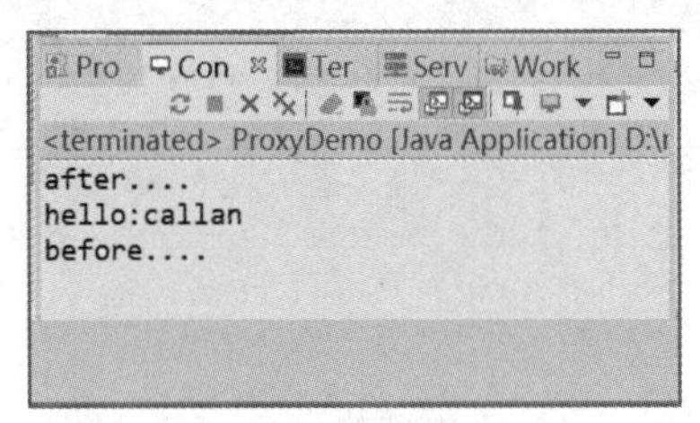

图 11-38 运行结果

11.10 封装的概念

封装，确切地说是一种编程思路，掌握这种编程思路对于一个程序设计来说，是至关重要的。封装也是程序设计中最能够体现出程序安全性的概念。所谓封装就是将某些东西封装在一个容器内，不让外界接触它。在程序设计中，封装就是将某些方法和属性封装到某个类中，使得其他的类无法访问它们。

11.10.1 一个封装的例子

其实在前面的实例中，已经看到过有关封装的例子，不过，当时没有介绍封装的概念。

【实例 11-28】 下面将举一个有关封装的例子，看看究竟什么是封装。

```
01    public class Thread42 {                              //这是一个主运行类
02        public static void main(String[] args) {         //主方法
03            //创建三个对象f1、f2和f3
04            Flower f1 = new Flower();
05            Flower f2 = new Flower();
06            Flower f3 = new Flower();
07            //设置对象f1
08            f1.setname("牡丹");
09            f1.setcolor("红色");
10            f1.setlocation("云南");
11            //设置对象f2
12            f2.setname("玫瑰");
13            f2.setcolor("黄色");
14            f2.setlocation("北京");
15            //设置对象f3
16            f3.setname("月季");
17            f3.setcolor("蓝色");
18            f3.setlocation("上海");
19            //输出相应信息
20            System.out.println(f1.tostring());
21            System.out.println(f2.tostring());
```

```
22            System.out.println(f3.tostring());
23        }
24    }
```

```
01    public class Flower {                                          //设计一个关于花的类Flower
02        //创建关于花的属性
03        private String name;
04        private String color1;
05        private String location;
06        //关于属性的设置器
07        public void setname(String name) {
08            this.name = name;
09        }
10        public void setcolor(String color1) {
11            this.color1 = color1;
12        }
13        public void setlocation(String location) {
14            this.location = location;
15        }
16        //关于属性的访问器
17        public String getname() {
18            return name;
19        }
20        public String getcolor() {
21            return color1;
22        }
23        public String getlocation() {
24            return location;
25        }
26        public String tostring() {                              //重写tostring()方法
27            String information = "花的名称：" + name + ";" + "  " + "花的颜色：" + color1
28                    + ";" + "" + "花的出产地：" + location + "  ";
29            return information;
30        }
31    }
```

【代码说明】代码下面的部分第 1~31 行定义了一个类 Flower。上面部分第 4~6 行定义了 3 个对象，第 8~18 行设置对象的各个属性，第 20~22 行输出结果。

【运行效果】

```
花的名称：牡丹;  花的颜色：红色;  花的出产地：云南
花的名称：玫瑰;  花的颜色：黄色;  花的出产地：北京
花的名称：月季;  花的颜色：蓝色;  花的出产地：上海
```

以上的程序段中，Flower 类中所有的方法都是 public，而所有的变量都是 private。可以通过对象句柄来访问 Flower 类中的所有方法。那么是否可以访问其中的变量呢？

【实例 11-29】下面看看这个程序修改后的程序段。

说明　这里主程序变化了，类没有变化。以下代码仅给出主程序，其他参考实例11-28的代码。

```
01    public class Thread43 {                                        //这是一个主运行类
02        public static void main(String[] args) {                   //主方法
03            //创建三个对象f1、f2和f3
04            Flower f1 = new Flower();
```

```
05            Flower f2 = new Flower();
06            Flower f3 = new Flower();
07            //通过私有变量来设置参数值
08            f1.name="牡丹";;
09            f2.name="玫瑰";
10            f3.name="月季";
11            f1.color1="红色";
12            f2.color1="黄色";
13            f3.color1="蓝色";
14            f1.location="云南";
15            f2.location="北京";;
16            f3.location="上海";
17            //输出相应信息
18            System.out.println(f1.tostring());
19            System.out.println(f2.tostring());
20            System.out.println(f3.tostring());
21        }
22    }
```

【代码说明】在这个程序段中，出现了编译错误。这是因为 Flower 类中，所有的变量都是私有变量，也就是被类给封装了。只有类中的方法才可以访问它们，外部不可能看到，更不可能访问它们，这样类的内部变量就会显得很安全。

【运行效果】关于编译时提示的错误信息如下：

```
Exception in thread "main" java.lang.Error: Unresolved compilation problems:
The field Flower.name is not visible
The field Flower.name is not visible
The field Flower.name is not visible
The field Flower.color1 is not visible
The field Flower.color1 is not visible
The field Flower.color1 is not visible
The field Flower.location is not visible
The field Flower.location is not visible
The field Flower.location is not visible
at ch11code.Thread43.main(Thread43.java:10)
```

11.10.2 在程序设计中为什么要使用封装

类包括有属性变量和方法函数，有些函数不能让软件开发者知道其是如何实现的。有的属性变量也不需要软件开发者去修改它。这个时候，就需要使用封装，将某些方法函数和属性变量进行包装。而软件开发人员只能使用，不能修改它们。

【实例 11-30】下面将举一个有关封装的实例。

```
01  public class Thread44 {                                     //这是一个主运行类
02      public static void main(String[] args) {                //主方法
03          //创建三个对象f1、f2和f3
04          Flower1 f1 = new Flower1();
05          Flower1 f2 = new Flower1();
06          Flower1 f3 = new Flower1();
07          //通过设置器来设置参数值
08          f1.setname("牡丹");
```

```
09            f1.setcolor("红色");
10            f1.setlocation("云南");
11            f2.setname("玫瑰");
12            f2.setcolor("黄色");
13            f2.setlocation("北京");
14            f3.setname("月季");
15            f3.setcolor("蓝色");
16            f3.setlocation("上海");
17            //输出相应信息
18            System.out.println(f1.tostring());
19            System.out.println(f2.tostring());
20            System.out.println(f3.tostring());
21        }
22    }
```

```
01  public class Flower1 {                                   //设计关于花的类
02      //创建关于花的私有属性
03      private String name;
04      private String color1;
05      private String location;
06      //通过设置器来设置花对象的属性
07      public void setname(String name) {
08          this.name = name;
09      }
10      public void setcolor(String color1) {
11          this.color1 = color1;
12      }
13      public void setlocation(String location) {
14          this.location = location;
15      }
16      //通过访问器来获得花对象的属性
17      public String getname() {
18          return name;
19      }
20      public String getcolor() {
21          return color1;
22      }
23      public String getlocation() {
24          return location;
25      }
26      private void print() {                               //创建输出方法
27          System.out.println("这个就是" + name);
28      }
29      public String tostring() {                           //重写方法tostring()
30          String information = "花的名称: " + name + ";" + "  " + "花的颜色: " + color1
31                  + ";" + "" + "花的出产地: " + location + "  ";
32          print();                                         //调用方法print()
33          return information;
34      }
35  }
```

【代码说明】在这个程序段的 Flower 类中，下面部分第 26 行有一个私有方法 print()，这个方法函数不想让使用者知道其是如何操作数据的，只有 Flower1 类中的方法能访问它们，外部类访问它们会被拒绝。如果使用对象句柄去访问 print()方法，则会在编译时出错。代码在下面部分第 32

行中使用了 print()方法。

【运行效果】

```
这个就是牡丹
花的名称：牡丹；  花的颜色：红色；  花的出产地：云南
这个就是玫瑰
花的名称：玫瑰；  花的颜色：黄色；  花的出产地：北京
这个就是月季
花的名称：月季；  花的颜色：蓝色；  花的出产地：上海
```

11.10.3 在程序设计中设计封装的注意点

在实际程序开发过程中，如何设计封装？什么时候将变量和方法设计成封装形式？这个对程序员来说至关重要。

在实际的开发工作中，一个应用程序基本上是由很多个不同的程序员设计出来的，彼此之间通过接口程序，将它们衔接起来成为一个完整的应用程序。

这种情况下，程序员本身不希望其他的程序员，知道自己是如何实现一个方法函数或一个属性变量的。通常程序员会将方法设置为一个类中的私有方法，如上一节中的 Print()方法函数。其他的程序员就不知道此方法是如何实现的，即无法知道方法中的代码段是什么内容。这样体现了程序的安全性。

下面一节学习如何封装稍微复杂的综合实例。

11.11 结合实例讲述如何设计封装

【实例 11-31】本节通过这个综合的实例，让读者更加熟悉封装的程序设计思路。这个程序是老师提出问题，让一个学生回答。先来了解这个程序的流程，如图 11-39 所示。

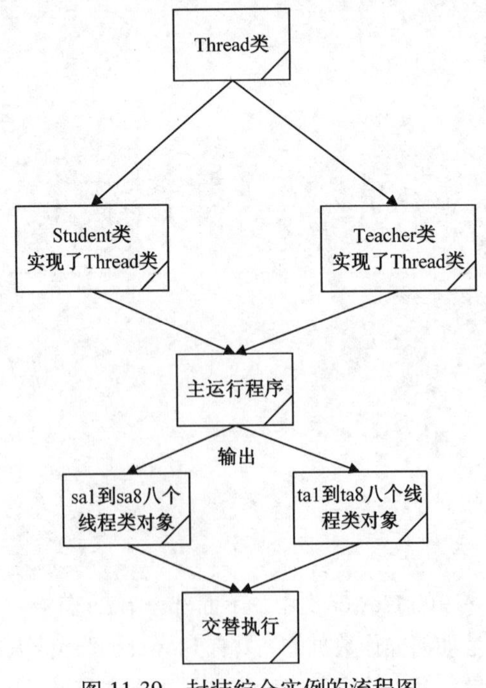

图 11-39 封装综合实例的流程图

首先建立学生类，代码如下：

```
01  //创建一个关于学生回答问题类，并且让其成为一个线程类
02  class StudentAnswer extends Thread {
03      //学生回答问题类属性
04      private String name;                          //学生姓名属性
05      private String age;                           //学生年龄属性
06      private String school;                        //学生所在学校属性
07      private String grade;                         //学生所在年级属性
08      private String year;                          //学生年属性
09      private String month;                         //学生月属性
10      private String days;                          //学生日子属性
11      private int x;
12      //属性的设置器方法
13      public void set(String name, String age, String school, String grade,
14              String year, String month, String days) {
15          this.name = name;
16          this.age = age;
17          this.school = school;
18          this.grade = grade;
19          this.year = year;
20          this.month = month;
21          this.days = days;
22      }
23      //属性的访问器方法
24      public void setint(int x) {
25          this.x = x;
26      }
27      public String getname() {
28          return name;
29      }
30      public String getage() {
31          return age;
32      }
33      public String getschool() {
34          return school;
35      }
36      public String getgrade() {
37          return grade;
38      }
39      public String getyear() {
40          return year;
41      }
42      public String getmonth() {
43          return month;
44      }
45      public String getdays() {
46          return days;
47      }
48      public int getint() {
49          return x;
50      }
51      private void said() {                     //学生回答内容的方法
```

```
52            switch (x) {                      //通过一个分支语句来控制回答的步骤
53            case 0:                           //当为0时
54                System.out.println(name + "说: 我名字叫" + name + "。");
55                break;
56            case 1:                           //当为1时
57                System.out.println(name + "说: 我在" + school + "读书。");
58                break;
59            case 2:                           //当为2时
60                System.out.println(name + "说: 我现在在读" + grade + "。");
61                break;
62            case 3:                           //当为3时
63                System.out.println(name + "说: 我今年" + age + "岁。");
64                break;
65            case 4:                           //当为4时
66                System.out.println(name + "说: 我学习计算机软件开发" + year + "年。");
67                break;
68            case 5:                           //当为5时
69                System.out.println(name + "说: 今年" + month + "月放假。");
70                break;
71            case 6:                           //当为6时
72                System.out.println(name + "说: 一般放假的天数是" + days + "天。");
73                break;
74            case 7:                           //当为7时
75                System.out.println(name + "说: 不客气。");
76                break;
77            }
78        }
79        public void run() {                   //重写方法run()
80            said();
81            try {
82                sleep(2000);                  //线程休眠2秒
83            } catch (Exception e) {
84            }
85        }
86    }
```

【代码说明】上述代码设计了一个关于学生回答问题类，在该类中首先创建了关于该类的属性，然后设置这些属性的设置器和访问器，最后创建了关于学生回答内容的 said()方法和重写了 run()方法。

再设计教师类，代码如下：

```
01    class TeacherAsk extends Thread          //创建一个教师提问的线程类
02    {
03        //创建教师提问的属性
04        private String name;                  //教师姓名的属性
05        private int x;
06        // name属性设置器和服务器
07        public void set(String name) {
08            this.name = name;
09        }
10        public String getname() {
11            return name;
12        }
```

```
13        // x属性设置器和服务器
14        public void setint(int x) {
15            this.x = x;
16        }
17        public int getint() {
18            return x;
19        }
20        private void said() {                  //教师提问的方法
21            switch (x) {                       //通过分支语句来提供提问的步骤
22            case 0:                            //当为0时
23                System.out.println(name + "说: 你名字叫什么名字? ");
24                break;
25            case 1:                            //当为1时
26                System.out.println(name + "说: 你在哪所学校读书? ");
27                break;
28            case 2:                            //当为2时
29                System.out.println(name + "说: 你读什么系哪一个年级? ");
30                break;
31            case 3:                            //当为3时
32                System.out.println(name + "说: 你今年多大了? ");
33                break;
34            case 4:                            //当为4时
35                System.out.println(name + "说: 你学习计算机软件开发几年了? ");
36                break;
37            case 5:                            //当为5时
38                System.out.println(name + "说: 你几月放假? ");
39                break;
40            case 6:                            //当为6时
41                System.out.println(name + "说: 放假大概有多少天? ");
42                break;
43            case 7:                            //当为7时
44                System.out.println(name + "说: 谢谢你回答我的问题。");
45                break;
46            }
47        }
48        public void run()                      //重写run()方法
49        {
50            said();
51            try {
52                sleep(2000);                   //线程休眠2秒
53            } catch (Exception e) {
54            }
55        }
56    }
```

【代码说明】上述代码设计了一个教师提问类，在该类中首先创建了该类的属性，然后设置这些属性的设置器和访问器，最后创建了关于教师提问内容的 said()方法和重写了 run()方法。

最后通过主运行类，执行其对话的功能。

```
01  public classThread46{                                         //主运行类
02      public static void main(String[] args) throws Exception {//主方法
03          //创建几个学生回答结果的对象
04          StudentAnswer sa1 = new StudentAnswer();
```

```
05            StudentAnswer sa2 = new StudentAnswer();
06            StudentAnswer sa3 = new StudentAnswer();
07            StudentAnswer sa4 = newStudentAnswer();
08            StudentAnswer sa5 = new StudentAnswer();
09            StudentAnswer sa6 = new StudentAnswer();
10            StudentAnswer sa7 = new StudentAnswer();
11            StudentAnswer sa8 = new StudentAnswer();
12            //创建几个教师提问内容的对象
13            TeacherAsk ta1 = new TeacherAsk();
14            TeacherAsk ta2 = new TeacherAsk();
15            TeacherAsk ta3 = new TeacherAsk();
16            TeacherAsk ta4 = newTeacherAsk();
17            TeacherAsk ta5 = new TeacherAsk();
18            TeacherAsk ta6 = new TeacherAsk();
19            TeacherAsk ta7 = new TeacherAsk();
20            TeacherAsk ta8 = new TeacherAsk();
21            //创建关于学生回答结果数组
22            StudentAnswer[] stt = new StudentAnswer[] { sa1, sa2, sa3, sa4, sa5,
23                    sa6, sa7, sa8 };
24            //创建关于教师提问内容数组
25            TeacherAsk[] stt1 = new TeacherAsk[] { ta1, ta2, ta3, ta4, ta5, ta6,
26                    ta7, ta8 };
27            try {
28                //通过一个循环语句将对象集合中的元素输出，并且是按线程运行方式交叉运行
29                for (int x = 0; x < 8; x++) {                        //通过循环实现遍历
30                    //通过设置器来设置属性
31                    stt[x].set("TOM", "22", "重庆大学", "自动化系二年级", "3", "7", "54");
32                    stt1[x].set("John老师");
33                    stt1[x].setint(x);
34                    stt[x].setint(x);
35                    //启动线程
36                    stt1[x].start();
37                    stt[x].start();
38                }
39            } catch (Exception e) {
40            }
41        }
42    }
```

【代码说明】以上的程序段使用了前面学过的知识：线程、分支语句、数组等。通过程序可以看到，封装后的所有方法和变量只能在程序的类的内部使用，一旦走出了这个类，就是无效的。这也是前面章节所说的变量和方法的作用域。

【运行效果】

```
John老师说：你名字叫什么名字？
TOM说：我名字叫TOM。
John老师说：你在哪所学校读书？
TOM说：我在重庆大学读书。
John老师说：你读什么系哪一个年级？
TOM说：我现在在读自动化系二年级。
John老师说：你今年多大了？
TOM说：我今年22岁。
John老师说：你学习计算机软件开发几年了？
TOM说：我学习计算机软件开发3年。
```

```
John老师说：你几月放假?
TOM说：今年7月放假。
John老师说：放假大概有多少天?
TOM说：一般放假的天数是54天。
John老师说：谢谢你回答我的问题。
TOM说：不客气。
```

11.12　常见疑难解答

11.12.1　抽象类和接口在概念上有什么区别

声明方法而不去实现它的类被称作抽象类，它用于创建一个体现某些基本行为的类，并为该类声明方法，但不能在该类中实现这些方法的情况。不能创建 abstract 类的实例，但可以创建一个变量，其类型是一个抽象类，并让它指向具体子类的一个实例，不能有抽象构造函数或抽象静态方法。abstract 类的子类为其父类中的所有抽象方法提供实现，否则它们也是抽象类。

接口是抽象类的变体，在接口中，所有方法都是抽象的。多继承性可通过实现这样的接口而获得。接口只可定义“static final”成员变量，接口的实现与子类相似，但该实现类不能在接口定义中继承行为。

当类实现特殊接口时，需要实现这种接口的所有方法，然后，它可以在实现该接口的类的任何对象上调用接口的方法。抽象类允许使用接口名作为引用变量的类型，引用可以转换到接口类型或从接口类型转换，“instanceof”运算符可决定某对象的类是否实现了接口。

11.12.2　如何从设计理念上看待抽象类和接口

上面主要从语法定义和编程的角度，论述了 abstract class 和 interface 的区别，这些层面的区别是比较低层次的、非本质的。这里将从另一个层面：abstract class 和 interface 所反映出的设计理念，来分析二者的区别。作者认为，从这个层面进行分析才能理解二者的本质所在。

前面已经提到过，abstract class 在 Java 语言中体现了一种继承关系。要想使得继承关系合理，父类和派生类之间必须存在“is a”关系，即父类和派生类在概念本质上应该是相同的。对于 interface 来说则不然，其并不要求 interface 的实现者和 interface 定义在概念本质上是一致的，仅仅是实现了 interface 定义的契约而已。为了使论述便于理解，下面将通过一个简单的实例进行说明。

考虑这样一个例子。假设有一个关于 Door 的抽象概念，该 Door 执行两个动作：open 和 close。此时可通过 abstract class 或者 interface 来定义一个表示该抽象概念的类型。定义方式分别如下所示：

使用抽象类来定义 Door：

```
01  abstract class Door                               //抽象类
02  {
03      abstract void open();                         //抽象方法
04      abstract void close();
05  }
```

使用接口来定义 Door：

```
01  interface Door                                    //接口类
```

```
02  {
03      void open();                          //open()方法
04      void close();                         //close()方法
05  }
```

其他具体的 Door 类型可以继承 abstract class 方式定义的 Door，或者使用 interface 方式定义的 Door。看起来使用 abstract class 和 interface 没有大的区别，如果现在要求 Door 还要具有报警的功能，该如何设计针对该例子的类结构呢？本例主要是为了展示 abstract class 和 interface 反映在设计理念上的区别，并从设计理念层面对这些不同的方案进行分析。

【解决方案一】

简单的在 Door 的定义中增加一个 alarm()方法，如下所示：

```
01  abstract class Door                       //抽象类
02  {
03      abstract void open();                 //定义抽象方法
04      abstract void close();
05      abstract void alarm();
06  }
```

或者

```
01  interface Door                            //接口类
02  {
03      void open();                          //定义方法
04      void close();
05      void alarm();
06  }
```

那么具有报警功能的 AlarmDoor 的定义方式如下：

```
01  class AlarmDoor extends Door              //子类AlarmDoor继承父类Door
02  {
03      void open() { … }                     //实现方法
04      void close() { … }
05      void alarm() { … }
06  }
```

或者

```
01  class AlarmDoor implements Door           //创建一个AlarmDoor类，实现Door接口
02  {
03      void open() { … }                     //实现方法
04      void close() { … }
05      void alarm() { … }
06  }
```

这种方法违反了面向对象设计的一个核心原则 ISP（Interface Segregation Principle）。在 Door 的定义中，把 Door 概念本身固有的行为方法和另外一个概念“报警器”的行为方法混在了一起。如果是这样，那些仅仅依赖于 Door 这个概念的模块，会因为“报警器”这个概念的改变而改变，反之亦然。

【解决方案二】

既然 open、close 和 alarm 属于两个不同的概念，根据 ISP 原则应该把它们分别定义在代表这

两个概念的抽象类中。定义方式有：这两个概念都使用 abstract class 方式定义；两个概念都使用 interface 方式定义；一个概念使用 abstract class 方式定义，另一个概念使用 interface 方式定义。

显然，由于 Java 语言不支持多重继承，所以两个概念都使用 abstract class 方式定义是不可行的。后面两种方式都可行，但是对它们的选择，应该反映出对于问题领域中的概念本质的理解，对于设计意图的反映是否正确、合理。下面一一来分析。

如果两个概念都使用 interface 方式来定义，就反映出下面的问题：

- 可能没有理解清楚问题领域，AlarmDoor 在概念本质上到底是 Door，还是报警。
- 如果对于问题领域的理解没有问题，比如：通过对于问题领域的分析发现 AlarmDoor 在概念本质上和 Door 是一致的。那么，在实现时就没有能够正确的揭示设计意图，因为在这两个概念的定义上（均使用 interface 方式定义）反映不出上述含义。
- 如果对于问题领域的理解是：AlarmDoor 在概念本质上是 Door，同时它具有报警的功能。该如何明确地反映出上述意思呢？abstract class 在 Java 语言中表示一种继承关系，所以对于 Door 这个概念，应该使用 abstract class 方式来定义。另外，AlarmDoor 又具有报警功能，说明它又能够完成报警概念中定义的行为，所以报警概念可以通过 interface 方式定义。

```
01  Class Door                                              //创建一个Door类
02  {
03      abstract void open();                               //抽象方法
04      abstract void close();
05  }
06  interface Alarm                                         //创建一个Alarm接口
07  {
08      void alarm();                                       //定义方法
09  }
10  class AlarmDoor extends Door implements Alarm //创建一个AlarmDoor类继承Door类和实现Alarm接口
11  {
12      void open() { … }
13      void close() { … }
14      void alarm() { … }
15  }
```

如果认为 AlarmDoor 在概念本质上是报警器，同时又具有 Door 的功能，那么上述的定义方式就要反过来。

abstract class 和 interface 是 Java 中两种定义抽象类的方式，它们之间有很大的相似性。程序员对它们的选择，又反映出对于问题领域中的概念本质的理解，对于设计的意图是否正确、合理，因为它们表现了概念间的不同关系，虽然都能实现需求的功能。

11.12.3 封装在现实开发中给程序员带来什么启发

一般来说，程序员都力求软件工程系统的高集成性。一个具有高集成性的软件系统包含着各种执行独立任务的成分，而每一个独立任务都是整个系统的重要组成部分。相反，如果一个软件系统的集成性差，那么系统所包含的各种成分，由于没有很好地被定义，往往容易发生冲突。

在凝聚封装过程中，重载非常重要。本节将讨论一些启发式知识。这些启发式知识会提供生成具有高凝聚性、可重载的、基于 java.io 的封装。

1．生成高集成性的封装

重载是类的重要特性，在实际开发过程中很少单独对一个类进行重载，一般重载都是对多个类进行。java.io 封装就是一个高集成性的成功范例，封装中很少有类单独地使用，通常都是同时使用多个类来达到预期的目的。

对于高集成性的封装，软件维护和升级都很容易，因为它们提供了各种集成模块，这些模块中的类能提供各种功能齐全的函数。集成性差的封装包含的类中的函数都是自成一体，相互独立，这样使用起来就会非常困难，因为必须从其他类中提供接口。当然软件的维护也会变得很困难，因为在使用这样的封装时，往往不得不更改其中的类，这样的封装结果给软件的部署带来很大的麻烦。

2．注意封装内容对重载的影响

当设计封装时，通常要考虑封装中类的使用情况，除此之外，也应该考虑到那些虽不是封装的内容，但经常与封装有联系的类。当完成一个高集成性的封装后，就可以把这一封装看成是完整的、可重载的各种成分的集合。

3．理解封装的函数

封装过程中强调重载功能，封装是各个类的集合，其中的每一个类在程序中都执行一定的功能单元。这样的封装剔除了很多特定的细节，使各种功能单元变得更加容易使用。但是，为了更有效地使用这些封装，开发人员必须深刻地理解封装的函数功能，并懂得如何与封装进行通信。

4．以简化方式设计封装

封装中的函数比一个独立类中的函数更简单有效，提供这样的服务也会提高软件维护的难度，因为这需要用户对封装的内部函数功能有清楚的了解。

5．提供完整的封装接口

一个封装的接口包括很多公用类及公用函数，工程中任一其他类都可以调用类中的公用函数。这样一旦这一公用函数改变，调用这一函数的类也要作出相应的更改。如果程序比较简单，可以很容易地找到在哪里调用了这一函数。然而，如果在不同程序之间使用封装，那么问题就会变得很复杂，所以封装的接口需要很好的设计。

11.12.4 封装在实际开发中的应用有哪些

封装在实际开发工作中有极其多的应用，如数据库系统开发就会利用到封装的概念。还有就是很多程序员不愿意让其他程序员知道的代码，都可以进行封装。封装其实就是不让用户或非本程序编写者看到代码的内容。

11.13 小结

本章讲解了抽象和封装的概念，读者明白概念后，首先要清楚程序设计中为什么需要抽象和封装，然后知道如何设计一个简单的封装，如何进行抽象。在设计封装的过程中，要知道注意哪些事

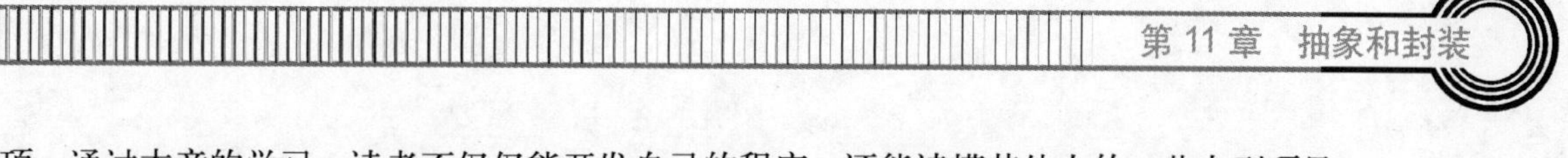

项。通过本章的学习，读者不仅仅能开发自己的程序，还能读懂其他人的一些大型项目。

11.14　习题

一、填空题

1．所谓的抽象方法就是带关键字__________的方法。抽象类不仅可以有抽象方法，也可以有具体的方法，一个类中只要有一个抽象方法，那么这个类就是__________。

2．Java 虚拟机（JVM）运行类的第一件事情就是将该类的__________加载进来，即__________根据类的名称定位和生成类的字节码数据，然后返回给 JVM。

3．__________就是将某些方法和属性封装到某个类中，使得其他的类无法访问它们。

二、上机实践

1．阅读下面的内容，查看下面关于抽象类的代码有什么错误，代码具体内容如下：

```
01  public abstract class AbstractTest {
02      abstract public void move1();
03      abstract public void move2()
04      abstract public void move3(){
05      }
06      public void move4(){
07      }
08  }
```

【提示】通过抽象类的语法。

2．通过本章的知识创建一个猜数字游戏，即首先创建一个抽象类，然后再实现该抽象类。

【提示】猜数字游戏的基本原理就是判断输入数字与已定义好的数字大小关系，然后根据判断结果输出相应信息。

3．通过本章的封装知识设计一个关于动物的类，关于该类的 UML 图如图 11-40 所示。

【提示】通过关键字 private、getter 和 setter 方法来实现。

4．通过本章的封装知识设计一个关于男人和女人的类，关于这两个类的 UML 图分别如图 11-41 和图 11-42 所示。

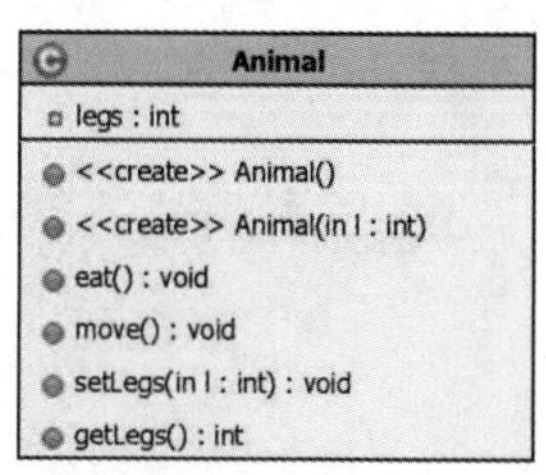

图 11-40　关于动物类的 UML 图

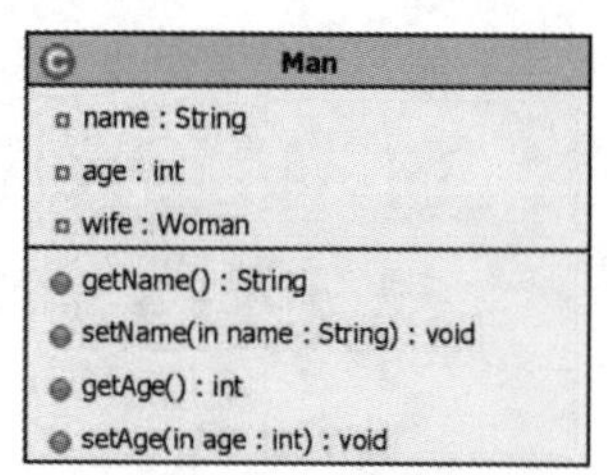

图 11-41　关于男人类的 UML 图

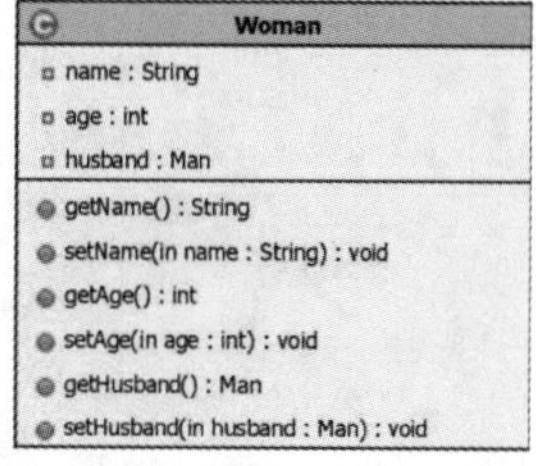

图 11-42　关于女人类的 UML 图

【提示】通过关键字 private、getter 和 setter 方法来实现。

第三篇
Java 语言编程主题

第 12 章 线　　程

线程是什么？线程有什么作用？线程具有提高执行速度的特点，在应用程序中的使用非常广泛，例如现实生活中的网络聊天功能。本章将讲述线程的基本概念，学习如何使用线程进行程序代码的编写。

本章重点：

- ❑ 线程的基本概念。
- ❑ 创建并使用线程。
- ❑ 线程的让步、同步等操作。

12.1 线程的基本概念

在讲述线程的概念之前，会先介绍什么是进程。这两个概念仅仅只有一字之差，但代表的是两个完全不同的概念。线程也是网络编程必须具备的知识点。

12.1.1 进程及其使用环境

在讲进程之前，先介绍什么是程序。程序是计算机指令的集合，它以文件形式存储在磁盘上，而进程就是一个执行中的程序，每一个进程都有其独立的内存空间和系统资源。

进程就是一个运行的程序，Windows 操作系统是支持多进程的操作系统，即同一时间可以执行多个程序，每个程序是在自己独立的内存空间内，使用自己被分配到的系统资源。其实，这种说法并不准确，一个 CPU 在某个时刻，实际上只能运行一个程序，即一个进程。所谓的支持多进程，其实就是 CPU 在交替轮流执行多个程序，例如，利用 Windows 操作系统可以一边听歌曲、一边上网等。

12.1.2 线程及其使用环境

线程是 CPU 调度和分配的基本单位，一个进程可以由多个线程组成，而这多个线程共享同一个存储空间，这使得线程间的通信比较容易。在一个多进程的程序中，如果要切换到另一个进程，需要改变地址空间的位置。然而在多线程的程序中，就不会出现这种情况，因为它们位于同一个内存空间内，只需改变运行的顺序即可。

多线程指单个程序可通过同时运行多个不同的线程，以执行不同任务。所谓同时，也要依据 CPU。如果是多个 CPU，则并发运行，如是一个 CPU，则根据系统具体情况，执行多个线程。

通过本节的介绍，读者对线程和进程有了简单的认识，下面的章节将通过理论与实例结合的方法，讲述如何在程序中，利用线程的优点来编写程序代码。

12.2　线程的创建

在 Java 程序语言中，可通过系统提供的编程接口去创建线程，创建线程的方法有两种：一种是通过实现 Runnable 接口的方式来创建线程，另一种是通过继承 Thread 类来创建线程。

12.2.1　如何创建线程

创建线程的方法一般有两种：

- 通过实现 Runnable 接口的方式创建线程。
- 通过继承 Thread 类来创建线程。

1. 通过 Runnable 接口的方式创建线程

在 Java 中，线程是一种对象，但不是所有的对象都可以称为线程，只有实现了 Runnable 接口的类，才可以称为线程。下面先看看 Runnable 接口的定义。

```
public interface Runnable                         //定义一个Runnable接口
{
    public abstract void run();                   //定义一个抽象方法run()
}
```

Runnable 接口只有一个抽象方法 run()，要实现这个接口，只要实现这个抽象方法就可以。只要实现了这个接口的类，才有资格称为线程。创建线程的结构如下：

```
Thread t=new Thread(runnable 对象);
```

runnable 对象是指实现了 Runnable 接口类的对象。当线程执行时，runnable 对象中的 run()方法会被调用，如果想要运行上面创建的线程，还需要调用一个 Thread 类的方法。

```
t.start();
```

【实例 12-1】 下面举个有关创建线程的实例。

```
01  public class Threadtest {                          //创建测试两个线程类，让其交替运行
02      public static void main(String[] args) {       //主方法
03          //创建对象c和c1
04          Compute c = new Compute();
05          Compute1 c1 = new Compute1();
06          //创建线程对象t和t1
07          Thread t = new Thread(c);
08          Thread t1 = new Thread(c1);
09          t.start();                                 //启动线程对象t
10          t1.start();                                //启动线程对象t1
```

```
11          }
12      }
13      //创建通过循环语句输出数字的类
14      class Compute implements Runnable {                    //创建实现线程的类Compute
15          int i = 0;                                         //创建成员变量i
16          public void run() {                                //实现方法run()
17              for (int i = 0; i < 10; i++) {
18                  System.out.println(i);
19              }
20          }
21      }
22      //创建通过循环语句输出数字的类
23      class Compute1 implements Runnable {                   //创建实现线程的类Compute1
24          public void run() {                                //实现方法run()
25              for (int i = 0; i < 10; i++) {
26                  System.out.println("这个数字是:" + i);
27              }
28          }
29      }
```

【代码说明】 第13~29行创建了两个线程compute和compute1，它们都实现接口Runnable。第4~5行分别创建这两个线程的对象。然后第9~10行通过调用start()方法来启动线程。

【运行效果】

```
0
1
2
3
4
5
6
7
8
9
这个数字是:0
这个数字是:1
这个数字是:2
这个数字是:3
这个数字是:4
这个数字是:5
这个数字是:6
这个数字是:7
这个数字是:8
这个数字是:9
```

这个程序段中，创建了两个线程，不过读者多次运行后结果可能会有不同。那为什么会输出不同的结果呢？

因为在程序具体运行时会存在一个执行顺序的问题。在Java技术中，线程通常是通过调度模式来执行的。所谓抢占式调度模式是指，许多线程处于可以运行状态，即等待状态，但实际只有一个线程在运行。该线程一直运行到它终止，或者另一个具有更高优先级变成可运行状态。在后一种情况下，低优先级线程被高优先级线程抢占运行机会。

说明 如果把上面的程序再运行一次，可能结果又不一样了，因为线程的抢占方式，在目前这个程序段里是无法控制的。

在 Java 语言中支持不同优先级线程抢占方式，不支持相同优先级线程时间片轮换。但如果所在的系统支持时间片轮换，它也会支持。如何才能输出自己想要的结果，后面会学习如何解决这个问题。

2. 通过继承 Thread 类来创建线程

其实 Thread 类本身也实现了 Runnable 接口，所以只要让一个类继承 Thread 类，并覆盖 run()方法，也会创建线程。

【实例 12-2】下面把前面举过的例子用继承 Thread 类的方式重新编写。

```
01  public class Threadtest1 {                          //创建测试两个线程类，让其交替运行
02      public static void main(String[] args) {       //主方法
03          //创建对象t和t1
04          Compute t = new Compute();
05          Compute1 t1 = new Compute1();
06          //启动对象t和t1
07          t.start();
08          t1.start();
09      }
10  }
11  //创建通过循环语句输出数字的类
12  class Compute extends Thread {                      //创建继承线程的类Compute
13      int i = 0;                                      //创建成员变量i
14      public void run() {                             //实现方法run()
15          for (int i = 0; i < 10; i++) {
16              System.out.println(i);
17          }
18      }
19  }
20  //创建通过循环语句输出数字的类
21  class Compute1 extends Thread {                     //创建继承线程的类Compute1
22      public void run() {                             //实现方法run()
23          for (int i = 0; i < 10; i++) {
24              System.out.println("这个数字是:" + i);
25          }
26      }
27  }
```

【代码说明】第 11~27 行创建了两个线程类，它们分别继承自 Thread 类。第 4~8 行创建两个线程对象，并通过方法 start()开启线程。

【运行效果】

```
0
1
2
3
4
5
6
```

```
7
8
9
这个数字是:0
这个数字是:1
这个数字是:2
这个数字是:3
这个数字是:4
这个数字是:5
这个数字是:6
这个数字是:7
这个数字是:8
这个数字是:9
```

说明 读者的运行结果可能不同，但没有关系。

创建线程的方式虽然不一样，但是实现的功能却一样。下面一节，将通过一个稍微复杂的综合实例，让读者对线程的概念有一个更好的认识。通过这个综合实例，不仅可以了解线程，还可以复习前面讲过的一些知识，如：接口、继承、多态、覆盖等。

12.2.2 通过实例熟悉如何创建线程

【实例 12-3】下面通过一个综合实例，来看看如何创建线程。针对下面的实例，先来看看它的流程，如图 12-1 所示。

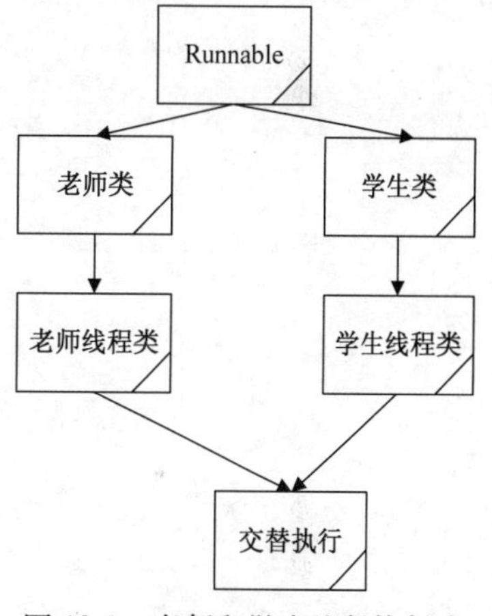

图 12-1 老师和学生线程的创建

下面分步骤讲解这个综合程序实例。先定义一个学校的接口，代码如下：

```
01  //创建一个学校school接口
02  interface school {
03      //定义了3个方法
04      void set(String schoolname, String grade);
05      String getschool();
06      String getgrade();
07  }
```

【代码说明】上述代码设计了一个接口 school，在该接口中设计了 3 个方法。

接下来看看学生线程类的设计，代码如下：

```
01  //创建一个学生类Student，实现了学校这个接口，并且让其成为线程类
02  class Student implements Runnable, school {
03      //创建成员变量
04      String schoolname;                          //学校名称的属性
05      String grade;                               //所在年级的属性
06      String studentname;                         //学生姓名的属性
07      String studentcode;                         //学生学号的属性
08      String studentsexy;                         //学生性别的属性
09      String studentcourse;                       //学生课程的属性
10      String studentavg;                          //学生课程平均分属性
```

```
11        //构造函数
12        public Student(String studentname, String studentcode, String studentsexy,
13                String studentcourse) {
14            //实现成员变量初始化
15            this.studentname = studentname;
16            this.studentcode = studentcode;
17            this.studentsexy = studentsexy;
18            this.studentcourse = studentcourse;
19            this.tostring();
20        }
21        //设置属性schoolname和grade的值
22        public void set(String schoolname, String grade) {
23            this.schoolname = schoolname;
24            this.grade = grade;
25        }
26        //属性schoolname和grade的访问器
27        public String getschool() {
28            return schoolname;
29        }
30        public String getgrade() {
31            return grade;
32        }
33        public void run() {                                      //实现run()方法
34            int i = 1;
35            int avg = 85;
36            for (; i < 13; i++) {
37                System.out.println("这个学生的平均成绩是: " + i + "月" + (avg + i * 2));
38            }
39        }
40        public String tostring() {                               //重写tostring()方法
41            String information = "学校名称: " + schoolname + ";" + "  " + "所读年级: "
42                    + grade + ";" + "  " + "学生姓名: " + studentname + ";" + "  "
43                    + "学生学号: " + studentcode + ";" + "  " + "学生性别: " + studentsexy
44                    + ";" + "  " + "所读专业: " + studentcourse + ";" + "  " + "学生平均分"
45                    + studentavg;
46            return information;                                  //返回字符串对象information
47        }
48    }
```

【代码说明】上述代码创建了实现接口 school 和 Runnable 的类 Student。首先在第 4~10 行创建成员变量。在第 12~20 行创建了该类的构造函数。然后在第 22~32 行设置属性的设置器和获取器。最后在第 33~39 行重写 run()方法。

再看看教师类的设计，代码如下：

```
01    //创建一个教师类Teacher，实现了学校这个接口，并且让其成为线程类
02    class Teacher implements Runnable, school {
03        String schoolname;                          //学校名称的属性
04        String grade;                               //老师所在年级的属性
05        String teachername;                         //老师姓名的属性
06        String teachercode;                         //老师工号的属性
07        String teachersexy;                         //老师性别的属性
08        String teachercourse;                       //老师所教的课程的属性
09        String teachersalary;                       //老师薪水的属性
```

```
10        //构造函数
11        public Teacher(String teachername, String teachercode, String teachersexy,
12                String teachercourse) {
13            this.teachername = teachername;
14            this.teachercode = teachercode;
15            this.teachersexy = teachersexy;
16            this.teachercourse = teachercourse;
17            this.tostring();
18        }
19        //属性schoolname和grade的访问器和设置器
20        public void set(String schoolname, String grade) {
21            this.schoolname = schoolname;
22            this.grade = grade;
23        }
24        public String getschool() {
25            return schoolname;
26        }
27        public String getgrade() {
28            return grade;
29        }
30        public void run() {                              //实现方法run()
31            int i = 1;
32            int teachersalary = 2000;
33            for (; i < 13; i++) {
34                System.out.println("这个老师的薪水是: " + i + "月"
35                        + (teachersalary + i * 300));
36            }
37        }
38        public String tostring() {                       //重写tostring()方法
39            String information = "学校名称: " + schoolname + ";" + "  " + "所教年级: "
40                    + grade + ";" + "  " + "教师姓名: " + teachername + ";" + "  "
41                    + "教师工号: " + teachercode + ";" + "  " + "教师性别: " + teachersexy
42                    + ";" + "  " + "所教课程: " + teachercourse + ";" + "  " + "教师薪水"
43                    + teachersalary;
44            return information;                          //返回字符串对象information
45        }
46    }
```

【代码说明】上述代码创建了实现接口 school 和 Runnable 的类 teacher。首先在第 3~9 行创建成员变量。在第 11~18 行创建了该类的构造函数。然后在第 19~29 行设置属性的设置器和获取器。最后在第 30~37 行重写 run()方法。

最后，主运行程序将这些对象输出，具体代码如下：

```
01    //创建主运行类
02    public class Thread1 {
03        public static void main(String[] args) {     //主方法
04            //创建对象t
05            Teacher t = new Teacher("董洁", "22334", "女", "英语");
06            t.set("上海师范学院", "三年级");
07            Thread th = new Thread(t);                //创建线程对象th
08            //创建对象s
09            Student s = new Student("张俊", "978003", "男", "计算机");
10            s.set("北京大学", "大四");
```

```
11            Thread th1 = new Thread(s);                    //创建线程对象th1
12            //启动线程th和th1
13            th.start();
14            th1.start();
15        }
16    }
```

【代码说明】在上述代码中，创建了实现测试功能的类 thread1，在该类中创建了两个线程对象 th 和 th1，然后通过方法 start()启动线程。

注意 一个类可以实现两个或多个接口，但一个类不能继承两个或两个以上的类。

【运行效果】

```
这个老师的薪水是：1月2300
这个学生的平均成绩是：1月87
这个老师的薪水是：2月2600
这个学生的平均成绩是：2月89
这个老师的薪水是：3月2900
这个学生的平均成绩是：3月91
这个老师的薪水是：4月3200
这个学生的平均成绩是：4月93
这个老师的薪水是：5月3500
这个学生的平均成绩是：5月95
这个老师的薪水是：6月3800
这个学生的平均成绩是：6月97
这个老师的薪水是：7月4100
这个学生的平均成绩是：7月99
这个老师的薪水是：8月4400
这个学生的平均成绩是：8月101
这个老师的薪水是：9月4700
这个学生的平均成绩是：9月103
这个老师的薪水是：10月5000
这个学生的平均成绩是：10月105
这个老师的薪水是：11月5300
这个学生的平均成绩是：11月107
这个老师的薪水是：12月5600
这个学生的平均成绩是：12月109
```

这个程序段从某种意义上说是不可行的，因为它没有按照程序员的要求来输出。本例的主要目的是学习如何创建一个线程，并且从程序中掌握一个接口的实现过程。

12.2.3 线程的状态

在 Java 中线程的执行过程稍微有些复杂，但线程对象创建后并不是立即执行，需要做些准备工作才有执行的权利，而一旦抢占到 CPU 周期，则线程就可以运行，但 CPU 周期结束则线程必须暂时停止，或线程执行过程中的某个条件无法满足时也会暂时停止，只有等待条件满足时才会继续执行，最后从 run()方法返回后，线程退出。可以看出线程的执行过程中涉及一些状态，线程就在这些状态之间迁移。

做一点说明，Java 规范中只定义了线程的 4 种状态，即新建状态、可运行状态、阻塞状态和死亡状态。为了更清晰地说明线程的状态变化过程，我们认为划分为 5 个状态更好理解，这里把可运行状态（Runnable）分解为就绪状态和运行状态，可以更好地理解可运行状态的含义。

线程包括 5 种状态：新建状态、就绪状态、运行状态、阻塞状态和死亡状态。下面分别详细介绍这 5 种状态。

1）新建状态：线程对象（通过 new 关键字）已经建立，在内存中有一个活跃的对象，但是没有启动该线程，所以它仍然不能做任何事情，此时线程处在新建状态，程序没有运行线程中的代码，如果线程要运行需要处于就绪状态。

2）就绪状态：一个线程一旦调用了 start()方法，该线程就处于就绪状态。此时线程等待 CPU 时间片，一旦获得 CPU 时间周期线程就可以执行。这种状态下的任何时刻线程是否执行完全取决于系统的调度程序。

3）运行状态：一旦处于就绪状态的线程获得 CPU 执行周期，就处于运行状态，执行多线程代码部分的运算。线程一旦运行，只是在 CPU 周期内获得执行权利，而一旦 CPU 的时间片用完，操作系统会给其他线程运行的机会，而剥夺当前线程的执行。在选择哪个线程可以执行时，操作系统的调度程序考虑线程的优先级，该内容可以参见 12.3.1 节。

4）阻塞状态：该状态下线程无法运行，必须满足一定条件后方可执行。如果线程处于阻塞状态，JVM 的调度机不会为其分配 CPU 周期。而一旦线程满足一定的条件就解除阻塞，线程处于就绪状态，此时就获得了被执行的机会。当发生以下情况时会使得线程进入阻塞状态。

- ❑ 线程正等待一个输入、输出操作，该操作完成前不会返回其调用者。
- ❑ 线程调用了 wait()方法或 sleep()方法。
- ❑ 调用了线程的 suspend()方法，该方法已经不推荐使用。
- ❑ 线程需要满足某种条件才可以继续执行。

如果线程处于被阻塞状态，别的线程就可以被 CPU 执行。而当一个线程解除了阻塞状态，如线程等待输入、输出操作而该操作已经完成，线程调度机会检查该线程的优先权，如果优先权高于当前的运行线程（就绪状态的线程和运行状态的线程）该线程将抢占当前线程的资源并开始运行。

5）死亡状态：线程一旦退出 run()方法就处于死亡状态。在 Java2 中通过调用 stop()和 destroy()方法使得线程死亡，但这些方法都引起程序的不稳定，由于 stop()方法已经过时了（事实证明该方法容易造成程序的混乱），所以读者最好不要在自己的程序中调用该方法。

图 12-2 给出了一个清晰的线程状态图解，说明线程的 5 种状态之间的区别。

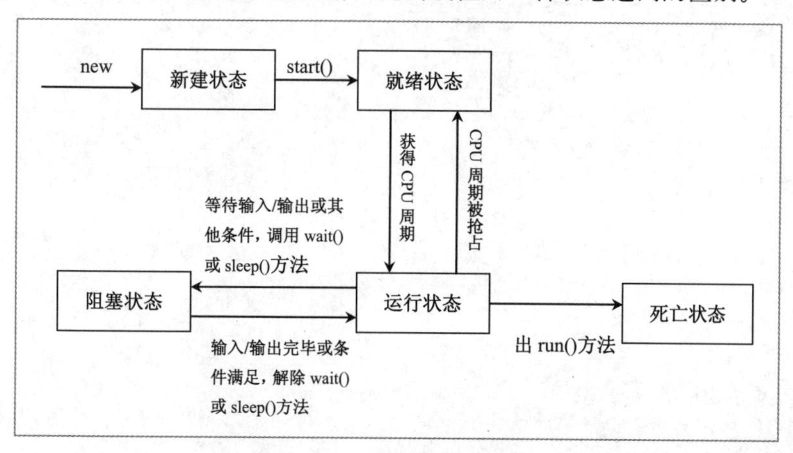

图 12-2　线程状态迁移图

在多线程程序中，由于对 CPU 周期的抢占性，以及各种原因会导致线程处于阻塞状态。如线程调用 sleep(milliseconds)方法使得线程进入休眠状态时会导致阻塞发生，调用 wait()方法挂起线程和等待程序的某个输入/输出时也会导致阻塞发生。而导致线程死亡的唯一因素就是线程执行完 run()方法而返回。

12.3 线程的使用

前面介绍了如何创建线程，但从前面的实例可以看到，其输出结果不尽人意，为什么呢？因为在线程的应用中存在许多新的知识点，需要大家去学习，本节将会逐个进行解释。

12.3.1 线程的优先级

线程的执行顺序是一种抢占方式，优先级高的比优先级低的要获得更多的执行时间，如果想让一个线程比其他线程有更多的时间运行，可以通过设置线程的优先级解决。

如一个线程创建后，可通过在线程中调用“set Priority()”方法，来设置其优先级，具体方法如下：

```
public final void setPriority(int newPriority);
```

newPriority 是一个 1~10 的正整数，数值越大，优先级别越高，系统定义了一些常用的数值如下：

- public final static int MIN_PRIORITY=1：表示最低优先级。
- public final static int MAX_PRIORITY=10：表示最高优先级。
- public final static int NORM_PRIORITY=5：表示默认优先级。

【实例 12-4】下面来看一个实例，通过实例查看在设置了线程的优先级后，程序的输出会有什么不同。

```
01  //创建一个主运行类
02  public class Thread2 {
03      public static void main(String[] args) {      //主方法
04          //创建两个线程对象t和t1
05          Compute t = new Compute();
06          Compute1 t1 = new Compute1();
07          //设置线程对象t和t1的优先级
08          t.setPriority(10);
09          t1.setPriority(1);
10          //启动两个线程
11          t.start();
12          t1.start();
13          try {
14              Thread.sleep(5000);                   //等待5秒钟
15          } catch (InterruptedException e) {
16          }
17      }
18  }
19  //创建通过循环语句输出数字的类
20  class Compute extends Thread {                    //创建继承线程的类compute
21      int i = 0;                                    //创建成员变量
22      public void run() {                           //实现run()方法
```

```
23              for (int i = 0; i < 10; i++) {
24                  System.out.println(i);
25              }
26          }
27      }
28      //创建通过循环语句输出数字的类
29      class Compute1 extends Thread {            //创建继承线程的类compute1
30          public void run() {                    //实现run()方法
31              for (int i = 0; i < 10; i++) {
32                  System.out.println("这个数字是:" + i);
33              }
34          }
35      }
```

【代码说明】因为机器运行的速度太快了，为了让程序显示的效果更加突出，代码 13~17 行使用了 sleep()方法，让程序等待 5 秒钟。第 8~9 行分别设置两个线程的优先级。

【运行效果】

```
0
1
2
3
4
5
6
7
8
9
这个数字是:0
这个数字是:1
这个数字是:2
这个数字是:3
这个数字是:4
这个数字是:5
这个数字是:6
这个数字是:7
这个数字是:8
这个数字是:9
```

此时的输出变得很有规律，因为程序中将输出数字的线程的优先级设为最高了，而输出汉字的线程是系统最低优先级，所以程序执行时，会给数字输出线程更多的时间执行。

说明 运行结果可能会随计算机的运算能力不同而不同。

12.3.2 线程的休眠与唤醒

上面的程序段使用了 sleep()方法，这里涉及线程的休眠和唤醒功能，那什么是线程的休眠和唤醒呢？下面将分别来讲述。

1. 线程的休眠

线程的休眠，是指线程暂时处于等待的一种状态，通俗地说，就是线程暂时停止运行了。要达到这种功能需要调用 Thread 类的 sleep()方法。sleep()方法可以使线程在指定的时间，处于暂时停止的状态，等到指定时间结束后，暂时停止状态就会结束，然后继续执行没有完成的任务。sleep()方法的方法结构如下：

```
public static native void sleep(long millis) throws interruptedExcption
```

millis 参数是指线程休眠的毫秒数。上述代码涉及抛出异常的问题，由于目前还没有开始讲述抛出异常，所以只要知道是抛出异常就可以。

【实例 12-5】 下面看一个有关休眠的实例。

```
01  //创建一个主运行类
02  public class Thread3 {
03      public static void main(String[] args) {      //主方法
04          //创建两个线程对象t和t1
05          Compute4 t = new Compute4();
06          Compute5 t1 = new Compute5();
07          //启动两个线程
08          t.start();
09          t1.start();
10      }
11  }
12  //创建通过循环语句输出数字的类
13  class Compute4 extends Thread {                    //创建继承线程的类Compute4
14      int i = 0;                                     //创建成员变量
15      public void run() {                            //实现run()方法
16          for (int i = 0; i < 10; i++) {
17              System.out.println(i);
18              try {
19                  sleep(1000);                       //线程休眠1秒
20              } catch (Exception e) {
21              }
22          }
23      }
24  }
25  //创建通过循环语句输出数字的类
26  class Compute5 extends Thread {                    //创建继承线程的类Compute5
27      public void run() {                            //实现run()方法
28          for (int i = 0; i < 10; i++) {
29              System.out.println("这个数字是:" + i);
30              try {
31                  sleep(1000);                       //线程休眠1秒
32              } catch (Exception e) {
33              }
34          }
35      }
36  }
```

【代码说明】 看看这个程序的输出结果，是否已经达到设计这个程序的初衷了？为什么会有这种效果呢？那是因为程序让两个线程分别在输出一条后暂时休眠，等待另一个线程输出。这样第 1 个线程休眠时，第 2 个线程输出。第 2 个线程休眠时，第 1 个线程又输出，但经过一段时间后，还是会有不同的现象出现。

【运行效果】

```
0
```

```
这个数字是:0
1
这个数字是:1
2
这个数字是:2
3
这个数字是:3
这个数字是:4
4
这个数字是:5
5
6
这个数字是:6
这个数字是:7
7
8
这个数字是:8
9
这个数字是:9
```

如果让刚才的程序改变休眠时间，那么输出结果会是什么样呢？

【实例 12-6】现在修改下这个例子如下：

```
01  //创建一个主运行类
02  public class Thread4 {
03      public static void main(String[] args) {     //主方法
04          //创建两个线程对象t和t1
05          Compute6 t = new Compute6();
06          Compute7 t1 = new Compute7();
07          //启动两个线程
08          t.start();
09          t1.start();
10      }
11  }
12  //创建通过循环语句输出数字的类
13  class Compute6 extends Thread {                  //创建继承线程的类Compute6
14      int i = 0;                                   //创建成员变量
15      public void run() {                          //实现run()方法
16          for (int i = 0; i < 10; i++) {
17              System.out.println(i);
18              try {
19                  sleep(1000);                     //线程休眠1秒
20              } catch (Exception e) {
21              }
22          }
23      }
24  }
25  //创建通过循环语句输出数字的类
26  class Compute7 extends Thread {                  //创建继承线程的类Compute7
27      public void run() {                          //实现run()方法
28          for (int i = 0; i < =4; i++) {
29              System.out.println("这个数字是:" + (2*i+1));
30              try {
31                  sleep(2000);                         //线程休眠2秒
```

```
32                } catch (Exception e) {
33                }
34            }
35        }
36    }
```

【代码说明】这个程序段，将第 2 个线程休眠时间变为第 1 个线程休眠时间的两倍，那么输出结果会是第 1 个线程输出两条后，第 2 个线程输出一条吗？答案是也不一定。

【运行效果】

```
0
这个数字是:1
1
2
这个数字是:3
3
4
这个数字是:5
5
这个数字是:7
6
7
这个数字是:9
8
9
```

当一个线程处于休眠状态，如果开始设置了休眠时间是 1000 毫秒，但是想在休眠了 500 毫秒时，让它继续执行，该怎么办呢？此时可以使用线程的唤醒功能。

2．线程的唤醒

线程的唤醒是指，使线程从休眠等待状态进入可执行状态，可以通过调用方法 interrupt()来实现。

【实例 12-7】下面将举一个有关唤醒的实例。

```
01  //创建一个主运行类
02  public class Thread5 {
03      public static void main(String[] args) {      //主方法
04          Compute8 t = new Compute8();              //创建线程对象t
05          t.start();                                //启动线程t
06      }
07  }
08  //创建一个线程类，在这个类中，通过休眠来输出不同结果
09  class Compute8 extends Thread {
10      int i = 0;                                    //创建成员变量i
11      public void run() {                           //实现run()方法
12          //输出相应信息
13          System.out.println("在工作中，不要打扰");
14          try {
15              sleep(1000000);                       //休眠1000秒
16          } catch (Exception e) {
17              System.out.println("哦，电话来了");   //输出相应信息
18          }
```

```
19        }
20    }
```

【代码说明】第 15 行使线程休眠 1000000 毫秒，并没有唤醒它。第 5 行是启动线程功能。

【运行效果】

```
在工作中，不要打扰
```

【实例 12-8】在这个程序中如果没有唤醒代码，那么程序将停留 1000 秒后，再输出“哦，电话来了”这句话。如果加了唤醒语句，代码如下：

```
01    //创建一个主运行类
02    public class Thread6 {
03        public static void main(String[] args) {     //主方法
04            Compute9 t = new Compute9();              //创建线程对象t
05            t.start();                                //启动线程t
06            t.interrupt();                            //线程的唤醒
07        }
08    }
09    //创建一个线程类，在这个类中，通过休眠来输出不同结果
10    class Compute9 extends Thread {
11        int i = 0;                                    //创建成员变量i
12        public void run() {                           //实现run()方法
13            //输出相应信息
14            System.out.println("在工作中，不要打扰");
15            try {
16                sleep(1000000);                       //休眠1000秒
17            } catch (Exception e) {
18                System.out.println("哦，电话来了");   //输出相应信息
19            }
20        }
21    }
```

【代码说明】由于在第 6 行调用了唤醒语句，所以在输出“在工作中，不要打扰”后休眠，然后又立即会被唤醒输出“哦，电话来了”。

【运行效果】

```
在工作中，不要打扰
哦，电话来了
```

12.3.3 线程让步

所谓线程让步，就是使当前正在运行的线程对象退出运行状态，让其他线程运行，其方法是通过调用 yield()方法来实现。这个方法不能将运行权让给指定的线程，只是允许这个线程把运行权让出来，至于给谁，这就需要看由哪个线程抢占到了。

【实例 12-9】现在列举一个实例。

```
01    //创建一个主运行类
02    public class Thread7 {
03        public static void main(String[] args) {     //主方法
04            //创建两个线程对象t和t1
05            Compute10 t = new Compute10();
06            Compute11 t1 = new Compute11();
07            //启动两个线程
```

```
08            t.start();
09            t1.start();
10        }
11    }
12    //创建通过循环语句输出数字的类
13    class Compute10 extends Thread {                //创建继承线程的类Compute10
14        int i = 0;                                  //创建成员变量
15        public void run() {                         //实现run()方法
16            for (int i = 0; i < 10; i++) {
17                System.out.println(i);
18                yield();                            //让线程暂停
19            }
20        }
21    }
22    //创建通过循环语句输出数字的类
23    class Compute11 extends Thread {                //创建继承线程的类Compute11
24        public void run() {                         //实现run()方法
25            for (int i = 0; i < 10; i++) {
26                System.out.println("这个数字是:" + i);
27            }
28        }
29    }
```

【代码说明】第 13~29 行定义了两个线程，其中第 18 行表示第一个线程会出现让步的情况。第 8~9 行启动线程。

【运行效果】

```
0
这个数字是:0
这个数字是:1
这个数字是:2
这个数字是:3
这个数字是:4
这个数字是:5
这个数字是:6
这个数字是:7
1
这个数字是:8
这个数字是:9
2
3
4
5
6
7
8
9
```

从运行结果来看，第 1 个线程比第 2 个线程运行的几率要小，因为它总是放弃运行权。

12.3.4 线程同步

本节将详细讲述为什么要使用线程同步，并且通过现实生活中程序开发的实例，来说明线程同

步的用法。

前面讲述过，线程的运行权通过一种叫抢占的方式获得。一个程序运行到一半时，突然被另一个线程抢占了运行权，此时这个线程数据处理了一半，而另一个线程也在处理这个数据，那么就会出现重复操作数据的现象，最终导致整个系统的混乱。

【实例 12-10】下面先看一个实例，通过这个实例，了解如果线程不是同步的，将会出现什么样的结果。

```
01  //创建一个主运行类
02  public class Thread8 {
03      public static void main(String[] args) {     //主方法
04          //创建两个线程对象t和t1
05          Compute12 t = new Compute12('a');
06          Compute12 t1 = new Compute12('b');
07          //启动两个线程
08          t.start();
09          t1.start();
10      }
11  }
12  //创建通过循环语句输出数字的类
13  class Compute12 extends Thread {                    //创建继承线程的类Compute12
14      char ch;                                        //创建成员变量ch
15      Compute12(char ch) {                            //构造函数
16          this.ch = ch;
17      }
18      public void print(char ch) {                    //创建print()方法
19          for (int i = 0; i < 10; i++) {              //通过循环输出数字
20              System.out.print(ch);
21          }
22      }
23      public void run() {                             //实现方法run()
24          print(ch);                                  //调用print()方法
25          System.out.println();                       //输出回车
26      }
27  }
```

【代码说明】第 8~9 创建两个线程，它们输出不同的字符，从结果可以看出，这两个字符会交替输出。

【运行效果】

```
abababababababababab
```

【实例 12-11】从上面的程序段可能看不出线程同步，如果将上面的程序段修改后，再来看看会出现什么样的变化。

```
01  //创建一个主运行类
02  public class Thread9 {
03      public static void main(String[] args) {     //主方法
04          //创建两个线程对象t和t1
05          Compute13 t = new Compute13('a');
06          Compute13 t1 = new Compute13('b');
07          //启动两个线程
08          t.start();
```

```
09              t1.start();
10          }
11      }
12      //创建通过循环语句输出数字的类
13      class Compute13 extends Thread {                    //创建继承线程的类Compute13
14          char ch;                                        //创建成员变量ch
15          Compute13(char ch) {                            //构造函数
16              this.ch = ch;
17          }
18          public void print(char ch) {                    //创建print()方法
19              for (int i = 0; i < 10; i++) {              //通过循环输出数字
20                  System.out.print(ch);
21              }
22          }
23          public void run() {                             //实现方法run()
24              print(ch);                                  //调用print()方法
25              System.out.println();                       //输出回车
26          }
27      }
```

【代码说明】从以上的程序段可以看出，两个线程循环输出时，会出现抢占现象，于是整个输出就会混乱，一会儿输出“a”，一会儿输出“b”。

【运行效果】

```
aaabbbaaaaabbbaabbbb
```

如何解决这个问题呢？这就涉及线程的同步。在Java程序语言中，解决同步问题的方法有两种：一种是同步块，另一种是同步化方法。

12.3.5 同步块

同步块是使具有某个对象监视点的线程，获得运行权限的一种方法，每个对象只能在拥有这个监视点的情况下，才能获得运行权限。举个例子，一个圆桌上有4个人吃饭，但是只有一个勺子，4人中只有一个人能吃饭，并且这个人必须是拥有勺子的人，而这个勺子就相当于同步块中的监视点。

同步块的结构如下：

```
synchronized(someobject)
{
代码段
}
```

someobject是一个监视点对象，可以是实际存在的，也可以是假设的。在很多程序段中，这个监视点对象都是假设的。其实这个监视点就相当于一把锁，给一个线程上了锁，那么其他线程就会被拒之门外，就无法得到这把锁。直到这个线程执行完了，才会将这个锁交给其他线程。其他的线程得到锁后，将自己的程序锁住，再将其他线程拒之门外。

【实例12-12】将前面的程序修改后，再来看看输出结果。

```
01  //创建一个主运行类
02  public class Thread10 {
03      public static void main(String[] args) {        //主方法
```

```
04          //创建两个线程对象t、t1和t2
05          Compute14 t = new Compute14('a');
06          Compute14 t1 = new Compute14('b');
07          Compute14 t2 = new Compute14('c');
08          //启动3个线程
09          t.start();
10          t1.start();
11          t2.start();
12      }
13  }
14  //创建通过循环语句输出数字的类
15  class Compute14 extends Thread {                    //创建继承线程的类Compute14
16      char ch;                                        //创建成员变量ch
17      static Object obj = new Object();               //创建静态对象obj
18      Compute14(char ch) {                            //构造函数
19          this.ch = ch;
20      }
21      public void print(char ch) {                    //创建print()方法
22          for (int i = 0; i < 10; i++) {              //通过循环输出数字
23              System.out.print(ch);
24          }
25      }
26      public void run() {                             //实现方法run()
27          synchronized (obj) {                        //创建静态块
28              for (int i = 1; i < 10; i++) {          //实现循环
29                  print(ch);                          //调用方法print()
30                  System.out.println();
31              }
32      }   }
33  }
```

【代码说明】 第27行使用了synchronized()方法来设置同步线程，所以每个线程都是先完成后再执行下一个线程。

【运行效果】

```
aaaaaaaaa
aaaaaaaaa
aaaaaaaaa
aaaaaaaaa
aaaaaaaaa
aaaaaaaaa
aaaaaaaaa
aaaaaaaaa
aaaaaaaaa
bbbbbbbbb
bbbbbbbbb
bbbbbbbbb
bbbbbbbbb
bbbbbbbbb
bbbbbbbbb
bbbbbbbbb
bbbbbbbbb
bbbbbbbbb
```

```
ccccccccc
ccccccccc
ccccccccc
ccccccccc
ccccccccc
ccccccccc
ccccccccc
ccccccccc
ccccccccc
```

在运行程序中添加一个监视点，那么将锁内的程序段执行完后，就会自动打开锁，再由另外两个线程抢占这个锁。然后反复执行这个同步块中的程序，这样一个线程执行完后，才会执行另一个线程。对于多线程操作同一个数据，就不会出现混乱的现象。

【实例 12-13】 下面再看一个有关同步块的程序段例子。

```
01  //创建一个主运行类
02  public class Thread11 {
03      public static void main(String[] args) {     //主方法
04          Compute15 t = new Compute15();            //创建对象t
05          //启动3个线程对象
06          new Thread(t).start();
07          new Thread(t).start();
08          new Thread(t).start();
09      }
10  }
11  //创建通过循环语句输出数字的类
12  class Compute15 extends Thread {                  //创建继承线程的类Compute15
13      int i = 10;                                   //创建成员变量i
14      static Object obj = new Object();             //创建静态对象obj
15      public void print() {                         //创建输出方法
16          //输出相应信息
17          System.out.println(Thread.currentThread().getName() + ":" + i);
18          i--;                                      //自减
19      }
20      public void run() {                           //重写方法run()
21          while (i > 0) {
22              synchronized (obj) {                  //静态块
23                  print();                          //调用方法print()
24              }
25              try {
26                  sleep(1000);                      //休眠1秒
27              } catch (Exception e) {
28              }
29          }
30      }
31  }
```

【代码说明】 从上面的程序段可以看出，3 个线程操作同一个数，通过使用同步块，使得整个处理过程变得很有条理。线程 1 处理完数字 10 后，线程 2 处理数字 9，之后，线程 3 再处理数字 8，这样循环下去，使得每个线程都能单独地处理同一数据，而不受其他线程的影响。

【运行效果】

```
Thread-1:10
```

```
Thread-2:9
Thread-3:8
Thread-2:7
Thread-3:6
Thread-1:5
Thread-2:4
Thread-3:3
Thread-1:2
Thread-2:1
Thread-3:0
Thread-1:-1
```

12.3.6 同步化方法

同步化方法就是对整个方法进行同步。它的结构如下：

```
synchronized void f()
{
    代码
}
```

【实例 12-14】下面使用同步化方法来修改上面的程序段。

```
01  //创建一个主运行类
02  public class Thread12 {
03      public static void main(String[] args) {    //主方法
04          Compute16 t = new Compute16();           //创建对象t
05          //启动3个线程对象
06          new Thread(t).start();
07          new Thread(t).start();
08          new Thread(t).start();
09      }
10  }
11  //创建通过循环语句输出数字的类
12  class Compute16 extends Thread {                 //创建继承线程的类Compute16
13      int i = 10;                                  //创建成员变量i
14      static Object obj = new Object();            //创建静态对象obj
15      synchronized void print() {                  //创建输出方法
16          //输出相应信息
17          System.out.println(Thread.currentThread().getName() + ":" + i);
18          i--;                                     //自减
19      }
20      public void run() {                          //重写方法run()
21          while (i > 0) {
22              print();                             //调用方法print()
23              try {
24                  sleep(1000);                     //休眠1秒
25              } catch (Exception e) {
26              }
27          }
28      }
29  }
```

【代码说明】第 15 行使用了同步化关键字 synchronized 来同步方法 print()。第 24 行调用了休眠方法 sleep()。第 6~8 行启动 3 个线程。

【运行效果】

```
Thread-1:10
Thread-2:9
Thread-3:8
Thread-3:7
Thread-1:6
Thread-2:5
Thread-3:4
Thread-1:3
Thread-2:2
Thread-3:1
Thread-1:0
Thread-2:-1
```

从上面的结果可以看出，使用同步块和同步化方法的输出结果都是一样的。讲述了线程的所有知识点后，下面将使用一个生产者和消费者的综合模型实例，巩固多线程编程的方法。

说明 从结果显示来看，可能与读者计算机上的结果不同，这也是线程的一个特色，每次运行结果都可能不同。

12.4 实例分析

本节将分析线程的一些比较实用的实例，通过这些实例和关于这些实例的流程图，希望读者能够掌握线程的精髓。在程序中经常会遇到这样类似的状况，例如某个线程 A 正在等待另一个线程 B 把数据送过来，数据还没送到之前，A 先进入等待状态，等到数据送到时，B 再通知 A 可以处理数据了。在操作系统中，最有名的就是生产者与消费者问题，即生产者生产东西时，不可能无限制地生产下去，因为库存存量的限制，所以当还未到一定的库存量时，生存者会继续生产，如果库存够了，就等待消费者来用掉库存。而消费者看到有库存时，才会进行消费，如果库存用完了，他们就会等待，直到生产者又生产了新的东西。

12.4.1 生产者与消费者的程序设计及分析

下面将使用生产者和消费者的程序设计来编写代码，其条件如下：

1 个汉堡包店，有 1 个厨师和 1 个营业员，厨师负责做汉堡，营业员负责卖汉堡，当然还有 1 个存放汉堡的箱子。厨师不停地做汉堡，做好了就放在箱子里面，当每次客人来的时候，营业员就会从箱子里面取出 1 个汉堡卖掉。假设前提是客人每隔 1 秒来 1 个，也就是说营业员 1 秒卖 1 个汉堡，而厨师 3 秒做 1 个汉堡。

【实例 12-15】 目前总共只能做 10 个汉堡，箱子中已经有了 5 个汉堡，请编写程序代码来显示这个买卖的关系。

下面先看看程序的流程，如图 12-3 所示。

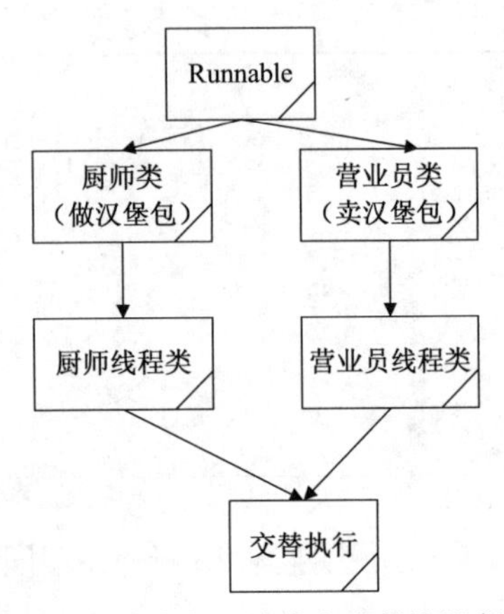

图 12-3 生产者和消费者线程模拟程序

为了更好地掌握这个程序代码编制，下面将分步骤地讲述这个代码。

1）设计箱子类，将其作为监视点，代码如下：

```
01  class Ham                                          //创建把装汉堡包的箱子作为监视器类
02  {
03      static Object box = new Object();              //创建对象box
04      static int totalmaterial = 10;                 //制作汉堡包的材料属性
05      static int sales = 0;                          //销售多少个汉堡包属性
06      static int production = 5;                     //一共有多少个汉堡包属性
07  }
```

2）设计厨师类，代码如下：

```
01  class Hmaker extends Thread                        //厨师线程类
02  {
03      //make方法使用了一个同步块，在这个函数里会不断地生产汉堡包
04      public void make() {
05          synchronized (Ham.box) {                   //创建同步块
06              (Ham.production)++;
07              try {
08                  ham.box.notify();
09              } catch (Exception e) {
10              }
11          }
12      }
13      public void run() {                            //重写run()方法
14          //使用循环语句来保证在汉堡包材料用完之前，不断地生产汉堡包
15          while (Ham.production < Ham.totalmaterial) {
16              //使用判断语句判断只要有汉堡包，厨师就通知营业员可以卖了
17              if (Ham.production > 0) {
18                  System.out.println("厨师" + getName() + ": " + "汉堡包来了(总共"
19                          + (Ham.production - Ham.sales) + "个)");
20              }
21              try {
22                  sleep(3000);                       //线程休眠3秒
23              } catch (Exception e) {
24              }
25              make();                                //调用make()方法
26          }
27      }
28  }
```

3）营业员类的设计，其代码如下：

```
01  class Hassistant extends Thread {                  //营业员的线程类
02      public void sell() {                           //创建营业员卖汉堡包的方法
03          if (Ham.production == 0) {                 //当没有汉堡时
04              System.out.println("营业员：顾客朋友们，请稍微等一下，汉堡包没了!!");
05          }
06          try {
07              Ham.box.wait();                        //使线程暂停
08          } catch (Exception e) {
09          }
10          Ham.sales++;
11          System.out.println("营业员：顾客好，汉堡包上来了，(总共卖了" + Ham.sales + "个)
12  ");
```

```
13         }
14         public void run() {                              //重写run()方法
15             //当箱子里面有汉堡包的情况下不断的卖
16             while (Ham.sales < Ham.production) {
17                 try {
18                     sleep(1000);                         //线程休眠1秒
19                 } catch (Exception e) {
20                 }
21                 sell();                                  //调用sell()方法
22             }
23         }
24     }
```

4）线程类在主运行程序中运行，详细代码如下：

```
01  public class Thread13 {                                    //创建测试类
02      public static void main(String[] args) {               //主方法
03          Hmaker maker = new Hmaker();                       //创建对象maker
04          Hassistant assistant = new Hassistant();           //创建对象assistant
05          //对对象maker进行设置
06          maker.setName("甲");
07          //启动线程
08          maker.start();
09          assistant.start();
10      }
11  }
```

【代码说明】 在上述代码中，在第 3）部分第 2~13 行创建了一个关于营业员卖汉堡包的方法 sell()。然后在第 3）部分第 14~24 行重写了 run()方法。最后在第 4）部分第 1~11 行设计类 Thread13。在类 Thread13 中的主方法中，创建一个厨师类和一个营业员类，然后启动这两个线程类。

厨师类能做汉堡包的产品数量，应该小于总材料的数量。在这个前提条件下，如果产品不等于零，就让厨师告诉一声：汉堡包上来了，总共有多少个。接下来开始 3 秒做 1 个汉堡，做好了后，再通知一声：汉堡包上来了，总共几个。另外，只要箱子里的汉堡包不等于零，就通知营业员可以卖了。而营业员类，主要是销售汉堡包，每 1 秒卖 1 个，如果箱子里面的汉堡包等于零，就通知顾客：汉堡包没了，需要等待。经过这些分析，重新阅读上面的程序，了解每个类的原理。

【运行效果】

```
厨师甲：汉堡包来了(总共5个)
营业员：顾客好，汉堡包上来了，（总共卖了1个）
营业员：顾客好，汉堡包上来了，（总共卖了2个）
营业员：顾客好，汉堡包上来了，（总共卖了3个）
厨师甲：汉堡包来了(总共3个)
营业员：顾客好，汉堡包上来了，（总共卖了4个）
营业员：顾客好，汉堡包上来了，（总共卖了5个）
营业员：顾客好，汉堡包上来了，（总共卖了6个）
厨师甲：汉堡包来了(总共1个)
厨师甲：汉堡包来了(总共2个)
厨师甲：汉堡包来了(总共3个)
```

12.4.2 多消费者的程序设计及分析

【实例 12-16】 本节将接着上面的实例，再增加一个条件：增加一个营业员。即现在是两个营

业员在销售汉堡，而一个厨师在做汉堡。

先来看看程序的流程，如图 12-4 所示。

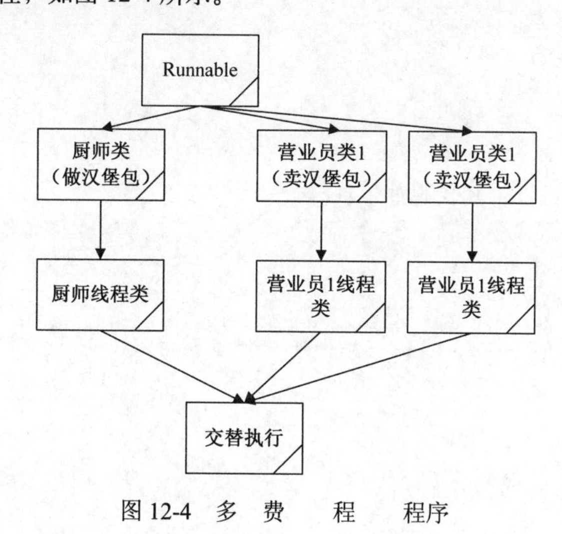

图 12-4 多 费 程 程序

为了能够更加清晰地理解这个程序，下面将分步骤讲述。

1）设计箱子类，代码如下：

```
01  class Ham1                                      //创建把装汉堡包的箱子作为监视器类
02  {
03      static Object box = new Object();           //创建对象box
04      static int totalmaterial = 10;              //制作汉堡包的材料属性
05      static int sales1 = 0;                      //销售多少个汉堡包属性
06      static int sales2 = 0
07      static int production = 5;                  //一共有多少个汉堡包属性
08  }
```

2）设计厨师类，代码如下：

```
01  class Hmaker1 extends Thread                    //厨师线程类
02  {
03      //make方法使用了一个同步块，在这个函数里会不断地生产汉堡包
04      public void make() {
05          synchronized (Ham1.box) {               //创建同步块
06              (Ham1.production)++;
07              //输出相应的信息
08              System.out.println("厨师" + getName() + ": " + "汉堡包来了(总共"
09                      + (Ham1.production - Ham1.sales1 - Ham1.sales2) + "个)");
10              try {
11                  Ham.box.notify();
12              } catch (Exception e) {
13              }
14          }
15      }
16      public void run() {                         //重写run()方法
17          //使用循环语句来保证在汉堡包材料用完之前，不断地生产汉堡包
18          while (Ham1.production < Ham1.totalmaterial) {
19              make();                             //调用make()方法
```

```
20                try {
21                    sleep(3000);                          //线程休眠3秒
22                } catch (Exception e) {
23                }
24                make();                                   //调用make()方法
25            }
26        }
27    }
```

3）修改营业员类的设计，其代码如下：

```
01    class Hassistant1 extends Thread {                    //营业员的线程类
02        public void sell1() {                             //创建营业员卖汉堡包的方法sell1
03            //当没有汉堡包的时候
04            if (Ham1.production == (Ham1.sales1 + Ham1.sales2)) {
05                System.out.println("营业员" + getName() + ": 顾
06                        客朋友们，请稍微等一下，汉堡包没了!!");
07                Ham1.sales1 = 0;
08                Ham1.production = 0;
09                try {
10                    Ham1.box.wait();
11                } catch (Exception e) {
12                }
13            }
14            (Ham1.sales1)++;
15            //输出相应信息
16            System.out.println("营业员" + getName() + ": 顾客好，汉
17                    堡包上来了，(总共卖了" + Ham1.sales1
18                      + "个)");
19        }
20        public void sell2() {                             //创建营业员卖汉堡包的方法sell2
21            //当没有汉堡包的时候
22            if (Ham1.production == (Ham1.sales1 + Ham1.sales2)) {
23                System.out.println("营业员" + getName() + ": 顾
24                        客朋友们，请稍微等一下，汉堡包没了!!");
25                Ham.sales2 = 0;
26                Ham.production = 0;
27                try {
28                    Ham1.box.wait();
29                } catch (Exception e) {
30                }
31            }
32            (Ham1.sales2)++;
33            //输出相应信息
34            System.out.println("营业员" + getName() + ": 顾客好，汉
35                    堡包上来了，(总共卖了" + Ham1.sales2
36                      + "个)");
37        }
38        public void run() {                               //重写run()方法
39            //当箱子里面有汉堡包里有汉堡包的情况下不断的卖
40            while ((Ham1.sales1 + Ham1.sales2) < Ham1.production) {
41                sell1();                                  //调用sell1()方法
42                try {
43                    sleep(1000);
44                } catch (Exception e) {
```

```
45                }
46            }
47            while ((Ham1.sales1 + Ham1.sales2) < Ham1.production) {
48                try {
49                    sleep(1000);
50                } catch (Exception e) {
51                }
52                sell2();                                    //调用方法sell2()
53            }
54        }
55    }
```

4）线程类在主运行程序中运行，详细代码如下：

```
01    public class Thread14 {                              //创建测试类
02        public static void main(String[] args) {         //主方法
03            Hmaker1 maker = new Hmaker1();               //创建对象maker
04            Hassistant1 assistant1 = new Hassistant1(); //创建对象assistant1
05            Hassistant1 assistant2 = new Hassistant1(); //创建对象assistant2
06            //对对象maker进行设置
07            maker.setName("甲");
08            //对对象assistant1和assistant2进行设置
09            assistant1.setName("甲");
10            assistant2.setName("乙");
11            //启动线程
12            maker.start();
13            assistant1.start();
14            assistant2.start();
15        }
16    }
```

【代码说明】这个程序涉及两个营业员，其实多几个营业员倒是不难，只是要注意此时是两个人卖汉堡包。那么厨师做出来的汉堡包，就必须与两个营业员的销售总量进行比较，这一点也是整个程序需要考虑的问题。

【运行效果】

```
厨师甲：汉堡包来了(总共6个)
营业员甲：顾客好，汉堡包上来了，（总共卖了1个）
营业员乙：顾客好，汉堡包上来了，（总共卖了2个）
营业员甲：顾客好，汉堡包上来了，（总共卖了3个）
营业员乙：顾客好，汉堡包上来了，（总共卖了4个）
营业员甲：顾客好，汉堡包上来了，（总共卖了5个）
营业员乙：顾客好，汉堡包上来了，（总共卖了6个）
厨师甲：汉堡包来了(总共1个)
营业员甲：顾客好，汉堡包上来了，（总共卖了7个）
厨师甲：汉堡包来了(总共1个)
厨师甲：汉堡包来了(总共2个)
厨师甲：汉堡包来了(总共3个)
```

12.4.3 多生产者的程序设计及分析

【实例 12-17】既然可以有多消费者的程序设计及分析，同样也有多生产者的程序设计及分析。本节的实例将让条件变得更加复杂，设计了两个厨师和两个营业员，针对这种复杂的现象，先来看看程序的流程，如图 12-5 所示。

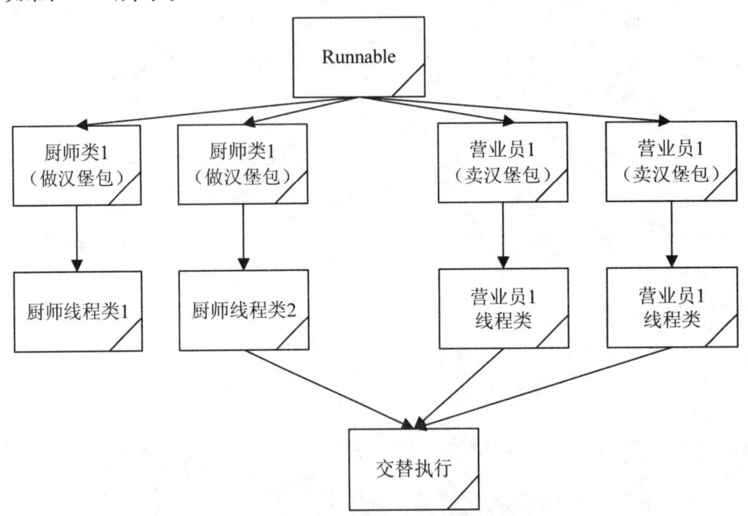

图 12-5 多生产者和多消费者线程模拟程序

为了能够更加清晰地理解这个程序，下面将分步骤实现这个实例程序。

1）箱子类的设计代码如下：

```
01  class Ham2                                    //创建把装汉堡包的箱子作为监视器类
02  {
03      static Object box1 = new Object();        //创建对象box1
04      static Object box2 = new Object();        //创建对象box2
05      static int totalmaterial1 = 10;           //制作汉堡包的材料属性totalmaterial1
06      static int totalmaterial2 = 10;           //制作汉堡包的材料属性totalmaterial2
07      //销售多少个汉堡包属性
08      static int sales11 = 0;
09      static int sales12 = 0;
10      static int sales21 = 0;
11      static int sales22 = 0;
12      static int production1 = 5;               //一共有多少个汉堡包属性production1
13      static int production2 = 5;               //一共有多少个汉堡包属性production2
14  }
```

2）第 1 个厨师类的设计，代码如下：

```
01  class Hmaker2 extends Thread                  //厨师线程类
02  {
03      //make方法使用了一个同步块，在这个函数里会不断地生产汉堡包
04      public void make() {
05          synchronized (Ham2.box1) {                //创建同步块
06              (Ham2.production1)++;
07              //输出相应的信息
08              System.out.println("厨师" + getName() + ": " + "汉堡包来了(总共"
09                  + (Ham2.production1 - Ham2.sales11 - Ham2.sales12) + "个A类汉堡包)");
10              try {
11                  Ham2.box1.notify();
12              } catch (Exception e) {
13              }
```

```
14              }
15          }
16          public void run() {                          //重写run()方法
17              //使用循环语句来保证在汉堡包材料用完之前，不断地生产汉堡包
18              while (Ham2.production1 < Ham2.totalmaterial1) {
19                  make();                              //调用make()方法
20                  try {
21                      sleep(3000);                     //线程休眠3秒
22                  } catch (Exception e) {
23                  }
24              if (Ham2.production1 == Ham2.totalmaterial11) {
25                  System.out.println("所有的材料用完了！");
26              }         }
27          }
28  }
```

3）第2个厨师类的设计，其代码如下：

```
01  class Hmaker3 extends Thread                         //厨师线程类
02  {
03      //make方法使用了一个同步块，在这个函数里会不断的生产汉堡包
04      public void make() {
05          synchronized (Ham2.box2) {                   //创建同步块
06              (Ham2.production2)++;
07              //输出相应的信息
08              System.out.println("厨师" + getName() + ":" + "汉堡包来了(总共"
09                  + (Ham2.production2 - Ham2.sales21 - Ham2.sales22) + "个B类汉堡包)");
10              try {
11                  Ham2.box2.notify();
12              } catch (Exception e) {
13              }
14          }
15      }
16      public void run() {                              //重写run()方法
17          //使用循环语句来保证在汉堡包材料用完之前，不断地生产汉堡包
18          while (Ham2.production2 < Ham2.totalmaterial2) {
19              make();                                  //调用make()方法
20              try {
21                  sleep(3000);                         //线程休眠3秒
22              } catch (Exception e) {
23              }
24          if (Ham2.production2 == Ham2.totalmaterial22) {
25              System.out.println("所有的材料用完了！");
26          }         }
27      }
28  }
```

4）营业员类的设计，其代码如下：

```
01  class Hassistant2 extends Thread {                   //关于营业员的线程类
02      public void sell1() {                            //创建营业员卖汉堡包的方法sell1
03          //当没有汉堡包的时候
04          if (Ham2.production1 == (Ham2.sales11 + Ham2.sales12)) {
05              System.out.println("营业员" + getName() + ": 顾
06                      客朋友们，请稍微等一下,A汉堡包没了!!");
```

```
07              Ham2.sales11 = 0;
08              Ham2.sales12 = 0;
09              Ham2.production1 = 0;
10              try {
11                  Ham2.box1.wait();
12              } catch (Exception e) {
13              }
14          } else {
15              if (Ham2.production1 > (Ham2.sales11 + Ham2.sales12)) {
16                  Ham2.sales11++;
17                  Ham2.sales21++;
18                  //输出相应信息
19                  System.out.println("营业员" + getName() + ": 顾客好，汉堡包上来了，（总
20                          共卖了 A类汉堡包"
21                          + Ham2.sales11 + "个），总共卖了B类汉堡包" + Ham2.sales21 +
22                          "个）");
23              }
24          }
25      }
26      public void sell2() {                           //创建营业员卖汉堡包的方法sell2
27          //当没有汉堡包的时候
28          if (Ham2.production2 == (Ham2.sales21 + Ham2.sales22)) {
29              System.out.println("营业员" + getName() + ": 顾客朋友们，请稍微等一下，B型
30                      汉堡包没了！");
31              Ham2.sales21 = 0;
32              Ham2.sales22 = 0;
33              Ham2.production2 = 0;
34              try {
35                  Ham2.box2.wait();
36              } catch (Exception e) {
37              }
38          }else {
39              if (Ham2.production2 > (Ham2.sales21 + Ham2.sales22)) {
40                  Ham2.sales12++;
41                  Ham2.sales22++;
42                  //输出相应信息
43                  System.out.println("营业员" + getName() + ": 顾客好，汉堡包上来了，（总
44                          共卖了A类汉堡包"
45                          + Ham2.sales12 + "个，总共卖了B类汉堡包" + Ham2.sales22 + "
46                          个");
47              }
48          }
49      }
50      public void run() {                             //重写run()方法
51          //当盒子里面有汉堡包里有汉堡包的情况下不断的卖
52          while ((Ham2.sales12 + Ham2.sales11) < Ham2.production1) {
53              try {
54                  sleep(1000);                        //线程休眠1秒
55              } catch (Exception e) {
56              }
57              sell1();                                //调用方法sell1()
58          }
59          while ((Ham2.sales12 + Ham2.sales22) < Ham2.production2) {
```

```
60                  try {
61                      sleep(2000);                        //线程休眠2秒
62                  } catch (Exception e) {
63                  }
64                  sell2();                            //调用方法sell2()
65              }
66              //输出相应信息
67              System.out.println("还剩下A类汉堡包: "
68                      + (Ham2.production1 - Ham2.sales11 - Ham2.sales12) + "个");
69              System.out.println("还剩下B类汉堡包: "
70                      + (Ham2.production2 - Ham2.sales21 - Ham2.sales22) + "个");
71          }
72      }
```

5）线程类在主运行程序中的代码如下：

```
01  public class Thread15 {                                 //这是主运行类
02      public static void main(String[] args) {            //主方法
03          //创建对象maker1和maker2
04          Hmaker2 maker1 = new Hmaker2();
05          Hmaker3 maker2 = new Hmaker3();
06          //创建对象assistant1和assistant2
07          Hassistant2 assistant1 = new Hassistant2();
08          Hassistant2 assistant2 = new Hassistant();
09          //设置相关属性
10          maker1.setName("甲");
11          maker2.setName("乙");
12          assistant1.setName("甲");
13          assistant2.setName("乙");
14          //启动线程
15          maker1.start();
16          maker2.start();
17          assistant1.start();
18          assistant2.start();
19      }
20  }
```

【代码说明】从上面的代码中可以看出，无论是多少个厨师类，或者无论多少个营业员类，都不难，只需将每个类继承或实现线程类，让它们在特殊的情况下，交替执行。

【运行效果】

```
厨师甲：汉堡包来了(总共6个A类汉堡包)
厨师乙：汉堡包来了(总共6个B类汉堡包)
营业员甲：顾客好，汉堡包上来了，（总共卖了 A类汉堡包1个），总共卖了B类汉堡包1个）
营业员乙：顾客好，汉堡包上来了，（总共卖了 A类汉堡包2个），总共卖了B类汉堡包2个）
营业员甲：顾客好，汉堡包上来了，（总共卖了 A类汉堡包3个），总共卖了B类汉堡包3个）
营业员乙：顾客好，汉堡包上来了，（总共卖了 A类汉堡包4个），总共卖了B类汉堡包4个）
厨师甲：汉堡包来了(总共3个A类汉堡包)
厨师乙：汉堡包来了(总共3个B类汉堡包)
营业员甲：顾客好，汉堡包上来了，（总共卖了 A类汉堡包5个），总共卖了B类汉堡包5个）
营业员乙：顾客好，汉堡包上来了，（总共卖了 A类汉堡包6个），总共卖了B类汉堡包6个）
营业员甲：顾客好，汉堡包上来了，（总共卖了 A类汉堡包7个），总共卖了B类汉堡包7个）
营业员乙：顾客朋友们，请稍微等一下，A型汉堡包没了！
厨师甲：汉堡包来了(总共1个A类汉堡包)
```

```
厨师乙：汉堡包来了(总共1个B类汉堡包)
营业员甲：顾客好，汉堡包上来了，（总共卖了A类汉堡包1个，总共卖了B类汉堡包1个
营业员乙：顾客朋友们，请稍微等一下，B型汉堡包没了！
还剩下A类汉堡包：0个
还剩下B类汉堡包：0个
营业员甲：顾客朋友们，请稍微等一下，B型汉堡包没了！
还剩下A类汉堡包：0个
还剩下B类汉堡包：0个
厨师甲：汉堡包来了(总共1个A类汉堡包)
厨师乙：汉堡包来了(总共1个B类汉堡包)
厨师乙：汉堡包来了(总共2个B类汉堡包)
厨师甲：汉堡包来了(总共2个A类汉堡包)
厨师乙：汉堡包来了(总共3个B类汉堡包)
厨师甲：汉堡包来了(总共3个A类汉堡包)
厨师甲：汉堡包来了(总共4个A类汉堡包)
厨师乙：汉堡包来了(总共4个B类汉堡包)
厨师甲：汉堡包来了(总共5个A类汉堡包)
厨师乙：汉堡包来了(总共5个B类汉堡包)
厨师甲：汉堡包来了(总共6个A类汉堡包)
厨师乙：汉堡包来了(总共6个B类汉堡包)
厨师甲：汉堡包来了(总共7个A类汉堡包)
厨师乙：汉堡包来了(总共7个B类汉堡包)
厨师乙：汉堡包来了(总共8个B类汉堡包)
厨师甲：汉堡包来了(总共8个A类汉堡包)
厨师甲：汉堡包来了(总共9个A类汉堡包)
厨师乙：汉堡包来了(总共9个B类汉堡包)
所有的材料用完了！
厨师乙：汉堡包来了(总共10个B类汉堡包)
```

在编写线程的程序时，有很重要的一点，就是弄清楚交替执行的每个线程的执行条件，就像上面程序中所说，如果汉堡包没了，那么营业员就会对顾客说稍等。

12.5 常见疑难解答

12.5.1 Java 中线程与线程之间怎么通信

不同线程共享一个变量，并对此变量的访问进行同步，因为它们共享一个内存空间，所以相比之下，它比进程之间通信要简单容易得多。

12.5.2 什么是进程的死锁和饥饿

进程的死锁和饥饿在本章中没有讲述，主要是考虑到它涉及的线程知识会比较复杂，此处将给读者简单介绍一下它们的基本概念，有兴趣的读者可以自行查阅其他资料。

什么是饥饿？饥饿是由于别的并发进程的激活，而导致持久占有所需资源。饥饿是个异步过程，预测的时间内不能被激活，最常遇到的线程的两个缺陷是死锁和饥饿。

当一个或多个进程，在一个给定的任务中，协同作用、互相干涉，而导致一个或者更多进程永远等待下去，死锁就发生了。

与此类似，当一个进程永久性地占有资源，使得其他进程得不到该资源，就发生了饥饿。

首先看死锁问题。考虑一个简单的例子，假如到 ATM 机上取钱，但是却看到如下的信息“现在没有现金，请稍等再试”，需要钱，所以就等了一会儿再试，但是又看到同样的信息。与此同时，一辆运款装甲车正等待着把钱放进 ATM 中，但是运款装甲车到不了 ATM 取款机，因为前面的汽车挡着道。客户只有取到钱，才会离开原地。这种情况下，就发生了死锁。在饥饿的情形下，系统不处于死锁状态中，因为有一个进程仍在处理之中，只是其他进程永远得不到执行的机会。

在什么样的环境下，会导致饥饿的发生，这没有预先设计好的规则，而一旦发生下面 4 种情况之一，就会导致死锁的发生。

1）相互排斥：一个线程或者进程永远占有共享资源，例如，独占该资源。

2）循环等待：进程 A 等待进程 B，而后者又在等待进程 C，而进程 C 又在等待进程 A。

3）部分分配：资源被部分分配，例如，进程 A 和 B 都需要访问一个文件，并且都要用到打印机，进程 A 获得了文件资源，进程 B 获得了打印机资源，但是两个进程不能获得全部的资源。

4）缺少优先权：一个进程访问了某个资源，但是一直不释放该资源，即使该进程处于阻塞状态。

如果上面 4 种情形都不出现，系统就不会发生死锁。当其中一个进程判断出，它得不到所需要的第 2 个资源，就释放已经得到的第 1 个资源，那么第 2 个进程就可以获得两个资源，并能运行下去。

12.5.3 什么时候会涉及线程程序

在说明这个问题之前，先举一个例子，一个厨师既要炒菜，又要切菜。两个动作是间断性地进行，即一会儿要炒菜，一会儿要切菜，此时要编写程序，就要使用线程。

总结一下：当遇到一个对象要做出多个动作，并且多个动作又是穿插在一起时，就要使用线程的概念来编写程序。前面提到的厨师和营业员的实例，针对汉堡包这个对象，一会儿要制作汉堡包，一会儿要卖汉堡包，当汉堡包做好了，就通知营业员卖，当卖完了又要通知厨师做，这样制作和卖就穿插在一起。像上面提到的这种情况，就可以使用线程来帮助程序完成设计目的。

在网络编程中，网络上不同的用户操作一个对象时，也可以借助线程来完成程序。所以说，线程在网络编程方面有着不可小看的作用。

12.5.4 多线程的死锁问题

12.3 节这些方法使读者可以很方便地控制线程，但是正如一枚硬币的两面，它同时也带来了不利的一面，即死锁问题。由于线程会进入阻塞状态，并且对象同步锁的存在，使得只有获得对象的锁才能访问该对象。因此很容易发生循环死锁。如线程 A 等待线程 B 释放锁，而线程 B 等待线程 C 释放锁，线程 C 又等待线程 A 释放锁，这样就造成一个轮回等待。3 个线程都无法继续运行。

对于 Java 语言来讲没有很好地预防死锁的方法，只有依靠读者谨慎的设计来避免死锁的发生。这里提供一个避免死锁的基本原则。

1）避免使用 suspend()和 resume()方法，这些方法具有与生俱来产生死锁的缺点。

2）不要对长时间 I/O 操作的方法施加锁。

3）使用多个锁时，确保所有线程都按相同的顺序获得锁。

12.5.5 多线程的缺点

多线程的主要目的是对大量并行的任务进行有序的管理。通过同时执行多个任务，可以有效地利用计算机的资源（主要是提高 CPU 的利用率），或者实现对用户来讲响应及时的程序界面。但是不可避免的任何“好东西”都有代价，所以使用多线程也有其缺点，主要包括：

1）等待访问共享资源时使得程序运行变慢。如果用户访问网络数据库，而改善数据库的访问是互斥的，所以一个线程在访问大量数据或修改大量数据时，其他线程就只有等待而不能执行，同时如果把网络链接和数据传输的时间计算在内，则等待的时间或许是“不可忍受的”。

2）当线程数量增多时，对线程的管理要求额外的 CPU 开销。虽然线程是轻量级进程和其他线程共享一些数据，但是毕竟每个线程都需要自己的管理资源，而这些资源的管理会耗费 CPU 时间片，如果线程数量增多到一定程度，如 100 个以上，则线程的管理开销代价会明显增大。

3）死锁是难以避免的，只有依靠程序员谨慎地设计多线程程序。任何语言都不可能提供预防死锁的方法，Java 也不例外，除了尽量不使用控制线程的一些方法如 suspend()、resume()外，还需要认真地分析线程的执行过程，以避免线程间的死锁。

4）随意使用线程技术有时会耗费系统资源，所以要求程序员知道何时使用多线程，以及何时避免使用该技术。

12.6 小结

线程是学习 Java 很关键的一步，我们在操作计算机的时候，可以同时打开一个 Word、一个音乐播放器、一个网站等，同时进行的这些步骤我们就可以称为多线程。本章通过 Java 关于线程的设计，详细介绍了线程的休眠与唤醒、线程的同步等，希望通过这些技术，读者能了解什么时候使用线程。

12.7 习题

一、填空题

1．创建线程的方法一般有两种：____________________和____________________。

2．线程包括 5 种状态：______________、______________、______________、______________和______________。

3．在 Java 程序语言中，解决同步问题的方法有两种：一种是________________，另一种是______________。

二、上机实践

1．通过本章的知识创建一个实现火车站卖火车票的类，注意在该类中不能出现多次卖同一张票，或者某一张票没卖的情况。

【提示】通过线程安全知识来实现。

2．在现实生活中，经常会遇到死锁的情况。例如：一个美国人和一个中国人在同时吃饭时，美国人拿到了一根筷子和一把刀子，而中国人却拿到了一把叉子和一根筷子。这时就会发生如下的对话：

美国人：“你给我叉子，我才给你筷子。”

中国人：“你给我筷子，我才给你叉子。”

结果可想而知，美国人和中国人这两个人都没吃到饭。

下面将通过程序来模拟上述的场景。

【提示】通过计算机操作系统的死锁知识来实现。

第 13 章　异常的处理与内存的管理

本章将分为两部分进行讲述：一部分要详细讲述异常及其处理方法；另一部分介绍 Java 程序中的内存管理。异常几乎在所有的开发程序中都存在；内存管理知识是为了让读者能清楚地知道，在 Java 程序运行和结束时，内存是如何分配的。

本章重点：

- ❑ 异常的处理。
- ❑ 异常的抛出和捕获。
- ❑ 内存的分配和管理。

13.1　异常的概念

在以前的程序段中，经常会出现“try{}catch(Exception e){}”这样的语句。这就是本章重点要讲述的异常处理。为了让读者能循序渐进地掌握这一章，本节先讲述什么是异常，异常有哪几种。

13.1.1　异常的分类

所谓的异常就是可以预见的错误。Java 中所有的异常都从 Throwable 类中继承，不过一般情况下，都会由 Exception 类派生出来。异常分为两个部分：一部分是错误；另一部分是异常。对于错误来说，只能终止程序。

对于异常，又可以分为运行期异常和非运行期异常。一个运行期异常是由程序员自身的错误造成的。例如，一个越界的数组访问、一个空指针的访问等。而这些异常被称为未检查异常，它们都不应该产生；除此之外，其他的都属于检查异常。

本章主要讲述一些检查异常，因为这些异常编译器不能处理，通过抛出一个检查异常让异常处理器来处理，这样就可以顺利通过程序的编译。

检查异常可以分为很多种，主要分类如下：

- ❑ ArithmeticException——算术异常。
- ❑ NullPointerException——无空间对象异常。
- ❑ ArrayIndexOutOfBoundsException——数组越界异常。
- ❑ NegativeArraySizeException——数组长度为负值异常。
- ❑ ArrayStoreException——数组存储异常。
- ❑ IllegalArgumentException——非法参数异常。
- ❑ SecurityException——安全性异常。

因为它们的父类都是 Exception 类，所以可以使用 Exception 来代替所有的异常。在实际开发中，这些类型的异常会经常遇到，例如数组越界异常、数组存储异常、非法参数异常等。在编写程序代码时，可以不用写出详细的异常，而使用总类作为代替，即使用 Exception 类来代替上面所有类型的异常。这样对编程人员来说，就省了很多事情。

13.1.2　异常的声明

既然了解 Java 程序在运行时会产生异常，那么在程序中如何实现异常处理机制呢？如何进行异常处理呢？为了解决上述问题，首先需要了解异常是如何声明的，所谓异常的声明是告诉 Java 编译器有一个异常要抛出。

【实例 13-1】在方法中，异常声明在方法的头部，利用关键字 throws 来表示此方法在运行的时候，很可能会出现异常现象。下面先看一个例子。

```
01  import java.io.*;                                          //导入包
02  public class File1                                         //定义一个File1类
03  {
04      public static void main(String[] args)                 //主方法
05      {
06          File f=new File("d://raf.txt");                    //创建File类对象f
07          RandomAccessFile raf=new RandomAccessFile(f,"rw");
08          String s="这个就是我们学校最好的学生";
09          System.out.println("现在要添加数据了!");
10          long l=raf.length();                               //读取的长度
11          raf.seek(l);                                       //跳过1个字节
12          raf.writeUTF(s);                                   //利用UTF-8编码写入字符
13          System.out.println("刚刚加到后面的字符串是: ");
14          raf.seek(l);                                       //跳过1个字节
15          System.out.println(raf.readUTF());
16          raf.seek(0);
17          System.out.println(raf.readUTF());
18          raf.close();                                       //关闭对象raf
19      }
20  }
```

【代码说明】这个程序在编译的时候，会出现以下的编译错误。但如果在方法的头部声明异常，那编译时就不会再出现错误。

【运行效果】

```
file2.java:7: 未报告的异常 java.io.FileNotFoundException; 必须对其进行捕捉或声明
以便抛出
   RandomAccessFile raf=new RandomAccessFile(f,"rw");
                        ^
file2.java:11: 未报告的异常 java.io.IOException; 必须对其进行捕捉或声明以便抛出
   long l=raf.length();
file2.java:12: 未报告的异常 java.io.IOException; 必须对其进行捕捉或声明以便抛出
   raf.seek(l);
file2.java:13: 未报告的异常 java.io.IOException; 必须对其进行捕捉或声明以便抛出
   raf.writeUTF(s);
file2.java:15: 未报告的异常 java.io.IOException; 必须对其进行捕捉或声明以便抛出
   raf.seek(l);
```

```
          ^
file2.java:16: 未报告的异常 java.io.IOException; 必须对其进行捕捉或声明以便抛出
   System.out.println(raf.readUTF());
file2.java:17: 未报告的异常 java.io.IOException; 必须对其进行捕捉或声明以便抛出
   raf.seek(0);
file2.java:18: 未报告的异常 java.io.IOException; 必须对其进行捕捉或声明以便抛出
   System.out.println(raf.readUTF());
file2.java:19: 未报告的异常 java.io.IOException; 必须对其进行捕捉或声明以便抛出
  raf.close();
9 错误
```

【实例 13-2】为了让上述代码能够运行，可以修改成如下内容：

```
01  import java.io.*;                                              //导入包
02  public class File2                                             //定义一个File1类
03  {
04      public static void main(String[] args) throws Exception    //主方法抛出异常
05      {
06          File f=new File("d://raf.txt");                        //创建File类对象f
07          RandomAccessFile raf=new RandomAccessFile(f,"rw");
08          String s="这个就是我们学校最好的学生";
09          System.out.println("现在要添加数据了!");
10          long l=raf.length();                                   //读取的长度
11          raf.seek(l);
12          raf.writeUTF(s);                                       //利用UTF-8编码写入字符
13          System.out.println("刚刚加到后面的字符串是: ");
14          raf.seek(l);                                           //跳过1个字节
15          System.out.println(raf.readUTF());
16          raf.seek(0);
17          System.out.println(raf.readUTF());
18          raf.close();                                           //关闭对象raf
19      }
20  }
```

【代码说明】第 4 行由于声明了异常，所以在编译时和具体运行时，就不会出现错误。关于抛出异常后面会详细讲述，下面总结如何进行异常声明。

```
方法名 throws Exception
{方法体}
```

异常的声明其实就是声明一个异常类，在声明之后将其抛出。

【运行效果】

```
现在要添加数据了!
刚刚加到后面的字符串是:
这个就是这所学校最好的学生
这个就是这所学校最好的学生
```

13.1.3 异常的抛出 throw

所谓异常的抛出，就是将异常抛给异常处理器，暂时不去处理它。那么如何处理它呢？这就要依靠异常的捕获。关于异常的捕获在下节中会具体讲述。言归正传，在上一小节中声明异常的内容，其实就是一个异常的抛出。

还有一种异常的抛出，就是一直将异常不断地抛出而不去处理。这是通过关键字 throw 来处理

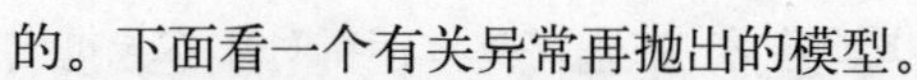

的。下面看一个有关异常再抛出的模型。

```
方法名  throws Exception
{    方法体 throw Exception
       方法体
}
```

异常的抛出这个知识点相信读者已经掌握了。

【实例 13-3】 下面继续讲述如何来处理被抛出的异常，来看一个有关异常抛出的实例。

```
01   import java.io.*;                                //导入包
02   public class File3                               //定义一个File3类
03   {
04       public static double quotient(int numerator,int denominator)throws
05           DivideByZeroException                    //抛出异常
06       {
07           if(denominator==0)                       //当参数denominator为0时
08           throw new DivideByZeroException();       //创建异常对象DivideByZeroException
09           else
10           return (double)numerator;                //返回变量numerator
11       }
12      public static void main(String[] args)        //主方法
13      {
14              try                                   //捕获异常
15              {
16                  double result=quotient(3,0);      //调用方法quotient()
17              }
18              catch(DivideByZeroException exception)//处理异常
19              {
20                  System.out.println(exception.toString());
21              }
22      }
23       public static class DivideByZeroException extends ArithmeticException
         //定义一个DivideByZeroException类继承ArithmeticException
24       {
25           public DivideByZeroException()           //构造函数
26           {
27               super("不能被0除");                    //调用父类的构造函数
28           }
29       }
}
```

【代码说明】 第 4~11 行创建了一个方法 quotient()，其抛出异常类 DivideByZeroException。第 14~21 行进行除法运算并捕获异常。第 23~29 行是自定义的错误信息。

【运行效果】

```
file3$DivideByZeroException: 不能被0除
```

上述程序演示了如何抛出异常。读者通过这个程序，学习在实际开发程序中异常抛出的用法。在后面的综合实例时，会经常看到异常的用法。

13.2 异常的捕获

异常的抛出就是将异常抛给异常处理器，但没有告诉异常处理器需要如何处理。为了让异常处理器能够处理异常，可以对异常进行捕获。同时也只有捕获了异常，在程序具体运行时才不会再出现异常报错。

13.2.1 捕获多个异常

Java 程序语言对于异常的处理，通过 try 和 catch 语句来实现。当有一个异常被抛出到异常处理器后，通过 try 和 catch 语句就可以对被抛出的异常进行捕获和处理。其语法结构如下：

```
try
{可能会出现异常的程序段}
catch(Exception e)
{捕获异常后，如何处理它}
```

【实例 13-4】下面修改一下前面的例子，代码如下：

```
01  public class File4 {                                   //定义一个File4类
02      //抛出异常
03      public static void main(String[] args) throws Exception {
04          File f = new File("d://raf.txt");              //创建文件对象f
05          //创建对象raf
06          RandomAccessFile raf = new RandomAccessFile(f, "rw");
07          String s = "这个就是这所学校最好的学生";           //创建字符串对象s
08          System.out.println("现在要添加数据了!");          //输出相应信息
09          try {                                          //捕获异常
10              long l = raf.length();
11              raf.seek(l);
12              raf.writeUTF(s);
13              System.out.println("刚刚加到后面的字符串是: ");
14              raf.seek(l);
15              System.out.println(raf.readUTF());
16              raf.seek(0);
17              System.out.println(raf.readUTF());
18              raf.close();
19          } catch (Exception e) {                        //处理异常
20          }
21      }
22  }
```

【代码说明】代码第 9~18 行是要捕获异常的程序段。第 19 行是捕获异常后的程序处理，这里没有进行任何处理。

【运行效果】

```
现在要添加数据了!
刚刚加到后面的字符串是:
这个就是这所学校最好的学生
这个就是这所学校最好的学生
```

上述程序将异常捕获后进行了处理，当具体运行时就不会再对异常进行报错。如果一个程序段有多个异常出现，应该如何处理呢？下面来看看多个异常的处理方法。

```
try
{          }
catch(1)
{          };
```

```
catch(2)
{          };
catch(3)
{          };
finally
{          };
```

以上结构的意思是：若在 try 语句出现异常后，那么判断出现的异常是“1”、“2”还是“3”，如果是以上的异常，那么就分别执行 catch 后“{}”内的语句。

说明　无论是否发生异常，或者是发生哪一个种异常，都要执行finally后的语句。这一点非常重要，请读者务必牢记。

【实例 13-5】下面看一个有关多个异常处理的实例。

```
01  import java.io.*;                                                 //导入包
02  public class File5
03  {
04      public static void main(String[] args)throws Exception      //抛出异常
05      {
06          int[] a=new int[5];                                       //创建数组对象a
07          try                                                       //捕获异常
08          {
09              a[10]=1;                                              //赋值
10          }
11          catch(ArrayIndexOutOfBoundsException ae)                  //抛出异常对象
12          {
13              System.out.println(ae);
14          }
15          catch(ArrayStoreException ae)                             //抛出异常对象
16          {
17              System.out.println(ae);
18          }
19          catch(ArithmeticException ae)                             //抛出异常对象
20          {
21              System.out.println(ae);
22          }
23          finally                                   //finally子句无论是否  出异常都会执行
24          {
25              System.out.println("发现了异常，并且处理它了!");
26          }
27      }
28  }
```

【代码说明】代码第 9 行发生了错误，但它在 try 程序段内。所以可以捕获异常，判断异常是不是第 11~22 行所指向的异常。判断后还要执行第 23~26 行的 finally 程序段。

【运行效果】

```
java.lang.ArrayIndexOutOfBoundsException: 10
发现了异常，并且处理它了!
```

以上的程序段证明了前面所说的，无论是否发生异常，或者发生哪一个异常，finally 后面的语句都会执行。

13.2.2 自定义异常

在具体设计类的时候，偶尔也会需要产生异常，让其他程序员在使用时能按照规定来使用。用户自定义异常可通过扩展 Exception 类来实现。这种异常类可以包含一个“普通类”所包含的任何东西。

【实例 13-6】 下面就是一个用户自定义异常类的例子，它包含一个构造函数、几个变量和方法。

```
01  public class One {                                    //定义一个one类
02      //抛出异常对象ServerTimedOutException
03      public static void main(String[] args) throws ServerTimedOutException {
04          try {                                         //捕获异常
05              //抛出异常对象
06              throw new ServerTimedOutException("Could not connect", 80);
07          } catch (ServerTimedOutException e) {         //处理异常
08              System.out.println("异常信息是: " + e.toString());
09          }
10      }
11  }
12  class ServerTimedOutException extends Exception {
                              //定义一个ServerTimedOutException类继承Exception类
13                                                        //创建成员变量
14      private String reason;
15      private int port;
16                                                        //创建构造函数
17      public ServerTimedOutException(String reason, int port) {
18          this.reason = reason;
19          this.port = port;
20      }
21      public String getReason() {                       //变量reason的设置器
22          return reason;
23      }
24      public int getPort() {                            //变量port的设置器
25          return port;
26      }
27  }
```

【代码说明】 第 4~6 行捕获异常信息。第 7~9 行处理异常信息。第 12~27 行自定义了一个异常类 ServerTimedOutException，其继承了 Exception 类。

【运行效果】

```
异常信息是: ServerTimedOutException
```

【实例 13-7】 设计一个客户服务器程序。在客户代码中，要与服务器连接，并希望服务器在 5 秒钟内响应。如果服务器没有响应，代码就抛出一个异常（用户自定义的 ServerTimedOutException），实现方法如下：

```
01      //抛出异常对象ServerTimedOutException
02      public void connectMe(String serverName) throws ServerTimedOutException {
03          //创建成员变量
04          int success;
05          int portToConnect = 80;
06          success = open(serverName, portToConnect);        //调用open()方法
```

```
07            if (success == -1) {                                  //当等于-1时
08                //抛出新建的异常对象
09                throw new ServerTimedOutException("Could not connect", 80);
10            }
11        }
```

要捕获异常，使用 try 语句：

```
01        public void findServer() {
02            try {
03                connectMe(defaultServer);                   //捕获异常
04            } catch (ServerTimedOutException e) {           //处理异常
05                System.out.println("Server timed out, trying alternate");
06                try {
07                    connectMe(alternateServer);             //捕获异常
08                } catch (ServerTimedOutException e1) {  //处理异常
09                    System.out.println("No server currently available");
10                }
11            }
12        }
```

【代码说明】上述代码并不完整，只是给出了部分代码，第 2~11 行捕获异常和处理异常。读者可根据上一个案例的实现方法，来实现这个案例。也可以对部分代码抛出一个异常，具体内容如下：

```
try {
……
……
} catch (ServerTimedOutException e) {
    System.out.println("Error caught ");
    throw e;
}
```

13.2.3　运行期异常

运行期异常是不需要用户"关心"的异常，Java 会自动执行此类异常检查工作，出现运行期异常由系统自动抛出，记住编写 Java 程序时 RuntimeException 是唯一可以省略的异常。所有运行期异常都继承自 RuntimeException 异常类，在编写程序时，不必考虑此类异常，所有函数都默认自己可能抛出 RuntimeException，系统会自动探测、捕获并处理运行期异常。

由于编译器不强制捕获并处理运行期异常，所以此类异常会顺利地通过编译，可以想象程序运行时出现 RuntimeException 时，该异常会穿过层层方法，最后由系统捕获该异常，并输出相关信息。

【实例 13-8】为了测试这个问题，我们设计一个例子，验证 Java 对 RuntimeException 到底做了什么。

```
01    public class RuntimeExceptionTest{            //定义一个RuntimeExceptionTest类
02        //定义静态方法OneMethod()，该方法抛出RuntimeException
03        static void OneMethod(){
04                throw new RuntimeException(" from OneMethod()");
05        }
06        //定义静态方法TwoMethod()，该方法调用函数OneMethod()
07        static void TwoMethod(){
08            OneMethod();
09        }
```

```
10        //定义静态方法ThreeMethod()，该方法调用函数TwoMethod()
11        static void ThreeMethod(){
12            TwoMethod();
13        }
14        public static void main(String[] args){
15            //在主函数中调用ThreeMethod();
16            ThreeMethod();
17        }
18    };
```

【代码说明】 该程序设计了 3 个方法，方法 ThreeMethod()调用方法 TwoMethod()，方法 TwoMethod()调用方法 OneMethod()，而方法 OneMethod()会抛出运行期异常。

【运行结果】 运行程序，结果如图 13-1 所示。观察系统如何处理该异常，又打印了什么消息。

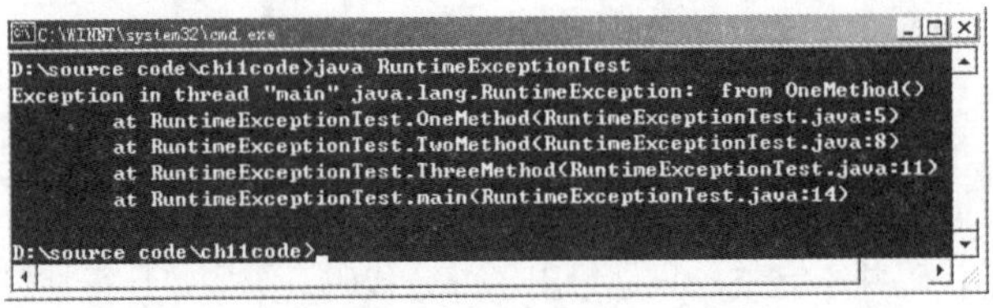

```
C:\WINNT\system32\cmd.exe
D:\source code\ch11code>java RuntimeExceptionTest
Exception in thread "main" java.lang.RuntimeException:  from OneMethod()
        at RuntimeExceptionTest.OneMethod(RuntimeExceptionTest.java:5)
        at RuntimeExceptionTest.TwoMethod(RuntimeExceptionTest.java:8)
        at RuntimeExceptionTest.ThreeMethod(RuntimeExceptionTest.java:11)
        at RuntimeExceptionTest.main(RuntimeExceptionTest.java:14)

D:\source code\ch11code>
```

图 13-1 运行期异常执行结果

说明 虽然没有明确定义如何处理该异常，但是系统还是探测到该异常并打印了错误消息，而且该错误消息就是异常堆栈轨迹信息，即发生异常的函数被层层调用的函数关系。事实上，如果某个RuntimeException穿过层层函数传递到main()函数而没有被捕获，则系统将终止该程序并调用该异常的printStackTrace()方法。

13.2.4 执行 finally 子句

在程序发生异常时，在 try 区块内发生异常的代码之后的程序段不能继续执行，从而跳转到 catch 子句执行异常处理，但假如此时 try 区块内已经执行的代码建立了网络链接，而 catch 子句又没有有效关闭该链接，显然将浪费系统的资源如缓存、端口号等。所以无论 try 区块是否抛出异常，都希望执行关闭数据库链接的操作，此时可以使用 finally 子句执行所有异常处理函数之后的动作。

使用 finally 子句的异常处理区段的语法如下：

```
try{
    //可能发生异常的代码，如建立网络链接、读数据库数据、打开文件等
    //可能抛出异常类型
} catch(Type1 ex){
    //处理异常类型Type1
} catch(Type2 ex){
    //处理异常类型Type2
} catch(Type3 ex){
    //处理异常类型Type3
}finally{
    //执行关键操作，考虑无论有无异常都要执行的动作，如关闭网络连接、关闭打开的文件等
}
```

【实例 13-9】 下面给出一个示例程序验证执行 finally 子句的执行结果。该类设计一个计数器，如果该计数器的值<=2 则抛出异常，该值>2 时不抛出异常且终止程序。

```
01  class MyNewException extends Exception{}//定义一个MyNewException类继承Exception类
02  public class FinallyTest{                          //定义一个FinallyTest类
03    static int counter = 0;                          //定义一个计数器
04    public static void main(String[] args){    //主方法
05          //把try区块放入一个无限循环内，每次循环检查计数器的值，如果该值小于或等于2则抛
06          //出自定义的异常，如果计数器的值大于2，则打印"No Exception"，并在finally子句内设置判
07          //断子句，如果该值大于2则终止程序。
08          while(true){
09          try {
10              if(counter++<2)
11              throw new MyNewException();
12              System.out.println("No Exception");
13              }catch(MyNewException ex){
14              System.err.println("MyNewException happened");
15        }
16          //finally子句无论是否抛出异常都会执行
17          finally{
18              System.err.println("finally is called");
19          //判断是否退出程序，每次循环都做判断
20               if(counter>2) {
21                    System.out.println("循环了【"+counter+"】次");
22                    break;}
23                 }
24              }
25          //一旦执行finally子句的break子句，则退出while循环，程序回到25行代码处继续执行
25          System.out.println("退出while循环 ");
26       }
27    }
```

执行程序的输出结果如下：

```
MyNewException happened
finally is called
MyNewException happened
finally is called
No Exception
finally is called
循环了【3】次
退出while循环
```

【代码说明】 该程序的无限循环中，设置了判断程序是否退出循环的方法，使用计数器的值检验，一旦该值大于 2，则退出循环。因为计数器每经过一次循环自动加 1，所以循环执行了 3 次，退出循环。并且从执行结果看，3 次循环中前两次发生了异常，第三次没有抛出异常，但是 3 次循环都无一例外地调用了 finally 子句。

13.2.5　finally 子句的必要性

本节介绍 finally 子句的必要性，即该子句到底用在什么场合。直观地说，在建立了网络连接，打开数据库，打开一个磁盘文件等后的清理工作就需要 finally 子句。因为在建立网络连接过程中

会发生难以预料的异常类型，无论是哪个 catch 子句处理触发的异常，都需要断开网络连接，释放连接资源。如果没有 finally 子句该问题会变得很烦琐且很不安全。

【实例 13-10】为了说明这个问题，我们设计一个开关模型，该模型设置两个具有一般意义的方法，一个是 open()代表打开操作，一个是 shut()代表关闭打开操作所占用的系统资源。开关模型示例程序如下代码：

```
01  //定义开关Switch类，该类定义两个函数，一个是打开操作，一个是关闭操作
02  class Switch{
03      boolean state = false;
04      boolean read(){return state;}
05      void open(){state = true;}
06      void shut(){state = false;}
07  }
08  //自定义两个异常类
09  class OpenShutException1 extends Exception{}
10  class OpenShutException2 extends Exception{}
11  //定义执行模型程序的主类
12  public class OpenShutSwitch{
13  //创建一个静态开关模型对象，该对象在类中可以不通过对象实例而直接调用
14      static Switch sw = new Switch();
15  //创建静态方法f()，该方法抛出两个自定义异常
16      static void f() throws OpenShutException1 OpenShutException2{}
17      public static void main(String[] args){
18  //try区块内代码执行开关模型的打开操作，然后调用方法f()，最后关闭打开资源
19          try{
20              sw.open();
21              f();
22              sw.shut();
23          }
24  //一旦异常OpenShutException1发生，则关闭打开资源
25          catch(OpenShutException1 e1){
26              System.err.println("OpenShutException1");
27              sw.shut();
28          }
29  //一旦异常OpenShutException2发生，也要关闭打开资源
30          catch(OpenShutException2 e2){
31              System.err.println("OpenShutException2");
32              sw.shut();
33          }
34      }
35  }
```

【代码说明】可见在 try 区块代码负责打开资源，且可能发生两种异常，但是要求无论异常是否发生，打开的资源必须被关闭，所以 sw.shut()被放在 try 区块的最后，同时也放在每个 catch 子句的最后，这样在一定程度上保证了 sw.shut()被执行，但是 try 区块的代码仍然有可能抛出无法被捕捉的异常，这样该异常就会一直向外层传播，直到操作系统。显然此时 sw.shut()无法获得执行。但是，使用 finally 子句，该问题就迎刃而解了，因为无论发生什么事，finally 子句的内容一定会被执行，把关闭打开资源的操作放在统一地点（finally 子句内）就保证了 sw.shut()总可以执行。

改写类 OpenShutSwitch 为如下代码所示，注意 finally 子句中的代码。

```
01  public class OpenShutSwitch{
02      static Switch sw = new Switch();
03      static void f() throws OpenShutException1 OpenShutException2{}
04      public static void main(String[] args){
05      try{
06          sw.open();
07          f();
08      }catch(OpenShutException1 e1){
09          System.err.println("OpenShutException1");
10      }catch(OpenShutException2 e2){
11          System.err.println("OpenShutException2");
12      //将关闭资源操作放在finally子句内，且该子句内的代码总会获得执行
13      }finally{
14          sw.shut();
15      }
16  }
```

说明　程序中只有一处放置代码sw.shut()，由finally负责关闭操作，这种情形下，无论异常是否发生都会执行shut()方法。

13.3　内存的管理和回收

使用 Java 语言无需担心如何销毁对象。换句话说就是 Java 运行时，无需负责 Java 对象的内存管理。即在 Java 程序中，当不再使用某个对象时，它会自动进行垃圾回收。

垃圾回收是一个比较复杂的过程，当程序运行时会自动检查整个内存，检查内存中哪些对象引用不再被使用。一旦检查出来后，便会安全删除这些对象同时回收这些对象所占用的系统资源。垃圾回收机制可能会影响应用程序代码的运行，即如果在执行应用程序代码的过程中，执行垃圾回收，则应用程序代码的执行时间可能延长，这会导致程序运行的延迟。由于不知道何时会进行垃圾回收，因此延迟的时间也是不可预知的。

实时应用程序对时间的要求非常严格，即它们必须在确定的、已知的延迟条件下，执行应用程序代码，因此垃圾回收机制所引起的不可预知的延迟，就成为一个实时程序致命的问题。

垃圾回收的主要问题是程序无法估计时间延迟导致程序执行的延迟。能否避免这种问题的发生呢？可以通过代码来强制垃圾回收，就可以限制最大延迟时间，使垃圾回收成为可预知的。

注意　虽然拥有了垃圾回收机制，但是Java程序仍然可能存在内存泄漏。例如：在不需要组件对象时，却没将其从容器中移除。

下面是一些 Java 程序设计中有关内存管理的经验：

- 最基本的建议就是尽早释放无用对象的引用。大多数程序员在使用临时变量的时候，都是让引用变量在退出活动域后，自动设置为 null。在使用这种方式时，必须特别注意一些复杂的对象。例如，数组、队列、树、图等，这些对象之间的相互引用关系较为复杂。对于这类对象，GC（垃圾回收）回收它的效率一般较低，如果程序允许，尽早将不用的引用对象赋为 null，这样可以加速 GC 的工作。例如：

```
……
A a = new A();
// 应用a对象
a = null;                    // 当使用对象a之后主动将其设置为空
……
```

但要注意，如果“a”是方法的返回值，千万不要做这样的处理，否则从该方法中得到的返回值永远为空，而且这种错误不易被发现，因此这时很难及时排除 NullPointerException 异常。

- 尽量少用 finalize 函数， finalize 函数是 Java 给程序员提供的一个释放对象或资源的机会。但是，它会加大 GC 的工作量，因此尽量少采用 finalize 方式回收资源。
- 注意集合数据类型，包括数组、树、图、链表等数据结构，这些数据结构对 GC 来说，回收更为复杂。另外，注意全局变量以及静态变量，这些变量往往容易引起悬挂对象，造成内存浪费。
- 尽量避免在类的默认构造器中创建、初始化大量的对象，防止在调用其自己类的构造器时，造成不必要的内存资源浪费。
- 尽量避免强制系统做垃圾内存的回收（通过显式调用方法 System.gc()），增长系统做垃圾回收的最终时间，降低系统性能。
- 尽量避免显式申请数组空间，当不得不显式地申请数组空间时，尽量准确地估计出其合理值，以免造成不必要的系统内存开销。
- 尽量在合适的场景下，使用对象池技术以提高系统性能，缩减系统内存开销。但是要注意对象池的尺寸不易过大，及时清除无效对象释放内存资源。综合考虑应用运行环境的内存资源限制，避免过高估计运行环境所提供内存资源的数量。

13.4 常见疑难解答

13.4.1 为什么要声明方法抛出异常

方法是否抛出异常与方法返回值的类型一样重要，假设方法抛出异常，却没有声明该方法将抛出异常，那么客户程序员可以调用这个方法。不编写处理异常的代码，那么，一旦出现异常，就没有合适的异常控制器来解决。

13.4.2 为什么抛出的异常一定是检查异常

RuntimeException 与 Error 可以在任何代码中产生。它们不需要由程序员显式地抛出，一旦出现错误，那么相应的异常会被自动抛出。

而检查异常是由程序员抛出的，这分为两种情况：程序员调用会抛出异常的库函数（库函数的异常由库程序员抛出）、程序员自己使用 throw 语句抛出异常。遇到 Error，程序员一般是无能为力的，遇到 RuntimeException，那么一定是程序存在逻辑错误，要对程序进行修改（相当于调试的一种方法）。

只有检查异常才是程序员所关心的，程序应该抛出或处理检查异常。覆盖父类某方法的子类方法，不能抛出比父类方法更多的异常。有时设计父类的方法时，会声明抛出异常，但实现方法的代

码却并不抛出异常，这样做的目的就是，方便子类方法覆盖父类方法时可以抛出异常。

13.5　小结

代码越多的项目错误就会越多，本章所学习的知识就是要求我们尽量减少代码错误，并且能及时捕获错误。读者可能都知道微软的 Windows XP 操作系统一直在打补丁，这些所谓的补丁就是一些程序的漏洞或错误。为了尽量避免这些错误的发生，掌握本章的知识非常关键。

13.6　习题

一、填空题

1．还有一种异常的抛出，就是一直将异常不断地抛出而不去处理，这是通过关键字 ________ 来处理的。

2．异常分为两个部分：一部分是________；另一部分是________。

3．无论 try 区块是否抛出异常，都希望执行关闭数据库链接的操作，此时可以使用________子句执行所有异常处理函数之后的动作。

二、上机实践

1．通过本章的知识创建一个实现输出异常信息的类，从而掌握关于异常信息输出的相关方法。

【提示】考虑关于异常对象的 toString()、getMessage()和 printStackTrace()方法。

2．阅读下面代码，通过本章的相关知识，写出异常的捕捉顺序。当输入的参数为 0 时，会捕捉第几行的异常？当不输入任何参数时，会捕捉第几行的异常？

```
01  public class ManyCatch
02  {
03      public static void main(String argv[])
04      {
05          try {
06              int i = Integer.parseInt(argv[0]);
07              int ans = 10 / i;
08          }
09          catch (ArithmeticException ae) {
10              System.err.println("You must input a nonzero number!");
11          }
12          catch (NumberFormatException ne) {
13              System.err.println("You must input a integer number!");
14          }
15          catch (RuntimeException re) {
16              System.err.println("RutimeException: "+re);
17          }
18          catch (Exception e) {
19              System.err.println("Exception: "+e);
20          }
21      }
22  }
```

【提示】参考本章的异常捕捉顺序知识点。

第 14 章　Java 输入与输出

本章将介绍输入和输出，输入和输出是一个包括了很多类的统称。其中有字符输入和输出类、字节输入和输出类、文件输入和输出类、随机访问类、对象序列化输入和输出类等。

输入和输出在整个应用程序中尤为重要，如果一个应用程序没有输入和输出，那么就不能给使用者提供所需要的信息。输入和输出也是整个应用程序为用户提供的接口，让用户能够清楚此应用程序的目的是什么、要实现什么等。

本章重点：

- 文件和目录的处理方法。
- 流的处理。
- 多字节数据的读取。
- 对象序列化的输入和输出。

14.1　输入与输出的重要性

输入就是平时看到的 input，输出就是 output，输入和输出就是某个方向流动的数据流。有关输入和输出，在 Java 类库中有一个与之相对应的类库 java.io 包。在 java.io 包中，提供了众多的有关输入和输出的类。

那么应用程序为什么需要输入和输出呢？读者一定看过 Office 软件，在 Word 软件中，需要输入一些文本，用户需要打开文件，读取这些文本，这都需要利用输入和输出的功能。在现实生活中，输入和输出的例子比比皆是。

在前面的章节中，曾使用过 System.out.println()方法函数，其实它是一个输出函数。当然，后面会讲述更多的方法函数，并通过大量的实例来展示它们的用法。

14.2　Java 重要的输入输出类

Java 程序类库包含大量的输入输出类，提供不同情况下的不同功能。本章将详细讲述这些输入输出类。其中有关于文件操作的类 File，关于以字节方式访问文件的类 InputStream 和类 OutputStream，关于以字符方式访问文件的类 Reader 和类 Writer。

> **注意**　在编写程序的过程中，如果要使用输入输出类的方法和属性值，就需要引入java.io类。

下面是一些经常使用的输入输出类。

- File 类。

- InputStream 类。
- OutputStream 类。
- FilterStream 类。
- Writer 类。
- Reader 类。

这些类都拥有大量的方法，读者可通过这些方法，来操作各种不同情况下的输入流和输出流。

后面的章节会将每一个输入和输出类，通过实例进行详细的讲解。最重要的是，要将本章的内容和前面所学的内容紧密地结合在一起，为以后学习综合实例打下坚实的基础。

14.3 文件或目录信息的处理

File 类提供了与文件或目录相关的信息。下面是这个类的构造函数。

- public File(String pathname)：它的用处是使用指定的路径，创建一个 File 对象。
- public File(String parent,String child)：使用指定的路径和字符串创建一个 File 类。
- public File(File parent,String child)：使用一个 File 类的对象 parent 与字符串创建一个新的 File 对象。

通过以上的构造函数来构造 File 对象。然后使用这个类提供的方法函数和属性值，来进行文件和目录的操作。

14.3.1 File 类常用的操作方法

File 类常用的方法函数很多，并提供不同的文件操作功能，这些方法如表 14-1 所示。

表 14-1 File 类主要方法列表

方法名称	用法
public boolean canread()	测试这个文件是否可读
public boolean canwrite()	测试这个文件是否可写
public boolean createNewFile()	看这个文件或目录是否存在
public static File create TempFile(String prefix,String suffix)	在 时目录中，创建以 prefix 为文件名，suffix 为扩展名的 时文件
public static File create TempFile(String prefix,String suffix，File directory)	在目录 directory 中创建以 prefix 为文件名，suffix 为扩展名的 时文件
public boolean delete()	删除当前对象所指文件。删除成功返回 true，否则返回 false
public void deleteOnExit()	JVM（ 机）终 时，即程序执行完毕时，删除当前对象所指定的文件
public boolean exists()	测试当前对象所指文件是否存在，若存在，则返回 true，否则返回 false
public String getName()，public String getParent()，public String getPath()	分别指获取文件或目录的名称（不包含路 ）。获取文件所在的目录名称。获取文件或目录的名称
public boolean isDirectory()	测试当前对象是否为目录，若当前对象代表目录，则返回 true，否则返回 false
public boolean isFile()	测试当前对象是否为文件，若代表文件则返回 true，否则返回 false

（续）

方法名称	用法
public boolean isHidden()	测试当前对象所代表的文件是否为隐　文件。若是返回 true，否则返回 false
public long lastModified()	返回文件的最后　改　期，以 long 型来表示
public long length()	返回文件的大小
public String[] list()	若对象代表目录，则将此目录下的文件名存　于 String 数组中，并返回；若当前对象不是目录，则返回 null
public File[] listFiles()	若对象代表目录，则将此目录中所有文件　换成 File 对象，再返回 File 数组中，否则返回 null
public boolean mkdir()	在当前对象指定的路　上创建一个目录
public boolean renameTo(File dest)	将当前所指定的文件名改为 dest
public boolean setReadOnly()	将当前文件设为只读

14.3.2　文件处理方法的应用

【实例 14-1】对于 File 类中提供的属性和方法，有一些是针对文件处理的，有一些是针对目录处理的，还有一些是属于共用的。由于该类的属性和方法太多，所以不能一一列举，下面就通过一些具体的实例来讲解关于 File 类的主要属性和方法。

```
01  //导入包
02  import java.io.*;
03  public class File() {                                    //创建一个文件File类
04      public static void main(String[] args) {             //主方法
05          File f = new File("d:\\", "file.txt");           //创建File对象f
06          //输出文件的名字、文件的父目录和路径
07          System.out.println(f.getName());
08          System.out.println(f.getParent());
09          System.out.println(f.getPath());
10      }
11  }
```

【代码说明】在这个程序段中，开头第 2 行通过“import java.io.*”语句导入包，这主要是由于程序员用到的类的方法被包含在这个包中。

【运行效果】

```
file.txt
d:\
d:\file.txt
```

14.3.3　文件和目录的操作

【实例 14-2】在 Java 语言中，目录被当作一种特殊的文件来使用。查看 API 帮助文档可以发现，类 File 是唯一代表磁盘文件对象的类。本小节将通过一个具体的实例来学习关于目录的处理。

```
01  import java.io.File                                      //导入包
02  public class File1 {                                     //创建文件File1类
```

```
03        public void print(File f) {                          //实现判断文件类对象性质的方法
04            if (f.isDirectory()) {                           //当为目录时
05                System.out.println("这是一个目录! ");
06            } else {
07                System.out.println("这不是一个目录! ");
08            }
09            if (f.exists()) {                                //当文件存在时
10                System.out.println("这个文件存在的! ");
11            } else {
12                System.out.println("抱歉，这个文件不存在的! ");
13                try {
14                    f.createNewFile();                       //创建文件
15                } catch (Exception e) {
16                }
17            }
18        }
19        public void print1(File f) {                         //实现获取文件对象信息的方法print1
20            System.out.println(f.getName());
21            System.out.println(f.getParent());
22            System.out.println(f.getPath());
23        }
24        public void print2(File f) {                         //实现获取文件对象信息的方法print2
25            if (f.isFile()) {
26                System.out.println(f.lastModified());
27                System.out.println(f.length());
28            }
29        }
30        public static void main(String[] args) {             //主方法
31            File1 f1 = new File1();                          //创建对象f1
32            File f = new File("d:\\filetest", "file.txt");  //创建对象f
33            f1.print(f);                                     //调用print()方法
34            f1.print1(f);                                    //调用print1()方法
35            f1.print2(f);                                    //调用print2()方法
36        }
37    }
```

【代码说明】上面的程序段是一个比较综合的实例，它使用了 File 类的很多方法。在程序中，有一点读者可能不是很明白，当第 26 行要输出最后修改日期时，为什么会输出“1251538022515”呢？这是因为日期是以 long 类型数据形式输出的。

说明　先在D盘下创建一个目录filetest，然后在其中创建一个file.txt文件，在这个文本文件中随意添加一些内容。

【运行效果】

```
这不是一个目录!
这个文件存在的!
file.txt
d:\filetest
d:\filetest\file.txt
1251538022515
211
```

【实例 14-3】下面再看一个更加复杂的实例。

```
01  import java.io.File;                                          //导入包
02  public class File2 {                                          //创建一个文件File2类
03      public static void main(String[] args) {                  //主方法
04          //创建8个文件类对象，并且每一个对象产生一个新文本文件
05          File f1 = new File("d:\\filetest", "1.txt");
06          File f2 = new File("d:\\filetest", "2.txt");
07          File f3 = new File("d:\\filetest", "3.txt");
08          File f4 = new File("d:\\filetest", "4.txt");
09          File f5 = new File("d:\\filetest", "5.txt");
10          File f6 = new File("d:\\filetest", "6.txt");
11          File f7 = new File("d:\\filetest", "7.txt");
12          File f8 = new File("d:\\filetest");
13          try {                                                 //创建相应文件
14              f1.createNewFile();
15              f2.createNewFile();
16              f3.createNewFile();
17              f4.createNewFile();
18              f5.createNewFile();
19              f6.createNewFile();
20              f7.createNewFile();
21          } catch (Exception e) {
22          }
23          File[] ff = f8.listFiles();                           //获取目录里的文件
24          //通过循环语句将这8个文本文件名称和路径输出
25          for (int i = 0; i < ff.length; i++) {
26              System.out.println("文件名称为: " + ff[i]);
27          }
28      }
29  }
```

【代码说明】以上的程序段先创建一个目录对象 f8，同时在目录中通过使用方法 createNewFile()创建 7 个文件。另外通过使用方法 listFile()将 7 个文件的文件名存储到 file[]数组中。然后再读取数组中的每一个元素，即文件名。最后将这 7 个文件的文件名称分别输出。

【运行效果】

```
文件名称为: d:\filetest\1.txt
文件名称为: d:\filetest\2.txt
文件名称为: d:\filetest\3.txt
文件名称为: d:\filetest\4.txt
文件名称为: d:\filetest\5.txt
文件名称为: d:\filetest\6.txt
文件名称为: d:\filetest\7.txt
文件名称为: d:\filetest\file.txt
```

注意　如果filetest目录下还有其他内容，输出结果可能与上述结果不同。

14.4　读取数据的媒介之一——流

通过 Java API，除了能够对文件进行操作外，而且还可以进行访问。当具体到对文件访问时，

就会涉及流（Stream）的概念。那么流是什么？读取数据与流有什么关系？本节将通过理论和大量的实例，展示数据的读取与流之间不可分割的关系。

14.4.1　什么是流

流就是数据流向某个对象，并且到达这个对象的过程。要真正理解流的概念，并不容易，为了能让读者熟练地应用流来编写程序，先这样理解：数据流先流向对象，然后从对象中将这个流读出来。

14.4.2　什么是输入流和输出流

输入流就是从目标程序中，将数据以流的形式复制到前面说的流对象中，然后，再从流对象中将数据读取出来。

输出流就是将数据以流的形式复制到流对象中去，再从这些流对象中取出流，写入到目标中。

程序读取数据称为打开输入流，程序向其他源写入数据称为打开输出流，该过程如图 14-1 所示。

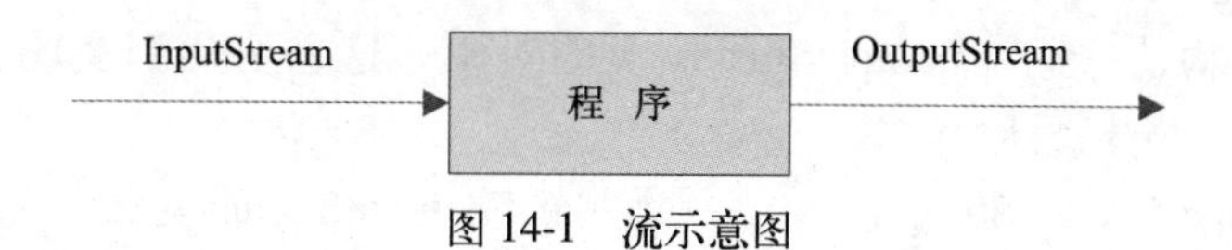

图 14-1　流示意图

通过上面两个概念的解释，相信读者已经对流有一定的了解。所谓的流，不过就是一些数据，而数据流对象就是操作数据（读数据或者写数据）时，使用的一个媒介物而已。

下面针对不同的数据流对象，通过大量的实例来学习如何输入和输出数据流。

14.4.3　字节输入流及输出流

数据流对象分为两大类：一类是负责输入的输入流对象；另一类是负责输出的输出流对象。这两大类的父类是 InputStream 类和 OutputStream 类。其实这两个类都是抽象类，通过前面对抽象和多态的学习，应该知道抽象类不能创建对象，但是可以通过其子类来创建对象，这一点在多态中已经详细讲述过。

这两个父类包含了丰富的方法，下面对这些方法进行详细说明。

InputStream 类的主要方法如表 14-2 所示。

表 14-2　InputStream 主要方法列表

方法名称	用法
int read()	自输入流读取并且返回 0~255 之间的一个 int 整数。若文件读完了或　再无可读数据，则返回-1
int read(byte　b[])	从输入流中读取数据并存入字节数组 b 中。它的返回值是所读取的 byte 数。若无可读数据，则返回-1
int read(byte[] b,int off,int len)	从输入流中读取 len 个字节的数据，并存入字节数组 b 中，并且从字节数组的第 off 位开始存。它的返回值是所读取的字节数。若无可读数据，则返回-1
void close()	关　输入流，并且释放与输入流相关的系统　源

OutputStream 类的主要方法如表 14-3 所示。

表 14-3 OutputStream 类主要方法列表

方法名称	用法
int write(int b)	将 b 换成字节，然后写到输出流中，每次写一个字节
int write(byte b[])	将字节数组中的数据写到输出流中
int write(byte[] b,int off,int len)	将字节数组中从第 off 位置开始长度为 len 个字节的数据写入到输出流中
void close()	关 输出流，并且释放与输出流相关的系统 源

上面的方法函数，可通过两个类的子类对象进行引用，有关这些子类，后面的章节将会一一介绍。

14.4.4 使用文件字节输入流读取文件

FileInputStream 类与前面说过的 InputStream 类有点相似，其实 FileInputStream 类就是 InputStream 的子类，并且其不是一个抽象类。这样，程序员就可以利用 FileInputStream 类的对象来使用前面的方法。

下面先看如何构造一个 FileInputStream 类的对象，这需要用到类的构造函数，下面是 FileInputStream 类的构造函数种类。

- public FileInputStream(String name)：创建一个 FileInputStream 对象，从以 name 为名称的文件中读取数据。
- public FileInputStream(File file)：创建一个 FileInputStream 对象，从指定的对象 file 中读取数据。

【实例 14-4】先看一个有关 FileInputStream 类的实例。

```
01  import java.io.*                                              //导入包
02  public class File3 {                                          //创建一个文件File3类
03      public static void main(String[] args) throws Exception {     //主方法
04          File f = new File("d:\\filetest\\file.txt");//创建文件对象f
05          FileInputStream fis = new FileInputStream(f); //获取文件对象f的输入流对象fis
06          char ch;                                              //定义字符变量ch
07          for (int i = 0; i < f.length(); i++) {                //通过循环实现文件的读取
08              ch = (char) fis.read();
09              System.out.print(ch);
10          }
11          fis.close();                                          //关闭输入流
12      }
13  }
```

【代码说明】仔细分析上面的程序段，第 4 行首先将建立一个目标对象，这里的目标对象是一个记事本文件。接着第 5 行建立一个输入流对象，利用这个输入流对象的 read()方法，读取目标对象中的数据。最后第 11 行将这个流关闭。由于是读数据，所以这个目标对象必须已经存在。这个过程可以使用一个图来表示，如图 14-2 所示。

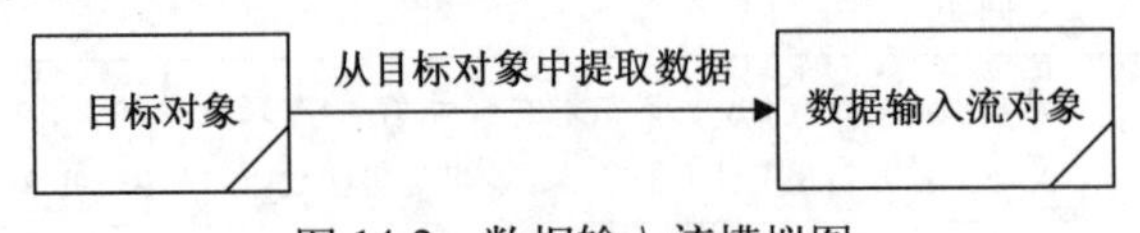

图 14-2 数据输入流模拟图

【运行效果】

```
addbcnhhvbvbbvnbvncxzxvdfhhtrrgregfdsgdsfdhjxccbnh
```

说明 读者计算机上如果没有file.txt文件，则会报错，先手动创建此文件，文件内容与上述结果相同。

【实例 14-5】 下面再看一个有关输入流对象的实例。

```
01  import java.io.*                                              //导入包
02  public class File4 {                                          //创建一个文件File4类
03      public static void main(String[] args) throws Exception {  //主方法
04          File f = new File("d:\\filetest\\file.txt"); //创建文件对象f
05          FileInputStream fis = new FileInputStream(f);//获取文件对象f的输入流对象fis
06          byte[] b = new byte[(int) f.length()];        //定义了一个字节数组对象b
07          //将所有的字节都保存到一个字节数组b中
08          fis.read(b);                                  //读取文件
09          for (int i = 0; i < f.length(); i++) {        //通过循环语句将b中的字符读出
10              System.out.print((char) b[i]);
11          }
12          fis.close();                                  //关闭读取流
13      }
14  }
```

【代码说明】 第 4 行创建一个目标对象，其是 file.txt 文件。第 5 行创建一个读取数据流对象 fis。第 8 行开始读取目标对象的数据。不要忘记在第 12 行关闭读取流。

【运行效果】

```
addbcnhhvbvbbvnbvncxzxvdfhhtrrgregfdsgdsfdhjxccbnh
```

14.4.5 使用文件字节输出流输出文件

FileOutputStream 类与超类 OutputStream 类有点相似，其实 FileOutputStream 类就是 OutputStream 的子类，并且不是一个抽象类，这样就可以利用 FileOutputStream 类的对象来使用前面的方法。

下面来看看如何构造一个 FileOutputStream 类的对象，必须要用到类的构造函数，表 14-4 是 FileOutputStream 类的构造函数种类。

表 14-4 FileOutputStream 类的构造函数列表

方法名称	用法
public FileOutputStream(String name)	按 指定字符 创建的目标，创建一个输出流对象。若文件不存在则创建它。若文件存在则 它
public FileOutputStream(File file)	使用指定的文件对象创建输出流对象
public FileOutputStream(String name, boolean append)	按 指定字符 创建的目标，创建一个输出流对象。若文件存在且 append 为真，新写入的数据将 加在原数据之后。若 append 为假，新数据将 原来的数据
public FileOutputStream(File file,boolean append)	使用指定的文件对象创建输出流对象。若文件存在且 append 为真，新写入的数据将 加在原数据之后

【实例 14-6】 下面将通过一个有关输出流对象的实例来熟悉它的用法。

```
01  import java.io.*                                              //导入包
02  public class File5 {                                          //创建一个文件File5类
03      public static void main(String[] args) throws Exception {//主方法
04          File f = new File("d:\\filetest\\file.txt");      //创建一个文件类对象f
```

```
05            FileOutputStream fos = new FileOutputStream(f);  //创建一个文件输出流对象fos
06            for (int i = 'a'; i <= 'z'; i++) {                //通过循环语句往f中写入数据
07                fos.write(i);
08            }
09            fos.close();                                      //关闭输出流
10        }
11    }
```

【代码说明】第 4 行先创建目标对象，不管 file.txt 有没有内容。第 5 行创建输出流对象 fos。第 6~8 行输出 26 个小写的英文字母。

【运行效果】没有运行结果，但在 file.txt 中发现了刚才程序自动输入的数据，是 26 个小写的英文字母。

图 14-3 演示了输出流操作数据的过程。

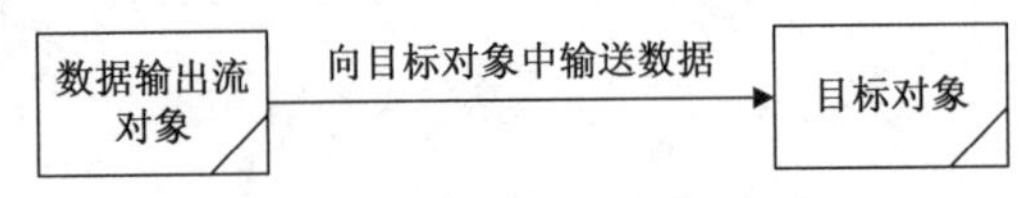

图 14-3　数据输出流模拟图

【实例 14-7】下面演示如何将输入流和输出流结合在一起使用。

```
01  import java.io.*                                              //导入包
02  public class File6 {                                          //创建一个文件File6类
03      public static void main(String[] args) throws Exception {  //主方法
04          //创建文件类对象f和f1
05          File f = new File("d:\\filetest\\file.txt");
06          File f1 = new File("d:\\filetest\\file2.txt");
07          //创建文件输入流对象fis和文件输出流对象fos
08          FileInputStream fis = new FileInputStream(f);
09          FileOutputStream fos = new FileOutputStream(f1);
10          //创建字节数组对象b
11          byte[] b = new byte[(int) f.length()];
12          fis.read(b);                                           //使用字节数组将f中的数据读出
13          //使用循环语句将字节数组中的数据往f中写
14          for (int i = 0; i < f.length(); i++) {
15              fos.write(b[i]);
16          }
17          //关闭输入和输出流
18          fis.close();
19          fos.close();
20      }
21  }
```

【代码说明】第 8 行创建的是输入流对象，从 file.txt 读取数据。第 9 行创建的是输出流对象，往 file2.txt 中输出对象。第 18~19 行关闭输入流和输出流。

【运行效果】上面程序最后的结果就是，在新建的文本文件 file2.txt 中，输入了从文本文件 file.txt 中读取的数据。运行步骤是，先利用输入流从目标对象中读取数据，再利用输出流对象将这些数据写到新的目标对象中。下面通过模拟图 14-4，让读者对上一个程序的运行过程看得更清晰。

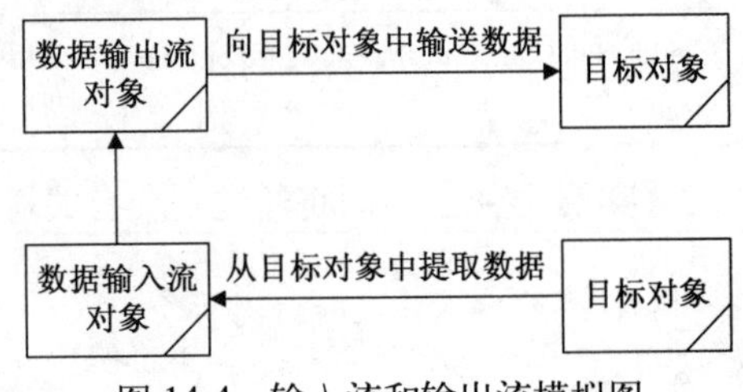

图 14-4　输入流和输出流模拟图

14.5　多字节数据读取类——Filter 类

在 Java 程序中，如果以字节为单位来对数据进行输入和输出操作是不够的，有时候需要一行一行地读取数据，有时候需读取特定格式的数据。因此 Java 提供了一种机制，能够用数据流做连接，让原本没有特殊访问方法的流，经过接到特殊的流后，变得可以用特定方法来访问数据。

这就是所谓的 Filter 机制，其实 Filter 类是一个非常有用的类，它能够进行多字节数据的读取，本节将会详细讲述这个类的应用。

14.5.1　Filter 流的概念

前面讲述的那些类，都是处理以字节为单位的数据，如果读者不是很清楚，可以查看前面 InputStream 和 OutputStream 两个类的方法函数中的参数。前面的讲述中，有的是一个字节一个字节地处理数据，有的是一个字节数组一个字节数组地处理数据，这样显然是不够的，因为以后还会遇到处理字符型数据、整型数据、浮点型数据的情况。

如果使用了 Filter 类，则可以方便地处理那些除字节数据类型以外的数据，Filter 流对象被分为 FilterInputStream 和 FilterOutputStream 两个流类。

14.5.2　处理字节类型以外的文件输入

本节主要介绍 FilterInputStream 类，图 14-5 描述了这个类的用处。

仔细分析图 14-5，数据的数据类型可以是字节、字符、整型、浮点型等。先通过 FileInputstream 类读取数据，然后通过 FilterInputStream 类对数据进行组合，最后再输出数据。

【实例 14-8】下面看一个有关 FilterInputStream 类的实例。

```
01  import java.io.*                                                    //导入包
02  public class File7 {                                                //创建一个文件File7类
03      public static void main(String[] args) throws Exception {//主方法
04          //创建一个文件类对象f
05          File f = new File("d:\\filetest\\1.txt");
06          //创建一个文件输入流对象fis，并且以f作为参数
07          FileInputStream fis = new FileInputStream(f);
08          //创建一个过滤输入流对象filter，并且以fis作为参数
09          FilterInputStream filter = new FilterInputStream(fis);
10          //通过循环语句将f中的数据读出并输出
11          for (int i = 0; i < f.length(); i++) {
12              System.out.print(filter.read(i));
13          }
14          fis.close();                                            //关闭输入流对象
15      }
16  }
```

【代码说明】第 5 行创建目标对象 f。第 7 行创建文件输入流对象 fis。第 9 行创建过滤输入流对象 filter。

【运行效果】编译结果出现了错误，原因是什么呢？其实 FilterInputStream 类是一个 protected 类型。有关 protected 类型在本书中将不详细叙述，有兴趣的读者可以自行去翻阅相关的资料，查找相关的原因。

14.5.3 处理字节类型以外的文件输出

本节主要介绍 FilterOutputStream 类，图 14-6 描述了这个类的用处。

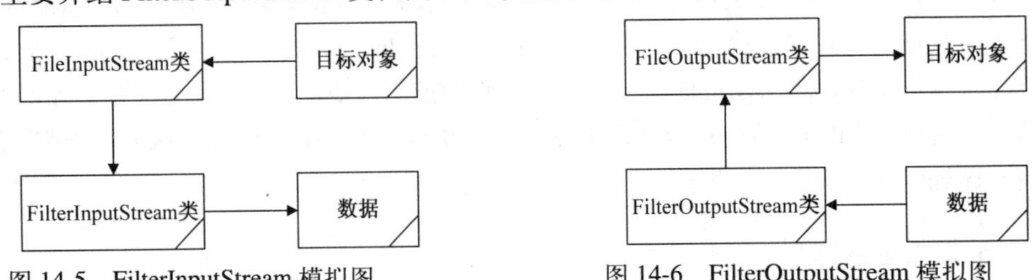

图 14-5 FilterInputStream 模拟图　　图 14-6 FilterOutputStream 模拟图

仔细分析图 14-6，数据的数据类型可以是字节、字符、整型、浮点型等。先通过 FilterOutputStream 类，将所有这些类型的数据分解成字节类型的数据，再将字节类型的数据通过 FileOutputStream 类，向目标对象输出数据。

【实例 14-9】 下面看一个有关 FilterOutputStream 类的实例。

```
01  import java.io.*                                           //导入包
02  public class File8 {                                       //创建一个文件File8类
03      public static void main(String[] args) throws Exception {//主方法
04          //创建一个文件类对象f
05          File f = new File("d:\\filetest\\1.txt");
06          //创建一个文件输出流对象fos，并且以f作为参数
07          FileOutputStream fos = new FileOutputStream(f);
08          //创建一个过滤输出流对象filter，并且以fos作为参数
09          FilterOutputStream filter = new FilterOutputStream(fos);
10          //通过循环语句往f中写入数据
11          for (int i = 'a'; i < 'z'; i++) {
12              filter.write(i);
13          }
14          fos.close();                                       //关闭输出流
15      }
16  }
```

【代码说明】 从上面的程序段可以看出，FilterOutputStream 类不像使用 FileOutputStream 类那样，必须要使用字节数组来存储数据。FilterOutputStream 类可以直接处理除字节以外的数据。

【运行效果】 在 1.txt 文本文件中输出英文小写字母，读者可以打开此文件观察结果。

其实 FilterOutputStream 类和 FilterInputStream 类同样很难处理整型、字符串型等数据，那么遇到这种类型的数据，应该如何处理呢？下面将引进两个类专门处理这些数据。

14.5.4 增强的多字节输出流 DataOutput

通过查看 FilterInputStream 和 FilterOutputStream 类的相关方法，可以发现它们都继承 InputStream 类和 OutputStream 类，并且在这两个子类中，没有新的方法函数，只有一些简单的 write() 和 read()方法。这些方法不能处理整型、字符串型等数据。为了解决这个问题，引进了 DataInput 接口和 DataOutput 接口，同时 DataInputStream 类和 DataOutputStream 类分别实现了以上两个接口，并继承了 FilterInputStream 类和 FilterOutputStream 类。下面详细讲述 DataOutputStream 类。

DataOutputStream 类的常用方法如下：

- boolean writeBoolean(boolean v);
- byte writeByte(int v);
- charwriteChar(int v);
- shortwriteShort(int v);
- int writeInt(int v);
- long writeLong(long v);
- floatwriteFloat(float v);
- double writeDouble(double v);

以上这些方法都用于输出基本数据类型的数据，下面还有一个方法比较特殊，可以输出 UTF-8 编码格式的字符串。

```
String writeUTF(String str);
```

【实例 14-10】 下面看一个关于 DataOutputStream 类的实例。

```
01  import java.io.*                                            //导入包
02  public class File9 {                                        //创建一个文件File9类
03      public static void main(String[] args) throws Exception {//主方法
04          String st;                                          //定义字符串对象st
05          File f = new File("d:\\1.dat");                     //创建一个文件类对象f
06          //创建一个文件输出流对象fos，并且以f作为参数
07          FileOutputStream fos = new FileOutputStream(f);
08          //创建一个多字节输出流对象dos，并且以fos作为参数
09          DataOutputStream dos = new DataOutputStream(fos);
10          //使用dos对象将数据写入到f中
11          try {
12              dos.writeUTF("明天要下雨了。");
13              dos.writeUTF("明天要下雨了。");
14              dos.writeUTF("明天要下雨了。");
15              dos.writeUTF("明天要下雨了。");
16          } catch (Exception e) {
17          }
18          dos.close();                                        //关闭输出流
19      }
20  }
```

【代码说明】 第 5 行在 D 盘下创建一个文件 1.dat。第 12~15 行在此文件中输入数据。

【运行效果】 在 D 盘下生成了一个 1.dat 文件，可以使用写字板打开此文件查看结果。

从这个程序可以看出，通过 DataOutputStream 类可以处理整型和字符串类型的数据。

14.5.5　增强的多字节输入流 DataInput

DataInputStream 类实现了 DataInput 接口，所以它可以使用这个接口所提供的方法，这个接口的常用方法如下：

- boolean readBoolean();
- byte readByte();
- char readChar();
- short readShort();
- int readInt();

- long readLong();
- float readFloat();
- double readDouble();

以上这些方法都用于读取基本数据类型的数据，下面还有一个方法比较特殊，可以读取 UTF-8 形式的字符串。

```
String readUTF();
```

【实例 14-11】下面看一个关于 DataInputStream 类的实例。

```
01  import java.io.*                                                      //导入包
02  public class File10 {                                                 //创建一个文件File10类
03      public static void main(String[] args) throws Exception {//主方法
04          File f = new File("d:\\1.dat");                              //创建一个文件类对象f
05          //创建一个文件输入流对象fis，并且以f作为参数
06          FileInputStream fis = new FileInputStream(f);
07          //创建一个多字节输入流对象dis，并且以fis作为参数
08          DataInputStream dis = new DataInputStream(fis);
09          try {
10              //使用dis对象从f中读取数据
11              System.out.println(dis.readUTF());
12          } catch (Exception e) {
13          }
14          dis.close();                                                  //关闭输入流
15      }
16  }
```

【代码说明】第 4 行创建目标对象 f，这里要读取的文件是 D 盘下的 1.dat。第 11 行调用 readUTF()方法读取数据。

【运行效果】

```
明天要下雨了。
```

从上面的程序段可以看出，通过 DataInputStream 类可以处理一些整型、字符串类型的数据。

【实例 14-12】针对上面两个类的学习，练习这两个类的一个综合实例，代码如下：

```
01  import java.io.*                                                      //导入包
02  public class File11 {                                                 //创建一个文件File11类
03      public void read(DataInputStream dis) {                          //实现文件的读方法read
04          //在类中创建age,maths,name,chinese和physical参数
05          String name = "";
06          int age = 0;
07          float maths = 0;
08          float english = 0;
09          float chinese = 0;
10          float physical = 0;
11          try {
12              //在read方法中，以多字节输入流对象作为参数，并且利用此对象读取数据
13              name = dis.readUTF();
14              age = dis.readInt();
15              maths = dis.readFloat();
16              english = dis.readFloat();
17              chinese = dis.readFloat();
18              physical = dis.readFloat();
```

```
19          } catch (Exception e) {
20          }
21          //输出相应的值
22          System.out.println("姓名: " + name);
23          System.out.println("年龄: " + age);
24          System.out.println("数学成绩: " + maths);
25          System.out.println("英语成绩: " + english);
26          System.out.println("语文成绩: " + chinese);
27          System.out.println("物理成绩: " + physical);
28      }
29      //在write方法中，以多字节输出流对象作为参数，并且利用此对象写入数据
30      public void write(String name, int age, float maths, float english,
31              float chinese, float physical, DataOutputStream dos) {
32          try {
33              dos.writeUTF(name);
34              dos.writeInt(age);
35              dos.writeFloat(maths);
36              dos.writeFloat(english);
37              dos.writeFloat(chinese);
38              dos.writeFloat(physical);
39          } catch (Exception e) {
40          }
41      }
42      public static void main(String[] args) throws Exception {   //主方法
43          //创建文件类对象f2和f
44          File11 f2 = new File11();
45          File f = new File("d:\\1.dat");
46          //创建文件输入流对象fis
47          FileInputStream fis = new FileInputStream(f);
48          //创建数据输入流对象dis
49          DataInputStream dis = new DataInputStream(fis);
50          //创建文件输出流对象fos
51          FileOutputStream fos = new FileOutputStream(f);
52          //创建数据输出流对象dos
53          DataOutputStream dos = new DataOutputStream(fos);
54          //在文件类对象中写入内容并将其内容读出来
55          f2.write("王鹏", 30, 87, 88, 93, 100, dos);
56          f2.read(dis);
57          f2.write("张浩", 29, 90, 89, 93, 100, dos);
58          f2.read(dis);
59          f2.write("宋江", 33, 77, 80, 90, 80, dos);
60          f2.read(dis);
61          f2.write("李宇", 32, 92, 81, 83, 90, dos);
62          f2.read(dis);
63          f2.write("宋丹", 31, 81, 98, 100, 99, dos);
64          f2.read(dis);
65          //关闭输入和输出流
66          dos.close();
67          dis.close();
68      }
69  }
```

【代码说明】上面的程序段是先将数据写到文件中，然后再从文件中将数据读出来。这个程序

看上去很复杂，其实只要将输入和输出分成两个子系统，自然就简单了。

【运行效果】

```
姓名：王鹏
年龄：30
数学成绩：87.0
英语成绩：88.0
语文成绩：93.0
物理成绩：100.0
姓名：张浩
年龄：29
数学成绩：90.0
英语成绩：89.0
语文成绩：93.0
物理成绩：100.0
姓名：宋江
年龄：33
数学成绩：77.0
英语成绩：80.0
语文成绩：90.0
物理成绩：80.0
姓名：李宇
年龄：32
数学成绩：92.0
英语成绩：81.0
语文成绩：83.0
物理成绩：90.0
姓名：宋丹
年龄：31
数学成绩：81.0
英语成绩：98.0
语文成绩：100.0
物理成绩：99.0
```

前面所学习的处理数据的方式，都以字节为单位，只不过通过不同的流组合成其他类型数据而已。真正要处理字符流，还需要继续学习下面的章节。

14.6 读取数据的媒介之二——字符流

什么是字符流？如何使用字符流的类来处理数据？本节将解答这些疑问。本节的重点是学习使用字符流处理数据，并且结合了大量的实例进行演示。

14.6.1 字符流的概念

前面学过的流都是以字节为单位处理数据，称为字节流。本节将介绍一种可以一次性处理两个字节的流，称为字符流。字符流分为两个类：Reader 类和 Writer 类。Reader 类负责字符输入工作，而 Writer 类负责字符输出工作。

14.6.2 抽象字符输入流 Reader 类的使用

这个类是个抽象类，其中的方法没有被实现，所以无法使用。另外，由于它是一个抽象类，所以无法创建对象，根据前面的介绍，如果是抽象类，可以使用其子类来覆盖其抽象方法，从而创建对象。

Reader 类的常用方法如下：

- public int read()：自输入流读取一个字符，并以 int 类型返回。如无数据可读，返回-1。
- public int read(char cbuf[])：自输入流读取 cbuf 这个数组长度的字符，并且存储在这个数组中。如果无数据可读，则返回-1。

14.6.3　抽象字符输出流 Writer 类的使用

这个类是个抽象类，其中的方法没有被实现，所以无法使用。另外，由于它是一个抽象类，所以无法创建对象，根据前面的介绍，如果是抽象类，可以使用其子类来覆盖其抽象方法，从而创建对象。

Writer 类的常用方法如下：

- public int write(int c)：将字符 c 写入输出流。
- public int read(char cbuf[])：将字符数组中的字符写到输入流。
- public void write(String str)：将字符串 str 写入输出流。

14.6.4　读取带缓存的 BufferedReader 字符流

通过上面的叙述可知，Reader 类本身不可能创建对象，因为它是抽象类，那么可以通过子类覆盖这个抽象类中的抽象方法，这称为非抽象类。本小节将详细介绍两个非抽象类：InputStreamReader 和 BufferedReader。

【实例 14-13】InputStreamReader 类比较简单，通过一个实例来掌握它该如何使用，实例代码如下：

```
01  import java.io.*                                         //导入包
02  public class File12 {                                    //创建一个文件File12类
03      public static void main(String[] args) throws Exception {  //主方法
04          File f = new File("d:\\filetest\\2.txt");    //创建文件类对象f
05          //创建一个输入流对象fis，并且以f作为参数
06          FileInputStream fis = new FileInputStream(f);
07          //创建一个字符输入流对象isr，并且以fis作为参数
08          InputStreamReader isr = new InputStreamReader(fis);
09          char st = (char) isr.read();                 //将读出的数据放入字符st中
10          System.out.println(st);                      //将字符输出
11      }
12  }
```

【代码说明】这个程序第 9 行将文本中的字符读取出来，但它一次只能读一个字符。

【运行效果】这是读取 2.txt 中的内容，读者可在此文本文件中输入几个字符进行测试。

BufferedReader 类是继承 Reader 类的子类，其在内部带有缓冲机制，所以可以以行为单位进行输入，它的工作原理如图 14-7 所示。

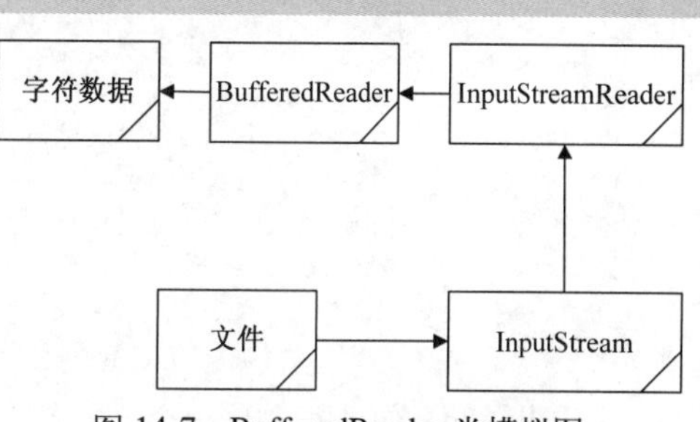

图 14-7　BufferedReader 类模拟图

从图 4-7 可以看出，先从文件中以字节形式读取数据，然后将数据组合成字符型数据，最后将所有读取的数据缓存起来一起输出。这个类的常用方法如下：

```
public String readLine();
```

【实例 14-14】下面举一个有关 BufferedReader 类的实例。

```
01  import java.io.*                                              //导入包
02  public class File13 {                                         //创建一个文件File13类
03      public static void main(String[] args) throws Exception {   //主方法
04          File f = new File("d:\\filetest", "2.txt");          //创建一个文件类对象f
05          //创建一个输入流对象fis，并且以f作为参数
06          FileInputStream fis = new FileInputStream(f);
07          //创建一个字符输入流对象isr，并且以fis作为参数
08          InputStreamReader isr = new InputStreamReader(fis);
09          //创建一个带缓冲的输入流对象，利用此对象读取一行数据
10          BufferedReader br = new BufferedReader(isr);
11          //输出读取到的内容
12          System.out.println(br.readLine());
13          System.out.println(br.readLine());
14      }
15  }
```

【代码说明】第 12~13 行表示读取 2.txt 的前两行数据，readLine()方法每次读取一行数据。2.txt 中的数据读者可自己添加几行。

【运行效果】

```
one line
two line
```

上述代码可以读取大量的数据，比前面的类读取数据要容易得多。

14.6.5 带缓存的字符输出流 BufferedWriter 类

Writer 类本身不能创建对象，因为它是抽象类，那么可通过子类来覆盖这个抽象类中的抽象方法，然后就可以创建对象。本小节将详细介绍两个非抽象类：OutputStreamWriter 和 BufferedWriter 两个类。

【实例 14-15】下面通过一个实例学习 OutputStreamWriter 的使用方法。

```
01  import java.io.*c                                          //导入包
02  public class File14 {                                      //创建一个文件File14类
03      public static void main(String[] args) throws Exception {  //主方法
04          File f = new File("d:\\filetest", "2.txt"); //创建一个文件类对象f
05          //创建一个输出流对象fos，并且以f作为参数
06          FileOutputStream fos = new FileOutputStream(f);
07          //创建一个字符输出流对象osw，并且以fos作为参数
08          OutputStreamWriter osw = new OutputStreamWriter(fos);
09          osw.write('美');                                   //利用osw对象写数据
10          osw.close();                                       //关闭输出流
11      }
12  }
```

【代码说明】第 4 行创建一个文件类对象 f，指向 2.txt 文件。第 9 行在此文件内输入一个字。

【运行效果】在 2.txt 内输入了一个字“美”。

这个程序段将数据写到文本文件中。

BufferedWriter 类是继承 Writer 类的子类，其内部有缓冲机制，所以它可以以行为单位进行输入，它的工作原理如图 14-8 所示。

从图 14-8 可以看出，先是以字符的形式将数据缓存起来，然后将其变成字节的形式写入文件，这个类的常用方法如下：

- public void write(String str)：将字符串写入输出流中。
- public void flush()：将缓冲区内的数据强制写入输出流。
- public void newLine()：向输出流中写入一个行结束标记。

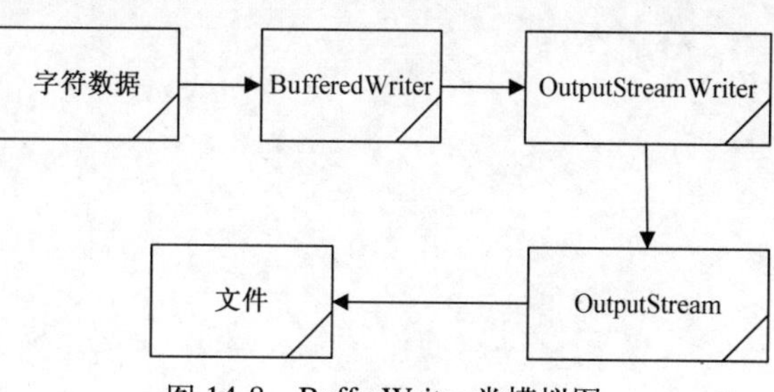

图 14-8　BufferWriter 类模拟图

BufferedWriter 的原理同 BufferedReader 类一样，只不过顺序反过来了。

【实例 14-16】下面来看一个有关 BufferedWriter 类的实例。

```
01  import java.io.*                                          //导入包
02  public class File15 {                                     //创建一个文件File15类
03      public static void main(String[] args) throws Exception {     //主方法
04          File f = new File("d:\\filetest", "2.txt"); //创建一个文件类对象f
05          //创建一个输出流对象fos，并且以f作为参数
06          FileOutputStream fos = new FileOutputStream(f);
07          //创建一个字符输出流对象osw，并且以fos作为参数
08          OutputStreamWriter osw = new OutputStreamWriter(fos);
09          //创建一个带缓冲的输出流对象bw，利用此对象写入数据
10          BufferedWriter bw = new BufferedWriter(osw);
11          //输出相应内容和空格
12          bw.write("小王是一个好学生。");
13          bw.newLine();
14          bw.write("他也是一个好学生。");
15          bw.newLine();
16          bw.write("小明也是一个好学生。");
17          bw.close();                                       //关闭输出流对象
18      }
19  }
```

【代码说明】第 4 行创建文件类对象 f，指向 2.txt 文件。第 12~16 行在文件中输入 3 行文字。第 16 行关闭输出流。

【运行效果】这样就可以一个字符串一个字符串地输入地据了。结果是在 2.txt 中输入了 3 行文字。

【实例 14-17】为了能让读者复习已经学过的流的知识，下面将举一个有关流的综合实例。

```
01  import java.io.*                                          //导入包
02  public class File16 {                                     //创建一个文件File16类
03      //在read1方法中，以带缓冲的输入流对象为参数，它主要是让这个输入流对象读取数据
04      public void read1(BufferedReader br) {                //实现文件的读方法read1
05          try {
06              System.out.println(br.readLine());            //以行方式读取
07          } catch (Exception e) {
08          }
```

```
09      }
10      //在write1方法中，以带缓冲的输出流对象为参数，它主要是让这个输出流对象
11      //写入数据到f对象
12      public void write1(String str, BufferedWriter bw) {  //实现文件的写方法write1
13          if (str.length() > 5) {
14              try {
15                  bw.write(str);
16                  bw.newLine();
17                  bw.flush();
18              } catch (Exception e) {
19              }
20      } else if ((str.length()) < 5) {
21              try {
22                  bw.write("输入有误!");
23                  bw.newLine();
24                  bw.flush();
25              } catch (Exception e) {
26              }
27          }
28      }
29      public static void main(String[] args) throws Exception {     //主方法
30          File16 f2 = new File16();                          //创建类file16对象f2
31          File f = new File("d:\\filetest", "2.txt");      //创建一个文件类对象f
32          //创建一个文件输出流对象fos
33          FileOutputStream fos = new FileOutputStream(f);
34          //创建一个文件输入流对象fis
35          FileInputStream fis = new FileInputStream(f);
36          //创建一个多字节的输出流对象osw
37          OutputStreamWriter osw = new OutputStreamWriter(fos);
38          //创建一个多字节输入流对象isr
39          InputStreamReader isr = new InputStreamReader(fis);
40          //创建一个带有缓冲的输出流对象bw
41          BufferedWriter bw = new BufferedWriter(osw);
42          //创建一个带缓冲的输入流对象br
43          BufferedReader br = new BufferedReader(isr);
44          //通过bw将数据写入到f2中
45          f2.write1("祖国是个大花园", bw);
46          f2.write1("小明说是吗", bw);
47          f2.write1("小张觉得小明说的没有错", bw);
48          f2.write1("谢谢了", bw);
49          //通过br从f2中将数据读出来
50          f2.read1(br);
51          f2.read1(br);
52          f2.read1(br);
53          f2.read1(br);
54          //关闭对象br和bw
55          br.close();
56          bw.close();
57      }
58  }
```

【代码说明】上面的程序段先用输出流将内容输入到文本文件中，然后再使用输入流读出文本。在读文本时，根据字数判断，如果字数超过 5 个字的就输出，否则就输出“输入有误”。这里的判

断条件只有大于 5 和小于 5，而第 45 行的输入正好是 5，代码中没有处理。所以其实只是在 2.txt 中输入了 3 行数据，所以输出的时候第 4 行读取的是 null。

【运行效果】

```
祖国是个大花园
小张觉得小明说的没有错
输入有误！
null
```

14.6.6 字符输入流 FileReader 类和 FileWriter 类的使用

FileReader 类和 FileWriter 类分别是 InputStreamReader 类和 OutputStreamWriter 类的子类，它们提供了将字符数据直接写入文件，或从文件中直接读出字符数据的简便方法。

【实例 14-18】 下面看一个有关这两个类的实例，此实例由上面的程序段修改而成，读者可以通过对比，来衡量哪种方法更好。

```
01  import java.io.*                                              //导入包
02  public class File17 {                                         //创建一个文件File17类
03      //在read1方法中，以带缓冲的输入流对象为参数，它主要是让这个输入流对象读取数据
04      public void read1(BufferedReader br) {
05          try {
06              System.out.println(br.readLine());
07          } catch (Exception e) {
08          }
09      }
10      //在write1方法中，以带缓冲的输出流对象为参数，它主要是让这个输出流对象
11      //写入数据到f对象
12      public void write1(String str, BufferedWriter bw) {
13          if (str.length() > 5) {                               //当长度大于5时
14              try {
15                  bw.write(str);
16                  bw.newLine();
17                  bw.flush();
18              } catch (Exception e) {
19              }
20          } else if ((str.length()) < 5) {                      //当长度小于5时
21              try {
22                  bw.write("输入有误！");
23                  bw.newLine();
24                  bw.flush();
25              } catch (Exception e) {
26              }
27          }
28      }
29      public static void main(String[] args) throws Exception {   //主方法
30          File17 f2 = new File17();                             //创建类File17对象f2
31          File f = new File("d:\\filetest", "2.txt");           //创建一个文件类对象f
32          //创建一个文件输出流对象fos
33          FileOutputStream fos = new FileOutputStream(f);
34          //创建一个文件输入流对象fis
35          FileInputStream fis = new FileInputStream(f);
36          //创建一个多字节的输出流对象osw
```

```
37              OutputStreamWriter osw = new OutputStreamWriter(fos);
38              //创建一个多字节输入流对象isr
39              InputStreamReader isr = new InputStreamReader(fis);
40              //创建一个带有缓冲的输出流对象bw
41              BufferedWriter bw = new BufferedWriter(osw);
42              //创建一个带缓冲的输入流对象br
43              BufferedReader br = new BufferedReader(isr);
44              //通过bw将数据写入到f2中
45              f2.write1("祖国是个大花园", bw);
46              f2.write1("小明说是吗", bw);
47              f2.write1("小张觉得小明说的没有错", bw);
48              f2.write1("谢谢了", bw);
49              //通过br从f2中将数据读出来
50              f2.read1(br);
51              f2.read1(br);
52              f2.read1(br);
53              f2.read1(br);
54              //关闭对象br和bw
55              br.close();
56              bw.close();
57          }
58      }
```

【代码说明】在上述代码中，首先在第 4~9 行创建了一个读取数据的方法 read1()。在第 12~28 行创建了一个写入数据的方法 write1()。然后在第 29～42 行创建了文件 2.txt 的输入流对象 br 和输出流对象 bw。最后在第 45～53 行将相关内容写入到文件 2.txt，同时通过方法 read1()将文件中的内容读取出来。

【运行效果】

```
祖国是个大花园
小王觉得小明说的没有错
输入有误!
null
```

从上面修改过的程序段可以看出，使用 FileReader 类和 FileWriter 类的确是比以前要简单得多，其流程如图 14-9 所示。

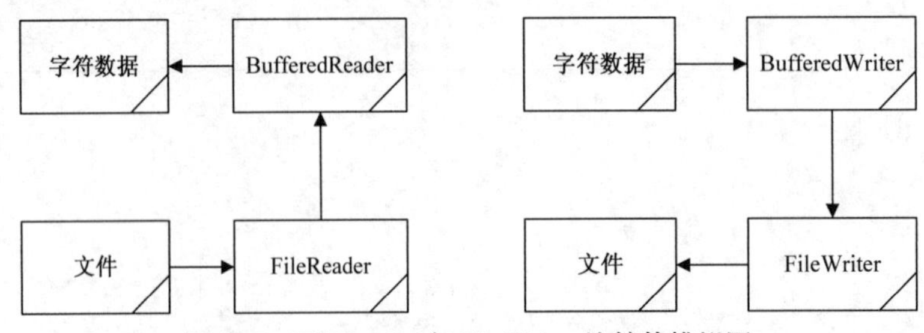

图 14-9 FileReader 与 FileWriter 比较的模拟图

14.6.7 如何用标准输入流 System.in 来获取数据

【实例 14-19】System.in 用于从标准键盘输入设备读入数据，其返回一个 InputStream 类型。下面举一个实例，让读者对该类有个更清晰的认识。

```
01   import java.io.*                                    //导入包
02   public class File18                                 //创建一个文件File18类
03   {
04       //主方法
05       public static void main(String[] args) throws Exception {
06           //创建一个多字节输入流对象isr
07           InputStreamReader isr = new InputStreamReader(System.in);
08           //创建一个带缓冲的输入流对象br
09           BufferedReader br = new BufferedReader(isr);
10           //通过br对象的方法readLine()读取内容并输出
11           System.out.println(br.readLine());
12           br.close();                                  //关闭对象br
13       }
14   }
```

【代码说明】这个程序段非常简单，只是从键盘输入数据，在终端显示输入的数据。第 7 行的 System.in 用于接收输入数据。第 11 行输出结果。

【运行效果】

```
2（这是用户输入的数据，输入后按Enter键）
2
```

14.6.8　打印输入流 PrintWriter 类与 PrintStream 类的区别

PrintStream 与 PrintWriter 类都是打印输出流，它们在许多方面提供了相似的功能。它们将各种基本类型的数据输出到字符串流中，并提供了自动刷新功能。这两个类的不同点，也是在自动刷新功能上。

PrintStream 类会调用 println()方法，其输出会包含换行符。但是 PrintWriter 类只有在调用 println()方法时才会自动刷新，其实两者在功能和方法上没有太大的差别。本节以 PrintWriter 类为例，介绍打印输入输出的方法。

PrintWriter 类的常用构造函数如下：

- public PrintWriter (Writer out,boolean autoflush)：使用指定的 Writer 对象 out，创建一个打印输出流对象。若 autoflush 为真，则自动刷新。
- public PrintWriter (OutputStream out ,boolean autoflush)：使用指定的 OutputStream 对象 out，创建一个打印输出流对象。若 autoflush 为真，则自动刷新。

PrintWriter 类的常用方法如表 14-5 所示。

表 14-5　PrintWriter 类的常用方法列表

方法名称	用法
public void flush()	制性地将　中的数据写　输出流
public void print(boolean b)	将　型数据写　输出流
public void print(int i)	将整型数据写　输出流
public void print(float f)	将　点型数据写　输出流
public void print(char c)	将字符型数据写　输出流
public void print(long l)	将长整型数据写　输出流

（续）

方法名称	用法
public void print(double d)	将　　度　点型数据写　输出流
public void print(String str)	将字符　型数据写　输出流
public void println(boolean b)	将　　型数据和换行符写　输出流
public void println(int i)	将整型数据和换行符写　输出流
public void println(float f)	将　点型数据和换行符写　输出流
public void println(char c)	将字符型数据和换行符写　输出流
public void println(long l)	将长整型数据和换行符写　输出流
public void println(double d)	将　　度　点型数据和换行符写　输出流
public void println(String str)	将字符　型数据和换行符写　输出流
public void println()	将换行符写　输出流

【实例 14-20】使用上述方法编写一段程序，代码如下：

```
01  import java.io.*                                        //导入包
02  public class File19 {                                   //创建一个文件File19类
03      //主方法
04      public static void main(String[] args) throws Exception {
05          //创建一个多字节输入流对象isr
06          InputStreamReader isr = new InputStreamReader(System.in);
07          //创建一个带缓冲的输入流对象br
08          BufferedReader br = new BufferedReader(isr);
09          //创建对象pw
10          PrintWriter pw = new PrintWriter(System.out, true);
11          pw.println("请输出字符: ");
12          String s;                                       //创建字符串对象s
13          while (!(s = br.readLine()).equals(""))  //通过循环进行输出
14              pw.println(s);
15          //关闭对象br和pw
16          br.close();
17          pw.close();
18      }
19  }
```

【代码说明】第 11 行给出提示，此时用户输入一个字符，则控制台通过 pw.println(s)输出一个字符。当输入为空时，则结束程序。

【运行效果】运行这个程序，当输入一个字符，按 Enter 键后就会出现刚才输入的字符。

```
请输入字符;
a
a
b
b
c
c
d
d
```

```
e
e
ff
ff
dd
dd
```

14.6.9　随机文件访问 RandomAccessFile 类

RandomAccessFile 类就是随机文件访问类。所谓的随机文件访问，就是指可以读写任意位置数据的文件，如何访问任意位置的数据呢？通过文件指针。通过移动文件指针，来达到随机访问的目的。

RandomAccessFile 类实现了 Datainput 与 Dataoutput 接口，所以可以读取基本数据类型的数据。为了能够随机访问，必须先创建对象。下面看看 RandomAccessFile 类的构造函数。

```
public RandomAccessFile(String name,String mode)
public RandomAccessFile(File file,String mode)
//使用给定的字符串或文件对象和存取模式创建一个RandomAccessFile类对象
```

对于 RandomAccessFile 类的存取模式，总共有 4 种：分别是"r""rw""rws""rwd"。"r"代表以只读方式打开文件，若此时进行写操作会出错；"rw""rws""rwd"是以读写模式打开文件，若文件不存在，则创建它。

创建完了对象后，就要使用 RandomAccessFile 类的方法来操作数据。下面介绍有关这个类的方法：

- public native long getFilePointer()：取到文件位置指针。
- public native void seek(long pos)：将文件位置指针移至 pos 处，pos 以字节为单位。
- public native long length()：获取文件大小，以字节为单位。
- readBoolean(),readByte(),readChar(),readShort(),readInt(),readLong(),readFloat(),readDouble(),readUTF()：读取不同类型的数据。
- write(int b),writeBoolean(boolean v),writeByte(byte v),writeChar(char v), writeShort (short v), writeInt(int v),writeLong(long v),writeFloat(float v),writeDouble(double v), writeUTF(String str)：将不同类型的数据输出到文件。

【实例 14-21】了解了上述理论知识后，下面来看一个有关 RandomAccessFile 类的实例。

```
01  import java.io.*                                          //导入包
02  public class File20 {                                     //创建一个文件File20类
03      //主方法
04      public static void main(String[] args) throws Exception {
05          File f = new File("d://raf.txt");                 //创建一个文件类对象f
06          //创建一个随机访问类对象raf
07          RandomAccessFile raf = new RandomAccessFile(f, "rw");
08          //创建各种变量
09          int x = 4;
10          char c = 'a';
11          long l = 123;
12          float fl = 3.4F;
13          double d = 4.222D;
```

```
14              String str = "这些都是基本数据类型的数据";
15              //利用raf写入不同数据类型的数据到f中
16              raf.writeInt(x);
17              raf.writeChar(c);
18              raf.writeLong(l);
19              raf.writeFloat(fl);
20              raf.writeDouble(d);
21              raf.writeUTF(str);
22              raf.close();                                //关闭对象raf
23              System.out.println("文件已经创建完毕!");      //输出相应信息
24          }
25      }
```

【代码说明】第 9~14 行创建 6 种类型的数据。然后在第 16~21 行将这些数据输入到 daf.txt 文件中。第 22 行在控制台输出提示信息。

【运行效果】

```
文件已经创建完毕!
```

上面的程序段运行后，会把数据写入到文本文件 daf.txt 中，读者可以到此文件中查看结果。

【实例 14-22】下面再看一个实例，使用这个类从文本文件中读取文件数据。

```
01  import java.io.*                                         //导入包
02  public class File21 {                                    //创建一个文件File21类
03      //主方法
04      public static void main(String[] args) throws Exception {
05          File f = new File("d://raf.txt");                //创建一个文件类对象f
06          //创建一个随机访问类对象raf
07          RandomAccessFile raf = new RandomAccessFile(f, "rw");
08          //利用raf读取不同的数据类型的数据
09          System.out.println(raf.readInt());
10          System.out.println(raf.readChar());
11          System.out.println(raf.readLong());
12          System.out.println(raf.readFloat());
13          System.out.println(raf.readDouble());
14          System.out.println(raf.readUTF());
15          raf.close();                                     //关闭对象raf
16          System.out.println("这就是文件的内容!");           //输出相应内容
17      }
18  }
```

【代码说明】第 5 行创建文件类对象 f。因为已经创建了 daf.txt 文件，所以可以通过第 7 行的对象 raf 来读取文件。然后在第 9~14 行从文件中读取数据。

【运行效果】

```
4
a
123
3.4
4.222
这些都是基本数据类型的数据
这就是文件的内容!
```

【实例 14-23】上面的实例还不能真正体现出 RandomAccessFile 类的作用。下面再举一个实例，来学习如何利用文件指针来操作数据。

```
01  import java.io.*                                          //导入包
02  public class File22 {                                     //创建一个文件File22类
03      //主方法
04      public static void main(String[] args) throws Exception {
05          File f = new File("d://raf.txt");                 //创建一个文件类对象f
06          //创建一个随机访问类对象raf
07          RandomAccessFile raf = new RandomAccessFile(f, "rw");
08          String s = "这个就是学校最好的学生";               //创建字符串对象s
09          //输出相应信息
10          System.out.println("现在要添加数据了!");
11          //让raf的指针指向内部数据的末端
12          try {
13              long l = raf.length();
14              raf.seek(l);
15              raf.writeUTF(s);
16              System.out.println("刚刚加到后面的字符串是: ");
17              raf.seek(l);
18              System.out.println(raf.readUTF());
19              raf.seek(0);
20              System.out.println(raf.readUTF());
21              raf.close();
22          } catch (Exception e) {
23          }
24      }
25  }
```

【代码说明】上面的这个程序主要是通过指针指向原先数据的末端，然后将再添加数据。这个实例将文件指针的用法展现出来了，由于文件指针的灵活性，使得 RandomAccessFile 类比其他流的类显得特殊，它可以在字符串中指向任何一个想得到的位置。

【运行效果】

```
现在要添加数据了!
刚刚加到后面的字符串是:
这个就是学校最好的学生
```

14.7　利用对象序列化控制输入输出

前面讲述了如何控制基本数据的输入输出，本节将讲述如何输入输出对象数据。对象数据是很复杂的，那么如何将它们输入到文本中呢？又如何从文本中将其读出来呢？例如一个数组如果采用前面所说的方式去输入输出，那将是一个复杂的过程。再例如一个类，如何将类中的一些数据输入或者输出呢？这些都涉及一个概念，就是利用对象序列化。本节将详细介绍什么是对象序列化，如何利用对象序列化来控制输入流和输出流。

14.7.1　什么是对象序列化

什么是对象序列化呢？简单地说，就是将对象写入流，而序列化读取则指从流中获取数据后，重构对象的过程。Java 语言中的对象可以分为可序列化对象和不可序列化对象，查看 API 帮助文档，可以发现只有实现了 Serializable 接口的对象才是可序列化对象。

14.7.2　基本数据和对象数据读写 ObjectInput 接口与 ObjectOutput 接口

ObjectInput 接口与 ObjectOutput 接口分别继承了 DataInput 和 DataOutput 接口，提供用于读写基本数据和对象数据的方法。ObjectInput 提供了 readObject()方法，此方法用于将对象从流中读出。ObjectOutput 提供了 writeObject()方法，此方法用于将对象写入流中。因为 ObjectInput 与 ObjectOutput 皆为接口，所以不能创建对象，那么就只有使用实现了这两个接口的 ObjectInputStream 类和 ObjectOutputStream 类来创建对象。下面将详细讲述如何使用 ObjectInputStream 类和 ObjectOutputStream 类来操作数据。

14.7.3　对象序列化处理 ObjectOutputStream 类

ObjectOutputStream 类继承了 OutputStream 类，同时实现了 ObjectOutput 接口，提供将对象序列化并写入流中的功能。此类的构造函数如下：

```
public ObjectOutputStream (OutputStream out)
```

【实例 14-24】 下面通过一个实例，来看看如何使用 ObjectOutputStream 类。

```
01  import java.io.*                                       //导入包
02  public class File23 {                                  //创建一个文件File23类
03      //主方法
04      public static void main(String[] args) throws Exception {
05          File f = new File("d://raf.txt");              //创建一个文件对象f
06          //创建一个输出流对象fos，并且以f作为参数
07          FileOutputStream fos = new FileOutputStream(f);
08          //创建一个对象序列化处理类的对象oos，并且以fos作为参数
09          ObjectOutputStream oos = new ObjectOutputStream(fos);
10          Student st = new Student();                    //创建一个学生类st
11          //设置学生信息
12          st.name = "王鹏";
13          st.code = "96765";
14          st.age = "28";
15          st.sexy = "男";
16          st.school = " 重庆大学";
17          st.grade = "计算机三年级二班";
18          st.address = "重庆市沙坪坝";
19          oos.writeObject(st);                           //写相应内容到文件中
20          oos.close();                                   //关闭对象oos
21          System.out.println("文件创建完了!");
22      }
23  }
24  class Student implements Serializable {                //创建一个学生类对象Student
25      //设置name,age,sexy,school, grade,address和code属性
26      String name;
27      String age;
28      String sexy;
29      String school;
30      String grade;
31      String address;
32      String code;
33  }
```

【代码说明】 第 24~33 行创建了一个类 Student，其实现了 Serializable 接口。第 10~18 行创建

st 对象，并设置对象的各个属性。第 21 行输出类对象。

【运行效果】这个程序将一个对象直接写入到文本文件 raf.txt 中。读者可查看该文件，以了解程序的输出。

14.7.4 对象序列化处理 ObjectInputStream 类

ObjectInputStream 类继承了 InputStream 类，同时实现了 ObjectInput 接口，提供将对象序列化并从流中读取出来的功能。此类的构造函数如下：

```
public ObjectInputStream (InputStream out)
```

【实例 14-25】下面通过一个实例，来看看如何使用 ObjectinputStream 类。

```
01  import java.io.*                                        //导入包
02  public class File24 {                                   //创建一个文件File24类
03      public static void main(String[] args) throws Exception {      //主方法
04          File f = new File("d://raf.txt");               //创建一个文件对象f
05          //创建一个输入流对象fis，并且以f作为参数
06          FileInputStream fis = new FileInputStream(f);
07          //创建一个对象序列化处理类的对象ois，并且以fis作为参数
08          ObjectInputStream ois = new ObjectInputStream(fis);
09          Student st = new Student();                     //创建一个对象st
10          //利用ois对象方法将st的属性值读出
11          st = (Student) ois.readObject();
12          ois.close();                                    //关闭对象ois
13          //输出相应信息
14          System.out.println(st.name);
15          System.out.println(st.age);
16          System.out.println(st.code);
17          System.out.println(st.school);
18          System.out.println(st.grade);
19          System.out.println(st.address);
20      }
21  }
```

【代码说明】上面的程序段从文本中依次读出了对象中的数据，这样，就方便以后将对象类型的数据放入流中，来进行输入输出操作。

【运行效果】

```
王鹏
28
96765
重庆大学
计算机三年级二班
重庆市沙坪坝
```

学到这里，所有的流输入和输出的知识就全部学习完了，希望读者能够真正理解输入和输出的真谛。

14.8 常见疑难解答

14.8.1 字节流与字符流的主要区别

字节流是最基本的，所有的 InputStrem 和 OutputStream 的子类都是字节流，其主要用于处理

二进制数据，并按字节来处理。实际开发中很多的数据是文本，这就提出了字符流的概念，它按虚拟机的 encode 来处理，也就是要进行字符集的转化。这两者之间通过 InputStreamReader 和 OutputStreamWriter 来关联。实际上，通过 byte[]和 String 来关联在实际开发中出现的汉字问题，这都是在字符流和字节流之间转化不统一而造成的。在从字节流转化为字符流时，实际上就是 byte[] 转化为 String。

```
public String(byte bytes[], String charsetName)
```

注意 有一个关键的参数字符集编码，通常可以省略，就是操作系统的lang。

字符流转化为字节流，实际上是 String 转化为 byte[]。

```
byte[] String.getBytes(String charsetName)
```

至于 java.io 中还出现了许多其他的流，主要是为了提高性能和使用方便，如 BufferedInputStream、PipedInputStream 等。

14.8.2 输入流与输出流如何区分，各有什么作用

初学 Java，看到输入流与输出流的部分。有一点不明白，到底是输入流写入还是输出流写入文件呢？要将文件读出是用输入流还是输出流呢？

程序在内存中运行，文件在磁盘上，把文件从磁盘上读入内存中来，这就需要输入流。反之，把内存中的数据写到磁盘上的文件里就是输出。

那与 Windows 里所说的写（将内容写入到文件里，如：存盘）——输入、读（把内容从文件里读出来，如：显示）——输出，为什么不一样呢？

是不是可以这样理解：Java 里的输入流与输出流是针对内存而言的，它是从内存中读写，而不是所说的显示与存盘，因为输入流与输出流都可以将内容从屏幕上显示出来。

屏幕和键盘也是区别于内存的设备，可以将内存中的数据“输出”到屏幕上，所以要用 System.out.println()，而从终端读取键盘输入用 System.in。

那写文件该用输入流还是输出流呢？读文件又用什么好呢？为什么？

程序操作的数据都应该是在内存里面，内存是操作的主对象，把数据从其他资源中传送到内存，就是输入。反之，把数据从内存传送到其他资源，就是输出。例如读文件：

```
BufferedReader in = new BufferedReader(new InputStreamReader(new
FileInputStream("infilename")));
```

不管从磁盘读、从网络读，还是从键盘读，读到内存，就是“InputStream”。例如写文件：

```
BufferedWriter out = new BufferedWriter(new OutputStreamWriter(new
FileOutputStream("outfilename")));
```

不管写到磁盘、网络，或者写到屏幕，都是使用 OuputStream。

14.8.3 什么是管道流

管道流是输入输出并用。例如，将数据从输出管道进，从输入管道出。

```
PipedInputStream pis=new PipedInputStream();
PipedOutputStream pos=new PipedOutputStream(pis);
```

在本书中没有介绍管道流，是因为这种流对于初学者来说比较难理解，有兴趣的读者可以查阅相关的资料。

14.9 小结

本章介绍了输入输出的一些关键类和方法：处理文件和目录有专门的 File 类，读取数据的媒介 Stream 类等。通过本章的学习，读者应该能处理简单的文件和数据流。本章介绍的类非常多，所以讲解了特别多的案例，希望读者都能亲自动手验证这些案例。

14.10 习题

一、填空题

1．有关输入和输出，在 Java 类库中有一个与之相对应的类库__________包。

2．Java 中的输入输出类有关于文件操作的类__________，关于以字节方式访问文件的类__________和类__________，关于以字符方式访问文件的类__________和类__________。

3．在 API 帮助文档中可以发现，只有实现了__________接口的对象才是可序列化对象。

4．字符流分为两个类：Reader 类和 Writer 类，__________类负责字符输入工作，而__________类负责字符输出工作。

二、上机实践

1．通过本章的知识创建一个实现内容存储和读取的类，在该类中首先需要用户输入需要保存的内容，然后读取已经保存到文件中的内容，具体运行过程如图 14-10 所示。

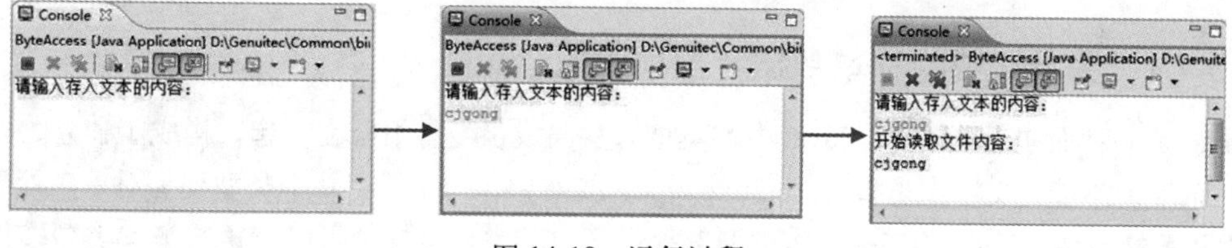

图 14-10 运行过程

【提示】仿照本章实例，通过 FileInputStream 类和 FileOutputStream 类来具体实现。

2．通过本章的知识创建一个实现文件内容复制功能的类，即首先通过代码读取源文件（C:\chang.txt）中的内容，然后把读取到的内容写入目标文件（C:\chang_1.txt）。

注意 源文件（C:\chang.txt）中存在中文字符。

【提示】仿照本章实例，通过 InputStreamReader 类和 OutputStreamWriter 类来具体实现。

第 15 章　Java 中对数据的处理

本章将继续讲述如何处理数据，包括一些经常使用的数据处理方法，例如包装类、随机性数据处理类、数据整理和排序处理类等。其实在应用程序中，最能让用户感兴趣的不是华丽的界面，而是数据。例如一个学校管理系统，大家要看这个软件是否好，当然最关心软件是如何处理数据的。可见处理数据在程序中的地位是何等之大。

本章重点：

- ❑ 基本数据类型和对象数据类型的转换。
- ❑ 随机性数据的处理。
- ❑ 数据的排序和整理。

15.1　如何将基本数据类型转换为对象

前面介绍过，Java 程序语言分为基本数据类型和对象数据类型，而前面大部分的章节是讲述如何处理基本类型的数据。本章讲述对象类型数据的处理方法，通过大量实例和经验总结，让读者学会熟练处理程序中的数据。

15.1.1　为什么要将基本数据转换为对象

Java 是一种面向对象语言，Java 中的类把方法与成员变量组合在一起，构成了独立的处理单元。在 Java 中不能定义基本类型（primitive type）的对象，为了能将基本类型视为对象来处理，并能调用相关的方法。Java 为每个基本类型都提供了包装类，这样便可以把这些基本类型转化为对象来处理。这些包装类有：Boolean、Byte、Short、Integer、Long、Float、Double 和 Character 等。

虽然 Java 可以直接处理基本类型，但是在有些情况下，还需要将其作为对象来处理，这时就需要将其转化为包装类。所有的包装类（Wrapper Class）都有共同的方法，如下：

- ❑ 带有基本值参数并创建包装类对象的构造函数，如可以利用 Integer 包装类创建对象，Integer obj=new Integer(145)。
- ❑ 带有字符串参数并创建包装类对象的构造函数，如 new Integer("-45.36")。
- ❑ 生成字符串表示法的 toString()方法，如 obj.toString()。
- ❑ 对同一个类的两个对象进行比较的 equals()方法，如 obj1.eauqls(obj2)。
- ❑ 生成散列表代码的 hashCode()方法，如 obj.hashCode()。
- ❑ 将字符串转换为基本值的 parseType()方法，如 Integer.parseInt(args[0])。
- ❑ 可生成对象基本值的 typeValue()方法，如 obj.intValue()。

在一定的场合，运用 Java 包装类来解决问题，可以大大提高编程效率。包装类由以下几个部分组成。

- Boolean：将 boolean 型数据包装成 Boolean 类对象。
- Byte：将 byte 型数据包装成 Byte 类对象。
- Short：将 short 型数据包装成 Short 类对象。
- Integer：将 integer 型数据包装成 Integer 类对象。
- Long：将 long 型数据包装成 Long 类对象。
- Float ：将 float 型数据包装成 Float 类对象。
- Double ：将 double 型数据包装成 Double 类对象。
- Character：将 Character 型数据包装成 Character 类对象。

说明　由于所有的包装类都具有相似的成员，因此在这里就以Integer类为例，向读者讲述包装类的使用。

15.1.2 Wrapper 类的构造函数

本节将以 Integer 类为例，讲述 Wrapper 类的使用。作为一个类，读者最关心的是这个类如何创建对象，这又涉及构造方法的问题，下面将看一下 Integer 类的构造方法。

- public integer(int value)：将整型值 value 包装成持有此值的 Integer 类对象。
- public integer(string s)：将由数字字符包装成持有此值的 Integer 类对象。若 s 并非由数字构成的话，则会异常抛出。

【实例 15-1】为了能够掌握 Integer 类构造方法的用法，下面举一个有关它的实例。

```
01  public class File1                              //创建一个File1类
02  {
03     public static void main(String[] args)      //主方法
04     {
05         int x=12;                                //创建int类型变量x
06         String str="13579";                      //创建字符串对象str
07         Integer t1=new Integer (x);              //创建Integer类型对象t1
08         Integer t2=new Integer (str);            //创建Integer类型对象t2
09         System.out.println(t1);
10         System.out.println(t2);
11     }
12  }
```

【代码说明】第 5 行定义了一个基本类型的变量 x。第 6 行定义了一个字符串对象 str。第 7~8 行通过构造函数构造两个 Integer 对象。然后第 9~10 行输出这两个对象。

【运行效果】

```
12
13579
```

注意　这个实例将不同类型的数据作为对象输出，输出结果虽然是数字，但它们是对象数据，而不是基本类型的数据。

15.1.3 包装类的常用函数

本节将以 Integer 类为例，讲述包装类的使用。上一小节详细介绍了关于该类的构造函数。本小节详细介绍 Integer 类处理数据的方法，表 15-1 所示是该类的常用方法。

表 15-1 包装类的常用方法列表

方法名称	用法
public int intValue()	这些方法都是将当前的对象 换为相应的类型
public short shortValue()	
public long longValue()	
public float floatValue()	
public double doubleValue()	
public static int parseInt(string s)	将字符 s 换为 进制整型数，并将其返回
public static int parseInt(string s,int radix)	将字符 s 换为 radix 指定进制的整型数，并将其返回
public static string toBinaryString(int i)	将整型数 i 换为二进制字符 的形式，并将其返回
public static string toHexString(int i)	将整型数 i 换为 进制字符 的形式，并将其返回
public static string toOctalString(int i)	将整型数 i 换为 进制字符 的形式，并将其返回
public static string toString(int i)	将整型数 i 换成 进制数字字符 形式，并将其返回

【实例 15-2】为了让读者能够掌握 Integer 类常用方法的用法，下面举一个有关的实例，来学习如何使用这些方法。

```
01  public class File2 {                                         //创建一个File2类
02      public static void main(String[] args) {                 //主方法
03          //创建各种基本类型变量
04          int a = 20;
05          byte b = 'a';
06          short c = 11;
07          long d = 112;
08          float e = 11.2f;
09          double f = 11.3;
10          //创建各种包装类对象
11          Integer x1 = new Integer(a);
12          Byte x2 = new Byte(b);
13          Short x3 = new Short(c);
14          Long x4 = new Long(d);
15          Float x5 = new Float(e);
16          Double x6 = new Double(f);
17          //调用包装类的printin()方法实现输出
18          System.out.println(x1);
19          System.out.println(x2);
20          System.out.println(x3);
21          System.out.println(x4);
22          System.out.println(x5);
23          System.out.println(x6);
24          //输出对象x1的二进制码
25          System.out.println(x1.toBinaryString(a));
26          //输出对象x1的十六进制码
```

```
27            System.out.println(x1.toHexString(a));
28        }
29    }
```

【代码说明】第 4~9 行创建了 6 个基本类型的变量。第 11~16 行通过构造方法创建了 6 个对象类型的变量。第 24~27 行使用了包装类的两个方法实现类型转换。

【运行效果】

```
20
97
11
112
11.2
11.3
10100
14
```

【实例 15-3】上面的程序是否看起来有点简单？那么再看看下面这段程序。

```
01  public class File3 {                                        //创建一个File3类
02      public static boolean isNumberic(String str) {          //创建一个isNumberic方法
03          try {                                               //捕获异常
04              Integer i = new Integer(str);                   //创建一个包装类的对象x1
05          } catch (NumberFormatException e) {
06              return false;
07          }
08          return true;                                        //返回布尔型对象
09      }
10      public static void main(String[] args) {                //主方法
11          //输出方法isNumberic()的运行结果
12          System.out.println(isNumberic("123"));
13          System.out.println(isNumberic("-123.34"));
14          System.out.println(isNumberic("0x12"));
15          System.out.println(isNumberic("453"));
16          System.out.println(isNumberic("1abcd"));
17          System.out.println(isNumberic("-1a33"));
18      }
19  }
```

【代码说明】从上面的程序段可以看出，如果 str 不是全部由数字组成，就会抛出异常，而异常处理就是返回 false。第 4 行通过 Integer 类的构造方法来构造对象。

【运行效果】

```
true
false
false
true
false
false
```

分析上面的例子发现，原来构造方法可以作为一个判断的依据。这样，就可以将这个实战经验应用在一些大型的程序中。

15.1.4　基本数据的拆装箱操作

在面向对象的语法中，处理的对象一般都是对象。但是基本数据类型却不是对象，即用 int、

double、boolean 等定义的变量都不是对象。在以前的版本中，为了解决把基本数据类型转换为对象的问题，出现了打包类型。

为了方便基本数据类型与对象间的转换，在最新的版本中出现了基本数据的自动拆装箱操作，下面将通过 AutoUnbox.java 类来演示基本数据的自动拆装箱操作功能，具体内容如下：

```
01  public class AutoUnbox {                                    //创建一个AutoUnbox类
02      public static void main(String[] args) {                //主方法
03          Integer data11 = new Integer(10);                   //创建对象data11
04          Integer data12 = new Integer(10);                   //创建对象data12
05          Integer data21 = Integer.valueOf(10);               //创建对象data21
06          Integer data22 = Integer.valueOf(10);               //创建对象data22
07          //通过自动装箱方式实现int类型转换成对象方式
08          Integer data31 = 20;
09          Integer data32 = 20;
10          //通过自动拆箱方式实现对象转换成int类型方式
11          int sum1 = data11 + 20;
12          int sum2 = data31 + 20;
13          //输出变量sum1和sum2的值
14          System.out.println("sum1的值为" + sum1);
15          System.out.println("sum2的值为" + sum2);
16          //查看对象是否引用同一个对象
17          System.out.println("data11与data12是否为同一个对象?" + (data11 == data12));
18          System.out.println("data21与data22是否为同一个对象?" + (data21 == data22));
19          System.out.println("data31与data32是否为同一个对象?" + (data31 == data32));
20      }
21  }
```

【运行效果】 运行 AutoUnbox.java 类，控制台窗口如图 15-1 所示。

【代码说明】

```
<terminated> AutoUnbox [Java Application] D:\r
sum1的值为30
sum2的值为40
data11与data12是否为同一个对象?false
data21与data22是否为同一个对象?true
data31与data32是否为同一个对象?true
```

图 15-1　运行结果

- 通过上述代码可以发现，如果想把 int 类型的 10 转换成 Integer 类对象，可以通过 3 种方式实现，分别为：新建 Integer 类方式（new Integer()）、Integer 类的 valueOf()方法（Integer.valueOf()）和自动装箱操作（Integer data31 = 20）。通过 3 种方式的比较可知，最后一种方式最简单。
- 上述代码第 11 行，实现了对象 data11 与基本 int 类型 20 相加。为了使该句代码不出错，首先需要把对象 data11 自动转换成基本 int 类型 10，然后才能实现与基本 int 类型 20 的相加功能，即所谓的自动拆箱功能。
- 上述代码第 17~19 行，通过“==”符号来判断两个对象是否引用同一个对象。对象 data11 与对象 data12 之所以不是引用同一个对象，是因为这两个对象都是通过关键字 new 来创建。但是剩余两对对象在数据小于 127 的情况下（分别为 10 和 20）却引用同一个对象，这是因为对象 data21 与 data22 是通过 Integer.valueOf()方法返回同一个数值的引用，而对象 data31 与 data32 是通过自动装箱操作返回同一个数值的引用。

当修改 AutoUnbox.java 类中的数值大小时会出现不同的结果，修改后的具体内容如下：

```
01  public class NumberTest {                                   //创建一个NumberTest类
```

```
02      public static void main(String[] args) {                //主方法
03          Integer data21 = Integer.valueOf(127);               //创建对象data21
04          Integer data22 = Integer.valueOf(127);               //创建对象data22
05          Integer data211 = Integer.valueOf(128);              //创建对象data211
06          Integer data221 = Integer.valueOf(128);              //创建对象data221
07          Integer data31 = -128;
08          Integer data32 = -128;
09          Integer data311 = -129;
10          Integer data321 = -129;
11          System.out.println("data21与data22是否为同一个对象?" + (data21 == data22));
12          System.out.println("data211与data221是否为同一个对象?" + (data211 ==
13             data221));
14          System.out.println("data31与data32是否为同一个对象?" + (data31 == data32));
15          System.out.println("data311与data321是否为同一个对象?" + (data311 ==
16             data321));
17      }
18  }
```

【运行效果】 运行 NumberTest.java 类，控制台窗口如图 15-2 所示。

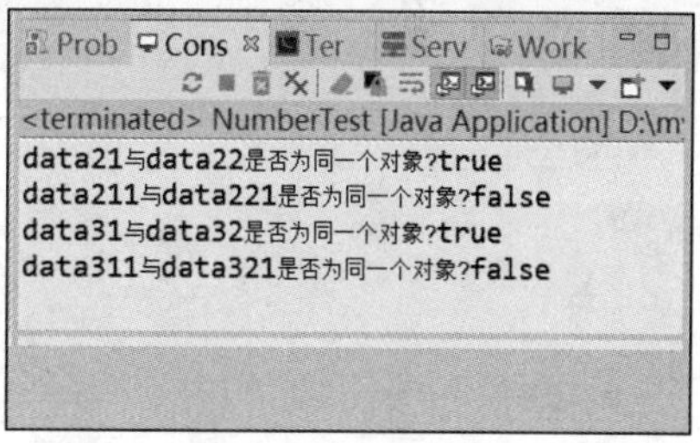

图 15-2 运行结果

【代码说明】 通过上述代码的运行结果可以发现，当通过自动装箱方式返回同一数值的对象时，如果该数值在-128～127 之间（包含它们自己），返回的对象会引用同一对象；否则则相反。

15.2 如何处理随机性的数据

在现实生活中，会遇到很多随机性的事物，例如彩票、摇奖等，这些都可以通过程序计算其中奖的概率。在 Java 程序语言类库中，有一个专门操作这种随机性数据的类，它就是 Random 类。本节将详细介绍随机性数据类 Random。

15.2.1 Random 类的基础知识

Random 类一般使用在那种随机性比较强的场合，例如人机对抗游戏、彩票中奖等。因为这些场合都含有一种随机的特性，也就是使用同样的方法去操作数据，每次操作的结果都不一样。

下面先看看 Random 类如何操作随机性数据，该类的常用方法如下：

- public boolean nextBoolean()：返回 true 或者是 false。
- public double nextDouble()：返回 0~1 之间的 double 型小数。
- public float nextFloat()：返回 0~1 之间的 float 型小数。
- public int nextInt()：返回 int 型整数。
- public int nextInt(int n)：返回 0~1 之间的整数。
- public long nextLong()：返回 long 型整数。

【实例 15-4】 为了能够熟练掌握 Random 类的常用方法，先举一些简单的实例。

```
01  import java.util.Random;
02  public class File4 {                                     //创建一个File4类
```

```
03        public static void main(String[] args) {     //主方法
04            Random rnd = new Random();                //创建一个随机类的对象rnd
05            //通过随机类对象的方法随机的给数据赋值
06            int a = rnd.nextInt(10);
07            int b = rnd.nextInt(10) + 5;
08            int c = 3 * rnd.nextInt(10);
09            //输出3个值
10            System.out.println(a);
11            System.out.println(b);
12            System.out.println(c);
13        }
14    }
```

【代码说明】 第 4 行创建随机数对象 rnd。第 6~8 行通过对象的方法为变量赋值。

【运行效果】 上面的程序段运行 3 次，会出现 3 组不同的结果，因为该程序本来就是一个随机数的使用。

```
0
13
27
```

再运行：

```
9
6
6
```

再运行：

```
2
10
15
```

注意　在编写上述程序段时，必须引进“Java.util.*”包，因为程序中需要调用包中的很多方法和类。

15.2.2　通过实例熟悉 Random 类的常用方法

前面的小节中，讲述了 Random 类的基本概念和常用的方法，以及在什么场合使用 Random 类。下面将通过一些具有代表性的实例，介绍如何使 Random 类在实际开发工作中发挥作用。

【实例 15-5】 编写一个扑克游戏程序，游戏中需要均匀地插排，即任意选择两张扑克牌，相互交换。程序如下：

```
01    import java.util.Random;
02    public class File5 {                                    //创建一个File5类
03        public static void main(String[] args) {           //主方法
04            try {
05                Random rnd = new Random();                  //创建一个随机类对象rnd
06                //创建一个字符串类型的数组card
07                String[] card = { "方块1", "方块2", "方块3", "方块4", "方块5", "方块6", "
08                    方块7","方块8", "方块9" };
09                //创建循环的各种变量
10                String str;
11                int x, y;
12                //通过循环语句，不断从数组中取出两个对象，对其进行比较和排序
```

```
13                for (int i = 0; i < 100; i++) {
14                    x = rnd.nextInt(9);
15                    y = rnd.nextInt(9);
16                    str = card[x];
17                    card[x] = card[y];
18                    card[y] = str;
19                }
20                //通过循环语句，不断地输出信息
21                for (int i = 0; i < 9; i++) {
22                    System.out.println(card[i]);
23                }
24            } catch (Exception e) {
25            }
26        }
27    }
```

【代码说明】第 4~25 行实现了程序的异常处理功能。第 7 行定义一个字符串数组 card。第 13~19 行随意抽取两张扑克进行位置调换。第 21~23 行循环输出字符串数组 card 的数据。

【运行效果】

```
方块3
方块6
方块4
方块5
方块8
方块2
方块9
方块1
方块7
```

再运行：

```
方块3
方块9
方块5
方块8
方块7
方块6
方块2
方块1
方块4
```

通过这个程序段，读者可以体会到 Random 类的好处所在。现在再来看一个比较复杂的实例。

【实例 15-6】编制一个剪子、包袱、锤子的游戏程序，计算机的选择由随机发生器实现。

```
01  import java.util.Random;
02  public class File6 {                                    //创建一个File6类
03      public static void main(String[] args) {            //主方法
04          try {
05              Random rnd = new Random();                  //创建一个随机类rnd
06              //创建变量i和hand
07              int i = 0;
08              String[] hand = { "剪子", "锤子", "包袱" };
09              //输出相应信息
10              System.out.println("开始游戏了");
```

```
11                  System.out.print("剪子(0),锤(1),包袱(2)中，选择哪一个呢？");
12                  //获取输入值
13                  int c = System.in.read();
14                  System.out.println("<结果>");
15                  //通过分支语句来输出不同的结果
16                  switch (c) {
17                  case '0':
18                      System.out.println("玩家：" + hand[0]);
19                      break;
20                  case '1':
21                      System.out.println("玩家：" + hand[1]);
22                      break;
23                  case '2':
24                      System.out.println("玩家：" + hand[2]);
25                      break;
26                  }
27                  int b = rnd.nextInt(3);                     //获取一个随机数变量b
28                  System.out.println("计算机：" + hand[b]);
29                  if ((c - 49) > b) {                         //当大于b
30                      System.out.println("玩家胜利！");
31                      System.out.println("比分：1：0");
32                  } else if ((c - 49) < b) {                  //当小于b
33                      System.out.println("计算机胜利！");
34                      System.out.println("比分：0：1");
35                  } else if ((c - 49) == b) {                 //当等于b
36                      System.out.println("平手！");
37                      System.out.println("比分：0：0");
38                  }
39              } catch (Exception e) {
40              }
41          }
42      }
```

【代码说明】上面的程序段中，先使用随机类在第 8 行定义的划拳数组 hand 中，随机取一个元素数据。然后用户选择一个数据，最后将两者数据进行比较，通过比较得出想要的结果。

【运行效果】

```
开始游戏了
剪子(0),锤(1),包袱(2)中，选择哪一个呢？0
<结果>
玩家：剪子
计算机：锤子
计算机胜利！
比分：0：1
```

再运行：

```
开始游戏了
剪子(0),锤(1),包袱(2)中，选择哪一个呢？2
<结果>
玩家：包袱
计算机：剪子
玩家胜利！
比分：1：0
```

15.3　如何对数据进行排列、整理

在很多应用程序中，需要从一堆数据中知道哪个数据是最大的，哪个数据是最小的。在学生管理系统中的成绩模块中，就必须要对所有成绩进行一个排序和整理，所以对数据的排列和整理，是程序设计中一个不可缺少的环节。

15.3.1　Arrays 类的常用方法

在排序方面，Java 程序语言提供了 Arrays 类来处理这个问题，Arrays 类提供了数组整理、比较和检索功能。Arrays 类中所有的方法都是静态方法，所以不需要创建 Arrays 类对象，它的常用方法如表 15-2 所示。

表 15-2　Arrays 类的常用方法列表

方法名称	用法
public static int binarySearch(byte[] a,int key)	在数组 a 中，对 key 值进行二进制检索，并且返回 key 值所在位置。若 key 值不存在，则返回负值
public static int binarySearch(char[] a,char key)	
public static int binarySearch(long[] a,long key)	
public static int binarySearch(int[] a,int key)	
public static int binarySearch(float[] a,floatt key)	
public static int binarySearch(double[] a,double key)	
public static boolean equals(byte[] a,byte[] a1)	比较两个数组 a 和 a1，如果两个数组的元素相同，则返回 true，否则返回 false
public static boolean equals(short[] a,short[] a1)	
public static boolean equals(int[] a,int[] a1)	
public static boolean equals(long[] a,long[] a1)	
public static boolean equals(char[] a,char[] a1)	
public static boolean equals(float[] a,float[] a1)	
public static boolean equals(double[] a,double[] a1)	
public static Boolean(object[] a,object[] b)	比较两个对象型数组，如果两个数组的元素相同，则返回 true，否则返回 false
public static void fill(byte[] a,byte val)	将数组 a 中的所有元素填充为 val
public static void fill(char[] a,char val)	
public static void fill(int[] a,int val)	
public static void fill(long[] a,long val)	
public static void fill(short[] a,short val)	
public static void fill(float[] a,float val)	
public static void fill(double[] a,double val)	
public static void fill(object[] a,object val)	

（续）

方法名称	用法
public static void fill(byte[] a,int fromIndex,int toIndex,byte val)	将数组 a 中从索引 fromIndex 到 toIndex 的元素填充为 val
public static void fill(char[] a,int fromIndex,int toIndex,char val)	
public static void fill(int[] a,int fromIndex,int toIndex,int val)	
public static void fill(short[] a,int fromIndex,int toIndex,short val)	
public static void fill(long[] a,int fromIndex,int toIndex,long val)	
public static void fill(float[] a,int fromIndex,int toIndex,float val)	
public static void fill(double[] a,int fromIndex,int toIndex,double val)	
public static void fill(object[] a,int fromIndex,int toIndex,object val)	
public static void sort(byte[] a)	将给定的数组 a 按升序排列
public static void sort(char[] a)	
public static void sort(short[] a)	
public static void sort(long[] a)	
public static void sort(float[] a)	
public static void sort(int[] a)	
public static void sort(double[] a)	
public static void sort(object[] a)	
public static void sort(byte[] a,int fromIndex,int toIndex)	对给定的数组 a 中从 fromIndex 到 toIndex-1 的元素按升序排列
public static void sort(char[] a,int fromIndex,int toIndex)	
public static void sort(int[] a,int fromIndex,int toIndex)	
public static void sort(short[] a,int fromIndex,int toIndex)	
public static void sort(long[] a,int fromIndex,int toIndex)	
public static void sort(float[] a,int fromIndex,int toIndex)	
public static void sort(double[] a,int fromIndex,int toIndex)	
public static void sort(object[] a,int fromIndex,int toIndex)	

不知道读者有没有注意到，在搜索方法函数中，有一个二进制查找的概念，与二进制查找类似的查找方式，还有一种叫做顺序查找，这两者有什么区别吗？

- 顺序查找：在未经过整理的数组中，检索 key 值。
- 二进制查找：在整理过的数组中，检索 key 值。

说明　由于二进制查找仅用于经过整理后的数组中，所以速度要相对快点。

【实例 15-7】下面将举一个实例来掌握排序的用法。

```
01  import java.util.*;                              //导入包
02   public class File7                              //创建一个File7类
```

```
03    {
04     public static void main(String[] args)                    //主方法
05     {
06       int[] a=new int[]{2,34,21,11,23,56,65,33,89,90};        //创建数组对象a
07       Arrays.sort(a);                                         //实现排序功能
08       for(int i=0;i<a.length;i++)                             //通过循环进行遍历
09       {
10         System.out.print(a[i]+"  ");
11       }
12       System.out.println("\n56的位置为: "+Arrays.binarySearch(a,56));
13       System.out.println("33的位置为: "+Arrays.binarySearch(a,33));
14     }
15   }
```

【代码说明】第 6 行定义了一个数组 a，其包含 10 个没有顺序的数字。第 7 行使用排序方法“sort()”对数组 a 中的数字进行排序。第 8~11 行输出排序结果。第 12~13 行使用 binarySearch()方法查找指定数字在数组中的位置。

注意　第7行直接使用Arrays.sort()方法，不需要创建新对象。

【运行效果】

```
2  11  21  23  33  34  56  65  89  90
56的位置为: 6
33的位置为: 4
```

说明　数组位置的索引从0开始。

从上面的程序段可以观察到，一个数组如何进行排序和整理，以及搜寻元素位置。

基本数据之间可以比较大小，那么对象之间如何比较大小呢？对象可以分为可比较对象和不可比较对象，这就取决于其是否实现了 Comparable 接口，可比较对象实现了 Comparable 接口，而不可比较对象则没有实现此接口。

要想实现这个接口，就应该实现 Comparable 接口中的 compareTo()方法。如下所示：

```
public interface Comparable
{
  public int compareTo(object o){};
}
```

compareTo()方法的功能是：如果这个对象小于对象 o，则返回负值；若大于，则返回正值；两者相等则返回 0。

15.3.2　实例分析

【实例 15-8】本小节将介绍一个比较复杂的实例，目的是结合前面的知识做一个关于学生信息操作的综合性运用。首先了解程序的整体流程，如图 15-3 所示。

为了让读者可以更好地理解这个程序，下面将分步骤讲解。

1）设计学生类，代码如下：

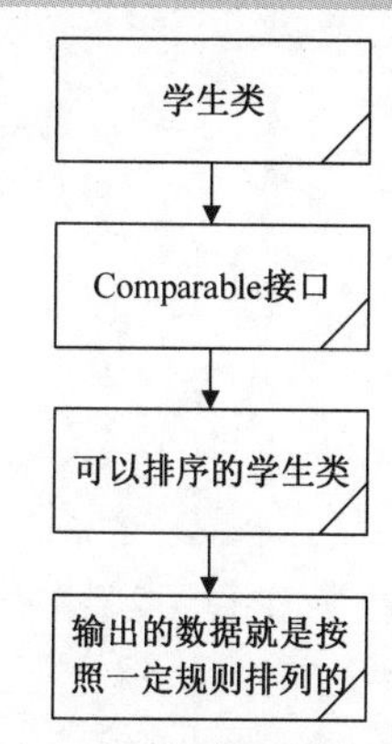

图 15-3　排列和整理数据实例

```
01  class Student implements Comparable <object> {   //实现比较功能的学生Student类
02      //创建成员变量
03      String name;                                  //学生的姓名
04      int age;                                      //学生的年龄
05      String sexy;                                  //学生的性别
06      String code;                                  //学生的学号
07      String school;                                //学生所在学校的名称
08      String grade;                                 //学生所在年级
09      String major;                                 //学生的专业
10      String address;                               //学生家庭住址
11      Student x;                                    //学生对象x
12      Student y;                                    //学生对象y
13      Student(String name) {                        //带参构造函数
14          this.name = name;                         //将参数值赋给成员变量
15      }
16      //各种参数的设置器
17      public void set(int age, String sexy, String code, String school,
18              String grade, String major, String address) {
19          this.age = age;
20          this.sexy = sexy;
21          this.school = school;
22          this.grade = grade;
23          this.major = major;
24          this.code = code;
25          this.address = address;
26      }
27      //各种参数的访问器
28      public String getname() {
29          return name;
30      }
31      public String getcode() {
32          return code;
33      }
34      public String getsexy() {
35          return sexy;
36      }
37      public int getage() {
38          return age;
39      }
40      public String getschool() {
41          return school;
42      }
43      public String getmajor() {
44          return major;
45      }
46      public String getgrade() {
47          return grade;
48      }
49      public String getaddress() {
50          return address;
51      }
52      public String toString() {                          //重写tostring()方法
53          String information = "学生姓名: " + name + " " + "学号: " + code + " " + "性别"
54                  + sexy + " " + "年龄: " + age + " " + "所在学校: " + school + " "
55                  + "所学专业: " + major + " " + "所在年级: " + grade + " "
56                  + "家庭地址: "+ address;
```

```
57              return information;
58          }
59          //通过实现compareTo这个方法，来实现排序。
60          public int compareTo(Object o) {
61              Student st = (Student) o;                          //创建对象st
62              return (age - st.age);
63          }
64  }
```

【代码说明】本段程序构建了一个学生类，这个在前面多次讲过，具体属性不再介绍。要注意的是第 1 行中，此类实现了 Comparable 接口。第 60～63 行又实现了该接口的 compareTo 方法，所以通过该学生类创建的对象可以进行比较。从代码第 62 行可以看出，对象通过 age 属性进行比较。

注意　虽然先给出了学生类代码，但在第一次编译时，一定让该类在主运行类的后面编译。

2）让这个学生类对象在主运行类中输出。详细代码如下：

```
01  import java.util.Arrays;
02  public class File8 {                                          //创建一个File8类
03      public static void main(String[] args) {                  //主方法
04          //创建各种学生对象
05          Student st1 = new Student("王鹏");
06          Student st2 = new Student("王浩");
07          Student st3 = new Student("孙鹏");
08          Student st4 = new Student("孙文君");
09          Student st5 = new Student("谭妮");
10          Student st6 = new Student("赵志强");
11          Student st7 = new Student("王凯");
12          Student st8 = new Student("苏瑞");
13          Student st9 = new Student("张伟");
14          Student st10 = new Student("张杰");
15          // 通过设置器赋予多个对象参数值
16          st1.set(20, "男", "10000", "重庆大学", "大学三年级", "计算机专业", "重庆市沙坪坝区
17              ");
18          st2.set(22, "男", "10001", "重庆大学", "大学三年级", "计算机专业", "重庆市沙坪坝区
19              ");
20          st3.set(21, "男", "10002", "重庆大学", "大学三年级", "计算机专业", "重庆市沙坪坝区
21              ");
22          st4.set(19, "女", "10003", "重庆大学", "大学三年级", "计算机专业", "重庆市沙坪坝区
23              ");
24          st5.set(18, "女", "10004", "重庆大学", "大学三年级", "计算机专业", "重庆市沙坪坝区
25              ");
26          st6.set(24, "男", "10005", "重庆大学", "大学三年级", "计算机专业", "重庆市沙坪坝区
27              ");
28          st7.set(22, "男", "10006", "重庆大学", "大学三年级", "计算机专业", "重庆市沙坪坝区
29              ");
30          st8.set(29, "女", "10007", "重庆大学", "大学三年级", "计算机专业", "重庆市沙坪坝区
31              ");
32          st9.set(25, "女", "10008", "重庆大学", "大学三年级", "计算机专业", "重庆市沙坪坝区
33              ");
34          st10.set(28, "男", "10009", "重庆大学", "大学三年级", "计算机专业", "重庆市沙坪坝区
35              ");
36          //创建学生数组对象a
37          Student[] a = new Student[] { st1, st2, st3, st4, st5, st6, st7, st8,
```

```
38                    st9, st10 };
39            try {
40                Arrays.sort(a);                                    //实现排序功能
41                //通过循环进行数组内容的输出
42                for (int i = 0; i < a.length; i++) {
43                    System.out.println(a[i]);
44                }
45            } catch (Exception e) {
46                System.out.println("出错了");
47            }
48        }
49    }
```

【代码说明】上述代码为测试学生类。首先在第5~14行创建了10个学生对象。然后在第16~35行设置学生对象并将创建好的对象存储到数组对象a中。最后在第40行对数组对象a进行排序。通过第42~44行进行循环遍历并输出数组内容。

【运行效果】

```
学生姓名：谭妮 学号：10004 性别女 年龄：18 所在学校：重庆大学 所学专业：计算机专
业 所在年级：大学三年级 家庭地址：重庆市沙坪坝区
学生姓名：孙文君 学号：10003 性别女 年龄：19 所在学校：重庆大学 所学专业：计算机
专业 所在年级：大学三年级 家庭地址：重庆市沙坪坝区
学生姓名：王鹏 学号：10000 性别男 年龄：20 所在学校：重庆大学 所学专业：计算机专
业 所在年级：大学三年级 家庭地址：重庆市沙坪坝区
学生姓名：孙鹏 学号：10002 性别男 年龄：21 所在学校：重庆大学 所学专业：计算机专
业 所在年级：大学三年级 家庭地址：重庆市沙坪坝区
学生姓名：王浩 学号：10001 性别男 年龄：22 所在学校：重庆大学 所学专业：计算机专
业 所在年级：大学三年级 家庭地址：重庆市沙坪坝区
学生姓名：王凯 学号：10006 性别男 年龄：22 所在学校：重庆大学 所学专业：计算机专
业 所在年级：大学三年级 家庭地址：重庆市沙坪坝区
学生姓名：赵志强 学号：10005 性别男 年龄：24 所在学校：重庆大学 所学专业：计算机
专业 所在年级：大学三年级 家庭地址：重庆市沙坪坝区
学生姓名：张伟 学号：10008 性别女 年龄：25 所在学校：重庆大学 所学专业：计算机专
业 所在年级：大学三年级 家庭地址：重庆市沙坪坝区
学生姓名：张杰 学号：10009 性别男 年龄：28 所在学校：重庆大学 所学专业：计算机专
业 所在年级：大学三年级 家庭地址：重庆市沙坪坝区
学生姓名：苏瑞 学号：10007 性别女 年龄：29 所在学校：重庆大学 所学专业：计算机专
业 所在年级：大学三年级 家庭地址：重庆市沙坪坝区
```

上面的实例很简单，主要目的是学习如何比较对象大小。

15.4 常见疑难解答

15.4.1 Random类函数在现实生活中有什么用处

Random类函数在现实生活中的用处很多，例如在彩票业务中的抽奖程序，还有在游戏中的扑克游戏和麻将游戏，这些都含有Random类函数，因为它们都具有随机性。

15.4.2 数组的排列和整理数据在实际应用中有什么用处

排列和整理数据在实际开发中有很大的用处。在学校管理系统中，老师可以通过数据的排列和整理来查看数据，例如查看成绩的高低等。

15.5　小结

本章是一些特殊的数据处理情况，主要是复习了一些前面的基础知识，如类型一般分为两大类：基本类型和对象类型。那如何实现这两大类型之间的转换呢？这是 15.1 节介绍的内容。买过彩票的人都知道，抽奖结果是随机的，那如何通过 Java 实现随机抽取值的程序呢，读者不妨回顾 15.2 节。在很多的情况下，我们需要做一些数据排序或其他操作，这些就是 15.3 节介绍的知识。

15.6　习题

一、填空题

1．____________类提供了数组整理、比较和检索功能。

2．____________类一般使用在那种随机性比较强的场合，例如人机对抗游戏、彩票中奖等。

3．虽然 Java 可以直接处理基本类型，但是在有些情况下，还需要将其作为对象来处理，这时就需要将其转化为____________。

二、上机实践

1．通过本章的知识创建一个实现数组元素排序的类。

【提示】仿照本章实例，通过类 Arrays 的方法 sort()来具体实现。

2．通过本章的知识创建一个实现获取 7 个随机数的窗口类，在该类中首先单击“开始”按钮，在最上端的文本框中就会不停地显示 7 个随机数，然后单击“停止”按钮就会把文本框中显示的随机数显示出来。具体运行过程如图 15-4 所示。

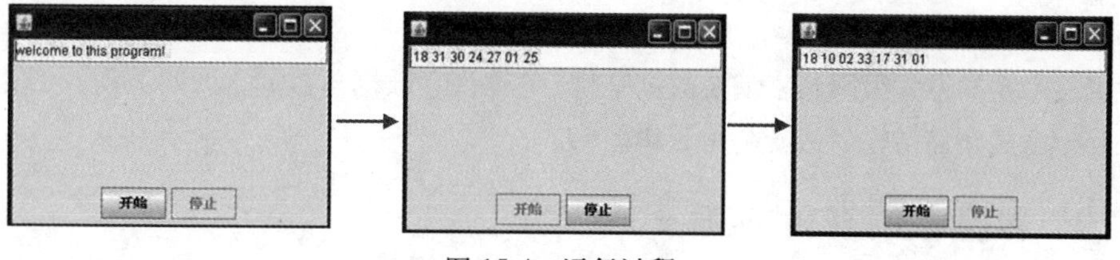

图 15-4　运行过程

【提示】仿照本章实例，通过类的 Math.random()方法来具体实现。

第 16 章　数据结构接口

本章不仅介绍数据结构中的一些基本概念，而且还详细介绍了在 Java 语言中如何实现这些概念。即什么是 Collection 接口，什么又是 Iterator 接口，以及这些接口的实现类。本章的目的主要是对数据结构的接口做一个初步的、概念性的介绍，让读者能够清楚这些接口的用处，以便在实际开发中灵活运用。

本章重点：

- 数据结构的实现。
- Collection 集合接口与 Iterator 迭代器接口。
- Map 映射接口。
- List 链表接口和 Set 接口。

16.1　数据结构接口及实现

本节讲述数据结构的优点，数据结构其实就是规定数据是以何种形式存储，例如是以队列的形式、以散列表的形式，还是以树的形式或者以图的形式。每一种存储方式都有不同的优势，因为每一种结构存储不同类型的数据，只要选择好相应的数据结构，那么读取或搜索数据将会更快、更准确。

将数据按一定的方式组织起来就是数据结构，它体现了数据与数据之间的关系，可以从两个角度来分类：一个是存储结构，另一个是逻辑结构。

16.1.1　数据结构接口的实质

为了能够说明数据结构的含义，先解释下面一些基本概念。

- 数据是对客观事物的符号的表示，是所有能输入到计算机中，并被计算机程序处理的符号的总称。
- 数据元素是数据的基本单位，在计算机程序中通常作为一个整体来处理。一个数据元素由多个数据项组成，数据项是数据不可分割的最小单位。
- 数据结构是相互之间存在一种或多种特定关系的数据元素的集合。数据结构是一个二元组，记为：

```
data_structure=(D,S)
```

其中 D 为数据元素的集合，S 是 D 上关系的集合。

数据元素相互之间的关系称为结构。根据数据元素之间关系的不同特性，通常分为下列 4 类基本结构。

- 集合：数据元素同属一个集合。
- 线性结构：数据元素间存在一对一的关系。
- 树形结构：结构中元素间是一对多的关系。
- 图（网）状结构：结构中元素间是多对多的关系。

数据又有逻辑结构和物理结构之分。

- 逻辑结构：数据元素之间存在的关系（逻辑关系）称为数据的逻辑结构。
- 物理结构：数据结构在计算机中的表示称为数据的物理结构。

一种逻辑结构可映像成不同的存储结构：顺序存储结构和非顺序存储结构（或称为链式存储结构和散列结构）。

Java 程序语言类库提供了不少接口，其中有很多是关于数据结构的。所谓数据结构的接口，就是规定了此种数据结构如何存储数据。例如常见的数据结构接口：队列接口。

```
interface Queue                    //定义接口Queue
{
   void add(Object obj);          //向队尾插入元素
   Object remove();               //从队头删除元素
   int size();                    //查看队列的长度
}
```

可以通过实现这个接口，将数据存储到这种数据结构中，以方便存取。在 Java 类库中像这样的接口有很多，希望读者多用点时间，逐个尝试编写相应代码，从而达到对知识的融会贯通。

16.1.2　用实例来熟悉数据结构接口的实现

【实例 16-1】下面举一个有关数据结构的接口的实例，通过这个实例，观察 Java 如何使用数据结构的接口来实现对数据的存储。这个实例引用到一种数据结构：ArrayList 结构，目前还没有讲到这个结构。其实，本例的用意是让读者了解如何通过数据结构的接口，来实现数据存储，并加深对数据接口这个概念的理解。

```
01  import java.util.*;                                         //导入包
02  public class ArraylistTest                                  //创建一个ArraylistTest类
03  {
04     public static void main(String[] args)                   //主方法
05     {
06        ArrayList(String) al=new ArrayList(String)();  //创建对象al
07        al.add("anson");                                      //添加元素到al
08        al.add("John");                                       //添加元素到a1
09        al.add("Tina");                                       //添加元素到a
10        for(int i=0;i<al.size();i++)                          //通过循环输出a1中的元素
11        {
12           System.out.println(al.get(i));                     //输出元素
13        }
14     }
15  }
```

【代码说明】上面代码第 6 行通过一个简单的数组列表（ArrayList），创建一个数据结构对象 al。然后第 7~9 行向数据结构中添加数据。

上述代码编辑时会出现如下提示：

```
D:\>javac ArraylistTest.java
注意: ArraylistTest.java使用了未经检查或不安全的操作。.
注意: 要了解详细信息，请使用-Xlint:unchecked重新编译。
```

以上只是对于安全性方面的一个提示，编译还会正常进行，如果读者考虑增加安全性，可以在代码中使用“ArrayList <String>　randomNum = new　ArrayList <String> ()”的形式。

【运行结果】

```
anson
John
Tina
```

16.2 Collection 集合接口与 Iterator 迭代器接口

数据结构中存在 4 类基本结构：集合、线性结构、树形结构和图（网）状结构。在 Java 语言中如何实现这些结构呢？即 Collection 接口实现了什么数据结构，Iterator 接口为什么要出现？它们使用频率高吗？带着这些疑问阅读本节，对数据结构将会有更深的了解。

16.2.1 熟悉 Collection 集合接口

Collection 接口是数据集合接口，它位于数据结构 API 的最上部。构成 Collection 的单位，被称之为元素。接口提供了添加、删除元素等管理数据的功能。根据数据管理的方法不同，可将 Collection 接口分成为 3 个部分，分别是：Map 接口、Set 接口、List 接口，如图 16-1 所示。

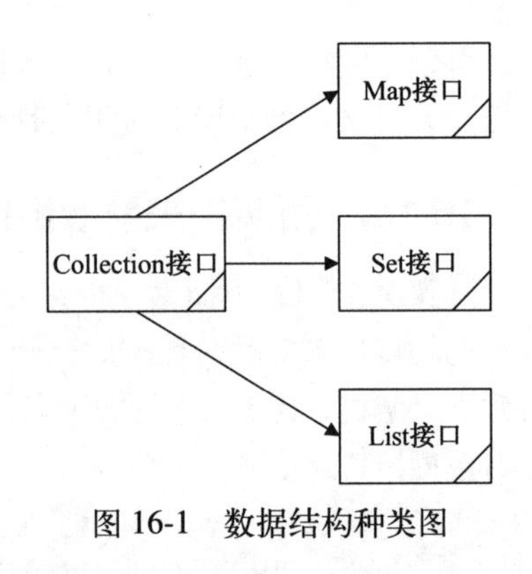

图 16-1　数据结构种类图

Collection 是最基本的集合接口，一个 Collection 代表一组 Object，即 Collection 的元素（Elements）。一些 Collection 接口的实现类允许存储相同类型的元素，而另一些接口的实现类则不行；一些接口的实现类能排序，而另一些接口的实现类则不行。Java API 没有提供直接继承自 Collection 的类，但是提供了继承 Collection 子接口的实现类。

所有实现 Collection 接口的类都必须提供两个标准的构造函数：

- 无参数的构造函数，用于创建一个空的 Collection。
- 带 Collection 参数的构造函数，用于创建一个新的 Collection。这个新的 Collection 与传入的 Collection 拥有相同的元素。

说明　带参数的构造函数主要用来实现复制一个Collection。

如何遍历 Collection 中的每一个元素？不论 Collection 的实际类型如何，它都支持 iterator()方法，该方法返回迭代器。使用该迭代器即可访问 Collection 中的每一个元素。该方法的典型用法如下：

```
01    Iterator it=collection.iterator();              //获得一个迭代器
02    while(it.hasNext())                             //循环判断
03    {
04       Object obj=it.next();                        //得到下一个元素
05    }
```

至于什么是迭代器，将在后面详细讲述。由 Collection 接口派生的两个子接口是 List 和 Set，下面就讲述这两个接口中的具体内容。

16.2.2　List 接口和 Set 接口

List 接口和 Set 接口是两个非常有用的集合接口，日常开发中用到的数组和列表等数据结构，基本上都从这两个接口实现而来。本节通过对它们的比较，详细了解这两种集合接口。

1. List 接口

List 接口是有序的 Collection，使用此接口能够精确地控制每个元素插入的位置。用户能够使用索引（元素在 List 中的位置，类似于数组下标）来访问 List 中的元素，这类似于 Java 的数组。

与下面所提到的 Set 不同，List 允许有相同的元素。

除了具有 Collection 接口必备的 iterator()方法外，List 还提供 listIterator()方法，其返回 ListIterator 接口。和标准的 Iterator 接口相比，ListIterator 多了一些 add()之类的方法，允许添加、删除、设定元素，还能向前或向后遍历。

实现 List 接口的常用类有 LinkedList 和 ArrayList。

1）LinkedList 链表类。LinkedList 实现了 List 接口，允许 null 元素。此外 LinkedList 在首部或尾部提供额外的 get()、remove()、insert()等方法。

LinkedList 没有同步方法，如果多个线程同时访问一个 List，则必须自己实现访问同步，一种解决方法是在创建 List 时构造一个同步的 List。

```
List list=Collections.synchronizedList(new LinkedList(...));
```

2）ArrayList 数组列表类。ArrayList 实现了可变大小的数组，它允许存储所有元素，包括 null。ArrayList 没有同步。

每个 ArrayList 实例都拥有一个容量（Capacity）属性，即存储元素的数组的大小，这个容量可随着不断添加新元素而自动增加，但是增长算法并没有定义。当需要插入大量元素时，在插入前可调用 ensureCapacity()方法来增加 ArrayList 的容量，以提高插入效率。和 LinkedList 一样，ArrayList 也是非同步的（unsynchronized）。

2. Set 接口

Set 是一种不包含重复元素的 Collection，即任意的两个元素 e1 和 e2 比较，结果都不相等，如“e1.equals(e2)==false”。Set 最多有一个 null 元素。

注意　Set的构造函数有一个约束条件，传入的Collection参数不能包含重复的元素。

实现 Set 接口的常用类有 HashSet 和 TreeSet。

1）HashSet 集合类。HashSet 类实现了 Set 接口，允许 null 元素。在具体使用该类时，要特别注意其不保证集合的迭代顺序，即不保证该顺序恒久不变。关于该集合类的基本操作包括 add()、remove()、contains()和 size()等方法。

2）TreeSet 集合类。TreeSet 类实现了 Set 接口，与 HashSet 类相比，该类实现了排序功能。存储在该集合中的元素默认按照升序排列元素，或者根据使用的构造方法不同，可能会按照元素的自然顺序进行排序，或者按照在创建 Set 集合时所提供的比较器进行排序。

16.2.3 Map 映射接口

Map 没有继承 Collection 接口，其提供 key 到 value 的映射。Map 中不能包含相同的 key，每个 key 只能映射一个 value。Map 接口提供 3 种集合的视图，Map 的内容可以被当作一组 key 集合、一组 value 集合或一组 key-value 映射。

1. Hashtable 散列表类

Hashtable 继承 Map 接口，实现一个 key-value 映射的散列表。任何非空（non-null）的对象都可作为 key 或 value。添加数据使用 put(key,value)方法，取出数据使用 get(key)方法，这两个基本操作的时间开销为常数。

Hashtable 通过 initial capacity 和 load factor 两个参数调整性能。通常默认的 load factor 0.75 较好地实现了时间和空间的均衡，增大 load factor 可以节省空间，但相应的查找时间将增大，这会影响像 get 和 put 这样的操作。

【实例 16-2】演示 Hashtable 的简单示例，将 1、2、3 放到 Hashtable 中，它们的 key 分别是“one”、“two”、“three”，详细代码如下：

```
01  Hashtable numbers=new Hashtable();                //创建对象numbers
02  numbers.put("one", new Integer(1));               //添加元素
03  numbers.put("two",new Integer(2));
04  numbers.put("three",new Integer(3));
05  //要取出一个数，比如2，用相应的key：
06  Integer n=(Integer)numbers.get("two");
07  System.out.println("two="+n);                     //输出元素
```

【代码说明】这里只演示 Hashtable 的用法，并不是完整的实例，读者可将其添加到 main 主函数中，自己来测试运行效果。

作为 key 的对象，将通过计算其散列函数确定与之对应的 value 位置，因此任何 key 的对象都必须实现 hashCode()和 equals()方法。hashCode()和 equals()方法继承于根类 Object。如果用自定义的类当作 key，则要相当小心。按照散列函数的定义，如果两个对象相同，即 obj1.equals(obj2)=true，则它们的 hashCode 必须相同。但如果两个对象不同，则它们的 hashCode 不一定不同。如果两个不同对象的 hashCode 相同，这种现象称为冲突。冲突会导致操作散列表的时间开销增大，所以尽量定义好的 hashCode()方法，能加快散列表的操作。

说明 如果相同的对象有不同的hashCode，对散列表的操作会出现意想不到的结果（期待的get()方法返回null）。要避免这种问题，只需要牢记一条：要同时复写equals()方法和hashCode()方法，而不要只写其中一个。Hashtable是同步的。

2. HashMap 散列映射类

HashMap 和 Hashtable 类似，不同之处在于 HashMap 是非同步的，并且允许 null，即 null value 和 null key。如将 HashMap 视为 Collection 时（values()方法可返回 Collection），其迭代器操作时间开销和 HashMap 的容量成比例。因此，迭代操作的性能相当重要，切记不要将 HashMap 的初始化容量设得过高，或者将 load factor 设得过低。

16.2.4　Iterator 迭代器接口

通过上面几节的内容，可以发现 Set 接口和 List 接口虽然提供了把数据存储进去和删除的方法，但是没有提供取出来的方法。为了解决该问题，Java API 提供了 Iterator 这个迭代器，通过该接口就可以实现各种集合元素的读取。Iterator 接口中定义了以下 3 个方法：

- hasNext()：是否还有下一个元素。
- next()：返回下一个元素。
- remove()：删除当前元素。

那什么是迭代器呢？迭代器指向两个元素中间的位置，当调用 hasNext()方法时，如果返回 true，此时调用 next()方法返回下一元素。迭代器指向下两个元素之间的位置，如果要删除下一个元素，必须先调用 next()方法，再调用 remove()方法。

1．迭代器的作用

有些接口类没有提供 get()操作，可用迭代器来获得信息。所有 Collection 接口的子类、子接口都支持 Iterator 迭代器。

迭代器（Iterator）模式，又称为游标（Cursor）模式。下面给出它的官方定义：提供一种方法访问一个容器（Container）对象中各个元素，而又不需暴露该对象的内部细节，这就是迭代器。

从定义可见，迭代器模式为容器而生。为了能够在容器内实现遍历，曾经有很多人提出过多种方法。有的认为，对容器对象的访问必然涉及遍历算法，可以将遍历方法集成到容器对象中。有的认为，或者根本不需要去提供什么遍历算法，让使用容器的人自己去实现。这两种情况好像都能够解决问题。

然而在前一种情况中，容器承受了过多的功能。它不仅要负责自己"容器"内的元素维护（添加、删除等），而且还要提供遍历自身的接口。由于遍历状态保存的问题，不能对一个容器对象同时进行多个遍历。第二种情况却又将容器的内部细节暴露无遗。

而迭代器模式的出现，很好地解决了上面两种情况的弊端。下面详细介绍迭代器模式。

2．迭代器模式

迭代器模式由以下角色组成。

- 迭代器角色（Iterator）：负责定义访问和遍历元素的接口。
- 具体迭代器角色（Concrete Iterator）：实现迭代器接口，并记录遍历中的当前位置。
- 容器角色（Container）：负责提供创建具体迭代器角色的接口。
- 具体容器角色（Concrete Container）：实现创建具体迭代器角色的接口——这个具体迭代器角色与该容器的结构相关。

下面列举迭代器模式的实现方式。

- 迭代器角色定义了遍历的接口，但是没有规定由谁来控制迭代。在 Java Collection 的应用中，由客户程序来控制遍历的进程，被称为外部迭代器。还有一种实现方式是由迭代器自身来控制迭代，被称为内部迭代器。外部迭代器要比内部迭代器灵活、强大，而且内部迭代器在 Java 环境中，可用性很弱。
- 在迭代器模式中，没有规定谁来实现遍历算法。因为既可以在一个容器上使用不同的遍历算法，也可以将一种遍历算法应用于不同的容器。这样就破坏了容器的封装——容器角色就要公开自己的私有属性。在Java中意味着向其他类公开了自己的私有属性。那把它放入容器角色里实现，这样迭代器角色就被架空，仅仅具备存放一个遍历当前位置的功能，但是遍历算法和特定的容器紧紧绑在一起。而在Java Collection的应用中，提供的具体迭代器角色是定义在容器角色中的内部类，这样便保护了容器的封装。同时容器也提供遍历算法接口，用户可以扩展自己的迭代器。

16.2.5 通过实例来认识迭代器的实现

通过上一小节的学习，读者已经了解关于迭代器的基础概念和迭代器模式，但是要熟练掌握迭代器，则必须练习实现迭代器的实例。下面通过一个实例，演示如何实现Java Collection中的迭代器。

1. 迭代器的代码实现

【实例16-3】 容器角色，这里以List为例。它也仅仅是一个接口，不罗列具体容器角色，是实现了List接口的ArrayList等类。为了突出重点，这里只介绍和迭代器相关的内容，具体迭代器角色是以内部类的形式表现出来的。AbstractList是为了将各个具体容器角色的公共部分提取出来而存在的。迭代器模式的设计代码如下：

```
01  //迭代器角色，仅仅定义了遍历接口
02  public interface Iterator {
03      //声明方法
04      boolean hasNext();
05      Object next();
06      void remove();
07  }
08  public abstract class AbstractList implements List {
09  ……
10          //这个便是负责创建具体迭代器角色的工厂方法
11          public Iterator iterator(){
12          return new Itr();
13      }
14  //作为内部类的具体迭代器角色
15  private class Itr implements Iterator {                    //实现接口
16      //创建成员变量
17      int cursor = 0;
18      int lastRet = -1;
19      int expectedModCount = modCount;
20      public boolean hasNext() {                             //重写方法hasNext()
21          return cursor != size();
22      }
23      public Object next() {                                 //重写方法next()
24          checkForComodification();
25          try {
26              Object next = get(cursor);
27              lastRet = cursor++;
28              return next;
29          } catch (IndexOutOfBoundsException e) {
```

```
30                  checkForComodification();
31                  throw new NoSuchElementException();
32              }
33          }
34          public void remove() {                                   //重写方法remove()
35              if (lastRet == -1)
36                  throw new IllegalStateException();
37              checkForComodification();
38              try {
39                  AbstractList.this.remove(lastRet);
40                  if (lastRet < cursor)
41                      cursor--;
42                  lastRet = -1;
43                  expectedModCount = modCount;
44              } catch (IndexOutOfBoundsException e) {
45                  throw new ConcurrentModificationException();
46              }
47          }
48          //设计方法checkForComodification()
49          final void checkForComodification() {
50              if (modCount != expectedModCount)
51                  throw new ConcurrentModificationException();
52          }
53  }
```

【代码说明】至于迭代器模式的使用，要先得到具体容器角色，然后再通过具体容器角色，得到具体迭代器角色。这样就可以使用具体迭代器角色来遍历容器。上述代码并不是完整的程序，只是演示各个角色的创建过程。

> **说明**　本章介绍的大部分内容都是理论知识，主要是让读者有一个数据结构的概括知识，重要的案例都在下一章介绍。

在实现自己的迭代器时，一般要使操作的容器有支持的接口才可以，而且还要注意以下问题：

- 在迭代器遍历的过程中，通过该迭代器进行容器元素的增减操作是否安全？
- 在容器中存在复合对象的情况，迭代器怎样才能支持深层遍历和多种遍历？

以上两个问题对于不同结构的容器角色各不相同，值得考虑。

2．迭代器的适用情况

- 由上面的讲述可以看出，迭代器模式给容器的应用带来以下好处：
- 支持以不同的方式遍历一个容器角色，根据实现方式的不同，效果上会有差别。
- 简化了容器的接口，但是在 java Collection 中为了提高可扩展性，容器还是提供了遍历的接口。
- 对同一个容器对象，可以同时进行多个遍历，因为遍历状态保存在每一个迭代器对象中。

由此得出迭代器模式的适用范围如下：

- 访问一个容器对象的内容而无须暴露它的内部表示。
- 支持对容器对象的多种遍历。
- 为遍历不同的容器结构提供一个统一的接口（多态迭代）。

迭代器的出现，避免了在数据结构中频繁的操作数据，同时也避免了代码的复杂性，为程序员提供了很大的方便。在实际开发的很多实例中，都将会使用到迭代器，方便程序员在数据结构中进行查询、添加、删除元素等操作。迭代器模式在现实的应用中很广泛，特别是在以后的数据库程序开发中被广泛应用。

学习完本章后，读者可能觉得概念还是有点模糊，没有关系，本章只是讲述数据结构的一些基本的、概念性的知识，没有涉及具体的实例。从下一章开始，会使用实例讲解它们的具体用法，并使用实例来验证本章所讲述的知识点。

16.3 常见疑难解答

16.3.1 Collection 集合接口和 Collections 集合类的区别

Collection 和 Collections 的区别有以下几点：

- Collections 是 java.util 下的类，它包含各种有关集合操作的静态方法。
- Collection 是 java.util 下的接口，它是各种集合结构的父接口。

List、Set、Map 是否继承自 Collection 接口？List、Set 是继承自 Collection 接口，Map 不是继承自 Collection 接口。

16.3.2 ArrayList 数组列表类和 Vector 存储类的区别

ArrayList 和 Vector 的区别有两点：

- 同步性。Vector 是线程安全的，是同步的。而 ArrayList 是线程不安全的，不是同步的。
- 数据增长。当需要增长时，Vector 默认增长为原来一倍，而 ArrayList 却是原来的一半。

16.3.3 HashMap 散列映射和 Hashtable 散列表的区别

二者都属于 Map 接口的类，作用都是将唯一键映射到特定的值上。它们的区别有两点：

- HashMap 类没有分类或排序，它允许一个 null 键和多个 null 值。
- Hashtable 类似于 HashMap，但是不允许 null 键和 null 值，它也比 HashMap 慢，因为它是同步的。

16.3.4 数据结构的种类有哪些

数据结构一般分为两大类：线性数据结构和非线性数据结构。线性数据结构包括线性表、栈、队列、串、数组和文件；非线性数据结构包括树、图等。下面通过图 16-2 来展示它们的结构。

16.3.5 List 接口和 Set 接口的区别

List 接口和 Set 接口的区别如下：

- Set：从 Collection 接口继承而来，但没有提供新的抽象的实现方法，Set 不能包含重复元素。
- List：是一个有序的集合，可以包含重复的元素，提供了按索引访问的方式。这里的有序就是指有顺序的排放，并不是排序。

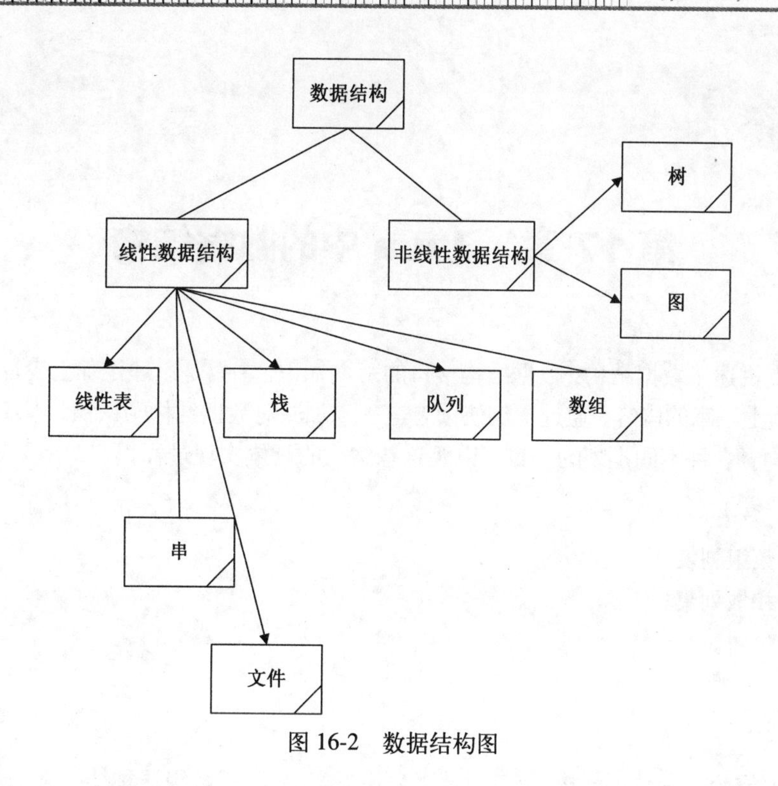

图 16-2　数据结构图

16.4　小结

学习本章时，读者首先要明白两个概念：接口和迭代器。理解了它们的概念后，才能知道它们的作用，最后才能明白如何使用它们。学习完本章后，读者需要学会 Collection 集合接口、List 接口、Set 接口、Map 映射接口和 Iterator 迭代器接口的简单使用。

16.5　习题

一、填空题

1．根据数据管理的方法不同，可将 Collection 接口分成为 3 个部分，分别是：__________、__________和__________。

2．__________接口和__________接口是两个非常有用的集合接口，日常开发中用到的数组和列表等数据结构，基本上都从这两个接口实现而来。

3．Java API 提供了__________迭代器，通过该接口可以实现各种集合元素的读取。

二、上机实践

1．通过本章的知识创建一个实现元素遍历的类，关于存储元素的集合为 List。

【提示】仿照本章实例，通过迭代器 Iterator 来具体实现。

2．通过本章的知识创建一个具体的实例，来验证 SortedSet 集合中元素的特性。

【提示】SortedSet 集合中元素必须是同一类型，并会实现排序功能。

第 17 章　Java 中的数据结构

上一章重点讲述了数据结构、数据结构接口的基本知识，主要是以理论加上少量的实例进行讲解。本章将继续上一章的内容，通过实例使读者进一步加深对数据结构的认识。本章通过具体的实例分析数据结构、各种不同类型的接口，以及这些结构的具体实现过程。

本章重点：

- 链表和数组列表。
- 散列表和散列集。
- 树集和映射。

17.1　链表

如果把数组作为一种数据结构，可能对读者来说更容易理解。数组这种结构有一个很大的缺点，数组中的所有元素都按序排列，如果要删除其中一个元素，后面的所有元素都需要依次向前方移动一个位置。如果这个数组元素很多，那么依次移动的次数就会明显增多，从而耗费大量的系统资源。

为了解决这个问题，引入了链表这个数据结构。下面将为读者讲述链表的定义和具体实现。

17.1.1　什么是 Java 中的链表

在 Java 语言中，链表中的元素存储在一条链的节点上，而不是像数组那样按序存储在一系列连续的空间中。仔细分析图 17-1，就会明白它们的区别所在。

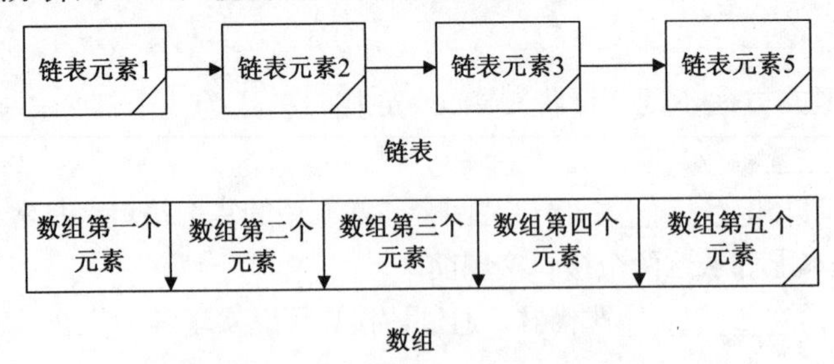

图 17-1　链表结构和数组结构图

分析为什么链表作为一种数据结构比数组要好呢？如图 17-2 和 17-3 所示。

从图 17-2 可以看出，如果在数组中删除一个元素，那么后面所有的元素都必须向前移动一位。如果元素比较多，那么移动的次数就会增加。从图 17-3 的链表图中可以看出，删除一个元素时，只需将被删除元素的前一个元素的指针，指向被删除元素的后一个元素，使得被删除的元素脱离链表，就相当于删除了元素。链表不需要像数组那样移动元素，这样就节约了系统资源。

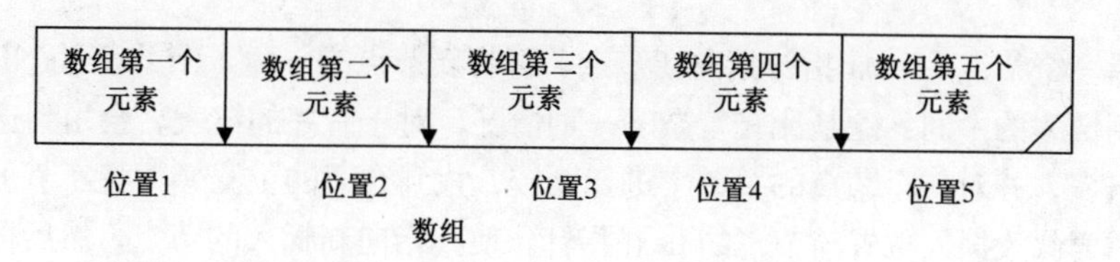

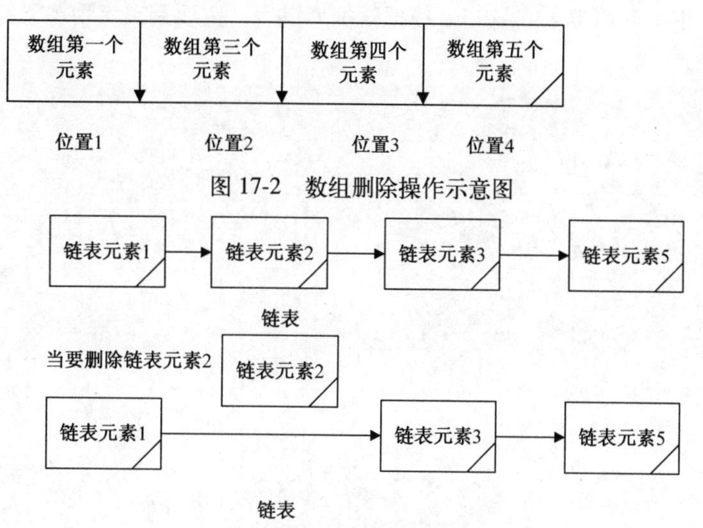

图 17-2　数组删除操作示意图

图 17-3　链表删除操作示意图

双向链表的结构如图 17-4 所示。

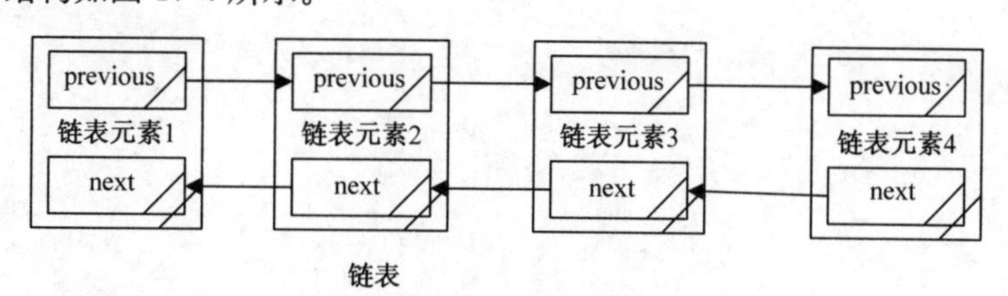

图 17-4　双向链表的结构

每个元素都拥有两个指针属性，一个是 previous 指针，一个是 next 指针。每一个元素的 next 指针都会指向下一个元素本身，而下一个元素的 previous 指针都会指向上一个元素本身。这样，要删除元素就比较简单了，只需要让被删元素前面元素的 previous 指针，指向被删元素后面的元素本身，再将被删除元素后面元素的 next 指针，指向被删除元素的前面元素本身即可。

17.1.2　用程序代码段实现对链表的添加

当向链表添加元素时，需要分析多种情况。

- 插入到空表：如果链表是一个空表，只需使 head 指向被插入的节点即可。
- 插入到头指针后面：若链表中的节点没有顺序，可将新节点插入到 head 之后，再让插入节点的 next 指针指向原 head 指针指向的节点即可。
- 插入到链表最后：若链表中的节点没有顺序，也可将新节点插入到链表的最后。这时，需将最后一个节点的 next 指针指向新节点，再将新节点的 next 指针设置为 NULL 即可。

- 插入到链表的中间：这是比较复杂的一种情况，对于有序的链表，会用到这种情况。需要遍历链表，并对每个节点的关键字进行比较，找到合适的位置，再将新节点插入。这种方式，需要修改插入位置前节点的 next 指针，使其指向新插入的节点，然后再将新插入节点的 next 指针设置为指向下一个节点。

【实例 17-1】 下面利用类 LinkedList 模拟数据库链表，主要用来实现关于链接元素的添加功能，代码如下：

```
01  import java.util.Iterator;
02  import java.util.LinkedList;
03  public class File1 {                                    //创建一个File1类
04      public void add() {                                 //创建一个add方法
05          LinkedList List = new LinkedList();             //创建一个链表类对象list.
06          //添加元素到对象List里
07          List.add("王鹏");
08          List.add("王浩");
09          List.add("王杰");
10          List.add("张杰");
11          List.add("李杰");
12          List.add("孙文杰");
13          List.add("赵杰");
14          Iterator it = List.iterator();                  //创建一个迭代器对象it
15          System.out.println("现在添加了如下的同学的姓名：");
16          //通过迭代器对象it来遍历list对象中的元素
17          while (it.hasNext()) {
18              System.out.println(it.next());
19          }
20          System.out.println("删除某些同学的姓名后，还剩下哪些同学呢？");
21          it.remove();                                    //移除元素
22          //创建另一个迭代器对象it1来重新遍历list对象中的元素
23          Iterator it1 = List.iterator();
24          for (int i = 0; i < List.size(); i++) {
25              System.out.println(it1.next());
26          }
27      }
28      public static void main(String[] args) {            //主方法
29          File1 f = new  File1 ();                        //创建对象f
30          f.add();                                        //调用方法add()
31      }
32  }
```

【代码说明】 仔细分析这个程序段，首先需要讲述迭代器的具体用法。

迭代器中有一个方法：boolean hasNext()，主要用来判断这个链表是否到了结尾，如果到了结尾则返回 false，否则返回 true。

还有一个方法：object next()，主要将链表的指针，指向下一个元素与再下一个元素之间。有一点要强调，链表的指针不是指向某个元素，而是指向某个元素的前面，如图 17-5 所示。系统指针指向集合中第一个元素的前

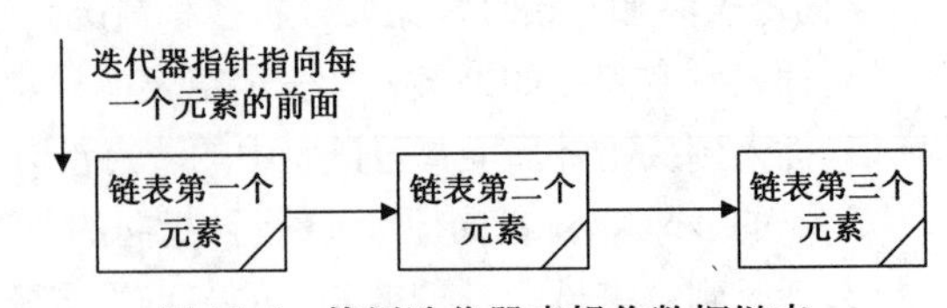

图 17-5　使用迭代器来操作数据链表

面。当指针指向链表的尾部时，再调用 hasNext()方法就会报错。

【运行效果】

```
王鹏
王浩
王杰
张杰
李杰
孙文杰
赵杰
删除某些同学的姓名后，还剩下哪些同学呢？
王鹏
王浩
王杰
张杰
李杰
孙文杰
```

上面的实例就是因为第一个迭代器在遍历后，已经到了链表的末尾，所以必须再建立一个新的迭代器，重新让指针停留在链表第一个元素的前面。

17.1.3　用程序代码段实现对链表的删除

【实例 17-2】上一小节在链表数据结构中存储的是字符串对象，本小节将演示一个复杂的实例，即在链表数据结构中存储一个关于学生的对象，其具体流程如图 17-6 所示。

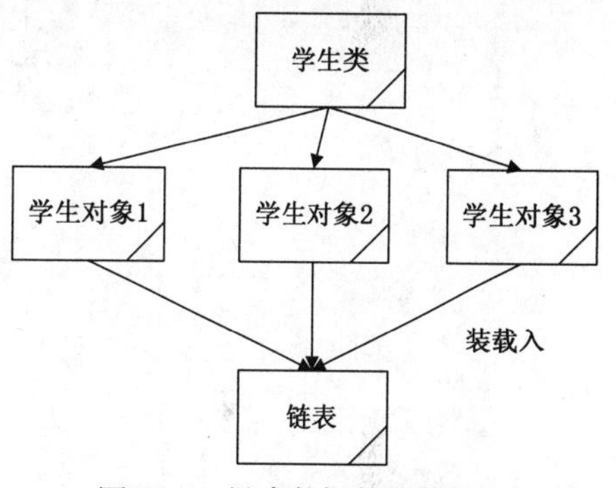

图 17-6　链表数据结构的操作

该实例的详细步骤如下。

1）设计学生类，代码如下：

```
01  public class Student {                //创建一个学生Student类
02      //创建成员变量
03      String name;                      //学生姓名属性
04      int age;                          //学生年龄属性
05      String sexy;                      //学生性别属性
06      String code;                      //学生学号属性
07      String school;                    //学生所在学校属性
08      String grade;                     //学生所在年级属性
09      String major;                     //学生所学专业属性
10      String address;                   //学生地址属性
11      //创建两个student类型属性
12      Sudent x;
13      Sudent y;
14      Sudent(String name) {             //无参构造函数
15          this.name = name;             //将参数值赋值给成员变量
16      }
17      //带参构造函数
18      public void set(int age, String sexy, String code, String school,
19              String grade, String major, String address) {
20          this.age = age;
```

```
21            this.sexy = sexy;
22            this.school = school;
23            this.grade = grade;
24            this.major = major;
25            this.code = code;
26            this.address = address;
27        }
28        //创建各种属性的访问器
29        public String getname() {
30            return name;
31        }
32        public String getcode() {
33            return name;
34        }
35        public String getsexy() {
36            return sexy;
37        }
38        public int getage() {
39            return age;
40        }
41        public String getschool() {
42            return school;
43        }
44        public String getmajor() {
45            return major;
46        }
47        public String getgrade() {
48            return grade;
49        }
50        public String getaddress() {
51            return address;
52        }
53        //重写toString()方法是让对象以字符串的形式输出的方法
54        public String toString() {
55            String information = "学生姓名: " + name + " " + "学号: " + code + " " + "性别"
56                    + sexy + " " + "年龄: " + age + " " + "所在学校: " + school + " "
57                    + "所学专业: " + major + " " + "所在年级: " + grade + " " + "家庭地址: "
58                    + address;
59            return information;
60        }
61    }
```

【代码说明】上述代码主要用来创建学生对象。首先在第 3~13 行用来设置学生属性。在第 14~27 行创建学生的构造函数。然后在第 29~52 行设置属性的访问器。最后在第 54~60 行重写 toString()方法实现对象字符串的输出。

2）设计一个主运行类，通过创建链表对象和迭代器对象，对元素进行操作。详细代码如下：

```
01    import java.util.Iterator;
02    import java.util.LinkedList;
03    public class File2 {                                    //创建测试类file2
04        public static void main(String[] args) {            //主方法
05            //创建10个学生对象
06            Student st1 = new Student("王鹏");
```

```
07            Student st2 = new Student("王浩");
08            Student st3 = new Student("孙鹏");
09            Student st4 = new Student("孙文君");
10            Student st5 = new Student("谭妮");
11            Student st6 = new Student("赵志强");
12            Student st7 = new Student("王凯");
13            Student st8 = new Student("苏瑞");
14            Student st9 = new Student("张伟");
15            Student st10 = new Student("张杰");
16            //设置学生信息
17            st1.set(20, "男", "10000", "重庆大学", "大学三年级", "计算机专业", "重庆市沙坪坝区
18              ");
19            st2.set(22, "男", "10001", "重庆大学", "大学三年级", "计算机专业", "重庆市沙坪坝区
20              ");
21            st3.set(21, "男", "10002", "重庆大学", "大学三年级", "计算机专业", "重庆市沙坪坝区
22              ");
23            st4.set(19, "女", "10003", "重庆大学", "大学三年级", "计算机专业", "重庆市沙坪坝区
24              ");
25            st5.set(18, "女", "10004", "重庆大学", "大学三年级", "计算机专业", "重庆市沙坪坝区
26              ");
27            st6.set(24, "男", "10005", "重庆大学", "大学三年级", "计算机专业", "重庆市沙坪坝区
28              ");
29            st7.set(22, "男", "10006", "重庆大学", "大学三年级", "计算机专业", "重庆市沙坪坝区
30              ");
31            st8.set(29, "女", "10007", "重庆大学", "大学三年级", "计算机专业", "重庆市沙坪坝区
32              ");
33            st9.set(25, "女", "10008", "重庆大学", "大学三年级", "计算机专业", "重庆市沙坪坝区
34              ");
35            st10.set(28, "男", "10009", "重庆大学", "大学三年级", "计算机专业", "重庆市沙坪坝区
36              ");
37            try {
38                LinkedList<Student>  list1 = new LinkedList<Student> ();//创建对象list1
39                //添加10个学生对象到对象list1中
40                list1.add(st1);
41                list1.add(st2);
42                list1.add(st3);
43                list1.add(st4);
44                list1.add(st5);
45                list1.add(st6);
46                list1.add(st7);
47                list1.add(st8);
48                list1.add(st9);
49                list1.add(st10);
50                //it是迭代器对象，通过它来指向链表中的元素
51                Iterator<Student>  it = list1.iterator();
52                System.out.println("以下就是所有的同学的信息：");
53                while (it.hasNext()) {                        //通过循环输出相应信息
54                    System.out.println(it.next());
55                }
56                System.out.println("其中有几个同学已经转学了！");
57                System.out.println("那么就从数据库中删除他：");
58                //移除相应信息
59                list1.remove();
```

```
60                list1.remove();
61                list1.remove();
62                list1.remove();
63                list1.remove();
64                Iterator<Student> it1 = list1.iterator();    //获取迭代器对象it1
65                while (it1.hasNext()) {
66                    System.out.println(it1.next());
67                }
68            } catch (Exception e) {
69            }
70        }
71    }
```

【代码说明】上述代码主要用来实现测试学生对象，首先在第 5~36 行创建了 10 个学生对象，设置了这 10 个学生对象的相关信息。然后在第 40～49 行创建对象 list1 并将这 10 个学生对象添加到链表中。最后在第 51~55 行和第 64~67 行使用迭代器输出链接元素。并在第 59~63 行实现移除链表中的元素。

【运行效果】

```
以下就是所有的同学的信息：
学生姓名：王鹏 学号：10000 性别男 年龄：20 所在学校：重庆大学 所学专业：计算机专
业 所在年级：大学三年级 家庭地址：重庆市沙坪坝区
学生姓名：王浩 学号：10001 性别男 年龄：22 所在学校：重庆大学 所学专业：计算机专
业 所在年级：大学三年级 家庭地址：重庆市沙坪坝区
学生姓名：孙鹏 学号：10002 性别男 年龄：21 所在学校：重庆大学 所学专业：计算机专
业 所在年级：大学三年级 家庭地址：重庆市沙坪坝区
学生姓名：孙文君 学号：10003 性别女 年龄：19 所在学校：重庆大学 所学专业：计算机
专业 所在年级：大学三年级 家庭地址：重庆市沙坪坝区
学生姓名：谭妮 学号：10004 性别女 年龄：18 所在学校：重庆大学 所学专业：计算机专
业 所在年级：大学三年级 家庭地址：重庆市沙坪坝区
学生姓名：赵志强 学号：10005 性别男 年龄：24 所在学校：重庆大学 所学专业：计算机
专业 所在年级：大学三年级 家庭地址：重庆市沙坪坝区
学生姓名：王凯 学号：10006 性别男 年龄：22 所在学校：重庆大学 所学专业：计算机专
业 所在年级：大学三年级 家庭地址：重庆市沙坪坝区
学生姓名：苏瑞 学号：10007 性别女 年龄：29 所在学校：重庆大学 所学专业：计算机专
业 所在年级：大学三年级 家庭地址：重庆市沙坪坝区
学生姓名：张伟 学号：10008 性别女 年龄：25 所在学校：重庆大学 所学专业：计算机专
业 所在年级：大学三年级 家庭地址：重庆市沙坪坝区
学生姓名：张杰 学号：10009 性别男 年龄：28 所在学校：重庆大学 所学专业：计算机专
业 所在年级：大学三年级 家庭地址：重庆市沙坪坝区
其中有几个同学已经转学了！
那么就从数据库中删除他：
学生姓名：赵志强 学号：10005 性别男 年龄：24 所在学校：重庆大学 所学专业：计算机
专业 所在年级：大学三年级 家庭地址：重庆市沙坪坝区
学生姓名：王凯 学号：10006 性别男 年龄：22 所在学校：重庆大学 所学专业：计算机专
业 所在年级：大学三年级 家庭地址：重庆市沙坪坝区
学生姓名：苏瑞 学号：10007 性别女 年龄：29 所在学校：重庆大学 所学专业：计算机专
业 所在年级：大学三年级 家庭地址：重庆市沙坪坝区
学生姓名：张伟 学号：10008 性别女 年龄：25 所在学校：重庆大学 所学专业：计算机专
业 所在年级：大学三年级 家庭地址：重庆市沙坪坝区
学生姓名：张杰 学号：10009 性别男 年龄：28 所在学校：重庆大学 所学专业：计算机专
业 所在年级：大学三年级 家庭地址：重庆市沙坪坝区
```

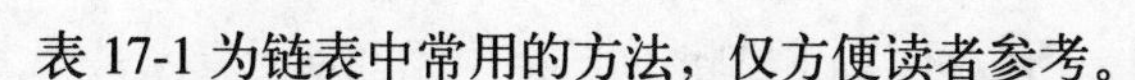

表 17-1 为链表中常用的方法，仅方便读者参考。

表 17-1　链表中常用的方法列表

方法名称	用法
void add(int i,object element)	将一个元素插入指定的位置
void addall(int i,collection element)	将某个数据结构中的所有元素插入到指定的位置中
Object remove(int index)	删除并返回指定位置上的元素
Object set(int i,object element)	用新元素替换指定位置上的元素并且返回新元素
Int indexof(object element)	如果没有和 element 相匹配的元素，则返回-1；否则返回这个与 element 相匹配的元素的 index 值
void add(object element)	将一个元素插入到当前位置前面
void set(object element)	用新元素替换最后一次访问的元素
boolean hasPrevious()	当逆序访问列表时，如果还有待访问的元素则返回 true；否则返回 false
Object previous()	返回当前指针指示位置前面的元素；这个也是在逆序的情况下
Linkedlist(collection element)	创建一个链表，把 element 中所有元素插入这个链表中
void addFirst(object element)	在列表头部插入一个元素
void addLast(object element)	在列表尾部插入一个元素
Object getFirst(object element)	返回列表头部的元素
Object getLast(object element)	返回列表尾部的元素
Object removeFirst(object element)	删除并且返回列表中第一个元素
Object removeLast(object element)	删除并且返回列表中最后一个元素

17.2　数组列表类

数组列表类就是数组的一个扩展类，它继承了数组的特点，并且具有自己的特性。本节主要介绍如何使用数据列表类。

17.2.1　什么是数组列表类

数组的容量一旦被初始化就不可以再更改。这对于正在运行的程序来说，是一种缺陷。在程序设计过程中，经常会遇到一些不确定的因素，导致无法确定一个数组的容量。为了解决这个问题，Java 程序语言引进了数组列表。

数组列表就是一个可以动态变化容量的数组，其根据正在运行的程序的变化，随时改变数组的容量，以满足程序的需要。

ArrayList 类是 Java API 所提供的类，定义在 java.util 包里，所以每次编写程序的时候都必须引入这个包。数组列表中存放的是 Object 类型，因此在数组列表中存放的对象类型，以最原型的父类代替。如果要提取其中的元素，都要进行类型转换，将元素还原为它本身的类型。

由于 ArrayList 是个可以自动伸缩的数组，所以可以无限制地向数组中添加新元素。另外，因为添加的是 Object 类的子类类型，所以系统会自动地完成子类向父类的转换。

如果能预计一个数组列表中需要存储多少元素，那么可以在填充之前，调用 ensureCapacity() 方法，使得系统分配一个包含固定容量的内部数组。下面通过大量的实例来讲述这种数据结构。

17.2.2　通过实例熟悉数组列表如何存储数据

在举例之前，先介绍数组列表的构造函数和常用的方法。只有了解这些方法，才能更好地应用数组列表来存储数据。

数组列表（ArrayList）的构造函数和常用方法如下：

- ArrayList()：这是一个默认构造函数，系统默认的初始化容量是 10。
- ArrayList(Collection)：构建一个数组列表的对象，这个数组列表中包含集合的所有元素。
- ArrayList(int initCapacity)：构建一个指定初始化容量的数组列表对象。
- void add(int index,Object element)：在指定位置插入指定的元素。
- boolean add(object o)：在数组列表的末尾追加一个新元素。
- boolean contains(object element)：测试指定的数组列表中是否包含有指定的元素 element，如果包含该元素则返回 true，反之返回 false。
- int size()：返回数组列表中包含元素的数量。
- void set(int index,object obj)：设置数组列表指定位置元素的值，它会覆盖原来的内容。要强调的就是 index 必须在 0 到 size()-1 之间。
- Object get(int index)：得到指定位置存储的元素值。
- Object remove(int index)：删除指定位置的元素。

【实例 17-3】下面演示一个有关 ArrayList 的实例，通过这个实例能更好地理解 ArrayList 数据结构的用法。实例的流程如图 17-7 所示。

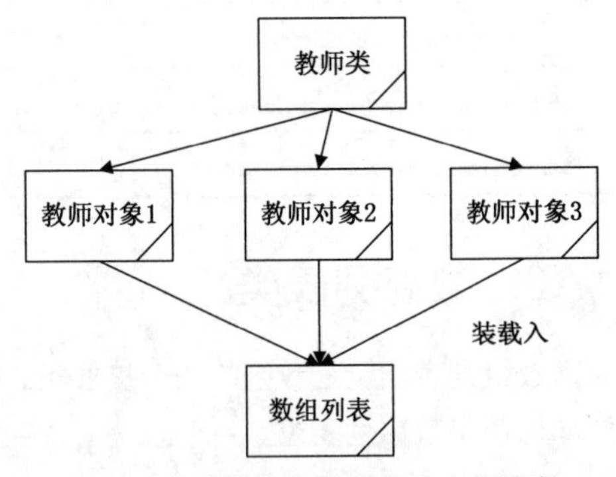

图 17-7　数组列表数据结构实例流程

先设计一个教师类，然后，通过在主运行类中，创建教师类的对象和数组列表对象，并将教师类对象装载到数组列表对象中，再在主运行类中创建迭代器对象，用来操作数组列表中的元素。主要代码如下。

1）教师类的设计代码如下：

```
01  public class Teacher {                          //创建教师对象类
02      //创建成员变量
03      private String schoolname;                  //教师所在学校名称属性
04      private String classname;                   //教师所教班级名称属性
05      private String teachername;                 //教师姓名属性
06      private String teachercode;                 //教师工号属性
07      private String teachersexy;                 //教师性别属性
08      private String teacherbirthday;             //教师出生年月属性
09      private String familyaddress;               //教师家庭地址属性
10      //带参构造函数
```

```
11        public Teacher(String teachername, String teachercode, String teachersexy,
12                String teacherbirthday) {
13            this.teachername = teachername;
14            this.teachercode = teachercode;
15            this.teachersexy = teachersexy;
16            this.teacherbirthday = teacherbirthday;
17        }
18        //关于各个属性的访问器
19        public String getname() {
20            return teachername;
21        }
22        public String getcode() {
23            return teachercode;
24        }
25        public String getsexy() {
26            return teachersexy;
27        }
28        public String getbirthday() {
29            return teacherbirthday;
30        }
31        public void setschoolname(String schoolname) {
32            this.schoolname = schoolname;
33        }
34        public void setclassname(String classname) {
35            this.classname = classname;
36        }
37        public void setfamilyaddress(String familyaddress) {
38            this.familyaddress = familyaddress;
39        }
40        public String getschoolname() {
41            return schoolname;
42        }
43        public String getclassname() {
44            return classname;
45        }
46        public String getfamilyaddress() {
47            return familyaddress;
48        }
49        //重写toString()方法以使得对象能够以字符串形式输出的方法
50        public String toString() {
51            String infor = "学校名称: " + schoolname + "  " + "班级名称: " + classname + "  "
52                    + "教师姓名: " + teachername + "  " + "教师工号: " + teachercode + "  "
53                    + "性别: " + teachersexy + "  " + "出生年月: " + teacherbirthday + "  "
54                    + "家庭地址: " + familyaddress;
55            return infor;                    //返回对象infor
56        }
57    }
```

【代码说明】上述代码主要用来创建教师对象。首先在第 3~9 行设置教师属性。在第 11~17 创建教师的构造函数。然后在第 19~48 行设置属性的访问器。最后在第 50~56 行重写 toString()方法实现对象字符串的输出。

2）主运行类通过数组列表实现数据的输出。详细代码如下：

```
01  import java.util.ArrayList;
02  public class Test1 {                                              //创建一个Test1类
03      public static void main(String[] args) {                      //主方法
04          ArrayList<Teacher>  al = new ArrayList<Teacher> ();  //创建对象a1
05          //创建7个教师对象
06          Teacher t = new Teacher("孟凡良", "34512", "男", "1954-09-23");
07          Teacher t1 = new Teacher("赵浩", "1234001", "男", "1981-01-02");
08          Teacher t2 = new Teacher("黎平", "1234002", "男", "1982-08-09");
09          Teacher t3 = new Teacher("王鹏", "1234003", "男", "1982-11-22");
10          Teacher t4 = new Teacher("宋波", "1234004", "女", "1982-11-02");
11          Teacher t5 = new Teacher("章伟", "1234005", "男", "1980-01-12");
12          Teacher t6 = new Teacher("孙君", "1234006", "女", "1981-09-22");
13          //设置教师对象信息
14          t1.setschoolname("重庆大学");
15          t1.setclassname("计算机三班");
16          t1.setfamilyaddress("重庆沙坪坝");
17          t2.setschoolname("重庆大学");
18          t2.setclassname("计算机三班");
19          t2.setfamilyaddress("重庆沙坪坝");
20          t3.setschoolname("重庆大学");
21          t3.setclassname("计算机三班");
22          t3.setfamilyaddress("重庆沙坪坝");
23          t4.setschoolname("重庆大学");
24          t4.setclassname("计算机三班");
25          t4.setfamilyaddress("重庆沙坪坝");
26          t5.setschoolname("重庆大学");
27          t5.setclassname("计算机三班");
28          t5.setfamilyaddress("重庆沙坪坝");
29          t6.setschoolname("重庆大学");
30          t6.setclassname("计算机三班");
31          t6.setfamilyaddress("重庆沙坪坝");
32          t.setschoolname("成都科技大学");
33          t.setclassname("机械系三班");
34          t.setfamilyaddress("成都市区");
35          //把每个对象添加到数组列表中去
36          al.add(t1);
37          al.add(t2);
38          al.add(t3);
39          al.add(t4);
40          al.add(t5);
41          al.add(t6);
42          System.out.println("这个小组有" + al.size() + "个教师。");
43          //输出数组列表中的元素个数
44          for (int i = 0; i < al.size(); i++) {
45              //输出数组列表中的元素，以字符串形式
46              System.out.println((Teacher) al.get(i));
47          }
48          System.out.println("对不起，系统出错了!有个教师信息错了，需要改正。");
49          al.set(5, t);
50          System.out.println("经过我们的审核后，教师信息如下：");
51          for (int i = 0; i < al.size(); i++) {
52              System.out.println((Teacher) al.get(i));
```

```
53            }
54            //删除数组列表中的元素
55            al.remove(2);
56            al.remove(4);
57            System.out.println("有两个教师辞职了，所以剩下教师信息为：");
58            for (int i = 0; i < al.size(); i++) {
59                //输出剩下的数组列表中的元素
60                System.out.println((Teacher) al.get(i));
61            }
62        }
63    }
```

【代码说明】在上述代码中，首先在第 6~12 行创建 7 个 teacher 类对象。然后在第 13~34 行设置教师对象。在第 36~41 行添加对象到数组对象 al。最后在第 44~62 行通过循环输出教师对象的信息。

【运行效果】

```
这个小组有6个教师。
学校名称：重庆大学  班级名称：计算机三班  教师姓名：赵浩  教师工号：1234001
性别：男  出生年月：1981-01-02  家庭地址：重庆沙坪坝
学校名称：重庆大学  班级名称：计算机三班  教师姓名：黎平  教师工号：1234002
性别：男  出生年月：1982-08-09  家庭地址：重庆沙坪坝
学校名称：重庆大学  班级名称：计算机三班  教师姓名：王鹏  教师工号：1234003
性别：男  出生年月：1982-11-22  家庭地址：重庆沙坪坝
学校名称：重庆大学  班级名称：计算机三班  教师姓名：宋波  教师工号：1234004
性别：女  出生年月：1982-11-02  家庭地址：重庆沙坪坝
学校名称：重庆大学  班级名称：计算机三班  教师姓名：章伟  教师工号：1234005
性别：男  出生年月：1980-01-12  家庭地址：重庆沙坪坝
学校名称：重庆大学  班级名称：计算机三班  教师姓名：孙君  教师工号：1234006
性别：女  出生年月：1981-09-22  家庭地址：重庆沙坪坝
对不起，系统出错了!有个教师信息错了，需要改正。
经过我们的审核后，教师信息如下：
学校名称：重庆大学  班级名称：计算机三班  教师姓名：赵浩  教师工号：1234001
性别：男  出生年月：1981-01-02  家庭地址：重庆沙坪坝
学校名称：重庆大学  班级名称：计算机三班  教师姓名：黎平  教师工号：1234002
性别：男  出生年月：1982-08-09  家庭地址：重庆沙坪坝
学校名称：重庆大学  班级名称：计算机三班  教师姓名：王鹏  教师工号：1234003
性别：男  出生年月：1982-11-22  家庭地址：重庆沙坪坝
学校名称：重庆大学  班级名称：计算机三班  教师姓名：宋波  教师工号：1234004
性别：女  出生年月：1982-11-02  家庭地址：重庆沙坪坝
学校名称：重庆大学  班级名称：计算机三班  教师姓名：章伟  教师工号：1234005
性别：男  出生年月：1980-01-12  家庭地址：重庆沙坪坝
学校名称：成都科技大学  班级名称：机械系三班  教师姓名：孟凡良  教师工号：34512
 性别：男  出生年月：1954-09-23  家庭地址：成都市区
有两个教师辞职了，所以剩下教师信息为：
学校名称：重庆大学  班级名称：计算机三班  教师姓名：赵浩  教师工号：1234001
性别：男  出生年月：1981-01-02  家庭地址：重庆沙坪坝
学校名称：重庆大学  班级名称：计算机三班  教师姓名：黎平  教师工号：1234002
性别：男  出生年月：1982-08-09  家庭地址：重庆沙坪坝
学校名称：重庆大学  班级名称：计算机三班  教师姓名：宋波  教师工号：1234004
性别：女  出生年月：1982-11-02  家庭地址：重庆沙坪坝
学校名称：重庆大学  班级名称：计算机三班  教师姓名：章伟  教师工号：1234005
性别：男  出生年月：1980-01-12  家庭地址：重庆沙坪坝
```

以上的实例演示 ArrayList 数组列表的用法。其实这个实例并不难，先构造几个类，然后为每个类构造对象，最后相互调用。

17.3　散列表

前面介绍了链表和数组列表的知识，本节将介绍另一种数据结构：散列表。散列表跟链表和数组列表比起来，有什么不同？有什么优点和缺点呢？

17.3.1　什么是散列表

在链表和数组列表中，要想查找某个特定的元素，就必须从头开始遍历。如果一个链表或者一个数组列表拥有的元素数量很大，那么就需要耗费大量的系统资源，去遍历整个数据结构。如何克服这个弊病？此时，就引进了另一个数据结构：散列表。

散列表通过“键－值”对应的形式存储元素。与链表和数组列表不同，它是一个无序的数据结构。

注意　无序数据结构的最大缺点就是无法控制元素出现的顺序，但同时正是因为它的无序，使得它可以快速查找特定的元素。

散列表通过一定的函数关系（散列函数）计算出对应的函数值，以这个值作为存储在散列表中的地址。从这个地址就可以直接获取这个元素，所以散列表对元素的查找非常高效。

当散列表中的元素存放满时，就必须再散列，即需要产生一个新的散列表。所有的元素放到新的散列表中，原先的散列表将被删除。在 Java 语言中，通过负载因子来决定何时对散列表进行散列，例如，负载因子是 0.75，即散列表中已经有 75%的位置被放满，那么将进行再散列。

负载因子越高（越接近 1），内存使用率越高，元素的寻找时间越长。负载因子越低（越接近 0），元素寻找时间越短，内存浪费越多。散列表的缺省负载因子是 0.75。下一节将通过实例分析散列表的应用。

17.3.2　通过实例熟悉散列表如何存储数据

在举例之前，先介绍散列表的构造函数和常用的方法。只有了解了这些方法，才能更好地应用散列表来存储数据。

散列表（Hashtable）的构造函数如下：

- Hashtable()：构建一个空的散列表，初始容量为 11。负载因子为 0.75。
- Hashtable(int initalCapacity,float loadFactor)：指定初始化容量和负载因子，构造一个散列表。
- Hashtable(Map t)：根据映像所包含的元素，构建一个散列表。

散列表（Hashtable）的主要方法如下：

- object put(object key,object vaule)：put 方法是向一个散列表中添加元素。在散列表中根据所添加元素的键值来定位元素，这个键值是唯一的。针对这个方法，要记住这个键值一定是对象型数据。

- boolean containskey(object key) 和 boolean containvalue(object value)：这两个方法是测试散列表中是否包含指定的键值和值。
- Object remove(object key)：根据指定的键值从散列表中删除对应键的元素。
- Collection values()：返回散列表中所包含元素的集合，是元素的集合，而不是 key 的集合。

【实例 17-4】下面将针对上面的方法和构造函数，演示一个有关散列表的实例。实例的流程如图 17-8 所示。

先设计一个教师类，然后在主运行类中创建教师类的对象和散列表对象，并将教师类对象装载到散列表对象中，最后在主运行类中操作散列表中的元素。这里没有使用到迭代器，因为散列表中的元素不像链表或数组列表中一样有序。实例的主要代码如下。

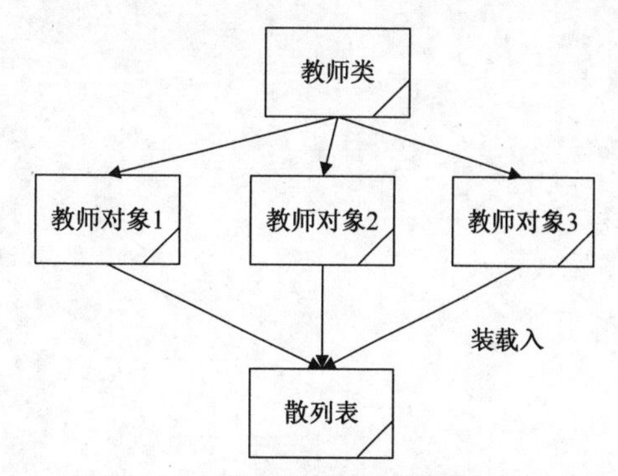

图 17-8　散列表数据结构的实例

1）教师类的设计代码如下：

```
01  public class Teacher1 {                                //创建一个Teacher类
02       //创建成员变量
03       private String schoolname;                        //教师所在学校名称属性
04       private String classname;                         //教师所教班级名称属性
05       private String teachername;                       //教师姓名属性
06       private String teachercode;                       //教师工号属性
07       private String teachersexy;                       //教师性别属性
08       private String teacherbirthday;                   //教师出生年月属性
09       private String familyaddress;                     //教师家庭地址属性
10       //带参构造函数
11       public Teacher1(String teachername, String teachercode, String teachersexy,
12               String teacherbirthday) {
13           this.teachername = teachername;
14           this.teachercode = teachercode;
15           this.teachersexy = teachersexy;
16           this.teacherbirthday = teacherbirthday;
17       }
18       //各个属性的访问器
19       public String getname() {
20           return teachername;
21       }
22       public String getcode() {
23           return teachercode;
24       }
25       public String getsexy() {
26           return teachersexy;
27       }
28       public String getbirthday() {
29           return teacherbirthday;
30       }
31       public void setschoolname(String schoolname) {
32           this.schoolname = schoolname;
33       }
```

```
34      public void setclassname(String classname) {
35          this.classname = classname;
36      }
37      public void setfamilyaddress(String familyaddress) {
38          this.familyaddress = familyaddress;
39      }
40      public String getschoolname() {
41          return schoolname;
42      }
43      public String getclassname() {
44          return classname;
45      }
46      public String getfamilyaddress() {
47          return familyaddress;
48      }
49      //重写toString()方法以使得对象能够以字符串形式输出的方法
50      public String toString() {
51          String infor = "学校名称: " + schoolname + "  " + "班级名称: " + classname + "  "
52                  + "教师姓名: " + teachername + "  " + "教师工号: " + teachercode + "  "
53                  + "性别: " + teachersexy + "  " + "出生年月: " + teacherbirthday + "  "
54                  + "家庭地址: " + familyaddress;
55          return infor;                               //返回对象infor
56      }
57  }
```

【代码说明】上述代码主要用来创建教师对象。首先在第 3~9 行设置教师属性。在第 11~17 行创建教师的构造函数。然后在第 19~48 行设置属性的访问器。最后在第 50~56 行重写 toString() 方法实现对象字符串的输出。

2）主运行类中，在不使用迭代器对象的情况下，操作散列表中的数据。详细代码如下：

```
01  import java.util.Hashtable;
02  public class Test2 {                                    // 创建一个Test2类
03      public static void main(String[] args) {            //主方法
04          Hashtable<String, Teacher1>  ht=new Hashtable(); //创建对象ht
05          //创建7个教师对象
06          Teacher1 t = new Teacher1("孟凡良", "34512", "男", "1954-09-23");
07          Teacher1 t1 = new Teacher1("赵浩", "1234001", "男", "1981-01-02");
08          Teacher1 t2 = new Teacher1("黎平", "1234002", "男", "1982-08-09");
09          Teacher1 t3 = new Teacher1("王鹏", "1234003", "男", "1982-11-22");
10          Teacher1 t4 = new Teacher1("宋波", "1234004", "女", "1982-11-02");
11          Teacher1 t5 = new Teacher1("章伟", "1234005", "男", "1980-01-12");
12          Teacher1 t6 = new Teacher1("孙君", "1234006", "女", "1981-09-22");
13          //设置教师对象信息
14          t1.setschoolname("重庆大学");
15          t1.setclassname("计算机三班");
16          t1.setfamilyaddress("重庆沙坪坝");
17          t2.setschoolname("重庆大学");
18          t2.setclassname("计算机三班");
19          t2.setfamilyaddress("重庆沙坪坝");
20          t3.setschoolname("重庆大学");
21          t3.setclassname("计算机三班");
22          t3.setfamilyaddress("重庆沙坪坝");
23          t4.setschoolname("重庆大学");
```

```
24              t4.setclassname("计算机三班");
25              t4.setfamilyaddress("重庆沙坪坝");
26              t5.setschoolname("重庆大学");
27              t5.setclassname("计算机三班");
28              t5.setfamilyaddress("重庆沙坪坝");
29              t6.setschoolname("重庆大学");
30              t6.setclassname("计算机三班");
31              t6.setfamilyaddress("重庆沙坪坝");
32              t.setschoolname("成都科技大学");
33              t.setclassname("机械系三班");
34              t.setfamilyaddress("成都市区");
35              //在散列表中添加元素
36              ht.put("zh", t1);
37              ht.put("lp", t2);
38              ht.put("wp", t3);
39              ht.put("sb", t4);
40              ht.put("zw", t5);
41              ht.put("sj", t6);
42              System.out.println("这个小组有" + ht.size() + "个教师。");
43              //输出散列表中的元素个数
44              System.out.println(ht.values());
45              System.out.println("我需要查找一个教师的信息。");
46              //输出散列表中的元素内容
47              if (ht.containsKey("wh")) {
48                  System.out.println("找到了此教师的信息，如下：");
49                  System.out.println((Teacher1) ht.get("wh"));
50              } else {
51                  System.out.println("没有找到此教师的信息！");
52              }
53              ht.remove("lp");                                  //删除散列表中的元素
54              ht.remove("sj");
55              System.out.println("由于有些教师离开了学校，经过我们的审核后，教师信息如下：
56                  ");
57              System.out.println(ht.values());                  //输出散列表中剩下的元素内容
58          }
59      }
```

【代码说明】 分析以上的程序段，发现其与前面介绍的链表和数组列表有些不同。首先不可以通过迭代器来对其进行访问，因为它是无序的。另外访问它时，最关键就是键值。

散列表主要是通过键值进行一些散列值的计算，计算的结果作为这个对象的地址。所以对于拥有大量数据的数据库来说，使用散列表存储数据，比起使用链表和数组列表会更方便。

注意	在散列表中，不允许有两个相同的元素，如有相同的元素，程序会将其作为一个元素来处理。

【运行效果】

```
这个小组有6个教师。
[学校名称：重庆大学  班级名称：计算机三班  教师姓名：孙君  教师工号：1234006
性别：女  出生年月：1981-09-22  家庭地址：重庆沙坪坝，学校名称：重庆大学  班级名称：
计算机三班  教师姓名：章伟  教师工号：1234005  性别：男  出生年月：1980-01-12
 家庭地址：重庆沙坪坝，学校名称：重庆大学  班级名称：计算机三班  教师姓名：王鹏
 教师工号：1234003  性别：男  出生年月：1982-11-22  家庭地址：重庆沙坪坝，学校名
称：重庆大学  班级名称：计算机三班  教师姓名：黎平  教师工号：1234002  性别：男
```

```
出生年月：1982-08-09  家庭地址：重庆沙坪坝，学校名称：重庆大学  班级名称：计算
机三班  教师姓名：赵浩  教师工号：1234001  性别：男  出生年月：1981-01-02  家庭
地址：重庆沙坪坝，学校名称：重庆大学  班级名称：计算机三班  教师姓名：宋波  教师
工号：1234004  性别：女  出生年月：1982-11-02  家庭地址：重庆沙坪坝]
我需要查找一个教师的信息。
没有找到此教师的信息！
由于有些教师离开了学校，经过我们的审核后，教师信息如下：
[学校名称：重庆大学  班级名称：计算机三班  教师姓名：章伟  教师工号：1234005
性别：男  出生年月：1980-01-12  家庭地址：重庆沙坪坝，学校名称：重庆大学  班级名称：
计算机三班  教师姓名：王鹏  教师工号：1234003  性别：男  出生年月：1982-11-22
 家庭地址：重庆沙坪坝，学校名称：重庆大学  班级名称：计算机三班  教师姓名：赵浩
 教师工号：1234001  性别：男  出生年月：1981-01-02  家庭地址：重庆沙坪坝，学校名
称：重庆大学  班级名称：计算机三班  教师姓名：宋波  教师工号：1234004  性别：女
 出生年月：1982-11-02  家庭地址：重庆沙坪坝]
```

17.4 散列集

上一节介绍了散列表，本节将介绍散列集，两种数据结构只是一字之差。那么它们有什么区别？散列集又有什么可取之处呢？本节将通过实例来展示散列集的作用。

17.4.1 什么是散列集

散列表和散列集这两种数据结构，功能基本相同，不过它们实现的接口不一样。散列表实现的是 Map（映像）接口，而散列集实现了 Set 接口。另外，散列表是线性同步，而散列集是非线性同步。

散列集（HashSet）既然实现了 Set 接口，也就实现了 Collection 接口，所以它是一个集合。仍然是 add 方法添加元素，接下来介绍散列集的构造函数和常用方法函数。

散列集（HashSet）的构造函数如下：

- HashSet()：创建一个空的散列集对象。
- HashSet(collection c)：创建一个包含有 collection 集合中所有元素的散列集对象。
- HashSet(int initialCapacity)：创建一个初始容量为 initialCapacity 的散列集对象。
- HashSet(int initialCapacity,float loadFactor)：指定初始化容量和负载因子，构造一个散列表。它的初始容量是 16，负载因子为 0.75。

散列集（HashSet）的常用方法如下：

- boolean add(o)：添加一个元素到散列集中。如果这个元素在散列集中不存在，就直接添加它，否则就返回 false。
- boolean remove(o)：删除一个元素，如果这个元素存在，就删除它，否则就返回 false。
- boolean isempty()：判断集合是否为空。

当然散列集的方法不止这些，此处只是列出其中常用的。在后面的程序中，将会遇到一些，到时候再介绍。

17.4.2 通过实例熟悉散列集如何存储数据

【实例 17-5】 本节将通过一个实例，熟悉散列集的用法。

说明　散列集可以采用迭代器进行遍历。散列集和散列表一样，都不能拥有相同的元素。

散列集通过内部散列码计算元素存储地址，这一点与散列表一样，只不过散列集没有键值。下面针对散列集的数据结构举一个实例，实例的流程如图 17-9 所示。

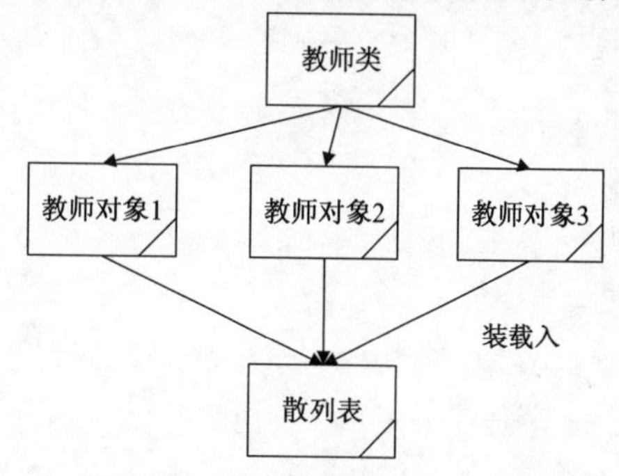

图 17-9　散列集数据结构的实例

先设计一个教师类，然后在主运行类中创建教师类的对象和散列集对象，并将教师类对象装载到散列集对象中，再在主运行类中操作散列集中的元素。这里又开始用到迭代器，因为散列集中的元素像链表或数组列表一样，都继承 Collection 类。

1）设计教师类，代码如下：

```
01  public class Teacher2 {                              //创建一个Teacher类
02       //创建成员变量
03       private String schoolname;                      //教师所在学校名称属性
04       private String classname;                       //教师所教班级名称属性
05       private String teachername;                     //教师姓名属性
06       private String teachercode;                     //教师工号属性
07       private String teachersexy;                     //教师性别属性
08       private String teacherbirthday;                 //教师出生年月属性
09       private String familyaddress;                   //教师家庭地址属性
10       //带参构造函数
11       public Teacher2(String teachername, String teachercode, String teachersexy,
12               String teacherbirthday) {
13           this.teachername = teachername;
14           this.teachercode = teachercode;
15           this.teachersexy = teachersexy;
16           this.teacherbirthday = teacherbirthday;
17       }
18       //各个属性的访问器
19       public String getname() {
20           return teachername;
21       }
22       public String getcode() {
23           return teachercode;
24       }
25       public String getsexy() {
26           return teachersexy;
27       }
28       public String getbirthday() {
29           return teacherbirthday;
30       }
31       public void setschoolname(String schoolname) {
32           this.schoolname = schoolname;
33       }
34       public void setclassname(String classname) {
35           this.classname = classname;
36       }
```

```
37      public void setfamilyaddress(String familyaddress) {
38          this.familyaddress = familyaddress;
39      }
40      public String getschoolname() {
41          return schoolname;
42      }
43      public String getclassname() {
44          return classname;
45      }
46      public String getfamilyaddress() {
47          return familyaddress;
48      }
49      //重写toString()方法以使得对象能够以字符串形式输出的方法
50      public String toString() {
51          String infor = "学校名称: " + schoolname + "  " + "班级名称: " + classname + "  "
52                  + "教师姓名: " + teachername + "  " + "教师工号: " + teachercode + "  "
53                  + "性别: " + teachersexy + "  " + "出生年月: " + teacherbirthday + "  "
54                  + "家庭地址: " + familyaddress;
55          return infor;                    //返回对象infor
56      }
57  }
```

【代码说明】上述代码主要用来创建教师对象。首先在第 3~9 行设置教师属性。在第 11~17 行创建教师的构造函数。然后在第 19~48 行设置属性的访问器。最后在第 50~56 行重写 toString() 方法实现对象字符串的输出。

2）在主运行类中，利用迭代器对象和散列集对象，实现对数据的操作。详细代码如下：

```
01  import java.util.HashSet;
02  public class Test3 {                                            //创建一个Test3类
03      public static void main(String[] args) {                    //主方法
04          HashSet<Teacher2>  hs = new HashSet<Teacher2> ();       //创建一个散列集对象hs
05          //创建6个教师对象
06          Teacher2 t1 = new Teacher2("赵浩", "1234001", "男", "1981-01-02");
07          Teacher2 t2 = new Teacher2("黎平", "1234002", "男", "1982-08-09");
08          Teacher2 t3 = new Teacher2("王鹏", "1234003", "男", "1982-11-22");
09          Teacher2 t4 = new Teacher2("宋波", "1234004", "女", "1982-11-02");
10          Teacher2 t5 = new Teacher2("章伟", "1234005", "男", "1980-01-12");
11          Teacher2 t6 = new Teacher2("孙君", "1234006", "女", "1981-09-22");
12          //设置教师对象信息
13          t1.setschoolname("重庆大学");
14          t1.setclassname("计算机三班");
15          t1.setfamilyaddress("重庆沙坪坝");
16          t2.setschoolname("重庆大学");
17          t2.setclassname("计算机三班");
18          t2.setfamilyaddress("重庆沙坪坝");
19          t3.setschoolname("重庆大学");
20          t3.setclassname("计算机三班");
21          t3.setfamilyaddress("重庆沙坪坝");
22          t4.setschoolname("重庆大学");
23          t4.setclassname("计算机三班");
24          t4.setfamilyaddress("重庆沙坪坝");
25          t5.setschoolname("重庆大学");
26          t5.setclassname("计算机三班");
```

```
27            t5.setfamilyaddress("重庆沙坪坝");
28            t6.setschoolname("重庆大学");
29            t6.setclassname("计算机三班");
30            t6.setfamilyaddress("重庆沙坪坝");
31            // 通过设置器赋值给每个对象
32            hs.add(t1);                                          //往散列集中添加元素
33            hs.add(t2);
34            hs.add(t3);
35            hs.add(t4);
36            hs.add(t5);
37            hs.add(t6);
38            System.out.println("这个小组有" + hs.size() + "个教师。");
39            // 输出散列集中的元素个数
40            Iterator<Teacher2>  it = hs.iterator();      //新建一个迭代器对象
41            while (it.hasNext()) {
42                System.out.println(it.next());
43            }
44            hs.remove(t3);                                       //删除散列集中元素
45            hs.remove(t4);
46            System.out.println("由于有些教师离开了学校，经过我们的审核后，教师信息如下：
47                  ");
48            Iterator<Teacher2>  it1 = hs.iterator();     //新建一个迭代器对象
49            while (it1.hasNext()) {
50                System.out.println(it1.next());
51            }
52            System.out.println("这些教师今天都离职了，所有教师信息都可以删除了！");
53            hs.remove(t1);                                       //删除散列集中的元素
54            hs.remove(t2);
55            hs.remove(t5);
56            hs.remove(t6);
57            if (hs.isEmpty()) {                                  //当hs中的元素为空时
58                System.out.println("这里把教师信息都删除了。");
59            } else {
60                System.out.println("系统报错了!!!");
61            }
62        }
63    }
```

【代码说明】 第 4 行创建一个散列集对象。第 32~37 行向散列集中添加教师对象。第 40~51 行使用迭代器输出对象。

【运行效果】

```
这个小组有6个教师。
学校名称：重庆大学  班级名称：计算机三班  教师姓名：王鹏  教师工号：1234003
性别：男  出生年月：1982-11-22  家庭地址：重庆沙坪坝
学校名称：重庆大学  班级名称：计算机三班  教师姓名：黎平  教师工号：1234002
性别：男  出生年月：1982-08-09  家庭地址：重庆沙坪坝
学校名称：重庆大学  班级名称：计算机三班  教师姓名：章伟  教师工号：1234005
性别：男  出生年月：1980-01-12  家庭地址：重庆沙坪坝
学校名称：重庆大学  班级名称：计算机三班  教师姓名：孙君  教师工号：1234006
性别：女  出生年月：1981-09-22  家庭地址：重庆沙坪坝
学校名称：重庆大学  班级名称：计算机三班  教师姓名：赵浩  教师工号：1234001
性别：男  出生年月：1981-01-02  家庭地址：重庆沙坪坝
学校名称：重庆大学  班级名称：计算机三班  教师姓名：宋波  教师工号：1234004
```

```
性别：女  出生年月：1982-11-02  家庭地址：重庆沙坪坝
由于有些教师离开了学校，经过我们的审核后，教师信息如下：
学校名称：重庆大学  班级名称：计算机三班  教师姓名：黎平  教师工号：1234002
性别：男  出生年月：1982-08-09  家庭地址：重庆沙坪坝
学校名称：重庆大学  班级名称：计算机三班  教师姓名：章伟  教师工号：1234005
性别：男  出生年月：1980-01-12  家庭地址：重庆沙坪坝
学校名称：重庆大学  班级名称：计算机三班  教师姓名：孙君  教师工号：1234006
性别：女  出生年月：1981-09-22  家庭地址：重庆沙坪坝
学校名称：重庆大学  班级名称：计算机三班  教师姓名：赵浩  教师工号：1234001
性别：男  出生年月：1981-01-02  家庭地址：重庆沙坪坝
这些教师今天都离职了，所有教师信息都可以删除了！
这里把教师信息都删除了。
```

从上面的例子可以看出，散列表同前面的链表和数组列表，在编写代码时几乎一样。那么它们有什么区别呢？

【实例 17-6】下面通过一个程序实例查看它们的区别。

```
01  import java.util.HashSet;                                    //导入包
02  import java.util.LinkedList;
03  //创建一个Test4类
04  public class Test4
05  {
06      public static void main(String[] args)                   //主方法
07      {
08          long time=0;
09          HashSet<Integer> hs=new HashSet<Integer> ();         //创建HashSet对象hs
10          LinkedList<Integer>  ll=new LinkedList<Integer> (); //创建LinkedList对象ll
11          long starttime=System.currentTimeMillis();           //获取当前时间
12          for(int i=0;i<10000;i++)                             //循环
13          {
14              hs.add(new Integer(i));                          //添加整数到对象hs
15          }
16          System.out.println(System.currentTimeMillis()-starttime);
17          for(int i=0;i<10000;i++)                             //循环
18          {
19              ll.add(new Integer(i));                          //添加整数到对象ll
20          }
21          System.out.println(System.currentTimeMillis()-starttime);
22      }
23  }
```

【代码说明】从结果可以看出，使用散列集进行数据处理，比使用链表进行数据处理花费的时间更短。这样可以节约系统资源。在这个程序中，需要说明的是 System. currentTimeMillis()方法，它显示系统目前的时间。使用 System.currentTimeMillis()-starttime)计算两个时间段的时间差，即处理数据所需要花费的时间。

【运行效果】

```
4
7
```

【实例 17-7】下面再举一个实例，说明比较数组列表与散列集。

```
01  import java.util.HashSet;                                    //导入包
02  import java.util.ArrayList;
```

```
03  //创建一个Test5类
04  public class Test5
05  {
06      public static void main(String[] args)                    //主方法
07      {
08          long time=0;
09          HashSet<Integer>  hs=new HashSet<Integer> ();        //创建HashSet对象hs
10          ArrayList<Integer>  al=new ArrayList<Integer> ();    //创建ArrayList对象11
11          long starttime=System.currentTimeMillis();           //获取当前时间
12          for(int i=0;i<10000;i++)                             //循环
13          {
14              hs.add(new Integer(i));                          //添加整数到对象hs
15          }
16          System.out.println(System.currentTimeMillis()-starttime);
17          for(int i=0;i<10000;i++)                             //循环
18          {
19              al.add(new Integer(i));                          //添加整数到对象al
20          }
21          System.out.println(System.currentTimeMillis()-starttime);
22      }
23  }
```

【代码说明】从结果可以看出，使用散列集进行数据处理，系统花费的时间短，比使用数组列表进行数据处理速度更快，这样可以节约系统资源，所以在处理大量数据时，通常使用散列集。

【运行效果】

```
4
6
```

17.5　树集

前面讲过链表、数组列表、散列表和散列集，本节将讲述另一种数据结构：树集。树集这种数据结构用在什么情况下？它与前面几种数据结构有什么区别？本节通过实例讲述树集这种数据结构，并逐个解答上面的问题。

17.5.1　什么是树集

树集有点像散列集，但与散列集不同，树集是一种有序的数据结构。可以使用各种次序往树集中添加元素。当遍历时，元素出现次序是有序的。不过这种次序由系统自动完成。

那么系统如何对其进行自动排序？系统在每添加一个元素时，将按照字典顺序比较相应的字符串，按相应顺序来完成排序。

> **注意**　使用树集这种数据结构的对象，必须要实现Comparable接口，只有实现了这种接口的对象，才能调用Comparable接口中的CompareTo()方法来排序。

还是先看看树集的构造函数和常用的方法函数。树集（TreeSet）的构造函数如下：

- TreeSet()：创建一个空的树集对象。
- TreeSet(collection c)：创建一个树集对象，并且指定比较器给它的元素排序。
- TreeSet(sortedSet element)：创建一个树集，并把有序集 element 的所有元素插入树集中。它使用与有序集 element 相同的元素比较器。

树集（TreeSet）的常用方法函数如下：

- ❑ boolean add(object o)：添加一个对象元素到树集中。
- ❑ boolean remove(object o)：从树集中删除一个对象元素。

读者在学习树集的同时，可以自行将树集与前面所学习的几种数据结构进行比较，看看它们之间的相同点和不同点。这样才能知道在什么场合下，使用哪种数据结构最好。

17.5.2　通过实例熟悉树集如何存储数据

【实例 17-8】本节将通过实例，熟悉树集在数据存储方面的作用。下面看一个有关树集的实例，实例流程如图 17-10 所示。

先设计一个教师类，然后通过在主运行类中创建教师类的对象和树集对象。将教师类对象装载到树集对象中，再在主运行类中操作树集中的元素。这里还是使用迭代器，因为树集中的元素像链表或数组列表一样，都继承 Collection 类。

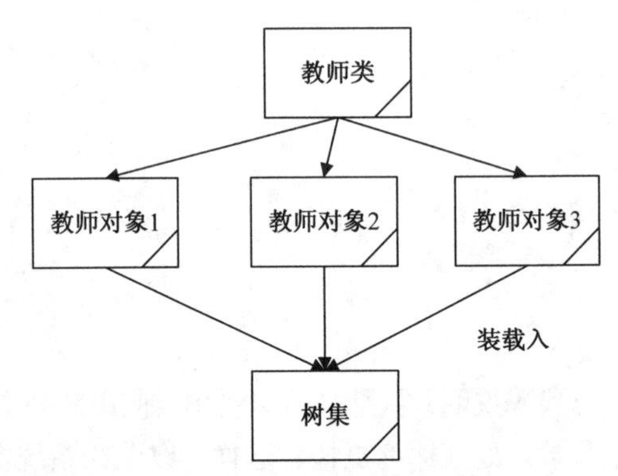

图 17-10　树集数据结构实例

1）设计教师类，代码如下：

```
01  class Teacher3 implements Comparable {          //创建实现Comparable接口的Teacher3类
02      //创建成员变量
03      private String schoolname;                  //教师所在学校名称属性
04      private String classname;                   //教师所教班级名称属性
05      private String teachername;                 //教师姓名属性
06      private int teachercode;                    //教师工号属性
07      private String teachersexy;                 //教师性别属性
08      private String teacherbirthday;             //教师出生年月属性
09      private String familyaddress;               //教师家庭地址属性
10      //带参构造函数
11      public Teacher3(String teachername, int teachercode, String teachersexy,
12              String teacherbirthday) {
13          this.teachername = teachername;
14          this.teachercode = teachercode;
15          this.teachersexy = teachersexy;
16          this.teacherbirthday = teacherbirthday;
17      }
18      public int compareTo(Object o) {            //实现方法compareTo
19          Teacher3 t = (Teacher3) o;              //转换成teacher对象
20          return (t.teachercode - teachercode);
21
22      }
23      //各个属性的访问器和设置器
24      public String getname() {
25          return teachername;
26      }
27      public int getcode() {
28          return teachercode;
```

```
29        }
30        public String getsexy() {
31            return teachersexy;
32        }
33        public String getbirthday() {
34            return teacherbirthday;
35        }
36        public void setschoolname(String schoolname) {
37            this.schoolname = schoolname;
38        }
39        public void setclassname(String classname) {
40            this.classname = classname;
41        }
42        public void setfamilyaddress(String familyaddress) {
43            this.familyaddress = familyaddress;
44        }
45        public String getschoolname() {
46            return schoolname;
47        }
48        public String getclassname() {
49            return classname;
50        }
51        public String getfamilyaddress() {
52            return familyaddress;
53        }
54        //重写toString()方法以使得对象能够以字符串形式输出的方法
55        public String toString() {
56            String infor = "学校名称: " + schoolname + "  " + "班级名称: " + classname + "  "
57                    + "教师姓名: " + teachername + "  " + "教师工号: " + teachercode + "  "
58                    + "性别: " + teachersexy + "  " + "出生年月: " + teacherbirthday + "  "
59                    + "家庭地址: " + familyaddress;
60            return infor;                    //返回字符串对象infor
61        }
62    }
```

【代码说明】上述代码主要用来创建实现 Comparable 接口的 Teacher 教师类。首先在第 3~9 行设置教师属性。在第 11~17 行创建教师的构造函数。然后在第 24～53 行设置属性的访问器。最后在第 55~61 行重写 toString()方法实现对象字符串的输出。

2）在主运行类中，通过迭代器对象和树集对象来操作数据。详细代码如下：

```
01    import java.util.Iterator;
02    import java.util.TreeSet;
03    public class Test6{                                   //创建一个Test6类
04        public static void main(String[] args) {
05            TreeSet ts = new TreeSet();                   //创建一个树集对象ts
06            //创建6个教师对象 (注: 下面括号中的教工号的双引号去掉)
07            Teacher3 t1 = new Teacher3("赵浩", 1234001, "男", "1981-01-02");
08            Teacher3 t2 = new Teacher3("黎平", 1234002, "男", "1982-08-09");
09            Teacher3 t3 = new Teacher3("王鹏", 1234003, "男", "1982-11-22");
10            Teacher3 t4 = new Teacher3("宋波", 1234004, "女", "1982-11-02");
11            Teacher3 t5 = new Teacher3("章伟", 1234005, "男", "1980-01-12");
12            Teacher3 t6 = new Teacher3("孙君", 1234006, "女", "1981-09-22");
13            //设置教师对象信息
```

```
14            t1.setschoolname("重庆大学");
15            t1.setclassname("计算机三班");
16            t1.setfamilyaddress("重庆沙坪坝");
17            t2.setschoolname("重庆大学");
18            t2.setclassname("计算机三班");
19            t2.setfamilyaddress("重庆沙坪坝");
20            t3.setschoolname("重庆大学");
21            t3.setclassname("计算机三班");
22            t3.setfamilyaddress("重庆沙坪坝");
23            t4.setschoolname("重庆大学");
24            t4.setclassname("计算机三班");
25            t4.setfamilyaddress("重庆沙坪坝");
26            t5.setschoolname("重庆大学");
27            t5.setclassname("计算机三班");
28            t5.setfamilyaddress("重庆沙坪坝");
29            t6.setschoolname("重庆大学");
30            t6.setclassname("计算机三班");
31            t6.setfamilyaddress("重庆沙坪坝");
32            // 通过设置器赋值给每个对象
33            ts.add(t1);                               //往树集中添加元素
34            ts.add(t2);
35            ts.add(t3);
36            ts.add(t4);
37            ts.add(t5);
38            ts.add(t6);
39            System.out.println("这个小组有" + ts.size() + "个教师。");
40            // 输出树集中的元素个数
41            Iterator it = ts.iterator();              //新建一个迭代器对象
42            while (it.hasNext()) {
43                System.out.println(it.next());
44            }
45            ts.remove(t3);                            //删除树集中元素
46            ts.remove(t4);
47            System.out.println("由于有些教师离开了学校，经过我们的审核后，教师信息如下:
48                   ");
49            Iterator it1 = ts.iterator();             //新建一个迭代器对象
50            while (it1.hasNext()) {
51                System.out.println(it1.next());
52            }
53            System.out.println("这些教师今天都离职了，所有教师信息都可以删除了!");
54            ts.remove(t1);                            //删除树集中的元素
55            ts.remove(t2);
56            ts.remove(t5);
57            ts.remove(t6);
58            if (ts.isEmpty()) {                       //当ts中的元素为空时
59                System.out.println("这里把教师信息都删除了。");
60            } else {
61                System.out.println("系统报错了!!!");
62            }
63        }
64    }
```

【代码说明】在上述代码中，第 5 行创建一个树集对象 ts。第 7~31 行创建教师对象，并设置教师对象的属性值。第 33~38 行将教师对象添加到树集中。第 41~57 行创建迭代器并输出树集中的元素。

【运行效果】

```
这个小组有6个教师。
学校名称：重庆大学  班级名称：计算机三班  教师姓名：王鹏  教师工号：1234003
性别：男  出生年月：1982-11-22  家庭地址：重庆沙坪坝
学校名称：重庆大学  班级名称：计算机三班  教师姓名：章伟  教师工号：1234005
性别：男  出生年月：1980-01-12  家庭地址：重庆沙坪坝
学校名称：重庆大学  班级名称：计算机三班  教师姓名：孙君  教师工号：1234006
性别：女  出生年月：1981-09-22  家庭地址：重庆沙坪坝
学校名称：重庆大学  班级名称：计算机三班  教师姓名：宋波  教师工号：1234004
性别：女  出生年月：1982-11-02  家庭地址：重庆沙坪坝
学校名称：重庆大学  班级名称：计算机三班  教师姓名：赵浩  教师工号：1234001
性别：男  出生年月：1981-01-02  家庭地址：重庆沙坪坝
学校名称：重庆大学  班级名称：计算机三班  教师姓名：黎平  教师工号：1234002
性别：男  出生年月：1982-08-09  家庭地址：重庆沙坪坝
由于有些教师离开了学校，经过我们的审核后，教师信息如下：
学校名称：重庆大学  班级名称：计算机三班  教师姓名：章伟  教师工号：1234005
性别：男  出生年月：1980-01-12  家庭地址：重庆沙坪坝
学校名称：重庆大学  班级名称：计算机三班  教师姓名：孙君  教师工号：1234006
性别：女  出生年月：1981-09-22  家庭地址：重庆沙坪坝
学校名称：重庆大学  班级名称：计算机三班  教师姓名：赵浩  教师工号：1234001
性别：男  出生年月：1981-01-02  家庭地址：重庆沙坪坝
学校名称：重庆大学  班级名称：计算机三班  教师姓名：黎平  教师工号：1234002
性别：男  出生年月：1982-08-09  家庭地址：重庆沙坪坝
这些教师今天都离职了，所有教师信息都可以删除了！
这里把教师信息都删除了。
```

从这个程序的运行结果来看，输出的数据都经过排序，这也是树集的一大特点。

17.6 映像

集合是一种可以快速找到已经存在的元素的数据结构。但如果数据库中拥有大量的数据，一般不用集合，因为它会耗费系统大量的资源和时间，去遍历整个数据结构。

前面讲过散列表，其实散列表就是一种映像。下面通过一个实例让读者对映像的概念有更深的认识。

17.6.1 什么是映像

映像是一种采用“键－值”的对应方式存储的数据结构形式。在映像中，除了散列表，还有树映像和散列映像。由于映像不能使用迭代器，所以映像拥有 get 方法函数。无论是树映像，还是散列映像或散列表，它们的使用方法都差不多。下面通过实例了解树映像。

17.6.2 通过实例熟悉映像如何存储数据

【实例 17-9】本小节将通过实例学习如何通过映像存储和操作数据。树映像实例的流程如图 17-11 所示。

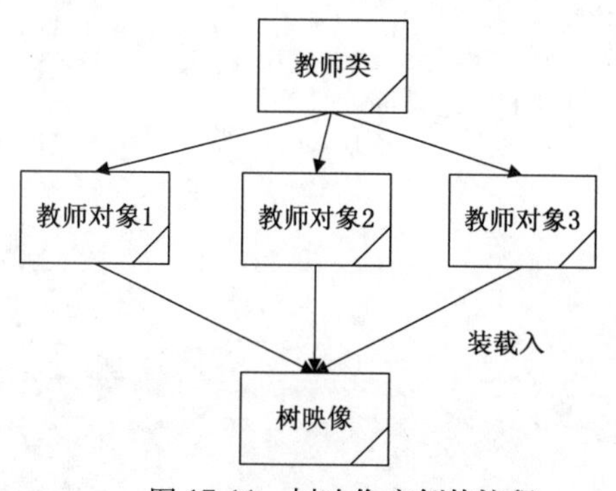

图 17-11 树映像实例的流程

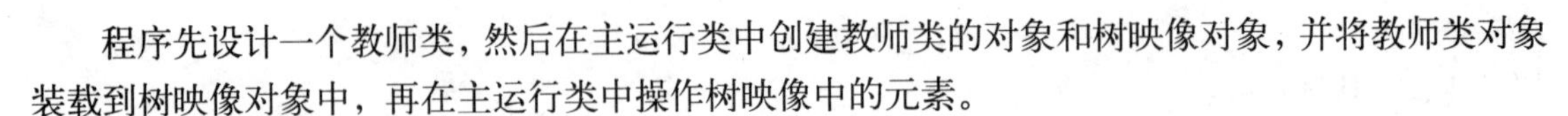

程序先设计一个教师类，然后在主运行类中创建教师类的对象和树映像对象，并将教师类对象装载到树映像对象中，再在主运行类中操作树映像中的元素。

1）设计教师类，代码如下：

```
01  public class Teacher4 {                                 //创建一个教师Teacher类
02      //创建成员变量
03      private String schoolname;                          //教师所在学校名称属性
04      private String classname;                           //教师所教班级名称属性
05      private String teachername;                         //教师姓名属性
06      private String teachercode;                         //教师工号属性
07      private String teachersexy;                         //教师性别属性
08      private String teacherbirthday;                     //教师出生年月属性
09      private String familyaddress;                       //教师家庭地址属性
10      //带参构造函数
11      public Teacher4(String teachername, String teachercode, String teachersexy,
12              String teacherbirthday) {
13          this.teachername = teachername;
14          this.teachercode = teachercode;
15          this.teachersexy = teachersexy;
16          this.teacherbirthday = teacherbirthday;
17      }
18      //各个属性的访问器
19      public String getname() {
20          return teachername;
21      }
22      public String getcode() {
23          return teachercode;
24      }
25      public String getsexy() {
26          return teachersexy;
27      }
28      public String getbirthday() {
29          return teacherbirthday;
30      }
31      public void setschoolname(String schoolname) {
32          this.schoolname = schoolname;
33      }
34      public void setclassname(String classname) {
35          this.classname = classname;
36      }
37      public void setfamilyaddress(String familyaddress) {
38          this.familyaddress = familyaddress;
39      }
40      public String getschoolname() {
41          return schoolname;
42      }
43      public String getclassname() {
44          return classname;
45      }
46      public String getfamilyaddress() {
47          return familyaddress;
48      }
49      //重写toString()方法以使得对象能够以字符串形式输出的方法
```

```
50      public String toString() {
51          String infor = "学校名称: " + schoolname + "  " + "班级名称: " + classname + "  "
52                  + "教师姓名: " + teachername + "  " + "教师工号: " + teachercode + "  "
53                  + "性别: " + teachersexy + "  " + "出生年月: " + teacherbirthday + "  "
54                  + "家庭地址: " + familyaddress;
55          return infor;                          //返回对象infor
56      }
57  }
```

【代码说明】上述代码主要用来创建教师对象。首先在第 3~9 行设置教师属性。在第 11~17 行创建教师的构造函数。然后在第 19~48 行设置属性的访问器。最后在第 50~56 行重写 toString() 方法实现对象字符串的输出。

2）在主运行类中，通过树映像操作数据。详细代码如下：

```
01  import java.util.TreeMap;
02  public class Test7 {                                          //创建一个Test7类
03      public static void main(String[] args) {          //主方法
04          TreeMap<String, Teacher4>  tm = new TreeMap<String, Teacher4> ();
            //创建一个树映像对象tm
05          //创建6个教师对象
06          Teacher4 t1 = new Teacher4("赵浩", "1234001", "男", "1981-01-02");
07          Teacher4 t2 = new Teacher4("黎平", "1234002", "男", "1982-08-09");
08          Teacher4 t3 = new Teacher4("王鹏", "1234003", "男", "1982-11-22");
09          Teacher4 t4 = new Teacher4("宋波", "1234004", "女", "1982-11-02");
10          Teacher4 t5 = new Teacher4("章伟", "1234005", "男", "1980-01-12");
11          Teacher4 t6 = new Teacher4("孙君", "1234006", "女", "1981-09-22");
12          //设置教师对象信息
13          t1.setschoolname("重庆大学");
14          t1.setclassname("计算机三班");
15          t1.setfamilyaddress("重庆沙坪坝");
16          t2.setschoolname("重庆大学");
17          t2.setclassname("计算机三班");
18          t2.setfamilyaddress("重庆沙坪坝");
19          t3.setschoolname("重庆大学");
20          t3.setclassname("计算机三班");
21          t3.setfamilyaddress("重庆沙坪坝");
22          t4.setschoolname("重庆大学");
23          t4.setclassname("计算机三班");
24          t4.setfamilyaddress("重庆沙坪坝");
25          t5.setschoolname("重庆大学");
26          t5.setclassname("计算机三班");
27          t5.setfamilyaddress("重庆沙坪坝");
28          t6.setschoolname("重庆大学");
29          t6.setclassname("计算机三班");
30          t6.setfamilyaddress("重庆沙坪坝");
31          //通过设置器赋值给对象
32          tm.put("zh", t1);                             //添加对象到树映像
33          tm.put("lp", t2);
34          tm.put("wp", t3);
35          tm.put("sb", t4);
36          tm.put("zw", t5);
37          tm.put("sj", t6);
38          System.out.println("这个小组有" + tm.size() + "个教师。");
39          System.out.println(tm.values());
```

```
40            tm.remove("lp");                    //删除树映像中的元素。
41            tm.remove("sb");
42            System.out.println("帮我查找一下有没有孙君这个教师");
43            if (tm.containsKey("sj")) {
44                System.out.println("这个教师是存在的，他的信息如下：");
45                System.out.println((Teacher4) tm.get("sj"));
46            } else {
47                System.out.println("这里没有这个教师。");
48            }
49            System.out.println("由于有些教师离开了学校，经过我们的审核后，教师信息如下：");
50            System.out.println(tm.values());
51            System.out.println("这些教师今天都离开了，所有教师信息都可以删除了！");
52            tm.remove("zh");
53            tm.remove("sj");
54            tm.remove("zw");
55            tm.remove("wp");
56            if (tm.isEmpty()) {
57                System.out.println("这里把教师信息都删除了。");
58            } else {
59                System.out.println("系统报错了!!!");
60            }
61        }
62    }
```

【代码说明】第4行创建树映像对象tm。第32~37行添加对象到tm中。第38行中的tm.size()方法获取树映像对象的元素个数。第39行tm.values()方法输出树映像对象的所有元素。这里没有使用到迭代器，因为树映像中的元素是无序的。

【运行效果】

```
这个小组有6个教师。
[学校名称：重庆大学  班级名称：计算机三班  教师姓名：黎平  教师工号：1234002
性别：男  出生年月：1982-08-09  家庭地址：重庆沙坪坝，学校名称：重庆大学  班级名称：
计算机三班  教师姓名：宋波  教师工号：1234004  性别：女  出生年月：1982-11-02
 家庭地址：重庆沙坪坝，学校名称：重庆大学  班级名称：计算机三班  教师姓名：孙君
 教师工号：1234006  性别：女  出生年月：1981-09-22  家庭地址：重庆沙坪坝，学校名
称：重庆大学  班级名称：计算机三班  教师姓名：王鹏  教师工号：1234003  性别：男
 出生年月：1982-11-22  家庭地址：重庆沙坪坝，学校名称：重庆大学  班级名称：计算
机三班  教师姓名：赵浩  教师工号：1234001  性别：男  出生年月：1981-01-02  家庭
地址：重庆沙坪坝，学校名称：重庆大学  班级名称：计算机三班  教师姓名：章伟  教师
工号：1234005  性别：男  出生年月：1980-01-12  家庭地址：重庆沙坪坝]
帮我查找一下有没有孙君这个教师
这个教师是存在的，他的信息如下：
学校名称：重庆大学  班级名称：计算机三班  教师姓名：孙君  教师工号：1234006
性别：女  出生年月：1981-09-22  家庭地址：重庆沙坪坝
由于有些教师离开了学校，经过我们的审核后，教师信息如下：
[学校名称：重庆大学  班级名称：计算机三班  教师姓名：孙君  教师工号：1234006
性别：女  出生年月：1981-09-22  家庭地址：重庆沙坪坝，学校名称：重庆大学  班级名称：
计算机三班  教师姓名：王鹏  教师工号：1234003  性别：男  出生年月：1982-11-22
 家庭地址：重庆沙坪坝，学校名称：重庆大学  班级名称：计算机三班  教师姓名：赵浩
 教师工号：1234001  性别：男  出生年月：1981-01-02  家庭地址：重庆沙坪坝，学校名
称：重庆大学  班级名称：计算机三班  教师姓名：章伟  教师工号：1234005  性别：男
 出生年月：1980-01-12  家庭地址：重庆沙坪坝]
这些教师今天都离开了，所有教师信息都可以删除了！
这里把教师信息都删除了。
```

在运行结果中，输出的所有数据都是按姓名排序的数据。

注意　树映像的排序是按照关键字来排序的，与值无关，这一点与树集不同。

17.7　常见疑难解答

17.7.1　哪些是线程安全的数据结构

在集合框架中，有些类是线程安全的，这些都在 JDK1.1 中。在 JDK1.2 之后，就出现许多非线程安全的类。

下面这些是线程安全的类。

- Vector：比 ArrayList 多了个同步化机制（线程安全）。
- Stack：堆栈类，先进后出。
- Hashtable：比 HashMap 多了个线程安全。
- Enumeration：枚举，相当于迭代器。

除了这些之外，其他的都是非线程安全的类和接口。线程安全类的方法是同步的，每次只能一个访问，是重量级对象，效率较低。对于非线程安全的类和接口，在多线程中需要程序员自己处理线程安全问题。只要在编译时提示：

```
Note: test7.java uses unchecked or unsafe operations
Note: Recompile with -Xlint:unchecked for details.
```

这些提示就说明使用了非线程安全的类或接口。

17.7.2　Vector 是什么样的数据结构

本章没有讲述它的原因，是因为目前使用它的频率不高。一般用数组列表代替它，因为它们的使用方法几乎一样，唯独不同的就在线程安全方面。数组列表是非线程安全类，在实现线程编程时，要自己处理安全问题，而 Vector 则是线程安全类，自动会处理安全问题。

Vector 类提供实现可增长数组的功能，随着更多元素加入其中，数组变得更大。在删除一些元素之后，数组变小。Vector 有 3 个构造函数：

```
public Vector(int initialCapacity,int capacityIncrement)
public Vector(int initialCapacity)
public Vector()
```

Vector 运行时创建一个初始的存储容量 initialCapacity，存储容量是以 capacityIncrement 变量定义的增量增长。初始的存储容量和 capacityIncrement 可以在 Vector 的构造函数中定义。第 2 个构造函数只创建初始存储容量。第 3 个构造函数既不指定初始的存储容量，也不指定 capacityIncrement。Vector 类提供的访问方法，支持类似数组的运算，也支持与 Vector 大小相关的运算。类似数组的运算允许向其中增加、删除和插入元素。

下面对向量增、删、插的功能进行举例描述。增加向量的代码：

```
addElement(Object obj)
```

把组件加到向量尾部，同时大小加 1，向量容量比以前大 1。

```
insertElementAt(Object obj, int index)
```

把组件加到指定索引处，此后的内容向后移动 1 个单位。

```
setElementAt(Object obj, int index)
```

把组件加到指定索引处，此处的内容被代替。

```
removeElement(Object obj)                //把向量中含有本组件内容移走
removeAllElements()                      //把向量中所有组件移走，向量大小为0
```

17.8 小结

如果读者学过数据结构，则对本章的知识不会陌生。不管使用什么开发语言，这些结构的功能和技术要点都不会变，变的只是代码形式。通过本章的学习，读者应该可以开发简单的链表、散列表等。数据结构知识会显得有些抽象，希望读者不要在心理上有所畏惧，要亲自动手练习本章的案例。

17.9 习题

一、填空题

1. ____________是一个可以动态变化容量的数组，其根据正在运行的程序的变化，随时改变数组的容量，以满足程序的需要。

2. 散列表通过__________的形式存储元素，与链表和数组列表不同，它是一个__________的数据结构。

3. 由于映像不能使用迭代器，所以映像拥有__________函数。

二、上机实践

1. 通过本章的知识模拟数据结构中的冒泡算法。

【提示】冒泡算法思想是：每次从数组开始端起比较相邻两元素，把第 i 大数冒泡到数组的第 i 个位置（i 从 0 一直到 N-1），从而完成排序。当然也可以从数组末端开始比较相邻两元素，把第 i 小的冒泡到数组的第 N-i 个位置（i 从 0 一直到 N-1），从而完成排序。

2. 通过本章的知识实现树的 3 种遍历方式，即把一个数组的值存入二叉树数据结构中，然后通过 3 种遍历方式进行输出。

【提示】二叉树有 3 种遍历方式：前序、中序和后序遍历。

第18章　XML基础

本章重点讲述XML的基本概念及其在实际开发工作中的作用。XML对于Java Web的开发起着举足轻重的作用。虽然XML是一种数据描述语言，但是其却被越来越多的公司用来实现数据交换。

本章重点：

- ❑ XML文档。
- ❑ 设计一个好的XML文档。
- ❑ XML处理器和解析器。
- ❑ XML中DTD的结构。

18.1　XML和HTML

XML是SGML的一个子集，其目标是在网络上以类似HTML的方式实现文件的发送、接收和处理。XML的出现极大地简化且提高了SGML与HTML之间的通用性。

18.1.1　XML的产生

XML的全称是Extensible Markup Language，翻译为可扩展的标记语言。为什么说它是可扩展的？它又扩展谁？其实它由标准通用标记语言（Standard Generalized Markup Language，SGML）扩展而来，XML是SGML的简化版本。

SGML功能非常强大，可以定义标记语言的元语言。由于它非常复杂，不适合在Web上应用，所以将其扩展为在互联网上应用的XML语言。

HTML语言是一种标记语言，它提供了丰富的标记类型。但是对于特定领域的标记它无法实现。可以说HTML语言的标记是静态的，不能满足动态标记的需求。HTML语言可以指定文档的内容和格式，但是它无法指定文档的结构，文档中所有的信息都包括在<p></p>中，没有信息的任何结构称为层次结构。而为指定文档指定了内容和结构信息是XML语言的特性。XML不是HTML的替代品，也不是HTML的升级，它只是HTML的补充，为HTML扩展更多的功能。

XML用来定义类似HTML的标记语言，然后再用这个标记来显示信息。那么XML有什么优点呢？

现在网络应用越来越广泛，仅靠HTML单一的文件类型处理千变万化的文档和数据已经力不从心。HTML本身的语法十分不严谨，XML作为Web 2.0必需的数据传输和交互工具，其语法非常严谨。XML使得在网络上使用SGML语言变得更加简单和直接。

18.1.2 XML与HTML的比较

【实例18-1】 为了让读者能够区分XML和HTML语言，本节将分别举例进行比较。下面是一段HTML代码：

```
01  <html>
02      <head>
03          <!--设置标题-->
04          <title>静夜思</title>
05      </head>
06      <body>
07          <!--输出标题文字-->
08          <h2>
09              <Font size=3 Color="read"> 静夜思</Font>
10          </h2>
11              <!--输出普通文字-->
12          <b>作者：李白</b><br>
13          <hr Color="blue">
14          <!--输出段落文字-->
15          <p>
16              <b><i>
17                      <Font size=3 Color="green">
18                          床前明月光，疑是地上霜。
19                          <br>
20                          举头望明月，低头思故乡。
21                      </Font>
22                  </i>
23              </b>
24              </body>
25          </html>
```

【代码说明】 <html>是所有HTML文档的最外层标签，必须有一个对应的</html>标签表示结束。<head></head>表示文件头，<body></body>表示内容体。

【运行效果】 运行结果如图18-1所示。

【实例18-2】 下面再看使用XML文档的实例。

```
01  <?xml version="1.0" encoding="UTF-8" ?>
02  <人物>
03      令狐冲
04      <!--这是一个令无数少女为之倾倒的偶像-->
05      <籍贯>华山</籍贯>
06      <性别>男</性别>
07      <年龄>24</年龄>
08  </人物>
```

【代码说明】 第1行是XML文档的标签，后面会详细介绍。第4行是XML文档的注释。

【运行效果】 在浏览器中打开XML文档，如图18-2所示。

通过上面两个实例可以看出，HTML必须按照规定的标签书写，不能够自己创造。而在XML中可以自己创造标签，至于XML到底按照何种格式进行书写，后面将详细介绍。

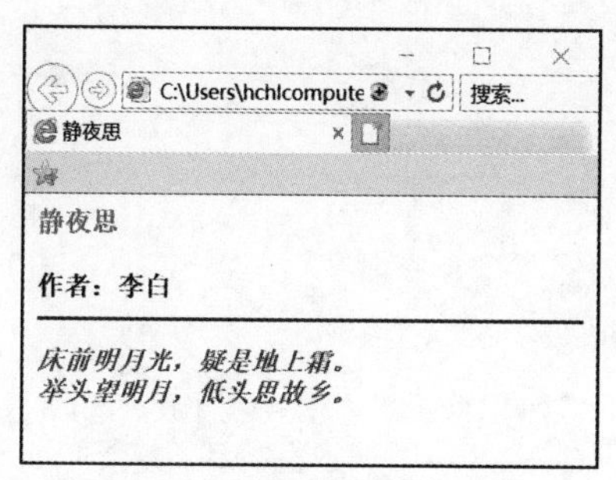

图 18-1 一个 HTML 实例

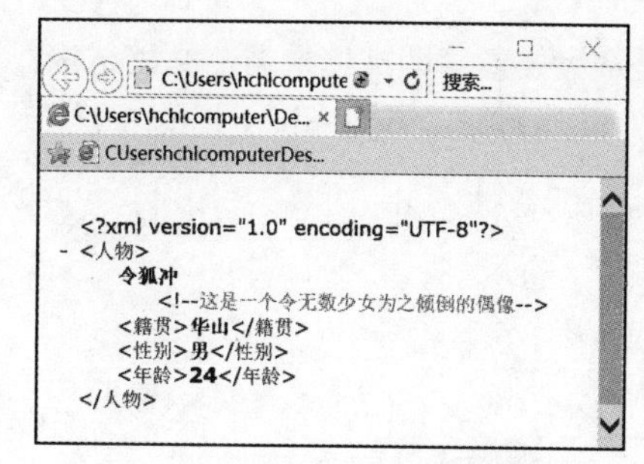

图 18-2 XML 文档在浏览器中

18.2 XML 的编辑工具

UltraEdit 软件是一套功能强大的文本编辑器，可以编辑文本、十六进制、ASCII 码，完全可以取代记事本来编辑多个文件，而且即使开启很多个文件速度也不会慢。之所以选择 UltraEdit 软件，而不是 Windows 系统自带的记事本。这主要是因为 UltraEdit 软件附有 XML 标签颜色显示、搜寻替换以及无限制的还原功能。

使用 UltraEdit 编辑器编写 XML 文档的界面如图 18-3 所示，通过该界面可以发现用该软件编辑 XML 文档非常方便。编辑好 XML 文档后，通过“视图”—“切换浏览器视图”菜单可以看到 XML 文档的网页形式，如图 18-4 所示。

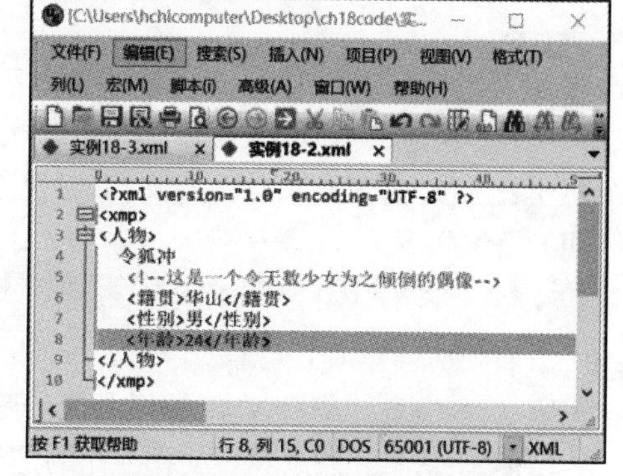

图 18-3 XML 编辑工具界面

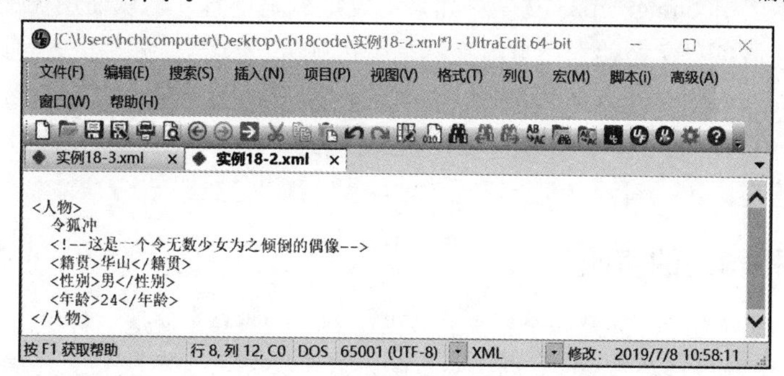

图 18-4 一个编辑好的 XML 文档

18.3 创建 XML 文档

本节介绍如何编写 XML 文档，以及 XML 文档的结构形式。并且通过实例一步步讲解，让读者能真正掌握 XML 的精髓。

XML 文档由实体（存储单元）组成，用来定义标签的标记语言，可用来定义自己所需要的标签集。HTML 只支持英文标签，而 XML 可以支持多种语言的标签。

现在把整个文档进行划分，可以看出一个文档（包括 HTML 文档）总共分为 3 个部分，也可以说是 3 大要素，即文档数据、文档结构、文档样式。

下面以 HTML 为例分析文档的 3 要素。

```
<table border=2 align=center>......              //文档样式
  <caption>清华大学菜价表</caption>
  ......................
  <tr>
    <td align=center>鱼香肉丝</td>
    <td align=center>3.50</td>...                    //文档数据
    .......................
  </tr>
</table>....................................... //文档结构
```

为了能够让 XML 的文档具有可读性，XML 文档采取了数据与文档样式分离的原则。XML 文档只提供数据，而 XSL 包括数据样式，文档的结构则使用 DTD。在 18.4 节将详细介绍 DTD 的相关知识，而 XSL 则留给有兴趣的读者自行查阅资料。

18.3.1 XML 的声明

在一个完整的 XML 文档中必须包含一个 XML 文档声明，该声明必须位于文档的第一行。这个声明表示该文档是一个 XML 文档，以及遵循的是哪个 XML 版本的规范。那么如何进行声明呢？声明的语法如下：

```
<?xml 版本信息 （编码信息） （文档独立性信息）?>
```

下面分别解释每个元素的含义。

- 版本信息：是指 XML 目前使用的是 1.0 版还是 1.1 版，一般用 1.0 版本。
- 编码信息：就是指定文档使用的是何种编码格式。如果使用中文编码格式，则可以通过下面代码表示“encoding='gb2312'”；如果不设定编码信息，默认使用英文编码格式。
- 文档独立性信息：文档独立指当前文档是否依赖外部文档。如果依赖可以通过下列方式表示：“standalone='yes'”；如果不独立，将通过下列方式表示：“standalone='no'”。

通过以上的介绍，下面举一个实例演示 XML 文档的声明。

```
<?xml version=1.0 encoding="gb2312" standalone="yes"?>
```

18.3.2 文档类型的声明

在介绍文档类型声明时，涉及一个概念：DTD。所谓 DTD，就是一种保证 XML 文档格式正确的有效方法，可以通过校验 XML 文档内容来验证其是否符合规范，元素和标签使用是否正确，这就是 DTD 的作用。

文档类型的声明共有两种：

在其他文件中定义文档类型。

```
<!DocTYPE MYDOC SYSTEM "mydoc.dtd">
```

此句指出该文档类型名为 MYDOC，这时如果对文档结构不是很清楚时，必须要查询 mydoc.dtd 文档才能知道。

在 XML 文档中直接定义文档类型。

```
<!DocTYPE BIRDS [<!ELEMENT AUCTIONBLOCK (ITEM,BIRDS)>]>
```

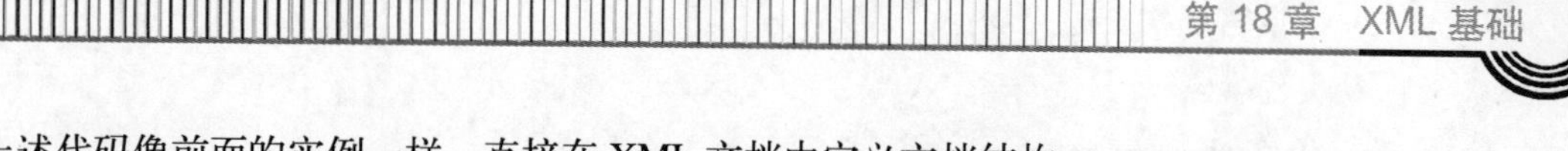

上述代码像前面的实例一样，直接在 XML 文档中定义文档结构。

18.3.3 元素

与 HTML 一样，XML 文档的主体内容部分也是由元素构成的，一个 XML 元素由一个标记来定义。为了让读者能更好地掌握元素，在讲述每个元素内容时，都会配有相应实例。

1．非空元素构成

元素＝起始标签＋元素内容＋结束标签，代码如下所示：

```
<BID ID=200138>
    <PRICE>60000</PRICE>
    <TIME>3:00:00</TIME>
</BID>
```

2．空元素构成

- ❑ 无元素内容的元素就称为空元素。
- ❑ 空元素＝“<” +元素名称（属性名值对）+ “/>”。
- ❑ 空元素的属性值必须指明，不能缺少。

上面提到了“<”和“/>”，这个是标签。

3．标签

标签分为起始标签和结束标签。

- ❑ 起始标签＝“<” +标签名称（属性名值对）+ “>”。
- ❑ 结束标签=“</” +标签名称+ “>”

4．元素的内容

元素内容的构成方式：元素内容＝（子元素|字符数据|字符数据段|引用|处理指令|注释）

下面将分别描述。

1）子元素：它也是元素，被嵌套在上层元素之内，只不过是一个相对概念。如果在这个子元素内再嵌套另外一个元素，那么这个子元素同时也是父元素。

2）字符数据：文本的内容没有标签，也没有实体的引用，这样就称为字符数据。除了字符数据外，其余的内容都使用了标签或实体引用符号。字符数据不能包含“^”、“<”、“&”、“]]”。在预定义实体时，需要使用实体引用，预定义实体不能在 XML 文档中直接使用某些字符数据，而必须通过规定的实体引用来代替（以&开头，以；结尾）。举个有关字符数据的实例。

```
<BID>
  <PRICE>6000</PRICE>
</BID>
```

这里的“6000”就是字符数据。

3）字符数据段：这段字符数据只是出现在文档内部，但在输出时，XML 程序不对其作任何操作，它将原封不动地被输出。字符数据段的用处是，在某些应用环境下，希望嵌入一些 HTML 文本，而程序员不希望 XML 对其进行修改，只想传递这些文本和脚本。其表示方法如下：

```
字符数据段="<! [CDATA[” +字符数据+“]]> "
```

下面是有关字符数据段的实例。

```
<?xml version=1.0 encoding="gb2312"? >
 <root>
   <![CDATA[<html><head></head><body>我是一个优秀的程序员</body></html>
   ]]>
 </root>
```

“<html><head></head><body>我是一个优秀的程序员</body></html>”就是一个字符数据段。

4）引用：引用是用符号代表指定的内容，或者用符号代表不能直接使用的其他符号，其分为实体引用和字符引用。实体引用就是用一个符号代替一段很长的内容，解析时又会被还原成原来的字符实体；而字符引用就是将一些字符及键盘上无法输入的字符，用字符引用。引用的格式如下：

- 实体引用：“&”+实体引用名+“;”。例如：&company。
- 字符引用：“&#”+字符的十六进制或十进制的 ASCII 值+“;”。例如：®。

下面是有关引用的实例。

```
<?xml version=1.0 encoding="gb2312"?>
<!DOCTYPE 就业信息[<!ENTITY company "上海嘉鉴信息技术有限公司">]>
 <就业信息>
    <公司名称>&company</公司名称>
 </就业信息>
```

上面的实例中使用了一个声明，其格式如下：

```
<!ENTITY 实体引用名需被引用的实体>
```

18.3.4 注释

注释比较简单，它在代码中所占的重要性，只不过是对代码的一种解释。但是希望读者能养成一种习惯，就是写代码时，要记住在代码旁边写上一定的注释。这样写出来的代码段就比较容易被他人阅读。注释的格式如下：

```
<!--注释的内容-->
```

> **注意** 在注释的内容中，不能出现“-->”这样的符号，避免编译代码时出错。

18.3.5 处理指令

处理指令允许文档中包含由应用程序来处理的指令。即在 XML 文档中，可能会包含一些非 XML 格式的数据，这些数据 XML 无法处理，此时就可以使用处理指令，调用其他的程序来处理这些数据。例如要处理 Excel/CSS。

处理指令的语法是以“<?”开头，以“?>”结尾。下面是一个常见的处理指令的实例：

```
<?xml-stylesheet href="hello.css" type="text/css" ?>
```

此处的“xml-stylesheet”就是处理指令，它调用 Excel 或者使用 CSS 来处理表格数据，因为这些数据 XML 无法处理。

18.3.6 空白处理

在 XML 文档中，可以在元素中使用一个特殊的属性“xml:space”，来通知应用程序保留此元素的空白，在使用时必须要进行声明。“xml:space”属性必须被声明为 Enumerated（枚举）类型，它的值必须是 default 和 preserve 两者之一，或者是两者都取。

- default：表示对此元素使用应用程序的默认空白处理模式。
- preserve：表示应用程序保留所有的空白。

如果一个元素使用了“xml:space”属性，将适用于该元素内容中的所有元素，除非被另一个“xml:space”属性的实例所覆盖。

18.3.7 行尾处理

在 XML 空白字符中，有两个标准的 ASCII 码行尾控制字符，一个是回车（#xA），一个是换行（#xD）。在 XML 处理器解析前，要将所有的两字符序列#xD#Xa 及单独的字符都转换成#xA。

18.3.8 语言标识

在文档处理中，标识出其内容所使用的自然或人工语言，非常有用。可以在文档中插入一个属性“xml:lang”，来指定文档所使用的语言。

“xml:lang”属性一旦设定，将适合于它所在元素中的所有属性及元素的内容，除非被元素内容中另一个元素的“xml:lang”属性所覆盖。

18.3.9 一个简单的有关 XML 的实例

【实例 18-3】由于还没有学习 DTD 文档，所以下面的实例非常简单。只是帮助读者熟悉 XML 文档的一些基础格式。

```
01  <?xml version="1.0" encoding="gb2312"?>          <!-文档声明-->
02  <留言本>
03    <留言记录>
04      <留言者姓名>KAI</留言者姓名>
05      <电子邮件>kai@hostx.org</电子邮件>
06      <网址>http://www.17xml.com </网址>
07      <留言内容>千山万水总是情，常来泡妞行不行？咔咔:_)      </留言内容>
08    </留言记录>
09  </留言本>
```

【代码说明】第 1 行是 XML 文档的声明。第 2~9 行是自定义的标签。

【运行效果】运行结果如图 18-5 所示。

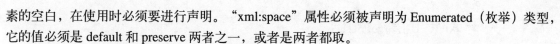

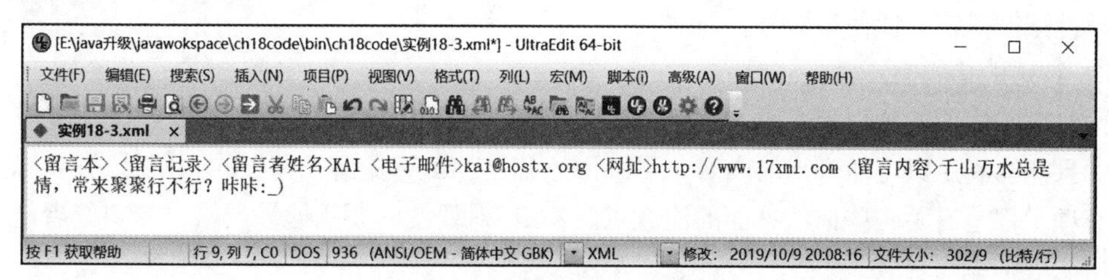

图 18-5 XML 实例的运行结果

18.4 关于 XML 的高级知识

计算机程序在处理 XML 文档之前，需要能够解析出 XML 文档内容中的各个元素的相关信息。为了能够方便计算机对 XML 文档的解析，所编写的 XML 文档必须是格式良好的文档。那么通过什么技术可以使 XML 文档成为格式良好的文档呢？本节将为读者一一解答。

18.4.1 什么才是格式良好的 XML 文档

什么才是格式良好的 XML 文档呢？如果一个 XML 文档有且只有一个根元素，符合 XML 元素的嵌套规则，满足 XML 规范中所定义的所有格式正确性的约束，每一个已分析实体格式都正确，称之为格式良好的 XML 文档。

那么需要满足什么样的格式约束才算格式良好的 XML，下面给出了详细的说明。

1）文档必须从 XML 声明开始。

- XML 声明必须位于该文件的最开始位置。
- XML 必须紧跟在“<?”之后，中间不能有空格等字符。

2）唯一的根元素。

- 根元素必须唯一。
- 根元素嵌套其他所有的后代元素。
- 根元素必须有起始标签和结束标签。
- XML 文档中的其他非元素节点不一定包含在根元素中。

3）标签必须是闭合的。

- 起始标签必须有一个相应的结束标签与之对应。

4）空标签的约定。

- 空标签必须用“/>”来结束。
- 空标签可以带有属性。

5）层层嵌套。

- 子元素必须嵌套在父元素内，不能互相交错。
- 同层元素必须互相并列，不能互相嵌套。

6）区分大小写。

起始标签与结束标签大小写必须要分清。

7）属性设定。

属性赋值时都必须使用引号。

8）特殊的字符表示法。

预定义实体用实体引用方式。

如果能够满足以上所列出的内容，可以说这篇 XML 算是格式良好的 XML。其实以上列出来的所有项，都是有关一些语法方面的注意点。XML 对语法的要求比较严格，希望读者能够按照相关的语法规则编写 XML 文档。

18.4.2　DTD 文档的作用

DTD（Document Type Definition）就是一个规范 XML 文档结构的文档，其实，它起着一个规范 XML 中数据的数据结构的作用。下面将详细讲述如何编写 DTD 文档。DTD 的定义是什么呢？通过以下的说明，学习 DTD 的规范。

1）文档类型的定义：定义允许什么或不允许什么在文档中出现。预先规定文档中元素的结构、属性类型和实体引用等，可直接在文档中定义 DTD，或引用外部 DTD。DTD 不一定是必需的，只是需要的时候可以定义 DTD。

2）DTD 的调用：合法的 XML 文档必须遵循某一类文档的结构声明，一旦声明就会与此类文档相应结构关联起来。DTD 的调用就是指定文档使用什么样的 DTD，它出现在文档的 XML 声明后，基本元素之前。DTD 可以包含在 XML 文档中，也可以在外部定义，然后在 XML 文档中直接引用。

【实例 18-4】下面先看一个 DTD 文档在 XML 内部的实例。

```
01    <?xml version="1.0" encoding="gb2312" standalone="yes"?>
02    <!Docutype 就业信息[<!ELEMENT 就业信息(#PCDATA)>]>    <!-内部定义DTD文件-->
03    <就业信息>
04    暂无信息
05    </就业信息>
```

【代码说明】此处的“<!Docutype 就业信息[<!ELEMENT 就业信息(#PCDATA)>]>”就是一个内部定义的 DTD 文件。

【实例 18-5】下面再看一个调用外部 DTD 文档的实例。

```
文件名：Jobinfo.dtd
01    <!ELEMENT Jobinfo(#PCDATA)>
02    <?xml version="1.0" encoding="gb2312" standalone="yes"?>
03    <!DOCTYPE Jobinfo SYSTEM "Jobinfo.dtd">              <!-外部DTD文件-->
04    <就业信息>
05    暂无信息
06    </就业信息>
```

【代码说明】此处的“<!DOCTYPE Jobinfo SYSTEM "Jobinfo.dtd">”就是一个外部的 DTD 文档，在 XML 文档中再调用这个 DTD 文档。

18.4.3　DTD 的结构

对于程序员来说，无须自己编写 DTD 文件和掌握 DTD 的完整语法，只需要建立对 DTD 文档的直观认识就可以。为了能够让读者对 DTD 文档有个大概的了解，下面将简单介绍关于 DTD 文档的结构，其包括了元素类型的声明、属性表的声明、实体的声明、记号的声明。

1．元素类型的声明

元素类型的声明定义元素的名称和元素的内容，定义文档中允许什么元素和不允许什么元素、元素出现的次序。如果没有明确允许，那就是禁止。元素类型声明的语法如下：

```
<!ELEMENT 元素（元素内容说明）>
```

其中元素内容说明有 5 种形式，分别是 EMPTY、ANY、混合内容、#PCDATA、元素内容，下面将分别讲述它们的使用场所。

- EMPTY：空元素的内容。
- ANY：任意元素的内容。
- 混合内容：可以出现字符数据、子元素或者两者的混合体。
- #PCDATA：只能出现字符数据。
- 元素内容：只能出现子元素，不能直接出现字符数据。

1）#PCDATA 的内容。只有字符数据才能作为元素的内容，其声明语法如下：

```
<!ELEMENT 元素名（#PCDATA）>
```

【实例 18-6】 下面是一个有关它的实例。

```
01   <?xml version="1.0" encoding="gb2312" standalone="yes"?>
02   <!Docutype 就业信息[<!ELEMENT 就业信息(#PCDATA)>]>
03   <就业信息>
04   暂无信息
05   </就业信息>
```

如果上面的实例修改如下就是错误的：

```
01   <?xml version="1.0" encoding="gb2312" standalone="yes"?>
02   <!Docutype 就业信息[<!ELEMENT 就业信息(#PCDATA)>]>
03   <就业信息>
04      < 公司名称>
05          暂无信息
06      </公司名称>
07   </就业信息>
```

2）元素内容。

在元素内部只能出现指定子元素，不允许出现字符或混合内容。看一个实例，代码如下：

```
<!ELEMENT 就业信息(公司名,公司简介,公司地址,邮编,电话,传真,E-MAIL,联系人,招聘职位*)>
```

分析：在实例的最后有一个“*”，这个符号代表什么呢？

- “*”：代表元素可以出现零次或多次。
- “+”：代表元素可以出现一次或多次。
- “?”：代表可以出现零次或一次。

没有任何标识符的元素只能出现一次。下面再举一个有关元素内容的实例。

```
<!ELEMENT 招聘职位(职位名,月薪?,招聘人数,招聘要求*,工作地点,发布日期,负责人+)>
```

分析：职位名只出现一次，招聘要求可出现零次或多次，月薪可出现零次或一次，负责人必然出现一次以上，招聘人数只出现一次。

3）EMPTY 内容。常包含一些非字符数据，如图像数据、音乐数据等，其声明语法如下：

```
<!ELEMENT 元素名 EMPTY>
```

4）ANY 内容。所有可能的元素以及可析字符数据，都可以是所声明的元素的内容。

```
<!ELEMENT 元素名 ANY>
```

5）混合内容。元素既可以含有可析字符数据，也可以含有标签文本，其声明语法如下：

```
<!ELEMENT 元素名(#PCDATA|子元素1|子元素2|子元素3)>
```

2．属性表的声明

属性由“=”分割开的属性名值对构成，它只能出现在元素标签的内部，其包含了有关元素的信息。属性表的声明语法如下：

```
<!ATTLIST 对应的元素名 属性名属性取值类型  属性默认值>
```

在 XML 文档中：

```
<月薪  货币单位="人民币">6000</月薪>
```

对应的 DTD 文档中：

```
<!ELEMENT 月薪(#PCDATA)>
<!ATTLIST 月薪  货币单位  CDATA"人民币">
```

1）属性的取值类型。属性取值类型有很多种，如下所示：

- CDATA：可以解析的字符数据。
- Enumerated：枚举型，取值必须从中选出。
- ENTITY：在 DTD 中声明的实体。
- ENTITIES：在 DTD 中声明的若干个实体。
- ID：取值在文档中必须是唯一的。
- IDREF：文档中某个元素的 ID 属性值。
- NMTOKEN：任意不含空格的 XML 名称。
- NMTOKENS：由空格分开的多个 XML 名称。
- NOTATION：在 DTD 中声明的记号名。

2）默认声明。默认声明可以有 4 种默认设置：#REQUIRED、#IMPLIED、#FIXED+默认值、默认值。

- #REQUIRED：说明必须为元素提供该属性。
- #IMPLIED：说明元素可以包含该属性，也可以不包含该属性。
- #FIXED+默认值：说明一个固定的属性默认值，文档的编写者不能修改该属性的值。
- 默认值：同上一种几乎差不多，只不过该属性值可以改变。

3. 记号声明

所谓记号声明就是用记号标识非 XML 格式数据，应用程序就利用记号来识别和处理数据，记号用于描述非 XML 格式的数据。在 DTD 中，NOTATION 声明为特殊的数据类型制作记号。记号声明的语法如下：

```
<!NOTITION 记号名  SYSTEM "外部标识">
```

例如：

```
<!NOTITION TIFF SYSTEM "Image/tiff">
```

18.4.4　几个有关 DTD 的简单实例

【实例 18-7】为了让读者对 DTD 文档有个大概的了解，同时能够熟悉 DTD 文档的编写，本节将举几个简单的实例。

下面将列举一个关于雇员的简单实例，具体内容如下：

```
01    <?xml version="1.0" encoding="gb2312"?>
02    <!DOCTYPE company[
03    <!ELEMENT company(employee|manager)*>        //声明一个元素及其子元素
```

```
04  <!ELEMENT employee(name)>                          //声明一个元素及其子元素
05  <!ELEMENT manager EMPTY>                           //声明了manager的类型
06  <!ELEMENT name(#PCDATA)>                           //声明它是一个字符串类型
07  <!ATTLIST employee sn ID #REQUIRED>                //规定它必须被提供属性值
08  <!ATTLIST manager mgrid IDREF #REQUIRED>           //规定它必须被提供属性值，但必须
09                                                     //是其中一个元素的属性值
10  ]>
11  <company>
12   <employee sn="300212">
13     <name>赵浩</name>
14   </employee>
15   <employee sn="300213">
16     <name>李丽</name>
17   </employee>
18   <manager mgrid="300212"/>
19  </company>
```

【代码说明】 这个实例其实很简单，在 company 元素中有两个职员。每个职员拥有一个唯一的 sn 号，而职员中一个是经理。

【运行效果】 浏览器中的效果如图 18-6 所示。

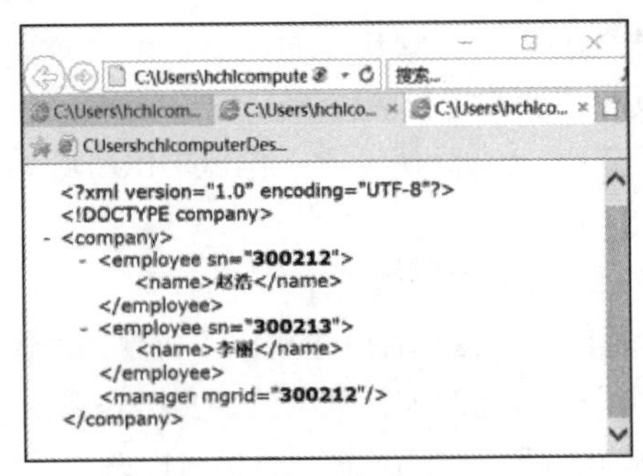

图 18-6 浏览器中的效果

【实例 18-8】 下面列举一个有关借书的实例，其代码如下：

```
01  <?xml version="1.0" encoding="UTF-8"?>
02  <!DOCTYPE library[
03  <!ELEMENT library (books|records)>                 //声明一个元素及其子元素
04  <!ELEMENT books (book+)>                           //声明一个元素及其子元素
05  <!ELEMENT book (title)>                            //声明一个元素及其子元素
06  <!ELEMENT title (#PCDATA)>                         //声明它是一个字符串类型
07  <!ELEMENT records (item*)>                         //声明一个元素及其子元素
08  <!ELEMENT item (date,person)>                      //声明一个元素及其子元素
09  <!ELEMENT date (#PCDATA)>                          //声明它是一个字符串类型
10  <!ELEMENT person EMPTY>
11  <!ATTLIST book bookid ID #REQUIRED>                //规定它必须被提供属性值
12  <!ATTLIST person name CDATA #REQUIRED>
13  <!ATTLIST person borrowed IDREFS #REQUIRED> //规定它必须被提供属性值，但必须
14                                                     //是其中一个元素的属性值
15  ]>
16  <library>
17   <books>
```

```
18    <book bookid="1-1-2">
19      <title>XML详解</title>
20    </book>
21    <book bookid="1-1-3">
22      <title>Java程序设计入门</title>
23    </book>
24    <book bookid="1-1-1">
25      <title>c程序设计入门</title>
26    </book>
27    </books>
28    <records>
29      <item>
30       <date>2019-9-3</date>
31       <person name="anson" borrowed="1-1-2 1-1-1"/>
32      </item>
33      <item>
34       <date>2019-3-3</date>
35       <person name="John" borrowed="1-1-2 1-1-3"/>
36      </item>
37    </records>
38  </library>
```

【代码说明】上面的 XML 文档列出了某个人借书的一些情况。其实熟悉 HTML 的读者可以发现 XML 文档与 HTML 最大的不同点在于：XML 可以自定义标签，而 HTML 不能自定义标签，其标签都是事先规定好的，并且不容更改。

【运行效果】上述代码的效果可直接在浏览器中查看，如图 18-7 所示。

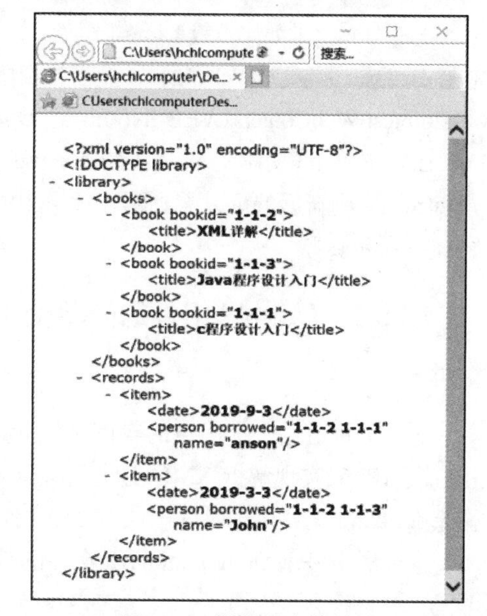

图 18-7 浏览器中的效果

18.5 关于 XML 文档的操作

到目前为止，如果想利用基于树的思想来操作 XML 文件，可以使用 Dom、JDom 和 Dom4J 组件。由于大名鼎鼎的 Hibernate 框架使用 Dom4J 组件来读取名为 hibernate.cfg.xml 的 XML 配置文件，所以本节将使用 Dom4J 组件来操作 XML 文档。

18.5.1 下载 Dom4J 组件

Dom4J 组件是一个非常优秀的操作 XML 文件的 Java XML API，该组件不仅性能优异、功能强大，而且还非常容易使用。同时由于该组件是一个开放源代码的软件，所以许多开源产品使用 Dom4J 组件读取 XML 文件，例如 Sun 公司的 JAXM 等。目前 Dom4J 最新版本为 2.1.1。首先登录 Dom4J 组件下载网站（https://dom4j.github.io/），根据自己电脑安装的 Java 版本选择相适应的 dom4j 组件，然后单击“Download”按钮开始下载即可，如图 18-8 所示。

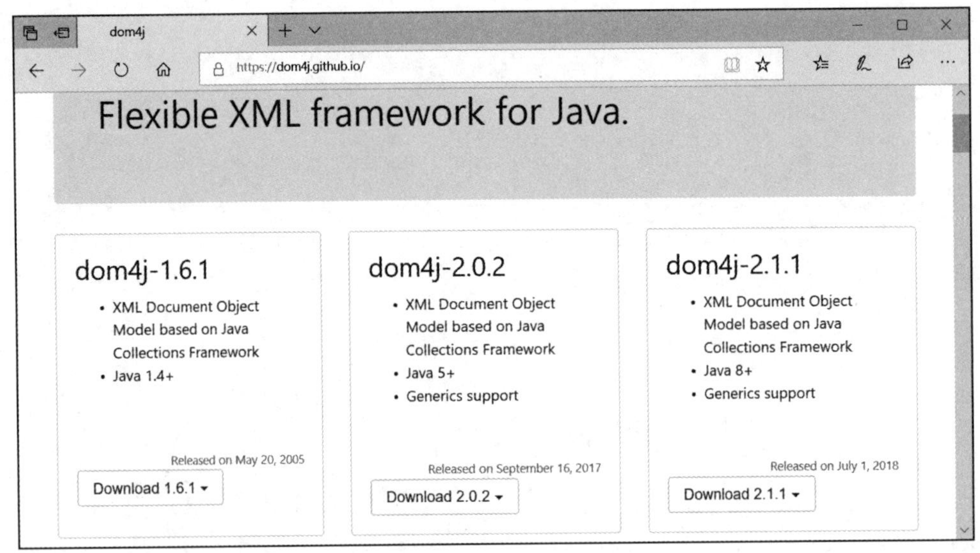

图 18-8　Dom4J 组件下载页

18.5.2　配置 Dom4J 组件

上一节介绍了如何下载 Dom4J 组件，下载完该文件后就可以在 Java Web 项目中使用该组件。首先在 Eclipse 中创建 Web 项目，然后找到 Web 项目所在目录中的 lib 文件夹，如 D:\javawokspace\webdomtest\WebContent\WEB-INF\lib，把 Dom4J 组件(如 dom4j-1.6.1.jar)存放在 lib 文件夹下，最后在 Eclipse 中单击菜单“File”-“Refresh”刷新后就可以看到刚存放进来的 Dom4J 组件。如图 18-9 所示。

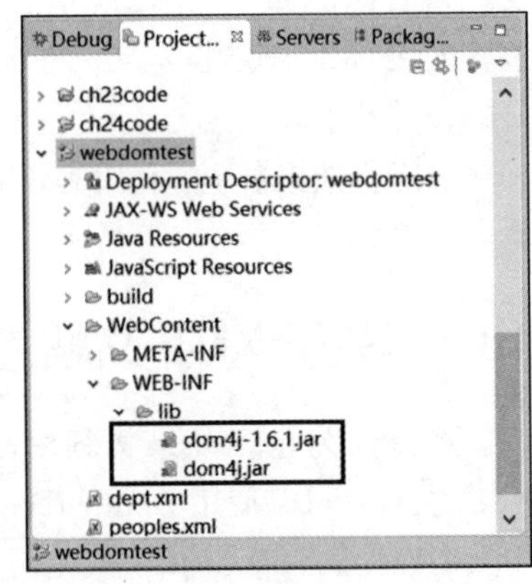

图 18-9　配置 Dom4J 组件

18.5.3　Dom4J 组件的简单使用——解析 XML 文件

本小节将通过一个简单的实例来讲解，如何通过 Dom4J 组件的 API 来实现解析 XML 文件。Dom4jApp.java 文件用来解析 dept.xml 文件，同时输出该 XML 文件里的内容。

【实例 18-9】Dom4jApp.java 文件的具体内容如下：

```
01  import org.dom4j.io.SAXReader;
02  import java.io.File;
03  import java.util.*;
04  import org.dom4j.*;
05  public class Dom4jApp {                              //创建一个Dom4jApp1类

06      public static void parseXML()                   //创建parseXML方法解析XML文件
07      {
08          SAXReader parser=new SAXReader();            //获取解析对象
09          try{
10              Document doc=parser.read(new File("dept.xml"));//读取dept.xml文件
```

```
11                //获取和输出根元素
12                Element root=doc.getRootElement();       //获取根元素对象
13                String rootName=root.getName();          //获取根元素对象名称
14                System.out.println(rootName);            //输出根元素名称
15                //获取和输出儿子元素
16                List<Element> list=root.elements();      //获取根元素下的儿子对象
17                //遍历根元素下的儿子对象
18                for(Element e:list)
19                {
20                    String eName=e.getName();            //获取儿子对象的名字
21                    System.out.println(eName);           //输出儿子对象的名称
22                    List<Attribute> atts=e.attributes(); //获取当前儿子的属性对象
23                    //遍历儿子对象的属性
24                    for(Attribute att:atts)
25                    {
26                        String attName=att.getName();  //获取属性的名字
27                        String attValue=att.getValue();//获取属性的值
28                        System.out.println(attName+"---"+attValue);
29                    }
30                    //获取和输出孙子对象
31                    Iterator<Element> iter=e.elementIterator(); //获取孙子对象
32                    //遍历孙子对象
33                    while(iter.hasNext())
34                    {
35                        Element child=iter.next();
36                        String childName=child.getName();//获取孙子对象名称
37                        String childText=child.getText();//获取孙子元素的内容
38                        System.out.println(childName+"---"+childText);
39                    }
40                }
41            }catch(Exception e){
42                e.printStackTrace();
43            }
44        }
45        public static void main(String[] args)           //主函数
46        {
47            parseXML();                                  //调用parseXML()方法
48        }
49    }
```

【代码说明】

- 首先通过 Dom4j 组件 API 中 SAXReader 类创建一个解析对象。然后通过该类的 read()方法获取所要解析 XML 文件的 Document 对象。对于方法 read()，其参数为所要解析 XML 文件的路径。
- 如果想获取关于根元素的信息，首先可以通过 Document.getRootElement()方法获取根对象，而根对象拥有一个方法 getName()用来获取根元素的名称。
- 获取根元素的相关信息后，接着就需要获取儿子元素的相关信息。通过根元素对象的 elements()方法可以获取儿子元素对象，同理儿子元素对象中也存在方法 getName()可以获取该对象的名称。由于儿子元素一般会具有属性，所以根元素对象中还存在 attribute()方法，该方法可以获取属性对象。如果想获取属性的名称和值，就需要属性对象的 getName()和 getValue()方法。

- 在儿子元素里一般会存在好多个孙子元素，通过儿子对象的 elementIterator()就可以获取孙子对象。孙子对象一般没有属性，但是却有内容，这两个对象可以通过孙子对象的 getName()和 getText()方法获取。

【实例 18-10】 dept.xml 文件的具体内容如下：

```
01  <?xml version="1.0" encoding="UTF-8"?>
02  <depts>
03      <dept deptid="1">                              <!--编号为1的部门记录-->
04          <deptname>行政部</deptname>                <!--部门的名称-->
05          <deptnum>20</deptnum>                      <!--部门的号码-->
06          <deptdesc>行政相关</deptdesc>              <!--部门的描述-->
07      </dept>
08      <dept deptid="2">                              <!--编号为2的部门记录-->
09          <deptname>人事部</deptname>
10          <deptnum>30</deptnum>
11          <deptdesc>人事相关</deptdesc>
12      </dept>13    </depts>
```

【运行效果】 运行该文件的结果如图 18-10 所示。

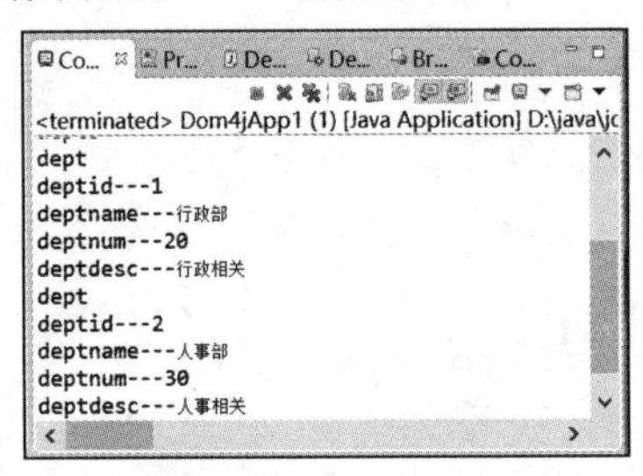

图 18-10 运行结果

【实例 18-11】 上述代码是针对一般 XML 文件的解析代码，比较复杂。如果只解析 dept.xml 文件，上述代码的具体内容可以修改为如下代码：

```
01  //导入相应的包
02  import org.dom4j.io.SAXReader;
03  import java.io.File;
04  import org.dom4j.*;
05  public class Dom4jApp {                               //创建一个Dom4jApp1类
06      public static void parseXML()                     //创建parseXML方法解析XML文件
07      {
08          SAXReader parser=new SAXReader();             //获取解析对象
09          try{
10              //关于根元素的相关信息
11              Document doc=parser.read(new File("dept.xml"));//读取dept.xml文件
12              Element root=doc.getRootElement();                //获取根对象
13              String rootName=root.getName();                   //获取根元素的名称
14              System.out.println(rootName);
15              //儿子对象的相关信息
16              Element e1=root.element("dept");                  //获取儿子对象
17              String eName=e1.getName();                        //获取儿子对象的名称
18              System.out.println(eName);
19              Attribute att=e1.attribute("deptid");             //得到儿子对象的属性对象
20              String attName=att.getName();                     //获取属性对象的名称
```

```
21                String attValue=att.getValue();              //获取属性对象的值
22                System.out.println(attName+"---"+attValue);
23                //名为deptname孙子对象的相关信息
24                Element e21=e1.element("deptname");          //获取孙子对象
25                String childName21=e21.getName();            //孙子对象的名称
26                String childText21=e21.getText();            //孙子对象的内容
27                System.out.println(childName21+"---"+childText21);
28                //名为deptnum孙子对象的相关信息
29                Element e22=e1.element("deptnum");
30                String childName22=e22.getName();
31                String childText22=e22.getText();
32                System.out.println(childName22+"---"+childText22);
33                //名为deptdesc孙子对象的相关信息
34                Element e23=e1.element("deptdesc");
35                String childName23=e23.getName();
36                String childText23=e23.getText();
37                System.out.println(childName23+"---"+childText23);
38            }catch(Exception e){
39                e.printStackTrace();
40            }
41        }
```

18.5.4 Dom4J 组件的简单使用——创建 XML 文件

【实例 18-12】本节将通过一个简单的实例来讲解，如何通过 Dom4j 组件的 API 来创建 XML 文件。java 文件用来实现创建文件，具体内容如下：

```
01  import java.io.FileOutputStream;
02  import java.io.OutputStream;
03  import org.dom4j.*;
04  import org.dom4j.io.*;
05  public class CreateXML{                                  //创建一个类CreateXML
06      public static void createXML()                       //定义方法createXML 创建XML文件
07      {
Document doc = DocumentHelper.createDocument();          //获取Document对象
08          doc.addComment("人的信息xml文件");                //设置注释信息
09          // 设置根元素
10          Element root = doc.addElement("peoples");//为Document对象设置根元素
11          // 设置第一个儿子元素
12          Element p1 = root.addElement("person"); //为根对象设置儿子元素
13          p1.addAttribute("pid", "1");                     //设置儿子元素的属性
14          p1.addComment("第一个人");                        //设置儿子元素的注释
15          // 设置孙子元素
16          Element pnameEle = p1.addElement("pname");//为儿子对象设置孙子元素
17          pnameEle.setText("张三");                         //设置孙子对象的内容
18          Element psexEle = p1.addElement("psex");
19          psexEle.setText("男");
20          Element pageEle = p1.addElement("page");
21          pageEle.setText("20");
22          Element phoneEle = p1.addElement("phone");
23          phoneEle.setText("13556746645");
24          // 设置第二个儿子元素
25          Element p2 = root.addElement("person");
```

```
26            p2.addAttribute("pid", "2");
27            p2.addComment("第二个人");
28            // 设置孙子元素
29            Element pnameEle2 = p2.addElement("pname");
30            pnameEle2.setText("张三");
31            Element psexEle2 = p2.addElement("psex");
32            psexEle2.setText("男");
33            Element pageEle2 = p2.addElement("page");
34            pageEle2.setText("20");
35            Element phoneEle2 = p2.addElement("phone");
36            phoneEle2.setText("13556746645");
37            // 设置第三个儿子元素
38            Element p3 = p2.createCopy();           //通过第二儿子复制设置第三个儿子
39            p3.addComment("第三个人");
40            p3.attribute("pid").setValue("3");      //修改第三个儿子的属性
41            p3.element("pname").setText("李四");    //修改第三个儿子的孙子元素
42            root.add(p3);                           //第三个儿子添加到根元素里
43            try {
44                //定义把document进行输入的格式
45                OutputFormat format = new OutputFormat();
46                format.setEncoding("utf-8");        //输入的编码格式
47                format.setIndent(true);             //输入是否缩进
48                format.setIndent("  ");             //输入缩进的间距
49                format.setNewlines(true);           //换行输出
50                format.setSuppressDeclaration(true);
51                OutputStream os = new FileOutputStream("peoples.xml");
52                XMLWriter writer = new XMLWriter(os, format);   //设置输出流的格式
53                writer.write(doc);                  //输出doc内容
54                writer.close();                     //关闭资源
55                os.close();                         //关闭资源
56            } catch (Exception e) {
57                e.printStackTrace();
58            }
59        }
60        public static void main(String[] args)      //主函数
61        {
62            createXML();                            //调用createXML方法
63            System.out.println("创建XML文件成功! ");
64        }
65    }
```

【代码说明】

- 创建 XML 文件正好与解析 XML 文件相反，首先创建 Document 对象，然后按照树形结构设置该对象的各种元素。
- 如果想创建 Document 对象，可以通过工厂类 DocumentFactory 的方法 createDocument()来实现。
- 如果想设置 Document 对象的根元素，可以通过该对象的 addElement()方法来实现。
- 如果想设置根元素对象的儿子元素，可以通过该对象的 addElement()方法来实现。由于儿子元素一般需要设置属性和孙子元素，所以儿子元素对象还拥有 addAttribute()和 addElement()方法。

- ❑ 如果想设置孙子元素的内容，可以通过孙子对象的 setText()方法来实现。
- ❑ 如果两个儿子元素的内容基本相同，可以通过 createCopy()方法来复制一个元素。
- ❑ 设置好 Document 对象后，就可以通过输入流把 Document 对象输入到相应的 XML 文件里。

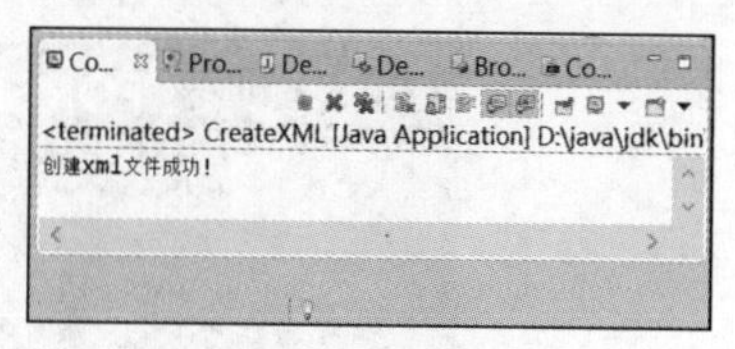

图 18-11　运行结果

【运行效果】运行该文件的结果如图 18-11 所示，而所创建的 XML 文件的具体内容如实例 18-13 所示。

【实例 18-13】关于 peoples.xml 文件的具体内容如下：

```
01  <!--人的信息xml文件-->
02  <peoples>
03    <person pid="1">
04      <!--第一个人-->
05      <pname>张三</pname>
06      <psex>男</psex>
07      <page>20</page>
08      <phone>13556746645</phone>
09    </person>
10    <person pid="2">
11      <!--第二个人-->
12      <pname>张三</pname>
13      <psex>男</psex>
14      <page>20</page>
15      <phone>13556746645</phone>
16    </person>
17    <person pid="3">
18      <!--第三个人-->
19      <pname>李四</pname>
20      <psex>男</psex>
21      <page>20</page>
22      <phone>13556746645</phone>
23    </person>
24  </peoples>
```

18.6　关于 XML 文档的高级操作

在使用 Dom4j 组件解析 XML 文件时，首先需要把关于 XML 文件的 DOM 树形结构存放在内存中，然后才能实现对该 XML 文件的解析。该种方式降低了处理大型 XML 文件的性能。为了解决上述问题，可以使用基于事件驱动的 Sax 组件。

18.6.1　下载 Sax 类库

Sax 全称 Simple API for XML，是由 David Megginson 采用 Java 语言开发的操作 XML 文件的 API。目前 Sax 组件的最新更新版本为 2.0.2。进入 Sax 组件相关 jar 文件的下载网站（https://sourceforge.net/projects/sax/），如图 18-12 所示。在该页面中单击“Download”按钮即可实现组件的下载。

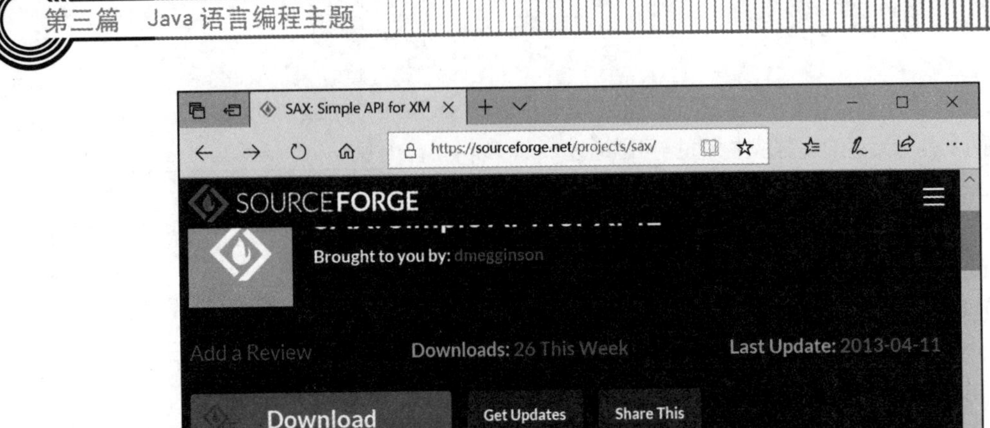

图 18-12　Sax 下载页面

18.6.2　配置 Sax 组件

上一小节介绍了如何下载 Sax 组件，下载完该组件后就可以在 Java Web 项目中使用该组件。

在 Eclipse 或 MyEclipse 中首先鼠标右键单击项目名，然后依次单击“Build Path” - “Configure Build Path”-“Libraries”-“Add External JARS…”，在弹出 JAR 选择对话框中选择下载的“sax2r2.jar”，最后单击”Apply and Close”即可。如图 18-13 所示。

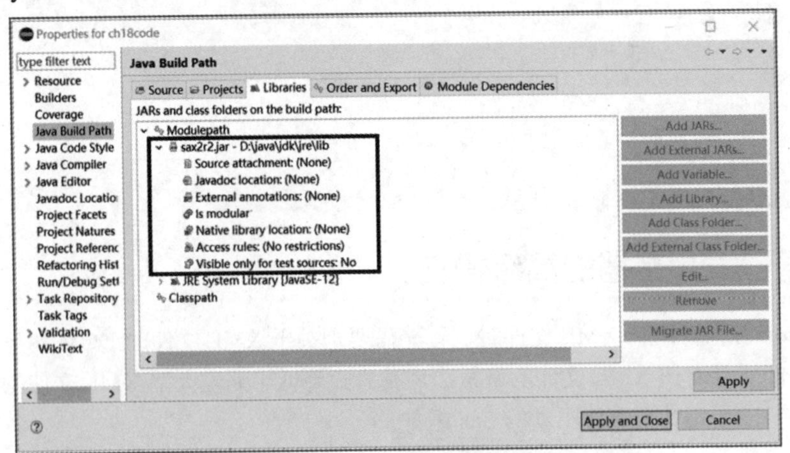

图 18-13　配置 sax 组件

18.6.3　Sax 组件的简单使用——解析 XML 文件

为了让读者对 Sax 组件有一个大致的了解，本章将实现 Sax 组件的简单运用——对 XML 文件的解析。由于 Sax 组件是基于事件的运行机制，所以在具体编写时与 Dom4j 组件完全不同。

【实例 18-14】 dept.xml 文件为所要解析的 XML 文件，具体内容如下：

```
01   <?xml version="1.0" encoding="UTF-8"?>
```

```
02    <depts>                                         <!--所有部门记录-->
03        <dept deptid="1">                           <!--编号为1的部门-->
04            <deptname>行政部</deptname>              <!--部门的名称-->
05            <deptnum>20</deptnum>                   <!--部门的号码-->
06            <deptdesc>行政相关</deptdesc>            <!--部门的描述-->
07        </dept>
08        <dept deptid="2">                           <!--编号为2的部门-->
09            <deptname>人事部</deptname>
10            <deptnum>3</deptnum>
11            <deptdesc>人事相关</deptdesc>
12        </dept>
13    </depts>
```

【实例 18-15】DeptHandler.java 文件用来解析 XML 文件，同时输出该 XML 文件里的节点名和节点间文本，具体内容如下：

```
01    //导入相应的包
02    import java.io.IOException;
03    import javax.xml.parsers.ParserConfigurationException;
04    import javax.xml.parsers.SAXParser;
05    import javax.xml.parsers.SAXParserFactory;
06    import org.xml.sax.SAXException;
07    import org.xml.sax.Attributes;
08    import org.xml.sax.helpers.DefaultHandler;
09    public class DeptHandler extends DefaultHandler {
10        int deptindex = 1;
11       //用来遍历xml文件的开始标签
12        public void startElement(String uri, String localName, String qName,Attributes
          attributes) throws SAXException {
13        //调用DefaultHandler类的startElement方法
14        super.startElement(uri, localName, qName, attributes);
15        //开始解析book元素的属性
16        if(qName.equals("dept")) {
17            System.out.println("------------现在开始遍历第" + deptindex + "部门---------");
18            //已知dept元素下属性的名称，根据名称获取属性值
19            String value = attributes.getValue("deptid");
20            System.out.println("dept的属性值是：" + value);
21            //不知道dept元素下属性的名称以及个数，如何获取元素名称及属性
22            int num = attributes.getLength();
23            for(int i = 0;i < num;i++) {
24                System.out.print("第" + (i + 1) + "个dept元素的属性名是" + attributes.getQName(i));
25                System.out.println("----dept元素的属性值是" + attributes.getValue(i));
26            }
27        }else if(!qName.equals("dept") && !qName.equals("depts")){
28            System.out.print("节点名是" + qName);
29        }
30    }
31     //用来遍历xml文件的结束标签
32    public void endElement(String uri, String localName, String qName) throws SAXException {
33        super.endElement(uri, localName, qName);
34        if(qName.equals("dept")) {
35            System.out.println("------------结束遍历第" + deptindex++ + "部门---------");
36        }
37    }
```

```
38    //用来表示解析开始
39    public void startDocument() throws SAXException {
40        super.startDocument();
41        System.out.println("SAX解析开始");
42    }
43    //用来表示解析结束
44    public void endDocument() throws SAXException {
45        super.endDocument();
46        System.out.println("SAX解析结束");
47    }
48    public void characters(char[] ch, int start, int length) throws SAXException {
49        super.characters(ch, start, length);
50        String value = new String(ch, start, length);
51        //通过trim()截掉空格和换行符，如果是空字符则跳过if执行语句
52        if(!value.trim().equals(""))
53            System.out.println("节点值为" + value);
54    }
55    //主方法
56    public static void main(String[] args) {
57        //获取一个SAXParserFactory的实例
58        SAXParserFactory factory = SAXParserFactory.newInstance();
59        try {
60            //通过factory获取SAXParser的实例
61            SAXParser parser = factory.newSAXParser();
62            //创建SAXParserHandler对象
63            DeptHandler handler = new DeptHandler();
64            parser.parse("D:\\javawokspace\\ch18code\\src\\ch18code\\dept.xml", handler);
65        } catch (ParserConfigurationException e) {
66            e.printStackTrace();
67        } catch (SAXException e) {
68            e.printStackTrace();
69        } catch (IOException e) {
70                e.printStackTrace();
71        }
72    }
73 }
```

【代码说明】

1）Sax 组件是基于事件的 XML 组件，即在解析 XML 时候会发生相应的事件，而句柄拦截器则会拦截到相应事件，进而在拦截事件的方法中获取结果，以达到解析的目的。具体流程如图 18-14 所示。

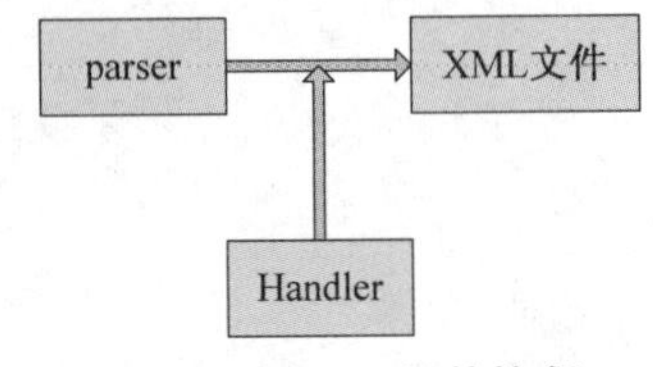

图 18-14 Sax 组件流程

2）当 XML 文件被 XMLReader 解析器解析时会发生如下的事件。

- startDoucument 事件：该方法在开始解析 XML 文档时发生。
- startElement 事件：该方法在开始解析 XML 文档的开始元素标记时发生。
- characters 事件：该方法在开始解析 XML 文档的开始元素和结束元素标记间的内容时发生。
- endElement 事件：该方法在开始解析 XML 文档的结束元素标记时发生。
- endDoucument 事件：该方法在结束解析 XML 文档时发生。

3）当发生各种解析事件时，会使用 XMLReader 解析器设定的拦截器（handler）来拦截相应的事件，进而在相应的事件中得到解析的结果。

4）在 startElement(String uri, String localName, String qName, Attributes attributes)解析开始元素标记方法中，参数 uri 表示该元素的命名空间、参数 localName 表示该元素的名称、参数 qName 表示该元素的属性名、参数 attributes 表示该元素的属性值。

5）在 characters(char[] ch, int start, int length)方法中，之所以会出现 3 个参数，主要是因为需要通过 String(ch,start,length)方法输出相应内容。

【运行效果】 编译和运行该程序后，其运行结果如图 18-15 所示。

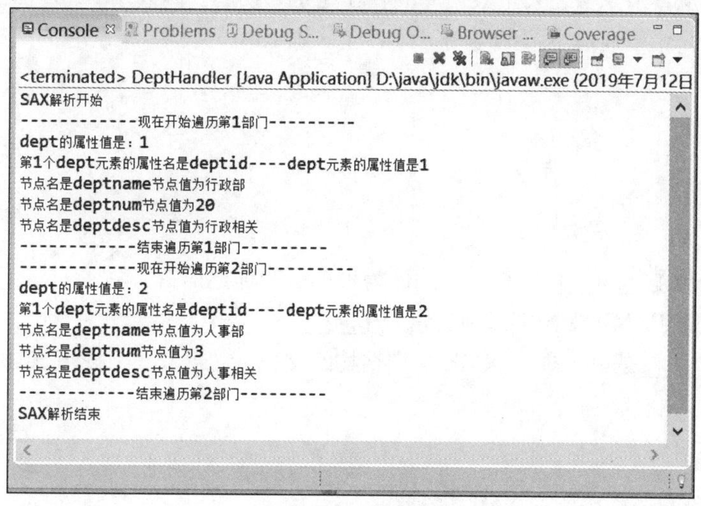

图 18-15　运行结果

18.7　常见疑难解答

18.7.1　XML 与 HTML 的区别

它们之间有着很多共同点和不同点，下面具体分析。

- XML 不是要替换 HTML，实际上 XML 可以视作是对 HTML 的补充。XML 和 HTML 的目标不同：HTML 的设计目标是显示数据并集中于数据外观，而 XML 的设计目标是描述数据并集中于数据的内容。
- 与 HTML 相似，XML 不进行任何操作，虽然 XML 标记可用于描述订单项的结构，但它不包含可用于发送或处理该订单，以及确保按该订单交货的任何代码。程序中必须编写代码，来实现对 XML 格式数据的操作。
- 与 HTML 不同，XML 标记由架构或文档的作者定义，并且是无限制的。HTML 标记则是预定义的，HTML 作者只能使用当前 HTML 标准所支持的标记。

18.7.2　XML 有哪些显示数据的方式

有多种方式可用于显示（或提供）XML 数据，数据绑定的机制可与样式表一起使用，以可视形式展示 XML 数据，并添加交互性。以下是显示 XML 的几种方法：

- ❑ XSLT：可扩展样式表语言。
- ❑ CSS：级联样式表。
- ❑ IE 浏览器。

18.8 小结

XML 是一种数据表示的格式，所有语言都增加了与 XML 的交互技术。虽然有人说 XML 将来会取代数据库，但从目前来看，大型数据库的存在还是必要的。因为用 XML 描述复杂关系型数据还是有一定困难的。希望通过本章的学习，读者能认识 XML 文档，了解它的文档结构，会写简单的 XML 片段。

18.9 习题

一、填空题

1．XML 的全称是______________，翻译为可扩展的标记语言。

2．在一个完整的 XML 文档中必须包含一个______________。

3．______________是一个规范 XML 文档结构的文档，它起着一个规范 XML 中数据的数据结构的作用。

二、上机实践

1．写一个简单的书籍卖场的 XML 文档。

【提示】 仿照实例 18-1 进行设计创建。

2．通过本章的 Dom4J 组件知识来解析一个简单的 XML 文档，该文档的具体内容如下：

```
<?xml version="1.0" encoding="GB2312" standalone="no"?>
<books>
    <book email="zhoujunhui">
        <name>rjzjh</name>
        <price>jjjjjj</price>
    </book>
</books>
```

【提示】 通过 Dom4J 组件来实现解析。

第 19 章 开发工具的使用

本章将介绍两个功能更加强大的开发工具：Eclipse 和 MyEclipse。Eclipse 是目前最流行的 Java 集成开发工具之一，为编程人员提供了一流的 Java 开发环境。根据 Eclipse 的体系结构，通过开发插件，它能扩展到支持任何语言的开发和支持任何类型的项目，插件成为 Eclipse 平台最具特色的特征之一。更难能可贵的是，Eclipse 是一个开放源代码的项目。任何人都可以下载 Eclipse 的源代码，并且在此基础上开发自己的功能插件。Eclipse 可以无限扩展，而且有着统一的外观、操作和系统资源管理，这也正是其潜力所在。

MyEclipse 是在 Eclipse 基础上，加上自己的插件开发而形成的功能强大的企业级集成开发环境，主要用于 Java、Java EE、移动应用和云的开发。MyEclipse 的功能非常强大，支持也十分广泛，尤其是对各种开源产品的支持相当不错。但是 MyEclipse 产品是要收费的。

本章重点：

- ❑ Eclipse 的界面。
- ❑ Eclipse 开发工程。
- ❑ Eclipse 中开发完整案例的过程。
- ❑ MyEclipse 开发工具。

19.1 Eclipse 简介

2001 年 11 月，IBM 公司宣布捐出 4000 万美金，用来给开放源码的 Eclipse 项目开发软件。如此受青睐的 Eclipse 是什么样子？如何使用？本章会使读者对 Eclipse 有一个初步的认识。虽然目前 Eclipse 项目还在不断进行升级，但从已有的版本中，已经能领略到 Eclipse 设计的主导思想和主要功能特点。

如果参加到 Eclipse 项目的开发中，或阅读其开放源代码，对程序员而言是提高编程水平的好机会。Eclipse 计划提供多个平台的版本，如 Windows、Linux、Mac Cocaa，以下只介绍 Windows 平台版本。

Eclipse 项目分成如下 3 个子项目：

- ❑ 平台（Platform）
- ❑ 开发工具箱（Java Development Toolkit，JDT）
- ❑ 外挂开发环境（Plug-in Development Environment，PDE）

这些子项目又细分成更多子项目。例如 Platform 子项目包含数个组件，如 Compare、Help 与 Search。JDT 子项目包括 3 个组件：User Interface（UI）、核心（Core）及排错（Debug）。下面介绍一下 Eclipse 版本方面的知识。

- 可以从 eclipse.org 网站（http://www.eclipse.org/downloads）下载 Eclipse，以 Java 为插件的 Eclipse 安装包包括 Eclipse IDE Enterprise Java Developer、Eclipse IDE for Java Develop。Eclipse IDE Enterprise Java Developer 企业级 Java 开发版本，该版本适用于 eclipse.org 上开发 Eclipse 本身的包，基于 Eclipse 平台添加了 PDE、Git、Marketplace 客户端、源代码和开发人员文档。
- Eclipse IDE for Java Develop——Java 开发版本，该版本是 Java 开发人员必备的工具，包括 Java IDE、Git 客户端、XML 编辑器、MyLyn、Maven 和 Gradle 集成。
- 作为一名初学者，或者非企业环境开发者，或者自学者，一般推荐选择下载安装 Eclipse IDE for Java Develop。本书下载安装的也是此版本。

19.1.1 下载并安装 Eclipse

Eclipse 在设计之初，就被定义为一个开放的可扩展的 IDE，它允许开发人员自己定义自己的插件，而无须理会别人的插件是如何运行的，这种基于插件的设计方式，使得 Eclipse 成为了一个可扩充的 IDE，并迅速在开发人员中流行。

要了解和熟悉 Eclipse 开发环境，首先需要下载 Eclipse 软件，其具体步骤如下：

1）在浏览器的地址栏中输入官网地址 https://www.eclipse.org/downloads/packages/，即可进入选择安装包界面，如图 19-1 所示。

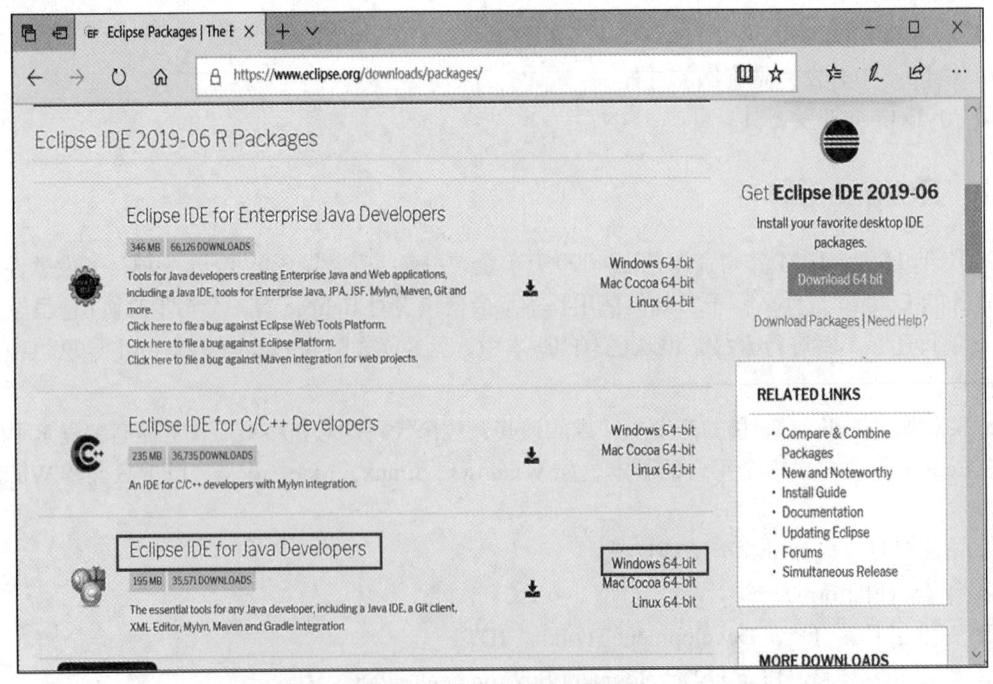

图 19-1 选择安装包界面

2）在 Eclipse 的选择安装包界面单击 Windows 64-bit 链接，进入 Eclipse 下载界面，如图 19-2 所示。

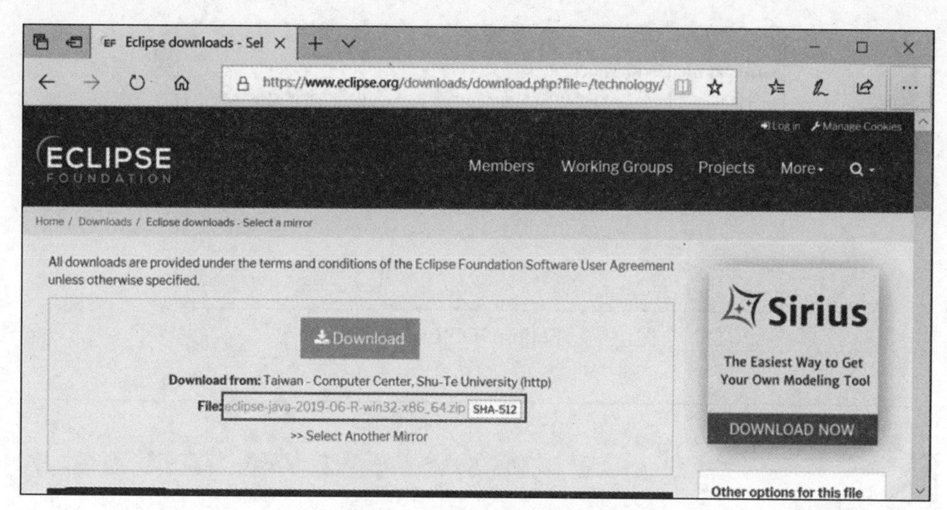

图 19-2　Eclipse 的下载界面

3）单击 eclipse-java-2019-06-R-win32-x86_64.zip 文件，弹出如图 19-3 所示文件保存界面，单击“保存”按钮。

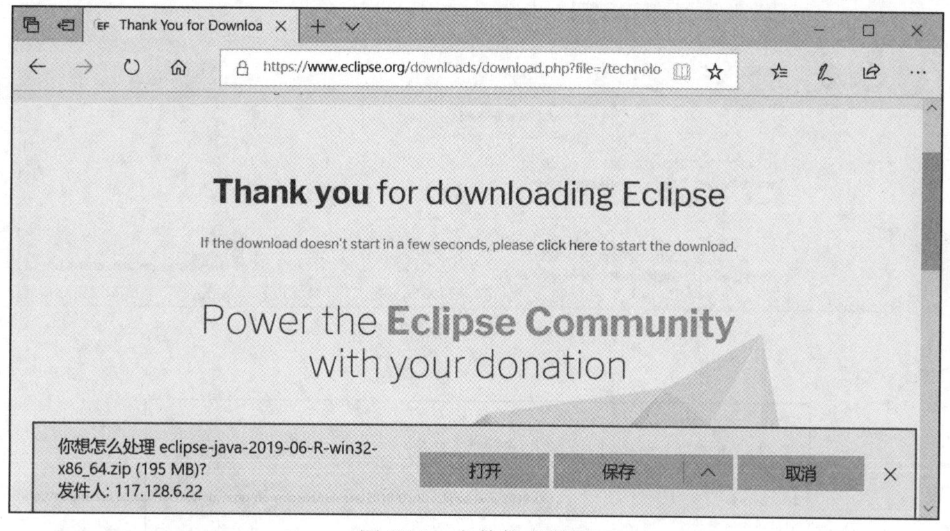

图 19-3　文件保存界面

4）下载完毕后，解压缩到硬盘即可。

19.1.2　Eclipse 界面介绍

进入解压缩的文件夹 eclipse-java-2019-06-R-win32-x86_64\eclipse,找到 eclipse.exe，用鼠标双击，弹出 Eclipse IDE 启动程序，如图 19-4 所示。

点击“Launch”按钮，进入“Welcome”界面，如图 19-5 所示。在此界面可以单击相应功能链接完成一些常见的操作，如单击“Create a new Java project”，即可完成新建一个 Java 项目。

单击图 19-5 欢迎界面的“Restore”按钮，即可打开 Eclipse 的界面,如图 19-6 所示。下面将针对这个界面，来了解如何使用 Eclipse 进行应用程序开发。

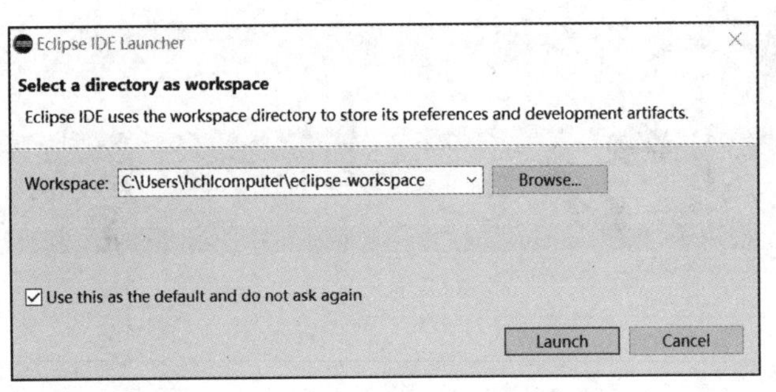

图 19-4 Eclipse IDE Launcher 界面

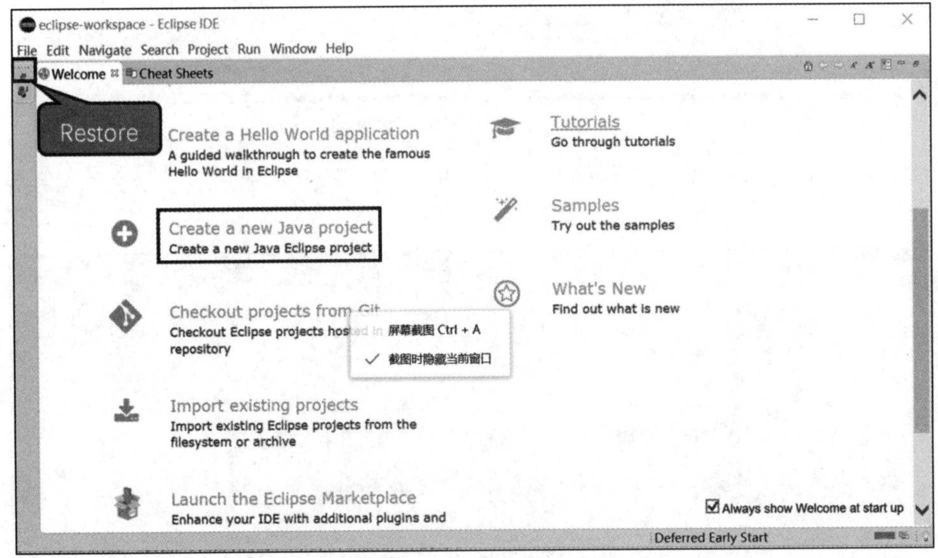

图 19-5 “Welcome”界面

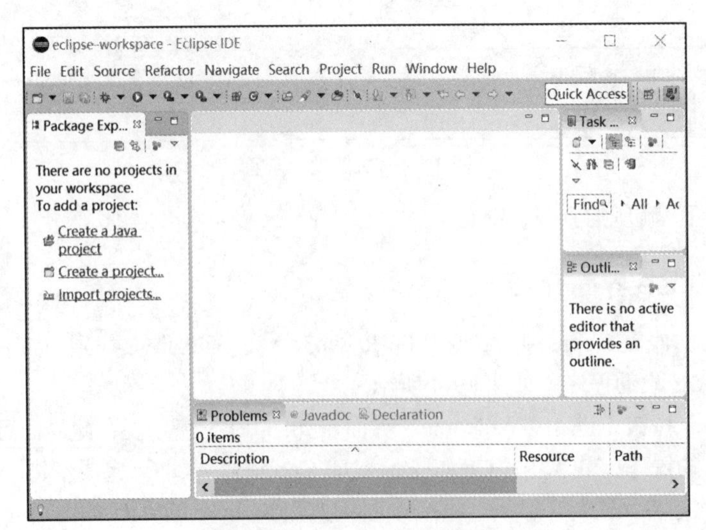

图 19-6 Eclipse 软件界面

Eclipse 平台由数种组件组成：平台核心（platform kernel）、工作台（workbench）、工作区（workspace）、团队组件（team component）以及说明组件（help）。

若要手动操作文件、复制或查看文件的大小，就必须知道文件放在哪里。但原文件系统会随着操作系统的改变而改变，这在不同操作系统下运行同一个程序可能会发生问题。为了解决此问题，Eclipse 在文件系统之上提供了一个抽象层级。换句话说，它不使用内含文件的阶层式目录/子目录结构，反之，Eclipse 在最高层级使用〔项目〕，并在项目之下使用文件夹。

说明　根据预设，项目对应workspace目录下的子目录，而文件夹对应项目目录下的子目录。在Eclipse项目内的所有内容均是以独立的方式存在。

1．平台核心

核心的任务是让每样东西动起来，并加载所需之外挂程序。当启动 Eclipse 时，先执行的就是这个组件，再由这个组件加载其他外挂程序。

2．工作区

工作区负责管理使用者的资源，这些资源会被组织成一个或多个项目，摆在最上层。每个项目对应到 Eclipse 工作区目录下的一个子目录。每个项目可包含多个文件和文件夹。通常每个文件夹对应到一个在项目目录下的子目录，但文件夹也可连到文件系统中的任意目录。

每个工作区维护一个低阶的历史记录，记录每个资源的改变。如此便可以立刻复原改变，回到前一个存储的状态，可能是前一天或是前几天，取决于使用者对历史记录的设定。此历史记录可将资源丧失的风险减到最少。

工作区也负责通知相关工具有关工作区资源的改变。工具可为项目标记一个项目性质（project nature），譬如标记为一个“Java 项目”。它还可在必要时提供配置项目资源的程序代码。

3．工作台

工作台是Eclipse中仅次于平台核心的最基本的组件，启动Eclipse后出现的主要窗口就是这个。workbench 的工作很简单，它不懂得如何编辑、执行、排错，它只懂得如何找到项目与资源（如文件与文件夹）。若有它不能做的工作，就会丢给其他组件，例如 JDT。

工作台看起来像是操作系统内建的应用程序，可以说是 Eclipse 的特点，也是争议点。工作台本身可以说是 Eclipse 的图形操作接口，它使用 Eclipse 自己的标准图形工具箱和 JFace 的架构。SWT 会使用操作系统的图形支持技术，使得程序的外观感觉（look-and-feel）随操作系统而定。这一点和过去多数 Java 程序的做法很不同，即使是用 Swing，也没有这样过。

工作台会有许多不同种类的内部窗口，称之为视图（view），以及一个特别的窗口：编辑器。之所以称为视图，是因为这些窗口以不同的视野来看整个项目，Outline 视图可以看项目中 Java 类别的概略状况，而 Navigator 视图可以浏览整个项目。视图支持编辑器，且提供工作台中信息的替代、呈现或导览方式。〔Navigator〕视图会显示项目和其他资源。

视图有两个菜单：

- 第一个是用鼠标右键单击视图标签来访问的菜单，它可以利用类似工作台窗口相关菜单的相同方式来操作视图。

- 第二个菜单称为视图下拉菜单，访问方式是单击向下箭头。视图下拉菜单所包含的操作通常会套用到视图的全部内容，而不是套用到视图中所显示的特定项目。排序和过滤操作通常可在视图下拉菜单中找到。

19.2　如何使用 Eclipse 进行开发

使用 Eclipse 进行程序开发，有一个优点就是可以自动补全输入。如果读者使用过 Visual Studio 等开发工具，应该能很好地理解这个意思。如果没有这方面的经验，也没有关系。下面将通过一个编程实例，介绍如何使用它进行软件开发。

19.2.1　如何新建一个 Java 工程

创建一个 Java 工程的步骤如下：

1）打开 Eclipse 应用程序，单击“File”-“New”按钮，弹出如图 19-7 所示的选择菜单项目。工程在整个程序中作为一个项目组，其相当于一个成形的软件。该工程中包含类、包、接口等元素。把这些元素组合在一起打包成一个应用软件。

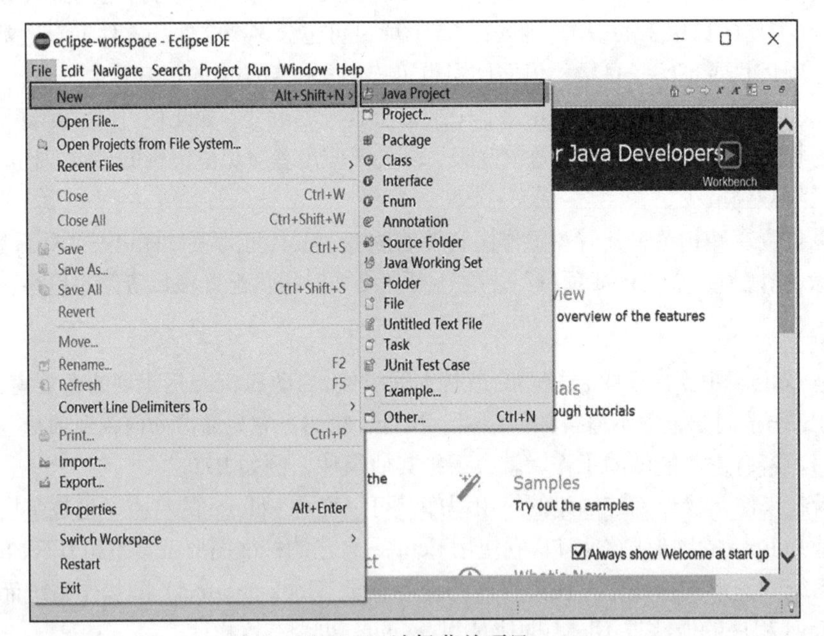

图 19-7　选择菜单项目

说明　在编写程序之前，必须要创建一个工程，否则一切都不可能开始。工程的创建就好比是一个应用程序框架的搭建，只有先创建了工程，才能往这个工程的框架里放入各种各样的元素。

2）单击“Java Project”，弹出新建项目对话框，输入项目名称，其他选项默认。如图 19-8 所示。

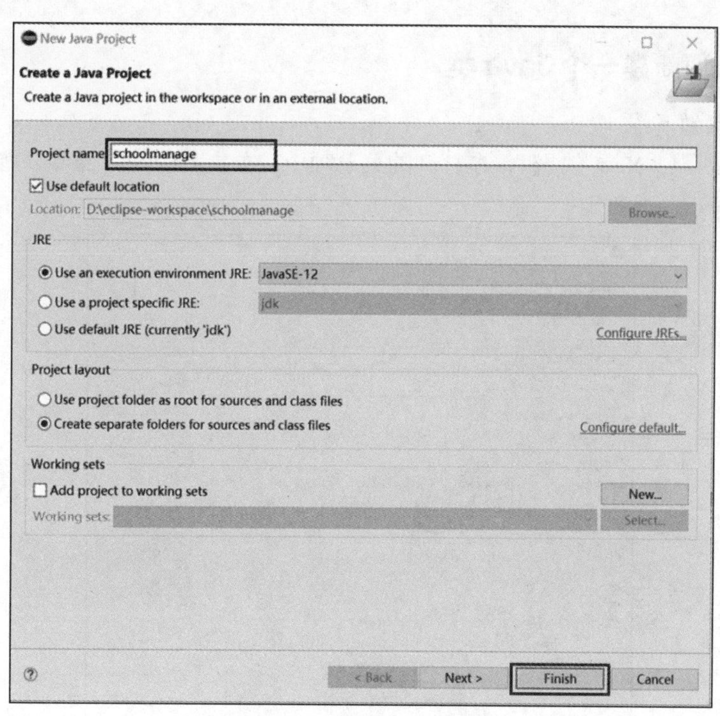

图 19-8　新建 Java 项目

3）单击“Finish”按钮，弹出创建模块名称对话框，可以根据实际需要选择“Create”按钮创建或选择“Don’t Create”按钮不创建。本次单击“Don’t Create”按钮，新项目创建完毕，如图 19-9 所示。

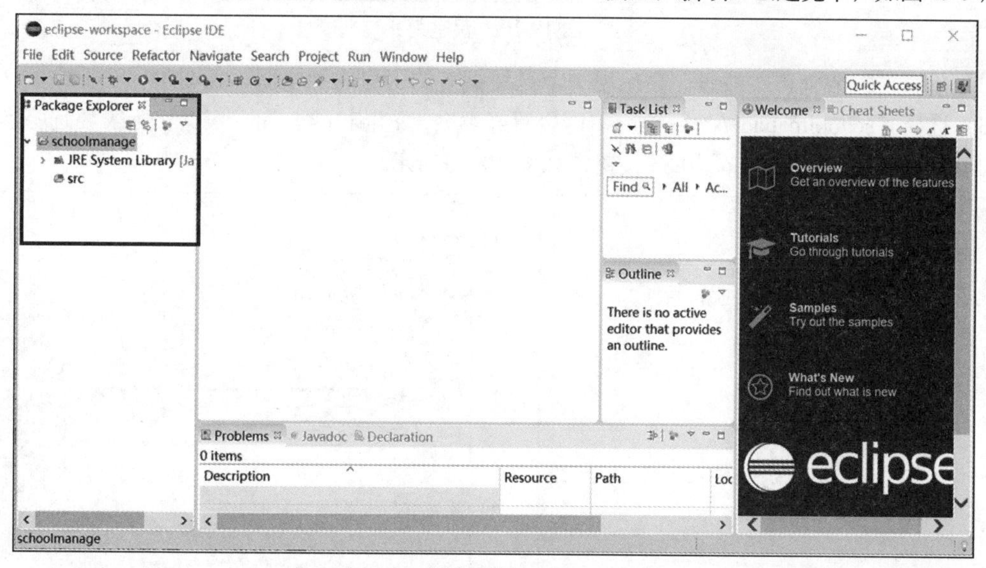

图 19-9　新建项目-schoolmanage

注意　如果系统中已经存在一个 Java 项目，则可以通过选择“File”-“Open Projects from File System…”打开项目。

19.2.2　如何新建一个 Java 类

创建类的步骤如下：

1）单击“File”-“New”按钮，在打开的菜单项中，单击“Class”菜单，弹出新建类的对话框，如图 19-10 所示。

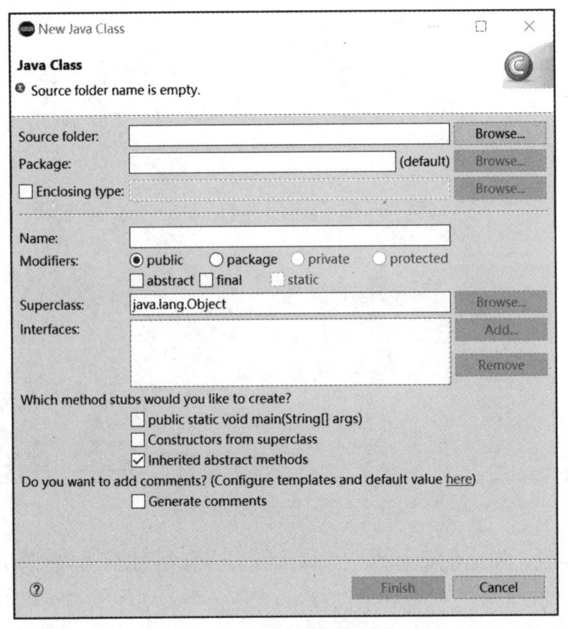

图 19-10　新建类

2）单击“Browse…”按钮，会出现一个已经拥有的工程的浏览图，如图 19-11 所示。

3）选择“schoolmanage/src”项后，再填写好类名，如 HelloWorld。根据实际需要选择类的访问控制符。默认选择“public”单选按钮。如图 19-12 所示。

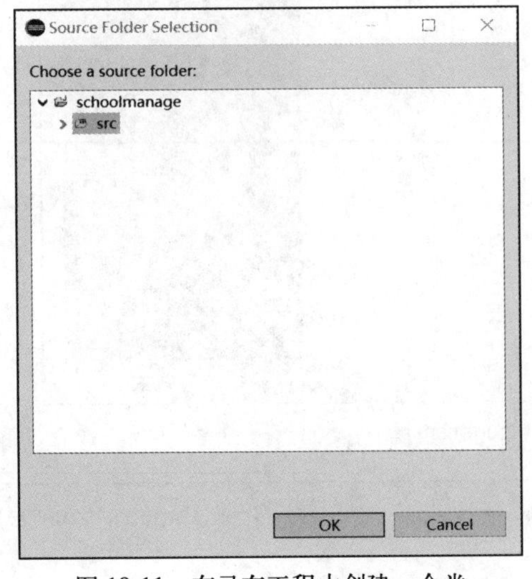

图 19-11　在已有工程中创建一个类

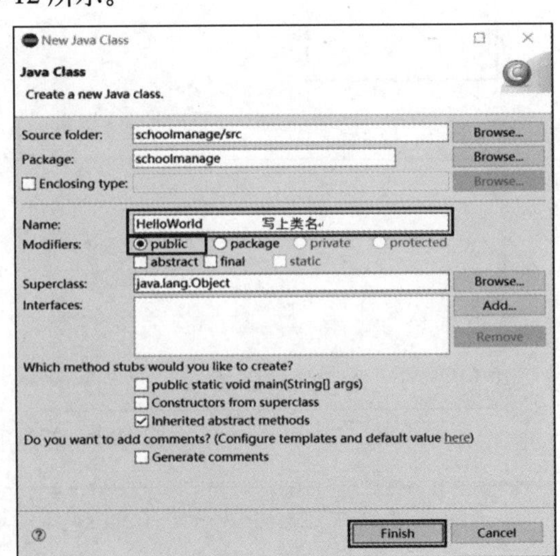

图 19-12　输入新类的名称

4）单击“Finish”按钮，类创建完毕。

19.2.3　编写代码

【实例 19-1】下面将列举一个使用 Eclipse 工具来编写的代码段。在这段程序中，将创建一个登录的界面系统。

```
01  //导入包
02  import javax.swing.*;
03  import java.awt.*;
04  public class Login extends JPanel {                          //创建继承面板的类
05      //创建成员变量
06      static final int WIDTH = 300;
07      static final int HEIGHT = 150;
08      //创建添加方法
09      public void add(Component c, GridBagConstraints constraints, int x, int y,
10              int w, int h) {
11          constraints.gridx = x;
12          constraints.gridy = y;
13          constraints.gridwidth = w;
14          constraints.gridheight = h;
15          add(c, constraints);                                 //调用方法add()
16      }
17      public static void main(String[] args) {                 //主方法
18          //创建窗口对象loginframe
19          JFrame loginframe = new JFrame("信息管理系统");
20          //设置窗口对象的关闭处理方法
21          loginframe.setDefaultCloseOperation(JFrame.EXIT_ON_CLOSE);
22          Login l = new Login();                               //创建login对象
23          GridBagLayout lay = new GridBagLayout();             //设置布局管理器对象
24          l.setLayout(lay);
25          //设置loginframe对象
26          loginframe.add(l, BorderLayout.WEST);
27          loginframe.setSize(WIDTH, HEIGHT);
28          //创建kit对象使其居中显示
29          Toolkit kit = Toolkit.getDefaultToolkit();
30          Dimension screenSize = kit.getScreenSize();
31          int width = screenSize.width;
32          int height = screenSize.height;
33          int x = (width - WIDTH) / 2;
34          int y = (height - HEIGHT) / 2;
35          loginframe.setLocation(x, y);                        //使窗口居中显示
36          //创建按钮对象
37          JButton ok = new JButton("登录");
38          JButton cancel = new JButton("放弃");
39          //创建标签对象
40          JLabel title = new JLabel("信 息 系 统 登 录 窗 口");
41          JLabel name = new JLabel("用户名");
42          JLabel password = new JLabel("密 码");
43          //创建文本输入框和密码框对象
44          JTextField nameinput = new JTextField(15);
45          JPasswordField passwordinput = new JPasswordField(15);
```

```
46            //创建和设置对象constraints
47            GridBagConstraints constraints = new GridBagConstraints();
48            constraints.fill = GridBagConstraints.NONE;
49            constraints.anchor = GridBagConstraints.EAST;
50            constraints.weightx = 3;
51            constraints.weighty = 4;
52            //添加各种对象到对象l中
53            l.add(title, constraints, 0, 0, 4, 1);
54            l.add(name, constraints, 0, 1, 1, 1);
55            l.add(password, constraints, 0, 2, 1, 1);
56            l.add(nameinput, constraints, 2, 1, 1, 1);
57            l.add(passwordinput, constraints, 2, 2, 1, 1);
58            l.add(ok, constraints, 0, 3, 1, 1);
59            l.add(cancel, constraints, 2, 3, 1, 1);
60            //设置窗口不可变
61            loginframe.setResizable(false);
62            loginframe.show();                              //使窗口可显示
63        }
64    }
```

【代码说明】

从第 36~45 行可以看出这些代码是界面的组成元素，包括按钮和文本框。第 44 行是一个普通的文本框，第 45 行是一个密码文本框。第 53~59 行是将这些按钮、标签等元素添加到窗体中。第 62 行显示窗体。

【运行效果】将程序代码写入工作区前面创建的相应的类中。如果有错误，在图中会自动显示出来。在图中有叉号、问号等红色符号，那就表示此语句有错误，如图 19-13 所示。单击工具栏中的“运行”按钮，结果如图 19-14 所示。

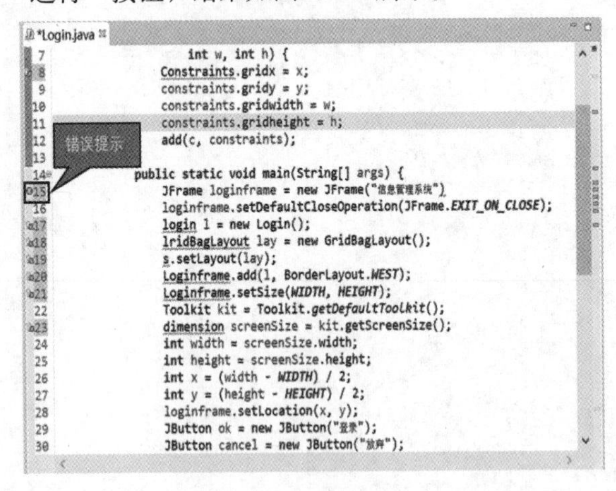

图 19-13　代码的编写

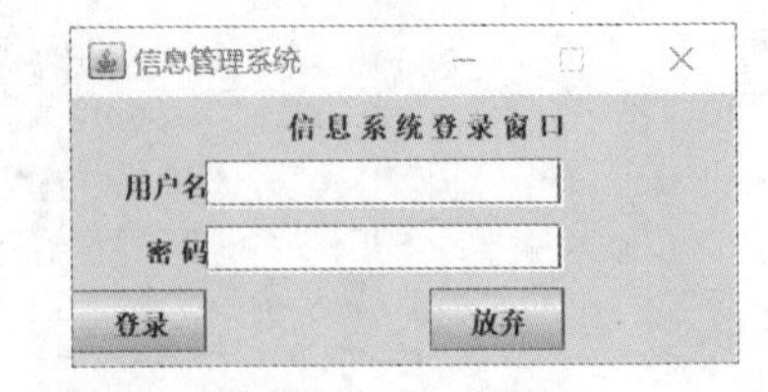

图 19-14　运行窗口

19.3　如何使用 MyEclipse 进行开发

MyEclipse 是由 Genuitec 公司开发的一款商业软件，本质上它是基于 Eclipse IDE 的 Java EE 集成开发环境。该软件除了支持代码编写、调试、测试和发布功能外，还完整支持 HTML、Struts、

JSP、CSS、Javascript、Spring、SQL 等各个方面的功能。

19.3.1　下载并安装 MyEclipse

MyEclipse 从本质上讲是基于 Eclipse IDE 的 JavaEE 方面的插件，是专门为方便 JavaEE 项目开发而设计的，从 2015 版开始，MyEclipse 下载包统一包含了 Standard、Pro、Blue 和 Spring 五个版本，不作单独区分。笔者写作时使用的版本为 myeclipse-ci-2019。具体安装步骤如下：

1）双击安装程序 Myeclipse-ci-2019.4.0-offline-installer-windows.exe，弹出如图 19-15 所示的 Myeclipse-ci-2019 安装向导。单击“Next”按钮，弹出如 19-16 所示的“License Agreement”对话框，仔细阅读该对话框中的许可证协议，勾选“I accept the terms of the license agreement”单选框。

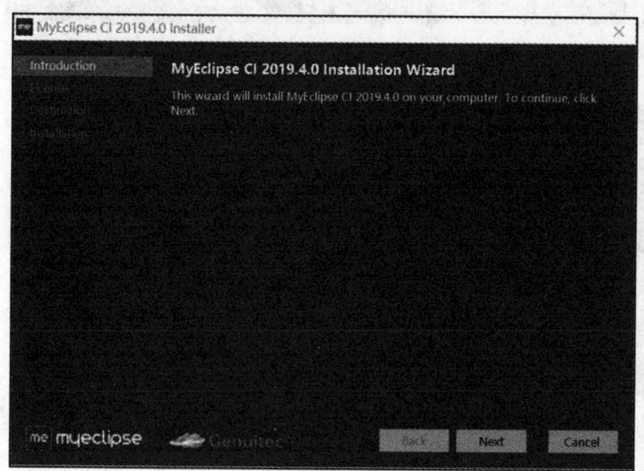

图 19-15　安装向导界面

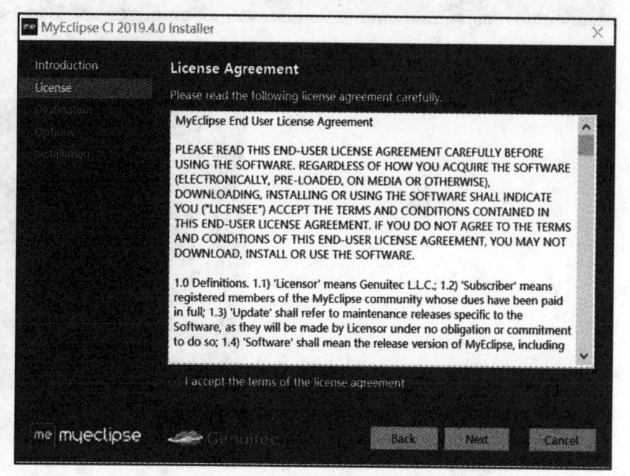

图 19-16　许可证协议条款话框

2）单击图 19-16 的“Next”按钮，弹出如图 19-17 所示的安装路径对话框，如果想修改安装路径，单击“Change”按钮就会弹出如图 19-18 所示的选择文件夹对话框，安装到选择的文件下(如 D:\myeclipse\)。

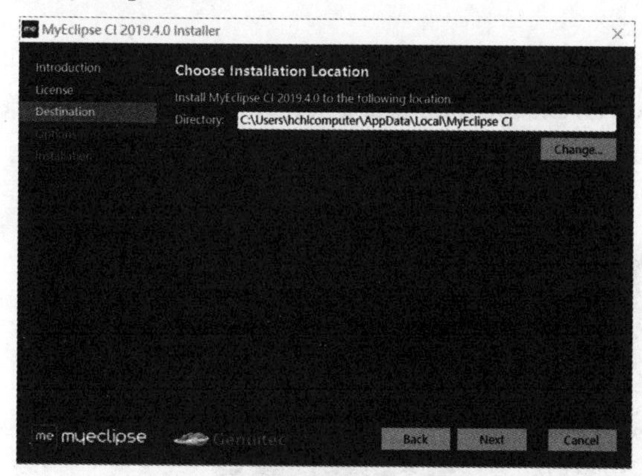

图 19-17　安装路径对话框

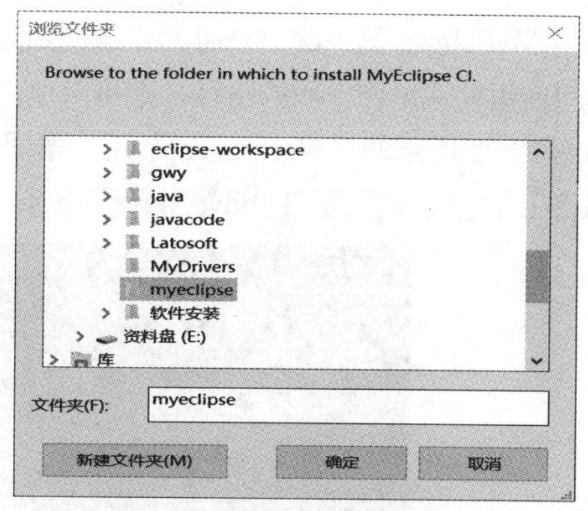

图 19-18　“选择文件夹”对话框

3）选择好安装路径后，单击“Next”按钮，弹出如图 19-19 所示的安装进度界面。

4）安装完成后，弹出如图 19-20 所示的安装完成界面。默认勾选了“Launch MyEclipse CI”单选框，表示安装完后马上启动 MyEclipse，如果不需要马上启动就去掉勾选。最后单击”Finish”按钮，完成安装并自动启动 MyEclipse。如图 19-21 所示。

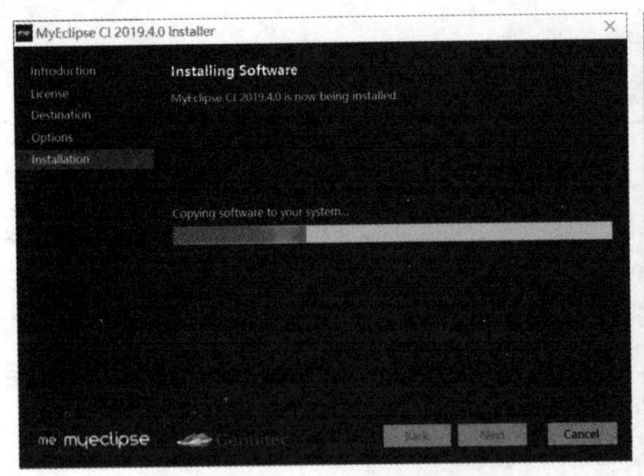

图 19-19　安装进度

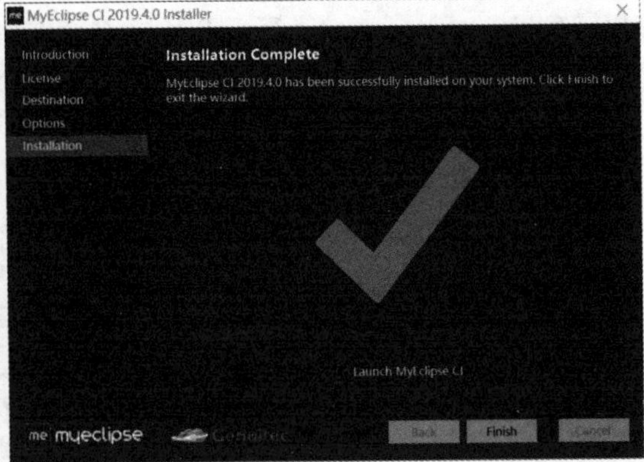

图 19-20　安装完成

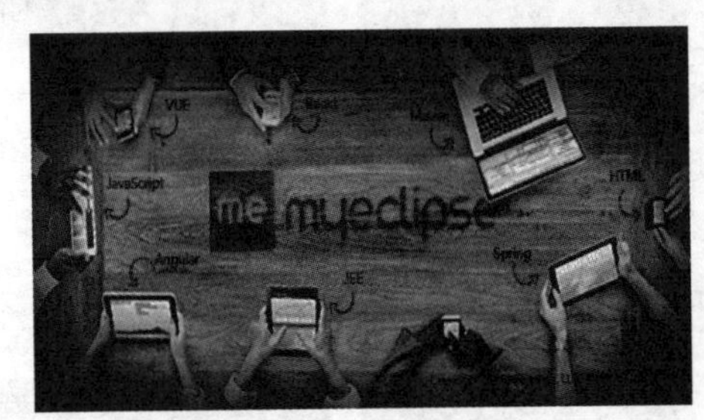

图 19-21　自动启动 MyEclipse

19.3.2　关于 MyEclipse 的一些常用操作

安装完 MyEclipse 集成开发工具后，不能马上进行 JavaEE 的开发，还必须进行一些必要的配置。具体步骤如下：

1．工作空间设置操作

当 MyEclipse 第一次启动时，系统使用默认的工作空间，一般默认工作空间的路径在 C 盘。如果不想使用默认工作空间的路径，则可以单击“Add an existing or create a new workspace”链接，弹出如图 19-22 所示的“Workspaces”工作空间设置界面，单击“Browse”链接设置工作空间的路径，本书将工作空间设置为“D:\myeclipse”路径，设置好路径后，单击右边的“Launch”链接即可启动。

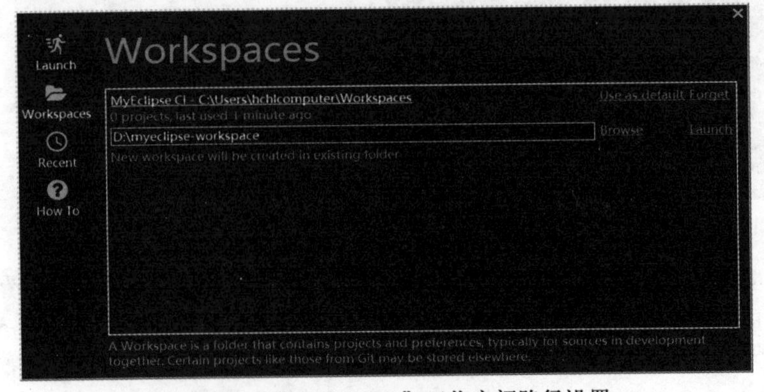

图 19-22　“Workspaces”工作空间路径设置

当进入 MyEclipse 后，想进入另一个工作空间，可以通过菜单 File→Switch Workspace→Other，打开“Swith Workspace”对话框，单击“Add an existing or create a new workspace”链接，这时选择或添加相应的工作空间就可以了。MyEclipse 集成环境的设置是应用于其工作空间，而不是其本身，即在一个工作空间的设置改变时并不影响另一个空间。

2．编译器的操作

在使用 MyEclipse 开发 Java 程序时，应该先确定该集成环境所使用的编译器版本。如果想查看编译器的版本，可以选择菜单 Window→Preference，打开的“Preferences”对话框，如图 19-23 所示。具体步骤如下：

1）查看所安装的 JRE，即选择 Java→Installed JREs 节点，就可以出现如图 19-24 所示的“Installed JREs”对话框，在该对话框中显示的是 MyEclipse 集成环境自带的 JRE。

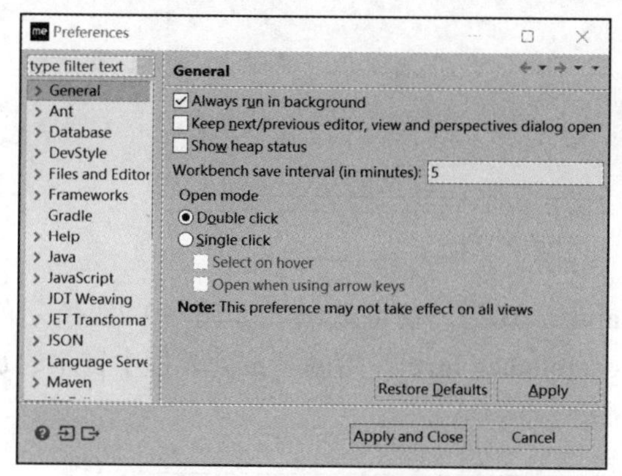

图 19-23　“Preferences”对话框

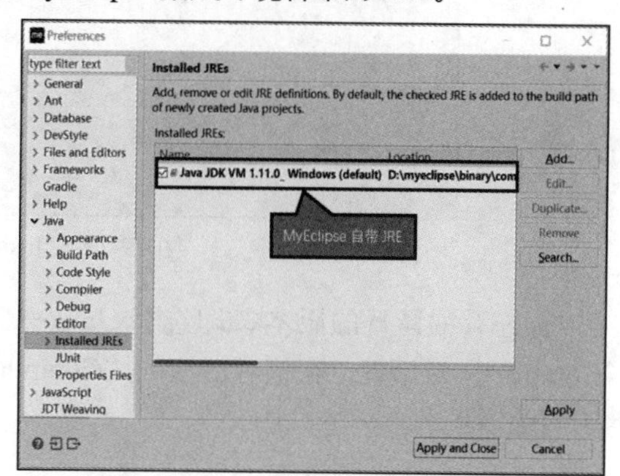

图 19-24　“Installed JREs”对话框

2）如果想修改 Installed JREs 为自己所安装的 JRE，可以通过单击“Installed JREs”对话框上的“Add…”按钮打开“Add JRE”类型对话框，如图 19-25 所示，选择 JRE 的类型为“Standard VM”，然后单击“Next”按钮，打开“Add JRE”定义对话框，如图 19-26 所示，在该对话框中通过单击“Directory…”按钮，在出现的“选择文件夹”对话框中选择自己所安装 JRE 的根目录。

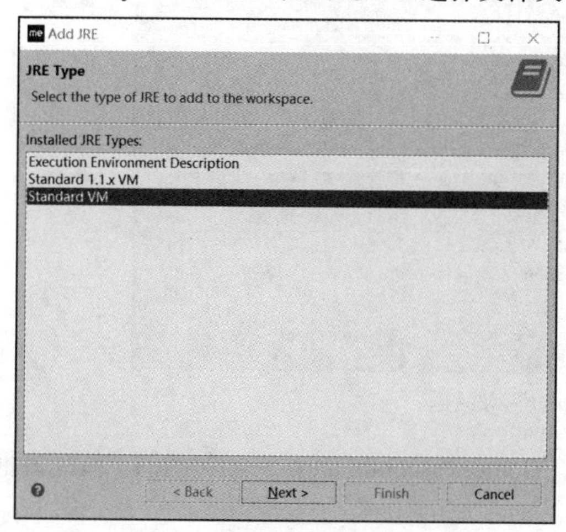

图 19-25　“Add JRE”类型对话框

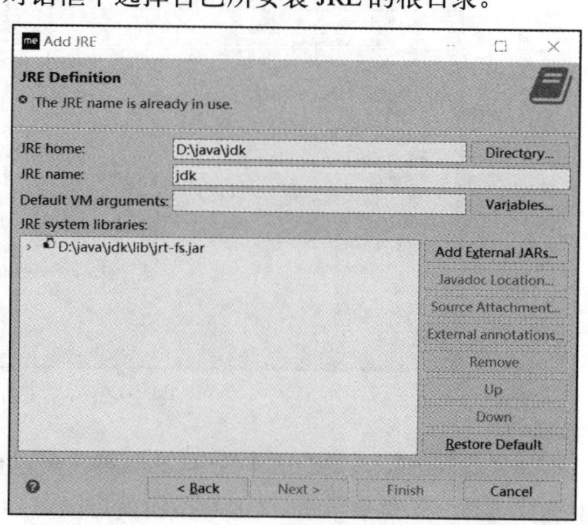

图 19-26　“Add JRE”定义对话框

3）单击“Finish”按钮返回“Installed JREs”对话框，如图 19-27 所示。勾选新出现的 JRE，然后单击“Apply and close”按钮就可以完成修改。

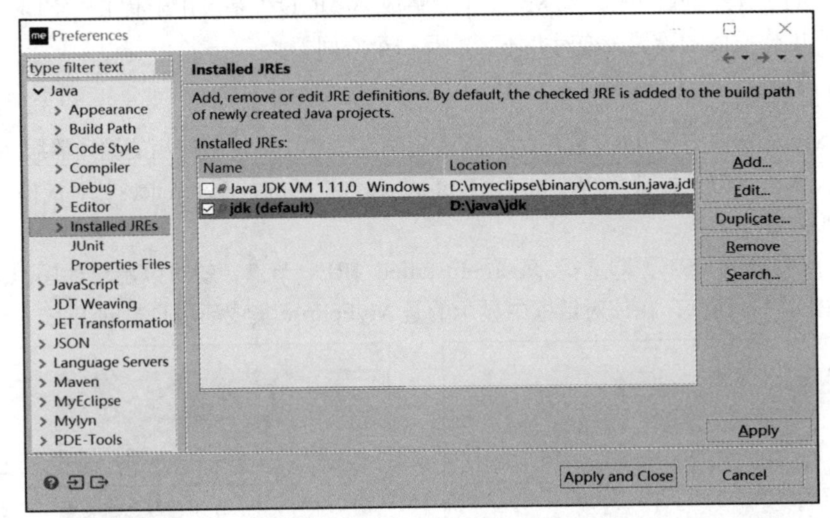

图 19-27　“Installed JREs”对话框

4）查看编译器的版本，即选择 Java→Compiler 节点，就可以出现如图 19-28 所示的“Compiler”对话框，在该对话框的“Compiler compliance level”后的下拉列表框中显示的是默认的编译版本。

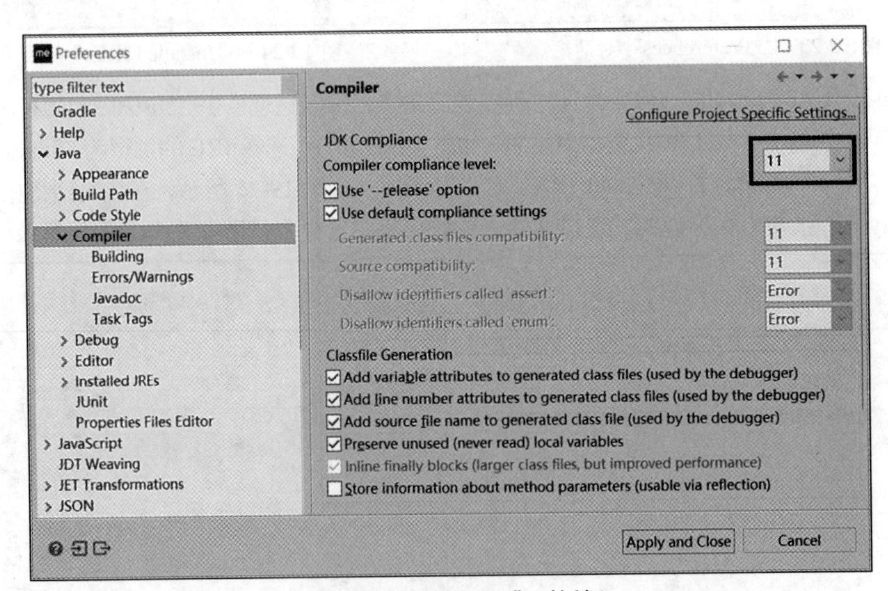

图 19-28　“Compiler”对话框

如果想修改编译器的版本为 11.0 版本，可以在“Compiler compliance level”后的下拉列表框中选择“11”，然后单击“OK”按钮就可以。

19.4 常见疑难解答

19.4.1 Eclipse 和 UltraEdit 两个开发工具的优缺点

UltraEdit 是共享软件，官方网址为 www.ultraedit.com。它是一个功能强大的文本、HTML、程序源代码编辑器。作为源代码编辑器，它的默认配置可以对 C/C++、VB、HTML、Java 和 Perl 进行语法着色，什么是语法着色呢？所谓的语法着色就是对一个开发语言中的关键字给予颜色上的区分。用它设计 Java 程序时，可以对 Java 的关键词进行识别并着色，方便 Java 程序的设计。它具有完备的复制、粘贴、剪切、查找、替换、格式控制等编辑功能。可以在 Advanced→Tool Configuration 菜单项中，配置好 Java 的编译器 Javac 和解释器 Java，直接编译运行 Java 程序。

Eclipse 是一个开放可扩展的集成开发环境（IDE）。它不仅可以用于 Java 的开发，并通过开发插件，还可以构建其他的开发工具。Eclipse 是开放源代码的项目，可以免费下载，官方网址为 www.eclipse.org，提供了很多基于不同插件功能的版本。其基本内核包括图形 API（SWT/Jface）、Java 开发环境插件（JDT）、插件开发环境（PDE）等。

19.4.2 什么是 IDE 环境

IDE 环境就是集成开发环境，在其中可以非常方便地编写程序。在命令行下执行客户程序，输入客户程序名按下“Enter”键就可以了。

集成开发环境的，英文全称是 Integrated Development Environment。比如，过去编写程序，用文本编辑软件编写源程序，用编译程序对其进行编译而生成 OBJ 文件（目标文件），再用连接程序将 OBJ 文件与库文件（LIB 文件）连接，而成为可执行的 EXE 文件，还要对程序进行调试。整个过程很复杂。而 IDE 通常集编辑、编译、连接、调试为一体，使得程序的开发变得很方便。常用的 Turbo C、Java、Visual C++、R、Python 等，都有很好的 IDE，通常说用它们编程序，实际都是在它们的 IDE 中进行工作。

19.4.3 有关 Eclipse 的编译报错的原因

下面各种形式都有可能。

1）先安装 JDK 对应的 Eclipse 版本，然后设置 Path 环境变量。

2）将 Eclipse 目录下的 configuration 文件夹里面的文件，除 config.ini 文件外，其他全部删除。

3）重新启动 Eclipse。

4）在 Eclipse 的 Preferences 里可以找到设置 JDK 路径的地方，重新设置一下。

19.5 小结

每种开发语言都至少有一种开发工具，如开发 C 语言的 TC 工具，开发 C#语言的 Visual Studio 工具。前面介绍的 Java 开发，都是建议读者直接写在文本文档中，因为通过手写这些类和方法，可以加深读者对它们的了解，比如说大小写错误可能就导致程序无法运行。但如果你已经了解了这些基础知识，想编写大型程序，那就可以学习本章的开发工具 Eclipse 或者 MyEclipse，用它们可以提高开发速度。

19.6　习题

一、填空题

1．Eclipse 平台由数种组件组成：__________、__________、__________、团队组件（team component）以及说明组件（help）。

2．MyEclipse 从本质上讲是基于 Eclipse 的__________方面的插件。

二、上机实践

1．通过本章的内容可以知道，MyEclipse 是 Eclipse 开发环境添加支持 Java Web 开发的插件来实现的。请动手实验一下，在 Eclipse 开发环境中如何添加关于 MyEclipse 的插件。

2．安装 MyEclipse 开发环境后，如果想开发相应的项目，需要进行一些相应的设置。请动手进行 MyEclipse 开发环境的常用设置。

第 20 章　Swing 组件与布局管理器

GUI（Graphical User Interface）全称为图形用户界面，主要用来为应用程序提供用户操作的图形界面。所谓图形界面，就是利用鼠标、触控屏幕和图形化的操作接口等来操作一个软件或应用程序系统。为了帮助程序员快速地开发图形用户界面，Sun 公司提供了两个包，它们分别为 AWT 和 Swing。

本章主要介绍图形设计方式 Swing。书中本着以实例为主的原则，让读者能更加透彻地理解和掌握 Swing 组件的使用，并且通过比较，观察两种不同图形设计方式的异同之处。

本章重点：

- ❑ 认识 Swing。
- ❑ 简单图形控件的设计。
- ❑ 布局管理器的设计和使用。
- ❑ Swing 的实例应用。

20.1　什么是 Swing 编程

查看帮助文档，可以发现 Java API 提供了两个关于 GUI 的包，它们分别为 AWT 和 Swing。对于 AWT（Abstract Windowing Toolkit），它是 Sun 公司提供的早期版本，由于该包的组件种类有限，虽然可以实现基本的 GUI 设计，但是却不能满足目前的 GUI 设计。对于 Swing（不是缩词），它是 AWT 的改进版本，在 AWT 的基础上提供了更加丰富的部件和功能。

由于 AWT 本身有很多不完善的地方，所以一个全新的 GUI 用户类库出现了，就是 Swing。然而 Swing 并没有完全代替 AWT，例如事件模型，Swing 仍然采用 AWT 的事件模型，其本身没有事件模型的类，Swing 其实就是 AWT 的一个优化版本。

20.2　MVC 设计模式基础

在 Swing 中，每一个组件都有 3 个要素：

- ❑ 内容：例如，按钮的状态（是否被按下）、文本框内的文本等。
- ❑ 外观：组件所表现出来的效果，例如颜色、形状等。
- ❑ 行为：组件对事件的处理方式，接受事件后如何处理。

这 3 个要素的关系很复杂，所以程序员不要让一个对象具备太多的功能，这跟 MVC 的模式实现有关。MVC 模式包括下面 3 个部分：

- ❑ 模型（M）：用于存储内容，它只关心组件的内容。

❑ 视图（V）：用于实现组件的外观。

❑ 控制器（C）：用于实现组件的事件处理。

模型只是负责存储内容，它并没有任何用户界面，模型只是负责处理业务逻辑，它并不关心如何显示给用户，只是为视图提供原始的数据而已。视图可以显示模型的一部分，一个模型可以有多个视图。

控制器负责处理用户输入事件，例如用户单击鼠标、文本框输完后按 Enter 键等，这些都将交给控制器来负责。如果用户拖动滚动条，那么控制器就把动作交给了视图和模型，因为随着滚动条的移动，视图和模型都在改变。

20.3　简单框架设计及实例

这一节将通过 Swing 类库来设计框架。框架是一个界面最外围的元素，必须有框架，才能在框架上添加其他的元素。所谓框架其实就是窗口，查看 API 帮助文档可以发现表示窗口的 Frame 类继承于 Windows 类，而 Windows 类继承于 Container 类。

20.3.1　创建一个空白的框架

在 AWT 库中有一个 Frame 类与框架对应，而在 Swing 中与之对应的是 JFrame，它是 Frame 的扩展，同时它也是一个容器。Jframe 类不是一个简单的窗口框，由于其包含了常见的标题栏、边框等，所以也被称为窗口类。

【实例 20-1】下面将通过一个实例，来分析如何利用 Swing 创建一个空白的框架。

```
01  import javax.swing.JFrame;                              //导入包
02  public class Swingtest {                                //设计类
03      //创建成员变量
04      static final int WIDTH = 300;                       //关于窗口的宽度
05      static final int HEIGHT = 200;                      //关于窗口的高度
06      public static void main(String[] args) {            //主方法
07          JFrame jf = new JFrame();                       //创建框架对象jf
08          jf.setSize(WIDTH, HEIGHT);                      //设置对象jf的大小
09          //关于窗口的退出处理
10          jf.setDefaultCloseOperation(JFrame.EXIT_ON_CLOSE);
11          jf.show();                                      //显示窗口
12      }
13  }
```

【代码说明】第 1 行引入了 javax.swing.JFrame 包。第 7 行通过 JFrame 类创建了一个窗口。第 11 行显示这个框架。

【运行效果】运行结果如图 20-1 所示。

先来看看引入包的情况。在这里引入的包是 javax.swing.JFrame，Javax 表示这是 java 的一个扩展包。那么为什么可以关闭窗口呢？这通过调用 setDefault CloseOperation 方法做到，在这个方法内有 4 个不同的参数，也可以说是 4 个常量，具体如下：

图 20-1　使用 Swing 的类库创建出来的框架

- DO_NOTHING_ON_CLOSE：当窗口关闭时，什么也不做。
- DISPOSE_ON_CLOSE：当窗口关闭时，强制 Java 虚拟机释放创建窗口所占的资源。
- HIDE_ON_CLOSE：当窗口关闭时，实际上是将该窗口隐蔽起来了。
- EXIT_ON_CLOSE：当窗口关闭时，强制 Java 虚拟机释放程序所占用的资源。

说明 DISPOSE_ON_CLOSE和EXIT_ON_CLOSE的区别在于前者只关闭窗口就可以，后者则是关闭窗口后，就退出程序。

20.3.2 创建框架的其他工作

创建一个空框架后，接下来就是给框架设定一个标题，设置标题使用如下方法：

```
public void setTitle(String title);
```

这是个设置器，通常有了设置器，一定会有访问器。

```
public String getTitle();
```

如果框架没有设置框架标题，就返回一个空的字符串。

在很多应用程序中，窗口都是位于屏幕中央，而上例中，所得到的框架位于左上角，那么如何来定位框架呢？

在 Java 中规定屏幕的左上角顶点为原点，水平为 x 轴，垂直为 y 轴，所以屏幕左上角的坐标就是（0,0）。如果屏幕的分辨率是 1024*768 像素，那么右下角的坐标就是（1024,768），而默认的框架从左上角开始，使用方法如下：

```
public void setLocation(int x,int y);
```

那么如何将框架放到屏幕中间呢？现在教读者一个方法：可先通过函数获得屏幕的高度和宽度。

```
int width=screenSize.width;
int height=screenSize.height;
```

然后再计算框架左上角的坐标。

```
int x=(width-WIDTH)/2;
int y=(height-HEIGHT)/2;
```

那么如何能得到屏幕的 screenSize 方法呢？就要使用 ToolKit 类中的 getScreenSize()方法。

```
ToolKit kit=Toolkit.getDefaultToolkit();
Dimension screenSize=kit.getScreenSize();
```

这样就将框架定位到中心位置了。

【实例 20-2】 下面通过实例演示上面的理论知识。

```
01  import java.awt.Toolkit;
02  import java.awt.Dimension;
03  import javax.swing.JFrame;
04  public class Swingtest1 {                           //创建一个顶层框架Swingtest1类
05      //创建成员变量
06      static final int WIDTH = 300;                   //框架的宽度
07      static final int HEIGHT = 200;                  //框架的高度
08      public static void main(String[] args) {        //主方法
```

```
09            JFrame jf = new JFrame();                        //创建窗口对象jf
10            jf.setSize(WIDTH, HEIGHT);                       //设置窗口的大小
11            //关于窗口的退出处理
12            jf.setDefaultCloseOperation(JFrame.EXIT_ON_CLOSE);
13            jf.setTitle("学生管理系统");                      //设置窗口的标题
14            Toolkit kit = Toolkit.getDefaultToolkit();       //获取Toolkit类型对象kit
15            Dimension screenSize = kit.getScreenSize();      //获取屏幕对象screenSize
16            //获取屏幕的宽度和高度
17            int width = screenSize.width;
18            int height = screenSize.height;
19            int x = (width - WIDTH) / 2;
20            int y = (height - HEIGHT) / 2;
21            jf.setLocation(x, y);                            //设置窗口居中显示
22            jf.show();                                       //显示窗口
23        }
24    }
```

【代码说明】 第 6~7 行设置了两个高度和宽度的常量。第 21 行代码非常关键，是将窗口居中的意思。第 10 行设置窗口的大小。第 22 行显示窗口。

【运行效果】 运行结果如图 20-2 所示。

图 20-2　一个居中在屏幕中央的框架

在使用应用软件时，希望能改变框架的大小，这里学习如何对框架进行缩放。

```
public void setResizable(boolean resizable)
```

如果不允许用户缩放框架大小，只需将 resizable 设置为 false，如果一个框架不知道是否可以缩放，可以使用以下方法看看是否可以缩放：

```
boolean isResizable()
```

如果返回 true，则允许用户改变框架的大小，反之，则不允许改变。

20.4　简单图形按钮控件的设计及实例

本节将详细讲述几种按钮控件的设计，并且通过详细的实例让读者有一个很清晰的认识。该节涉及的按钮除了常见的平台按钮外，还详细介绍单选按钮、复选框和 ToggleButton 按钮，不仅详细介绍了这些按钮的相关知识，而且还讲解了使用这些按钮的技巧。

20.4.1　Swing 中的按钮控件

根据上一节的介绍，可以推出按钮的创建过程，具体如下：

```
JButton button=new JButton(buttontext)
```

但是在 API 文档中，会发现 JButton 有 5 种构造器，分别如下：

```
JButton()
JButton(Action a)
JButton(Icon icon)
JButton(String text)
JButton(String text,Icon icon)
```

下面这种构造器是最常用的：

```
JButton button=new JButton()
```

这个默认的按钮有特定的大小、颜色与外观，都由模型来完成。再看下面这个构造器：

```
JButton button=new JButton(Action a);
```

可以采用一个 Action 对象构成一个按钮，其实还可以通过指定一个按钮的字符串、按钮的图标，来创建按钮对象，所以 Swing 中的内容比 AWT 要丰富。

20.4.2 按钮的模型

前面提到了模型的概念，本节将讲述按钮模型的概念。大多数组件的模型类，实现了一个以 Model 结尾的接口名字，例如按钮就实现了一个 ButtonModel 的接口。实现了此接口的类可以定义按钮的多种状态。在 Swing 库包含了一个 DefaultButtonModel 类，这个类就实现了 ButtonModel 接口，也就是按钮的默认状态。分析 ButtonModel 接口中的方法，看看按钮模型所维护的各种数据。

- ❑ getActionCommand()：同按钮相关联的动作命令字符串。
- ❑ getMnemonic()：按钮的快捷键。
- ❑ isArmed()：如果按钮被按下并且鼠标仍在按钮上则返回 true。
- ❑ isEnabled()：如果按钮可用则返回 true。
- ❑ isPressed()：如果按钮被按下并且鼠标按钮尚未释放则返回 true。
- ❑ isRollover()：如果鼠标在按钮上则返回 true。
- ❑ isSelected()：如果按钮已经被选择（用于复选框和单选按钮）则返回 true。

随着以后的学习，读者可以发现按钮模型可用于下压按钮、单选按钮、复选框、菜单项等。虽然这些组件在外观上不同，但是作为模型却是一样，所以说，JButton 类实际上是一个封装类，它将视图、控制器、模型结合在一起，从而维护一个按钮对象。

20.4.3 添加普通按钮

在 Swing 中，一般组件都是添加到 JPanel 中，然后再将 JPanel 组件添加到顶层窗口中。如下面的例子，先将组件添加到 panel 中。

```
panel.add(button)
```

然后将面板 panel 添加到容器中。

```
Container.add(panel)
```

【实例 20-3】下面将通过一个关于按钮和面板的用户界面，详细讲解使用按钮和面板组件的相关技巧。在该用户界面中，不仅实现了组件的显示，而且还实现了两种组件间的互动功能。

```
01  import java.awt.Dimension;
02  import java.awt.Panel;
03  import java.awt.Toolkit;
04  import javax.swing.JButton;
05  import javax.swing.JFrame;
06  public class Swingtest2 {                              //创建一个顶层框架Swingtest2类
07      //创建成员变量
08      static final int WIDTH = 300;                      //框架的宽度
```

```
09          static final int HEIGHT = 200;                          //框架的高度
10          public static void main(String[] args) {                //主方法
11              JFrame jf = new JFrame();                           //创建窗口对象jf
12              jf.setSize(WIDTH, HEIGHT);                          //设置窗口的大小
13              //关于窗口的退出处理
14              jf.setDefaultCloseOperation(JFrame.EXIT_ON_CLOSE);
15              jf.setTitle("学生管理系统");                          //设置窗口的标题
16              Toolkit kit = Toolkit.getDefaultToolkit();          //获取Toolkit类型对象kit
17              Dimension screenSize = kit.getScreenSize();  //获取屏幕对象screenSize
18              //获取屏幕的宽度和高度
19              int width = screenSize.width;
20              int height = screenSize.height;
21              int x = (width - WIDTH) / 2;
22              int y = (height - HEIGHT) / 2;
23              jf.setLocation(x, y);                               //设置窗口居中显示
24              //创建两个按钮对象b1和b2
25              JButton b1 = new JButton("确定");
26              JButton b2 = new JButton("取消");
27              Panel p = new Panel();                              //创建面板对象p
28              //添加两个按钮对象b1和b2到面板p
29              p.add(b1);
30              p.add(b2);
31              jf.add(p);                                          //添加面板p到窗口
32              jf.show();                                          //显示窗口
33          }
34      }
```

【代码说明】 第 11~15 行创建窗口，并设置窗口的标题和大小。第 16~23 行设置窗口居中。第 27 行创建 Panel。然后在第 29~30 行将两个按钮添加到 Panel 中。第 31 行是将 Panel 添加到窗口中。

【运行效果】 运行结果如图 20-3 所示，从结果中并看不到 Panel。

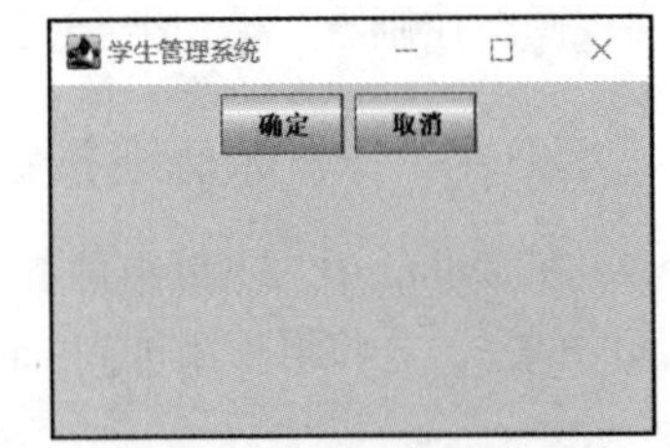

图 20-3 添加普通按钮

20.4.4 添加单选按钮

单选按钮也被称为 radioButton，它通过 JRadioButton 类实现。在一些数据库系统软件中，会出现“性别”单选按钮，通过选择不同的单选按钮，来实现不同性别的选择。

【实例 20-4】 下面通过实例演示如何设计单选按钮。

```
01  import java.awt.*;
02  import javax.swing.*;
03  public class Swingtest3 {                                   //创建一个顶层框架Swingtest3类
04      //创建成员变量
05      static final int WIDTH = 300;                           //框架的宽度
06      static final int HEIGHT = 200;                          //框架的高度
07      public static void main(String[] args) {                //主方法
08          JFrame jf = new JFrame();                           //创建窗口对象jf
09          jf.setSize(WIDTH, HEIGHT);                          //设置窗口的大小
10          //关于窗口的退出处理
11          jf.setDefaultCloseOperation(JFrame.EXIT_ON_CLOSE);
12          jf.setTitle("学生管理系统");                          //设置窗口的标题
```

```
13          Toolkit kit = Toolkit.getDefaultToolkit();  //获取Toolkit类型对象kit
14          Dimension screenSize = kit.getScreenSize(); //获取屏幕对象screenSize
15          //获取屏幕的宽度和高度
16          int width = screenSize.width;
17          int height = screenSize.height;
18          int x = (width - WIDTH) / 2;
19          int y = (height - HEIGHT) / 2;
20          jf.setLocation(x, y);                        //设置窗口居中显示
21          //创建三个按钮对象
22          JRadioButton jr1 = new JRadioButton("忽略");
23          JRadioButton jr2 = new JRadioButton("继续");
24          JRadioButton jr3 = new JRadioButton("跳过");
25          Panel p = new Panel();                       //创建面板对象p
26          //添加按钮对象到面板对象p
27          p.add(jr1);
28          p.add(jr2);
29          p.add(jr3);
30          jf.add(p, BorderLayout.SOUTH);               //添加面板对象p到窗口jf
31          jf.show();                                   //显示窗口
32      }
33  }
```

【代码说明】第 8~12 行创建窗口并设置窗口的大小和标题。第 22~24 行创建 3 个单选按钮。第 27~29 行将单选按钮添加到 Panel 中。第 30 行指定 Panel 在窗口中的位置。

【运行效果】运行结果如图 20-4 所示。

图 20-4　添加没有调整的单选按钮

在上面的情况中，3 个单选按钮都可以被选中。如果希望当一个单选按钮被选中时，其他的自动被置为未选中状态，那就要使用按钮组。

```
ButtonGroup group=new ButtonGroup();
```

【实例 20-5】下面修改前面的实例看看结果如何。

```
01  public class Swingtest4 {                            //创建一个顶层框架Swingtest3类
02      //创建成员变量
03      static final int WIDTH = 300;                    //框架的宽度
04      static final int HEIGHT = 200;                   //框架的高度
05      public static void main(String[] args) {         //主方法
06          JFrame jf = new JFrame();                    //创建窗口对象jf
07          jf.setSize(WIDTH, HEIGHT);                   //设置窗口的大小
08          //关于窗口的退出处理
09          jf.setDefaultCloseOperation(JFrame.EXIT_ON_CLOSE);
10          jf.setTitle("学生管理系统");                  //设置窗口的标题
11          Toolkit kit = Toolkit.getDefaultToolkit();  //获取Toolkit类型对象kit
12          Dimension screenSize = kit.getScreenSize(); //获取屏幕对象screenSize
13          //获取屏幕的宽度和高度
14          int width = screenSize.width;
15          int height = screenSize.height;
16          int x = (width - WIDTH) / 2;
17          int y = (height - HEIGHT) / 2;
18          jf.setLocation(x, y);                        //设置窗口居中显示
19          //创建三个单选按钮对象
```

```
20            JRadioButton jr1 = new JRadioButton("忽略");
21            JRadioButton jr2 = new JRadioButton("继续");
22            JRadioButton jr3 = new JRadioButton("跳过");
23            //创建单选按钮组对象bg
24            ButtonGroup bg = new ButtonGroup();
25            Panel p = new Panel();                          //创建面板对象p
26            //添加单选按钮到单选按钮组对象bg
27            bg.add(jr1);
28            bg.add(jr2);
29            bg.add(jr3);
30            //添加单选按钮到面板对象p
31            p.add(jr1);
32            p.add(jr2);
33            p.add(jr3);
34            jf.add(p, BorderLayout.SOUTH);                  //添加面板对象p到窗口jf
35            jf.show();                                      //显示窗口
36        }
37    }
```

【代码说明】 第 24 行的设置和上例不同，这里先设置了一个 ButtonGroup，然后将 3 个单选按钮添加到 ButtonGroup 中，这样生成的单选按钮组只能有其中一项被选中。

【运行效果】 运行结果如图 20-5 所示。

图 20-5　添加调整过的单选按钮

20.4.5　添加复选框

复选框使用 JCheckbox 类实现，它跟单选按钮的区别就是一个可以多选，一个只能单选。本小节将通过一个关于选择的用户界面，详细讲解使用选择组件 Checkbox 的相关技巧。

【实例 20-6】 下面通过实例看看复选框的用法。

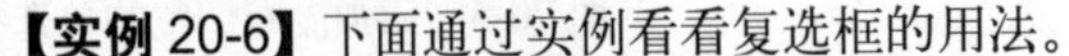

```
01    import java.awt.*;
02    import javax.swing.*;
03    public class Swingtest5 {                              //创建一个顶层框架Swingtest5类
04        //创建成员变量
05        static final int WIDTH = 300;                      //框架的宽度
06        static final int HEIGHT = 200;                     //框架的高度
07        public static void main(String[] args) {           //主方法
08            JFrame jf = new JFrame();                      //创建窗口对象jf
09            jf.setSize(WIDTH, HEIGHT);                     //设置窗口的大小
10            //关于窗口的退出处理
11            jf.setDefaultCloseOperation(JFrame.EXIT_ON_CLOSE);
12            jf.setTitle("学生管理系统");                    //设置窗口的标题
13            Toolkit kit = Toolkit.getDefaultToolkit();     //获取Toolkit类型对象kit
14            Dimension screenSize = kit.getScreenSize(); //获取屏幕对象screenSize
15            //获取屏幕的宽度和高度
16            int width = screenSize.width;
17            int height = screenSize.height;
18            int x = (width - WIDTH) / 2;
19            int y = (height - HEIGHT) / 2;
20            jf.setLocation(x, y);                          //设置窗口居中显示
21            //创建三个选择按钮对象
22            JCheckBox jc1 = new JCheckBox("忽略");
```

```
23            JCheckBox jc2 = new JCheckBox("继续");
24            JCheckBox jc3 = new JCheckBox("跳过");
25            jc1.setSelected(true);                              //设置对象jc1为选中状态
26            //创建面板对象p
27            Panel p = new Panel ();
28            //添加三个选择按钮对象到面板对象p
29            p.add(jc1);
30            p.add(jc2);
31            p.add(jc3);
32            jf.add(p, BorderLayout.SOUTH);                      //添加对象p到窗口jf
33            jf.show();                                          //显示窗口
34        }
35    }
```

【代码说明】第 22~24 行创建了 3 个复选框。第 25 行设置 jc1 这个复选框被选中。第 32 行指明 Panel 在窗口中的位置。

【运行效果】运行结果如图 20-6 所示。

图 20-6 添加复选框

20.4.6 ToggleButton 按钮

ToggleButton 按钮就是当单击按钮时，按钮会呈现被按下的状态，再单击一下，可以恢复原先状态，其使用 JToggleButton 类来实现。其实它的使用跟前面所有的按钮控件一样，只不过功能不同而已。

【实例 20-7】下面看一个有关单击按钮的实例。

```
01  import java.awt.*;
02  import javax.swing.*;
03  public class Swingtest6 {                                 //创建一个顶层框架Swingtest6类
04      //创建成员变量
05      static final int WIDTH = 300;                         //框架的宽度
06      static final int HEIGHT = 200;                        //框架的高度
07      public static void main(String[] args) {              //主方法
08          JFrame jf = new JFrame();                         //创建窗口对象jf
09          jf.setSize(WIDTH, HEIGHT);                        //设置窗口的大小
10          //关于窗口的退出处理
11          jf.setDefaultCloseOperation(JFrame.EXIT_ON_CLOSE);
12          jf.setTitle("学生管理系统");                       //设置窗口的标题
13          Toolkit kit = Toolkit.getDefaultToolkit();        //获取Toolkit类型对象kit
14          Dimension screenSize = kit.getScreenSize(); //获取屏幕对象screenSize
15          //获取屏幕的宽度和高度
16          int width = screenSize.width;
17          int height = screenSize.height;
18          int x = (width - WIDTH) / 2;
19          int y = (height - HEIGHT) / 2;
20          jf.setLocation(x, y);                             //设置窗口居中显示
21          //创建3个ToggleButton按钮
22          JToggleButton jt1 = new JToggleButton("忽略");
23          JToggleButton jt2 = new JToggleButton("继续");
24          JToggleButton jt3 = new JToggleButton("跳过");
25          Panel p = new Panel();                            //创建面板对象p
26          //添加三个按钮对象到面板对象p
```

```
27              p.add(jt1);
28              p.add(jt2);
29              p.add(jt3);
30              jf.add(p, BorderLayout.SOUTH);                //添加面板对象到窗口
31              jf.show();                                     //显示窗口
32          }
33      }
```

【代码说明】第 22~24 行创建了 3 个 ToggleButton 按钮，使用方式与其他控件类似，这里不再复述。第 30 行将 Panel 添加到窗口并设置其显示位置。

【运行效果】在上面的代码中，出现了 3 个 ToggleButton 按钮，如图 20-7 所示。当按下任意一个按钮后，按钮就会发生一定的变化。默认情况下，就是按钮的颜色变深。使用这种按钮可以在应用程序中，告诉用户这个按钮已经单击过了。如当单击“忽略”按钮后，这个按钮的颜色变深了，如图 20-8 所示，这种按钮就是 ToggleButton 按钮。

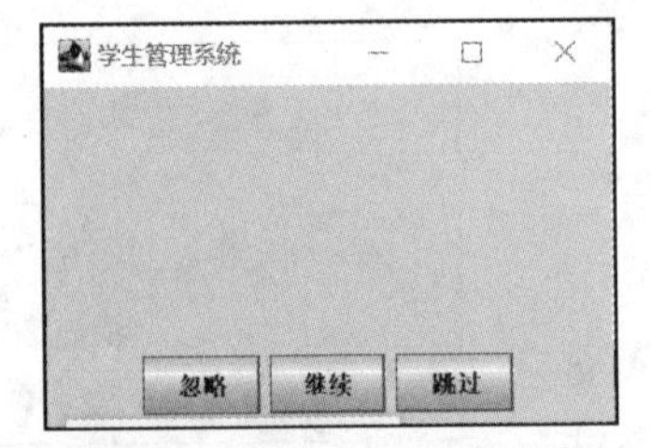

图 20-7　添加 ToggleButton 按钮

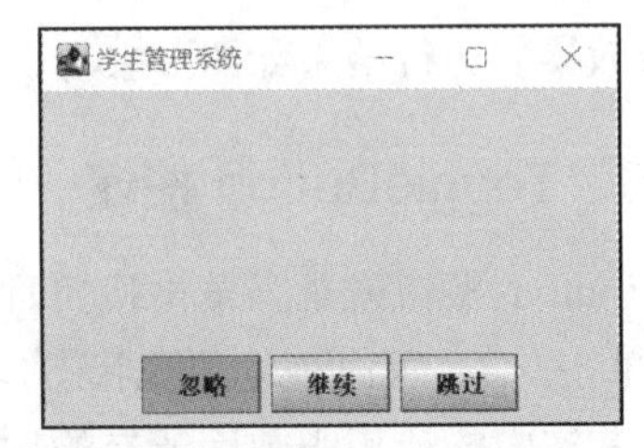

图 20-8　单击“忽略”后的 ToggleButton 按钮

20.5　简单文本输入组件的设计及实例

本节将详细讲述几种文本输入组件的设计，除了包含常见的文本域输入组件（JTextField），还包含密码域输入组件（JPasswordField）和文本区域输入组件（JTextArea）。为了让读者有一个清晰的认识，不仅详细介绍了这些输入组件的相关知识，而且还讲解了使用这些输入组件的技巧。

20.5.1　文本域

Label 组件的出现使得应用程序的输出可以显示在窗口上，脱离了只能输出到命令窗口的尴尬。而 TextField 和 TextArea 输入组件的出现使得应用程序的输入脱离了在命令窗口输入参数的形式。对于图形用户界面来说，为了使得用户与应用程序的交互更方便，输入组件是必需的。

把一个文本域添加到窗口的步骤，首先是将文本域添加到一个面板中，再将这个面板添加到容器中。文本域的构造器如下：

- JTextField textField=new JTextField();

  创建一个没有内容的文本域。
- JTextField textField=new JTextField(String str);

  创建一个有 str 内容的文本域。
- JTextField textField=new JTextField(int columns);

  创建一个有 columns 列的文本域。

【实例 20-8】下面通过简单实例，演示如何设计一个文本域。

```
01   import java.awt.*;
02   import javax.swing.*;
03   public class Swingtest7 {                                     //创建一个顶层框架Swingtest7类
04       //创建成员变量
05       static final int WIDTH = 300;                             //框架的宽度
06       static final int HEIGHT = 200;                            //框架的高度
07       public static void main(String[] args) {                  //主方法
08           JFrame jf = new JFrame();                             //创建窗口对象jf
09           jf.setSize(WIDTH, HEIGHT);                            //设置窗口的大小
10           //关于窗口的退出处理
11           jf.setDefaultCloseOperation(JFrame.EXIT_ON_CLOSE);
12           jf.setTitle("学生管理系统");                          //设置窗口的标题
13           Toolkit kit = Toolkit.getDefaultToolkit();  //获取Toolkit类型对象kit
14           Dimension screenSize = kit.getScreenSize(); //获取屏幕对象screenSize
15           //获取屏幕的宽度和高度
16           int width = screenSize.width;
17           int height = screenSize.height;
18           int x = (width - WIDTH) / 2;
19           int y = (height - HEIGHT) / 2;
20           jf.setLocation(x, y);                           //设置窗口居中显示
21           //创建文本输入域对象jt
22           JTextField jt = new JTextField(10);
23           Panel p = new Panel();                          //创建面板对象p
24           p.add(jt);                                      //添加对象jt到面板对象p
25           jf.add(p, BorderLayout.CENTER);                 //添加对象p到对象jf
26           jf.show();                                      //显示窗口
27       }
28   }
```

【代码说明】第 13~20 行设置窗口居中。第 22 行创建一个文本框。第 25 行将 Panel 添加到窗体中，并设置显示的位置。

【运行效果】程序运行结果如图 20-9 所示。

图 20-9　添加文本域

20.5.2　密码域

密码域一般用在登录窗口等地方。Swing 类库中使用 JPasswordField 类实现密码域，它的作用就是让所输入的内容以“*”形式出现，这样就不会看到用户的密码了。

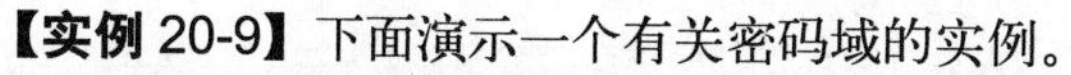

【实例 20-9】下面演示一个有关密码域的实例。

```
01   import java.awt.*;
02   import javax.swing.*;
03   public class Swingtest8 {                                     //创建一个顶层框架Swingtest8类
04       //创建成员变量
05       static final int WIDTH = 300;                             //框架的宽度
06       static final int HEIGHT = 200;                            //框架的高度
07       public static void main(String[] args) {                  //主方法
08           JFrame jf = new JFrame();                             //创建窗口对象jf
09           jf.setSize(WIDTH, HEIGHT);                            //设置窗口的大小
10           //关于窗口的退出处理
11           jf.setDefaultCloseOperation(JFrame.EXIT_ON_CLOSE);
12           jf.setTitle("学生管理系统");                          //设置窗口的标题
```

```
13          Toolkit kit = Toolkit.getDefaultToolkit();  //获取Toolkit类型对象kit
14          Dimension screenSize = kit.getScreenSize(); //获取屏幕对象screenSize
15          //获取屏幕的宽度和高度
16          int width = screenSize.width;
17          int height = screenSize.height;
18          int x = (width - WIDTH) / 2;
19          int y = (height - HEIGHT) / 2;
20          jf.setLocation(x, y);                       //设置窗口居中显示
21          //创建密码输入域对象jp
22          JPasswordField jp = new JPasswordField(10);
23          Panel p = new Panel();                      //创建面板对象p
24          p.add(jp);                                  //添加对象jp到面板对象p
25          jf.add(p, BorderLayout.CENTER);
26          jf.show();                                  //显示窗口
27      }
28  }
```

【代码说明】第 22 行创建密码文本框，这里没有指定显示字符，而是使用了默认的“*”来显示用户输入的内容。我们经常在银行的 ATM 机上碰到的密码输入框就是这个效果。

【运行效果】运行结果如图 20-10 所示。

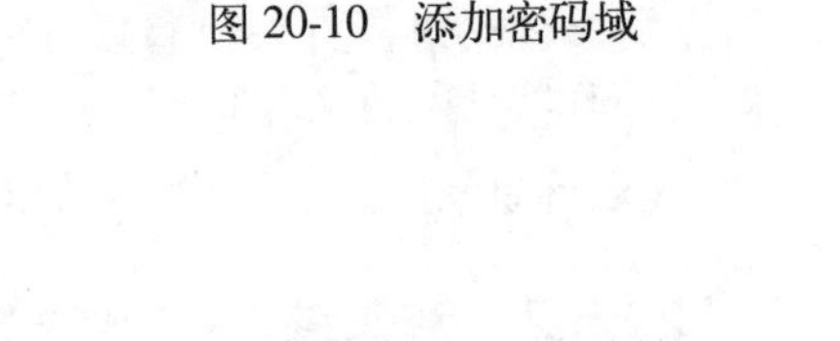

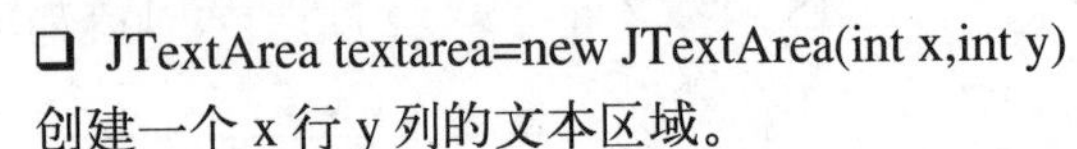

图 20-10　添加密码域

20.5.3　文本区域

查看 API 帮助文档，可以发现文本区域输入组件（TextArea）与文本域输入组件 TextField 一样，都是继承于类 TextComponent，在具体显示时文本区域相当于多行文本域，使用 JTextArea 类实现，下面是它的构造器：

- JTextArea textarea=new JTextArea(int x,int y)

  创建一个 x 行 y 列的文本区域。

- JTextArea textarea=new JTextArea(String str)

  创建一个有初始文本 str 的文本区域。

当文本过长，超过了显示范围，会把多余的剪掉，可通过下面的方法自动换行，以保证多余文本不会被剪掉。

```
textArea.setLineWrap(true);
```

【实例 20-10】下面演示一个有关文本区域的实例。

```
01  import java.awt.*;
02  import javax.swing.*;
03  public class Swingtest9 {                           //创建一个顶层框架Swingtest9类
04      //创建成员变量
05      static final int WIDTH = 300;                   //框架的宽度
06      static final int HEIGHT = 200;                  //框架的高度
07      public static void main(String[] args) {        //主方法
08          JFrame jf = new JFrame();                   //创建窗口对象jf
09          jf.setSize(WIDTH, HEIGHT);                  //设置窗口的大小
10          //关于窗口的退出处理
11          jf.setDefaultCloseOperation(JFrame.EXIT_ON_CLOSE);
12          jf.setTitle("学生管理系统");                  //设置窗口的标题
13          Toolkit kit = Toolkit.getDefaultToolkit();  //获取Toolkit类型对象kit
```

```
14            Dimension screenSize = kit.getScreenSize(); //获取屏幕对象screenSize
15            //获取屏幕的宽度和高度
16            int width = screenSize.width;
17            int height = screenSize.height;
18            int x = (width - WIDTH) / 2;
19            int y = (height - HEIGHT) / 2;
20            jf.setLocation(x, y);                         //设置窗口居中显示
21            //创建文本区对象jt
22            JTextArea jt = new JTextArea(5, 5);
23            Panel p = new Panel();                        //创建面板对象p
24            p.add(jt);                                    //添加对象jt到面板对象p
25            jf.add(p, BorderLayout.CENTER);
26            jf.show();                                    //显示窗口
27        }
28    }
```

【代码说明】第 22 行创建一个 5 行 5 列的文本区域。第 25 行将其添加到窗口中，并设置显示的位置。

【运行效果】运行结果如图 20-11 所示。

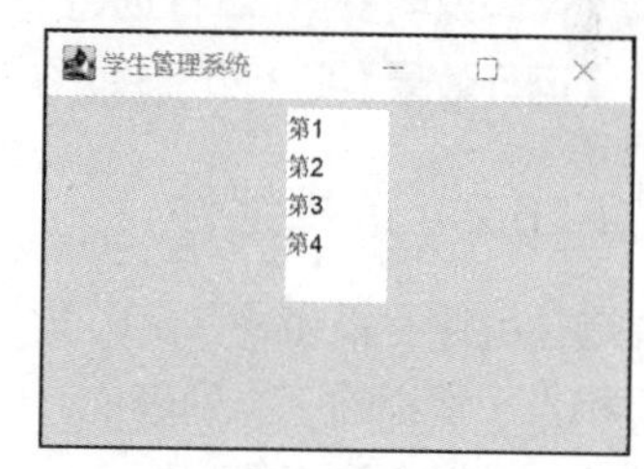

图 20-11　添加文本区域

20.6　展示类组件的设计及实例

在界面中用来展示内容的有标签、菜单、对话框等，本节就来学习这几个组件。

20.6.1　标签组件

标签组件的设计非常简单，通过 JLabel 类实现。下面是标签组件的构造器：

- JLabel jl=new JLabel();

创建一个空的标签对象。

- JLabel jl=new JLabel(String str);

创建一个有字符串 str 的标签对象。

- JLabel jl=new JLabel(String str,constant Location);

创建一个带有字符串的标签，并且能够设定内容的对齐方式。对齐方式（location）有 4 种，分别是 LEFT、RIGHT、CENTER、NORTH。

【实例 20-11】下面看一个有关它的实例。

```
01  import java.awt.*;
02  import javax.swing.*;
03  public class Swingtest10{                           //创建一个顶层框架Swingtest10类
04      //创建成员变量
05      static final int WIDTH = 300;                   //框架的宽度
06      static final int HEIGHT = 200;                  //框架的高度
07      public static void main(String[] args) {        //主方法
08          JFrame jf = new JFrame();                   //创建窗口对象jf
09          jf.setSize(WIDTH, HEIGHT);                  //设置窗口的大小
10          //关于窗口的退出处理
11          jf.setDefaultCloseOperation(JFrame.EXIT_ON_CLOSE);
```

```
12          jf.setTitle("学生管理系统");                    //设置窗口的标题
13          Toolkit kit = Toolkit.getDefaultToolkit();  //获取Toolkit类型对象kit
14          Dimension screenSize = kit.getScreenSize(); //获取屏幕对象screenSize
15          //获取屏幕的宽度和高度
16          int width = screenSize.width;
17          int height = screenSize.height;
18          int x = (width - WIDTH) / 2;
19          int y = (height - HEIGHT) / 2;
20          jf.setLocation(x, y);                      //设置窗口居中显示
21          //创建标签对象jl
22          JLabel jl = new JLabel("学生管理", JLabel.RIGHT);
23          Panel p = new Panel();                      //创建面板对象p
24          p.add(jl);                                  //添加对象jl到面板对象p
25          jf.add(p, BorderLayout.CENTER);
26          jf.show();                                  //显示窗口
27      }
28  }
```

【代码说明】 第 22 行创建一个标签，其中构造器使用了参数 JLabel.RIGHT，表示右对齐。

【运行效果】 运行结果如图 20-12 所示。

图 20-12 添加标签

20.6.2 选择组件

选择组件有很多种，在这里主要讲述组合列表框，组合列表框就相当于常说的下拉列表框，它使用 JComboBox 类实现。如何设计一个组合列表框呢？

【实例 20-12】 使用数组来设计组合列表框，下面通过一个实例来说明。

```
01  import java.awt.*;
02  import javax.swing.*;
03  public class Swingtest11{                          //创建一个顶层框架Swingtest11类
04      //创建成员变量
05      static final int WIDTH = 300;                  //框架的宽度
06      static final int HEIGHT = 200;                 //框架的高度
07      public static void main(String[] args) {       //主方法
08          JFrame jf = new JFrame();                   //创建窗口对象jf
09          jf.setSize(WIDTH, HEIGHT);                  //设置窗口的大小
10          //关于窗口的退出处理
11          jf.setDefaultCloseOperation(JFrame.EXIT_ON_CLOSE);
12          jf.setTitle("学生管理系统");                    //设置窗口的标题
13          Toolkit kit = Toolkit.getDefaultToolkit();  //获取Toolkit类型对象kit
14          Dimension screenSize = kit.getScreenSize(); //获取屏幕对象screenSize
15          //获取屏幕的宽度和高度
16          int width = screenSize.width;
17          int height = screenSize.height;
18          int x = (width - WIDTH) / 2;
19          int y = (height - HEIGHT) / 2;
20          jf.setLocation(x, y);                      //设置窗口居中显示
21          //创建字符串数组对象a并设置其元素
22          String[] a = new String[5];
23          a[0] = "王浩";
```

```
24              a[1] = "张敏";
25              a[2] = "李浩";
26              a[3] = "孙军";
27              a[4] = "周平";
28              JComboBox<Object> jc = new JComboBox<Object>(a);//创建选择组件对象jc
29              Panel p = new Panel();                           //创建面板对象p
30              p.add(jc);                                       //添加对象jc到面板对象p
31              jf.add(p, BorderLayout.CENTER);
32              jf.show();                                       //显示窗口
33          }
34      }
```

【代码说明】第 22~27 行创建了一个数组，其中包含 5 个元素。第 28 行创建选择组件。第 31 行将其添加到窗口中。

【运行效果】运行结果如图 20-13 所示。

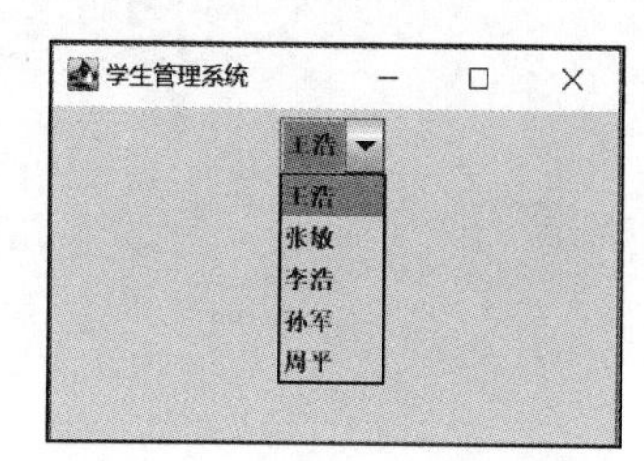

图 20-13　添加组合列表框

20.6.3　菜单组件

菜单的设计是每个窗体必须要注意的事情，因为设计好的菜单，可以让使用者直观地了解系统的功能。我们通过 Word 中的菜单，就可以大概知道 Word 能完成哪些功能。

【实例 20-13】下面通过一个实例，学习如何在 Swing 中创建一个菜单。

```
01  import java.awt.*;
02  import javax.swing.*;
03  public class Swingtest12{                                //创建一个顶层框架Swingtest12类
04      //创建成员变量
05      static final int WIDTH = 300;                        //框架的宽度
06      static final int HEIGHT = 200;                       //框架的高度
07      public static void main(String[] args) {             //主方法
08          JFrame jf = new JFrame();                        //创建窗口对象jf
09          jf.setSize(WIDTH, HEIGHT);                       //设置窗口的大小
10          //关于窗口的退出处理
11          jf.setDefaultCloseOperation(JFrame.EXIT_ON_CLOSE);
12          jf.setTitle("学生管理系统");                     //设置窗口的标题
13          Toolkit kit = Toolkit.getDefaultToolkit();        //获取Toolkit类型对象kit
14          Dimension screenSize = kit.getScreenSize();      //获取屏幕对象screenSize
15          //获取屏幕的宽度和高度
16          int width = screenSize.width;
17          int height = screenSize.height;
18          int x = (width - WIDTH) / 2;
19          int y = (height - HEIGHT) / 2;
20          jf.setLocation(x, y);                            //设置窗口居中显示
21          //创建菜单栏条对象menubar1
22          JMenuBar menubar1 = new JMenuBar();
23          jf.setJMenuBar(menubar1);                        //设置窗口对象jf的菜单栏
24          //创建4个菜单对象
25          JMenu menu1 = new JMenu("文件");
26          JMenu menu2 = new JMenu("编辑");
```

```
27            JMenu menu3 = new JMenu("视图");
28            JMenu menu4 = new JMenu("帮助");
29            //添加菜单到工具栏对象menubar1
30            menubar1.add(menu1);
31            menubar1.add(menu2);
32            menubar1.add(menu3);
33            //创建4个菜单项对象
34            JMenuItem item1 = new JMenuItem("打开");
35            JMenuItem item2 = new JMenuItem("保存");
36            JMenuItem item3 = new JMenuItem("打印");
37            JMenuItem item4 = new JMenuItem("退出");
38            //添加菜单项到菜单对象menu1
39            menu1.add(item1);
40            menu1.add(item2);
41            menu1.addSeparator();                       //添加间隔条到菜单
42            menu1.add(item3);
43            menu1.addSeparator();                       //添加间隔条到菜单
44            menu1.add(item4);
45            jf.show();                                  //显示窗口
46        }
47    }
```

【代码说明】第 22 行创建一个菜单栏。第 25~28 行创建 4 个菜单。第 30~32 行将菜单添加到菜单栏。第 34~37 行设计 4 个菜单项。第 39~44 将菜单项添加到菜单中，其中第 41 行和第 43 行表示添加一个间隔条。

【运行效果】运行结果如图 20-14 所示。

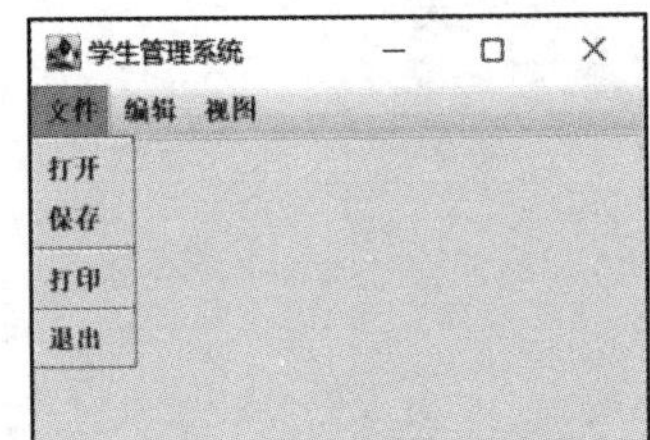

图 20-14　添加菜单

20.6.4　对话框的种类及用法

对话框应该不是什么陌生的概念，在平时应用中会经常遇到，如在 Windows 中我们就经常看到对话框的身影。本节将讲述如何设计 Swing 类库中的对话框。

对于选项对话框，Swing 提供了一个很方便的类 JOptionPane，该类能够让程序员不需要编写代码，就可以生成一个对话框。其主要提供了一些简单的对话框，用于收集用户的简单信息。

JOptionPane 类有 4 个静态的方法，下面列出这些简单的对话框。

- showMessageDialog：显示一条消息并且等待用户单击 OK。
- showConfirmDialog：显示一条消息并且得到确认。
- showOptionDialog：显示一条消息并且得到用户在一组选项中选择。
- showInputDialog：显示一条消息并且得到用户的一行输入。

一个典型的对话框主要包括以下几个部分：

- 一个图标。
- 一条消息。
- 一个或多个选项按钮。
- 对话框标题。

对于对话框的消息类型主要有下列 5 种：

- ERROR_MESSAGE
- INFORMATION_MESSAGE
- WARNING_MESSAGE
- QUESTION_MESSAGE
- PLAIN_MESSAGE

可以指定一条消息显示在对话框上，该消息可以是字符串、图标、一个用户界面组件或者其他对象。下面列出各种消息对象的显示方式：

- String：绘制该字符串。
- Icon：显示该图标。
- Component：显示该组件。
- Object[]：逐一显示每个对象，依次叠加。
- 其他对象：调用 toString()方法，显示相应的结果字符串。

调用 showMessageDialog 和 showInputDialog 时，只能得到标准按钮，分别是 OK 和 OK / CANCEL。而调用 showConfirmDialog 时，可以根据不同的需要，选择如下 4 种选项类型中的一种：

- DEFAULT_OPTION
- YES_NO_OPTION
- YES_NO_CANCEL_OPTION
- OK_CANCEL_OPTION

【实例 20-14】下面演示一个有关构造对话框的实例。

```
01  import java.awt.Frame;
02  import javax.swing.JOptionPane;
03  public class Swingtest13 extends Frame {          //创建一个Swingtest13类继承窗体类
04      public static void main(String[] args) {      //主方法
05          //创建弹出对话框对象JOptionPane
06          JOptionPane.showConfirmDialog(null, "这是错误信息！", "这是错误信息！",
07                  JOptionPane.YES_NO_CANCEL_OPTION);
08      }
09  }
```

【代码说明】第 3 行表示该类继承自 Frame 类。第 6~7 行弹出对话框，这里有 3 个按钮，分别对应 YES、NO、CANCEL。

【运行效果】运行结果如图 20-15 所示。

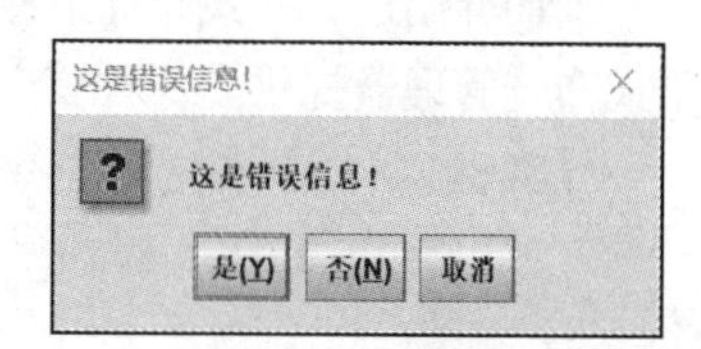

图 20-15　添加对话框

创建一个对话框不难，关键是当用户选择按钮时，系统能区分这个动作。通常系统会返回一个整数以区分不同的动作，整数值从 0 开始，例如：YES_NO_OPTION 中 0 表示 YES，1 表示 NO。

20.7　复杂布局管理器的种类及用法

布局管理就是在界面中，设计哪些控件对齐，哪些控件在同一个范围内，还有控件该在什么地方显示。本节将介绍一些复杂布局管理器，其中包括箱式布局管理器、网格组布局管理器、流布局管理器和边界布局管理器。

20.7.1 箱式布局的设计

箱式布局比 GridLayout 布局要灵活得多，这个也是它比较实用的地方。Swing 提供的 BOX 类就是箱式布局类，它的默认布局管理器就是 BoxLayout，在箱式布局管理器中包括了两种箱子：一种是水平箱，另外一种是垂直箱。

说明 GridLayout是最简单的一种布局，其包含在java.awt.*中，这里没有单独介绍。

创建一个水平箱：

```
Box horBox=Box.createHorizontalBox();
```

创建一个垂直箱：

```
Box verBox=Box.createVerticalBox();
```

创建好箱子后，就可以像添加其他组件一样，添加控件，代码如下：

```
horBox.add(okButton);
verBox.add(cancelButton);
```

两种箱子的区别在于组件的排列顺序上，水平箱是按照从左到右的顺序排列，而垂直箱按照从上到下的顺序排列。对于箱式布局管理器，最关键的就是每个组件的 3 个尺寸：

- 首选尺寸：即组件被显示时的宽度和高度。
- 最大尺寸：即组件能显示的最大宽度和高度。
- 最小尺寸：即组件被显示的最小高度和最小宽度。

下面是水平箱式布局管理器中组件排列的几个重点：

- 计算最高组件的最大高度，尝试把所有的组件都增加到这个高度。如果有某些组件不能达到这个高度，那么在 Y 轴上对齐要通过“getAlignmentY”方法得到，该方法返回一个介于 0（按顶部对齐）和 1（按底部对齐）之间的浮点数。组件的默认值是 0.5，也就是中线对齐。
- 得到每个组件的首选宽度，然后把所有的首选宽度合计起来。
- 如果首选宽度总和小于箱的宽度，那么所有的组件都会相应的延伸，直到适应这个箱子的宽度。组件从左到右排列，并且相邻两个组件之间没有多余的空格。

前面介绍过，箱式布局组件之间没有空隙，那么就要通过一个称为填充物的组件来提供空隙。箱式布局管理器提供了 3 种填充物：支柱、固定区、弹簧。

【实例 20-15】在这里先举例，然后再针对实例进行分析。

```
01  import java.awt.*;
02  import javax.swing.*;
03  public class Swingtest14 {                                  //创建类Swingtest14
04      public static void main(String[] args) {                //主方法
05          //创建BoxLayoutFrame类对象frame1
06          BoxLayoutFrame frame1 = new BoxLayoutFrame();
07          //设置关闭方法
08          frame1.setDefaultCloseOperation(JFrame.EXIT_ON_CLOSE);
09          frame1.show();                                      //显示窗口
10      }
11  }
12  class BoxLayoutFrame extends JFrame {                       //创建一个顶层框架类
```

```
13        //创建成员变量
14        private static final int WIDTH = 300;
15        private static final int HEIGHT = 200;
16        public BoxLayoutFrame() {                              //创建构造函数
17             setTitle("箱式布局管理器");                        //设置窗口标题
18             setSize(WIDTH, HEIGHT);                           //设置窗口大小
19             //创建对象con
20             Container con = getContentPane();
21             //创建标签对象label1和文本输入框对象textField1
22             JLabel label1 = new JLabel(" 姓名: ");
23             JTextField textField1 = new JTextField(10);
24             //设置对象textField1输入的最大字符
25             textField1.setMaximumSize(textField1.getPreferredSize());
26             //创建和设置对象hbox1
27             Box hbox1 = Box.createHorizontalBox();
28             hbox1.add(label1);
29             hbox1.add(Box.createHorizontalStrut(20));
30             hbox1.add(textField1);
31             //创建标签对象label2和文本输入框对象textField2
32             JLabel label2 = new JLabel(" 密码: ");
33             JTextField textField2 = new JTextField(10);
34             textField2.setMaximumSize(textField2.getPreferredSize());
35             //创建和设置对象hbox2
36             Box hbox2 = Box.createHorizontalBox();
37             hbox2.add(label2);
38             hbox2.add(Box.createHorizontalStrut(20));
39             hbox2.add(textField2);
40             //创建两个按钮对象
41             JButton button1 = new JButton("确定");
42             JButton button2 = new JButton("取消");
43             //创建和设置对象hbox3
44             Box hbox3 = Box.createHorizontalBox();
45             hbox3.add(button1);
46             hbox3.add(button2);
47             //创建和设置对象vbox
48             Box vbox = Box.createVerticalBox();
49             vbox.add(hbox1);
50             vbox.add(hbox2);
51             vbox.add(Box.createVerticalGlue());
52             vbox.add(hbox3);
53             //添加对象vbox到对象con
54             con.add(vbox, BorderLayout.CENTER);
55        }
56   }
```

【代码说明】这个程序的含义是先创建 3 个水平箱，再创建一个垂直箱。将 3 个水平箱添加到垂直箱中。

【运行效果】运行结果如图 20-16 所示。

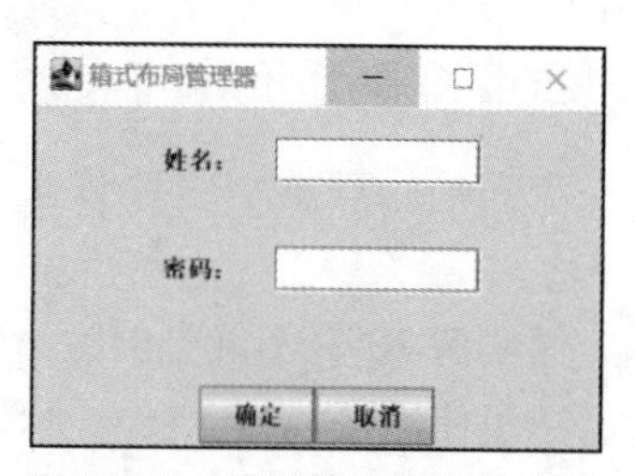

图 20-16　使用箱式布局管理器

在下一小节中，将介绍一种比较人性化的布局管理器：网格组布局管理器，这种布局管理器最大的好处在于，可以由用户自己来分配控件的空间位置，它结合了很多种布局管理器的优点。

20.7.2 网格组布局的设计

网格组布局管理器是一种很先进的布局管理器，通过网格的划分，可看到每个组件都占据一个网格，也可以一个组件占据几个网格。如果要采用网格组布局管理器，一般来说可以采用下列步骤：

1）创建一个 GridBagLayout 对象。

2）将容器设成此对象的布局管理器。

3）创建约束（GridBagConstraints）对象。

4）创建各个相应的组件。

5）添加各个组件与约束到网格组布局管理器中。

网络组由多个网格组成，而且各个行或者列的高度和宽度不同。但默认的情况下，单元格从左上角开始有序列地编号，从第 0 行第 0 列开始计数。

当向网格组布局管理器中添加组件时，分别定义每个单元格的序列号，只要设定相应的值，那么组件就会添加到网格组布局管理器中。gridX、gridY 分别定义了添加组件时左上角的行与列的位置，而 gridwidth、gridheight 分别定义了组件所占用的列数和行数。

网格组布局管理器中每个区域都要设置增量字段（weightx 与 weighty，分别代表 x 方向和 y 方向的增量）。如果想让某个区域保持初始化的大小，也就是说窗口缩放不会引起组件缩放，那就应该设置该区域的增量为 0；相反如果让组件能完全保证填充单元格，那增量字段就应该设置为 100。

fill 和 anchor 参数都是非常重要的约束。其中 fill 是当组件不能填满单元格时，该参数就可以发挥作用。该约束的值主要有以下几种：

- GridBagConstraints.NONE：在每一个方向都不填充。即保持原状。
- GridBagConstraints.HORIZONTAL：只在水平方向上填充。
- GridBagConstraints.VERTICAL：只在垂直方向上填充。
- GridBagConstraints.BOTH：在两个方向上都填充。

而 anchor 参数则是当一个组件大于分配给它的单元格时发挥作用，该约束就是约定如何处理该组件，它的值如下所示：

- GridBagConstraints.CENTER：居中缩小。
- GridBagConstraints.NORTH：顶部缩小。
- GridBagConstraints.NORTHEAST：左上角缩小。
- GridBagConstraints.EAST：右侧缩小。

20.7.3 流布局的设计

流布局管理器将组件依次添加到容器中，组件在容器中按照从左到右、从上到下的顺序排列。

【实例 20-16】 首先创建一个默认的流布局管理器，并在设置了该布局管理器的容器上添加组件，这里使用 JButton 组件。示例如下所示：

```
01  import javax.swing.*;
02  import java.awt.*;
03  import javax.swing.table.*;
04  public class FlowManagerTest extends JFrame{     //创建FlowManagerTest类继承JFrame类
05      public FlowManagerTest(){                     //创建类的构造函数FlowManagerTest
06          //创建4个按钮对象
07          JButton b1 = new JButton("Button 1");
08          JButton b2 = new JButton("Button 2");
09          JButton b3= new JButton("Button 3");
10          JButton b4 = new JButton("Button 4");
11          //创建流布局管理器，采用默认设置
12          FlowLayout fl = new FlowLayout();
13          Container cp = getContentPane();
14          cp.setLayout(fl);
15          //依次向容器添加组件，这些组件将按照从左到又，从上到下的顺序排列
16          cp.add(b1);
17          cp.add(b2);
18          cp.add(b3);
19          cp.add(b4);
20      }
21      public static void main(String[] args){      //主方法
22          //创建和设置对象tmt
23          FlowManagerTest tmt = new FlowManagerTest();
24          tmt.setTitle("流布局管理器示例");
25          tmt.setSize(400,300);
26          tmt.show();
27      }
28  };
```

【运行效果】运行程序结果如图 20-17 所示。

【代码说明】读者或许注意到 Button4 的位置了，该组件在第一排无法容纳，按照流布局管理器的排列规则，应该放在下一行，但是放在第二行的什么位置呢？显然这里是放在了中间位置。其实这个位置是可以改变的，即组件在行内对齐的方式。并且可以设置组件与组件之间水平和垂直间隙的大小，单位为像素。如：

```
FlowLayout fl = new FlowLayout(FlowLayout.LEFT,20,10);
```

这行代码说明组件间的水平距离为 20 个像素，垂直距离为 10 个像素。采用行内左对齐的方式对齐行内组件。我们把上面的流布局管理器做如下修改：

```
FlowLayout fl = new FlowLayout(FlowLayout.LEFT,20,10));
Container cp = getContentPane();
cp.setLayout(fl);
```

再次运行程序结果如图 20-18 所示。

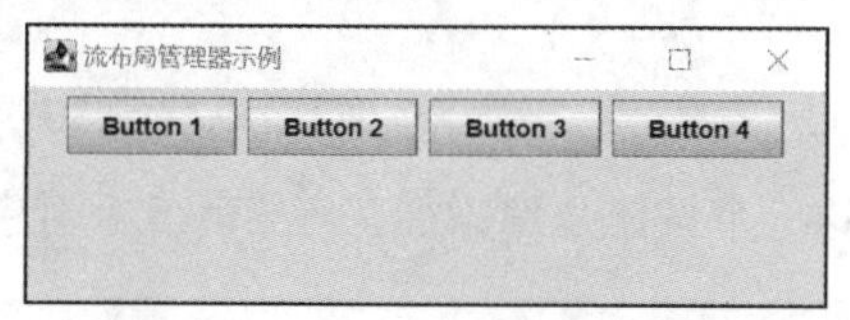

图 20-17　流布局管理器示例 1

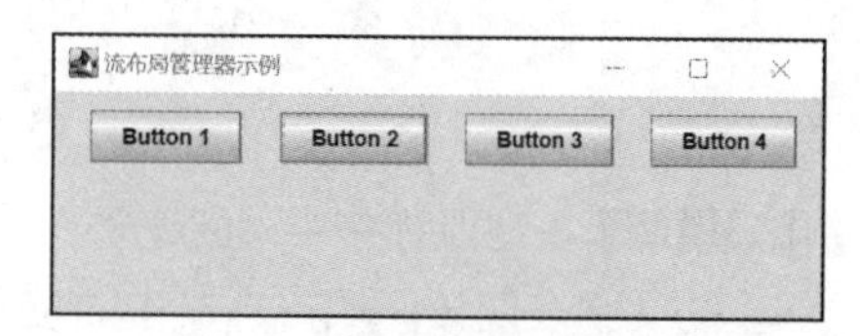

图 20-18　流布局管理器示例 2

> **注意**　此时组件间的间隔改变了，水平间隔也与默认值不同。组件Button4在行内的对齐方式显然是左对齐。

20.7.4　边界布局的设计

边界布局管理器将整个容器分为 5 个区域，分别为东、西、南、北和中间。组件可以放置在指定的一个区域。

在 BorderLayout 类的定义中这 5 个区域用 5 个常量值表示：EAST、WEST、SOUTH、NORTH 和 CENTER。假设容器为 cp，组件为 jb。则将组件添加到容器上的方式为：

```
BorderLayout bl = new BorderLayout();
cp.add(jb,BorderLayout.CENTER);
```

【实例 20-17】下面给出一个完整的边界布局管理器的程序。

```
01  import javax.swing.*;
02  import java.awt.*;
03  import javax.swing.table.*;
04  public class BorderManagerTest extends JFrame{//创建FlowManagerTest类继承JFrame类
05  //创建类的构造函数
06  public BorderManagerTest( ){
07  //创建四个按钮分别用于布局管理器管理的组件
08  JButton b1 = new JButton("东");
09  JButton b2 = new JButton("西");
10  JButton b3= new JButton("南");
11  JButton b4 = new JButton("北");
12  JButton b5 = new JButton("中 ");
13  //创建边界布局管理器
14  BorderLayout bl = new  BorderLayout();
15  Container cp = getContentPane();
16  //设置容器的布局管理器为边界管理器。
17  cp.setLayout(bl);
18  //向容器中添加按钮组件
19  cp.add(b1,BorderLayout.EAST);
20  cp.add(b2,BorderLayout.WEST);
21  cp.add(b3,BorderLayout.SOUTH);
22  cp.add(b4,BorderLayout.NORTH);
23  cp.add(b5,BorderLayout.CENTER);
24  }
25  public static void main(String[] args){      //主方法
26  //创建和设置对象gmt
27      BorderManagerTest gmt = new BorderManagerTest();
28      gmt.setTitle("边界布局管理器示例");
29      gmt.setSize(400,300);
30      gmt.show();
31  }
32}
```

【代码说明】在这段程序中，创建了 5 个按钮，把这 5 个按钮分别添加在容器的 5 个对应区域内，按钮上的文字表明该区域在容器中的位置。

【代码效果】程序的运行结果如图 20-19 所示。

注意 容器中的5个区域不一定必须增加组件，如果某个区域如“东”侧空白，则中间区域的组件较先前会大些，如果中间空白不放置组件，则四个边沿组件大小不变，如果没有中间区域组件，也没有“北”侧区域组件，则“东”、“西”侧区域中的组件会延伸到容器“北”侧的边沿。如图20-20所示。

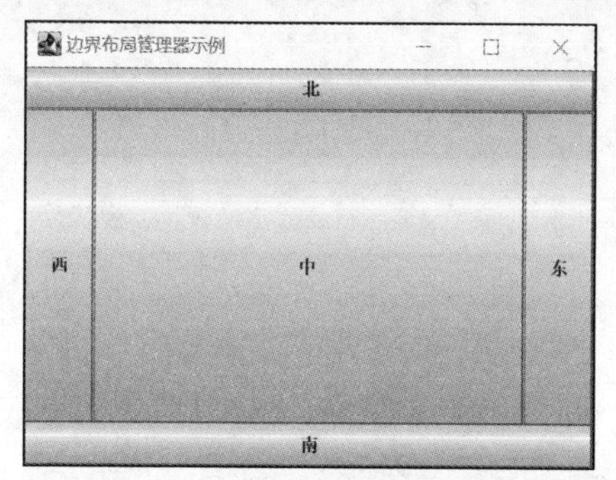

图 20-19　边界布局管理器示例 1

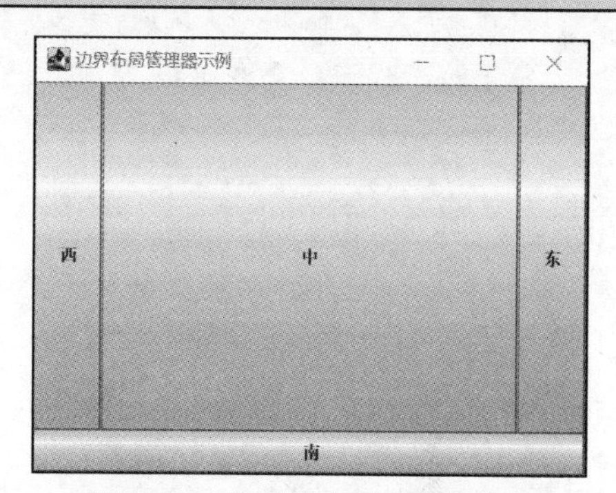

图 20-20　边界布局管理器示例 2

20.8　通过实例熟悉 Swing 编程

【实例 20-18】本小节给出一个综合实例，该实例中将使用标签组件、文件域组件和选择组件等各种组件来实现一个关于学生管理系统的界面。通过该实例的学习，希望读者能够真正掌握 Swing 编程思想。

```
01  import java.awt.*;
02  import javax.swing.*;
03  public class Swingtest15                                //创建一个Swingtest15类
04  {
05      public static void main(String[] args)              //主方法
06      {
07          //创建对象frame1
08          Gridbaglayoutframe frame1=new Gridbaglayoutframe();
09          //设置窗口关闭方法
10          frame1.setDefaultCloseOperation(JFrame.EXIT_ON_CLOSE);
11          frame1.show();                                  //显示窗口
12      }
13  }
14  class Gridbaglayoutframe extends JFrame                 //设计类Gridbaglayoutframe
15  {
16      //创建成员变量
17      private static final int WIDTH=300;
18      private static final int HEIGHT=200;
19      public Gridbaglayoutframe()                         //创建构造函数
20      {
21          setTitle("学生管理系统");                         //设置标题
22          setSize(WIDTH,HEIGHT);                          //设置窗口大小
23          //获取对象con
```

```
24            Container con=getContentPane();
25            //添加对象到con
26            con.add(new StudentJPanel(),BorderLayout.CENTER);
27            con.add(new Buttonpanel(),BorderLayout.SOUTH);
28        }
29    }
30    //创建一个学生标签和文本域及文本区所在的容器类
31    class StudentJPanel extends JPanel
32    {
33        public StudentJPanel()                            //创建构造函数
34        {
35            GridBagLayout layout=new GridBagLayout();     //创建布局管理器对象layout
36            setLayout(layout);                            //设置窗口的布局管理器
37            //创建关于姓名的标签和文本输入框
38            JLabel namelabel=new JLabel("姓名: ");
39            JTextField nameTextField=new JTextField(10);
40            //创建关于学号的标签和文本输入框
41            JLabel codelabel=new JLabel("学号: ");
42            JTextField codeTextField=new JTextField(10);
43            //创建关于性别的标签和文本输入框
44            JLabel sexlabel=new JLabel("性别: ");
45            JTextField sexTextField=new JTextField(10);
46            //创建关于籍贯的标签和选择组件
47            JLabel  addresslabel=new JLabel("籍贯: ");
48            JComboBox <?> addressCombo=new JComboBox(new String[] {"江西","四川","山西","湖北","
49                    湖南","海南"});
50            //创建关于简单介绍的标签和文本输入域
51            JLabel commentLabel=new JLabel("简单介绍");
52            JTextArea sample=new JTextArea();
53            sample.setLineWrap(true);
54            //创建和设置constraints对象
55            GridBagConstraints  constraints=new GridBagConstraints();
56            constraints.fill=GridBagConstraints.NONE;
57            constraints.anchor=GridBagConstraints.EAST;
58            constraints.weightx=5;
59            constraints.weighty=5;
60            //添加对象到constraints对象
61            add(namelabel,constraints,0,0,1,1);
62            add(codelabel,constraints,0,1,1,1);
63            add(sexlabel,constraints,0,2,1,1);
64            add(addresslabel,constraints,0,3,1,1);
65            //创建和设置对象constraints
66            constraints.fill=GridBagConstraints.HORIZONTAL;
67            constraints.weightx=100;
68            add(nameTextField,constraints,1,0,1,1);
69            add(codeTextField,constraints,1,1,1,1);
70            add(sexTextField,constraints,1,2,1,1);
71            add(addressCombo,constraints,1,3,1,1);
72            add(commentLabel,constraints,0,0,3,1);
```

```
73              //创建和设置对象constraints
74              constraints.fill=GridBagConstraints.NONE;
75              constraints.anchor=GridBagConstraints.CENTER;
76              add(sample,constraints,2,0,1,1);
77              constraints.fill=GridBagConstraints.BOTH;
78              add(sample,constraints,2,1,1,1);
79          }
80          //用来添加组件到容器中的函数
81          public void add(Component c,GridBagConstraints constraints,int x,int y,int w,int h)
82          {
83              constraints.gridx=x;                        //关于控件位于哪一列
84              constraints.gridy=y;                        //关于控件位于哪一行
85              constraints.gridwidth=w;                    //关于控件占据多少列
86              constraints.gridheight=h;                   //关于控件占据多少行
87              add(c,constraints);
88          }
89      }
90      class Buttonpanel extends JPanel                    //设置放置按钮控件的容器类
91      {
92          public Buttonpanel()                            //构造函数
93          {
94              setLayout(new BoxLayout(this,BoxLayout.X_AXIS));
95              //创建“确定”和“取消”按钮
96              JButton okbutton=new JButton("确定");
97              JButton cancelbutton=new JButton("取消");
98              //创建和设置对象hBox
99              Box hBox=Box.createHorizontalBox();
100             hBox.add(Box.createHorizontalStrut(40));
101         hBox.add(okbutton);
102         hBox.add(Box.createHorizontalGlue());
103             hBox.add(cancelbutton);
104             hBox.add(Box.createHorizontalStrut(40));
105             add(hBox);                                  //添加对象hBox到当前对象
106         }
107     }
```

【代码说明】第 14~29 行创建一个顶层框架类 gridbaglayoutframe，并继承自 JFrame。第 30~89 行创建一个学生标签和文本域及文本区所在的容器类。第 90~107 行创建了放置按钮控件的容器类。

【运行效果】运行结果如图 20-21 所示。

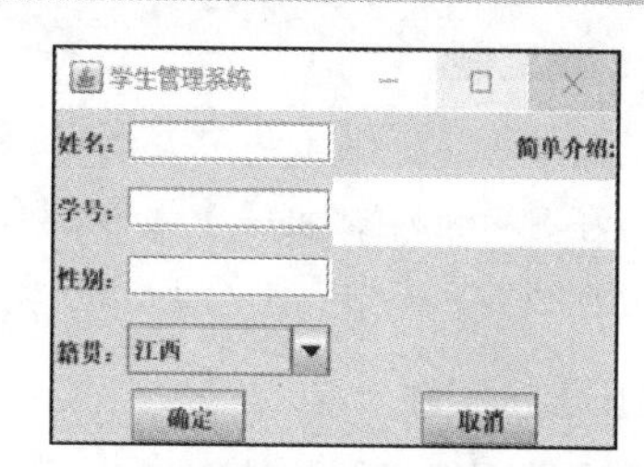

图 20-21　使用网格组布局管理器的综合实例

20.9　常见疑难解答

20.9.1　如何处理菜单的启用和禁用功能

当打开一个只读文件时，不允许保存和另存为，此时可以使用菜单项的禁用和启用功能。

在菜单监听器接口 MenuListener 中声明了 3 个方法：

```
public void menuSelected(MenuEvent event)
public void menuDeSelected(MenuEvent event)
public void menucanceled(MenuEvent event)
```

menuSelected 方法在菜单项被显示前会自动调用，因此在这个时候可以进行菜单项的相关设置。如果选择了只读打开，那么相应的保存项就应该设置为不可用，可以按照下面的方法编写代码：

```
Public void menuSelected(MenuEvent event)
{
   savaItem.setEnabled(!readOnlyItem.isSelected());
}
```

"!readOnlyItem.isSelected"返回一个布尔型值。这段代码的含义就是让 saveItem 与 readOnlyItem 菜单项选择状态相反，所以采用了"非"操作。

20.9.2 如何编写快捷键的程序

其实很简单，可以按照下面的代码方式定义一个快捷键：

```
JMenu save=new JMenu("save");
Save.setMnemonic('s');
```

这里将 save 菜单项的快捷键定义为"s"。

20.10 小结

AWT 图形编程和 Swing 图形编程都是 Java GUI 图形开发的基础，但 AWT 功能有限，所以 Java 提供了 Swing GUI 用户类库来细化和完善图形开发的技术。本章实现了一些常见的图形界面，包括按钮、文本框、标签等，尤其是最后还介绍了布局管理器，让读者了解 Java 程序中界面是如何进行布局的。希望通过本章的学习，读者能对图形编程有进一步的了解。

20.11 习题

一、填空题

1．Java API 提供了两个关于 GUI 的包，它们分别为__________和__________。

2．在 Swing 中，每一个组件都有 3 个要素：__________、__________和__________。

3．在 AWT 库中有一个 Frame 类与框架对应，而在 Swing 中与之对应的是__________。

二、上机实践

1．在做图像或图片处理时，一定会用到调色板，通过 JcolorChooser 组件模拟调色板程序。

【提示】 通过使用 JcolorChooser 组件来实现。

2．相信大家都用过 Windows 系统自带的记事本程序，综合使用本章所学的知识，编写一个记事本程序。

【提示】 综合使用本章所涉及的组件来实现。

第21章　JDBC及其应用

什么是 JDBC？它跟数据库有什么联系？它跟 Java 开发有什么联系？在现实的开发工作中，JDBC起着什么作用？带着这些疑问，开始本章的学习之旅。本章将会通过大量的实例，让读者能够熟练掌握JDBC。为了能够更清晰地理解其概念，本章还采取了大量的截图，让读者通过截图，清楚地看到实际的操作。同时希望读者能够一边学习、一边练习。

本章重点：

- 数据库的基础知识。
- SQL 数据库查询语言。
- JDBC 的基础编程知识。
- 事务的处理和预查询。

21.1　数据库基础知识

JDBC是连接数据库和Java应用程序的一个纽带，下面先介绍有关数据库的知识。

数据库在应用程序中占有相当重要的地位，几乎所有的系统都需要用到数据库。数据库发展到现在已经相当成熟了，由原来的Sybase数据库，发展到现在的MySQL、SQL Server和Oracle等高级数据库。

21.1.1　什么是数据库

数据库是依照某种数据模型组织起来，并存放二级存储器中的数据集合。这种数据集合具有如下特点：

- 尽可能不重复。
- 以最优方式为某个特定组织提供多种应用服务。
- 其数据结构独立于使用它的应用程序。
- 对数据的增删改和检索由统一软件进行管理和控制。

从发展的历史看，数据库是数据管理的高级阶段，它是由文件管理系统发展起来的，数据库的基本结构分3个层次，反映了观察数据库的3种不同角度。

- 物理数据层。它是数据库的最内层，是物理存储设备上实际存储的数据的集合，这些数据是原始数据，同时也是用户加工的对象，由内部模式描述的指令操作处理的位串、字符和字组成。
- 概念数据层。它是数据库的中间一层，是数据库的整体逻辑表示，指出了每个数据的逻辑定义及数据间的逻辑联系，是存储记录的集合。它所涉及的是数据库所有对象的逻辑关系，不是它们的物理情况，而是数据库管理员概念下的数据库。

- ❑ 逻辑数据层。它是用户所看到和使用的数据库，表示了一个或一些特定用户使用的数据集合，即逻辑记录的集合。

数据库不同层次之间的联系是通过映射进行转换的。数据库主要有以下特点：

- ❑ 实现数据共享。
- ❑ 数据的独立性。
- ❑ 数据一致性和可维护性，以确保数据的安全性和可靠性。

21.1.2　数据库的分类及功能

数据库系统一般基于某种数据模型，可以分为层次型、网状型、关系型、面向对象型等。

1）层次型数据库：是一组通过链接而互相联系在一起的记录。树结构图是层次数据库的模式。层次模型的特点是记录之间的联系是通过指针实现，表示的是对象的联系。其缺点是无法反映多对象的联系，并且由于层次顺序的严格和复杂，导致数据的查询和更新操作复杂，因此应用程序的编写也比较复杂。层次型数据库模型如图 21-1 所示。

2）网状数据库：是基于网络模型建立的数据库。网络模型，是使用网格结构表示实体类型、实体间联系的数据模型。网状模型的特点是记录之间的联系通过指针实现，使多对多的联系容易实现。缺点是编写应用程序比较复杂，程序员必须熟悉数据库的逻辑结构，如图 21-2 所示。

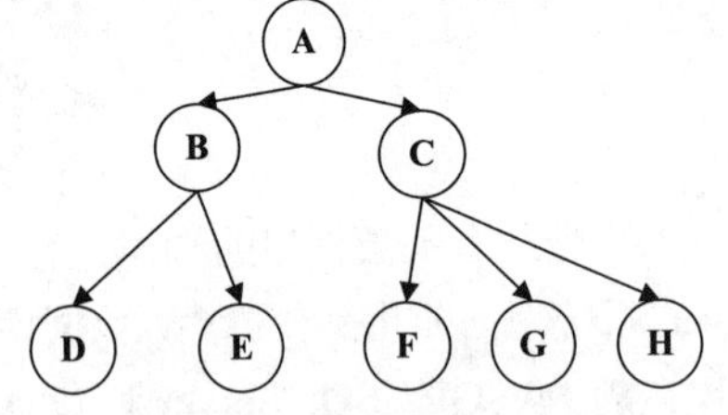

图 21-1　层次型数据库图

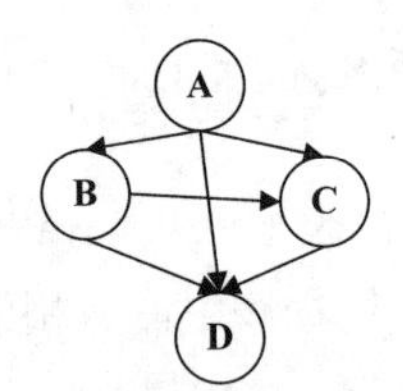

图 21-2　网状数据库图

3）关系数据库：是基于关系模型建立的数据库。关系模型由一系列表格组成，用表格来表达数据集，用外键（关系）来表达数据集之间的联系。在后面会详细讲述。

4）对象型数据库：是建立在面向对象模型基础之上。面向对象模型中最基本的概念是对象和类。对象是现实世界中实体的模型化，共享同一属性集和方法集的所有对象构成一个类。类可以有嵌套结构。系统中的所有类组成一个有根、有向无环图，称为类层次。

21.1.3　关系数据库的设计

1．数据库设计过程

数据库技术是信息资源管理最有效的手段。数据库设计对于一个给定的应用环境，通过构造最优的数据库模式，建立数据库及其应用系统，通过在数据库中有效存储、操作数据，从而满足用户信息要求和处理要求。

数据库设计中需求分析阶段综合各个用户的应用需求（现实世界的需求）。在概念设计阶段形成独立于机器特点和独立于各个 DBMS 产品的概念模式（信息世界模型）。在逻辑设计阶段可以将需求关系转换成具体的数据库产品支持的数据模型（如关系模型），从而形成数据库逻辑模式，然后根据用户处理的要求，安全性的考虑，在基本表的基础上再建立必要的视图（view）形成数据的外模式。

在物理设计阶段根据 DBMS 特点和处理的需要，进行物理存储安排、设计索引，形成数据库内模式。

2．需求分析阶段

- 需求收集和分析，结果得到数据字典描述的数据需求和数据流图描述的处理需求。
- 需求分析的重点是调查、收集与分析用户在数据管理中的信息要求、处理要求、安全性与完整性要求。
- 需求分析的方法：调查组织机构情况、调查各部门的业务活动情况、协助用户明确对新系统的各种要求、确定新系统的边界。

21.1.4　数据库设计技巧

本节介绍一些数据库设计方面的技巧，主要包括 4 点，如下所示。

1．设计数据库之前（需求分析阶段）

- 理解客户需求，询问用户如何看待未来需求变化，让客户解释其需求，而且随着开发的继续，还要经常询问客户，从而保证其需求仍然在开发的目的之中。
- 了解企业业务，从而可以在以后的开发阶段节约大量的时间。
- 定义标准的对象命名规范
- 数据库各种对象的命名必须规范。

2．表设计原则

表由行和列组成，每一行称为一条记录，列称为一个字段。数据的标准化有助于消除数据库中的数据冗余。标准化有好几种形式，但 Third Normal Form（3NF）通常被认为在性能、扩展性和数据完整性方面达到了最好平衡。简单来说，遵守 3NF 标准的数据库的表设计原则如下：

- 某个表只包括其本身基本的属性。
- 当不是它们本身所具有的属性时需进行分解。
- 表之间的关系通过外键相连接。
- 它有一组专门存放通过键连接起来的关联数据。

3．键选择原则

键就是表中的字段。什么是主键呢？主键被挑选出来作为表的唯一标识。那什么是外键呢？外键就是两张表通过一个键产生联系，而这个键又在两张表中，其中在一张表中是主键，那么这个键在另一张表中，就被称为外键。

键设计 4 原则：

- 为关联字段创建外键。
- 所有的键都必须唯一。
- 避免使用复合键。
- 外键总是关联唯一的键字段。

4．索引使用原则

索引与书籍中的索引类似，在一本书中，可以通过索引快速查找所需内容，而无需阅读整本书。在数据库中，索引使 DB（DataBase）程序无须对整个表进行扫描，就可以找到所需数据。

- 索引是从数据库中获取数据的最高效方式之一，95%的数据库性能问题都可以采用索引技术得到解决。
- 逻辑主键使用唯一的成组索引，对系统键（作为存储过程）采用唯一的非成组索引，对任何外键列采用非成组索引。考虑数据库的空间有多大，表如何进行访问，还有这些访问是否主要用作读写。
- 大多数数据库都索引自动创建的主键字段，但是可别忘了索引外键，它们也是经常使用的键，例如运行查询显示主表和所有关联表的某条记录，就用得上它。
- 不要索引 memo/note 字段，不要索引大型字段（有很多字符），这样做会让索引占用太多的存储空间。
- 不要索引常用的小型表。
- 不要为小型数据表设置任何键，假如它们经常有插入和删除操作就更不能这样做，对这些插入和删除操作的索引维护，可能比扫描表空间消耗更多的时间。

数据库的一些基本的知识就介绍这么多，从下一节开始，将讲述什么是 JDBC，以及如何使用 JDBC 将 Java 程序与数据库相连接。

21.2 JDBC 的基础概念

JDBC 是一个有关数据库连接的工具。本节介绍 JDBC 的概念和如何使用 JDBC 将 Java 程序与数据库进行连接。所谓 JDBC 就是 Java DataBase Connectivity，Java 数据库连接。它主要完成下面几个任务：

- 与数据库建立一个连接。
- 向数据库发送 SQL 语句。
- 处理数据库返回的结果。
- 实用 Java 程序语言和 JDBC 工具包开发程序，是独立于平台和厂商的。

21.2.1 JDBC 驱动程序的分类

JDBC 被称为数据源驱动，其具备什么特点，又与 ODBC 有什么关系或区别呢？在讲述 JDBC 的驱动程序分类之前，首先介绍什么是 ODBC。ODBC 是指 Open DataBase Connectivity，即开放数据库互连，它建立了一组规范，并且提供了一组对数据库访问的标准 API（应用程序编程接口），这些 API 利用 SQL 来完成其大部分任务。ODBC 也提供了对 SQL 的支持。

JDBC 是 Java 与数据库的接口规范，由 Java 语言编写的类和接口组成。如果要通过 JDBC 驱动连接数据库，大致分为 4 种方式：Java 到数据库协议、Java 到本地 API、JDBC-ODBC 桥和 Java 到网络协议，关于 JDBC 程序的工作原理如图 21-3 所示。

JDBC 的引入有其非常重要的作用：

- 程序员可以使用 Java 开发基于数据库的应用程序，在遵守 Java 语言规则的同时，可以使用标准的 SQL 语句访问任何数据库。
- 如果数据库厂商提供较底层的驱动程序，程序员可以在自己的软件中，使用比较优化的驱动程序。

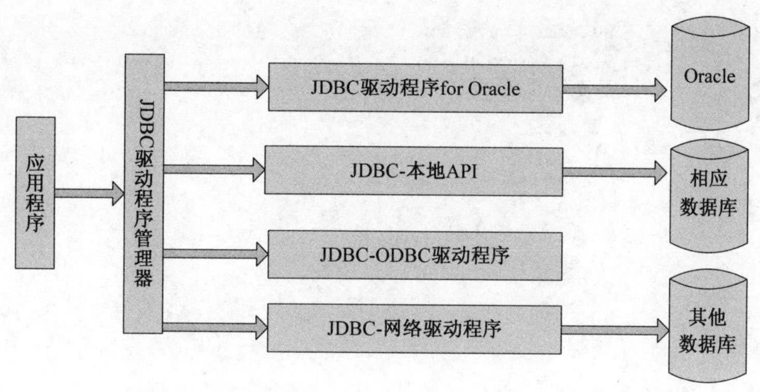

图 21-3 JDBC 的工作原理

其实 JDBC 和 ODBC 是统一模型,那为什么不采用 ODBC 呢？因为 ODBC 过于复杂难以掌握，也比较难部署。

数据库连接对动态网站来说是最为重要的部分。Java 中连接数据库的技术是 JDBC。很多数据库系统带有 JDBC 驱动程序，Java 程序就通过 JDBC 驱动程序与数据库相连，执行查询、提取数据等操作。早期 Sun 公司还开发了 JDBC-ODBC 桥，用此技术，Java 程序就可以访问带有 ODBC 驱动程序的数据库，但是 jdk1.8 后不再使用。

21.2.2 利用 Java 到数据库协议方式连接 Oracle 数据库

当利用 Java 到数据库协议方式来操作数据库时，会利用数据库相关的协议把对驱动程序的请求直接发送给数据库，该协议实际上就是包含在驱动程序中的纯 Java 类。

【实例 21-1】本小节将演示如何利用 oracle:thin 子协议来操作 Oracle 数据库，具体步骤如下：

1）配置开发环境，加载与 Oracle 数据库相对应的 JDBC，Oracle 的 JDBC 驱动程序默认是在安装 Oracle 的目录中，如作者的 JDBC 驱动程序存放在 D:\app\hchlcomputer\virtual\product\12.2.0\dbhome_1\jdbc\lib\ojdbc8.jar 在 Myeclipse 环境中右键项目名称，在弹出的菜单中依次单击 Build Path-Configure Build Path-Libraries-Add Externa JARS···,在目录中选择 ojdbc8.jar，即可完成驱动程序的加载。

2）用来实现连接和操作 Oracle 数据库，即通过 oracle:thin 子协议显示出 Oracle 数据库中的 teacherinfo 表格中的数据。

```
01  import java.sql.*;                                              //导入包
02  public class Orcltest {                                         //创建一个Orcltest类
03      public static void main(String[] args) {                    //主方法
04          try{
05              Class.forName("oracle.jdbc.driver.OracleDriver");    //加载JDBC驱动
06              //连接数据库
07              Connection conn =
08          DriverManager.getConnection("jdbc:oracle:thin:@localhost:1521:orcl","system","123");
09              Statement stmt = conn.createStatement();    //获取陈述对象
10              //获取结果集
11              ResultSet rs = stmt.executeQuery("select * from teacherinfo");
12              System.out.println("记录内容: ");
13              System.out.println("\tID号\t姓名\t电话号码" );
14              //遍历结果集
15              while(rs.next()){
16                  System.out.print("\t" + rs.getInt(1));
```

```
17                  System.out.print("\t" + rs.getString(2));
18                  System.out.println("\t" + rs.getInt(3));
19                  System.out.println();
20              }
21              rs.close();                                    //关闭rs对象
22              stmt.close();                                  //关闭stmt对象
23              conn.close();                                  //关闭conn对象
24          }catch(Exception e){
25              e.printStackTrace();
26          }
27      }
28  }
```

【代码说明】当程序通过 DriverManager.getConnection()方法连接 Oracle 数据库时，其参数 jdbc:oracle:thin: @localhost:1521:orcl 中使用的子协议名为 oracle:thin，子名称中“localhost”为主机名、“1521”为 Oracle 服务器端口号、“orcl”为数据库名。

【运行效果】编译和运行该程序后，其运行结果如图 21-4 所示。

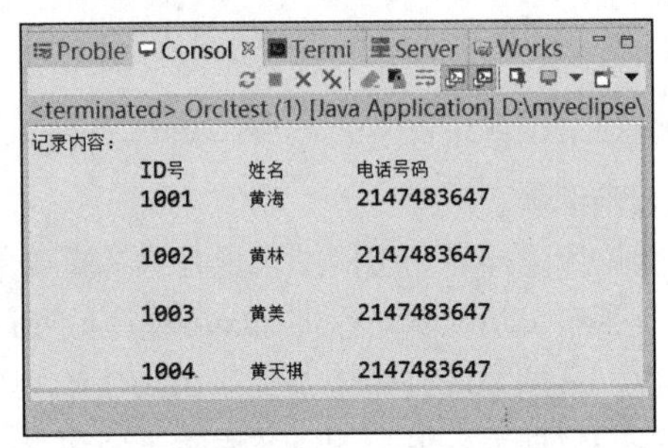

图 21-4　运行结果

21.2.3　利用 Java 到本地 API 方式连接 Oracle 数据库

当利用 Java 到本地 API 方式来操作数据库时，首先会通过调用本地的 API（数据库客户端提供的 API）连接到相应数据库客户端，然后再通过该客户端连接到相对应的数据库。在具体编写代码时，只需把调用驱动程序的代码转换成调用本地 API 的代码就可以。

【实例 21-2】本小节将演示如何利用 OCI（Oracle Call Interface）子协议来操作 Oracle 数据库，所谓 OCI 方式就是应用程序先连接 Oracle 数据库的客户端，然后再通过该客户端连接数据库，因此该方式属于 Java 到本地 API 方式。具体步骤如下：

1）Oracle 客户端配置，该功能可以通过 3 种方式来实现：利用客户端工具 Net Configuration Assistant；利用 Net Manager 图形化工具，或修改 tnsnames.ora 数据库配置文件。

下面将通过 Net Configuration Assistant 工具来实现本地 Net 服务名配置，首先打开 Net Configuration Assistant 工具，在该工具的欢迎界面（如图 21-5 所示）中选择“本地 Net 服务名配置”单选按钮。单击“下一步”按钮后，就会进入“服务名配置”对话框（如图 21-6 所示），在该对话中选中“添加”单选按钮后单击“下一步”按钮，就会进入“服务名配置 服务名”对话框（如图 21-7 所示），在该对话框中需要为服务名选项填写安装 Oracle 服务器时产生的 SID（系统标示号）。然后单击“下一步”按钮进入“服务名配置 请选择协议”对话框（如

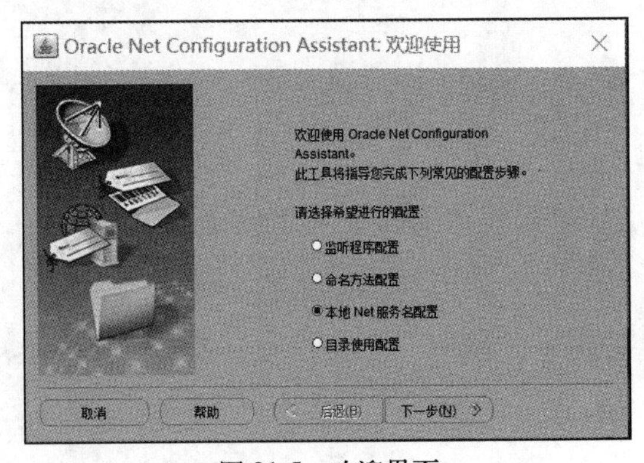

图 21-5　欢迎界面

图 21-8 所示)，在该对话框保持默认情况下单击“下一步”按钮后，就会进入“服务名配置　TCP/IP 协议”对话框（如图 21-9 所示），在该对话框中需要对主机和端口号进行设置，因为该项目在本地计算机上，所以主机名填写“127.0.0.1”，而端口号保持默认就可以了，单击“下一步”按钮进入“连接到数据库测试”对话框（如图 21-10 所示），在该对话框中选择“是，进行测试”选项，继续单击“下一步”按钮进行连接测试，如果测试成功，则如图 21-11 所示。至此，基本完成 Oracle 客户端配置，对于其他的对话框保持默认就可以。

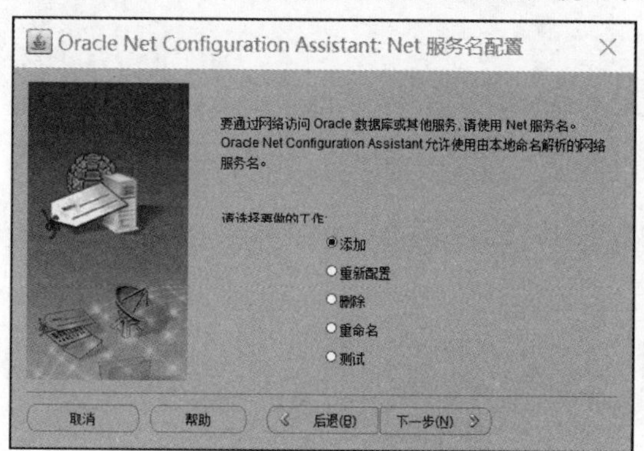

图 21-6　服务名配置

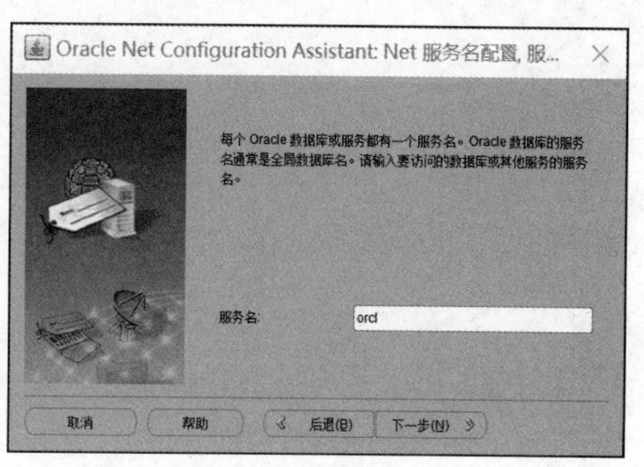

图 21-7　填写服务名

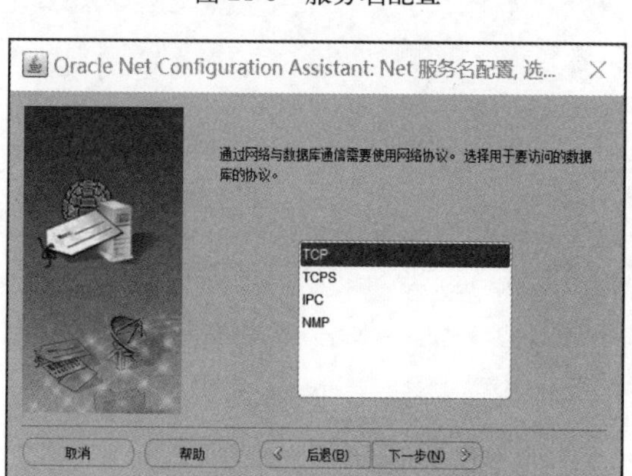

图 21-8　选择协议

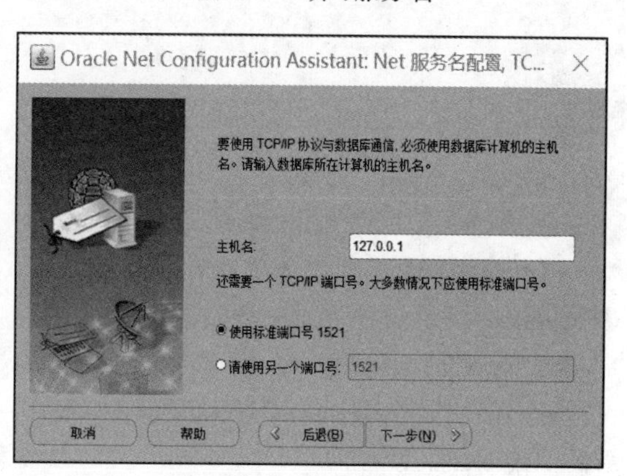

图 21-9　配置协议

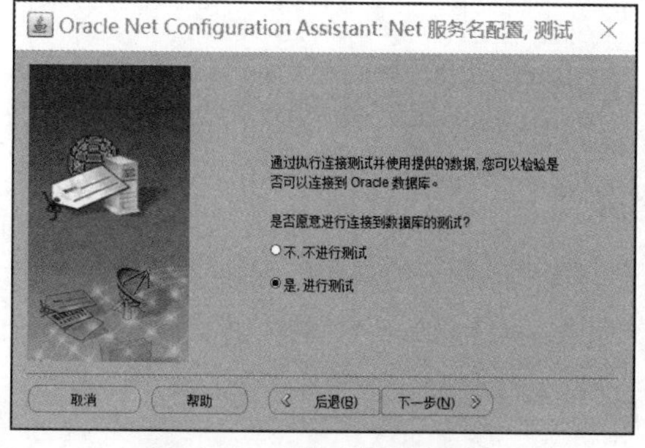

图 21-10　连接到数据库测试

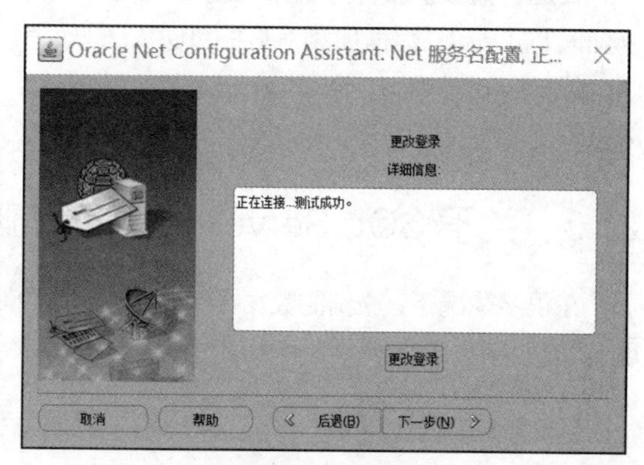

图 21-11　测试成功

2）连接和操作 Oracle 数据库，其通过 OCI 子协议显示出 orcl 数据库中的 employee 表格中的数据。

```
01  import java.sql.*;                                          //导入包
02  public class OCITest{                                       //创建一个OCITest类
03      public static void main(String args[]){                 //主方法
04          try{
05              Class.forName("oracle.jdbc.driver.OracleDriver");   //加载驱动
06              //连接数据库
07              Connection conn = DriverManager.getConnection("jdbc:oracle:oci:@orcl",
                    "system","123");
08              Statement stmt = conn.createStatement();     //获取陈述对象
09              //获取运行结果
010             ResultSet rs = stmt.executeQuery("select * from teacherinfo");
11              System.out.println("记录内容: ");
12              System.out.println("\tID号\t姓名\t电话号码" );
13              while(rs.next()){
14                  System.out.print("\t" + rs.getInt(1));
15                  System.out.print("\t" + rs.getString(2));
16                  System.out.println("\t" + rs.getInt(3));
17                  System.out.println();
18              }
19              rs.close();
20              stmt.close();
21              conn.close();
22          }catch(Exception e){
23              e.printStackTrace();
24          }
25      }
26  }
```

【代码说明】当程序通过 DriverManager.getConnection()方法连接 Oracle 数据库时，其参数“jdbc:oracle:oci:@orcl”中使用的子协议名为“oracle:oci”，子名称中@后面必须为刚才配置好的本地 Net 服务名。

【运行效果】该程序如果想运行成功，必须要加入与 Oracle 数据库相对应的 JDBC 驱动程序。编译和运行该程序后，其运行结果如图 21-12 所示。

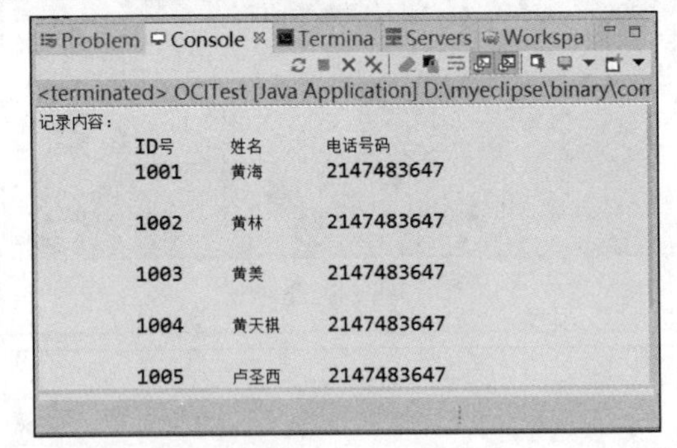

图 21-12　运行结果

21.3　关于 SQL Server 数据库基础操作

在很多情况下，遇到的数据库大部分都支持 SQL 语言。那么 SQL 语言到底是什么呢？为什么在现实的开发中，它的使用频率如此之高？本节将详细地讲述支持 SQL 语言的数据库——SQL Server。

21.3.1　什么是支持 SQL 语言的数据库

SQL（发音为字母 S-Q-L 或 sequel）是结构化查询语言（Structured Query Language）的缩写。

SQL是一种专门用来与数据库通信的语言。

与其他语言（如Java、Python这样的程序设计语言）不一样，SQL由很少的词构成，这是有意而为的。SQL能够很好地完成一项任务——提供一种从数据库中读写数据的简单有效的方法。

SQL有如下的优点：

- SQL不是某个特定数据库供应商专有的语言，几乎所有重要的DBMS都支持SQL，所以，此语言几乎能与所有数据库打交道。
- SQL简单易学。它的语句全都是由具有很强描述性的英语单词组成，而且这些单词的数目不多，这个就是它简单易学的主要原因。
- SQL看上去尽管很简单，但实际上是一种强有力的语言，灵活使用其语言元素，可以进行非常复杂和高级的数据库操作。

21.3.2 通过SQL语言如何操作数据库

标准SQL只包含9种语句：

数据查询：select。

数据定义：create，drop，delete。

数据操纵：insert，update，delete。

数据控制：grant，revoke。

- 数据查询语言用于查询数据结构。
- 数据定义语言用于数据结构。
- 数据操纵语言用于检索和修改数据结构。
- 数据控制语言用于规定DB用户的各种权限。

1. 数据查询

查询语句是DB中最频繁执行的活动。在SQL中，使用select语句可在需要的表单中检索数据，在进行检索之前，必须知道需要的数据存储在哪里，select语句可由多个查询子句组成。

select的结构如下：

```
select [all|distinct] [into new_table_name]
from [表名|视图名]
[where 搜索条件]
group by 把查到的按什么标准分组
[having 搜索条件]
[order by 按什么顺序排序][升序|降序]
```

说明如下：

- all：指明查询结果中可以显示值相同的列，all是系统默认值。
- distinct：指明查询结果中如有值相同的列，只显示其中的一列，对distinct来说，NULL被认为是相同的值。
- into子句：用于把查询结果存放到一个新建表中。新表一般由select子句指定的列构成。
- from子句：指定需要进行数据查询的表。
- where子句：指定数据检索的条件，以限制返回的数据。

- ❑ group by 子句：指定查询结果的分组条件。
- ❑ having 子句：指定分组搜索条件，它通常与 group by 子句一起使用。
- ❑ order by 子句：指定查询结果的排序方式。

2．数据操纵

数据插入语句：

```
insert into <表名>〔列名〕value〔对应列的值〕
```

数据修改语句：

```
update <表名>set<列名>=<表达式>〔where<条件>〕
```

数据删除语句：

```
delete 〔from〕{表名|视图名}〔where 子句〕
```

3．数据定义语言

创建 DB 表：create table

创建 DB 表的索引：create index

删除 DB 中的表：drop table

删除 DB 表中的索引：drop index

删除表中所有的行：truncate

增加表列：alter table

这一节中介绍了 SQL 中经常使用到的一些语句，后面会通过举例，让读者熟悉其操作过程。

21.3.3 安装 SQL Server

SQL Server 是 Microsoft 公司开发的关系数据库管理系统，随着新一代数据库服务器 SQL Server 2017 的出现，极大提高了开发人员、架构师和管理员的能力和效率的新功能。该版本数据库不仅改进了包括 Transact-SQL 语句、数据类型和管理功能，还添加了许多新特性。

SQL Server 可以在多种操作系统上运行，从 SQL Server 2017 开始，SQL Server 除了能运行在 Windows 类的服务器中，还可在 Linux 服务器上运行。SQL Server 针对不同的应用，一般分成企业版、标准版、工作组版、开发版、学习版。其中，学习版指的就是“SQL Server Express”，SQL Server Express 是免费的，是 Web 应用程序开发人员、网站主机和创建客户端应用程序的编程爱好者的理想选择。如果需要使用更高级的数据库功能，则可以将 SQL Server Express 无缝升级到更复杂的 SQL Server 版本。本小节主要介绍 SQL Sever 2017 Express 版的安装方法，步骤如下。

1）SQL Server 2017 Express 安装程序可从微软官方网站下载，下载后得到大小约 294M 的安装文件，名为 SQLEXPR_x64_CHS.exe。如果下载的安装包文件只在 5M 左右，则这个文件只是一个安装启动包，运行该文件后将显示如图 21-13 所示界面，根据提示选择安装类型之后，开始下载安装程序包，如图 21-14 所示。

2）安装 SQL Server 2017 Express 的方法为：双击 SQLEXPR_x64_CHS.exe 安装文件，将显示 SQL Server 安装向导界面，如图 21-15 所示。从中选择最上面的“全新 SQL Server 独立安装或向现有安装添加功能”项，并根据向导中的中文提示可以轻松完成 SQL Server 2017 Express 的安装过程，在此不再详述。

图 21-13　选择安装类型

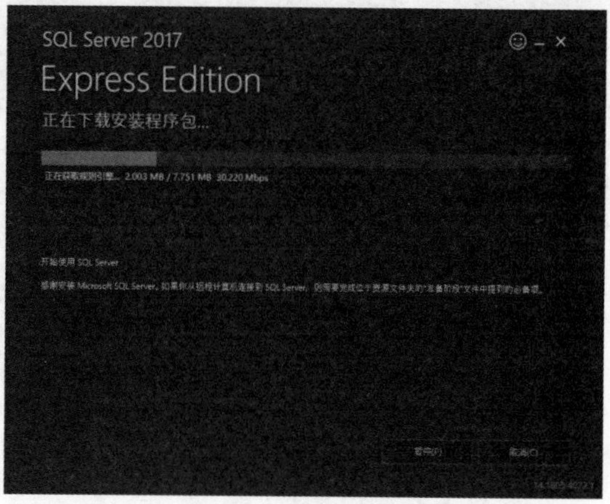

图 21-14　下载安装程序包

注意　在安装 SQL Server 2017 Express 的过程中，会出现一个“身份验证模式”对话框，从中可以选择“Windows 身份验证模式”和“混合模式”。本书采用的是“混合模式”，即可以使用 Windows 身份验证模式登录 SQL Server，也可以使用 sa 用户登录 SQL Server。

3）安装完 SQL Server 2017 Express 之后，还需要安装“SQL Server 管理工具”，方便操作人员通过管理工具对数据库进行管理。在图 21-15 所示界面中单击“安装 SQL Server 管理工具”即可下载管理工具安装包 SSMS-Setup-CHS.exe（也可提前在微软官网下载该安装包），双击该安装包将显示如图 21-16 所示安装向导，根据提示逐步操作即可完成 SQL Server 管理工具的安装。

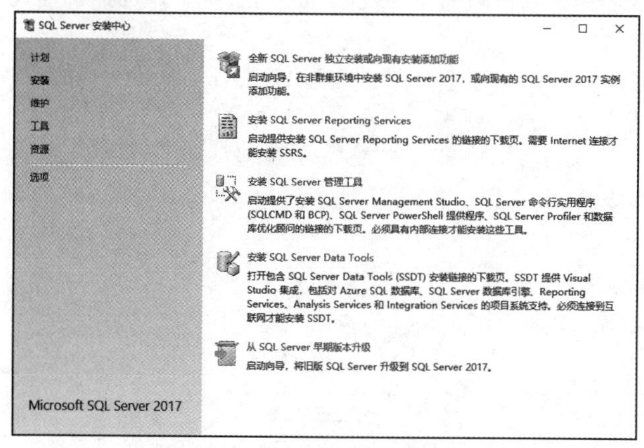

图 21-15　SQL Server 安装中心

图 21-16　SQL Server 管理工具安装

21.3.4　高级 SQL 类型

一直以来处理的数据都是数字、字符串等，但在实际应用中，可能会向数据库中存储一些复杂类型，如图像等数据。在 SQL Server 中，BLOB 代表二进制位的大型对象类型，CLOB 代表字符大型对象，可以分别通过 getBlob 或 getClob 等方法来处理这些大型对象，在这里限于篇幅，不再针对它进行举例，有兴趣的读者可以查阅相关资料。

21.3.5 使用 SQL 创建数据库

无论是 SQL Server 2017 还是其他的版本，它们都使用 SQL 语言，所以它们使用的基本点都是一样的。SQL 语言的重要性，读者在以后的工作中会体会到。为了帮助读者尽快熟悉 SQL 语言的知识。下面将讲述如何通过 SQL 语句对数据库进行操作。

注意 SQL语言不区分大小写。

【实例 21-4】 创建一个新的数据库，名称为“schoolmanage”。再新建一张表，名称为“teacherinfo”。通过插入的方式将数据导入表中。

1）首先创建一个数据库。

```
create database schoolmanage
```

2）创建好了一个数据库，接下来就需要创建一张表，名称为“studentinfo”。再为这张表创建字段。

```
create table studentinfo
( name char(8) null,
code char(8) null,
sexy char(8) null,
age char(8) null,
birthday char(8) null,
address char(8) null,
salary char(8) null,
)
```

3）通过上面的创建，在表中就有了字段名称，到目前为止，表中还没有数据，下面通过插入命令来给这张表添加数据。

```
insert into studentinfo (name,code,sexy,age,birthday,address,salary) values ('王鹏
','2001','男','45','1975-9-1','重庆市','3000');
insert into studentinfo (name,code,sexy,age,birthday,address,salary) values ('宋江
','2002','男','45','1975-9-1','重庆市','3000');
insert into studentinfo (name,code,sexy,age,birthday,address,salary) values ('李丽
','2003','女','45','1975-9-1','重庆市','3000');
insert into studentinfo (name,code,sexy,age,birthday,address,salary) values ('钱敏
','2004','女','45','1975-9-1','重庆市','3000');
insert into studentinfo (name,code,sexy,age,birthday,address,salary) values ('朱庭
','2005','男','45','1975-9-1','重庆市','3000');
insert into studentinfo (name,code,sexy,age,birthday,address,salary) values ('祖海
','2006','女','45','1975-9-1','重庆市','3000');
insert into studentinfo (name,code,sexy,age,birthday,address,salary) values ('周浩
','2007','男','45','1975-9-1','重庆市','3000');
insert into studentinfo (name,code,sexy,age,birthday,address,salary) values ('张平
','2008','男','45','1975-9-1','重庆市','3000');
insert into studentinfo (name,code,sexy,age,birthday,address,salary) values ('孙军
','2009','男','45','1975-9-1','重庆市','3000');
insert into studentinfo (name,code,sexy,age,birthday,address,salary) values ('王俊
','2010','男','45','1975-9-1','重庆市','3000');
insert into studentinfo (name,code,sexy,age,birthday,address,salary) values ('李鹏
','2011','男','45','1975-9-1','重庆市','3000');
```

```
    insert into studentinfo (name,code,sexy,age,birthday,address,salary) values ('孙鹏','2012','男','45','1975-9-1','重庆市','3000');
    insert into studentinfo (name,code,sexy,age,birthday,address,salary) values ('王海','2013','男','45','1975-9-1','重庆市','3000');
    insert into studentinfo (name,code,sexy,age,birthday,address,salary) values ('周洁','2014,'女','45','1975-9-1','重庆市','3000');
    insert into studentinfo (name,code,sexy,age,birthday,address,salary) values ('宋平','2015','女','45','1975-9-1','重庆市','3000');
    insert into studentinfo (name,code,sexy,age,birthday,address,salary) values ('吴浩','2016','男','45','1975-9-1','重庆市','3000');
    insert into studentinfo (name,code,sexy,age,birthday,address,salary) values ('武芬','2017','女','45','1975-9-1','重庆市','3000');
```

【代码说明】 studentinfo是指数据库中的表，而括号内的就是字段，在values后面的括号内，就是这些字段的值。这样就创建了一个简单的有数据的数据库。

下面再看看如何操作这些数据，现在想要查询全部学生中的女生，可以使用下面的SQL语句来实现：

```
select * from studentinfo where sexy='女'
```

这里的where后面跟着的是条件，因为要查询全部的女生，所以只要性别为“女”就可以了。现在，需要删除一些学生，操作如下：

```
delete * from studentinfo where sexy='女'
```

上面的语句是把表中所有的女生信息删除了，这里的where同上面一样，也是标识条件。在实际中，语句比这要复杂得多，限于篇幅和本书的宗旨，此处不再详细介绍SQL语句的一些复杂应用，有兴趣的读者可以自行查阅相关资料。

要对数据库表中的数据进行操作，首先应该建立与数据库的连接。通过JDBC的API中提供的各种类可以实现对数据库中表数据进行增加数据、删除数据、修改数据、查询数据等操作。

1. 连接数据库

要访问数据库，首先要加载数据库驱动程序，然后每一次访问数据库时就创建一个Connection对象，接着执行操作数据库的SQL语句，最后在完成数据库操作后关闭前面创建的Connection对象，释放与数据库的连接。

（1）加载JDBC驱动程序使用JDBC首先要理解如何正确加载JDBC驱动程序，这样才可以保证数据库应用程序可以在你的系统上正常运行。如下面的命令格式：

```
Class.forName("com.microsoft.sqlserver.jdbc.SQLServerDriver");    //加载驱动程序
```

上述代码的作用是加载JDBC驱动程序，如果上述加载指令无法正常执行，需要重新查找该Java版本的文档说明，看这个名称("com.microsoft.sqlserver.jdbc.SQLServerDriver ")是否变了。在编写这段代码时，最好捕获该异常，即把这行代码放在try块中，在catch块中捕获该异常。如果程序没有抛出异常，则代表驱动程序加载成功。上述代码修改如下：

```
01  try {
02      Class.forName("com.microsoft.sqlserver.jdbc.SQLServerDriver ");
        //强行加载数据库驱动程序
03  }
04      catch (ClassNotFoundException ex) {
```

```
05        System.out.println("加载数据库驱动程序异常");
06    }
```

（2）创建 Connection 对象

Connection 对象也称为连接对象，用来创建一个与指定数据源的连接。通过调 DriverManager 类中的 getConnection 方法获取与数据库的连接。语法格式如下：

```
con=DriverManager.getConnection(String url, String user, String password);
//通过访问数据库的url，获取数据库连接对象
```

其中 String url 表示连接数据库的 url，String　user 表示数据库用户名，String　password 表示数据库密码。

2．建立会话

数据库建立连接后，要想操纵数据库，必须跟数据库建立一个会话。所谓会话就是从建立一个数据库连接，到关闭数据库连接所进行的所有动作的总称，可以通过如下的方式得到一个会话：

```
Statement st=con.createStatement();
```

此处 Statement 是一个有关建立对话的接口，所以它不能产生对象，只能通过连接类 Connection 的 createStatement()方法来获得它的对象。

3．处理查询结果集

有了 Statement 对象以后，就可调用相应的方法实现对数据库的增删改查的操作，并将查询的结果集保存在 ResultSet 类的对象中。

查询是数据库中最基本的操作。通过如下的语句，可以对数据库执行查询，查询的结果是以结果集 ResultSet 的形式返回。有关 ResultSet 集，可以参考 API 文档。

```
String sql="select * from 表名"
ResultSet result=st.executeQuery(sql);
```

在表中，提取数据可以使用结果集 ResultSet 中的方法来提取。如果表中的列都是字符型数据，那么可以使用 getString()方法。具体的可以查询相关的 API，而在 getString()中的参数则可以是这个表中的列名，也可以是表中的列的序号。

【实例 21-5】下面举一个有关操作数据库的实例，这个实例通过加载 SQL Server 的 JDBC 驱动程序 mssql-jdbc-7.2.2.jre11.jar 来完成数据库中 teacherinfo 表数据的查询操作。

```
01  import java.sql.*;                                     //导入包
02  public class Sqltest                                   //创建一个Sqltest类
03  {
04      private Connection con;                            //数据库连接变量con
05      public static void main(String[] args)             //主方法
06      {
07          Sqltest test=new Sqltest();                    //创建test对象
08          Connection con=test.getConnection();           //定义一个数据连接
09          String sql="select * from  studentinfo ";      //定义一个SQL查询语句
10          test.getStudent(con,sql);                      //调用getStudent方法
11      }
12      public void getStudent(Connection con,String sql)//获取学生方法
13      {
```

```
14          try
15          {
16              Statement st=con.createStatement();          //定义一个陈述对象
17              ResultSet rs=st.executeQuery(sql);           //定义一个结果集
18              while(rs.next())          //如果当前记录不是结果集中的最后一条，则进入循环
19              {
20                  String name1=rs.getString(1);
21                  String code1=rs.getString(2);
22                  String sexy1=rs.getString(3);
23                  String age1=rs.getString(4);
24                  System.out.println("\n姓名: "+name1+"\t学号: "+code1+"\t性别: "+sexy1+
                        "\t年龄: "+age1);
25              }
26              st.close();                                   //关闭陈述对象
27              con.close();                                  //关闭连接
28          }
29          catch(Exception e){e.printStackTrace();}
30      }
31      public Connection getConnection()    //创建连接数据库的getConnection方法
32      {
          String drivername="com.microsoft.sqlserver.jdbc.SQLServerDriver";
          //定义数据库驱动程序
33        String url1="jdbc:sqlserver://localhost:1433;DatabaseName=schoolmanage"
          //定义数据库的URL
34         String username="sa";                              //用户名
35         String password="123";                             //密码
36         try
37         {
38             Class.forName("drivername ");           //加载驱动程序
39              // //连接数据库40
        con=DriverManager.getConnection(url1,username,password);
              System.out.println("连接成功! ");
41         }catch(SQLException e)
43         {
             e.printStackTrace();
             System.out.print("连接失败! ");
44         }
45         catch(ClassNotFoundException ex)
46         {ex.printStackTrace();}
47         return con;                                 //返回数据库连接
48      }
49  }
```

【代码说明】第 33 行是指向前面创建的 ODBC 数据源。第 38~40 行是通过 ODBC 登录到数据库。第 31~48 行用来获取数据库连接。第 12~30 行用来获取所有的数据库数据。

【运行效果】

```
姓名: 王鹏          学号: 2001          性别: 男          年龄: 45
姓名: 宋江          学号: 2002          性别: 男          年龄: 45
姓名: 李丽          学号: 2003          性别: 女          年龄: 45
姓名: 钱敏          学号: 2004          性别: 女          年龄: 45
姓名: 朱庭          学号: 2005          性别: 男          年龄: 45
姓名: 祖海          学号: 2006          性别: 女          年龄: 45
```

```
姓名：周浩              学号：2007              性别：男              年龄：45
姓名：张平              学号：2008              性别：男              年龄：45
姓名：孙军              学号：2009              性别：男              年龄：45
姓名：王俊              学号：2010              性别：男              年龄：45
姓名：李鹏              学号：2011              性别：男              年龄：45
姓名：孙鹏              学号：2012              性别：男              年龄：45
姓名：王海              学号：2013              性别：男              年龄：45
姓名：周洁              学号：2014              性别：女              年龄：45
姓名：宋平              学号：2015              性别：女              年龄：45
姓名：吴浩              学号：2016              性别：男              年龄：45
姓名：武芬              学号：2017              性别：女              年龄：45
```

以上的实例将前面所有讲过的数据库方面的知识联系起来了。

【实例 21-6】 下面结合前面的数据结构举一个实例。在这个实例中存在数据结构的知识和数据库的知识。为了能够让读者看懂这个实例，下面将分步骤来讲述这个程序。

1）构造一个学生类，代码如下：

```
01  public class Student1                                       //创建一个学生类
02  {
03      //创建成员变量
04      private String stname1;                                 //学生姓名属性
05      private String stcode1;                                 //学生所在学校属性
06      private String stsexy1;                                 //学生性别属性
07      private String stmajor1;                                //学生使学专业属性
08      private String stbirthday1;                             //学生出生年月属性
09      private String staddress1;                              //学生家庭地址属性
10      public Student1(String name, String code) {             //构造函数
11          Stname1 = name;
12          stcode1 = code;
13      }
14      //各属性的访问器
15      public String getstudentname() {
16          return stname1;
17      }
18      public String getstudentcode() {
19          return stcode1;
20      }
21      public String getstudentsex() {
22          return stsexy1;
23      }
24      public String getstudentmajor() {
25          return stmajor1;
26      }
27      public String getstudentbirthday() {
28          return stbirthday1;
29      }
30      public String getstudentaddress() {
31          return staddress1;
32      }
33      //各属性的设置器
34      public void setstudentmajor(String major) {
35          stmajor1 = major;
```

```
36      }
37      public void setstudentsex(String sexy) {
38          stsexy1 = sexy;
39      }
40      public void setstudentbirthday(String birthday) {
41          stbirthday1 = birthday;
42      }
43      public void setstudentaddress(String address) {
44          staddress1 = address;
45      }
46      public String toString() {                          //重写toString()方法
47          String information = "学生姓名: " + stname1 + "学号: " + stcode1 + "性别: "
48                  + stsexy1 + "出生年月: " + stbirthday1 + "专业: " + stmajor1 + "\n";
49          return information;
50      }
51  }
```

2）构造一个连接数据库的类。在这个类中，有连接数据库的方法，也有查询数据库的方法。详细代码如下：

```
01  import java.util.Vector;
02  import java.sql.*;
03  public class Querytable {                                   //设计一个对象的存储类
04      public Vector<Student1>  getstudent(Connection con) {//获取学生方法
05          Vector<Student1> v = new Vector<Student1>();        //创建存储对象集合v
06          try {
07              Statement st = con.createStatement();           //创建陈述对象st
08              String sql = "select * from studentinfo";       //定义SQL语句字符串对象
09              ResultSet rs = st.executeQuery(sql);            //执行结果对象rs
10              while (rs.next()) {                             //遍历获取相应信息
11                  String name = rs.getString(1);
12                  String code = rs.getString(2);
13                  String sexy = rs.getString(3);
14                  String major1 = rs.getString(4);
15                  String birthday = rs.getString(5);
16                  //创建对象ss
17                  Student1 ss = new Sudent1(name, code);
18                  //设置对象ss的属性
19                  ss.setstudentsex(sexy);
20                  ss.setstudentmajor(major1);
21                  ss.setstudentbirthday(birthday);
22                  //再将对象存储到Vector数据结构中去
23                  v.add(ss);
24              }
25              //关闭对象st和con
26              st.close();
27              con.close();
28          } catch (Exception e) {
29              e.printStackTrace();
30          }
31          return v;                                       //返回对象v
32      }
33  }
```

```
34  public class Dbconnection                                 //创建一个连接数据库的类
35  {
36      private Connection con;                               //创建数据库连接对象con
37      public Connection getConnection() {                   //获取数据库连接对象
38          String drivername="com.microsoft.sqlserver.jdbc.SQLServerDriver";
            //定义数据库驱动
39          String url1 = "jdbc:sqlserver://localhost:1433;DatabaseName=schoolmanage";
            //数据库连接的URL
40          String username = "sa";                           //数据库连接用户名
41          String password = "123";                          //数据库连接密码
42          try {
43              //加载数据库驱动
44              Class.forName("drivername ");
45              //实现数据库连接
46              con = DriverManager.getConnection(url1, username, password);
47          } catch (SQLException e) {
48              e.printStackTrace();
49          } catch (ClassNotFoundException ex) {
50              ex.printStackTrace();
51          }
52          return con;                                       //返回数据库连接
53      }
54  }
```

3）在主运行类中，将数据库中的表数据输出。详细代码如下：

```
01  import java.sql.*;
02  import java.util.Vector;
03  public class Studentsql {                                  //主运行类
04      public static void main(String[] args) {               //主方法
05          try {
06              Dbconnection db = new Dbconnection();          //创建一个数据库连接
07              Connection con1 = db.getConnection();
08              Querytable query = new Querytable();
09              Vector v1 = query.getstudent(con1);            //将数据存储到 Vector中
10              System.out.println("目前vector中的学生个数为: " + v1.size());
11              //通过循环输出所有的学生
12              for (int i = 0; i < (v1.size()); i++) {
13                  System.out.println((Student1) v1.get(i));
14              }
15          } catch (Exception e) {
16              e.printStackTrace();
17          }
18      }
19  }
```

【代码说明】上述代码是先建立一个学生类，将学生类对象放入数据结构 Vector 中，然后再连接数据库，从数据库中取数据，放入到 Vector 中，这样就可以从 Vector 中直接取数据了。这个实例也是一个比较通用的实例，希望读者能好好地分析它，因为在后面还要用到。

【运行效果】

```
目前vector中的学生个数为: 17
学生姓名: 王鹏    学号: 2001    性别: 男    出生年月: 1975-9-1    专业: 计算机
学生姓名: 宋江    学号: 2002    性别: 男    出生年月: 1975-9-1    专业: 计算机
```

```
学生姓名：李丽    学号：2003    性别：女    出生年月：1975-9-1    专业：计算机
学生姓名：钱敏    学号：2004    性别：女    出生年月：1975-9-1    专业：计算机
学生姓名：朱庭    学号：2005    性别：男    出生年月：1975-9-1    专业：计算机
学生姓名：祖海    学号：2006    性别：女    出生年月：1975-9-1    专业：计算机
学生姓名：周浩    学号：2007    性别：男    出生年月：1975-9-1    专业：计算机
学生姓名：张平    学号：2008    性别：男    出生年月：1975-9-1    专业：计算机
学生姓名：孙军    学号：2009    性别：男    出生年月：1975-9-1    专业：计算机
学生姓名：王俊    学号：2010    性别：男    出生年月：1975-9-1    专业：计算机
学生姓名：李鹏    学号：2011    性别：男    出生年月：1975-9-1    专业：计算机
学生姓名：孙鹏    学号：2012    性别：男    出生年月：1975-9-1    专业：计算机
学生姓名：王海    学号：2013    性别：男    出生年月：1975-9-1    专业：计算机
学生姓名：周洁    学号：2014    性别：女    出生年月：1975-9-1    专业：计算机
学生姓名：宋平    学号：2015    性别：女    出生年月：1975-9-1    专业：计算机
学生姓名：吴浩    学号：2016    性别：男    出生年月：1975-9-1    专业：计算机
学生姓名：武芬    学号：2017    性别：女    出生年月：1975-9-1    专业：计算机
```

21.4 关于JDBC的高级操作

在实际工作中，对数据库的操作并不能保证完全不出错，一旦出错了，如何能保证数据的完整性和统一性呢？本节将为大家引入一个新的概念：事务。事务跟数据库中数据完整性和统一性有什么联系？如何进行事务处理？本节通过详细的实例，来解决这方面的困扰。

21.4.1 什么是事务处理

事务是SQL中的单个逻辑工作单元，一个事务内的所有语句被作为整体执行，遇到错误时，可以回滚事务，取消事务所作的所有改变，从而可以保证数据库的一致性和可恢复性。

一个事务逻辑工作单元必须具有以下4种属性：

- 原子性：一个事务必须作为一个原子单位，它所作的数据修改操作要不全部执行，要不全部取消。
- 一致性：当事务完成后，数据必须保证处于一致性的状态。
- 隔离性：一个事务所作的修改必须能够跟其他事务所作的修改分离开来，以免在并发处理时，发生数据错误。
- 永久性：事务完成后，它对数据库所作的修改应该被永久保持。

在实际工作中，有可能会出现一种情况：要向一个数据库中插入若干条记录，如果当插入一半数据时，突然系统出错了，那么数据库中已经有了这一半的数据。如果再重新插入，很有可能会引起数据库出错，此时，就需要使用事务的概念。在一个事务中允许数据库进行回滚操作，即让前面的插入工作全部作废，这样重新插入的时候就不会出错了。

21.4.2 事务处理的过程演练

【实例21-7】数据库的所有操作都是建立在Connection连接类基础上的，那事务管理也是在其上进行的，若要管理一个事务，可以在进行数据库操作动作之前，将数据库自动提交设为false，即con.setAutoCommit(false)。在数据库操作没有任何异常现象出现的前提下，再将事务提交con.commit()，在提交完毕后，要记住将事务管理的控制权还给数据库con.setAutoCommit(true)。本小节将通过一个实例，演示事务处理中的回滚功能，实例代码如下：

```
01  import java.sql.*;                                          //导入包
02  public class Sqltest1 {                                     //数据库测试类
03      private Connection con;                                 //创建数据库连接对象
04      public static void main(String[] args) {                //主方法
05          try {
06              Sqltest1 test = new Sqltest1();                 //创建sqltest1类对象
07              Connection con = test.getConnection();          //获取数据库连接对象con
08              con.setAutoCommit(false);                       //设置事务对象
09              //创建SQL语句字符串
10              String sql = "select * from studentinfo";
11              String sql1 = "insert into studentinfo values('朱雪莲','674322',
12                  '女','24','1981-1-6', '上海市','5000')";
13              //输出相应信息
14              System.out.println("插入数据后的数据是: ");
15              //获取相关学生信息
16              test.getStudent1(sql1);
17              test.getStudent(con, sql);
18              con.rollback();                                 //事务回滚
19              System.out.println("回滚数据后的数据是: ");
20              test.getStudent(con, sql);                      //获取学生
21          } catch (Exception e) {
22          }
23      }
24      public void getStudent1(String sql) {                   //获取学生方法
25          try {
26              Statement st = con.createStatement();           //创建陈述对象st
27              st.executeUpdate(sql);                          //执行SQL语句
28              //关闭陈述对象和数据库连接
29              st.close();
30              con.close();
31          } catch (Exception e) {
32          }
33      }
34      public void getStudent(Connection con, String sql) { //获取学生方法
35          try {
36              //创建陈述对象和运行结果对象
37              Statement st = con.createStatement();
38              ResultSet rs = st.executeQuery(sql);
39              while (rs.next()) {                                 //通过循环遍历运行结果
40                  //获取学生信息
41                  String name1 = rs.getString(1);
42                  String code1 = rs.getString(2);
43                  String sexy1 = rs.getString(3);
44                  String age1 = rs.getString(4);
45                  //输出相应信息
46                  System.out.println("\n姓名: " + name1 + "\t学号: " + code1 + "\t性别: "
47                          + sexy1 + "\t年龄: " + age1);
48              }
49              //关闭陈述对象和数据库连接对象
```

```
50                st.close();
51                con.close();
52            } catch (Exception e) {
53                e.printStackTrace();
54            }
55        }
56        public Connection getConnection() {                         //获取数据库连接对象
57            //创建关于数据库连接属性
              String drivername="com.microsoft.sqlserver.jdbc.SQLServerDriver";
              //加载数据库驱动
58            String url1 = "jdbc:sqlserver://localhost:1433;DatabaseName=schoolmanage ";
              //数据库连接的URL
59            String username = "sa";                                 //数据库连接的用户名
60            String password = "123";                                //数据库连接的密码
61            try {
62                //加载数据库驱动
63                Class.forName(drivername );
64                //连接数据库
65                con = DriverManager.getConnection(url1, username, password);
66            } catch (SQLException e) {
67                e.printStackTrace();
68            } catch (ClassNotFoundException ex) {
69                ex.printStackTrace();
70            }
71            return con;                                             //返回数据库连接
72        }
73    }
```

【代码说明】第56~72行创建数据库的连接，这里通过第63行还指定了前面创建的ODBC。第24~33行和第34~55行创建了两个getStudent()方法，使用不同的参数，处理的功能也不同。第18行使用了事务的回滚功能。

【运行效果】

```
插入数据后的数据是:

姓名: 王鹏        学号: 2001        性别: 男        年龄: 45
姓名: 宋江        学号: 2002        性别: 男        年龄: 45
姓名: 李丽        学号: 2003        性别: 女        年龄: 45
姓名: 钱敏        学号: 2004        性别: 女        年龄: 45
姓名: 朱庭        学号: 2005        性别: 男        年龄: 45
姓名: 祖海        学号: 2006        性别: 女        年龄: 45
姓名: 周浩        学号: 2007        性别: 男        年龄: 45
姓名: 张平        学号: 2008        性别: 男        年龄: 45
姓名: 孙军        学号: 2009        性别: 男        年龄: 45
姓名: 王俊        学号: 2010        性别: 男        年龄: 45
姓名: 李鹏        学号: 2011        性别: 男        年龄: 45
姓名: 孙鹏        学号: 2012        性别: 男        年龄: 45
姓名: 王海        学号: 2013        性别: 男        年龄: 45
姓名: 周洁        学号: 2014        性别: 女        年龄: 45
姓名: 宋平        学号: 2015        性别: 女        年龄: 45
姓名: 吴浩        学号: 2016        性别: 男        年龄: 45
姓名: 武芬        学号: 2017        性别: 女        年龄: 45
```

```
姓名：朱雪莲          学号：674322          性别：女          年龄：24
回滚数据后的数据是：

姓名：王鹏            学号：2001            性别：男          年龄：45
姓名：宋江            学号：2002            性别：男          年龄：45
姓名：李丽            学号：2003            性别：女          年龄：45
姓名：钱敏            学号：2004            性别：女          年龄：45
姓名：朱庭            学号：2005            性别：男          年龄：45
姓名：祖海            学号：2006            性别：女          年龄：45
姓名：周浩            学号：2007            性别：男          年龄：45
姓名：张平            学号：2008            性别：男          年龄：45
姓名：孙军            学号：2009            性别：男          年龄：45
姓名：王俊            学号：2010            性别：男          年龄：45
姓名：李鹏            学号：2011            性别：男          年龄：45
姓名：孙鹏            学号：2012            性别：男          年龄：45
姓名：王海            学号：2013            性别：男          年龄：45
姓名：周洁            学号：2014            性别：女          年龄：45
姓名：宋平            学号：2015            性别：女          年龄：45
姓名：吴浩            学号：2016            性别：男          年龄：45
姓名：武芬            学号：2017            性别：女          年龄：45
```

经过回滚后，原先插入的最后一条数据已经没有了。这是为了保证数据的完整性和一致性，而进行的数据库回滚操作。

21.4.3 预查询

预查询顾名思义就是预先查询。在有的软件中，当输入一个人的姓名后，关于它的全部数据就会出现，这就是本节所要讲述的预查询。

可以先建立一个查询条件：

```
string sql="select  name,code,sexy,age from Studentinfo where name=?"
```

接下来，要介绍一个接口 PreparedStatement，而这里的预查询就是通过这个接口实现，可以通过下列方式来获得这个接口的对象。

```
PreparedStatement pre=con.PreparedStatement(sql)
```

此时就建立好一个预查询对象了，如果要查询，可以利用下面的方法实现：

```
Pre.setString(字段的列序号,此列中的一个要查询的值);
```

例如：要查询一个叫“王鹏”的人的信息，就可以使用下列代码实现：

```
Pre.setString(1,"王鹏");
```

再如：要查询一个学号是 23001 的人的信息，就可以使用下列代码实现：

```
string sql="select  name,code,sexy,age from Studentinfo where code=?"
PreparedStatement pre=con.PreparedStatement(sql)
Pre.setString(2,"23001");
```

21.4.4 使用 JDBC 的注意事项

使用 JDBC 的注意事项如下：

1）使用 JDBC 编写数据库应用程序时，最好先确定 JDK 的版本，查阅相关的文档或手册，以加载合适的驱动程序类。

2）实现数据库的各项操作时，不同的数据库引擎在特殊功能上有差异，在使用时要注意区别这些差异。

3）连接数据库是很耗系统资源（内存，CPU 周期）的，所以一定记住在完成数据库操作后关闭数据库连接。

21.5　常见疑难解答

21.5.1　操作数据库的具体步骤是什么

具体步骤如下：

1）创建 Statement 对象。

建立了到特定数据库的连接之后，就可用该连接发送 SQL 语句，Statement 对象用 Connection 的方法 createStatement 创建，如下所示：

```
Connection con = DriverManager.getConnection(url, "sunny", "");
Statement stmt = con.createStatement();
```

为了执行 Statement 对象，发送到数据库的 SQL 语句将被作为参数提供给 Statement 的方法。

```
ResultSet rs = stmt.executeQuery("select a, b, c from Table2");
```

使用 Statement 对象执行语句，Statement 接口提供了 3 种执行 SQL 语句的方法：executeQuery()、executeUpdate()和 execute()。使用哪一个方法由 SQL 语句所产生的内容决定。

- executeQuery()方法用于产生单个结果集的语句，例如 select 语句。
- executeUpdate()方法用于执行 insert、update 或 delete 语句以及 SQL DDL（数据定义语言）语句，例如 create table 和 drop table。insert、update 或 delete 语句的效果是修改表中零行或多行中的一列或多列。executeUpdate()的返回值是一个整数，指示受影响的行数（即更新计数）。对于 create table 或 drop table 等不操作行的语句，executeUpdate()的返回值总为零。
- execute()方法用于执行返回多个结果集、多个更新计数或二者组合的语句，多数程序员不需要该高级功能。

执行语句的所有方法都会关闭所调用的 Statement 对象的当前结果集，这意味着在重新执行 Statement 对象之前，需要完成对当前 ResultSet 对象的处理。

注意　继承了Statement接口中所有方法的PreparedStatement接口，都有自己的executeQuery()、executeUpdate()和execute()方法。Statement对象本身不包含SQL语句，因而必须给Statement.execute()方法提供SQL语句作为参数。PreparedStatement对象并不将SQL语句作为参数提供给这些方法，因为它们已经包含预编译SQL语句。CallableStatement对象继承这些方法的PreparedStatement形式，对于这些方法的PreparedStatement或CallableStatement版本，使用查询参数将抛出SQLException。

2）语句完成。

当连接处于自动提交模式时，其中所执行的语句在完成时将自动提交或还原。语句在已执行且所有结果返回时，即认为已完成。对于返回一个结果集的 executeQuery()方法，在检索完 ResultSet 对象的所有行时该语句完成。对于方法 executeUpdate()，当它执行时语句即完成，但在少数调用方法 execute()的情况中，在检索所有结果集或它生成的更新计数之后，语句才完成。

有些 DBMS 将存储过程中的每条语句视为独立的语句，而另外一些则将整个过程视为一个复合语句。在启用自动提交时，这种差别就变得非常重要，因为它影响什么时候调用 commit()方法的时机。在前一种情况中，每条语句单独提交，在后一种情况中，所有语句同时提交。

3）关闭 Statement 对象。

Statement 对象将由 Java 垃圾收集程序自动关闭。而一种好的编程风格，应在不需要 Statement 对象时显式地关闭它们，这将立即释放 DBMS 资源，有助于避免潜在的内存问题。

21.5.2 数据库中的视图、图表、缺省值、规则、触发器、存储过程的意义

其意义如下。

- 视图看上去跟表一模一样。具有一组命名的字段和数据项，但实际上，它是一个虚拟表，在库中并不存在。它是由查询 DB 而产生的，限制了用户能看到和修改的数据，由此可见，视图可以用来控制用户对数据的访问，并能简化数据的显示，即通过视图只需要显示那些需要的数据信息。
- 图表就是数据库表之间的关系示意图，利用它可以编辑表与表之间的关系。
- 规则就是对 DB 表中的数据信息进行限制，有一点需要强调的是它限定的只能是表中的列字段。
- 缺省值就是当在表中创建列或插入数据时，对没有指定具体值的列，赋予其设定好的默认值。
- 触发器是一个用户自定义的 SQL 事务命令的集合，当对一个表进行插入、更改、删除时，这组命令会自动执行。
- 存储过程是为完成特定的功能而汇集在一起的一组 SQL 程序语句，经编译后存储在 DB 中的 SQL 程序。

21.6 小结

本章主要是处理数据库中的数据。数据库是一个复杂的数据承载仓库，读者学习本章时，可以先看看 SQL Server 的相关书籍，了解下基本的数据操作语言 T-SQL，这样在操作数据时可能会更顺手。本章重点讲解了如何使用 JDBC 操作数据，最后还讲解了事务处理的方法和技巧。

21.7 习题

一、填空题

1．数据库系统一般基于某种数据模型，可以分为__________、__________、__________和__________等。

2．如果要通过 JDBC 驱动连接数据库，大致分为 4 种方式：__________、__________、

____________和____________。

3．遇到错误时，可以____________事务，取消事务所作的所有改变，从而可以保证数据库的一致性和可恢复性。

二、上机实践

1．通过本章知识，实现如下功能：

1）创建两个表格 tab1 和 tab2。

2）创建一个触发器，实现增加 tab1 表记录后自动将记录增加到 tab2 表。

【提示】通过创建表格和触发器 SQL 语句来实现。

2．在本章中不仅介绍了 SQL Server 数据库，而且还介绍了 Oracle 数据库。那么通过 JDBC 驱动如何连接这两种数据库？

【提示】仿照本书的相关实例来实现。

第22章　网络编程基础

本章主要讲述网络编程的基础知识，其中包括TCP和UDP协议的使用，并通过实例学习如何使用它们进行编程。随着互联网等各种网络的兴起，网络应用程序已成为热门应用，Java将进行网络程序设计所需要的所有东西都对象化，使得网络编程更加轻松。

本章重点：

- TCP/IP。
- 设计TCP程序。
- 设计UDP程序。
- 设计网络程序的案例。

22.1　网络基础知识

在讲述如何进行网络程序开发之前，先讲述一些有关网络的基础知识。

为了使两台计算机之间能够通信，必须为这两台计算机建立一个网络，将这两台计算机进行连接，把其中一台用作服务器，另一台用作客户机。那什么是服务器？什么又是客户机呢？

服务器就是能够提供信息的计算机或程序。客户机是指请求信息的计算机或程序。有的时候很难区分服务器和客户机，因为很多时候都是相互请求、相互提供信息的。

为了能够保证两台以上的计算机之间可以顺利地通信，必须有某种能相互遵守的条约，在计算机学中称之为协议，例如互联网使用IP协议。这种协议使用4个字节来标识网络中的一台机器，例如在公司内部网络中，有的机器IP地址是192.168.0.1，这就是前面说的IP协议地址。在一个网段中，它必须是唯一的，使用IP协议的有TCP协议和UDP协议。下面详细介绍这两个协议，如图22-1所示。

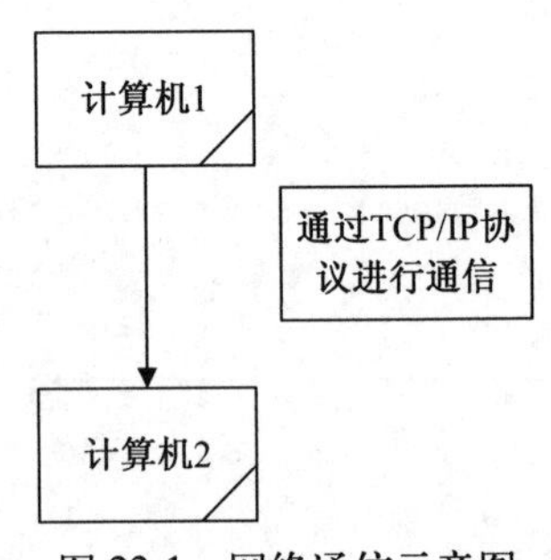

图22-1　网络通信示意图

22.2　TCP/IP协议和UDP协议

TCP/IP协议是整个网络通信的核心协议。其中TCP协议运行在客户终端上，是集成在操作系统内的一套协议软件，它的任务是在网络上的两个机器之间实现端到端的、可靠的数据传输功能。IP协议运行在组成网络的核心设备路由器上，它也是集成在系统内的一层协议软件，负责将数据分组从源端发送到目的端，通过对整个网络拓扑结构的理解为分组的发送选择路由。值得注意的是，

TCP 协议运行在客户的主机中，是操作系统的一个组件，一般操作系统会默认安装给协议软件，而 IP 协议既运行在客户主机中也运行在网络设备中，在我们的主机中，查看安装的 TCP/IP 协议软件如图 22-2 所示。

本节将重点讲解与 Java 网络编程密切相关的 TCP 协议、IP 协议以及 IP 地址，以及客户、服务器通信模型。

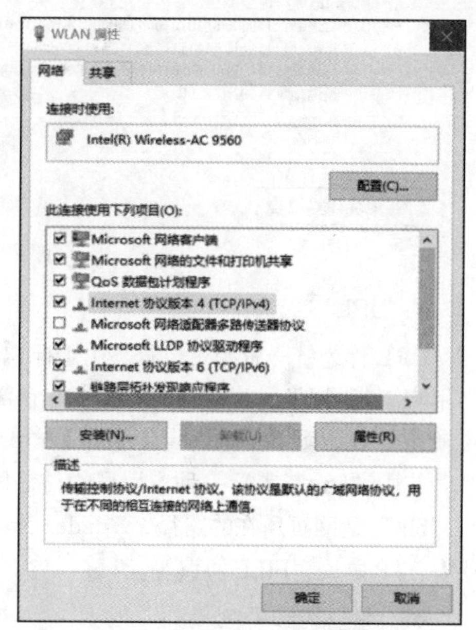

图 22-2　主机中的 TCP/IP 属性

22.2.1　IP 协议和 IP 地址

计算机网络中的每台运行了 IP 协议的主机，都具有一个 IP 地址，该地址标示网络中的一台主机。IP 地址采用点分十进制方法表示，如 192.168.2.1。IP 地址是一个 32 位的二进制序列，点分的每个部分占一个字节，使用十进制表达。显然每个部分最大不超过 255，因为二进制的 8 个 1（11111111）用十进制表达就是 255。

IP 地址由网络部分和主机部分，网络部分表示一个通信子网，给子网内的主机可以不通过路由器而直接通信，如一个公司办公室的局域网，主机部分标识该通信子网内的主机。

为了区分 IP 地址的网络部分和主机部分给出了掩码的概念，掩码也用点分十进制表达，如 255.255.255.0。不过掩码的前面部分是二进制的 1，而后面部分都是二进制的 0，这一点与 IP 地址稍有不同，并且还可以用 IP 地址后加一个“/”跟上掩码的全部 1 的数量表达掩码，如掩码 255.255.255.0 也可以表达为/24。通过主机的 IP 地址和网络掩码就可以计算该主机所在的网络，如主机的 IP 地址为 192.168.2.155/24，则网络地址的计算方式是把网络掩码同 IP 地址进行二进制与运算。则上述主机的网络号为 192.168.2.0。网络号标识一个网络，而主机号标识一个主机。如图 22-3 所示为通过路由器连接的两个网络。

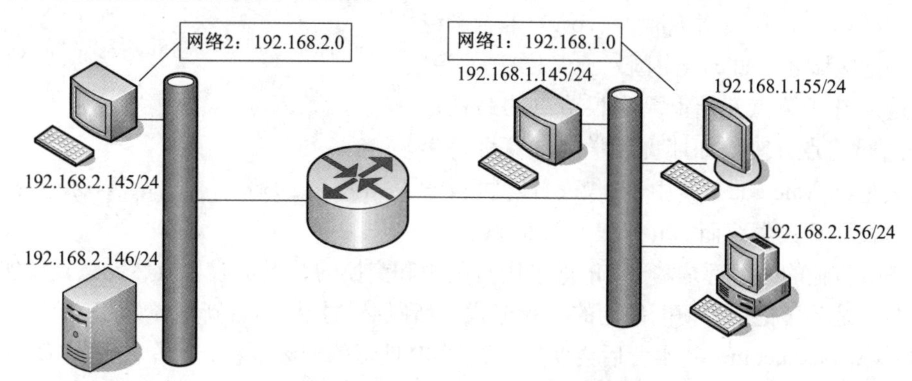

图 22-3　通过路由器相连的子网

该网络由两个子网组成，通过子网掩码同主机的 IP 地址与运算得到两个网络的网络号，每个网络内的主机通过局域网交换机通信，而不同网络之间的主机必须通过路由器进行通信。

图 22-3 中两个子网地址的计算过程如图 22-4 所示。

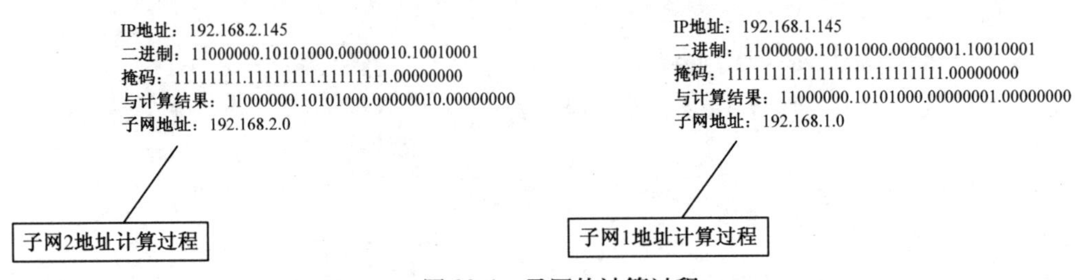

图 22-4 子网的计算过程

1．URL

URL 称为统一资源定位符，用于标识网络上的某种资源，如一个网页链接、一个视频文件等。当用户浏览网页时，单击某一个链接，在浏览器的地址栏中会出现该链接的网页地址，这个地址其实就是 URL，如 http://www.javathinker.rog/bbs/index.jsp。

其中“http”表示一种应用层的传输协议超文本传输协议，“www.javathinker.org”是域名，而“bbs”是网页所在的路径，“index.jsp”是要访问的网页。其中应用层协议不只是 HTTP 协议，还有 FTP 协议、FILE 协议等。

2．网络域名

读者应该有这样的体验，当登录 Google 时会在浏览器的地址栏中输入 www.google.com，显然这个名字容易记忆。其实这就是 Google 网站的域名。因为 IP 地址是点分十进制表达，所以不容易记忆，于是发明了这种采用易于记忆的符号代替 IP 地址。在整个 Internet 中域名与 IP 地址一一对应，一个 IP 地址有唯一的域名。

域名具有一定的含义，具有一定的指导意义。在 Internet 域名空间中域名是一棵倒插的树形结构，如图 22-5 所示。

顶级域名有两种，一种是通用域名，一种是国家/地区域名。通用域名有 com（商业）、edu（教育）、gov（政府组织）、mil（军事部门）、org（非营利组织）。国家/地区域名，如 cn（中国）、us（美国）等。

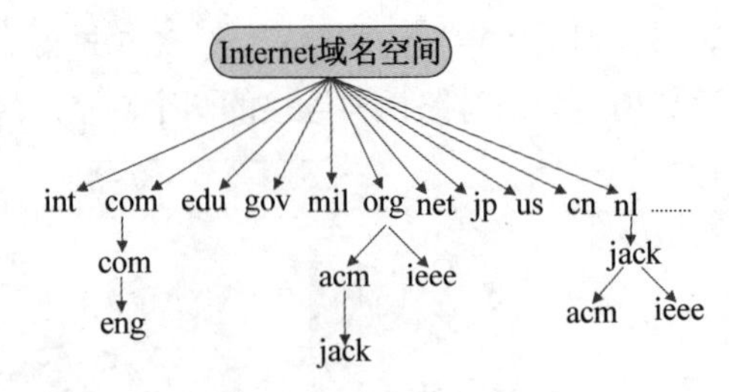

图 22-5 Internet 部分域名空间

域名是从叶子节点开始上溯到根节点的路径，每个部分之间用点分割。如耶鲁大学的计算机科学系统的域名是 cs.yale.edu。其中 cs 代表计算机科学系，yale 代表耶鲁大学，而 edu 代表教育组织。

在网络中传输的分组都是基于 IP 地址进行路由和交换的，但是域名显然无法直接实现这个功能。域名只是为了记忆方便而采用的一种形式，所以必须把域名重新翻译为 IP 地址，如访问百度网站 www.baidu.com，其实背后会发生一系列 IP 地址的搜索过程，这个过程由 DNS 系统实现。DNS 的主要用途就是将主机名字和主机的 IP 地址进行映射，将名字映射为 IP 地址。DNS 是一个分布式数据库服务器系统，存储域名和对应 IP 的信息。当用户使用域名访问时，本机的 DNS 协议会向已经设置的 DNS 服务器发出请求完成域名到 IP 地址的转换，直到搜索到对应的

IP 地址。

在本地主机中可以设置 DNS 选项，在主机中设置 DNS 服务器地址如图 22-6 所示。

22.2.2　TCP 协议和端口

在整个网络中，分组的传输过程中会发生很多难以预料的故障，如主机 down 机或系统问题、网络连线中断、网络交换设备掉电或网络拥塞，这些问题的出现都可能造成分组的丢失或损坏。那么保障分组可靠地到达目的地是 IP 协议无法解决的。此时需要它的上层协议 TCP 来处理。

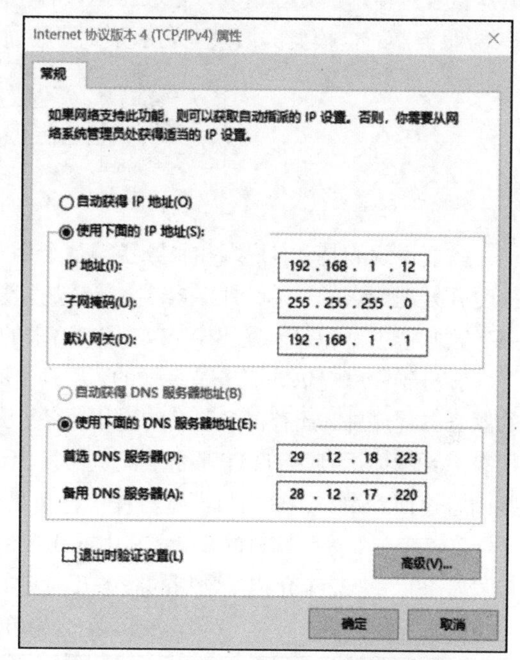

图 22-6　主机中设置 DNS 服务器地址

TCP 协议实现可靠通信的基础是采用了握手机制实现了数据的同步传输，即在通信的双方发送数据前首先建立连接，协商一些参数，如发送的数据字节数量、缓冲区大小等。一旦连接建立再传送数据，并且对于收到的每一个分组进行确认，这样很好地保证了数据的可靠传输。

一个主机可以和服务器上的多个进程保持 TCP 连接，如主机 1 访问服务器的 Web 服务，同时又使用 FTP 服务下载视频文件（服务器提供 Web 和 FTP 两种服务），这样主机 1 和服务器建立了两个连接。这里对连接的标识显得很重要，因为主机 1 上的进程需要知道和服务器上的那个服务进程建立 TCP 连接。TCP 协议提供了端口号的概念，每个端口号对应一个应用进程，如端口号 80 代表 HTTP 连接，端口号 21 代表 FTP 连接服务。这样 TCP 协议软件通过端口号识别不同的进程。上述客户/服务器通信过程如图 22-7 所示。

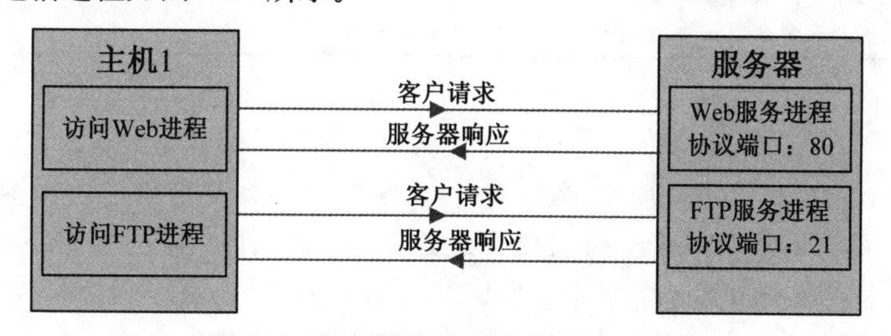

图 22-7　客户/服务器多进程通信示意图

端口号的设置有一定的限制，最大数是 65 535，在 1 024 之前是 well-known 端口号，是全世界统一的，如 FTP 服务进程的端口号是 25，HTTP 服务进程的端口号是 80 等。而 1 024~65 535 之间是用户自己选择使用。

22.2.3　客户端/服务器通信模型

客户端/服务器通信模型通常称为 C/S 模型（Client/Server 模型）。在这种通信模型中有两个软件主体，一个是客户程序，一个是服务器程序。我们通常称为客户端和服务器端。通信的过程是客户端向服务器端发出请求，例如访问 FTP 服务器下载文件，这个下载请求就由客户端发出，而服务器接收到请求后处理请求，把数据返回客户端。完成一次通信过程。图 22-8 所示的是简单的客户端/服务器通信模型。该模型展示了概要的通信模式。

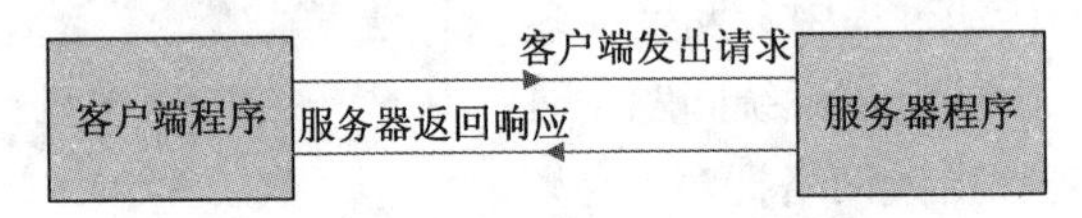

图 22-8 Client/Server 通信模型图

需要说明的是，客户端和服务器端是个相对概念，读者需要理解发出请求的一端为客户端，而接受并处理请求的一端为服务器端，曾经是客户端的主机如果同时向其他机器提供服务，如 WWW 服务，则该主机相对于发出 WWW 服务请求的主机来说也是服务器。

服务器程序提供的服务是多样的。用户可以自己编写服务器程序，如聊天程序等。除了自定义的服务器程序外，还有很多著名的通用服务，大家最熟悉的就是 HTTP 服务了，因为一旦打开网页便有意无意地用到了 HTTP 服务，浏览器发出读数据请求，服务器返回用户指定的网页的内容，这些内容返回到用户主机后，浏览器程序再负责显示该网页的内容。

22.2.2 节中提到端口的概念，其中 well-known 端口对应著名的通用服务，其中 HTTP 服务的端口号是 80。表 22-1 介绍了常用的服务及对应的协议端口号。

表 22-1 常用服务及对应协议端口

服务类型	协议	对应协议端口号
文件传输协议	FTP	21
远程登录协议	Telnet	23
WWW 服务	HTTP	80
传输邮件服务	SMTP	25
访问远程服务器上的邮件服务	POP3	110

22.2.4 UDP 协议

UDP（User Datagram Protocol）协议称为用户数据报协议。该协议运行在 TCP/IP 模型的传输层，该协议可以直接封装成 IP 分组，不需要事先建立连接就可以发送这些封装好的 IP 分组。

一个 UDP 报文有两个端口，即源机器端口和目的机器端口、UDP 长度、UDP 校验和 UDP 净荷组成，通过目的端口目的主机的传输层就知道把该报文递交给哪个处理进程。而源端口知道从目标主机返回的 UDP 报文到达源主机后可以正确地提交给上层进程处理。

UDP 数据段由 8 字节的头部和净荷部分组成，净荷中包含要传输的真实数据。UDP 头部信息如图 22-9 所示。

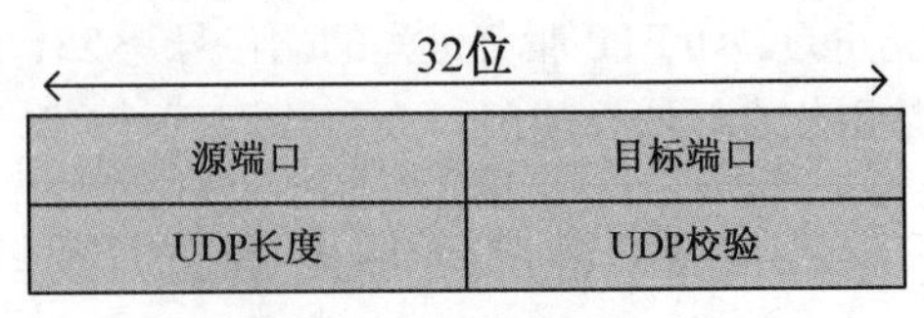

图 22-9 UDP 头部信息

UDP 协议不考虑流量控制、差错控制和损坏数据处理，即使收到的是受损的数据也不要求发送端重传。

所有上述问题都要求应用层软件处理。但是，因为它是无连接的协议，所以也不需要事先建立连接，从而节约了建立连接的时间，传输数据是异步的，使得数据及时地发送到网络上，减少了数据处理和传输的时延。

在客户—服务器通信模式下，如果客户给服务器发送的数据很短，而服务器返回的信息也很短，即使这里的请求或应答丢失，客户会因为超时而重新申请，只要网络是可用的，总有成功通信的可能。而且在网络环境不是很差的条件下，这种方式会工作得很好。而其对于语音或视频通信而言，采用 UDP 协议是很好的选择，因为这些都是应用对实时性要求很高，偶尔丢失数据影响不大。如 RFC1889 描述的 RTP（Real-time Transport Protocol，实时传输协议）就是应用 UDP 协议的典型例子。RTP 运行在 UDP 之上。

由于 UDP 协议在传输数据时是不可靠的，如果应用层要求接收正确的数据就需要做很多工作，如数据乱序、数据丢失等。

采用 UDP 协议是无连接的，所以客户端和服务器就是相对的概念，因为二者没有一一对应关系，在发送数据前不需要和对方建立连接，所以采用 UDP 协议通信的双方都可以称为服务器。

22.3 端口与套接字

什么是端口？什么是套接字？下面将围绕这两个概念进行讲述。网络程序设计中的端口（Port）并非真实物理存在的，而是一个假想的连接器。计算机提供了很多种服务，例如 HTTP、FTP、DNS 等。那么客户机必须明确地知道自己要连接的是服务器上的哪一个服务，其是如何判断的呢？

为此就引入了一个端口的概念。端口被规定为一个在 0~65 535 之间的整数。HTTP 服务一般使用 80 端口，FTP 服务使用的是 21 端口，那么客户机必须通过 80 端口才能连接到服务器的 HTTP 服务，而通过 21 端口，才能连接到服务器的 FTP 服务。

其实计算机上 1~1 023 之间的端口号已经被系统占用了，因此在定义自己的端口时，不能使用这一段的端口号，而应该使用 1 024~65 535 之间的任意端口号，以免发生端口冲突。

那么什么是套接字呢？网络程序中的套接字用来将应用程序与端口连接起来，套接字是一个软件实现，也是一个假想的装置。

在 Java API 中，将套接字抽象化成为类，所以程序只需创建 Socket 类的对象，就可以使用套接字。那么 Java 是如何实现数据传递的呢？答案是使用 Socket 的流对象进行数据传输，Socket 类中有输入流和输出流。

使用 Socket 进行的通信都称为 Socket 通信。将编写的 Socket 类，用在 Socket 通信程序中，这就称为 Socket 网络程序设计。下面将介绍 Socket 网络程序设计中，如何进行 TCP 程序设计。

22.4 TCP 程序设计基础

Java 中的 TCP 网络程序设计是指利用 Socket 类编写通信程序。设计 TCP 程序的过程是：服务器的套接字等待客户机连接请求，当服务器接收到请求后就可以通过相应的方法获取输入流和输出流，从而实现相应的功能。

22.4.1　如何设计 TCP 程序

通过上面几节的内容，已经认识了基本网络概念。那么在 Java API 中这些概念对应哪些类呢？这些类如何使用呢？本小节将详细介绍。由于网络类库放在 java.net 这个包之下，所以在编写网络应用程序时，应该把该包导入进来。

1．与 IP 相关的 InetAddress 类应用

InetAddress 是与 IP 地址相关的类。利用此类可以获取 IP 地址、主机地址等信息。InetAddress 类的常用方法如下：

- public static InetAddress getByName(String host)：获取与 host 相对应的 InetAddress 对象。
- public String getHostAddress()：返回主机地址的字符串表示。
- public String getHostName()：返回主机名的字符串表示。
- public synchronized static InetAddress getLocalHost()：返回本地主机的 InetAddress 对象。

【实例 22-1】下面分析一个实例，通过这个实例能够清楚以上几个方法的用法。

```
01  import java.net.*;                                          //导入包
02  public class Tcptest {                                      //创建一个Tcptest类
03      public static void main(String[] args) {                //主方法
04          //创建一个InetAddress类对象ip
05          InetAddress ip = null;
06          try {
07              //初始化对象ip
08              ip = InetAddress.getByName("hchlcomputer");
09              //输出主机名
10              System.out.println("主机名: " + ip.getHostName());
11              //输出主机IP地址
12              System.out.println("主机IP地址: " + ip.getHostAddress());
13              //输出本机IP地址
14              System.out.println("本机IP地址: "+ InetAddress.getLocalHost().getHostAddress());
15          } catch (Exception e) {
16              System.out.println(e);
17          }
18      }
19  }
```

【代码说明】第 8 行指定机器名，这里笔者的机器名是 hchlcomputer。第 10~14 行分别获取主机名、IP 地址等。

说明　读者在演示此案例时，需要在代码中将机器名更改成本地计算机的名字。

【运行效果】

```
主机名: hchlcomputer
主机IP地址: 127.0.0.1
本机IP地址: 127.0.0.1
```

总结这个类：要使用 InetAddress 类的方法，就必须要获得相应的 InetAddress 对象，因为只有这个对象才能使用这些方法。在上面的程序中，通过主机名称来获得 InetAddress 对象。

2．服务器套接字应用

ServerSocket 类表示服务器套接字。服务器的套接字是通过指定的端口等待连接的套接字。服务器的套接字一次只可以与一个客户机的套接字相连接，如果有多台客户机同时要求同服务器连接，那么服务器套接字会将请求的客户机的套接字存入队列中，然后从中取一个连接一个。

队列的大小，就是服务器可同时接收的连接请求数，若大于队列长度，则多出来的那些请求套接字将会被拒绝。队列的默认大小为 50，即一个服务器套接字可以同时接收 50 个请求。

ServerSocket 类的常用构造函数如下：

- public ServerSocket(int port)：使用指定的端口创建服务器套接字。
- public ServerSocket(int port,intbacklog)：使用指定的端口创建服务器套接字。Backlog 用来指定队列大小。
- public ServerSocket(int port,int backlog,InetAddress bindAddr)：使用指定的 IP 地址、端口号及队列大小，创建服务器套接字。

ServerSocket 类的常用方法如下：

- public Socket accept()：等待客户机请求，若连接，则创建一套接字，并且将其返回。
- public void close()：关闭服务器的套接字。
- public boolean isClosed()：若服务器套接字成功关闭，则返回 true；否则返回 false。
- public InetAddress getInetAddress()：返回与服务器套接字结合的 IP 地址。
- public int getLocalPort()：获取服务器套接字等待的端口号。
- public void bind(SocketAddress endpoint)：绑定与 endpoint 相对应的套接字地址（IP 地址+端口号）。
- public boolean isBound()：若服务器套接字已经与某个套接字地址绑定起来，则返回 true；否则返回 false。

3．套接字实现

Socket 类表示套接字。使用 Socket 时，需要指定待连接服务器的 IP 地址及端口号。客户机创建了 Socket 对象后，将马上向指定的 IP 地址及端口发起请求且尝试连接。于是服务器套接字就会创建新的套接字对象，使其与客户端套接字连接起来。一旦服务器套接字与客户端套接字成功连接后，就可以获取套接字的输入输出流，彼此进行数据交换。

Socket 类的构造器如下：

- public Socket(String host,int port)：创建连接指定的服务器（主机与端口）的套接字。
- public Socket(InetAddress address ,int port)：创建连接指定服务器的套接字。address 表示 IP 地址对象，port 是端口号。

Socket 类的常用方法如下：

- public InetAddress getInetAddress()：获取被连接的服务器的地址。
- public int getPort()：获取端口号。
- public InetAddress getLocalAddress()：获取本地地址。
- public int getLocalPort()：获取本地端口号。
- public Inputstream getInputStream()：获取套接字的输入流。

- public OutputStream getOutputStream()：获取套接字的输出流。
- public void bind(SocketAddress bindpoint)：绑定指定的 IP 地址和端口号。
- public boolean isBound()：获取绑定状态。
- public synchorized void close()：关闭套接字。
- public boolean isClosed()：获取套接字是否关闭。
- public boolean isConnected()：套接字被连接，则返回 true；否则返回 false。
- public void shutdownInput()：关闭输入流。
- public boolean isInputShutdown()：返回输入流是否被关闭。

22.4.2 一个简单的例子

【实例 22-2】目前大部分的网络应用程序都是点对点的，所谓点就是服务器端和客户端所运行的程序。那么这些程序如何编写呢？这就涉及上一小节介绍的 Java 网络类。下面演示关于 Socket 和 ServerSocket 类的应用实例。

```
01  import java.net.*;                                          //导入包
02  public class Tcptest1 {                                     //创建一个Tcptest1类
03      public static void main(String[]args) {                 //主方法
04          try {
05              //创建一个服务器套接字对象server
06              ServerSocket server = new ServerSocket(3002);
07              //输出相应信息
08              System.out.println("服务器的套接字已经创建成功!!!");
09              System.out.println("正在等待客户机连接..............!!!");
10              //通过循环遍历
11              for (int i = 0; i < 10; i++) {
12                  //创建套接字对象s连接到服务器套接字上
13                  Socket s = new Socket("127.0.0.1", 3002);
14                  System.out.println("已经与第" + i + "客户机连接!!!");
15              }
16          } catch (Exception e) {
17          }
18      }
19  }
```

【代码说明】第 6 行创建服务器套接字对象，这里需要指定端口。第 11~15 行创建 Socket 对象，指定的端口要与服务器端指定的端口相同。

【运行效果】

```
服务器的套接字已经创建成功!!!
正在等待客户机连接..............!!!
已经与第客户机连接!!!
已经与第1客户机连接!!!
已经与第2客户机连接!!!
已经与第3客户机连接!!!
已经与第4客户机连接!!!
已经与第5客户机连接!!!
已经与第6客户机连接!!!
已经与第7客户机连接!!!
已经与第8客户机连接!!!
已经与第9客户机连接!!!
```

上面是一个模拟网络程序，有 10 个客户机与服务器连接。下面总结编写 TCP 网络程序的步骤：

1）服务器程序编写。

调用 ServerSocket (int port)，创建一个服务器端套接字，并绑定到指定端口上。

调用 accept()，监听连接请求，如客户端请求连接，则接受连接，返回通信套接字。

调用 Socket 类的 getOutputStream()和 getInputStream()，获取输出流和输入流，开始网络数据的发送和接收。

最后关闭通信流套接字。

2）客户端程序编写。

调用 Socket()，创建一个流套接字，并连接到服务器端。

调用 Socket 类的 getOutputStream()和 getInputStream()，获取输出流和输入流，开始网络数据的发送和接收。

最后关闭通信流套接字。

22.5 UDP 程序设计基础

本节介绍如何针对 UDP 协议进行网络程序设计。在具体编写 UDP 程序时，可以将 UDP 与 TCP 程序设计进行比较，分析两种截然不同的网络通信方式，在具体编写代码时有何不同。其实网络编程的关键，还是要理解 UDP 或 TCP 程序执行的步骤，这是网络编程的基本点。

22.5.1 如何设计 UDP 程序

上面章节主要介绍了利用 ServerSocket 和 Socket 类来编写面向 TCP 协议的程序，本节主要介绍利用 DatagramSocket 类来编写面向 UDP 协议的程序，在具体编写时主要会经历如下步骤：

（1）接收端程序代码编写

调用 DatagramSocket(int port)创建一个数据报套接字，并且绑定到指定端口上。

调用 DatagramPacket(byte[] buf,int length)，建立一个字节数组以接收 UDP 包。

调用 DatagramSocket 类的 receive()，接收 UDP 包。

关闭数据报套接字。

（2）发送端程序编写

调用 DatagramSocket()，创建一个数据包套接字。

调用 DatagramPacket(byte[]buf,int offset,int length,InetAddress address,int port)，建立要发送的 UDP 包。

调用 DatagramSocket 类的 send()，发送 UDP 包。

关闭数据包套接字。

22.5.2 一个简单的例子

【实例 22-3】在具体编写面向 UDP 协议的程序时，主要会用到 Java API 中的 DatagramSocket 类，该类被用来实现创建 UDP 协议的套接字。下面将演示一个关于 UDP 的设计实例，代码如下：

```
01    //导入包
```

```
02  import java.net.*;
03  import java.io.*;
04  public class Udptest {                                    //创建一个Udptest类
05      public static void rev() {                            //主方法
06          try {
07              //创建一个数据包套接字对象ds，并且指定连接的端口号
08              DatagramSocket ds = new DatagramSocket(6000);
09              //指定一个字节数组，用来存储接收的数据
10              byte[] buf = new byte[100];
11              //创建一个数据包对象dp
12              DatagramPacket dp = new DatagramPacket(buf, 100);
13              ds.receive(dp);                               //建立连接
14              //输出获取到的字符
15              System.out.println(new String(buf, 0, dp.getLength()));
16              ds.close();                                   //关闭连接
17          } catch (Exception e) {
18          }
19      }
20      public static void send() {                           //创建数据发送方法
21          try {
22              //创建一个数据包套接字对象ds
23              DatagramSocket ds = new DatagramSocket();
24              //初始化一个字符串，并且将这个字符串通过套接字连接后按照
25              //端口号发送出去
26              String str = "hello,i am zhanghong.i am a student and i am a best programer!";
27              //创建一个数据包对象dp，并且指定其需要连接的端口号、
28              //连接的主机名称等
29              DatagramPacket dp = new DatagramPacket(str.getBytes(),
30                      str.length(), InetAddress.getByName("localhost"), 6000);
31              ds.send(dp);                                  //发送数据
32              ds.close();                                   //关闭数据包套接字
33          } catch (Exception e) {
34          }
35      }
36      public static void main(String[] args) {              //主方法
37          if (args.length > 0)                              //当参数大于0
38              rev();                                        //调用方法rev()
39          else
40              send();                                       //调用send()方法
41      }
42  }
```

【代码说明】以上的程序段设计了一个发送端（第 20~35 行）和一个接收端（第 5~19 行）。发送端发送了一个数组的数据，而接收端就接收发过来的数组中的字符，并且将其以字符串形式输出。

【运行效果】第 37 行判断程序是否有参数，如果没有则发送数据，没有任何结果的显示。

22.6 如何设计网络程序

上面一节中讲述了如何用 ServerSocket 和 Socket 类来设计 TCP 程序和用 DatagramSocket 类来设计 UDP 程序，本节主要讲述如何将各种网络编程应用到实际的开发工作中。

22.6.1 单向通信综合实例

【实例 22-4】下面举一个单向通信的实例。这个实例用来实现客户机向服务器发送字符串功能。由于只要求客户机向服务器发送消息，不用服务器向客户机发送消息，所以称为单向通信。客户机套接字和服务器套接字连接成功后，客户机会通过输出流发送数据，而服务器会使用输入流接收数据，下面是具体的实例代码。

服务器程序代码如下：

```
01  import java.io.*;                                          //导入包
02  import java.net.*;
03  public class Serverrev {                                   //创建一个Serverrev类
04      //创建成员变量
05      private BufferedReader reader1;
06      private ServerSocket server;
07      private Socket socket1;
08      public Serverrev() {                                   //无参构造函数
09      }
10      //创建服务器套接字server,并且其端口为6000
11      void startserver() {                                   //创建startserver方法
12          try {
13              server = new ServerSocket(6000);               //为对象server赋值
14              System.out.println("服务器套接字创建完成了!");
15              //若客户机提出请求，则与其套接字连接
16              while (true) {
17                  System.out.println("等待客户机的连接。。。。。");
18                  socket1 = server.accept();
19                  System.out.println("完成与客户机的连接。");
20                  reader1 = new BufferedReader(new InputStreamReader(socket1
21                          .getInputStream()));
22                  getMessage();
23              }
24          } catch (Exception e) {
25          }
26      }
27      //读取来自套接字的输入输出流，从而将其输出到屏幕上
28      void getMessage() {                                    //创建getMessage方法
29          try {
30              while (true) {                                 //通过循环遍历
31                  System.out.println("客户机: " + reader1.readLine());
32              }
33          } catch (Exception e) {
34          } finally {
35              System.out.println("客户机中断连接");
36          }
37          try {
38              if (reader1 != null)
29                  reader1.close();
40              if (socket1 != null)
41                  socket1.close();
42          } catch (Exception e) {
43          }
```

```
44        }
45        public static void main(String[] args) {          //主方法
46            Serverrev server = new Serverrev();            //创建对象 server
47            server.startserver();                          //调用方法startserver()启动服务
48        }
49    }
```

客户机的程序代码如下：

```
01    import java.awt.*;                                    //导入包
02    import java.awt.event.*;
03    import java.net.*;
04    import java.io.PrintWriter;
05    public class Clientrev extends Frame {                //创建Clientrev类继承Frame类
06        //创建成员变量
07        private PrintWriter writer1;
08        Socket socket1;
09        private TextArea ta = new TextArea();
10        private TextField tf = new TextField();
11        public Clientrev(String title) {                  //带参构造函数
12            super(title);
13            ta.setEditable(false);
14            add(ta, "North");
15            add(tf, "South");
16            tf.addActionListener(new ActionListener() {
17                public void actionPerformed(ActionEvent ae) {
18                    writer1.println(tf.getText());
19                    ta.append(tf.getText() + "\n");
20                    tf.setText("");
21                }
22            });
23            pack();
24        }
25        private void connect() {                          //创建与服务器连接的方法
26            try {
27                ta.append("尝试与服务器连接\n");
28                socket1 = new Socket("127.0.0.1", 6000);
29                writer1 = new PrintWriter(socket1.getOutputStream(), true);
30                ta.append("完成连接，清除待传字符串\n");
31            } catch (Exception e) {
32                System.out.println("连接失败");
33            }
34        }
35        public static void main(String[] args) {          //主方法
36            //创建clientrev类对象client1
37            Clientrev client1 = new Clientrev("向服务器发送数据。");
38            client1.setVisible(true);                     //设置客户端窗口可显示
39            client1.connect();                            //与客户端相连接
40        }
41    }
```

【代码说明】 分析上面的程序，在服务器程序中，主要是建立服务器套接字，然后等待客户连接。如果有客户机连接，就从客户机中传输过来的数据流中读取数据。而在客户机程序中，主要是建立一个客户机套接字，然后连接到服务器套接字，再通过输出流程序将数据发送给服务器。

【运行效果】运行结果如图 22-10 所示。这是服务器运行的界面，服务器执行等待，等待客户机的连接。当有客户机连接的时候，会出现如图 22-11 所示的效果。客户端运行效果如图 22-12 所示，可在客户界面上输入数据，如图 22-13 所示。

说明 因为一个代表服务器端，一个代表客户端，所以需要打开两个DOS窗口，一个运行服务端程序，一个运行客户端程序。

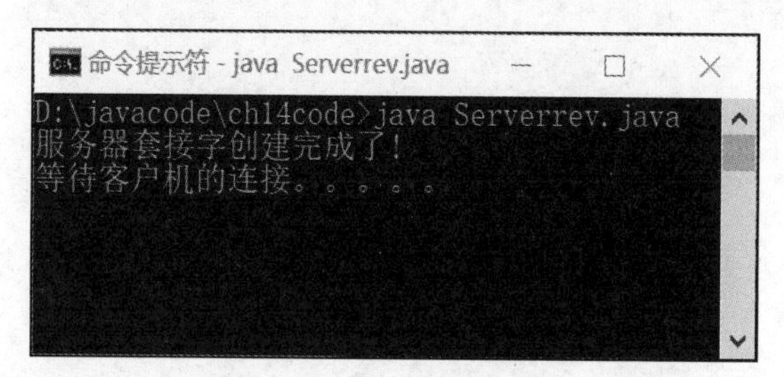

图 22-10 服务器运行界面

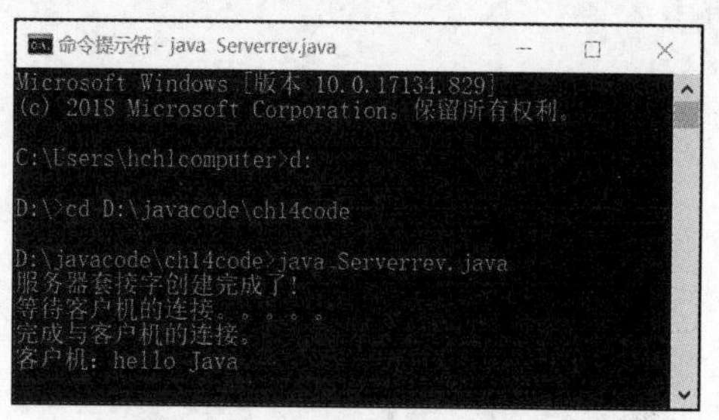

图 22-11 完成与客户机的连接

图 22-12 客户端运行效果

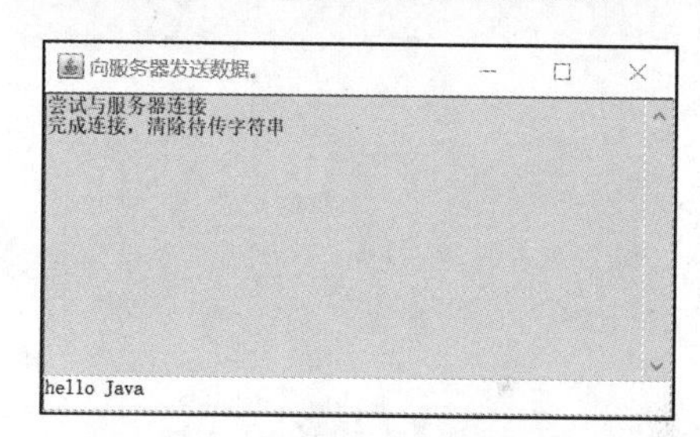

图 22-13 客户界面输入

22.6.2 双向通信综合实例

【实例 22-5】上节介绍了客户机向服务器发送数据的单向通信，本节将介绍服务器和客户机相互发送数据的双向通信，其程序代码在上一小节的代码基础上有所改变，读者可以比较两者的区别。

服务器程序代码如下：

```
01  //导入包
02  import java.io.*;
03  import java.net.*;
04  public class Serverrev1 {
05      //创建成员变量
06      private DataInputStream reader1;              //输入流
07      private DataOutputStream writer1;             //输出流
08      private ServerSocket server;                  //服务器套接字
09      private Socket socket1;                       //套接字
10      public Serverrev1()                           //无参构造函数
11      {
12      }
13      void startserver() {                          //创建启动服务的方法
14          try {
15              server = new ServerSocket(6000);
```

```
16              System.out.println("服务器套接字创建完成了!");
17              while (true) {
18                  System.out.println("等待客户机的连接。。。。。");
19                  socket1 = server.accept();
20                  System.out.println("完成与客户机的连接。");
21                  reader1 = new DataInputStream(socket1.getInputStream());
22                  writer1 = new DataOutputStream(socket1.getOutputStream());
23                  getrev();                               //与客户机进行通信
24              }
25          } catch (Exception e) {
26          }
27      }
28      void getrev() {                                     //获取连接方法
29          try {
30              while (true) {
31                  String filename = reader1.readUTF();
32                  writer1.writeUTF(getfileinfo(filename));
33                  writer1.flush();
34                  System.out.println(filename + "的信息传送完毕。");
35              }
36          } catch (Exception e) {
37          } finally {
38              System.out.println("客户机中断连接");
39          }
40          try {
41              if (reader1 != null)
42                  reader1.close();
43              if (writer1 != null)
44                  writer1.close();
45              if (socket1 != null)
46                  socket1.close();
47          } catch (Exception e) {
48          }
49      }
50      String getfileinfo(String filename) {              //获取文件信息方法
51          String fileinfo = "";
52          try {
53              FileReader fr = new FileReader(filename);
54              BufferedReader br = new BufferedReader(fr);
55              String temp;
56              while ((temp = br.readLine()) != null)
57                  fileinfo += temp + "\n";
58              br.close();
59          } catch (Exception e) {
60          }
61          return fileinfo;
62      }
63      public static void main(String[] args) {         //主方法
64          //创建对象server
65          Serverrev1 server = new Serverrev1();
66          server.startserver();                           //启动服务器
67      }
68  }
```

客户机程序代码如下：

```
01  //导入包
02  import java.awt.*;
03  import java.awt.event.*;
04  import java.io.*;
05  import java.net.*;
06  public class Clientrev1 extends Frame {                    //创建一个Clientrev1继承Frame类
07      //创建成员变量
08      Socket socket1;                                        //数据套接字变量
09      private DataInputStream reader1;                       //数据输入流变量
10      private DataOutputStream writer1;                      //数据输出流变量
11      private TextArea ta = new TextArea();                  //文本区域变量
12      private TextField tf = new TextField();                //输入文本框变量
13      public Clientrev1(String title) {                      //构造函数
14          super(title);
15          ta.setEditable(false);
16          add(ta, "North");
17          add(tf, "South");
18          //通过按钮的动作，开始将输出流输送到屏幕中
19          tf.addActionListener(new ActionListener() {
20              public void actionPerformed(ActionEvent ae) {
21                  try {
22                      writer1.writeUTF(tf.getText());
23                      writer1.flush();
24                      String fileinfo = reader1.readUTF();
25                      ta.setText("<" + tf.getText() + "的内容>\n\n");
26                      ta.append(fileinfo);
27                  } catch (Exception e) {
28                  }
29              }
30          });
31          pack();
32      }
33      private void connect() {                               //关于连接方法
34          try {
35              ta.append("尝试与服务器连接\n");
36              socket1 = new Socket("127.0.0.1", 6000);
37              ta.append("连接完毕。。。。请输入文件名\n");
38              writer1 = new DataOutputStream(socket1.getOutputStream());
39              reader1 = new DataInputStream(socket1.getInputStream());
40          } catch (Exception e) {
41              System.out.println("连接失败");
42          }
43      }
44      public static void main(String[] args) {               //主方法
45          //创建对象client1
46          Clientrev1 client1 = new Clientrev1("查看服务器系统文件。");
47          client1.setVisible(true);                          //设置窗口可显示
48          client1.connect();                                 //客户端连接
49      }
50  }
```

【代码说明】在服务器程序代码中，主要是在上一小节服务器程序段的基础上，多了一个服务

器收到后回复给客户机的代码。而客户机从服务器的回复数据流中提取出来，显示在客户机的屏幕上的。

【运行效果】 运行结果如图 22-14～图 22-17 所示。图 22-14 是服务器运行结果。图 22-15 是客户端运行界面。图 22-16 是客户端输入数据后的运行界面。图 22-17 是服务器接收数据的运行界面。

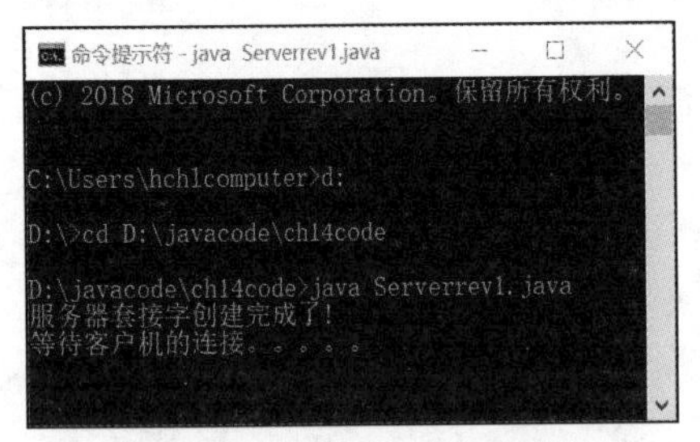

图 22-14 服务器运行结果

图 22-15 客户端运行界面

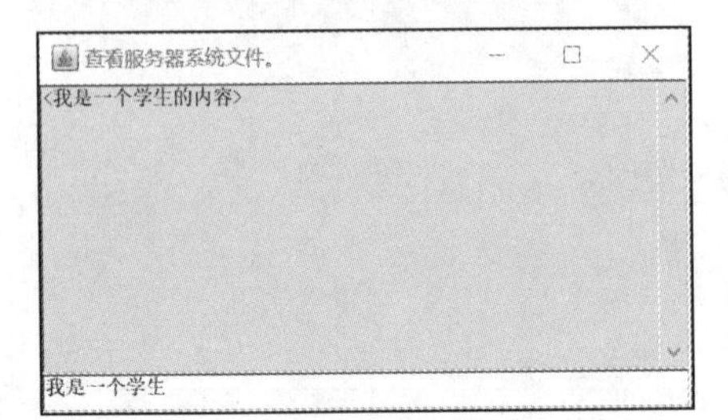

图 22-16 客户端输入

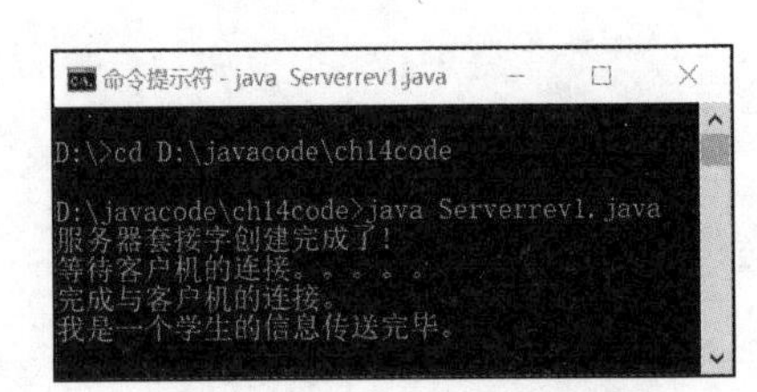

图 22-17 服务器接收数据

22.7 常见疑难解答

22.7.1 TCP 和 UDP 的区别

UDP 不提供可靠的数据传输，事实上，该协议不能保证数据准确无误地到达目的地。UDP 在许多方面非常有效。当某个程序的目标是尽快地传输尽可能多的信息时（其中任意给定数据的重要性相对较低），可使用 UDP；ICQ 短消息使用 UDP 协议发送消息。

许多程序将使用单独的 TCP 连接和单独的 UDP 连接，重要的状态信息随可靠的 TCP 连接发送，而主数据流通过 UDP 发送。

TCP 的目的是提供可靠的数据传输，并在相互进行通信的设备或服务之间保持一个虚拟连接。TCP 在数据包接收无序、丢失或在交付期间被破坏时，负责数据恢复。它通过为其发送的每个数据包提供一个序号来完成此恢复。记住，较低的网络层会将每个数据包视为一个独立的单元，因此，数据包可以沿完全不同的路径发送，即使它们都是同一消息的组成部分。这种路由与网络层处理分段和重新组装数据包的方式非常相似，只是级别更高而已。

为确保正确地接收数据，TCP 要求在目标计算机成功收到数据时，发回一个确认（即 ACK）。如果在某个时限内未收到相应的 ACK，将重新传送数据包。如果网络拥塞，这种重新传送将导致发送的数据包重复，但是，接收计算机可使用数据包的序号来确定它是否为重复数据包，并在必要

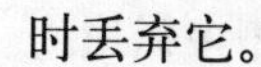

时丢弃它。

22.7.2　什么是 TCP/IP 协议，分为几层，什么功能

TCP/IP 协议族包含了 TCP/IP 层次模型，协议共分为 4 层：应用层、传输层、网络层、数据链路层。

TCP/IP（Transmission Control Protocol/Internet Protocol，传输控制协议/互联网协议）是目前世界上应用最为广泛的协议。它的流行与 Internet 的迅猛发展密切相关，TCP/IP 最初是为互联网的原型 ARPANET 所设计的，目的是提供一整套方便实用、能应用于多种网络上的协议。事实证明 TCP/IP 做到了这一点，它使网络互联变得容易起来，并且使越来越多的网络加入其中，成为 Internet 的事实标准。

应用层是用户所面向的应用程序的统称。TCP/IP 协议族在这一层面有很多协议来支持不同的应用，大家所熟悉的基于 Internet 应用的实现，就离不开这些协议。如进行万维网（WWW）访问用到了 HTTP 协议，文件传输用 FTP 协议，电子邮件发送用 SMTP，域名的解析用 DNS 协议，远程登录用 Telnet 协议等，都是属于 TCP/IP 应用层。就用户而言，看到的是由一个个软件所构筑的、大多数为图形化的操作界面，而实际后台运行的便是上述协议。

传输层的功能主要是提供应用程序间的通信，TCP/IP 协议族在这一层的协议有 TCP 和 UDP。

网络层是 TCP/IP 协议族中非常关键的一层，主要定义了 IP 地址格式，从而能够使得不同应用类型的数据在 Internet 上传输，IP 协议就是一个网络层协议。

数据链路层是 TCP/IP 软件的最底层，负责接收 IP 数据包并通过网络发送之，或者从网络上接收物理帧，抽出 IP 数据报，交给 IP 层。

TCP（Transmission Control Protocol）和 UDP（User Datagram Protocol）协议属于传输层协议。其中 TCP 提供 IP 环境下的数据可靠传输，它提供的服务包括数据流传送、可靠性、有效流控、全双工操作和多路复用，通过面向连接、端到端和可靠的数据包发送。它是事先为所发送的数据开辟出连接好的通道，然后再进行数据发送。而 UDP 则不为 IP 提供可靠性、流控或差错恢复功能。

一般来说，TCP 对应的是可靠性要求高的应用，而 UDP 对应的则是可靠性要求低、传输经济的应用。TCP 支持的应用协议主要有：Telnet、FTP、SMTP 等。UDP 支持的应用层协议主要有：NFS（网络文件系统）、SNMP（简单网络管理协议）、DNS（主域名称系统）、TFTP（通用文件传输协议）等。

那什么是 IP 协议？IP 地址如何表示？分为几类？各有什么特点？

IP 协议（Internet Protocol）又称互联网协议，是支持网间互联的数据报协议，它与 TCP 协议（传输控制协议）一起构成了 TCP/IP 协议族的核心。它提供网间连接的完善功能，包括 IP 数据包规定互连网络范围内的 IP 地址格式。在互联网上，为了实现连接到网上的结点之间的通信，必须为每个结点（入网的计算机）分配一个地址，并且应当保证这个地址是全网唯一的，这便是 IP 地址。

目前的 IP 地址（IPv4：IP 第 4 版本）由 32 个二进制位表示，每 8 位二进制数为一个整数，中间由小数点间隔，如 159.223.41.98。整个 IP 地址空间有 4 组 8 位二进制数，由表示主机所在的网络的地址（类似部队的编号），以及主机在该网络中的标识（如同士兵在该部队的编号）共同组成。

为了便于寻址和层次化的构造网络，IP 地址被分为 A、B、C、D、E 共 5 类，商业应用中只用到 A、B、C 这 3 类。

- A 类地址：A 类地址的网络标识由第一组 8 位二进制数表示，网络中的主机标识占 3 组 8 位二进制数，A 类地址的特点是网络标识的第一位二进制数取值必须为“0”。不难算出，A 类地址允许有 126 个网段，每个网络大约允许有 1 670 万台主机，通常分配给拥有大量主机的网络（如主干网）。
- B 类地址：B 类地址的网络标识由前两组 8 位二进制数表示，网络中的主机标识占两组 8 位二进制数，B 类地址的特点是网络标识的前两位二进制数取值必须为“10”。B 类地址允许有 16 384 个网段，每个网络允许有 65 533 台主机，适用于结点比较多的网络（如区域网）。
- C 类地址：C 类地址的网络标识由前 3 组 8 位二进制数表示，网络中主机标识占 1 组 8 位二进制数，C 类地址的特点是，网络标识的前 3 位二进制数取值必须为“110”。具有 C 类地址的网络允许有 254 台主机，适用于结点比较少的网络（如校园网）。

为了便于记忆，通常习惯采用 4 个十进制数来表示一个 IP 地址，十进制数之间采用小数点“.”予以分隔。这种 IP 地址的表示方法也被称为点分十进制法。如以这种方式表示，A 类网络的 IP 地址范围为：1.0.0.1~127.255.255.254，B 类网络的 IP 地址范围为：128.1.0.1~191.255.255.254，C 类网络的 IP 地址范围为：192.0.1.1~223.255.255.254。

由于网络地址紧张、主机地址相对过剩，采取子网掩码的方式来指定网段号。TCP/IP 协议与低层的数据链路层和物理层无关，这也是 TCP/IP 的重要特点，正因为如此，它能广泛地支持由低两层协议构成的物理网络结构。目前已使用 TCP/IP 连接成洲际网、全国网与跨地区网。

22.8 小结

如果读者经常上网，可能会使用 QQ 或 MSN 软件，这是一些网络即时通信软件，属于网络编程的范畴。本章讲解了网络编程的一些基础知识，包括 TCP、UDP、套接字和端口等。本章最后设计了两个大型案例：单向通信和双向通信，通过这两个案例，读者可以了解前面介绍的这些基础知识。

22.9 习题

一、填空题

1．计算机网络中的每台运行了 IP 协议的主机，都具有一个__________地址。

2．________________协议称为用户数据报协议。

3．网络程序中的__________用来将应用程序与端口连接起来。

二、上机实践

1．设计一个实现通信功能的程序，在具体实现时使用网络编程中的 Socket 类和 ServerSocket 类。

【提示】通过套接字 Socket 类和服务器套接字 ServerSocket 类来实现。

2．通过本章学习的知识，设计一个实现聊天功能的程序。

【提示】通过套接字 Socket 类和服务器套接字 ServerSocket 类来实现。

第四篇

Java 语言程序设计实例与面试题剖析

第 23 章　学校管理系统

到本章为止，基础知识已经介绍完毕。本章将综合前面讲过的知识，详细介绍一个比较实用的综合实例。希望读者能通过本章的学习，更加牢固地掌握 Java 程序开发，而且还可以通过本章的综合实例，来检验一下前面章节内容掌握的情况。本章将以开发一个学校管理系统为例，介绍此类管理系统软件的开发。希望读者通过本章的学习，能够掌握完整应用程序的思路。

本章重点：

- 数据库系统的设计。
- 主界面的设计。
- 登录功能。
- 学校管理系统的各个功能。

23.1　开发背景

随着学校教育水平的不断提高，学校规模不断扩大，传统的信息管理方式已经远远不能够满足学校的要求，已经成为学校进一步发展的瓶颈。传统信息管理方式存在如下的缺陷：

- 费用高。
- 信息查询不方便。
- 不利于远程管理。
- 可操作性不高。

为了弥补这些缺陷，消除影响学校进一步发展的瓶颈，降低学校的信息管理成本，进一步方便学生使用，方便教职工管理，确定开发学校管理系统。

23.2　需求分析

系统正式开发之前，首先需要进行需求分析和可行性分析，了解客户对系统功能的要求。需求分析要尽量细致入微，因为用户的需求就是系统开发的最终目标，是系统开发的基础。

通过与学校领导、教职工及学生等多方的深入交流，确定整个系统包含如下模块，它们分别为：

- ❑ 登录模块。
- ❑ 学校信息管理主界面。
- ❑ 学生信息管理模块。
- ❑ 教师信息管理模块。
- ❑ 领导信息管理模块。
- ❑ 数据库系统。

其中登录模块功能，是为了防止没有进行系统注册的用户，登录到系统。而学生信息管理模块、教师信息管理模块和领导信息管理模块，主要是通过软件界面来操作数据，例如增加数据和删除数据。另外还可以通过软件界面进行查询，所以要打开学生信息系统的界面时，数据库就必须连接好了。

23.3 登录界面的设计

由于一个管理系统不能够让人随便进入，所以本节将首先介绍学校管理系统的登录界面。本节不仅详细介绍如何设计登录界面，而且还综合使用了前面章节介绍的布局管理器、事件监视器等方面的知识。

23.3.1 登录界面的分析

登录界面（如图 23-1 所示）主要用来防止非法用户进入软件系统操作系统，所以在登录系统中，首先要设置系统的合法登录用户名和登录密码。

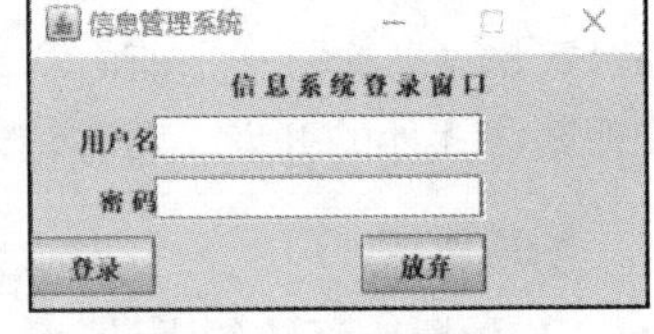

图 23-1 登录界面

在登录界面中，可以通过网格组布局管理器，将各个控件合理地分布在界面中。在设计登录界面时，首先将其设置为一个类，此类可以设置为容器类，将所有控件放置其中，然后再将这个容器放置到整体框架中去。其实在设计所有的界面类时，都是将整个类设置为容器类，这样在编写代码时就很方便和简洁。

23.3.2 登录界面的代码实现

【代码 23-1】本小节通过代码来实现登录界面，在该界面中，如果输入的用户名和密码为“Hch1”和“123456”，单击“登录”按钮则登录成功，否则登录失败。登录界面的代码如下：

```
01  //导入相应的包
02  import javax.swing.*;
03  import java.awt.*;
04  import java.awt.event.*;
05  public class Login extends JPanel {                //登录类。设计成一个继承容器的类
06      static final int WIDTH = 300;                  //设置整个顶层框架的宽度
07      static final int HEIGHT = 150;                 //设置整个顶层框架的高度
08      JFrame loginframe;
09      //创建按照网格组布局方式排列组件的方法
10      public void add(Component c, GridBagConstraints constraints, int x, int y,
11              int w, int h) {
12          constraints.gridx = x;                     //设置控件位于第几列
13          constraints.gridy = y;                     //设置控件位于第几行
14          constraints.gridwidth = w;                 //设置控件需要占几列
```

```
15            constraints.gridheight = h;              //设置控件需要占几行
16            add(c, constraints);
17        }
18        Login() {                                    //用来实现添加控件到容器的构造方法
19            //创建界面的框架
20            loginframe = new JFrame("信息管理系统");
21            //设置窗口上面的关闭控件有效的类库方法
22            loginframe.setDefaultCloseOperation(JFrame.EXIT_ON_CLOSE);
23            //创建网格组布局管理器的对象
24            GridBagLayout lay = new GridBagLayout();
25            setLayout(lay);                          //设置布局管理器
26            //添加当前对象到登录界面
27            loginframe.add(this, BorderLayout.WEST);
28            loginframe.setSize(WIDTH, HEIGHT);       //设置登录界面大小
29            //用来实现居中显示功能
30            Toolkit kit = Toolkit.getDefaultToolkit();//获取Toolkit类对象
31            //获取屏幕大小对象
32            Dimension screenSize = kit.getScreenSize();
33            int width = screenSize.width;            //获取屏幕的宽度
34            int height = screenSize.height;          //获取屏幕的高度
35            int x = (width - WIDTH) / 2;
36            int y = (height - HEIGHT) / 2;
37            loginframe.setLocation(x, y);            //设置位置
38            JButton ok = new JButton("登录");        //创建“登录”按钮
39            JButton cancel = new JButton("放弃");    //创建“放弃”按钮
40            //创建标签对象title
41            JLabel title = new JLabel("信 息 系 统 登 录 窗 口");
42            JLabel name = new JLabel("用户名");      //创建“用户名”标签
43            JLabel password = new JLabel("密 码");   //创建“密码”标签
44            //创建关于用户名和密码的文本输入框
45            final JTextField nameinput = new JTextField(15);
46            final JPasswordField passwordinput = new JPasswordField(15);
47            passwordinput.setEchoChar('*');          //设置密码为*显示
48            //创建关于网格组布局器对象constraints
49            GridBagConstraints constraints = new GridBagConstraints();
50            //设置对象constraints的相关属性
51            constraints.fill = GridBagConstraints.NONE;
52            constraints.anchor = GridBagConstraints.EAST;
53            constraints.weightx = 3;
54            constraints.weighty = 4;
55            //使用网格组布局添加控件
56            add(title, constraints, 0, 0, 4, 1);
57            add(name, constraints, 0, 1, 1, 1);
58            add(password, constraints, 0, 2, 1, 1);
59            add(nameinput, constraints, 2, 1, 1, 1);
60            add(passwordinput, constraints, 2, 2, 1, 1);
61            add(ok, constraints, 0, 3, 1, 1);
62            add(cancel, constraints, 2, 3, 1, 1);
63            loginframe.setResizable(false);
64            loginframe.setVisible(true);             //使界面显示
65            //为“ok”按钮注册事件
66            ok.addActionListener(new ActionListener() {
67                public void actionPerformed(ActionEvent Event) {
68                    //获取用户名输入框中的内容
```

```
69                      String nametext = nameinput.getText();
70                      //获取密码输入框中的内容
71                      String passwordtext = passwordinput.getText();
72                      //创建密码的字符串
73                      String str = new String(passwordtext);
74                      //判断用户的姓名和密码
75                      boolean x = (nametext.equals("Hchl"));
76                      boolean y = (str.equals("123456"));
77                      boolean z = (x && y);
78                      if (z == true) {     //如果用户名和密码正确则显示"登录成功"
79                          JOptionPane.showMessageDialog(null, "登录成功！");
80                          loginframe.dispose();
81                          Mainframe main = new Mainframe();
82                      } else if (z == false) {  //否则显示" 用户名或密码不正确，请重新登录！"
83                          JOptionPane.showMessageDialog(null, "用户名或密码不正确，请重新登录！");
84                          nameinput.setText("");
85                          passwordinput.setText("");
86                      }
87                  }
88              });
89              //为"cancel"按钮注册事件
90              cancel.addActionListener(new ActionListener() {
91                  public void actionPerformed(ActionEvent Event) {
92                      loginframe.dispose();
93                  }
94              });
95          }
96      }
```

```
01  public class Studentlog {                               //设置学生登录类
02      public static void main(String[] args) {            //主方法
03          Login log = new Login();                        //创建log对象
04      }
05  }
```

【代码说明】从第 5 行可以看出，登录界面是一个容器，它继承自 JPanel 类。第 19~37 行设计这个登录界面的大小、位置和标题等。第 38~64 行在这个界面中添加标签和按钮等控件。第 65~88 行是登录界面中“登录”按钮的验证，这里我们设置了默认的用户名和密码。第 90~94 行是登录界面中“取消”按钮的验证。

23.3.3　登录界面的运行

通过运行上面的代码，测试登录效果，界面如图 23-2 所示。现在验证是否能真的起到防止非法用户登录系统的作用，在用户名和密码框中，输入设置好的用户名和密码，如图 23-3 所示。

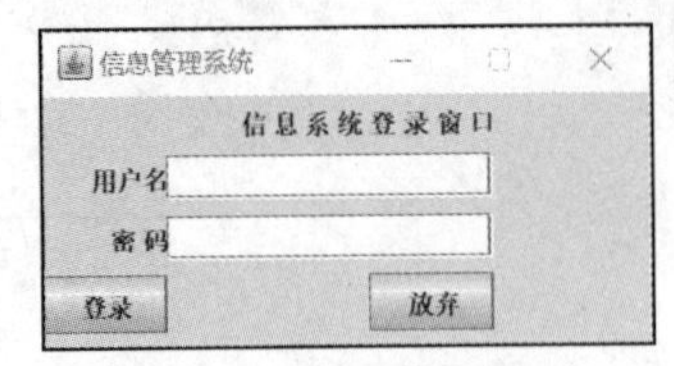

图 23-2　软件登录界面

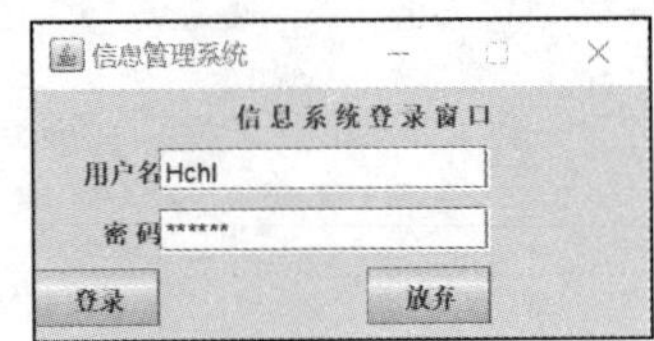

图 23-3　输入密码和用户名

单击“登录”按钮，如果密码和用户名都正确，会出现登录成功的提示，如图 23-4 所示。

如果输入了不正确的密码和用户名（如图 23-5 所示的操作），单击“登录”按钮后，运行结果如图 23-6 所示。

图 23-4　输入正确的密码和用户名的结果

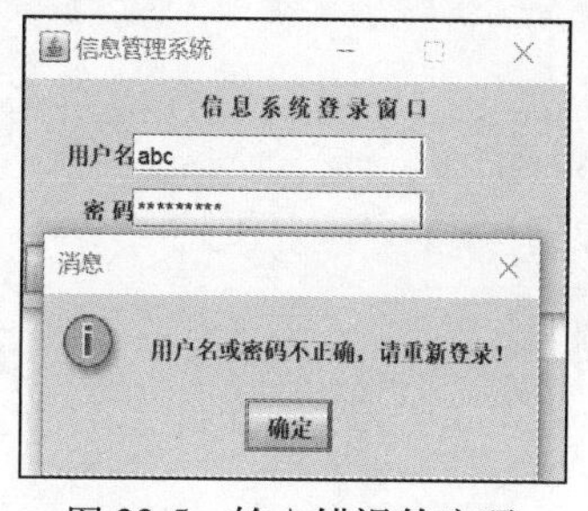

图 23-5　输入错误的密码和用户名

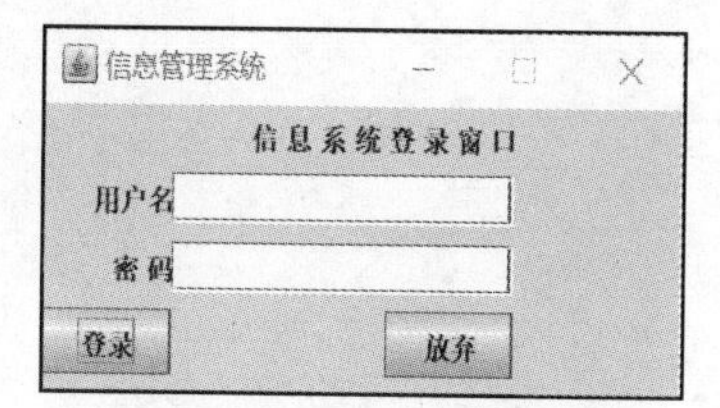

图 23-6　输入错误密码和用户名的结果

可以看到当输入错误的用户名和密码后，系统会自动将登录窗口中的用户名和密码输入框清空，等待用户下一次输入，直到输入正确为止。

> **说明**　上述代码中的主运行类，是为了能够运行这个登录界面类而设立，而在整个程序段中不需要。如果将所有的实现代码，放入到一个类的构造函数中，那么在主运行程序中，只需要创建该类的对象，就可以实现该类构造函数中的所有代码。

23.4　主菜单界面的设计

上一节介绍了关于登录的界面，本节将详细介绍学校管理系统主菜单界面的设计，由于该界面是整个软件项目的入口，所以需要在该界面中实现通向不同的软件界面系统的按钮，它们分别为：学生信息系统模块按钮、教师信息系统模块按钮和学校领导信息系统模块按钮。

23.4.1　主菜单界面的分析

主菜单界面是整个软件的一个综合界面，是所有不同界面的一个入口。进入到这个界面中，可以通过选择按钮进入不同的界面，然后进行不同的操作。在具体实现时，主菜单界面需要做的就是添加按钮，并为每个按钮注册动作事件。在下一小节将给出关于主菜单界面的代码段，希望读者能够根据自己的思路，重新编写一个类，这样才能将所学的知识融会贯通。

23.4.2　主菜单界面的代码实现

【代码 23-2】下面将详细介绍学校管理系统的主界面代码，该界面代码主要实现添加进入相应信息管理模块的按钮，同时为各个按钮注册相应的事件，具体内容如下：

```
01  import javax.swing.*;
02  import java.awt.*;
03  import java.awt.event.*;
04  public class Mainframe {                          //这是一个主界面的类
05      static final int WIDTH = 400;                 //关于宽度变量
```

```
06      static final int HEIGHT = 200;                    //关于高度变量
07      JFrame buttonframe;                               //关于窗体变量
08      public Mainframe() {                              //关于构造函数
09          buttonframe = new JFrame();                   //初始化对象buttonframe
10          buttonframe.setTitle("学校信息管理系统");      //设置标题
11          //设置关闭方法
12          buttonframe.setDefaultCloseOperation(JFrame.EXIT_ON_CLOSE);
13          buttonframe.setSize(WIDTH, HEIGHT);           //设置窗口大小
14          Toolkit kit = Toolkit.getDefaultToolkit();    //创建对象kit
15          //获取屏幕的大小，使组件居中显示
16          Dimension screenSize = kit.getScreenSize();
17          int width = screenSize.width;
18          int height = screenSize.height;
19          int x = (width - WIDTH) / 2;
20          int y = (height - HEIGHT) / 2;
21          buttonframe.setLocation(x, y);                //设置对象buttonframe位置
22          buttonframe.setVisible(true);                 //设置对象buttonframe可显示
23          // 创建关于学生信息系统的按钮
24          JButton student = new JButton("学生信息系统模块");
25          // 创建关于教师信息系统的按钮
26          JButton teacher = new JButton("教师信息系统模块");
27          //创建关于领导信息系统的按钮
28          JButton leader = new JButton("学校领导信息系统模块");
29          //添加相关按钮到对象buttonframe里
30          buttonframe.add(student);
31          buttonframe.add(teacher);
32          buttonframe.add(leader);
33          //设置对象buttonframe的布局管理器
34          buttonframe.setLayout(new GridLayout(3, 1));
35          //为student按钮注册事件处理器
36          student.addActionListener(new ActionListener() {
37              public void actionPerformed(ActionEvent Event) {
38                  Studentmanageframe studentframe = new Studentmanageframe();
39              }
40          });
41          //为teacher按钮注册事件处理器
42          teacher.addActionListener(new ActionListener() {
43              public void actionPerformed(ActionEvent Event) {
44                  Teachermanageframe teacherframe = new Teachermanageframe();
45              }
46          });
47          //为leader按钮注册事件处理器
48          leader.addActionListener(new ActionListener() {
49              public void actionPerformed(ActionEvent Event) {
50                  Leadermanageframe leaderframe = new Leadermanageframe();
51              }
52          });
53      }
54  }
```

【代码说明】第 9~22 行创建窗口，并设置窗口的大小和位置。第 23~32 行在此窗口中添加按钮。第 35~52 行可以监听每个按钮的操作，并导航到新的窗口。

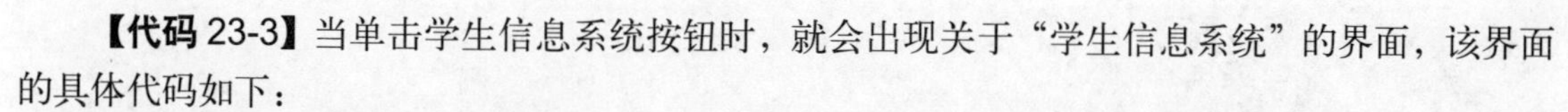

【代码23-3】当单击学生信息系统按钮时，就会出现关于“学生信息系统”的界面，该界面的具体代码如下：

```
01  import java.awt.*;
02  import java.awt.event.ActionEvent;
03  import java.awt.event.ActionListener;
04  import java.sql.Connection;
05  import java.util.Vector;
06  import javax.swing.*;
07  class Studentmanageframe extends JPanel {
08      static final int WIDTH = 400;                          //关于宽度变量
09      static final int HEIGHT = 200;                         //关于高度变量
10      JFrame studentframe;                                   //创建顶层窗口框架对象
11      public Studentmanageframe() {                          //构造函数
12          studentframe = new JFrame();                       //为对象studentframe赋值
13          studentframe.setTitle("学生信息管理系统");         //设置标题
14          //设置关闭方法
15          studentframe.setDefaultCloseOperation(JFrame.EXIT_ON_CLOSE);
16          studentframe.setSize(WIDTH, HEIGHT);               //设置顶层窗口框架对象大小
17          //创建对象kit，实现窗口居中显示
18          Toolkit kit = Toolkit.getDefaultToolkit();
19          Dimension screenSize = kit.getScreenSize();
20          int width = screenSize.width;
21          int height = screenSize.height;
22          int x = (width - WIDTH) / 2;
23          int y = (height - HEIGHT) / 2;
24          studentframe.setLocation(x, y);                    //设置顶层窗口框架对象位置
25          studentframe.setVisible(true);                     //设置顶层窗口框架对象显示
26          studentframe.add(this, BorderLayout.CENTER);
27          //创建各种按钮对象
28          JButton computerone = new JButton("计算机系一班学生信息系统");
29          JButton computertwo = new JButton("计算机系二班学生信息系统");
30          JButton computerthree = new JButton("计算机系三班学生信息系统");
31          JButton bioone = new JButton("生 物 系一班学生信息系统");
32          JButton mechone = new JButton("机械系一班学生信息系统");
33          JButton mechtwo = new JButton("机械系二班学生信息系统");
34          JButton mechthree = new JButton("机械系三班学生信息系统");
35          //创建各种标签对象
36          JLabel title = new JLabel("学生信息系统主界面");
37          JLabel banket1 = new JLabel();
38          JLabel banket2 = new JLabel();
39          GridBagLayout lay = new GridBagLayout();           //创建布局管理器对象lay
40          setLayout(lay);                                    //设置布局管理器
41          //创建并设置对象constraints
42          GridBagConstraints constraints = new GridBagConstraints();
43          constraints.fill = GridBagConstraints.NONE;
44          constraints.anchor = GridBagConstraints.EAST;
45          constraints.weightx = 2;
46          constraints.weighty = 5;
47          JPanel jp = new JPanel();                          //创建标签对象jp
48          jp.setLayout(new GridLayout(1, 3));                //设置对象jp的布局管理器
49          //添加各种对象到对象jp里
50          jp.add(banket1);
```

```
51            jp.add(title);
52            jp.add(banket2);
53            //添加对象jp到对象studentframe
54            studentframe.add(jp, BorderLayout.NORTH);
55            //通过调用方法add()实现利用网格组布局添加控件
56            add(computerone, constraints, 0, 1, 1, 1);
57            add(computertwo, constraints, 0, 2, 1, 1);
58            add(computerthree, constraints, 0, 3, 1, 1);
59            add(bioone, constraints, 0, 4, 1, 1);
60            add(mechone, constraints, 1, 1, 1, 1);
61            add(mechtwo, constraints, 1, 2, 1, 1);
62            add(mechthree, constraints, 1, 3, 1, 1);
63            //单击这个按钮，进入计算机系一班学生信息系统
64            computerone.addActionListener(new ActionListener() {
65                public void actionPerformed(ActionEvent Event) {
66                    String sql = "select * from studentinfo where class='一班'and
67                        major='计算机系'";
68                    Studentinfo info = new Studentinfo("计算机系一班学生信息系统", sql);
69
70                }
71            });
72            //单击这个按钮，进入计算机系二班学生信息系统
73            computertwo.addActionListener(new ActionListener() {
74                public void actionPerformed(ActionEvent Event) {
75                    String sql = "select * from studentinfo where class='二班'and
76                        major='计算机系'";
77                    Studentinfo studentinformation = new Studentinfo(
78                            "计算机系二班学生信息系统", sql);
79                }
80            });
81            //单击这个按钮，进入计算机系三班学生信息系统
82            computerthree.addActionListener(new ActionListener() {
83                public void actionPerformed(ActionEvent Event) {
84                    String sql = "select * from studentinfo where class2='三班'and
85                        major='计算机系'";
86                    Studentinfo studentinformation = new Studentinfo(
87                            "计算机系三班学生信息系统", sql);
88                }
89            });
90            //单击这个按钮，进入生物系一班学生信息系统
91            bioone.addActionListener(new ActionListener() {
92                public void actionPerformed(ActionEvent Event) {
93                    String sql = "select * from studentinfo where class='一班'and
94                    major='生物系'";
95                    Studentinfo studentinformation = new Studentinfo("生物系一班学生
96                    信息系统",
97                            sql);
98                }
99            });
100           //单击这个按钮，进入机械系一班学生信息系统
101           mechone.addActionListener(new ActionListener() {
102               public void actionPerformed(ActionEvent Event) {
103                   String sql = "select * from studentinfo where class='一班'and
```

```
104                     major='机械系'";
105                 Studentinfo studentinformation = new Studentinfo("机械系一班学生
106                         信息系统",
107                         sql);
108             }
109         });
110         //单击这个按钮，进入机械系二班学生信息系统
111         mechtwo.addActionListener(new ActionListener() {
112             public void actionPerformed(ActionEvent Event) {
113                 String sql = "select * from studentinfo where class2='二班'and
114                         major='机械系'";
115                 Studentinfo studentinformation = new Studentinfo("机械系二班学生
116                         信息系统",
117                         sql);
118             }
119         });
120         //单击这个按钮，进入机械系三班学生信息系统
121         mechthree.addActionListener(new ActionListener() {
122             public void actionPerformed(ActionEvent Event) {
123                 String sql = "select * from studentinfo where class='三班'and
124                         major='机械系'";
125                 Studentinfo studentinformation = new Studentinfo("机械系三班学生
126                         信息系统",
127                         sql);
128             }
129         });
130     }
131     //关于添加的方法
132     public void add(Component c, GridBagConstraints constraints, int x, int y,
133             int w, int h) {
134         constraints.gridx = x;
135         constraints.gridy = y;
136         constraints.gridwidth = w;
137         constraints.gridheight = h;
138         add(c, constraints);
139     }
140 }
```

【代码说明】第 12~26 行创建窗口，并设置窗口的大小和位置。第 27~62 行在窗口中设计布局，并添加按钮和标签等。第 63~130 行监听这些按钮的事件，并给出具体的操作。

【代码 23-4】当单击教师信息系统按钮时，就会出现关于"教师信息系统"的界面，该界面的具体代码如下：

```
01  //导入相应包
02  import java.awt.BorderLayout;
03  import java.awt.Component;
04  import java.awt.Dimension;
05  import java.awt.GridBagConstraints;
06  import java.awt.GridBagLayout;
07  import java.awt.GridLayout;
08  import java.awt.Toolkit;
09  import java.awt.event.ActionEvent;
10  import java.awt.event.ActionListener;
```

```
11  import javax.swing.JButton;
12  import javax.swing.JFrame;
13  import javax.swing.JLabel;
14  import javax.swing.JPanel;
15  //创建一个教师信息系统的入口框架类
16  public class Teachermanageframe extends JPanel {
17      static final int WIDTH = 400;                            //创建关于宽度的变量
18      static final int HEIGHT = 200;                           //创建关于高度的变量
19      //创建顶层窗口框架对象teacherframe
20      JFrame teacherframe;
21      public Teachermanageframe() {                            //构造函数
22          teacherframe = new JFrame();                         //初始化对象teacherframe
23          teacherframe.setTitle("教师信息管理系统");             //设置标题
24          //设置关闭方法
25          teacherframe.setDefaultCloseOperation(JFrame.EXIT_ON_CLOSE);
26          teacherframe.setSize(WIDTH, HEIGHT);                  //设置窗口框架的大小
27          //创建对象kit并实现组件居中显示
28          Toolkit kit = Toolkit.getDefaultToolkit();
29          Dimension screenSize = kit.getScreenSize();
30          int width = screenSize.width;
31          int height = screenSize.height;
32          int x = (width - WIDTH) / 2;
33          int y = (height - HEIGHT) / 2;
34          teacherframe.setLocation(x, y);                 //设置对象teacherframe的位置
35          teacherframe.setVisible(true);                  //设置对象teacherframe可显示
36          teacherframe.add(this, BorderLayout.CENTER);
37          //创建各种按钮对象
38          JButton computerteacher = new JButton("计算机系教师信息系统");
39          JButton bioteacher = new JButton("生 物 系教师信息系统");
40          JButton mechteacher = new JButton("机械系教师信息系统");
41          JButton beretun = new JButton("返回");
42          //创建各种标签对象
43          JLabel title = new JLabel("教师信息系统主界面");
44          JLabel banket1 = new JLabel();
45          JLabel banket2 = new JLabel();
46          GridBagLayout lay = new GridBagLayout();        //创建布局管理器对象
47          setLayout(lay);                                 //设置布局管理器
48          //创建并设置对象constraints
49          GridBagConstraints constraints = new GridBagConstraints();
50          constraints.fill = GridBagConstraints.NONE;
51          constraints.anchor = GridBagConstraints.EAST;
52          constraints.weightx = 1;
53          constraints.weighty = 4;
54          //创建并设置标签对象jp
55          JPanel jp = new JPanel();
56          jp.setLayout(new GridLayout(1, 3));
57          jp.add(banket1);
58          jp.add(title);
59          jp.add(banket2);
60          teacherframe.add(jp, BorderLayout.NORTH);
61          //通过调用方法add()来实现添加组件到网格布局
62          add(computerteacher, constraints, 0, 1, 1, 1);
63          add(bioteacher, constraints, 0, 4, 1, 1);
```

```
64              add(mechteacher, constraints, 1, 1, 1, 1);
65              //单击这个按钮，进入计算机系教师信息系统
66              computerteacher.addActionListener(new ActionListener() {
67                  public void actionPerformed(ActionEvent Event) {
68                      String sql = "select * from teacherinfo where duty='教师' and
69                              major='计算机系'";
70                      Teacherinfo teacherinformation = new Teacherinfo("计算机系教师信
71                              息系统",
72                              sql);
73                      }
74                  }
75              });
76              //单击这个按钮，进入生物系教师信息系统
77              bioteacher.addActionListener(new ActionListener() {
78                  public void actionPerformed(ActionEvent Event) {
79                      String sql = "select * from teacherinfo where duty='教师' and
80                              major='生物系'";
81                      Teacherinfo teacherinformation = new Teacherinfo("生物系教师信息系统,
82                              sql);
83                  }
84              });
85              //单击这个按钮，进入机械系教师信息系统
86              mechteacher.addActionListener(new ActionListener() {
87                  public void actionPerformed(ActionEvent Event) {
88                      String sql = "select * from teacherinfo where duty='教师' and
89                              major='机械系'";
90                      Teacherinfo teacherinformation = new Teacherinfo("机械系教师信息系统",
91                              sql);
92                  }
93              });
94          }
95          //关于添加的方法
96          public void add(Component c, GridBagConstraints constraints, int x, int y,
97                  int w, int h) {
98              constraints.gridx = x;
99              constraints.gridy = y;
100             constraints.gridwidth = w;
101             constraints.gridheight = h;
102             add(c, constraints);
103         }
104 }
```

【代码说明】第 22~36 行创建教师管理窗口，并设置窗口的大小和位置。第 38~64 行在窗口中设计布局，并添加按钮和标签等。第 66~94 行监听这些按钮的事件，并给出具体的操作。

【代码 23-5】当单击领导信息系统时，就会出现关于“领导信息系统”的界面，该界面的具体代码如下：

```
01  import java.awt.BorderLayout;
02  import java.awt.Component;
03  import java.awt.Dimension;
04  import java.awt.event.*;
05  import java.awt.*;
06  import javax.swing.*;
```

```
07  //创建领导信息系统的入口框架类
08  public class Leadermanageframe extends JPanel {
09      static final int WIDTH = 400;                       //宽度的变量
10      static final int HEIGHT = 200;                      //高度的变量
11      //创建顶层窗口框架对象leaderframe
12      JFrame leaderframe;
13      public Leadermanageframe() {                        //构造函数
14          leaderframe = new JFrame();                     //初始化对象leaderframe
15          leaderframe.setTitle("领导信息管理系统");         //设置窗口标题
16          //设置关闭方法
17          leaderframe.setDefaultCloseOperation(JFrame.EXIT_ON_CLOSE);
18          leaderframe.setSize(WIDTH, HEIGHT);             //设置窗口大小
19          //创建和设置对象kit，并使其居中显示
20          Toolkit kit = Toolkit.getDefaultToolkit();
21          Dimension screenSize = kit.getScreenSize();
22          int width = screenSize.width;
23          int height = screenSize.height;
24          int x = (width - WIDTH) / 2;
25          int y = (height - HEIGHT) / 2;
26          leaderframe.setLocation(x, y);                  //设置对象leaderframe的位置
27          leaderframe.setVisible(true);                   //设置对象leaderframe可显示
28          leaderframe.add(this, BorderLayout.CENTER);
29          //创建各种按钮
30          JButton computerleader = new JButton("计算机系领导信息系统");
31          JButton bioleader = new JButton("生 物 系领导信息系统");
32          JButton mechleader = new JButton("机械系领导信息系统");
33          JButton schoolleader = new JButton("学校领导信息系统");
34          //创建各种标签对象
35          JLabel title = new JLabel("领导信息系统主界面");
36          JLabel banket1 = new JLabel();
37          JLabel banket2 = new JLabel();
38          GridBagLayout lay = new GridBagLayout();        //创建布局管理器对象lay
39          setLayout(lay);                                 //设置布局管理器
40          //创建和设置constraints对象
41          GridBagConstraints constraints = new GridBagConstraints();
42          constraints.fill = GridBagConstraints.NONE;
43          constraints.anchor = GridBagConstraints.EAST;
44          constraints.weightx = 2;
45          constraints.weighty = 2;
46          //创建各种标签对象
47          JPanel jp = new JPanel();
48          jp.setLayout(new GridLayout(1, 3));
49          jp.add(banket1);
50          jp.add(title);
51          jp.add(banket2);
52          leaderframe.add(jp, BorderLayout.NORTH);
53          //通过调用add()方法，往网格组布局添加控件
54          add(computerleader, constraints, 0, 0, 1, 1);
55          add(bioleader, constraints, 0, 1, 1, 1);
56          add(mechleader, constraints, 1, 0, 1, 1);
57          add(schoolleader, constraints, 1, 1, 1, 1);
58          //单击这个按钮，进入计算机系领导信息系统
```

```
59            computerleader.addActionListener(new ActionListener() {
60                public void actionPerformed(ActionEvent Event) {
61                    String sql = "select * from teacherinfo where duty<>'教师'and
62                            major='计算机系'";
63                    Leaderinfo leaderinformation = new Leaderinfo("计算机系领导信息系统",
64                            sql);
65                }
66            });
67            //单击这个按钮，进入生物系领导信息系统
68            bioleader.addActionListener(new ActionListener() {
69                public void actionPerformed(ActionEvent Event) {
70                    String sql = "select * from teacherinfo where duty<>'教师' and
71                            major='生物系'";
72                    Leaderinfo leaderinformation = new Leaderinfo("生物系领导信息系统",
73                            sql);
74                }
75            });
76            // /单击这个按钮，进入机械系领导信息系统
77            mechleader.addActionListener(new ActionListener() {
78                public void actionPerformed(ActionEvent Event) {
79                    String sql = "select * from teacherinfo where duty<>'教师'and
80                            major='机械系'";
81                    Leaderinfo leaderinformation = new Leaderinfo("机械系领导信息系统",
82                            sql);
83                }
84            });
85            // /单击这个按钮，进入学校领导信息系统
86            schoolleader.addActionListener(new ActionListener() {
87                public void actionPerformed(ActionEvent Event) {
88                    String sql = "select * from teacherinfo where duty<>'教师'and
89                            major='学校'";
90                    Leaderinfo leaderinformation = new Leaderinfo("学校领导信息系统", sql);
91                }
92            });
93        }
94        //创建添加方法
95        public void add(Component c, GridBagConstraints constraints, int x, int y,
96                int w, int h) {
97            constraints.gridx = x;
98            constraints.gridy = y;
99            constraints.gridwidth = w;
100           constraints.gridheight = h;
101           add(c, constraints);
102       }
103   }
```

【代码说明】第 14~28 行创建领导管理窗口，并设置窗口的大小和位置。第 29~57 行在窗口中设计布局，并添加按钮和标签等。第 58~93 行监听这些按钮的事件，并给出具体的操作。

23.4.3　主菜单界面的运行

主菜单界面的代码运行效果如图 23-7 所示。单击“学生信息系统模块”按钮，就会出现如

图 23-8 所示的界面。单击“教师信息系统模块”按钮，就会出现如图 23-9 所示的界面。单击“领导信息系统模块”按钮，就会出现如图 23-10 所示的界面。

图 23-7　主菜单运行界面

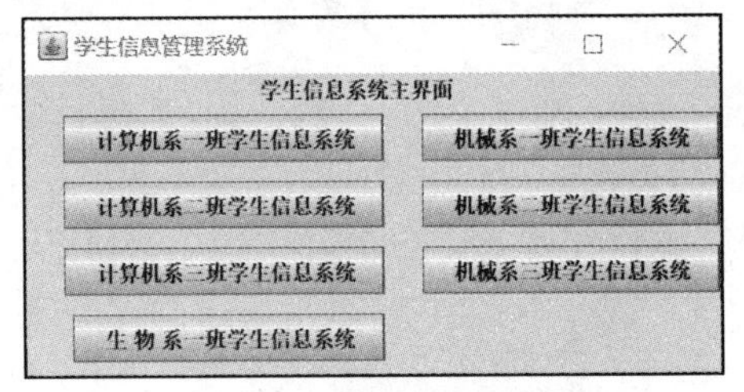

图 23-8　学生信息系统界面

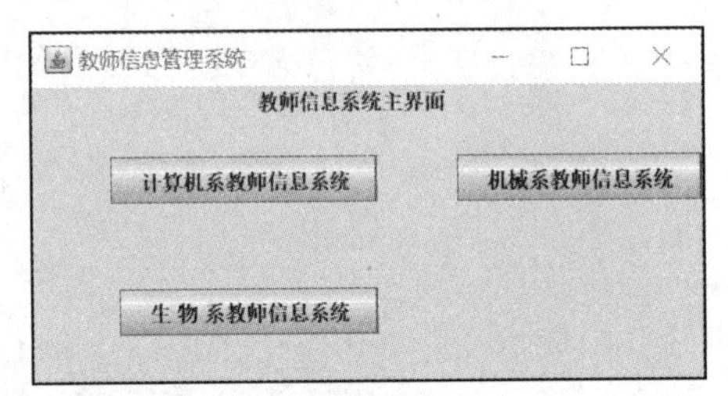

图 23-9　教师信息系统界面

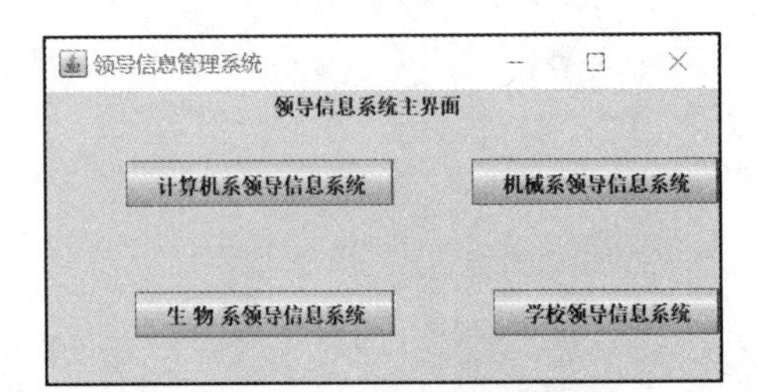

图 23-10　领导信息系统界面

23.5　数据库系统的设计

数据库系统的建立，是整个程序项目设计的一个关键步骤。如果没有数据库系统，那么整个应用软件就变得毫无意义，所以在这一节中，将会详细介绍数据库创建、应用以及与程序项目连接。

数据库的建立主要分成以下几个步骤：

1）建立数据库中的表。

2）建立一个数据源。

3）通过建立一个类，将数据源和软件界面进行连接。

在下面的内容中，将会为读者讲述如何实现这 3 个步骤。

23.5.1　数据库中表的创建

设计好数据库表后，就可以具体创建表。在具体创建时，首先创建数据库 schoolmanage，在数据库中创建一张学生表 studentinfo 和一张教师表 tearcherinfo，然后在 SQL Server 的命令窗口中输入相应的 SQL 语句实现测试数据插入。

学生表 studentinfo 测试数据的 SQL 语句如下：

```
    insert into studentinfo (stname,stcode,stsexy,stage,staddress,stbirthday,class,major)
values('饶 斌','950001','男','21','上海市','1981-03-18','三班','计算机系');
    insert into studentinfo (stname,stcode,stsexy,stage,staddress,stbirthday,class,major)
values('范冰冰','950002','女','19','上海市','1983-11-03','三班','计算机系');
    insert into studentinfo (stname,stcode,stsexy,stage,staddress,stbirthday,class,major)
values('代 冉','950003','女','20','上海市','1982-12-14','三班','计算机系');
    insert into studentinfo (stname,stcode,stsexy,stage,staddress,stbirthday,class,major)
values('富怡琴','950004','女','20','上海市','1982-09-01','三班','计算机系');
```

```
    insert into studentinfo (stname,stcode,stsexy,stage,staddress,stbirthday,class,major)
values('姜晓燕','950005','女','20','上海市','1982-01-18','三班','计算机系');
    insert into studentinfo (stname,stcode,stsexy,stage,staddress,stbirthday,class,major)
values('顾 乔','950006','男','20','上海市','1982-11-08','三班','计算机系');
    insert into studentinfo (stname,stcode,stsexy,stage,staddress,stbirthday,class,major)
values('郭振飞','950007','男','20','上海市','1982-01-11','三班','计算机系');
    insert into studentinfo (stname,stcode,stsexy,stage,staddress,stbirthday,class,major)
values('张 韬','950008','男','20','上海市','1982-05-01','三班','计算机系');
    insert into studentinfo (stname,stcode,stsexy,stage,staddress,stbirthday,class,major)
values('杨慕铿','950009','男','20','上海市','1982-03-01','三班','计算机系');
    insert into studentinfo (stname,stcode,stsexy,stage,staddress,stbirthday,class,major)
values('史正男','950010','男','22','上海市','1982-06-01','三班','计算机系');
    insert into studentinfo (stname,stcode,stsexy,stage,staddress,stbirthday,class,major)
values('徐汉城','950011','男','20','上海市','1982-07-08','二班','计算机系');
    insert into studentinfo (stname,stcode,stsexy,stage,staddress,stbirthday,class,major)
values('陈 俊','950012','男','21','上海市','1981-07-13','二班','计算机系');
    insert into studentinfo (stname,stcode,stsexy,stage,staddress,stbirthday,class,major)
values('卓 越','950013','男','20','上海市','1982-08-08','二班','计算机系');
    insert into studentinfo (stname,stcode,stsexy,stage,staddress,stbirthday,class,major)
values('魏国峰','950014','男','20','上海市','1982-03-23','二班','计算机系');
    insert into studentinfo (stname,stcode,stsexy,stage,staddress,stbirthday,class,major)
values('袁乃沁','950015','女','18','上海市','1984-04-04','二班','计算机系');
    insert into studentinfo (stname,stcode,stsexy,stage,staddress,stbirthday,class,major)
values('黄晓峰','950016','男','20','上海市','1982-05-03','二班','计算机系');
    insert into studentinfo (stname,stcode,stsexy,stage,staddress,stbirthday,class,major)
values('齐宝华','950017','男','20','上海市','1982-11-11','二班','计算机系');
    insert into studentinfo (stname,stcode,stsexy,stage,staddress,stbirthday,class,major)
values('节连松','950018','男','19','上海市','1983-02-08','一班','计算机系');
    insert into studentinfo (stname,stcode,stsexy,stage,staddress,stbirthday,class,major)
values('王晓辉','950019','男','20','上海市','1982-04-08','一班','计算机系');
    insert into studentinfo (stname,stcode,stsexy,stage,staddress,stbirthday,class,major)
values('秦嵩宁','950020','男','20','上海市','1982-04-11','一班','计算机系');
    insert into studentinfo (stname,stcode,stsexy,stage,staddress,stbirthday,class,major)
values('金 凌','950021','女','20','上海市','1982-12-18','一班','计算机系');
    insert into studentinfo (stname,stcode,stsexy,stage,staddress,stbirthday,class,major)
values('杨 坤','950022','男','20','上海市','1982-09-08','一班','计算机系');
    insert into studentinfo (stname,stcode,stsexy,stage,staddress,stbirthday,class,major)
values('徐文波','950101','男','21','上海市','1981-02-08','一班','生物系');
    insert into studentinfo (stname,stcode,stsexy,stage,staddress,stbirthday,class,major)
values('梁文深','950102','男','20','上海市','1982-09-08','一班','生物系');
    insert into studentinfo (stname,stcode,stsexy,stage,staddress,stbirthday,class,major)
values('陈 雷','950103','男','20','上海市','1982-09-18','一班','生物系');
    insert into studentinfo (stname,stcode,stsexy,stage,staddress,stbirthday,class,major)
values('夏小勇','950104','男','22','上海市','1980-09-12','一班','生物系');
    insert into studentinfo (stname,stcode,stsexy,stage,staddress,stbirthday,class,major)
values('旬 龙','950105','男','20','上海市','1982-01-02','一班','生物系');
    insert into studentinfo (stname,stcode,stsexy,stage,staddress,stbirthday,class,major)
values('钱信林','950106','男','20','上海市','1982-03-02','一班','生物系');
    insert into studentinfo (stname,stcode,stsexy,stage,staddress,stbirthday,class,major)
values('张新伟','950107','男','21','上海市','1981-11-18','一班','生物系');
    insert into studentinfo (stname,stcode,stsexy,stage,staddress,stbirthday,class,major)
values('陈倩媚','950108','女','20','上海市','1982-04-14','一班','生物系');
    insert into studentinfo (stname,stcode,stsexy,stage,staddress,stbirthday,class,major)
values('卢 婷','950109','女','20','上海市','1982-02-23','一班','生物系');
```

```
    insert into studentinfo (stname,stcode,stsexy,stage,staddress,stbirthday,class,major)
values('贺建林','950110','男','20','上海市','1982-02-01','一班','生物系');
    insert into studentinfo (stname,stcode,stsexy,stage,staddress,stbirthday,class,major)
values('阮从胜','950201','男','20','上海市','1982-01-08','三班','机械系');
    insert into studentinfo (stname,stcode,stsexy,stage,staddress,stbirthday,class,major)
values('王燕英','950202','女','20','上海市','1982-01-08','三班','机械系');
    insert into studentinfo (stname,stcode,stsexy,stage,staddress,stbirthday,class,major)
values('方 成','950203','男','20','上海市','1982-01-08','三班','机械系');
    insert into studentinfo (stname,stcode,stsexy,stage,staddress,stbirthday,class,major)
values('林正新','950204','男','20','上海市','1982-01-08','三班','机械系');
    insert into studentinfo (stname,stcode,stsexy,stage,staddress,stbirthday,class,major)
values('陈 曦','950205','男','20','上海市','1982-01-08','三班','机械系');
    insert into studentinfo (stname,stcode,stsexy,stage,staddress,stbirthday,class,major)
values('谭必奎','950206','男','20','上海市','1982-01-08','三班','机械系');
    insert into studentinfo (stname,stcode,stsexy,stage,staddress,stbirthday,class,major)
values('刘 东','950207','男','21','上海市','1981-01-08','三班','机械系');
    insert into studentinfo (stname,stcode,stsexy,stage,staddress,stbirthday,class,major)
values('陈 锋','950208','男','21','上海市','1981-01-08','三班','机械系');
    insert into studentinfo (stname,stcode,stsexy,stage,staddress,stbirthday,class,major)
values('姜 红','950209','女','20','上海市','1982-01-01','三班','机械系');
    insert into studentinfo (stname,stcode,stsexy,stage,staddress,stbirthday,class,major)
values('张济兴','950210','男','20','上海市','1982-02-18','三班','机械系');
    insert into studentinfo (stname,stcode,stsexy,stage,staddress,stbirthday,class,major)
values('马木龙','950211','男','20','上海市','1982-03-08','三班','机械系');
    insert into studentinfo (stname,stcode,stsexy,stage,staddress,stbirthday,class,major)
values('江润生','950212','男','20','上海市','1982-01-08','二班','机械系');
    insert into studentinfo (stname,stcode,stsexy,stage,staddress,stbirthday,class,major)
values('洪芙蓉','950213','女','20','上海市','1982-01-02','三班','机械系');
    insert into studentinfo (stname,stcode,stsexy,stage,staddress,stbirthday,class,major)
values('赵 军','950214','男','20','上海市','1982-01-18','二班','机械系');
```

教师表 teacherinfo 测试数据的 SQL 语句如下：

```
    insert into teacherinfo (name,code,sexy,age,address, birthday,salary,major,duty)
values('王鹏','20190001','男','40','上海市','1981-03-18','5600','计算机系','主任');
    insert into teacherinfo (name,code,sexy,age,birthday,address,salary,major,duty)
values('宋江','20190002','女','45','上海市','1983-11-03','6000','生物系','主任');
    insert into teacherinfo (name,code,sexy,age,birthday,address,salary,major,duty)
values('李丽','20190003','女','43','上海市','1982-12-14','3500','机械系','教师');
    insert into teacherinfo (name,code,sexy,age,birthday,address,salary,major,duty)
values('钱敏','20190004','女','44','上海市','1982-09-01','6050','生物系','副主任');
    insert into teacherinfo (name,code,sexy,age,birthday,address,salary,major,duty)
values('朱庭','950005','女','38','上海市','1982-01-18','45000','计算机系','教师');
    insert into teacherinfo (name,code,sexy,age,birthday,address,salary,major,duty)
values('祖海','20190006','男','41','上海市','1982-11-08','3800','计算机系','教师');
    insert into teacherinfo (name,code,sexy,age,birthday,address,salary,major,duty)
values('张平','20190007','男','35','上海市','1982-01-11','4900','计算机系','教师');
    insert into teacherinfo (name,code,sexy,age,birthday,address,salary,major,duty)
values('孙军','20190008','男','32','上海市','1982-05-01','67000','学校','副院长');
    insert into teacherinfo (name,code,sexy,age,birthday,address,salary,major,duty)
values('王俊','20190009','男','48','上海市','1982-03-01','8000','计算机系','教师');
    insert into teacherinfo (stname,stcode,stsexy,stage,staddress,stbirthday,class,major)
values('李鹏','20190010','男','50','上海市','1982-06-01','3500','机械系','教师');
    insert into teacherinfo (name,code,sexy,age,birthday,address,salary,major,duty)
values('徐汉城','20190011','男','49','上海市','1982-07-08','34000','机械系',' 教师');
```

```
    insert into teacherinfo (name,code,sexy,age,birthday,address,salary,major,duty)
values('孙鹏','20190012','男','39','上海市','1981-07-13','5600','机械系','主任');
    insert into teacherinfo (name,code,sexy,age,birthday,address,salary,major,duty)
values('王海','20190013','男','34','上海市','1982-08-08','7800','生物系','教师');
    insert into teacherinfo (name,code,sexy,age,birthday,address,salary,major,duty)
values('魏国峰','20190014','男','36','上海市','1982-03-23','4000','生物系','教师');
    insert into teacherinfo (name,code,sexy,age,birthday,address,salary,major,duty)
values('周浩','20190015','女','38','上海市','1984-04-04','3000','学校','校长');
    insert into teacherinfo (name,code,sexy,age,birthday,address,salary,major,duty)
values('黄晓峰','20190016','男','45','上海市','1982-05-03','2300','计算机系','教师');
    insert into teacherinfo (name,code,sexy,age,birthday,address,salary,major,duty)
values('宋平','20190017','男','55','上海市','1982-11-11','56000','学校','副校长');
    insert into studentinfo (stname,stcode,stsexy,stage,staddress,stbirthday,class,major)
values('节连松','20190018','男','40','上海市','1983-02-08','3450','机械系','教师');
    insert into studentinfo (stname,stcode,stsexy,stage,staddress,stbirthday,class,major)
values('王晓辉','20190019','男','43','上海市','1982-04-08','7800','机械系','教师');
    insert into studentinfo (stname,stcode,stsexy,stage,staddress,stbirthday,class,major)
values('吴浩','20190020','男','34','上海市','1982-04-11','77000','计算机系','教师');
    insert into studentinfo (stname,stcode,stsexy,stage,staddress,stbirthday,class,major)
values('金 凌','20190021','女','45','上海市','1982-12-18','8800','计算机系','教师');
```

说明 这是数据库中运行的代码，这里不给出代码编号，也不再单独说明，感兴趣的读者可以参考第21章介绍JDBC的内容。

23.5.2 数据库中的代码段

数据源建立后，接下来需要创建一个实现数据库连接的类，通过该类可以将数据源与软件进行连接。其实数据库连接类就是一个应用软件与数据库进行连接的接口，通过此接口，可以将软件界面中的控件与数据库连接，才可以让数据显示在控件中。

【代码23-6】本节将学习如何实现数据库的连接，其详细代码如下：

```
01  import java.sql.*;                                          //导入包
02  public class Sqltest {                                      //创建一个Sqltest类
03      private Connection con;                                 //创建数据库连接对象
04      public Sqltest(Connection con)                          //构造函数
05      {
06          try
07          {
08              con=this.getConnection();                       //调用方法返回数据库连接对象
09          }catch(Exception e)
10          {e.printStackTrace();}
11      }
12      public Connection getConnection()                       //返回数据库连接对象
13      {
14          String drivername="com.microsoft.sqlserver.jdbc.SQLServerDriver";
            //定义数据库驱动
15          String url1=" jdbc:sqlserver://localhost:1433;DatabaseName=schoolmanage";
            //定义数据库url地址
16          String username="sa";                               //定义用户名变量
17          String password="123";                              //定义密码变量
```

```
18          try                                                     //加载数据库驱动
19          {
20              Class.forName(drivername);
21              con=DriverManager.getConnection(url1,username,password);//获取数据库连接对象con
22          }
23          catch(SQLException e){e.printStackTrace();}
24          catch(ClassNotFoundException ex){ex.printStackTrace();}
25          return con;                                             //返回数据库连接
26      }
27  }
```

【代码说明】第 8 行获取数据库连接。第 14~25 行是实现连接的全部代码。第 14 行是数据库驱动的名字。

上面的代码已经将数据库同软件进行连接的接口设计好了，下面的任务就是将这个类同整个软件中各个界面进行连接。

23.6　学生信息系统界面的设计

学生信息系统界面的设计，是这个软件系统界面的主要部分。通过该界面相关按钮，用户可以直接操作数据库中关于学生的记录，实现学生的增加、删除、修改和查找等操作。下面将详细讲述和分析关于学生信息系统模块的代码段。

23.6.1　学生类的设计

在设计整个程序的过程中，首先需要设计一个学生类，然后将这个学生类对象存储到数据结构中，最后将这个数据结构中的数据同数据库连接。这样在界面上显示出来的数据，就是数据库中的数据。

【代码 23-7】下面是设计学生类的代码：

```
01  public class Student {                                  //设计学生类
02      //创建关于学生的属性
03      private String name;                                //学生的姓名
04      private String code;                                //学生的编号
05      private String sexy;                                //学生的性别
06      private String birthday;                            //学生的生日
07      private String address;                             //学生的地址
08      private String age;                                 //学生的年龄
09      private String grade;                               //学生的班级
10      private String major;                               //学生的专业
11      //构造函数
12      Student(String name, String code) {                 //带参构造函数
13          this.name = name;
14          this.code = code;
15      }
16      //设置属性的getter方法和setter方法
17      public String getname() {
18          return name;
19      }
20      public String getcode() {
```

```
21            return code;
22        }
23        public void setsexy(String sexy) {
24            this.sexy = sexy;
25        }
26        public void setbirthday(String birthday) {
27            this.birthday = birthday;
28        }
29        public void setage(String age) {
30            this.age = age;
31        }
32        public void setaddress(String address) {
33            this.address = address;
34        }
35        public void setgrade(String grade) {
36            this.grade = grade;
37        }
38        public void setmajor(String major) {
39            this.major = major;
40        }
41        public String getsexy() {
42            return sexy;
43        }
44        public String getbirthday() {
45            return birthday;
46        }
47        public String getage() {
48            return age;
49        }
50        public String getaddress() {
51            return address;
52        }
53        public String getgrade() {
54            return grade;
55        }
56        public String getmajor() {
57            return major;
58        }
59        public String toString() {                    //重写toString()方法
60            String information = "学生姓名: " + name + "学号: " + code + "年龄: " + age
61                    + "出生年月: " + birthday + "家庭地址: " + address + "班级: " + grade
62                    + "专业: " + major;
63            return information;
64        }
65    }
```

【代码说明】以上代码将数据库中事先设计的表中的所有字段都显示出来，最后按照字符串形式输出。用户能看到的内容就是第 60~62 行的字符串。第 17~58 行是学生类的访问器和设置器。

23.6.2　存储类的设计

【代码 23-8】选择什么样的数据结构对以上的学生类对象进行存储呢？本例选择 Vector 这种

数据结构对学生信息进行存储，这种数据结构同字符串数组的用法几乎一样，具体的代码如下：

```
01  //导入包
02  import java.util.Vector;
03  import java.sql.*;
04  public class Storesystem {                                    //创建存储学生对象类
05      //在数据库中执行SQL
06      public Vector<Student> getstudent(Connection con, String sql) {//定义一个方法getstudent
07          Vector<Student> v = new Vector<Student>();  //创建容器对象
08          try {
09              Statement st = con.createStatement();   //创建会话对象st
10              ResultSet rs = st.executeQuery(sql);    //创建结果集对象rs
11              while (rs.next()) {                     //对结果集循环
12                  String name = rs.getString(1);
13                  String code = rs.getString(2);
14                  String sexy = rs.getString(3);
15                  String age = rs.getString(4);
16                  String address = rs.getString(5);
17                  String birthday = rs.getString(6);
18                  String grade = rs.getString(7);
19                  String major = rs.getString(8);
20                  student ss = new student(name, code);
21                  ss.setsexy(sexy);
22                  ss.setmajor(major);
23                  ss.setbirthday(birthday);
24                  ss.setaddress(address);
25                  ss.setage(age);
26                  ss.setgrade(grade);
27                  v.add(ss);
28              }
29              rs.close();
30          } catch (Exception e) {
31              e.printStackTrace();
32          }
33          return v;                                   //返回容器对象v
34      }
35      //在数据库中查找名为stname的对象
36      public student getobject(Connection con, String stname) {
37          student sst = null;                         //创建对象sst
38          try {
39              //获取会话对象st
40              Statement st = con.createStatement();
41              //创建查询语句变量sql
42              String sql = "select * from studentinfo where stname='" + stname
43                      + "'";
44              ResultSet rs = st.executeQuery(sql);    //获取结果集对象
45              //通过结果集中的getString方法从数据库中表中提取表字段的数据
46              //再将提取出来的数据赋值给学生对象
47              //最后将学生对象存储到Vector数据结构中
48              while (rs.next()) {
49                  String code = rs.getString(2);
50                  String sexy = rs.getString(3);
51                  String age = rs.getString(4);
```

```
52                  String address = rs.getString(5);
53                  String birthday = rs.getString(6);
54                  String grade = rs.getString(7);
55                  String major = rs.getString(8);
56                  sst = new Student(stname, code);
57                  sst.setsexy(sexy);
58                  sst.setmajor(major);
59                  sst.setbirthday(birthday);
60                  sst.setaddress(address);
61                  sst.setage(age);
62                  sst.setgrade(grade);
63              }
64              rs.close();
65          } catch (Exception e) {
66              e.printStackTrace();
67          }
68          return sst;
69      }
70      //通过设置数据库的URL、密码、用户名来建立与数据库的连接
71      public Connection getConnection() {
72          //创建数据库连接的各种变量
73          Connection con = null;
74          String drivername="com.microsoft.sqlserver.jdbc.SQLServerDriver";//定义数据库驱动
75          String url1 = " jdbc:sqlserver://localhost:1433;DatabaseName=schoolmanage";
            //定义数据库url地址
76          String username = "sa";
77          String password = "123";
78          try {
79              //加载数据库驱动
80              Class.forName(drivername);
81              //获取数据库连接对象con
82              con = DriverManager.getConnection(url1, username, password);
83          } catch (SQLException e) {
84              e.printStackTrace();
85          } catch (ClassNotFoundException ex) {
86              ex.printStackTrace();
87          }
88          return con;                                    //返回数据库连接对象con
89      }
90  }
```

【代码说明】以上代码从数据库中提取数据，然后按照每个字段的不同，分别赋值给学生类中的每个字段。最后，将学生类的对象添加到 Vector 数据结构中。这样数据存取速度大大加快，每次对数据库的操作，就不必在数据库中执行。

本程序属于本地程序，如果是在网络数据库中，这样操作会增加网络的负担。解决方案是将网络数据库下载到本地的 Vector 数据结构中，然后直接操作本地数据结构，等操作完后，再提交到网络数据库中，这样就能加快处理速度。

23.6.3　学生信息系统界面的代码实现

学生信息系统界面主要包括：显示对象信息的控件、添加对象的控件和删除对象的控件。在整

个学校管理系统中，将学生信息系统界面抽取成一个类，这样才能让所有不同班级和不同系的学生信息系统都能调用它。

【代码23-9】下面设计学生信息系统的界面，代码如下：

```
01  //导入包
02  import javax.swing.*;
03  import java.awt.*;
04  import java.awt.event.*;
05  import java.util.Vector;
06  import java.sql.*;
07  public class Studentinfo extends JPanel {              //设计学生类信息系统的框架类
08      //创建各种成员变量
09      static final int WIDTH = 700;                      //宽度变量
10      static final int HEIGHT = 400;                     //高度变量
11      //创建各种组件对象
12      final JComboBox nameinput;
13      final JTextField codeinput;
14      final JTextField sexyinput;
15      final JTextField birthdayinput;
16      final JTextField ageinput;
17      final JTextField addressinput;
18      final JTextField gradeinput;
19      final JTextField majorinput;
20      //创建顶层窗口框架对象studentinfoframe
21      JFrame studentinfoframe;
22      Storesystem store = new Storesystem();             //创建存储对象容器
23      Connection con = store.getConnection();            //获取数据库连接对象
24      Addframe af = new Addframe();
25      //创建添加方法
26      public void add(Component c, GridBagConstraints constraints, int x, int y,
27              int w, int h) {
28          constraints.gridx = x;
29          constraints.gridy = y;
30          constraints.gridwidth = w;
31          constraints.gridheight = h;
32          add(c, constraints);
33      }
34      public studentinfo(String str, String sql) {       //构造函数
35          studentinfoframe = new JFrame();               //为对象studentinfoframe赋值
36          studentinfoframe.setTitle(str);                //设置标题
37          //设置关闭方法
38          studentinfoframe.setDefaultCloseOperation(JFrame.EXIT_ON_CLOSE);
39          studentinfoframe.setSize(WIDTH, HEIGHT);       //设置窗口大小
40          //创建和设置对象kit，并使组件居中显示
41          Toolkit kit = Toolkit.getDefaultToolkit();
42          Dimension screenSize = kit.getScreenSize();
43          int width = screenSize.width;
44          int height = screenSize.height;
45          int x = (width - WIDTH) / 2;
46          int y = (height - HEIGHT) / 2;
47          studentinfoframe.setLocation(x, y);            //设置窗口位置
48          studentinfoframe.setVisible(true);             //使窗口可显示
```

```
49            studentinfoframe.add(this, BorderLayout.CENTER);
50            GridBagLayout lay = new GridBagLayout();    //创建布局管理器
51            setLayout(lay);                              //设置布局管理器
52            //创建和设置各种标签对象
53            JLabel name = new JLabel("姓名");
54            JLabel code = new JLabel("学号");
55            JLabel sexy = new JLabel("性别");
56            JLabel age = new JLabel("年龄");
57            JLabel birthday = new JLabel("出生年月");
58            JLabel address = new JLabel("家庭地址");
59            JLabel grade = new JLabel("班级");
60            JLabel major = new JLabel("专业");
61            JLabel title = new JLabel(str);
62            //创建各种组件对象
63            nameinput = new JComboBox();
64            codeinput = new JTextField(10);
65            sexyinput = new JTextField(10);
66            ageinput = new JTextField(10);
67            birthdayinput = new JTextField(10);
68            addressinput = new JTextField(10);
69            gradeinput = new JTextField(10);
70            majorinput = new JTextField(10);
71            Vector<Student> vec = store.getstudent(con, sql);    //获取容器对象
72            //将存储在Vector中的数据提取出来重新赋值给学生对象。再利用学生对象中的
73            //getname方法提取出学生姓名来，最后使用组合列表框的添加功能将这些名字添
74            //加到列表中去
75            for (int i = 0; i < vec.size(); i++) {
76                student one = (Student) vec.get(i);
77                String nameselect = one.getname();
78                nameinput.addItem(nameselect);
79            }
80            //获取各种输入文本框中的内容
81            String namestring = (String) nameinput.getSelectedItem();
82            student p = store.getobject(con, namestring);
83            String inputcode = p.getcode();
84            String inputsexy = p.getsexy();
85            String inputage = p.getage();
86            String inputbirthday = p.getbirthday();
87            String inputaddress = p.getaddress();
88            String inputgrade = p.getgrade();
89            String inputmajor = p.getmajor();
90            //设置各种组件的内容
91            codeinput.setText(inputcode);
92            sexyinput.setText(inputsexy);
93            ageinput.setText(inputage);
94            birthdayinput.setText(inputbirthday);
95            addressinput.setText(inputaddress);
96            gradeinput.setText(inputgrade);
97            majorinput.setText(inputmajor);
98            //创建4个按钮对象
99            JButton addition = new JButton("添加");
100           JButton delete = new JButton("删除");
101           JButton update = new JButton("更新");
```

```
102         JButton bereturn = new JButton("返回");
103         //创建和设置GridBagConstraints类型的布局管理器对象constraints
104         GridBagConstraints constraints = new GridBagConstraints();
105         constraints.fill = GridBagConstraints.NONE;
106         constraints.weightx = 4;
107         constraints.weighty = 6;
108         add(title, constraints, 0, 0, 4, 1);         // 使用网格组布局添加控件
109         add(name, constraints, 0, 1, 1, 1);
110         add(code, constraints, 0, 2, 1, 1);
111         add(sexy, constraints, 0, 3, 1, 1);
112         add(age, constraints, 0, 4, 1, 1);
113         add(nameinput, constraints, 1, 1, 1, 1);
114         add(codeinput, constraints, 1, 2, 1, 1);
115         add(sexyinput, constraints, 1, 3, 1, 1);
116         add(ageinput, constraints, 1, 4, 1, 1);
117         add(birthday, constraints, 2, 1, 1, 1);
118         add(address, constraints, 2, 2, 1, 1);
119         add(grade, constraints, 2, 3, 1, 1);
120         add(major, constraints, 2, 4, 1, 1);
121         add(birthdayinput, constraints, 3, 1, 1, 1);
122         add(addressinput, constraints, 3, 2, 1, 1);
123         add(gradeinput, constraints, 3, 3, 1, 1);
124         add(majorinput, constraints, 3, 4, 1, 1);
125         add(addition, constraints, 0, 5, 1, 1);
126         add(delete, constraints, 1, 5, 1, 1);
127         add(update, constraints, 2, 5, 1, 1);
128         add(bereturn, constraints, 3, 5, 1, 1);
129         //通过单击每一个列表框中的名字，会相应地显示出此名字的所有信息
130         nameinput.addItemListener(new ItemListener() {
131             public void itemStateChanged(ItemEvent e) {
132                 String namestring = (String) nameinput.getSelectedItem();
133                 student p = store.getobject(con, namestring);
134                 String inputcode = p.getcode();
135                 String inputsexy = p.getsexy();
136                 String inputage = p.getage();
137                 String inputbirthday = p.getbirthday();
138                 String inputaddress = p.getaddress();
139                 String inputgrade = p.getgrade();
140                 String inputmajor = p.getmajor();
141                 codeinput.setText(inputcode);
142                 sexyinput.setText(inputsexy);
143                 ageinput.setText(inputage);
144                 birthdayinput.setText(inputbirthday);
145                 addressinput.setText(inputaddress);
146                 gradeinput.setText(inputgrade);
147                 majorinput.setText(inputmajor);
148             }
149         });
150         //返回主菜单
151         bereturn.addActionListener(new ActionListener() {
152             public void actionPerformed(ActionEvent Event) {
153                 Studentmanageframe manageframe = new Studentmanageframe();
154                 manageframe.setVisible(true);
```

```
155                    studentinfoframe.dispose();
156                }
157            });
158            //进入添加主界面
159            addition.addActionListener(new ActionListener() {
160                public void actionPerformed(ActionEvent Event) {
161                    Addframe addfr = new Addframe();
162                    addfr.setVisible(true);
163                }
164            });
165            //更新按钮，使得从数据库表中将数据提取显示到界面中
166            update.addActionListener(new ActionListener() {
167                public void actionPerformed(ActionEvent Event) {
168                    String name1 = Addframe.ss.getname();
169                    String code1 = Addframe.ss.getcode();
170                    String age1 = Addframe.ss.getage();
171                    String sexy1 = Addframe.ss.getsexy();
172                    String birthday1 = Addframe.ss.getbirthday();
173                    String address1 = Addframe.ss.getaddress();
174                    String grade1 = Addframe.ss.getgrade();
175                    String major1 = Addframe.ss.getmajor();
176                    nameinput.addItem(name1);
177                    nameinput.setSelectedItem(name1);
178                    codeinput.setText(code1);
179                    ageinput.setText(age1);
180                    sexyinput.setText(sexy1);
181                    addressinput.setText(address1);
182                    birthdayinput.setText(birthday1);
183                    gradeinput.setText(grade1);
184                    majorinput.setText(major1);
185                }
186            });
187            //删除数据，且更新到数据库中
188            delete.addActionListener(new ActionListener() {
189                public void actionPerformed(ActionEvent Event) {
190                    String namestring = (String) nameinput.getSelectedItem();
191                    Storesystem store = new Storesystem();
192                    try {
193                        Connection con = store.getConnection();
194                        Statement st = con.createStatement();
195                        String sql = "delete * from studentinfo where='"
196                                + namestring + "'";
197                        st.executeUpdate(sql);
198                    } catch (Exception e) {
199                    }
200                    nameinput.removeItem(namestring);
201                }
202            });
203        }
204    }
```

【代码说明】代码第 35~49 行创建窗口并设置窗口的各个属性。第 50~128 行设置标签和按钮控件等。第 130~149 行侦听下拉列表框的选择并做出反馈。第 166~186 行从数据库表中提取数据

并显示到界面中。第 188~202 行删除数据。

【运行效果】 这样整个学生信息系统的界面就设计完毕，下面运行程序，如图 23-11 所示。

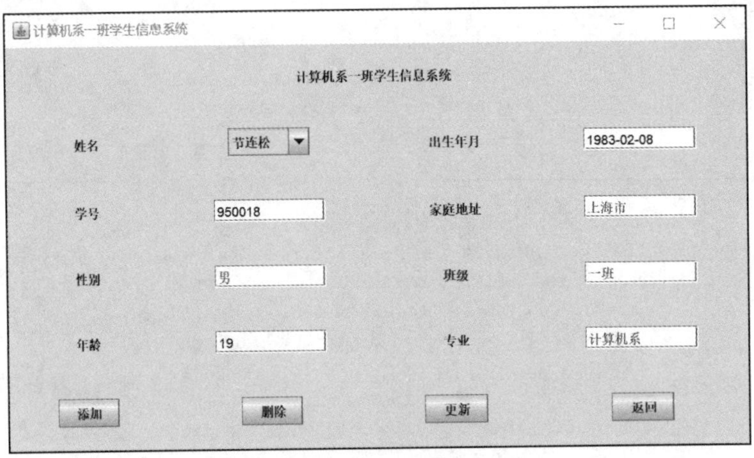

图 23-11　学生信息系统界面

【代码 23-10】 单击“添加”按钮，弹出一个对话框，这是一个框架界面。下面演示这个框架界面如何实现。设计显示信息的控件组，代码如下：

```
01  //导入包
02  import java.awt.*;
03  import java.awt.event.*;
04  import java.sql.*;
05  import java.util.Vector;
06  import javax.swing.*;
07  //创建学生信息系统添加信息框架类
08  public class Addframe extends JPanel {
09      //创建各种成员变量
10      String codetext;
11      String agetext;
12      String sexytext;
13      String birthdaytext;
14      String addresstext;
15      String gradetext;
16      String majortext;
17      public final JTextField nameinput = new JTextField(10);
18      static final int WIDTH = 700;                    //创建宽度变量
19      static final int HEIGHT = 400;                   //创建高度变量
20      static student ss;                               //创建学生对象变量
21      JFrame studentaddframe;                          //创建信息框架类对象
22      //添加方法
23      public void add(Component c, GridBagConstraints constraints, int x, int y,
24              int w, int h) {
25          constraints.gridx = x;
26          constraints.gridy = y;
27          constraints.gridwidth = w;
28          constraints.gridheight = h;
29          add(c, constraints);
30      }
```

```
31      public Addframe() {                                     //构造函数
32          studentaddframe = new JFrame();          //为对象studentaddframe赋值
33          //设置标题
34          studentaddframe.setTitle("学生添加系统");
35          //设置关闭方法
36          studentaddframe.setDefaultCloseOperation(JFrame.EXIT_ON_CLOSE);
37          //设置窗口大小
38          studentaddframe.setSize(WIDTH, HEIGHT);
39          //创建和设置对象kit，使组件居中显示
40          Toolkit kit = Toolkit.getDefaultToolkit();
41          Dimension screenSize = kit.getScreenSize();
42          int width = screenSize.width;
43          int height = screenSize.height;
44          int x = (width - WIDTH) / 2;
45          int y = (height - HEIGHT) / 2;
46          studentaddframe.setLocation(x, y);       //设置组件的位置
47          studentaddframe.setVisible(true);        //设置窗口可显示
48          //添加窗口到框架对象中
49          studentaddframe.add(this, BorderLayout.CENTER);
50          //创建和设置布局管理器对象lay
51          GridBagLayout lay = new GridBagLayout();
52          setLayout(lay);
53          //创建各种标签对象
54          JLabel name = new JLabel("姓名");
55          JLabel code = new JLabel("学号");
56          JLabel sexy = new JLabel("性别");
57          JLabel age = new JLabel("年龄");
58          JLabel birthday = new JLabel("出生年月");
59          JLabel address = new JLabel("家庭地址");
60          JLabel grade = new JLabel("班级");
61          JLabel major = new JLabel("专业");
62          //创建和设置各种输入文本框
63          final JTextField nameinput = new JTextField(10);
64          final JTextField codeinput = new JTextField(10);
65          final JTextField sexyinput = new JTextField(10);
66          final JTextField ageinput = new JTextField(10);
67          final JTextField birthdayinput = new JTextField(10);
68          final JTextField addressinput = new JTextField(10);
69          final JTextField gradeinput = new JTextField(10);
70          final JTextField majorinput = new JTextField(10);
71          //创建标题标签
72          JLabel title = new JLabel("学生被添加的基本信息");
73          JButton additionbutton = new JButton("添加");//创建按钮对象additionbutton
74          //创建和设置布局管理器对象constraints
75          GridBagConstraints constraints = new GridBagConstraints();
76          constraints.fill = GridBagConstraints.NONE;
77          constraints.weightx = 4;
78          constraints.weighty = 6;
79          //添加各种控件到网格组布局中
80          add(title, constraints, 0, 0, 4, 1);
81          add(name, constraints, 0, 1, 1, 1);
82          add(code, constraints, 0, 2, 1, 1);
83          add(sexy, constraints, 0, 3, 1, 1);
```

```
84          add(age, constraints, 0, 4, 1, 1);
85          add(nameinput, constraints, 1, 1, 1, 1);
86          add(codeinput, constraints, 1, 2, 1, 1);
87          add(sexyinput, constraints, 1, 3, 1, 1);
88          add(ageinput, constraints, 1, 4, 1, 1);
89          add(birthday, constraints, 2, 1, 1, 1);
90          add(address, constraints, 2, 2, 1, 1);
91          add(grade, constraints, 2, 3, 1, 1);
92          add(major, constraints, 2, 4, 1, 1);
93          add(birthdayinput, constraints, 3, 1, 1, 1);
94          add(addressinput, constraints, 3, 2, 1, 1);
95          add(gradeinput, constraints, 3, 3, 1, 1);
96          add(majorinput, constraints, 3, 4, 1, 1);
97          add(additionbutton, constraints, 0, 5, 4, 1);
98          //将每个文本域中的信息赋值给变量，再将变量以值的形式存储到数据库的表中
99          //最后，再将这些值存储到学生对象中，并且这个学生对象是一个静态的对象
100         additionbutton.addActionListener(new ActionListener() {
101             public void actionPerformed(ActionEvent Event) {
102                 try {
103                     String nametext = nameinput.getText();
104                     codetext = codeinput.getText();
105                     agetext = ageinput.getText();
106                     sexytext = sexyinput.getText();
107                     birthdaytext = birthdayinput.getText();
108                     addresstext = addressinput.getText();
109                     gradetext = gradeinput.getText();
110                     majortext = majorinput.getText();
111                     Storesystem store = new Storesystem();
112                     Connection con = store.getConnection();
113                     Statement st = con.createStatement();
114                     String sql = "insert into studentinfo values('" + nametext
115                             + "','" + codetext + "','" + sexytext + "','"
116                             + agetext + "','" + addresstext + "','"
117                             + birthdaytext + "','" + gradetext + "','"
118                             + majortext + "')";
119                     st.executeUpdate(sql);
120                     ss = new Student(nametext, codetext);
121                     ss.setage(agetext);
122                     ss.setsexy(sexytext);
123                     ss.setaddress(addresstext);
124                     ss.setbirthday(birthdaytext);
125                     ss.setgrade(gradetext);
126                     ss.setmajor(majortext);
127                     Vector<Student> vec = new Vector<Student>();
128                     vec.add(ss);
129                 } catch (Exception e) {
130                 }
131                 studentaddframe.dispose();
132             }
133         });
134     }
135 }
```

【代码说明】第 9~21 行定义了一些变量和常量，为下面的操作做准备。第 32~97 行创建窗口，并添加窗口中的标签、按钮和文本框等。第 101~132 行实现添加学生信息到数据库的操作。

【运行效果】运行上述代码，效果如图 23-12 所示。

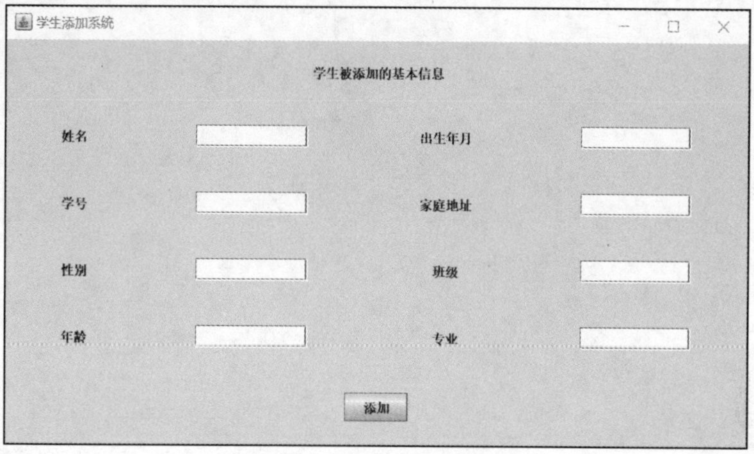

图 23-12　学生信息添加界面

> **说明**　添加完成后，可以去数据库看看是否已经完成了数据的添加。

23.7　教师信息系统界面的设计

教师信息系统界面的设计，同样也是这个软件系统界面的主要部分。通过该界面相关按钮，用户可以直接操作数据库中关于教师的记录，实现教师的增加、删除、修改和查找等操作。下面将详细讲述和分析关于教师信息系统模块的代码段。

23.7.1　教师类的设计

在设计整个程序的过程中，首先需要设计一个教师类，然后将这个教师类对象存储到数据结构中，最后将这个数据结构中的数据同数据库连接。这样在界面上显示出来的数据，就是数据库中的数据。

【代码 23-11】设计教师类的代码如下：

```
01  public class Teacher {                                   //设计教师类
02      //创建各种属性
03      private String name;                                 //教师的姓名属性
04      private String code;                                 //教师的工号属性
05      private String sexy;                                 //教师的性别属性
06      private String birthday;                             //教师的生日属性
07      private String address;                              //教师的地址属性
08      private String age;                                  //教师的年龄属性
09      private String salary;                               //教师的薪资属性
10      private String major;                                //教师的专业属性
11      private String duty;                                 //教师的职务属性
12      public Teacher(String name, String code) {           //构造函数
```

```
13              this.name = name;
14              this.code = code;
15          }
16          //各种属性的getter方法和setter方法
17          public String getname() {
18              return name;
19          }
20          public String getcode() {
21              return code;
22          }
23          public void setsexy(String sexy) {
24              this.sexy = sexy;
25          }
26          public void setbirthday(String birthday) {
27              this.birthday = birthday;
28          }
29          public void setage(String age) {
30              this.age = age;
31          }
32          public void setaddress(String address) {
33              this.address = address;
34          }
35          public void setsalary(String salary) {
36              this.salary = salary;
37          }
38          public void setmajor(String major) {
39              this.major = major;
40          }
41          public void setduty(String duty) {
42              this.duty = duty;
43          }
44          public String getsexy() {
45              return sexy;
46          }
47          public String getbirthday() {
48              return birthday;
49          }
50          public String getage() {
51              return age;
52          }
53          public String getaddress() {
54              return address;
55          }
56          public String getsalary() {
57              return salary;
58          }
59          public String getmajor() {
60              return major;
61          }
62          public String getduty() {
63              return duty;
64          }
65      }
```

【代码说明】以上代码将整个数据库中事先设计的表中的所有字段都显示出来，最后按照字符串形式输出。如果此时还没有在数据库中添加 teacherinfo 表，根据上述代码设计此表的字段并添加到 schoolmanage 数据库中。

23.7.2　存储类的设计

【代码 23-12】选择什么样的数据结构对以上的教师类对象进行存储呢？本例选择 Vector 这种数据结构对教师信息进行存储，这种数据结构同字符串数组的用法几乎一样，具体的代码如下：

```
01  //导入包
02  import java.sql.Connection;
03  import java.sql.DriverManager;
04  import java.sql.ResultSet;
05  import java.sql.SQLException;
06  import java.sql.Statement;
07  import java.util.Vector;
08  public class Storesystem2 {                              //创建存储教师类的容器类
09      //在数据库中查找教师类对象
10      public Vector<Student> getteacher(Connection con, String sql) {
11          Vector<Student> v = new Vector<Student>();  //创建容器对象v
12          try {
13              //创建会话对象st
14              Statement st = con.createStatement();
15              //创建结果集对象rs
16              ResultSet rs = st.executeQuery(sql);
17              //遍历结果集
18              while (rs.next()) {
19                  //通过结果集中的getString()方法从数据库表中提取表字段的数据
20                  String name = rs.getString(1);
21                  String code = rs.getString(2);
22                  String sexy = rs.getString(3);
23                  String age = rs.getString(4);
24                  String birthday = rs.getString(5);
25                  String address = rs.getString(6);
26                  String salary = rs.getString(7);
27                  String major = rs.getString(8);
28                  String duty = rs.getString(9);
29                  //把提取出来的数据赋值给教师对象
30                  Teacher ss = new Teacher(name, code);
31                  ss.setsexy(sexy);
32                  ss.setmajor(major);
33                  ss.setbirthday(birthday);
34                  ss.setaddress(address);
35                  ss.setage(age);
36                  ss.setsalary(salary);
37                  ss.setduty(duty);
38                  v.add(ss);                               //将学生对象存储到Vector数据结构中
39
40              }
41              rs.close();                                  //关闭结果集
42          } catch (Exception e) {
43              e.printStackTrace();
```

```
44              }
45              return v;                                          //返回结果集对象
46          }
47          //查找名为stname的教师对象
48          public teacher getobject(Connection con, String stname) {
49              Teacher sst = null;                                //创建教师变量
50              try {
51                  Statement st = con.createStatement();   //创建会话对象st
52                  //创建关于查询教师的SQL语句
53                  String sql = "select * from teacherinfo where name='" + stname
54                          + "'";
55                  ResultSet rs = st.executeQuery(sql);    //获取结果集对象rs
56                  //遍历结果集rs，获取教师的相关信息
57                  while (rs.next()) {
58                      //通过结果集中的getString()方法从数据库表中提取表字段的数据
59                      String code = rs.getString(2);
60                      String sexy = rs.getString(3);
61                      String age = rs.getString(4);
62                      String address = rs.getString(5);
63                      String birthday = rs.getString(6);
64                      String salary = rs.getString(7);
65                      String major = rs.getString(8);
66                      String duty = rs.getString(9);
67                      //将获取的数据赋值给教师对象sst
68                      sst = new Teacher(stname, code);
69                      sst.setsexy(sexy);
70                      sst.setmajor(major);
71                      sst.setbirthday(birthday);
72                      sst.setaddress(address);
73                      sst.setage(age);
74                      sst.setsalary(salary);
75                      sst.setduty(duty);
76                  }
77                  rs.close();                                    //关闭结果集对象
78              } catch (Exception e) {
79                  e.printStackTrace();
80              }
81              return sst;                                        //返回教师对象
82          }
83          //通过设置数据库的URL、密码、用户名来建立与数据库的连接
84          public Connection getConnection() {
85              //创建数据库的各种连接对象
86              Connection con = null;
87              String drivername="com.microsoft.sqlserver.jdbc.SQLServerDriver";//定义数据库驱动
88              String url1 = "jdbc:sqlserver://localhost:1433;DatabaseName=schoolmanage";
                //定义数据库url地址
89              String username = "sa";
90              String password = "123";
91              try {
92                  //加载数据库驱动
93                  Class.forName( drivername);
94                  //获取数据库连接对象con
95                  con = DriverManager.getConnection(url1, username, password);
```

```
96              } catch (SQLException e) {
97                  e.printStackTrace();
98              } catch (ClassNotFoundException ex) {
99                  ex.printStackTrace();
100             }
101             return con;                                          //返回数据库连接
102         }
103 }
```

【代码说明】以上代码是让程序从数据库中提取数据，然后按照每个字段的不同，分别赋值给教师类中的每个字段，最后将教师类的对象添加到 Vector 数据结构中。这样每次对数据库的操作就不需要在数据库中执行。

23.7.3　教师信息系统界面的代码实现

教师信息系统界面主要包括显示信息的控件、添加对象的控件和删除对象的控件。在教师信息系统界面中，将教师信息系统界面抽取成一个类，这样才能让所有不同班级和不同系的教师信息系统都能调用它。

【代码 23-13】设计教师信息的界面，代码如下：

```
01  //导入包
02  import java.awt.BorderLayout;
03  import java.awt.*;
04  import javax.swing.*;
05  import java.awt.event.*;
06  import java.util.Vector;
07  import java.sql.*;
08  //设计教师类信息系统的框架类
09  public class Teacherinfo extends JPanel {
10      static final int WIDTH = 700;                          //宽度变量
11      static final int HEIGHT = 400;                         //高度变量
12      //创建各种组件对象
13      final JcomboBox<String> nameinput;
14      final JTextField codeinput;
15      final JTextField sexyinput;
16      final JTextField birthdayinput;
17      final JTextField ageinput;
18      final JTextField addressinput;
19      final JTextField salaryinput;
20      final JTextField majorinput;
21      final JTextField dutyinput;
22      JFrame teacherinfoframe;                               //创建顶层窗口框架对象
23      Storesystem2 store = new Storesystem2();               //创建存储教师对象类对象store
24      Connection con = store.getConnection();                //创建数据库连接对象con
25      Addframe2 af = new Addframe2();                        //创建addframe2类型对象af
26      //添加方法add()
27      public void add(Component c, GridBagConstraints constraints, int x, int y,
28              int w, int h) {
29          constraints.gridx = x;
30          constraints.gridy = y;
31          constraints.gridwidth = w;
```

```
32            constraints.gridheight = h;
33            add(c, constraints);
34        }
35        public Teacherinfo(String str, String sql) {     //构造函数
36            teacherinfoframe = new JFrame();             //初始化对象teacherinfoframe
37            teacherinfoframe.setTitle(str);              //设置标题
38            //设置关闭方法
39            teacherinfoframe.setDefaultCloseOperation(JFrame.EXIT_ON_CLOSE);
40            //设置窗口框架对象窗口的大小
41            teacherinfoframe.setSize(WIDTH, HEIGHT);
42            //创建和设置对象kit，并使组件居中显示
43            Toolkit kit = Toolkit.getDefaultToolkit();
44            Dimension screenSize = kit.getScreenSize();
45            int width = screenSize.width;
46            int height = screenSize.height;
47            int x = (width - WIDTH) / 2;
48            int y = (height - HEIGHT) / 2;
49            //设置窗口框架对象窗口的位置
50            teacherinfoframe.setLocation(x, y);
51            teacherinfoframe.setVisible(true);                   //设置窗口可显示
52            //添加当前对象到窗口框架中
53            teacherinfoframe.add(this, BorderLayout.CENTER);
54            GridBagLayout lay = new GridBagLayout();              //创建布局管理器对象
55            setLayout(lay);                                       //设置布局管理器
56            //创建9个文本域控件来显示不同系的教师信息
57            JLabel name = new JLabel("姓名");
58            JLabel code = new JLabel("工号");
59            JLabel sexy = new JLabel("性别");
60            JLabel age = new JLabel("年龄");
61            JLabel birthday = new JLabel("出生年月");
62            JLabel address = new JLabel("家庭地址");
63            JLabel salary = new JLabel("薪水");
64            JLabel major = new JLabel("专业");
65            JLabel duty = new JLabel("职务");
66            JLabel title = new JLabel(str);
67            //获取9个文本域控件的信息
68            nameinput = new JComboBox();
69            codeinput = new JTextField(10);
70            sexyinput = new JTextField(10);
71            ageinput = new JTextField(10);
72            birthdayinput = new JTextField(10);
73            addressinput = new JTextField(10);
74            salaryinput = new JTextField(10);
75            majorinput = new JTextField(10);
76            dutyinput = new JTextField(10);
77            Vector<?> vec = store.getteacher(con, sql);       //创建存储教师的集合对象
78
79            for (int i = 0; i < vec.size(); i++) {             //遍历集合对象vec
80                //利用教师对象中的getname()方法来提取出教师姓名
81                Teacher one = (Teacher) vec.get(i);
82                String nameselect = one.getname();
83                //利用组合列表框的添加功能将这些名字添加到列表中
84                nameinput.addItem(nameselect);
```

```
85          }
86          //获取组件的各种信息对象
87          String namestring = (String) nameinput.getSelectedItem();
88          teacher p = store.getobject(con, namestring);
89          String inputcode = p.getcode();
90          String inputsexy = p.getsexy();
91          String inputage = p.getage();
92          String inputbirthday = p.getbirthday();
93          String inputaddress = p.getaddress();
94          String inputsalary = p.getsalary();
95          String inputmajor = p.getmajor();
96          String inputduty = p.getduty();
97          //设置组件的各种信息
98          codeinput.setText(inputcode);
99          sexyinput.setText(inputsexy);
100         ageinput.setText(inputage);
101         birthdayinput.setText(inputbirthday);
102         addressinput.setText(inputaddress);
103         salaryinput.setText(inputsalary);
104         majorinput.setText(inputmajor);
105         dutyinput.setText(inputduty);
106         //创建添加、删除和更新按钮
107         JButton addition = new JButton("添加");
108         JButton delete = new JButton("删除");
109         JButton update = new JButton("更新");
110         JButton bereturn = new JButton("返回");
111         //创建和设置布局管理器对象constraints
112         GridBagConstraints constraints = new GridBagConstraints();
113         constraints.fill = GridBagConstraints.NONE;
114         constraints.weightx = 4;
115         constraints.weighty = 7;
116         //添加各种控件到网格组布局
117         add(title, constraints, 0, 0, 4, 1);
118         add(name, constraints, 0, 1, 1, 1);
119         add(code, constraints, 0, 2, 1, 1);
120         add(sexy, constraints, 0, 3, 1, 1);
121         add(age, constraints, 0, 4, 1, 1);
122         add(nameinput, constraints, 1, 1, 1, 1);
123         add(codeinput, constraints, 1, 2, 1, 1);
124         add(sexyinput, constraints, 1, 3, 1, 1);
125         add(ageinput, constraints, 1, 4, 1, 1);
126         add(birthday, constraints, 2, 1, 1, 1);
127         add(address, constraints, 2, 2, 1, 1);
128         add(salary, constraints, 2, 3, 1, 1);
129         add(major, constraints, 2, 4, 1, 1);
130         add(duty, constraints, 0, 5, 1, 1);
131         add(birthdayinput, constraints, 3, 1, 1, 1);
132         add(addressinput, constraints, 3, 2, 1, 1);
133         add(salaryinput, constraints, 3, 3, 1, 1);
134         add(dutyinput, constraints, 1, 5, 1, 1);
135         add(majorinput, constraints, 3, 4, 1, 1);
136         add(addition, constraints, 0, 6, 1, 1);
137         add(delete, constraints, 1, 6, 1, 1);
```

```
138            add(update, constraints, 2, 6, 1, 1);
139            add(bereturn, constraints, 3, 6, 1, 1);
140            //单击每一个列表框中的名字，会相应地显示出此名字的所有信息
141            nameinput.addItemListener(new ItemListener() {
142                public void itemStateChanged(ItemEvent e) {
143                    String namestring = (String) nameinput.getSelectedItem();
144                    teacher p = store.getobject(con, namestring);
145                    String inputcode = p.getcode();
146                    String inputsexy = p.getsexy();
147                    String inputage = p.getage();
148                    String inputbirthday = p.getbirthday();
149                    String inputaddress = p.getaddress();
150                    String inputsalary = p.getsalary();
151                    String inputmajor = p.getmajor();
152                    String inputduty = p.getduty();
153                    codeinput.setText(inputcode);
154                    sexyinput.setText(inputsexy);
155                    ageinput.setText(inputage);
156                    birthdayinput.setText(inputbirthday);
157                    addressinput.setText(inputaddress);
158                    salaryinput.setText(inputsalary);
159                    majorinput.setText(inputmajor);
160                    dutyinput.setText(inputduty);
161                }
162            });
163            //返回主菜单
164            bereturn.addActionListener(new ActionListener() {
165                public void actionPerformed(ActionEvent Event) {
166                    Teachermanageframe manageframe = new Teachermanageframe();
167                    manageframe.setVisible(true);
168                    teacherinfoframe.dispose();
169                }
170            });
171            //进入添加主界面
172            addition.addActionListener(new ActionListener() {
173                public void actionPerformed(ActionEvent Event) {
174                    Addframe2 addfr = new Addframe2();
175                    addfr.setVisible(true);
176                }
177            });
178            //更新按钮，使得从数据库表中将数据提取显示到界面中
179            update.addActionListener(new ActionListener() {
180                public void actionPerformed(ActionEvent Event) {
181                    String name1 = Addframe2.ss.getname();
182                    String code1 = Addframe2.ss.getcode();
183                    String age1 = Addframe2.ss.getage();
184                    String sexy1 = Addframe2.ss.getsexy();
185                    String birthday1 = Addframe2.ss.getbirthday();
186                    String address1 = Addframe2.ss.getaddress();
187                    String salary1 = Addframe2.ss.getsalary();
188                    String major1 = Addframe2.ss.getmajor();
189                    String duty1 = Addframe2.ss.getduty();
190                    nameinput.addItem(name1);
```

```
191                     nameinput.setSelectedItem(name1);
192                     codeinput.setText(code1);
193                     ageinput.setText(age1);
194                     sexyinput.setText(sexy1);
195                     addressinput.setText(address1);
196                     birthdayinput.setText(birthday1);
197                     salaryinput.setText(salary1);
198                     majorinput.setText(major1);
199                     dutyinput.setText(duty1);
200                 }
201         });
202         //删除数据，且更新到数据库中
203         delete.addActionListener(new ActionListener() {
204             public void actionPerformed(ActionEvent Event) {
205                 String namestring = (String) nameinput.getSelectedItem();
206                 Storesystem2 store = new Storesystem2();
207                 try {
208                     Connection con = store.getConnection();
209                     Statement st = con.createStatement();
210                     String sql = "delete * from teacherinfo where='"
211                             + namestring + "'";
212                     st.executeUpdate(sql);
213                 } catch (Exception e) {
214                 }
215                 nameinput.removeItem(namestring);
216             }
217         });
218     }
219 }
```

【代码说明】代码第 36~53 行创建窗口并设置窗口的各个属性。第 54~139 行设置标签和按钮控件等。第 140~170 行侦听下拉列表框的选择并作出反馈。第 179~201 行从数据库表中提取数据并显示到界面中。第 203~217 行删除数据。

【运行效果】这样整个教师信息系统的界面设计完毕，程序段的运行结果如图 23-13 所示。

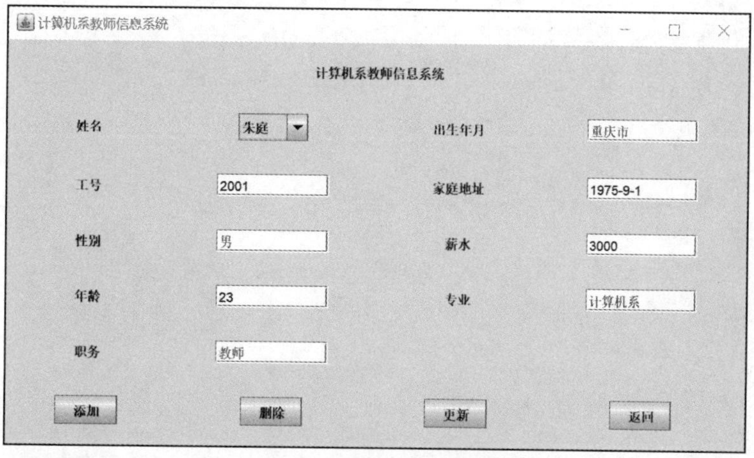

图 23-13　教师信息系统界面

【代码 23-14】 单击“添加”按钮，会弹出一个对话框，这是一个框架界面。下面实现这个框架界面的设计，代码如下：

```
01  //导入包
02  import java.awt.BorderLayout;
03  import java.awt.Component;
04  import java.awt.Dimension;
05  import java.awt.GridBagConstraints;
06  import java.awt.GridBagLayout;
07  import java.awt.Toolkit;
08  import java.awt.event.ActionEvent;
09  import java.awt.event.ActionListener;
10  import java.sql.Connection;
11  import java.sql.Statement;
12  import java.util.Vector;
13  import javax.swing.JButton;
14  import javax.swing.JFrame;
15  import javax.swing.JLabel;
16  import javax.swing.JTextField;
17  import javax.swing.JPanel;
18  //设置一个教师信息系统添加信息框架类
19  public class Addframe2 extends JPanel {
20      //创建各种成员变量
21      String codetext;
22      String agetext;
23      String sexytext;
24      String birthdaytext;
25      String addresstext;
26      String salarytext;
27      String majortext;
28      String dutytext;
29      //创建文件输入框对象nameinput
30      public final JTextField nameinput = new JTextField(10);
31      static final int WIDTH = 700;                              //宽度变量
32      static final int HEIGHT = 400;                             //高度变量
33      static teacher ss;                                         //教师对象ss
34      JFrame teacheraddframe;                                    //教师信息框架类对象
35      //添加方法
36      public void add(Component c, GridBagConstraints constraints, int x, int y,
37              int w, int h) {
38          constraints.gridx = x;
39          constraints.gridy = y;
40          constraints.gridwidth = w;
41          constraints.gridheight = h;
42          add(c, constraints);
43      }
44      public Addframe2() {                                   //构造函数
45          teacheraddframe = new JFrame();                    //为对象teacheraddframe赋值
46          teacheraddframe.setTitle("教师添加系统");          //设置标题
47          //设置关闭方法
48          teacheraddframe.setDefaultCloseOperation(JFrame.EXIT_ON_CLOSE);
49          teacheraddframe.setSize(WIDTH, HEIGHT);            //设置大小
50          //创建和设置对象kit，并使组件居中显示
```

```
51            Toolkit kit = Toolkit.getDefaultToolkit();
52            Dimension screenSize = kit.getScreenSize();
53            int width = screenSize.width;
54            int height = screenSize.height;
55            int x = (width - WIDTH)/2;
56            int y = (height - HEIGHT)/2;
57            teacheraddframe.setLocation(x, y);            //设置位置
58            teacheraddframe.setVisible(true);             //设置显示
59            teacheraddframe.add(this, BorderLayout.CENTER);
60            GridBagLayout lay = new GridBagLayout();      //创建布局管理器对象lay
61            setLayout(lay);                               //设置布局管理器
62            //创建9个标签对象
63            JLabel name = new JLabel("姓名");
64            JLabel code = new JLabel("工号");
65            JLabel sexy = new JLabel("性别");
66            JLabel age = new JLabel("年龄");
67            JLabel birthday = new JLabel("出生年月");
68            JLabel address = new JLabel("家庭地址");
69            JLabel salary = new JLabel("薪水");
70            JLabel major = new JLabel("专业");
71            JLabel duty = new JLabel("职务");
72            //创建9个文本输入框
73            final JTextField nameinput = new JTextField(10);
74            final JTextField codeinput = new JTextField(10);
75            final JTextField sexyinput = new JTextField(10);
76            final JTextField ageinput = new JTextField(10);
77            final JTextField birthdayinput = new JTextField(10);
78            final JTextField addressinput = new JTextField(10);
79            final JTextField salaryinput = new JTextField(10);
80            final JTextField majorinput = new JTextField(10);
81            final JTextField dutyinput = new JTextField(10);
82            JLabel title = new JLabel("教师被添加的基本信息"); //设置标题标签
83            JButton additionbutton = new JButton("添加");    //创建添加按钮
84            //创建和设置布局管理器对象constraints
85            GridBagConstraints constraints = new GridBagConstraints();
86            constraints.fill = GridBagConstraints.NONE;
87            constraints.weightx = 4;
88            constraints.weighty = 7;
89            //添加各种控件到网格组布局中
90            add(title, constraints, 0, 0, 4, 1);
91            add(name, constraints, 0, 1, 1, 1);
92            add(code, constraints, 0, 2, 1, 1);
93            add(sexy, constraints, 0, 3, 1, 1);
94            add(age, constraints, 0, 4, 1, 1);
95            add(nameinput, constraints, 1, 1, 1, 1);
96            add(codeinput, constraints, 1, 2, 1, 1);
97            add(sexyinput, constraints, 1, 3, 1, 1);
98            add(ageinput, constraints, 1, 4, 1, 1);
99            add(birthday, constraints, 2, 1, 1, 1);
100           add(address, constraints, 2, 2, 1, 1);
101           add(salary, constraints, 2, 3, 1, 1);
102           add(major, constraints, 2, 4, 1, 1);
```

```
103            add(duty, constraints, 0, 5, 1, 1);
104            add(birthdayinput, constraints, 3, 1, 1, 1);
105            add(addressinput, constraints, 3, 2, 1, 1);
106            add(salaryinput, constraints, 3, 3, 1, 1);
107            add(dutyinput, constraints, 1, 5, 1, 1);
108            add(majorinput, constraints, 3, 4, 1, 1);
109            add(additionbutton, constraints, 0, 6, 4, 1);
110            //添加事件监听
111            additionbutton.addActionListener(new ActionListener() {
112                public void actionPerformed(ActionEvent Event) {
113                    try {
114                        String nametext = nameinput.getText();
115                        codetext = codeinput.getText();
116                        agetext = ageinput.getText();
117                        sexytext = sexyinput.getText();
118                        birthdaytext = birthdayinput.getText();
119                        addresstext = addressinput.getText();
120                        salarytext = salaryinput.getText();
121                        dutytext = dutyinput.getText();
122                        majortext = majorinput.getText();
123                        Storesystem2 store = new Storesystem2();
124                        Connection con = store.getConnection();
125                        Statement st = con.createStatement();
126                        String sql = "insert into teacherinfo values('" + nametext
127                                + "','" + codetext + "','" + sexytext + "','"
128                                + agetext + "','" + addresstext + "','"
129                                + birthdaytext + "','" + salarytext + "','"
130                                + majortext + "','" + dutytext + "')";
131                        st.executeUpdate(sql);
132                        ss = new teacher(nametext, codetext);
133                        ss.setage(agetext);
134                        ss.setsexy(sexytext);
135                        ss.setaddress(addresstext);
136                        ss.setbirthday(birthdaytext);
137                        ss.setsalary(salarytext);
138                        ss.setmajor(majortext);
139                        ss.setduty(dutytext);
140                        Vector<Student> vec = new Vector<Student>();
141                        vec.add(ss);
142                    } catch (Exception e) {
143                    }
144                    teacheraddframe.dispose();
145                }
146            });
147        }
148 }
```

【代码说明】第 20~34 行定义了一些变量和常量，为下面的操作做准备。第 45~108 行创建教师添加窗口，并添加窗口中的标签、按钮和文本框等。第 111~146 行实现添加教师到数据库的操作。

【运行效果】程序段的运行结果如图 23-14 所示。

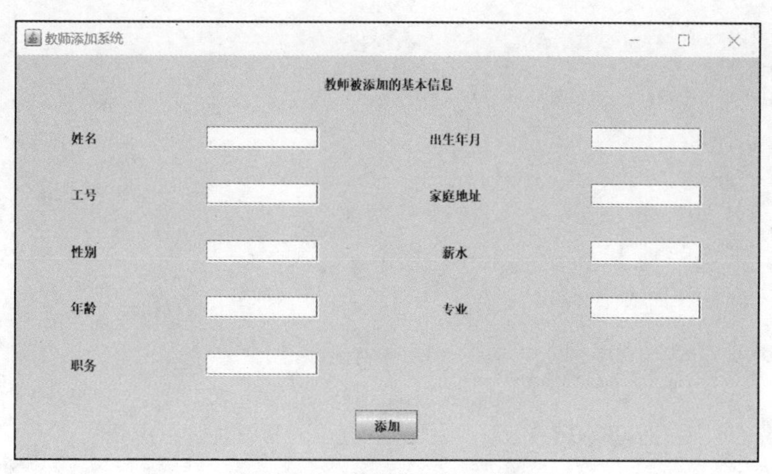

图 23-14 教师信息添加界面

23.8 领导信息系统界面的设计

领导信息系统界面的设计也是整个软件系统界面的主要部分。当进入这些界面时，界面自动会装载数据库，用户也就可以直接操作数据库。下面将详细讲述和分析代码段。

23.8.1 领导类的设计

在设计整个程序的过程中，首先需要设计一个领导类，然后将这个领导类对象存储到数据结构中，最后将这个数据结构中的数据同数据库连接。这样在界面上显示出来的数据，就是数据库中的数据。

【代码 23-15】下面是领导类的设计代码：

```
01  public class Leader {                                    //设置领导类
02      //创建成员变量
03      private String name;                                 //领导的姓名属性
04      private String code;                                 //领导的工号属性
05      private String sexy;                                 //领导的性别属性
06      private String birthday;                             //领导的生日属性
07      private String address;                              //领导的地址属性
08      private String age;                                  //领导的年龄属性
09      private String salary;                               //领导的薪资属性
10      private String major;                                //领导的专业属性
11      private String duty;                                 //领导的职务属性
12      public Leader(String name, String code) {            //构造函数
13          this.name = name;
14          this.code = code;
15      }
16      //属性的getter和setter方法
17      public String getname() {
18          return name;
19      }
20      public String getcode() {
```

```
21            return code;
22        }
23        public void setsexy(String sexy) {
24            this.sexy = sexy;
25        }
26        public void setbirthday(String birthday) {
27            this.birthday = birthday;
28        }
29        public void setage(String age) {
30            this.age = age;
31        }
32        public void setaddress(String address) {
33            this.address = address;
34        }
35        public void setsalary(String salary) {
36            this.salary = salary;
37        }
38        public void setmajor(String major) {
39            this.major = major;
40        }
41        public void setduty(String duty) {
42            this.duty = duty;
43        }
44        public String getsexy() {
45            return sexy;
46        }
47        public String getbirthday() {
48            return birthday;
49        }
50        public String getage() {
51            return age;
52        }
53        public String getaddress() {
54            return address;
55        }
56        public String getsalary() {
57            return salary;
58        }
59        public String getmajor() {
60            return major;
61        }
62        public String getduty() {
63            return duty;
64        }
65    }
```

【代码说明】以上代码将整个数据库中事先设计的表中的所有字段全部显示出来，最后按照字符串形式输出。

23.8.2 存储类的设计

在这里，仍旧将选择 Vector 这种数据结构对领导信息进行存储。领导类信息的存储类设计同教师类一模一样，在这里不再提供。

程序从数据库中提取数据，然后按照每个字段的不同，分别赋值给领导类中的每个字段，最后，将领导类的对象添加到 Vector 数据结构中。

23.8.3　领导信息系统界面的代码实现

领导信息系统界面同样包括了显示信息的控件、添加对象的控件、删除对象的控件。在这个领导信息系统界面中，将这个领导信息系统界面抽取成一个类，这样才能让所有的不同系的领导信息系统（包括学校领导系统）都能调用它。

【代码 23-16】 领导信息界面的实现代码如下：

```
01  //导入包
02  import java.awt.BorderLayout;
03  import java.awt.Component;
04  import java.awt.Dimension;
05  import java.awt.GridBagConstraints;
06  import java.awt.GridBagLayout;
07  import java.awt.Toolkit;
08  import java.awt.event.ActionEvent;
09  import java.awt.event.ActionListener;
10  import java.awt.event.ItemEvent;
11  import java.awt.event.ItemListener;
12  import java.sql.Connection;
13  import java.sql.Statement;
14  import java.util.Vector;
15  import javax.swing.JPanel;
16  import javax.swing.JButton;
17  import javax.swing.JComboBox;
18  import javax.swing.JFrame;
19  import javax.swing.JLabel;
20  import javax.swing.JTextField;
21  public class Leaderinfo extends JPanel {                    //设置领导类信息系统的框架类
22      static final int WIDTH = 700;                           //创建宽度变量
23      static final int HEIGHT = 400;                          //创建高度变量
24      //创建各种成员变量
25      final JComboBox nameinput;
26      final JTextField codeinput;
27      final JTextField sexyinput;
28      final JTextField birthdayinput;
29      final JTextField ageinput;
30      final JTextField addressinput;
31      final JTextField salaryinput;
32      final JTextField majorinput;
33      final JTextField dutyinput;
34      JFrame teacherinfoframe;                                //创建窗口对象
35      Storesystem2 store = new Storesystem2();                //创建存储对象store
36      Connection con = store.getConnection();                 //创建数据库连接变量
37      Addframe3 af = new Addframe3();                         //创建对象af变量
38      //关于添加方法
39      public void add(Component c, GridBagConstraints constraints, int x, int y,
40              int w, int h) {
```

```
41          constraints.gridx = x;
42          constraints.gridy = y;
43          constraints.gridwidth = w;
44          constraints.gridheight = h;
45          add(c, constraints);
46      }
47      public Leaderinfo(String str, String sql) {      //构造函数
48          teacherinfoframe = new JFrame();             //为对象teacherinfoframe赋值
49          teacherinfoframe.setTitle(str);              //设置标题
50          //设置关闭方法
51          teacherinfoframe.setDefaultCloseOperation(JFrame.EXIT_ON_CLOSE);
52          teacherinfoframe.setSize(WIDTH, HEIGHT);     //设置窗口大小
53          //创建和设置对象kit，使各组件居中显示
54          Toolkit kit = Toolkit.getDefaultToolkit();
55          Dimension screenSize = kit.getScreenSize();
56          int width = screenSize.width;
57          int height = screenSize.height;
58          int x = (width - WIDTH) / 2;
59          int y = (height - HEIGHT) / 2;
60          teacherinfoframe.setLocation(x, y);          //设置窗口的位置
61          teacherinfoframe.setVisible(true);           //设置窗口可显示
62          teacherinfoframe.add(this, BorderLayout.CENTER);
63          GridBagLayout lay = new GridBagLayout();     //创建布局管理器对象lay
64          setLayout(lay);                              //设置布局管理器对象
65          //创建9个标签对象
66          JLabel name = new JLabel("姓名");
67          JLabel code = new JLabel("工号");
68          JLabel sexy = new JLabel("性别");
69          JLabel age = new JLabel("年龄");
70          JLabel birthday = new JLabel("出生年月");
71          JLabel address = new JLabel("家庭地址");
72          JLabel salary = new JLabel("薪水");
73          JLabel major = new JLabel("专业");
74          JLabel duty = new JLabel("职务");
75          //获取9个文本域控件的值为各个变量赋值
76          JLabel title = new JLabel(str);
77          nameinput = new JComboBox();
78          codeinput = new JTextField(10);
79          sexyinput = new JTextField(10);
80          ageinput = new JTextField(10);
81          birthdayinput = new JTextField(10);
82          addressinput = new JTextField(10);
83          salaryinput = new JTextField(10);
84          majorinput = new JTextField(10);
85          dutyinput = new JTextField(10);
86          Vector<?> vec = store.getteacher(con, sql);      //创建集合对象vec
87          //将存储在Vector中的数据提取出来重新赋值给领导对象
88          for (int i = 0; i < vec.size(); i++) {
89              Teacher one = (Teacher) vec.get(i);
90              String nameselect = one.getname();
91              nameinput.addItem(nameselect);
92          }
```

```
93            //最后使用组合列表框的添加功能将这些名字添加到列表中
94            String namestring = (String) nameinput.getSelectedItem();
95            teacher p = store.getobject(con, namestring);
96            String inputcode = p.getcode();
97            String inputsexy = p.getsexy();
98            String inputage = p.getage();
99            String inputbirthday = p.getbirthday();
100           String inputaddress = p.getaddress();
101           String inputsalary = p.getsalary();
102           String inputmajor = p.getmajor();
103           String inputduty = p.getduty();
104           codeinput.setText(inputcode);
105           sexyinput.setText(inputsexy);
106           ageinput.setText(inputage);
107           birthdayinput.setText(inputbirthday);
108           addressinput.setText(inputaddress);
109           salaryinput.setText(inputsalary);
110           majorinput.setText(inputmajor);
111           dutyinput.setText(inputduty);
112           //创建4个按钮对象
113           JButton addition = new JButton("添加");
114           JButton delete = new JButton("删除");
115           JButton update = new JButton("更新");
116           JButton bereturn = new JButton("返回");
117           //创建和设置布局管理器对象constraints
118           GridBagConstraints constraints = new GridBagConstraints();
119           constraints.fill = GridBagConstraints.NONE;
120           constraints.weightx = 4;
121           constraints.weighty = 7;
122           //添加各个控件到网格组布局
123           add(title, constraints, 0, 0, 4, 1);
124           add(name, constraints, 0, 1, 1, 1);
125           add(code, constraints, 0, 2, 1, 1);
126           add(sexy, constraints, 0, 3, 1, 1);
127           add(age, constraints, 0, 4, 1, 1);
128           add(nameinput, constraints, 1, 1, 1, 1);
129           add(codeinput, constraints, 1, 2, 1, 1);
130           add(sexyinput, constraints, 1, 3, 1, 1);
131           add(ageinput, constraints, 1, 4, 1, 1);
132           add(birthday, constraints, 2, 1, 1, 1);
133           add(address, constraints, 2, 2, 1, 1);
134           add(salary, constraints, 2, 3, 1, 1);
135           add(major, constraints, 2, 4, 1, 1);
136           add(duty, constraints, 0, 5, 1, 1);
137           add(birthdayinput, constraints, 3, 1, 1, 1);
138           add(addressinput, constraints, 3, 2, 1, 1);
139           add(salaryinput, constraints, 3, 3, 1, 1);
140           add(dutyinput, constraints, 1, 5, 1, 1);
141           add(majorinput, constraints, 3, 4, 1, 1);
142           add(addition, constraints, 0, 6, 1, 1);
143           add(delete, constraints, 1, 6, 1, 1);
144           add(update, constraints, 2, 6, 1, 1);
```

```
145             add(bereturn, constraints, 3, 6, 1, 1);
146             //通过单击每一个列表框中的名字，会相应地显示出此名字的所有信息
147             nameinput.addItemListener(new ItemListener() {
148                 public void itemStateChanged(ItemEvent e) {
149                     String namestring = (String) nameinput.getSelectedItem();
150                     teacher p = store.getobject(con, namestring);
1151                    String inputcode = p.getcode();
152                     String inputsexy = p.getsexy();
153                     String inputage = p.getage();
154                     String inputbirthday = p.getbirthday();
155                     String inputaddress = p.getaddress();
156                     String inputsalary = p.getsalary();
157                     String inputmajor = p.getmajor();
158                     String inputduty = p.getduty();
159                     codeinput.setText(inputcode);
160                     sexyinput.setText(inputsexy);
161                     ageinput.setText(inputage);
162                     birthdayinput.setText(inputbirthday);
163                     addressinput.setText(inputaddress);
164                     salaryinput.setText(inputsalary);
165                     majorinput.setText(inputmajor);
166                     dutyinput.setText(inputduty);
167                 }
168             });
169             //返回主菜单
170             bereturn.addActionListener(new ActionListener() {
171                 public void actionPerformed(ActionEvent Event) {
172                     Teachermanageframe manageframe = new Teachermanageframe();
173                     manageframe.setVisible(true);
174                     teacherinfoframe.dispose();
175                 }
176             });
177             //进入添加主界面
178             addition.addActionListener(new ActionListener() {
179                 public void actionPerformed(ActionEvent Event) {
180                     Addframe3 addfr = new Addframe3();
181                     addfr.setVisible(true);
182                 }
183             });
184             //更新按钮，使得从数据库表中获取相关数据并修改界面上的相应内容
185             update.addActionListener(new ActionListener() {
186                 public void actionPerformed(ActionEvent Event) {
187                     String name1 = Addframe3.ss.getname();
188                     String code1 = Addframe3.ss.getcode();
189                     String age1 = Addframe3.ss.getage();
190                     String sexy1 = Addframe3.ss.getsexy();
191                     String birthday1 = Addframe3.ss.getbirthday();
192                     String address1 = Addframe3.ss.getaddress();
193                     String salary1 = Addframe3.ss.getsalary();
194                     String major1 = Addframe3.ss.getmajor();
195                     String duty1 = Addframe3.ss.getduty();
196                     nameinput.addItem(name1);
```

```
197                     nameinput.setSelectedItem(name1);
198                     codeinput.setText(code1);
199                     ageinput.setText(age1);
200                     sexyinput.setText(sexy1);
201                     addressinput.setText(address1);
202                     birthdayinput.setText(birthday1);
203                     salaryinput.setText(salary1);
204                     majorinput.setText(major1);
205                     dutyinput.setText(duty1);
206                 }
207             });
208             //删除数据，且更新到数据库中
209             delete.addActionListener(new ActionListener() {
210                 public void actionPerformed(ActionEvent Event) {
211                     String namestring = (String) nameinput.getSelectedItem();
212                     Storesystem2 store = new Storesystem2();
213                     try {
214                         Connection con = store.getConnection();
215                         Statement st = con.createStatement();
216                         String sql = "delete * from teacherinfo where='"
217                                 + namestring + "'";
218                         st.executeUpdate(sql);
219                     } catch (Exception e) {
220                     }
221                     nameinput.removeItem(namestring);
222                 }
223             });
224         }
225 }
```

【代码说明】第 48~62 行创建窗口并设置窗口的各个属性。第 63~145 行设置标签和按钮控件等。第 146~168 行侦听下拉列表框的选择并作出反馈。第 184~207 行从数据库表中提取数据并更新界面上的相应内容。第 208~223 行删除数据。

【运行效果】整个领导信息系统的界面设计完毕。程序段的运行结果如图 23-15 所示。

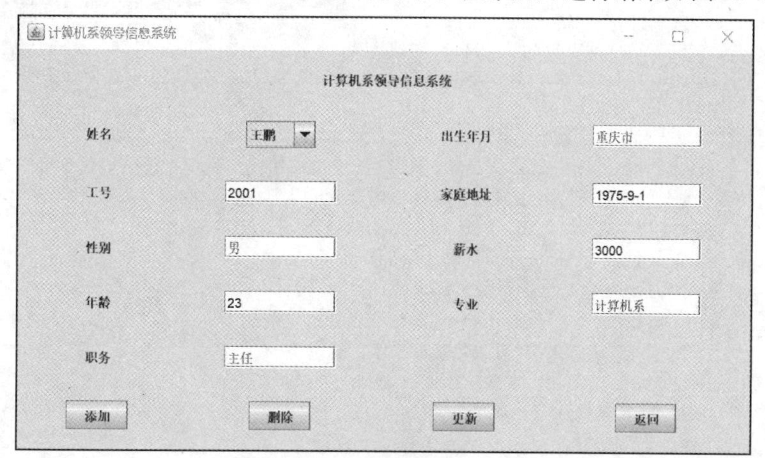

图 23-15　领导信息系统界面

【代码23-17】 单击"添加"按钮，会弹出一个对话框，这是一个框架界面。下面是实现这个框架界面的代码：

```
01  //导入包
02  import java.awt.*;
03  import javax.swing.*;
04  import java.sql.*;
05  import java.awt.event.*;
06  import java.util.Vector;
07  //设计领导信息系统添加信息框架类
08  public class Addframe3 extends JPanel {
09       //创建成员变量
10       String codetext;
11       String agetext;
12       String sexytext;
13       String birthdaytext;
14       String addresstext;
15       String salarytext;
16       String majortext;
17       String dutytext;
18       public final JTextField nameinput = new JTextField(10); //创建文本输入框对象nameinput
19       static final int WIDTH = 700;                            //宽度变量
20       static final int HEIGHT = 400;                           //高度变量
21       static teacher ss;                                       //教师对象变量
22       JFrame leaderraddframe;                                  //领导对象变量
23       //创建添加方法
24       public void add(Component c, GridBagConstraints constraints, int x, int y,
25               int w, int h) {
26           constraints.gridx = x;
27           constraints.gridy = y;
28           constraints.gridwidth = w;
29           constraints.gridheight = h;
30           add(c, constraints);
31       }
32       public Addframe3() {                                     //构造函数
33           leaderraddframe = new JFrame();                      //为对象leaderraddframe赋值
34           leaderraddframe.setTitle("领导添加系统");             //设置标题
35           //设置关闭方法
36           leaderraddframe.setDefaultCloseOperation(JFrame.EXIT_ON_CLOSE);
37           leaderraddframe.setSize(WIDTH, HEIGHT);              //设置大小
38           //创建对象kit，并设置各个组件居中显示
39           Toolkit kit = Toolkit.getDefaultToolkit();
40           Dimension screenSize = kit.getScreenSize();
41           int width = screenSize.width;
42           int height = screenSize.height;
43           int x = (width - WIDTH) / 2;
44           int y = (height - HEIGHT) / 2;
45           leaderraddframe.setLocation(x, y);                   //设置位置
46           leaderraddframe.setVisible(true);                    //设置可显示
47           leaderraddframe.add(this, BorderLayout.CENTER);
48           //创建和设置布局管理器
```

```
49        GridBagLayout lay = new GridBagLayout();
50        setLayout(lay);                                          //设置布局管理器
51        //创建9个文本域
52        JLabel name = new JLabel("姓名");
53        JLabel code = new JLabel("工号");
54        JLabel sexy = new JLabel("性别");
55        JLabel age = new JLabel("年龄");
56        JLabel birthday = new JLabel("出生年月");
57        JLabel address = new JLabel("家庭地址");
58        JLabel salary = new JLabel("薪水");
59        JLabel major = new JLabel("专业");
60        JLabel duty = new JLabel("职务");
61        //获取领导的不同信息
62        final JTextField codeinput = new JTextField(10);
63        final JTextField sexyinput = new JTextField(10);
64        final JTextField ageinput = new JTextField(10);
65        final JTextField birthdayinput = new JTextField(10);
66        final JTextField addressinput = new JTextField(10);
67        final JTextField salaryinput = new JTextField(10);
68        final JTextField majorinput = new JTextField(10);
69        final JTextField dutyinput = new JTextField(10);
70        JLabel title = new JLabel("领导被添加的基本信息");          //设置标题
71        JButton additionbutton = new JButton("添加");             //创建按钮对象
72        //创建和设置GridBagConstraints类型的布局管理器对象constraints
73        GridBagConstraints constraints = new GridBagConstraints();
74        constraints.fill = GridBagConstraints.NONE;
75        constraints.weightx = 4;
76        constraints.weighty = 7;
77        //添加各种控件到网络组件布局
78        add(title, constraints, 0, 0, 4, 1);
79        add(name, constraints, 0, 1, 1, 1);
80        add(code, constraints, 0, 2, 1, 1);
81        add(sexy, constraints, 0, 3, 1, 1);
82        add(age, constraints, 0, 4, 1, 1);
83        add(nameinput, constraints, 1, 1, 1, 1);
84        add(codeinput, constraints, 1, 2, 1, 1);
85        add(sexyinput, constraints, 1, 3, 1, 1);
86        add(ageinput, constraints, 1, 4, 1, 1);
87        add(birthday, constraints, 2, 1, 1, 1);
88        add(address, constraints, 2, 2, 1, 1);
89        add(salary, constraints, 2, 3, 1, 1);
90        add(major, constraints, 2, 4, 1, 1);
91        add(duty, constraints, 0, 5, 1, 1);
92        add(birthdayinput, constraints, 3, 1, 1, 1);
93        add(addressinput, constraints, 3, 2, 1, 1);
94        add(salaryinput, constraints, 3, 3, 1, 1);
95        add(dutyinput, constraints, 1, 5, 1, 1);
96        add(majorinput, constraints, 3, 4, 1, 1);
97        add(additionbutton, constraints, 0, 6, 4, 1);
98        additionbutton.addActionListener(new ActionListener() {
99            public void actionPerformed(ActionEvent Event) {
```

```
100                     try {
101                         //将每个文本域中的信息赋值给变量
102                         String nametext = nameinput.getText();
103                         codetext = codeinput.getText();
104                         agetext = ageinput.getText();
105                         sexytext = sexyinput.getText();
106                         birthdaytext = birthdayinput.getText();
107                         addresstext = addressinput.getText();
108                         salarytext = salaryinput.getText();
109                         dutytext = dutyinput.getText();
110                         majortext = majorinput.getText();
111                         //创建storesystem2类型变量store
112                         Storesystem2 store = new Storesystem2();
113                         Connection con = store.getConnection();      //获取数据库连接
114                         Statement st = con.createStatement();         //创建会话对象
115                         //创建实现插入功能的SQL语句
116                         String sql = "insert into teacherinfo values('" + nametext
117                                 + "','" + codetext + "','" + sexytext + "','"
118                                 + agetext + "','" + addresstext + "','"
119                                 + birthdaytext + "','" + salarytext + "','"
120                                 + majortext + "','" + dutytext + "')";
121                         st.executeUpdate(sql);                    //实现执行SQL语句功能
122 
123                         //获取ss对象并为其赋值
124                         ss = new Teacher(nametext, codetext);
125                         ss.setage(agetext);
126                         ss.setsexy(sexytext);
127                         ss.setaddress(addresstext);
128                         ss.setbirthday(birthdaytext);
129                         ss.setsalary(salarytext);
130                         ss.setmajor(majortext);
131                         ss.setduty(dutytext);
132                         Vector<Teacher> vec = new Vector<Teacher>();//创建集合对象vec
133                         vec.add(ss);                              //添加对象到集合vec
134                     } catch (Exception e) {
135                     }
136                     leaderraddframe.dispose();
137                 }
138             });
139         }
140 }
```

【代码说明】第 10~22 行定义了一些变量和常量，为下面的操作做准备。第 33~97 行创建领导添加窗口，并添加窗口中的标签、按钮和文本框等。第 98~139 行实现添加领导到数据库的操作。

【运行效果】程序段的运行结果如图 23-16 所示。

至此，程序全部设计完毕。其实这个实例程序还有点粗糙，希望读者能够在学习的时候，再添加一些功能，从而检验自己对本书的掌握情况。

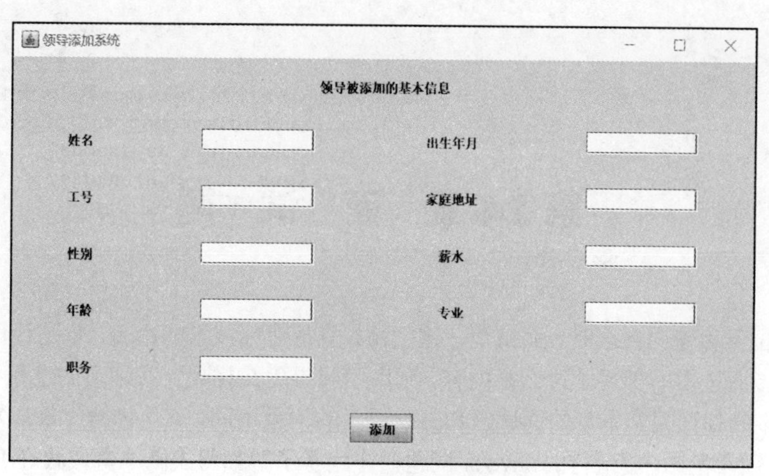

图 23-16　添加领导信息系统界面

23.9　小结

每个应用程序都采用模块方式。学生信息系统中有 7 个信息界面，但在这里只定义了一个类，通过参数来达到所有的界面共用一个类，这也就是面向对象编程的一个特色。本章的开发流程完全符合实际应用程序开发的流程，使用的技巧也是应用开发中常用的技巧，希望读者能动手试验。

第24章 面 试 题

当你从一位学生走向社会时，面试是一道门槛，它是对你技术的检验，也是让你认识工作的第一道工续。读者通过本书学习了这么多内容，到底学习得怎么样呢？在学习的过程中，有没有举一反三，掌握更多的知识呢？本章的面试题和每章后面的习题不同，不是检验你每章知识点掌握的程度，而是收集了网络上一些流行的Java面试题，让读者了解如何去做准备，做好Java程序员求职的准备。

面试题1 Java的引用和C++的指针有什么区别

Java 的引用和 C++的指针都是指向一块内存地址的，通过引用或指针来完成对内存数据的操作。就好像风筝的线轴一样，通过线轴总能够找到风筝。但是它们在实现、原理、作用等方面却有区别。

1）类型：引用其值为地址的数据元素，Java封装了的地址，可以转化成字符串查看，长度可以不必关心。C++指针是一个装地址的变量，长度一般是计算机字长，可以认为是个int。

2）所占内存：引用声明时没有实体，不占空间。C++指针如果声明后被用到才会赋值，如果用不到不会分配内存。

3）类型转换：引用的类型转换，也可能不成功，运行时会抛出异常或者不能通过编译。C++指针只是个内存地址，指向哪里，对程序来说都还是一个地址，但可能所指的地址不是程序想要的。

4）初始值：引用初始值为Java关键字null。C++指针是int类型，如不初始化指针，那它的值就不是固定的了，这很危险。

5）计算：引用是不可以计算的。C++指针是int，它可以计算，如：++或--，所以经常用指针来代替数组下标。

6）控制：引用不可以计算，所以它只能在自己程序里，可以被控制。C++指针是内存地址，也可以计算，所以它有可能指向了一个不归自己程序使用的内存地址，对于其他程序来说是很危险的，对自己程序来说也是不容易被控制的。

7）内存泄露：Java 引用不会产生内存泄露。C++指针是容易产生内存泄露的，所以程序员要小心使用，及时回收。

8）作为参数：Java 的方法参数只是传值，引用作为参数使用的时候，函数内引用的是值的COPY，所以在函数内交换两个引用参数是没意义的，因为函数只交换参数的COPY值，但在函数内改变一个引用参数的属性是有意义的，因为引用参数的 COPY 所引用的对象和引用参数是同一个对象。C++指针作为参数给函数使用，实际上就是它所指的地址在被函数操作，所以函数内用指

针参数的操作都将直接作用到指针所指向的地址（变量、对象、函数等）。

总的来说，Java 中的引用和 C++中的指针本质上都是想通过一个叫做引用或者指针的东西，找到要操作的目标，方便在程序里操作。所不同的是，Java 的办法更安全、方便一些，但没有 C++的指针那么灵活。

面试题 2 类和对象有什么区别

面向对象的思想把程序里的一切都看成是对象，也就是当成一个具体的物件来看待。对象拥有各种属性和动作，就好像一只狗它有两只耳朵、四条腿，它可以做出跑、跳、呼吸、睡觉等动作。同时，这些对象拥有一种共性，也就是它们同属于一类，例如，所有的狗都有两只耳朵、四条腿，都做出跑、跳、呼吸、睡觉等动作。

在 Java 里，把这种共性称为类（class），每一个实例称为对象（object）。在类里定义属性和方法，每个对象都用 new 关键字和类名来创造。以下是一段定义一个狗（Dog）类和创建狗对象的示例代码：

```
01  class Dog{
02      int age;                                    //年龄
03      String name;                                //名字
04      Dog(){                                      //无参数的构造方法
05      }
06      Dog(int age, String name) {                 //有参数的构造方法
07          this.age = age;
08          this.name = name;
09      }
10      void run(){                                 //跑的方法
11          System.out.println("running...");
12      }
13  }
14  public class ObjectTest {
15      public static void main(String[] args) {
16          Dog dog1 = new Dog();                   //用无参的构造器创建对象
17          Dog dog2 = new Dog(6,"乐乐");           //用有参的构造器创建对象
18      }
19  }
```

以上代码中，定义了一个 Dog 类，采用关键字 class 进行定义。它包含了两个属性（或者称为成员变量），年龄（age）和名字（name），以及一个跑（run）的方法（又称为成员方法）；在 main()方法里，采用 new 关键字进行两个狗对象的创建，分别使用无参数和有参数两种构造器（又称为构造方法）进行对象的创建；其中，dog1 的年龄为 0，名字为空，而 dog2 的年龄为 6，名字为“乐乐”。

说明 在Dog类的有参数构造方法里，使用了this关键字，它代表了当前对象的引用，例如，当创建dog2对象时，this就代表dog2，如果还有一个dog3也通过该构造方法进行对象的创建时，则this就指向dog3。

类的构造方法是一种比较特殊的方法，它不能被程序员显式地调用，只能在创建对象时由系统

自动调用。构造方法的名字必须与类名完全相同。另外，在没有提供任何的构造方法时，系统会为类创建一个默认的构造方法，该构造方法也是无参数的，它什么也不做，但是，一旦提供了任何一种构造方法，该默认的构造方法就不会被自动提供了。

当需要使用对象的属性和方法的时候，只需要通过对象的引用小数点号“.”进行调用即可。例如，访问狗对象的名字以及调用 run 方法可以这样写代码：

```
System.out.println(dog2.name);
dog2.run();
```

类也可以有属于它的属性和方法，也就是静态（static）成员，通过 static 关键字进行定义。这些静态属性和方法属于类所有，被该类的所有对象共享，但是它只有一份，并不会随着对象的创建而新增。例如，为 Dog 类定义一个用于统计狗对象总数的静态变量，可以这样来写：

```
class Dog{
static int count;                    //狗对象的创建数量
……
}
```

面试题 3　说明 private、protected、public 和 default 的区别

该题目提到的 4 个访问控制符中，除了 default 以外，其他都是 Java 语言的关键字。default 代表的是对类成员没有进行修饰的情况，它本身也代表了一种访问控制符。对于这 4 种访问控制符来说，它们都可以修饰类的成员（包括静态和非静态成员），它们的修饰就控制了被它们修饰的成员能被其他的地方访问的限制情况。

对于范围概念来说，Java 指的范围包括：类内部、所在包下、子父类之间和外部包 4 种情况。如果一个成员需要被外部包所访问，则必须使用 public 修饰符；如果一个成员需要被定义在不同包下的子类所访问，则可以使用 public 或 protected 修饰符；如果一个成员需要被本包下的其他类所访问，则可以不用写任何的修饰符，使用 public 或 protected 也行；若一个成员想使用同类里边的其他成员，则使用任意一个修饰符即可；若一个成员不想被任何一个外部的类所访问，则使用 private 关键字比较恰当。

1）对于 public 修饰符，它具有最大的访问权限，可以访问任何一个在 CLASSPATH 下的类、接口、异常等。它往往用于对外的情况，也就是对象或类对外的一种接口形式。

2）对于 protected 修饰符，它主要的作用就是用来保护子类的。它的含义在于子类可以使用它修饰的成员，其他的不可以，它相当于传递给子类的一种继承的东西。

3）对于 default 来说，有的时候也称为 friendly（友员），它是针对本包访问而设计的，任何处于本包下的类、接口、异常等，都可以互相访问，即使是父类没有用 protected 修饰的成员也可以。

4）对于 private 来说，它的访问权限仅限于类的内部，是一种封装的体现，例如，大多数的成员变量都是修饰为 private 的，它们不希望被其他任何外部的类访问。

表 24-1 展示了 Java 访问控制符的含义和适用情况。

表 24-1 Java 访问控制

	类内部	本包	子类	外部包
public	√	√	√	√
protected	√	√	√	X
default	√	√	X	X
private	√	X	X	X

注意 Java的访问控制是停留在编译层的，也就是它不会在class文件里留下任何的痕迹，只在编译的时候进行访问控制的检查。其实，通过反射的手段可以访问任何包下任何类里边的成员，访问类的私有成员也是可能的。

面试题 4 Java 可以用非 0 来代表 true 吗

Java 是一种强类型的语言，它对条件表达式有非常严格的规定，只能使用 boolean 型的数据进行条件判断。如果使用整型的非 0 数进行条件判断，则体现为语法错误。例如，以下代码就不能通过编译：

```
if(100){                      //int型的值作为条件，是错误的
……
}
```

对于习惯使用这样规则的读者（例如经常使用 C 语言的程序员）一定要注意了，if、for 这样的语句里，只能使用 false 或 true 两种值。例如：

```
if(100 > 90){                 //条件表达式的值作为条件
……
}
```

其实，这在一定程度上也是为了保证程序的安全，让开发者明确应该如何来判断条件。如果使用非 0 的条件，有可能运行时的值并不是开发者需要的，比如变量还未初始化。另外，Java 对于 boolean 型的变量，也需要在使用前进行初始化操作。例如，以下代码则不能通过编译：

```
boolean a;
if(a){                        //报出编译错误
//
}
```

面试题 5 StringBuffer 和 StringBuilder 存在的作用是什么

先看一段关于字符串程序的代码：

```
01  public class StringBBTest {
02      public static void main(String[] args) {
03          String a = "a";                          //定义字符串变量a
04          String b = "b";                          //定义字符串变量b
```

```
05            String c = "c";                          //定义字符串变量c
06            String d = "d";                          //定义字符串变量d
07            String abcd = a + b + c + d;             //字符串变量abcd等于它们相加
08        }
09    }
```

以上代码中，一共创建了5个String对象。对于a、b、c、d变量，它们都是通过双引号的形式来创建的String对象。而abcd变量的值则是通过它们4者相连得到，在相连的过程中，首先执行“a+b”操作，产生了“ab”字符串，然后再加上c，又产生了“abc”字符串，最后加上“d”才得到“abcd”的String对象。

由以上的示例可以看出，通过String直接相加来拼接字符串的效率是很低的，其中可能会产生多余的String对象，例如：“ab”和“abc”。如果程序中需要拼接的字符串数量成千上万的话，那么JVM的负荷是非常大的，严重地影响到程序的性能。其实，如果遇到有大量字符串需要拼接的话，应该使用StringBuffer和StringBuilder类，它们是对String的一种补充，例如，同样的功能，可以这样来写代码以提高程序性能：

```
01    public class StringBBTest {
02        public static void main(String[] args) {
03            String a = "a";                          //定义字符串变量a
04            String b = "b";                          //定义字符串变量b
05            String c = "c";                          //定义字符串变量c
06            String d = "d";                          //定义字符串变量d
07            StringBuffer sb = new StringBuffer();    //创建StringBuffer对象
08            sb.append(a);                            //用append方法追加字符串
09            sb.append(b);
10            sb.append(c);
11            sb.append(d);
12            String abcd = sb.toString();             //用toString方法得到sb的值
13            System.out.println(abcd);
14        }
15    }
```

上例是通过StringBuffer来拼接字符串的，它无法保证线程的安全，如果在拼接字符串的过程中可能会涉及线程安全的问题，则应该使用StringBuilder，它们两者的功能和API是类似的。

面试题6 二维数组的长度是否固定

Java的二维数组其实是这样的：先创建一个一维数组，然后该数组的元素在引用另外一个一维数组。在使用二维数组的时候，通过两个中括号“[]”来访问每一层维度的引用，直到访问到最终的数据。以下是一段使用二维数组的示例代码：

```
01    package ch27;
02    public class MultiDimArray {
03        public static void main(String[] args) {
04            //定义数组
05            int[][] arr = new int[3][];
06            arr[0] = new int[]{4};
07            arr[1] = new int[]{4,5};
08            arr[2] = new int[]{4,5,6};
```

```
09          //逐个访问数组
10          for(int[] a : arr){
11              for(int i : a){
12                  System.out.print(i+"\t");
13              }
14              System.out.println();
15          }
16      }
17  }
```

在以上代码中，实例化二维数组时，并没有指定第二维的长度，也没有必要指定，因为它们的长度各异。上例的 arr.length 等于 3，但是 arr[i].length 却不相同。因此，遍历该二维数组时，打印出来的长度也是不同的，打印结果如下：

```
4
4   5
4   5   6
```

面试题 7　符合什么条件的数据集合可以使用 foreach 循环

从含义上来说，foreach 循环就是遍历一个集合里的元素，起到替代迭代器的作用。从语法上来讲，数组或者实现了 Iterable 接口的类实例，都是可以使用 foreach 循环的。例如：

```
01  List list = new ArrayList();                    //定义链表集合
02  list.add("a");                                  //添加元素
03  list.add("b");
04  list.add("c");
05  for(String s : list){                           //使用foreach循环
06      System.out.println(s);
07  }
08  String[] arr = {"a","c","b"};                   //创建数组
09  for (String s : arr) {                          //使用foreach循环
10      System.out.println(s);
11  }
```

数组是 Java 规定的东西，开发人员无法改变它，只能遵照它的使用语法来使用。但是，对于第二条规定“实现了 Iterable 接口的类实例”，开发人员则可以自定义一个集合类。该自定义集合类主要需要做以下一些事情：

1）定义一个类，包含一个整型下标成员变量和一个集合对象（如数组或链表）。

2）将该类实现 Iterable 接口。

3）提供一个 Iterator 接口的实现，或者它本身就实现 Iterator 接口。

4）使用下标成员变量和集合对象来完成 Iterator 接口所需要的方法。

以下是一个自定义的可使用 foreach 循环的类：

```
01  package ch27;
02  import java.util.ArrayList;
03  import java.util.Iterator;
04  import java.util.List;
05  public class MyForeach {                                    //测试类
06      public static void main(String[] args) {                //主方法
```

```
07            MyList list = new MyList();                              //创建List集合对象
08            list.getList().add("a");                                 //添加元素
09            list.getList().add("b");
10            list.getList().add("c");
11            for(String s : list){                                    //使用foreach循环
12                System.out.println(s);
13            }
14        }
15    }
16    class MyList implements Iterable<String>,Iterator<String>{  //自定义链表类
17        private int loc = 0;                                         //当前的下标
18        private List<String> list = new ArrayList<String>();     //存储数据的ArraylList
19        public boolean hasNext() {                                   //是否有下一个元素
20            return list.size() > loc;
21        }
22        public String next() {                                       //得到下一个元素
23            return list.get(loc++);
24        }
25        public void remove() {                                       //删除当前下标的元素
26            list.remove(loc);
27        }
28        public List<String> getList() {
29            return list;
30        }
31        public void setList(List<String> list) {
32            this.list = list;
33        }
34        public Iterator<String> iterator() {                         //得到迭代器
35            return this;
36        }
37    }
```

不难发现，其实 foreach 的运行原理也是比较简单的。它的主要运行步骤如下：

1）调用指定集合对象的 iterator()方法，得到迭代器。

2）使用迭代器的 hasNext()方法判断是否有下一个元素来进行循环。

3）每调用一次循环 next()方法，就得到下一个元素。

面试题 8　如何序列化和反序列化一个 Java 对象

对于对象的输入和输出，Java 的 I/O 体系里主要提供了 ObjectOutputStream 和 ObjectInputStream 两个类供开发者使用，它们的大致使用思路如下：

1）让需要序列化的类实现 java.io.Serializable 接口。

2）提供静态的 long 型的常量 serialVersionUID。

3）如果是序列化对象，则用一个输出流创建一个 ObjectOutputStream 对象，然后调用 writeObject()方法。

4）如果是反序列化，则用一个输入流创建一个 ObjectInputStream 对象，然后调用 readObject()方法，得到一个 Object 类型的对象，然后再做类型的强制转换。

5）最后关闭流。

面试题 9　如何使用 Java 的线程池

Java 提供了 java.util.concurrent.ThreadPoolExecutor 类来使用线程池，通过它构造的对象，可以很容易地管理线程，并把线程代码与业务代码进行分离。

面试题 10　如何利用反射实例化一个类

根据调用构造方法的不同，用反射机制来实例化一个类，可以有两种途径。如果使用无参数的构造方法，则直接使用 Class 类的 newInstance()方法即可；若需要使用特定的构造方法来创建对象，则需要先获取 Constructor 实例，再用 newInstance()方法创建对象。

面试题 11　TCP 协议的通信特点是什么

根据有关章节分析的 TCP 的通信原理，可以得出 TCP 协议主要拥有如下的通信特点：

1）面向连接的传输。

2）端到端的通信。

3）高可靠性，确保传输数据的正确性，不出现丢失或乱序。

4）采用字节流方式，即以字节为单位传输字节序列。

面试题 12　请简述 JDBC 操作数据库的编程步骤

JDBC 编程的步骤如下：

1）注册驱动程序。

2）获取数据库连接。

3）创建会话。

4）执行 SQL 语句。

5）处理结果集。

6）关闭连接。

面试题 13　如何使用连接池技术

数据库连接池技术是为了避免重复创建连接而设计的，它作为一个单独的程序模块运行，负责维护池子里面装的数据库的连接（Connection）。程序员打开连接和关闭连接并不会造成真正意义上的连接创建和关闭，而只是连接池对连接对象的一种维护手段。

对于开发者来说，连接池与传统的 JDBC 提供连接的方式不太一样，程序员必须使用数据源（Data source）的形式获取连接池的连接，而数据源对象往往是以 JNDI 的形式提供的。对于 Java Web 和 EJB 开发人员来说，需要参考一下具体的 JavaEE 服务器关于连接池的使用手册。

面试题 14　简述接口和抽象类的区别

抽象类是一种功能不全的类，接口只是一个抽象方法声明和静态不能被修改的数据的集合，两者都不能被实例化。从某种意义上说，接口是一种特殊形式的抽象类，在 Java 语言中，抽象类表示一种继承关系，一个类只能继承一个抽象类，而一个类却可以实现多个接口。

面试题 15　如何理解 Java 中的装箱和拆箱

在 Java 中，所有要处理的东西几乎都是对象，操作对象比操作基本数据类型更方便一些，而基本数据类型的效率更高。因此，在开发过程中，两者的转换是经常需要的。

在 Java 5.0 之后提供了自动装箱的功能，开发者可以直接使用以下语句来打包基本数据类型：

```
Integer integer = 10;
```

在进行编译时，编译器再自动根据开发者写下的语句，判断是否进行自动装箱动作。在上例中，integer 变量是 Integer 类的实例，同样的动作可以适用于 boolean、byte、short、char、long、float、double 等基本数据类型，分别会使用对应的包装类型 Boolean、Byte、Short、Character、Long、Float 或 Double。以下是直接使用自动装箱功能的示例：

```
public class AutoBoxDemo {
    public static void main(String[] args) {
        Integer data1 = 10;
        Integer data2 = 20;
        // 转为double值再除以3
        System.out.println(data1.doubleValue() / 3);
        // 进行两个值的比较
        System.out.println(data1.compareTo(data2));
    }
}
```

程序看起来简洁了许多，data1 与 data2 在运行时就是 Integer 的实例，可以直接进行对象操作。执行的结果如下：

```
3.3333333333333335
-1
```

Java 5.0 中可以自动装箱，也可以自动拆箱，也就是将对象中的基本数据形态信息从对象中自动取出。例如下面这样写是可以的：

```
Integer fooInteger = 10;
int fooPrimitive = fooInteger;
```

fooInteger 变量在自动装箱为 Integer 的实例后，如果被指定给一个 int 类型的变量 fooPrimitive，则会自动变为 int 类型再指定给 fooPrimitive。另外，在运算时，也可以进行自动装箱与拆箱。例如：

```
Integer i = 10;
System.out.println(i + 10);
System.out.println(i++);
```

上例中会显示“20”与“10”，编译器会自动进行装箱与拆箱，也就是 10 会先被装箱，然后

在i + 10时会先拆箱，进行加法运算，i++时也是先拆箱再进行递增运算。

注意 建议新手不要使用自动装箱、拆箱的语法，最好在对对象有了较深入的了解之后，再来使用这个功能。

面试题16 根据代码判断创建的对象个数

【题目】 认真分析下面给出的程序片段，按要求回答问题。

```
01  public static void main(String[] args) {
02      String str = new String("good");          //执行到这一行时，创建了几个对象?
03      String str1 = "good";                     //执行到这一行时，创建了几个对象?
04      String str2 = new String("good");         //执行到这一行时，创建了几个对象?
05      System.out.println(str == str1);          //输出结果是什么?
06      System.out.println(str.equals(str2));     //输出结果是什么?
07      System.out.println(str2 == str1);         //输出结果是什么?
08  }
```

1）在程序的第2～4行处，String对象创建了几个对象？分别写出。

2）在程序的第5～7行处，分别写出输出结果。

【答案】

第2行处的答案是：两个对象。

第3行处的答案是：没有对象。

第4行处的答案是：1个对象。

第5行处的答案是：false。

第6行处的答案是：true。

第7行处的答案是：false。

面试题17 分析循环程序的运行结果

【题目】 分析给出的程序片断，请选择正确的运行结果。

```
01  int x= 1;
02  out:
03     while (true) {
04     x++;
05     in:
06       for (int j = 1; j < 10; j++) {
07       x += j;
08       if (j == 2)
09         continue in;
10       break out;
11     }
12     continue out;
13     }
14  System.out.println("x="+x);
```

A. x=1　　B. x=2　　C. x=3　　D. x=4

【答案】这道题主要考查的是对break和continue标号的使用。带标号的break语句的作用是立即结束标号所标识的循环。带标号的continue语句的作用是结束当前正在执行的循环体，立即跳转到标号所标识的循环条件进行判断。

在本题中标号out标记的是while循环语句，标号in标记的是for循环语句。当程序运行到第6行时，“1<10”返回true，所以执行第7行，经过第4行的一次自增，此时x的值由原来的1变成了3，由于j的值目前还是1，所以第8行返回false。第9行只有在第8行返回true的前提下才能执行。所以直接执行第10行，结束标记out的循环，由于while是外层循环即结束了全部的循环。因为第12行是在while的循环体内，由于while提前结束了，所以第12行就不会被执行到，直接执行while以外的第14行语句，即输出x=3，因此选项C是正确的。

面试题18 可以返回最大值的方法

【题目】根据下面代码中给出的方法，只有一个方法能正确返回最大值，请找出是哪个方法？

```
01  int max(int a,int b){
02      return (if(a>b){a;}else{b;});
03  }
04  int max1(int a,int b){
05      return (if(a>b){return a;}else{return b;});
06  }
07  int max2(int a, int b) {
08      switch (a < b) {
09      case true:
10          return b;
11      default:
12          return a;
13      }
14      ;
15  }
16  int max3(int a, int b) {
17      if (a > b)
18          return a;
19      return b;
20  }
```

A．max　　B．max1　　C．max2　　D．max3

【答案】此题目主要考查对return语句的使用。return必须使用在方法中。在max和max1这两个方法中if并不能返回任何值，所以是错误的。在max2中switch语句的判断条件必须是一个int型值，也可以是byte、short、char型的值，不能是boolean类型的，所以是错误的。因此只有D选项是正确的。

面试题19 关于垃圾回收的疑问

【题目】下面哪一种说法是正确的，请选择一个正确的答案。

A．利用关键词delete可以明确地销毁对象。

B．对象变得不可达后马上被垃圾收集。

C. 如果对象 obja 对于对象 objb 而言是可回收的，对象 objb 对于对象 obja 而言也是可回收的，则 obja 和 objb 都不适用于垃圾收集。

D. 对象一旦变得适用于垃圾收集，则在被销毁之前它会保持着这种适用性。

E. 如果对象 obja 可以访问适用于垃圾收集的对象 objb，那么 obja 同样适用于垃圾收集。

【答案】在本面试题中，如果所有声明的对象引用都是来自其他也适合进行垃圾收集的对象，这个对象就是最适合进行垃圾收集的。所以，如果对象 objb 适合进行垃圾收集，而且对象 obja 包含执行 objb 的引用，那么对象 obja 也必须进行垃圾收集。Java 没有 delete 关键词。对象在变得不可达之后不必马上作为垃圾被收集，该对象只是适合垃圾收集。

只要对象可以被任何存活线程访问，就不适合进行垃圾收集，一个已经成为垃圾收集目标的对象还可以消除这种适合性。当对象的 finalize()方法创建了一个指向该对象的可达引用时，就可以出现这种情况。因此只有 E 选项是正确的。

面试题 20　线程问题：找出代码中的错误

【题目】下面程序在编译的过程中有错误，请将其找出。

```
01  public class AA {
02      public static void main(String[] args) {
03          CC cc = new CC();
04          cc.start();
05      }
06  }
07  class CC extends Thread{
08      public void run(){
09          try {
10              cc.sleep(1000);
11              System.out.println(Thread.currentThread()+" 开始休眠了");
12          } catch (InterruptedException e) {
13              e.printStackTrace();
14          }
15      }
16  }
```

【答案】sleep()方法是线程类的类方法，可以直接由 Thread 类调用。调用方式是 Thread.sleep(int m)或 this. sleep(int m)。而在本题中的第 10 行是用线程类的实例化对象调用 sleep()方法，因此在编译的过程中会出现错误。

面试题 21　关于 ArrayList、Vector、LinkedList 的问答题

【题目】说出 ArrayList、Vector、LinkedList 的存储性能和特性。

【答案】ArrayList 和 Vector 都使用数组方式存储数据，此数组元素数大于实际存储的数据以便增加和插入元素，它们都允许直接按序号索引元素，但是插入元素要涉及数组元素移动等内存操作，所以索引数据快而插入数据慢。由于 Vector 使用了 synchronized 方法（线程安全），通常性能上较 ArrayList 差，而 LinkedList 使用双向链表实现存储，按序号索引数据需要进行前向或后向遍历，但是插入数据时只需要记录本项的前后项即可，所以插入速度较快。

面试题 22　Java 中的异常处理机制的简单原理和应用

【答案】 异常是指 Java 程序运行时（非编译）所发生的非正常情况或错误。Java 对异常进行了分类，不同类型的异常分别用不同的 Java 类表示，所有异常的根类为 java.lang.Throwable，Throwable 下面又派生了两个子类 Error 和 Exception。Error 表示应用程序本身无法克服和恢复的严重问题，例如，内存溢出和线程死锁等系统问题。Exception 表示程序还能够克服和恢复的问题，其中又分为系统异常和普通异常。系统异常是软件本身缺陷所导致的问题，也就是软件开发人员考虑不周所导致的问题，软件使用者无法克服和恢复这种问题，但在这种问题下还可以让软件系统继续运行或者让软件死掉，例如，数组脚本越界（ArrayIndexOutOfBoundsException）、空指针异常（NullPointerException）、类转换异常（ClassCastException）；普通异常是运行环境的变化或异常所导致的问题，是用户能够克服的问题，例如，网络断线、硬盘空间不够，发生这样的异常后，程序不应该死掉。Java 为系统异常和普通异常提供了不同的解决方案。编译器强制普通异常必须用 try..catch 处理或用 throws 声明抛给上层调用方法处理，所以普通异常也称为 checked 异常；而系统异常可以处理也可以不处理，所以，编译器不强制用 try..catch 处理或用 throws 声明，所以系统异常也称为 unchecked 异常。

面试题 23　列举一些常用的类、包、接口，请各列举 5 个

【答案】 想让面试人员感觉你对 Java EE 开发很熟，不能只列举 Java 核心中的那些东西，要多列举你在做 ssh 项目时涉及的一些东西。比如你最近写的程序中涉及的类、包、接口。

常用的类：BufferedReader、BufferedWriter、FileReader、FileWirter、String、Integer、java.util.DateSystem、Class、List、HashMap。

常用的包：java.lang、java.io java.util、java.sql、javax.servlet、org.apache、strtuts.action、org.hibernate。

常用的接口：Remote、List Map、Document、HttpServletRequest、HttpServletResponse、Session、HttpSession。

面试题 24　Java 中，DOM 和 SAX 解析器有什么不同

【答案】 DOM 解析器将整个 XML 文档加载到内存来创建一棵 DOM 模型树，这样可以更快地查找节点和修改 XML 结构，而 SAX 解析器是一个基于事件的解析器，不会将整个 XML 文档加载到内存。因此，DOM 比 SAX 更快，也要求更多的内存，不适合解析大 XML 文件。

面试题 25　线程的 sleep()方法和 yield()方法有什么区别

【答案】 1）sleep()方法给其他线程运行机会时不考虑线程的优先级，因此会给低优先级的线程以运行的机会；yield()方法只会给相同优先级或更高优先级的线程以运行的机会。

2）线程执行 sleep()方法后转入阻塞（blocked）状态，而执行 yield()方法后转入就绪（ready）状态。

3）sleep()方法声明抛出 InterruptedException，而 yield()方法没有声明任何异常。

4）sleep()方法比 yield()方法（与操作系统 CPU 调度相关）具有更好的可移植性。